"十四五"职业教育国家规划教材
"十三五"职业教育国家规划教材
"十二五"职业教育国家规划教材

（第四版）

混凝土结构与砌体结构

主　编　申海洋　段春花
副主编　孔德明　朱文革
参　编　段贵明　秦焕朝　靳　栋
主　审　杨太生

中国电力出版社
CHINA ELECTRIC POWER PRESS

内 容 提 要

本书为“十二五”“十三五”和“十四五”职业教育国家规划教材。全书共分10章，主要内容包括混凝土结构材料的力学性能、建筑结构的基本设计原则、钢筋混凝土受弯构件、钢筋混凝土受扭构件、钢筋混凝土受压构件、钢筋混凝土梁板结构、预应力混凝土构件基本知识、钢筋混凝土单层厂房排架结构、钢筋混凝土多层与高层结构、砌体结构基本知识以及附录。本书依据新的国家标准《混凝土结构设计规范》(GB 50010—2010)、《建筑抗震设计规范》(GB 50011—2010)、《建筑结构荷载规范》(GB 50009—2012)、《砌体结构设计规范》(GB 50003—2011)、《工程结构可靠性设计统一标准》(GB 50153—2008)、《高层建筑混凝土结构技术规程》(JGJ 3—2010) 编写，既反映了我国混凝土结构在土木建筑工程领域的新进展，以及可持续发展的要求；又反映了近十多年来我国工程抗震新结构、新工艺、新材料等方面的成果和设计经验。

本书可作为高职高专建筑工程类相关专业的教材，也可作为工程技术人员及相关人员学习的参考书，还可作为建筑工程技术人员学习理解新规范的参考用书。

图书在版编目（CIP）数据

混凝土结构与砌体结构/申海洋，段春花主编．—4版．—北京：中国电力出版社，2019.10 (2023.8重印)

“十二五”职业教育国家规划教材

ISBN 978-7-5198-3907-9

Ⅰ．①混… Ⅱ．①申… ②段… Ⅲ．①混凝土结构—高等职业教育—教材②砌体结构—高等职业教育—教材 Ⅳ．①TU37②TU209

中国版本图书馆CIP数据核字（2019）第237062号

出版发行：中国电力出版社

地　　址：北京市东城区北京站西街19号（邮政编码100005）

网　　址：http://www.cepp.sgcc.com.cn

责任编辑：霍文婵（010－63412545）

责任校对：黄　蓓　王小鹏

装帧设计：赵丽媛

责任印制：吴　迪

印　　刷：三河市航远印刷有限公司

版　　次：2008年2月第一版　2019年10月第四版

印　　次：2023年8月北京第二十三次印刷

开　　本：787毫米×1092毫米　16开本

印　　张：22.25

字　　数：542千字

定　　价：58.00元

扫一扫

拓展资源

前　言

为贯彻国务院印发《国家职业教育改革实施方案》的精神，适应高等职业教育的发展，对教材进行这次修订。按照最新的国家标准《混凝土结构设计规范》（GB 50010—2010，2015 年版）、《建筑结构可靠性设计统一标准》（GB 50068—2018）对教材做了全面修订。

本次修订中，以立德树人为根本宗旨，以培养服务区域发展的高素质技术技能人才为基本目标，同时与思想政治理论课同向同行，努力实现职业技能和职业精神培养高度融合。修订过程中，校企共同研发教材，将新技术、新工艺、新规范纳入教材内容，强化学生学习主动性，在各章、节文前增加了信息化资源，学生通过扫描二维码，获得课程前导教学资源，不再单纯地依赖授课老师去教授知识，课堂学生和老师互动，老师更多的责任是去理解学生的问题和引导学生运用知识解决问题，突出职业能力的培养。

为学习贯彻落实党的二十大精神，本书根据《党的二十大报告学习辅导百问》《二十大党章修正案学习问答》，在数字资源中设置了“二十大报告及党章修正案学习辅导”栏目，以方便师生学习。

本书校企合作共同编写，由申海洋、段春花任主编，孔德明、朱文革任副主编。具体分工如下：绪论、第 3 章由段春花修订，第 1 章、第 5 章由朱文革修订，第 2 章、第 6 章由孔德明修订，第 4 章由靳栋修订，第 7 章由秦焕朝修订，第 8 章、第 9 章由申海洋修订，第 10 章由段贵明修订。全书由申海洋和段春花最后统稿并定稿，由杨太生担任主审。

限于作者的理论水平和实践经验，书中不妥之处在所难免，恳请广大读者批评指正。

编　者

2019 年 8 月

第一版前言

为贯彻落实教育部《关于进一步加强高等学校本科教学工作的若干意见》和《教育部关于以就业为导向深化高等职业教育改革的若干意见》的精神，加强教材建设，确保教材质量，中国电力教育协会组织制订了普通高等教育“十一五”教材规划。该规划强调适应不同层次、不同类型院校，满足学科发展和人才培养的需求，坚持专业基础课教材与教学急需的专业教材并重、新编与修订相结合。本书为新编教材。

本书根据高职高专“建筑工程技术专业”人才培养目标及主干课程教学基本要求，并按照国家颁布的《建筑结构可靠度设计统一标准》(GB 50068—2001)、《建筑结构荷载规范》(GB 50009—2001)、《混凝土结构设计规范》(GB 50010—2002)、《建筑抗震设计规范》(GB 50011—2001)、《砌体结构设计规范》(GB 50003—2001)、《建筑结构制图标准》(GB/T 50105—2001)、《高层建筑混凝土结构技术规程》(JGJ 3—2002) 等最新规范和标准编写。

本书以培养技术应用能力为主线，紧扣专业培养目标，教材编写以“少而精”为原则，内容力求做到通俗易懂、切合工程实际。课程内容强化应用性、针对性和可操作性，注重职业能力的培养，突出了高职高专教育以应用为主的特色。在基础理论方面以“必需”、“够用”和“能用”为原则，阐明基本概念、基本原理和基本计算方法，取消或弱化部分理论公式的推导。全书以钢筋混凝土结构与砌体结构的基本概念和构造措施为重点，注重结构构件的受力特点及设计原理的分析，注重基本理论在工程实践中的应用，侧重于解决常见结构施工图以及与施工有关的结构问题，强调结构设计中应贯彻的规范强制性条文及构造措施。

本书由段春花担任主编，段贵明、赵俊鸿任副主编。参加本书编写工作的有段春花（绪论、第 3 章 3.1～3.3、第 9 章，附录）、李生虎（第 1、8 章）、赵俊鸿（第 2、4、7 章）、申海洋（第 3 章 3.4、3.5、第 5 章）、秦焕朝（第 6 章）、段贵明（第 10 章）。全书由段春花最后统稿并定稿，由杨太生副教授担任主审。

在本书的编写过程中，得到了山西建筑职业技术学院的大力支持，并参阅了一些公开出版和发表的文献，在此一并致谢。

限于作者的理论水平和实践经验，书中不妥之处在所难免，恳请广大读者和同行批评指正。

编　者

2007 年 11 月

第二版前言

随着高等职业教育的发展，课程体系和教学内容的改革已经成为高职教育教学改革的重点，而教学内容的主要载体是教材，课程体系主要是由教材体系来体现的，因此教材建设必将随之不断完善，以推广课程体系和教学内容的改革成果。

本书和结构设计规范密切相关，本次修订依据新的国家标准《混凝土结构设计规范》（GB 50010—2010）、《建筑抗震设计规范》（GB 50011—2010）进行，既反映了我国混凝土结构在土木建筑工程领域的新进展，以及可持续发展的要求；又反映了近十多年来我国工程抗震新结构、新工艺、新材料等方面的成果和设计经验。

本书修订后重要章节均有学习提要、小结、思考题和习题，使教材更具有教学的指导性；同时删减了一些应用面不广的内容，增加了大量插图，加强了与职业能力密切相关的内容；语言通俗易懂、图文并茂、内容深入浅出。本书可作为高职高专建筑工程类相关专业的教材，也可作为工程技术人员及相关人员学习的参考书，还可作为建筑工程技术人员学习理解新规范的参考用书。

本书由段春花任主编，段贵明、申海洋任副主编。具体分工如下：绪论、第3章、第5章及附录由段春花编写，第1章、第8章由朱文革编写，第2章、第4章、第7章由杨秋鸣编写，第6章由秦焕朝编写，第9章由申海洋编写，第10章由段贵明编写。书中加星号的内容为选学部分。全书由段春花最后统稿并定稿，由杨太生副教授担任主审。

限于作者的理论水平和实践经验，对新修订的规范学习理解不够，书中不妥之处在所难免，恳请广大读者批评指正。

编　者

2011年5月

第三版前言

这次再版是在保持原有教材的基础上，按照我国最新的国家标准《混凝土结构设计规范》（GB 50010—2010）、《建筑抗震设计规范》（GB 50011—2010）、《建筑结构荷载规范》（GB 50009—2012）、《砌体结构设计规范》（GB 50003—2011）、《工程结构可靠性设计统一标准》（GB 50153—2008）、《高层建筑混凝土结构技术规程》（JGJ 3—2010）经过全面修订后改写的。

本书以理论知识必需、够用为度，以实际应用法为重的原则，体现高等职业教育的特色，突出学生对基本知识的掌握，理论推导从简，突出工程实际应用。为更有效地帮助学生在学习过程中对知识点的理解与掌握，注重学生对理论知识在实践工程中的应用，以及对新的国家标准和规范的理解，培养学生分析问题、解决问题的能力，配合本书的学习，同期出版了《混凝土结构与砌体结构学习指导》，用意是启发学生积极思考，更准确地掌握基本概念，以便于学生得到较为全面的训练，提高专业综合应用能力，突出职业技术应用能力的培养。

本书由段春花任主编，段贵明、申海洋任副主编。具体分工如下：绪论、第 3 章、第 5 章及附录由段春花编写，第 1 章由吉志强编写，第 2 章、第 9 章由申海洋编写，第 4 章、第 8 章由杨秋鸣编写，第 6 章由秦焕朝编写，第 7 章由朱文革编写，第 10 章由段贵明编写。全书由段春花最后统稿并定稿，杨太生审阅了全书。

编　者

目　录

绪　　论

0.1　建筑结构的一般概念

0.1.1　建筑结构的组成

建筑结构是指建筑物中由若干个基本构件按照一定组成规则、通过正确的连接方式所组成的能够承受并传递各种作用的空间受力体系（又称骨架）。建筑结构由水平构件（梁、板）、竖向构件（墙、柱）和基础三大部分组成。这些组成构件由于所处部位不同，承受荷载状况不同，作用也各不相同。

（1）板。板是水平承重构件，为房屋建筑提供活动面，直接承受施加在其上的全部荷载（含板自重、粉刷层自重，以及板上人群、家具和设备等荷载），并将这些荷载传递到梁或墙（柱）等支承构件上。板的主要作用效应是弯矩和剪力，是典型的受弯构件。

（2）梁。梁是水平承重构件，是板的支承构件，承受板传来的荷载以及梁的自重并将其传递到墙、柱上。梁主要承受竖向荷载，其作用效应主要为弯矩和剪力，有时也承担扭矩，属受弯构件。

（3）墙和柱。墙和柱是竖向受力构件，用以支承楼面体系并承受梁、板传来的荷载或承受水平荷载（如风荷载）以及墙或柱自重。其作用效应是轴向压力、弯矩和剪力等，属受压构件。

（4）基础。基础是埋在地面以下的建筑物底部的承重构件，承受墙、柱传来的上部建筑物的全部荷载，并将其扩散到地基（土层或岩石层）中去。

0.1.2　建筑结构的分类

建筑结构有多种分类方法。一般结构按照所用材料、承重结构类型、使用功能、外形特点以及施工方法等进行分类。由于各种结构有其一定的适用范围，应根据具体情况合理选用。

一、按承重结构所用材料分类

按承重结构所用材料的不同，建筑结构可分为混凝土结构、砌体结构、钢结构和木结构。混凝土结构包括素混凝土结构、钢筋混凝土结构、预应力混凝土结构、钢骨混凝土结构、纤维混凝土结构和其他各种形式的加筋混凝土结构，实际工程中应用较多的是钢筋混凝土结构和预应力混凝土结构。砌体结构包括砖砌体结构、石砌体结构和砌块砌体结构。也可在同一体系中将不同的结构材料混合使用，形成混合结构，如屋盖和楼盖采用混凝土结构，墙体采用砌体，基础采用砌体或钢筋混凝土，就形成了砖混结构。

二、按承重结构类型分类

按照组成建筑主体结构的受力体系的不同，建筑结构可分为砖混结构、框架结构、剪力墙结构、框架—剪力墙结构、筒体结构、排架结构、网架结构、悬索结构、壳体结构等。实际工程中应用较多的是框架结构、剪力墙结构和框架—剪力墙结构。

此外，还可按外形特点分为单层结构、多层结构、大跨度结构、高耸结构；按施工方法分为现浇结构、装配式结构、装配整体式结构、预应力混凝土结构等。

0.2 混凝土结构的特点及应用

0.2.1 混凝土结构的特点

以混凝土材料为主，并根据需要合理地配置钢筋，作为主要承重材料的结构，均可称为钢筋混凝土结构。混凝土硬化后如同石料，抗压强度较高，但抗拉强度很低；而钢筋的抗拉和抗压强度均很高，但其耐火能力差、易锈蚀，将两者材料有机结合在一起，可以取长补短，成为性能优良的结构材料。

钢筋和混凝土这两种力学性能不同的材料，之所以能够结合在一起共同工作，主要原因有如下几方面：

（1）混凝土硬化后，钢筋和混凝土之间有较好的黏结力，在荷载作用下，可以保证两种材料协调变形、共同受力。这是钢筋和混凝土共同工作的基础。

（2）钢筋和混凝土的温度线膨胀系数接近，钢筋为 1.2×10^{-5}/℃，混凝土为（1.0～1.5）$\times10^{-5}$/℃。在温度变化时，两者的变形基本相等，不会因产生过大的变形差而导致破坏。

（3）混凝土包裹钢筋，对钢筋有良好的保护作用，可防止钢筋锈蚀变质，保证了钢筋混凝土结构的耐久性。

0.2.2 钢筋混凝土结构的主要优缺点

一、钢筋混凝土结构的主要优点

钢筋混凝土结构在工程结构中得以广泛应用，除上述能够充分利用两种材料的强度优势外，还具有以下优点：

（1）整体性好。钢筋混凝土结构特别是现浇结构有很好的整体性，且通过合适的配筋，可获得较好的延性，有利于结构的抗震、抗爆。

（2）耐久性好。在正常环境条件下，混凝土材料本身具有很好的化学稳定性，其强度随时间的增加而有所提高；同时钢筋由于混凝土的保护而不易锈蚀，从而保证了结构的耐久性。

（3）耐火性好。混凝土本身是不良传热体，钢筋又有足够的保护层，火灾发生时可延缓钢筋的升温过程，使钢筋不至于像钢结构那样很快达到软化温度而导致结构破坏。

（4）可模性好。混凝土拌和物具有可塑性，可根据工程需要浇筑成各种形状和尺寸的结构。

（5）易于就地取材。钢筋混凝土的主要材料中，砂、石所占比例很大，水泥和钢筋所占比例较小。砂和石产地广泛，易于就地取材，经济方便。而水泥和钢材的产地在我国分布也较广。另外，也可以利用工业废料来制作人工骨料，以改善混凝土的性能，且有利于环境保护。

二、钢筋混凝土结构的主要缺点

（1）自重大。钢筋和混凝土材料的容重较大，与钢结构相比，混凝土结构构件的截面尺寸较大，因此结构的自重较大，不适用于建造高层、大跨结构。

（2）抗裂性差。由于混凝土材料的抗拉性能很差，混凝土结构很容易出现裂缝，所以普通混凝土结构在正常使用阶段往往是带裂缝工作的。在工作条件较差的环境，会影响结构的耐久性。

(3) 施工环节多、工期长。钢筋混凝土结构的建造需要经过支模板、绑钢筋、浇筑、养护、拆模等多道施工工序，工期长，施工质量和进度等易受环境条件的影响。

0.2.3　混凝土结构的应用与发展

一、混凝土结构的应用

混凝土结构是一种出现较晚的结构形式，迄今只有约150年的历史，但它的发展速度是其他结构形式无法相比的，其应用范围涉及土木工程的各个领域，混凝土结构在各类工程结构中占有主导地位。

在房屋建筑工程中，厂房、住宅、办公楼等多高层建筑广泛采用混凝土结构。在7层以下的多层房屋中，虽然墙体大多采用砌体结构，但房屋的楼板几乎全部采用钢筋混凝土现浇板或预制板。采用混凝土结构的高层和超高层建筑已十分普遍，一般采用钢筋混凝土框架—剪力墙结构、剪力墙结构、框架—筒体结构和筒体结构等，有时与钢结构混合采用，形成组合结构体系。

在大跨度建筑方面，预应力混凝土屋架、薄腹梁、V形折板、钢筋混凝土拱、薄壳等已得到广泛应用。

二、混凝土结构发展概况

(一) 材料方面

混凝土材料的主要发展方向是轻质、高强、高性能、耐久、复合、抗裂和易于成型。目前我国普遍应用的混凝土强度等级一般为C20～C60，部分工程已经应用到C80；新型外加剂的研制与应用将不断改善混凝土的力学性能，以适应不同环境、不同要求的混凝土结构。

钢筋的主要发展方向是高强、防腐、有较好延性和高黏结锚固性能。试验表明，中强度和高强螺旋肋钢丝不仅强度高、延性好，而且与混凝土的黏结锚固性能也优于其他钢筋。为提高钢筋的防腐性能，带有环氧树脂涂层的热轧钢筋已开始在某些有特殊防腐要求的工程中应用。

(二) 结构方面

组合结构已成为近年来结构发展的方向之一。配筋材料作为混凝土结构的关键组成部分，除了传统钢筋材料本身力学性能将不断改善外，新型配筋材料和配筋形式也将不断发展，从而形成许多新的混凝土结构形式，大大地拓宽了混凝土结构的应用范围。如在混凝土中掺入钢纤维等短纤维，形成纤维混凝土结构，可有效提高混凝土的抗拉、抗剪强度，改善混凝土抗裂、抗疲劳、抗冲击等性能；把型钢与混凝土结构组合，形成钢—混凝土组合结构、钢骨混凝土结构和钢管混凝土结构，可以减少混凝土结构的截面尺寸，提高结构的承载力，改善结构的延性等。

(三) 施工技术方面

预应力技术的发明使混凝土结构的跨度大大增加，滑模施工法的发明使高耸结构和贮仓、水池等特种结构的施工进度大大加快。泵送混凝土技术的出现使高层建筑、大跨桥梁可以方便地整体浇筑。蒸汽养护法使预制构件成品出厂时间大为缩短。

在模板方面将向多功能方向发展。薄片、美观、廉价又能与混凝土牢固结合的永久性模板，将使模板作为结构的一部分参与受力，还可省去装修工序。透水模板的使用，可以滤去混凝土中多余的水分，大大提高混凝土的密实性和耐久性。

在钢筋的绑扎成型方面，正在大力发展各种钢筋成型机械及绑扎机具，以减少大量的手工操作。

（四）计算理论方面

在设计计算理论方面，从1955年我国有了第一批建筑结构设计规范，至今已修订了四次。钢筋混凝土结构的计算方法已有了很大改进，由原来的简单近似计算到以概率理论为基础的极限状态设计方法，从对结构仅进行线性分析发展到非线性分析，从对结构侧重安全发展到全面侧重结构的性能。目前，已采用了以概率理论为基础的可靠理论，使极限状态设计方法更趋完善。

0.3 砌体结构的特点及应用

0.3.1 砌体结构的特点

由块体（砖、石材、砌块）和砂浆砌筑而成的，墙、柱作为建筑物主要受力构件的结构称为砌体结构，包括砖砌体结构、石砌体结构和砌块砌体结构。

一、砌体结构的优点

(1) 取材方便，造价低廉。砌体结构的原材料如黏土、砂、石为天然材料，分布广，易于就地取材，因而比钢筋混凝土结构更经济，并能节约水泥和钢材。此外，工业废料如煤矸石、粉煤灰、页岩等都是制作块材的原料，既可降低造价，又有利于环境保护。

(2) 耐火性和耐久性良好。砖具有较好的抗高温能力，砖墙的热导性能较差，在火灾中能起到防火墙的作用。砖石等材料具有良好的化学稳定性及大气稳定性，抗腐蚀性强，耐久性较好。

(3) 具有良好的保温、隔热、隔声性能，节能效果好。

(4) 施工简单。施工时不需支模和养护，可连续施工，且施工工具简单，工艺易于操作。

二、砌体结构的缺点

(1) 强度低、自重大。由于砌体强度较低，因此砌体结构构件截面尺寸一般较大，材料用量较多，因而结构的自重大。

(2) 整体性差。砌筑砂浆和块材之间的黏结力较弱，因此无筋砌体的抗拉、抗弯和抗剪强度很低，砌体的整体性、抗震及抗裂性能较差。需要采用配筋砌体或构造柱改善结构的抗震性能。

(3) 砌筑工作量大。由于砖、石、砌块均为小体积块材，需要采用人工砌筑，因此劳动强度高，生产效率低。

另外值得一提的是，黏土是制造黏土砖的主要原材料，烧制黏土砖需要占用农田，势必影响农业生产，也对生态环境平衡不利。

0.3.2 砌体结构的应用与发展

一、砌体结构的应用

砌体结构主要用于承受压力的构件，房屋的基础、内外墙、柱等都可采用砌体结构建造，无筋砌体房屋一般可建5～7层。此外，过梁、屋盖、地沟等构件也可用砌体结构建造。

在工业厂房建筑中，砌体往往用来砌筑围护墙和填充墙，工业企业中的烟囱、料斗、管道支架，对渗水性要求不高的水池，以及小型的仓库、加工厂房等也可用砌体建造。

二、砌体结构的发展

（1）发展新材料。砌体材料的主要发展方向是轻质、高强的块材和高黏结强度的砂浆的研究与应用，以提高砖和砌块的强度，提高砌体结构房屋的整体性和抗裂性。积极发展黏土砖的替代产品，推广应用空心黏土砖、蒸压灰砂砖、蒸压粉煤灰砖、轻骨料混凝土砌块以及混凝土小型空心砌块等，以节省耕地保护环境。

（2）推广应用配筋砌体结构。采用配筋砌体、组合砌体等结构形式，可克服砌体材料性能的不足，提高结构的抗震和抗裂性能，扩大砌体结构的应用范围。

0.4 学习本课程需要注意的问题

本课程是建筑工程技术等专业的主干专业课，其内容包括混凝土结构和砌体结构两大类结构体系，本课程主要研究的是一般房屋建筑结构的结构构件布置原则，结构构件的受力特点，简单结构构件的设计原理和设计计算、建筑结构的有关构造要求以及结构施工图和相关标准图集的识读等内容。

通过本课程的学习，应了解建筑结构的基本设计原理，掌握钢筋、混凝土及砌体材料的力学性能，以及由其组成的钢筋混凝土结构、砌体结构和各种基本构件的受力特点，掌握一般房屋建筑的结构布置、截面选型及基本构件的设计计算方法，能够正确领会国家建筑结构规范中的有关规定，能正确识读建筑结构施工图，并能处理建筑结构施工中的一般结构问题，逐步培养和提高学生理论联系实际的综合应用能力，为从事房屋建筑工程设计、施工及管理工作打下基础。

学习本课程时，应注意以下几点。

（一）正确理解和使用计算公式

本课程中的计算公式与力学中的公式有所不同。力学中的材料都是理想的弹性或塑性材料，而钢筋混凝土结构和砌体结构材料是非匀质、非弹性材料，计算公式是建立在科学实验和工程经验基础上的。因此，要理解公式建立时的基本假定，在应用书中的计算公式时，要特别注意公式的适用范围和限制条件。

（二）结构设计与计算答案的不唯一性

建筑结构设计的任务是选择适用、经济的结构方案，并通过承载力计算、变形验算及其配筋构造等，确定结构的设计方案。在相同荷载作用下，有多种可行的截面形式、尺寸和不同的材料选择及其不同的配筋方式与数量，即其答案具有多样性。在多种答案中，需综合考虑结构的安全性、经济性、施工方便等因素，确定最合理的答案。

（三）重视与基础课程的联系

本课程与其他许多课程是密切相关的，混凝土结构与砌体结构课程是建立在学习建筑力学、建筑构造与识图和建筑材料等课程基础上，对房屋建筑中的结构及构件进行设计研究的，学习时应与其相关课程相互联系，逐步加深理解。通过本课程的学习，可为建筑施工技术、建筑工程计量计价、地基基础等其他课程的学习提供理论指导依据。

（四）重视构造措施

应重视对本课程涉及的众多构造要求的学习，必要的工程构造措施，是对计算必不可少的补充，是保证结构安全可靠的必要条件，构造与计算是同等重要的。学习时要防止重理论轻实践、重计算轻构造的思想，要充分重视对构造规定和要求的理解，并搞清其中的道理。

（五）注意有关标准、规范、规程的学习和理解应用

结构设计标准、规范、规程是国家颁布的关于结构设计计算和构造要求的技术规定和标准，规范条文尤其是强制性条文是设计中必须遵守的带有法律性的技术文件，其目的是使工程结构在符合国家经济政策的条件下，保证设计的质量和工程项目的安全可靠，设计、施工等工程技术人员都应遵循。我国标准、规范、规程有以下 4 种不同情况：一是强制性条文，虽是技术标准中的技术要求，但已具有某些法律性质（将来有可能会演变成“建筑法规”），一旦违反，不论是否引起事故，都将被严厉惩罚，故必须严格执行。二是要严格遵守的条文，规范中正面词用“必须”，反面词用“严禁”，表示非这样做不可，但不具有强制性。三是应该遵守的条文，规范中正面词用“应”，反面词用“不应”或“不得”，表示在正常情况下均应这样做。四是允许稍有选择或允许有选择的条文，表示允许稍有选择，在条件许可时首先应这样做，正面词用“宜”，反面词用“不宜”；表示有选择，在一定条件下可以这样做的，采用“可”表示。

在本课程的学习中，熟悉并学会运用有关标准、规范、规程是学习本课程的重要任务之一。

因为科学技术水平和生产实践经验是不断发展的，所以设计规范也必然需要不断修订和补充。因此，要用发展的观点来看待设计规范，在学习和掌握结构理论和设计方法的同时，要善于观察和分析，不断进行探索和创新。

（六）重视理论联系实际

本课程是一门实践性很强的课程，除课堂学习外，还应完成必要的习题和课程设计等实践教学环节，并绘制必要的配筋图和施工图，加强动手能力的培养。学习本课程时，还应通过实习、参观等多种渠道与工程实践现场相联系，以增加感性知识，感受工程实际现场体验，真正做到理论联系实际。

本章小结

（1）建筑结构是由若干个基本构件按照一定组成规则、正确的连接方式所组成的能够承受作用的空间受力体系，通常由水平构件（梁、板）、竖向构件（墙、柱）和基础三大部分组成。各种构件由于所处部位不同，承受荷载状况不同，作用也各不相同。

（2）钢筋混凝土是把钢筋和混凝土这两种材料按照合理的方式结合在一起共同工作，使钢筋主要承受拉力，混凝土主要承受压力，充分发挥两种材料各自优点的一种复合材料。在混凝土中配置一定形式和数量的钢筋形成钢筋混凝土构件后，可以使构件的承载力得到较大幅度提高，构件的受力性能也得到显著改善。

（3）钢筋和混凝土能够有效地结合在一起共同工作的主要原因有两点：一是钢筋和混凝土之间存在黏结力，使两者能够传递力和变形；二是钢筋和混凝土两种材料的温度线膨胀系数接近。

（4）钢筋混凝土结构的主要优点是材料利用合理，耐久性、耐火性、可模性、整体性均好，易于就地取材等；主要缺点是结构自重大、抗裂性能差、施工受季节影响较大等。

（5）砌体结构是由块体材料和砂浆砌筑而成，作为建筑物主要受力构件的结构，包括砖砌体结构、石砌体结构和砌块砌体结构。砌体结构的主要优点是取材方便，造价低廉，耐火性、耐久性、保温、隔热、隔声性能好，且施工简单、易于操作。主要缺点是强度低、自重大、整体性差，劳动强度高，生产效率低。

（6）结构相关设计规范、规程条文，尤其是强制性条文是设计中必须遵守的带有法律性的技术文件，遵守设计规范是为了使设计方法达到统一化和标准化，从而有效地贯彻国家的技术经济政策，保证工程质量。

思考题

0-1　钢筋混凝土结构有哪些优、缺点？如何克服其缺点？

0-2　钢筋与混凝土这两种性能不同的材料能够有效地结合在一起共同工作的主要原因是什么？

0-3　砌体结构有哪些优、缺点？如何克服其缺点？

0-4　学习本课程应注意哪些问题？

扫一扫

课程前导资源

第 1 章　混凝土结构材料的力学性能

学习提要

本章主要学习钢筋和混凝土材料的力学性能、混凝土结构对材料性能的要求、钢筋与混凝土之间的黏结作用及其影响因素，以及相应的构造措施。通过本章学习，要求熟悉钢筋的应力应变关系，掌握钢筋的力学性能指标定义及工程意义，熟悉钢筋的品种及热轧钢筋的级别，了解混凝土结构对钢筋性能的要求；熟悉混凝土的强度指标与强度等级的划分，了解结构中混凝土强度等级选用的相关规定，了解混凝土的变形规律及徐变、收缩对混凝土结构及构件的影响，熟悉保证钢筋与混凝土共同工作的黏结作用及构造措施。

1.1　钢　　筋

1.1.1　混凝土结构用钢筋的种类

混凝土结构用钢筋按化学成分可分为碳素钢和普通低合金钢。根据含碳量的不同，碳素钢分为低碳钢（含碳量<0.25%）、中碳钢（含碳量 0.25%～0.6%）、高碳钢（含碳量>0.6%）。含碳量越高，强度越高，但塑性和可焊性下降。工程中常用低碳钢。普通低合金钢是在碳素钢的基础上，再加入微量的合金元素，如硅、锰、钒、钛、铌等，目的是提高钢材的强度，改善钢材的塑性性能。

钢筋按生产加工工艺和力学性能的不同，《混凝土结构设计规范》（GB 50010—2010，2015 版）（以下简称《规范》）规定，用于钢筋混凝土结构和预应力混凝土结构中的钢筋或钢丝可分为热轧钢筋、中强度预应力钢丝、消除应力钢丝、钢绞线和预应力螺纹钢筋等。

热轧钢筋是由低碳钢、普通低合金钢或细晶粒钢在高温状态下轧制而成，有明显的屈服点和流幅，断裂时有“颈缩”现象，伸长率比较大。热轧钢筋根据其强度的高低分为 HPB300 级（符号Φ）、HRB335 级（符号Φ）、HRBF335 级（符号Φ^{F}）、HRB400 级（符号Φ）、HRBF400 级（符号Φ^{F}）、RRB400 级（符号Φ^{R}）、HRB500 级（符号Φ）和 HRBF500 级（符号Φ^{F}）。其中 HPB300 级为光面钢筋，HRB335 级、HRB400 级和 HRB500 级为普通低合金热轧月牙纹变形钢筋，HRBF335 级、HRBF400 级和 HRBF500 级为细晶粒热轧月牙纹变形钢筋，RRB400 级为余热处理月牙纹变形钢筋。通常变形钢筋直径不小于 10mm，光面钢筋直径不小于 6mm。

中强度预应力钢丝、消除应力钢丝、钢绞线和预应力螺纹钢筋是用于预应力混凝土结构的预应力筋。其中，中强度预应力钢丝的抗拉强度为 800～1270MPa，外形有光面（符号ϕ^{PM}）和螺旋肋（符号ϕ^{HM}）两种；消除应力钢丝的抗拉强度为 1470～1860MPa，外形也有光面（符号ϕ^{P}）和螺旋肋（符号ϕ^{H}）两种；钢绞线（符号ϕ^{S}）抗拉强度为 1570～1960MPa，是由多根高强钢丝扭结而成，常用的有 1×7(7 股）和 1×3(3 股）等；预应力螺纹钢筋（符号ϕ^{T}）又称精轧螺纹粗钢筋，抗拉强度为 980～1230MPa，是用于预应力混凝土结构的大直径高强钢筋，这种钢筋在轧制时沿钢筋纵向全部轧有规律性的螺纹肋条，可用于螺丝套筒连接和螺帽锚固，不需要再加工螺丝，也不需要焊接。常用钢筋、钢丝和钢绞线的外形如图 1 - 1 所示。

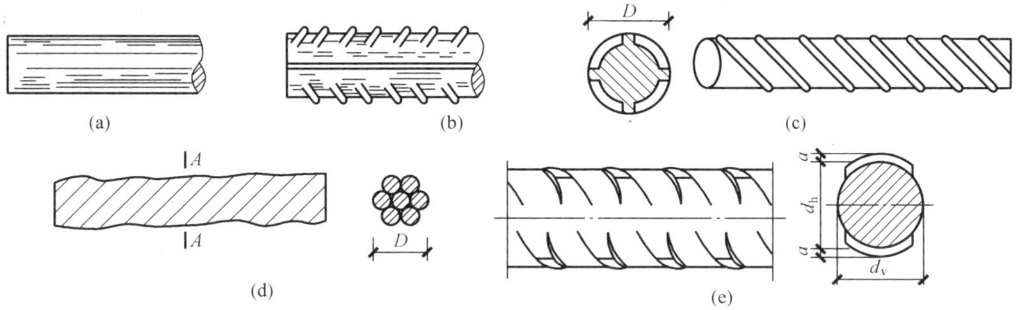

图 1 - 1　常用钢筋、钢丝和钢绞线的外形

(a) 光面钢筋；(b) 月牙纹钢筋；(c) 螺旋肋钢丝；(d) 钢绞线（7 股）；
(e) 预应力螺纹钢筋（精轧螺纹粗钢筋）

1.1.2　钢筋的主要力学性能

钢筋按力学性能的不同，分为有明显屈服点钢筋和无明显屈服点钢筋。有明显屈服点钢筋一般称作软钢，包括热轧钢筋和冷轧钢筋；无明显屈服点钢筋又称为硬钢，包括钢丝、钢绞线和热处理钢筋。

一、钢筋应力—应变曲线

图 1 - 2 (a) 为有明显屈服点钢筋的应力—应变曲线。当钢筋应力 σ_s 达到屈服强度 f_y 后，在应力 σ_s 基本不增长的情况下，表现为应变 ε_s 的持续增大（$\varepsilon_s \gg \varepsilon_y$），将产生较大的塑性变形。

图 1 - 2 (b) 为无明显屈服点的钢筋应力—应变曲线。由图中可看出，钢筋没有明显的流幅，强度虽然较高，但塑性变形很小。通常取相应于残余应变为 0.2% 的应力 $\sigma_{0.2}$ 作为其假定屈服点，即条件屈服强度。

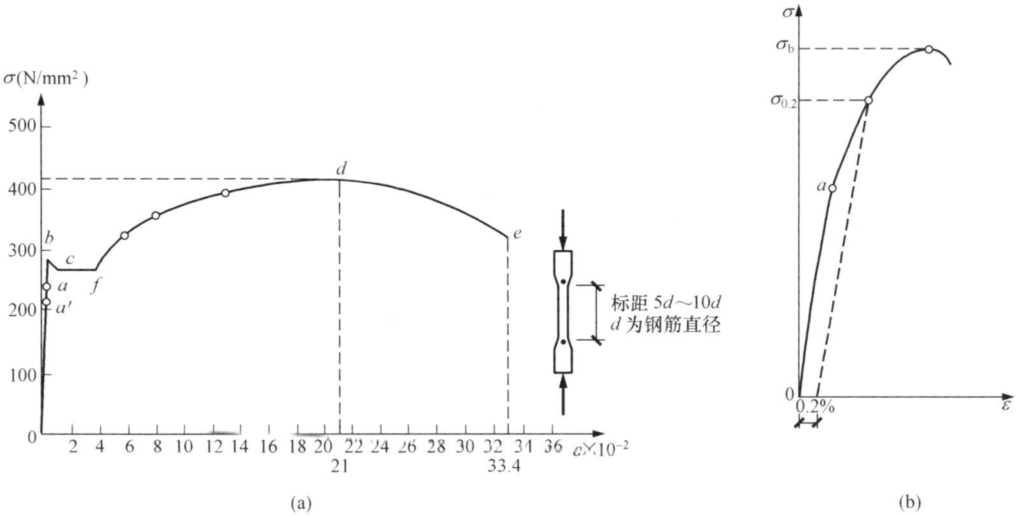

图 1 - 2　钢筋的应力—应变曲线

(a) 有明显屈服点钢筋应力—应变曲线；(b) 无明显屈服点钢筋应力—应变曲线

二、钢筋的力学性能指标

（一）钢筋的强度

对于有明显屈服点钢筋，有两个强度指标：一个是屈服强度 f_y，它是钢筋混凝土结构构件计算的强度限值，这是因为当钢筋应力达到屈服强度后，将在荷载基本不变的情况下产生持续的较大塑性变形，使构件的裂缝和变形显著增大以致无法正常使用；另一个是极限抗拉强度 f_u，一般情况下用作材料的实际破坏强度。

对于无明显屈服点钢筋，在工程设计中一般取残余应变为 0.2%时所对应的应力 $\sigma_{0.2}$ 作为强度设计指标，称为条件屈服强度。为了防止构件的突然破坏并防止构件的裂缝和变形太大，《规范》规定对于无明显屈服点的钢筋如预应力钢丝、钢绞线等，条件屈服强度 $\sigma_{0.2}$ 取极限抗拉强度 σ_b 的 0.85 倍，即 $\sigma_{0.2}=0.85\sigma_b$。

（二）钢筋的伸长率

钢筋不仅要具有较高的强度，而且要具有良好的塑性变形能力，伸长率 δ 即是反映钢筋塑性性能的一个指标。伸长率大的钢筋（如有明显屈服点钢筋）塑性好，拉断前有明显的预兆，属于延性破坏；伸长率小的钢筋（如无明显屈服点钢筋）塑性差，拉断前变形小，破坏突然，属于脆性破坏。

通常所称的伸长率为断后伸长率，其值为钢筋拉断后的伸长值（$l-l_0$）与原长度 l_0 的比值。但断后伸长率只能反映钢筋残余变形的大小，忽略了钢筋的弹性变形，不能反映钢筋受力时的总体变形能力。因此，近年来国际上以采用钢筋最大力下的总伸长率（均匀伸长率）δ_{gt} 来表示钢筋的变形能力。

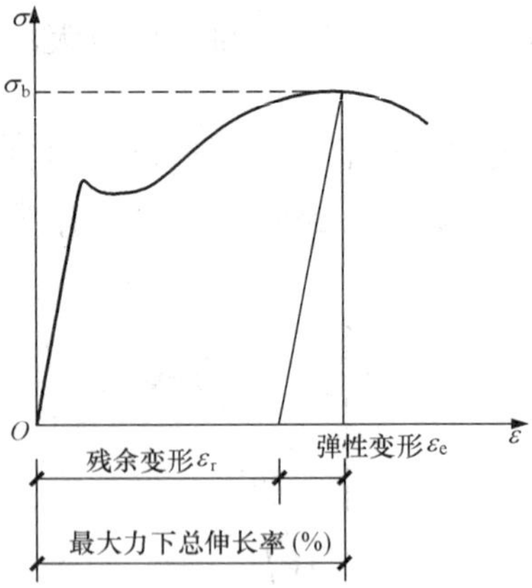

图 1-3　钢筋最大力下的总伸长率

如图 1-3 所示，钢筋在达到最大应力时的变形包括残余塑性变形和弹性变形两部分，最大力下的总伸长率 δ_{gt} 可用下式表示

$$\delta_{gt}=\left(\frac{l-l_0}{l_0}+\frac{\sigma_b}{E_s}\right)\times 100\% \tag{1-1}$$

式（1-1）括号中的第一项反映了钢筋的残余塑性变形，第二项反映了钢筋在最大拉应力下的弹性变形。δ_{gt} 既能反映钢筋的残余变形，又能反映钢筋的弹性变形性能，量测结果受原始标距 l_0 的影响较小，也不易产生人为误差。因此，《规范》规定采用钢筋最大力下的总伸长率（均匀伸长率）δ_{gt} 来统一评定钢筋的变形性能，其取值限值见表 1-1。

表 1-1　钢筋的弹性模量和在最大力作用下的总伸长率限值

牌号或种类	弹性模量 E_s（$\times10^5$N/mm²）	总伸长率限值 δ_{gt}（%）
HPB300	2.10	10.0
HRB335、HRB400、HRB500 HRBF400、HRBF500	2.00	7.5
RRB400	2.00	5.0

续表

牌号或种类	弹性模量 $E_s(\times10^5 N/mm^2)$	总伸长率限值 δ_{gt}（%）
预应力螺纹钢筋	2.00	
消除应力钢丝、中强度预应力钢丝	2.05	3.5
钢绞线	1.95	

（三）钢筋的冷弯性能

钢筋的冷弯性能是检验钢筋韧性、内部质量和加工可适性的有效指标，采用冷弯试验测定，如图 1-4 所示。冷弯试验合格的标准是：在规定的弯心直径 D 和弯曲角度 α 下，在弯曲处钢筋应无裂纹、鳞落或断裂现象。D 越小，α 越大，则钢筋的塑性性能就越好。

对有明显屈服点的钢筋，其检验指标为屈服强度、极限抗拉强度、伸长率和冷弯性能四项。对无明显屈服点的钢筋，其检验指标则为极限抗拉强度、伸长率和冷弯性能三项。

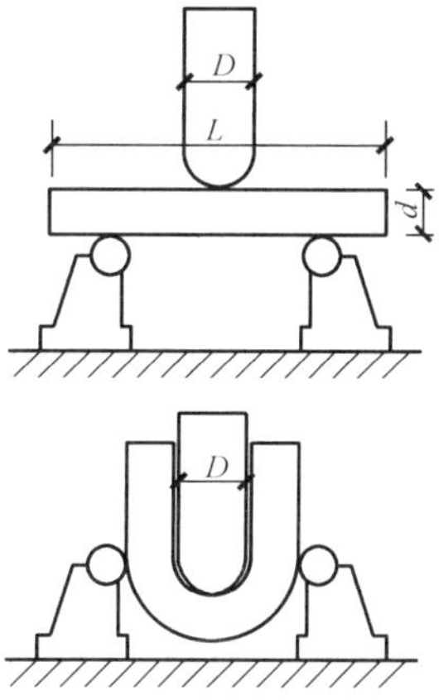

图 1-4　钢筋的冷弯试验

1.1.3　混凝土结构对钢筋性能的要求

（1）较高的强度和适宜的屈强比。钢筋的强度是指钢筋的屈服强度 f_y 及极限抗拉强度 f_u，其中钢筋的屈服强度 f_y（或条件屈服强度 $\sigma_{0.2}$）是设计计算时的主要依据。采用较高强度的钢筋，可节约钢材，提高经济效益。在钢筋混凝土结构中推广应用 500MPa 级或 400MPa 级强度高、塑性好的热轧钢筋，在预应力混凝土结构中推广应用高强预应力钢丝、钢绞线和预应力螺纹钢筋。限制使用并逐步淘汰强度较低、延性较差的钢筋，是今后混凝土结构的发展方向。

屈强比是指屈服强度 f_y 与极限抗拉强度 f_u 之比值，该值反映结构的可靠程度：屈强比 f_y/f_u 小，结构可靠度提高，但钢材强度的利用率低，不经济；屈强比 f_y/f_u 太大，结构可靠度降低。

（2）较好的塑性。钢筋有一定的塑性，可使其在断裂前产生较大的塑性变形，能给出构件将要破坏的预兆（有明显变形和裂缝），可避免突然的脆性破坏带来的危害。因此要求钢筋的伸长率和冷弯性能合格。

（3）较好的焊接性能。要求钢筋焊接后保证接头的受力性能良好，不产生裂纹和过大的变形。

（4）与混凝土之间具有良好的黏结。为保证钢筋与混凝土共同工作，要求钢筋与混凝土之间必须有足够的黏结力。钢筋表面的形状是影响黏结力的重要因素。

本着提高建筑品质，提高建筑物的可靠度，延长建筑物使用寿命，降低建筑材料的能耗等要求，推广具有较好的延性、可焊性、机械连接性能及适应性的普通热轧带肋钢筋。《规范》规定如下：

1）纵向受力普通钢筋可采用 HRB400、HRB500、HRBF400、HRBF500、HRB335、RRB400、HPB300 钢筋；梁、柱和斜撑构件的纵向受力普通钢筋宜采用 HRB400、HRB500、HRBF400 和 HRBF500 钢筋；箍筋宜采用 HRB400、HRBF400、HRB335、

HPB300、HRB500、HRBF500 钢筋。

2）预应力钢筋宜采用预应力钢丝、钢绞线和预应力螺纹钢筋。

1.2 混　凝　土

1.2.1 混凝土的强度

混凝土强度的大小不仅与组成材料的质量（如水泥、骨料的品种、级配）和配合比有关，而且还与硬化养护条件、龄期、试件的形状尺寸、试验方法、加载速度等外部因素有关。因此，在确定混凝土的强度指标时必须以统一规定的标准试验方法为依据。

混凝土的强度包括立方体抗压强度、轴心抗压强度和轴心抗拉强度。

一、立方体抗压强度

立方体抗压强度是衡量混凝土强度高低的基本指标值，是确定混凝土强度等级的依据。《规范》规定：按照标准方法制作养护的边长为 150mm 的立方体试件，在 28d 龄期用标准试验方法测得的具有 95%保证率的抗压强度作为混凝土的立方体抗压强度标准值，用 $f_{cu,k}$ 表示，单位为 N/mm^2（MPa）。

《规范》根据混凝土立方体抗压强度标准值，将混凝土强度等级划分为 14 级，分别为 C15、C20、C25、C30、C35、C40、C45、C50、C55、C60、C65、C70、C75、C80 表示。一般将 C50 以上的混凝土称为高强混凝土。

混凝土立方体抗压强度不仅与养护时的湿度、温度和龄期等因素有关，还与立方体试件的尺寸大小有关。试验表明，立方体试件尺寸越小，环箍效应影响越大，测得的抗压强度越高；反之，则测得的抗压强度越低。因此需将非标准试件的实测值乘以换算系数换算成标准试件的立方体抗压强度。采用边长 100mm 的立方体试件的换算系数为 0.95；采用边长 200mm 的立方体试件的换算系数为 1.05。

二、轴心抗压强度

实际工程中的混凝土构件一般均呈棱柱体状（即构件的长度比其横截面尺寸大得多），所以采用棱柱体试件比立方体试件能更好地反映混凝土的实际抗压能力。

试验表明，试件高宽比增大，抗压强度减低，当高宽比 $h/b=2\sim3$ 时，其强度值趋于稳定。我国采用 150mm×150mm×300mm 的棱柱体作为混凝土轴心抗压强度的标准试件，可测得混凝土的轴心抗压强度标准值，用 $f_{c,k}$ 表示。

混凝土轴心抗压强度是钢筋混凝土结构构件承载力计算的强度指标。

大量的试验数据表明，混凝土的轴心抗压强度标准值 $f_{c,k}$ 与立方体抗压强度标准值 $f_{cu,k}$ 之间近似有下列直线关系

$$f_{c,k}=0.88\alpha_{c1}\alpha_{c2}f_{cu,k} \tag{1-2}$$

式中 α_{c1}——棱柱体强度与立方体强度之比值，对≤C50 混凝土取 $\alpha_{c1}=0.76$，对 C80 取 $\alpha_{c1}=0.82$，中间按线性规律变化；

α_{c2}——C40 以上混凝土脆性折减系数，对 C40 取 $\alpha_{c2}=1.0$，对 C80 取 $\alpha_{c2}=0.87$，中间按线性规律变化；

0.88——考虑实际构件与试件混凝土强度之间的差异等因素而引入的修正系数。

三、轴心抗拉强度

混凝土轴心抗拉强度比抗压强度低得多，一般只有抗压强度的 1/20～1/10，且不与抗压强度成正比。混凝土强度等级越高，抗拉强度与抗压强度的比值越低。混凝土轴心抗拉强度标准值可采用轴向拉伸试验或劈裂抗拉试验来确定。

混凝土轴心抗拉强度是钢筋混凝土构件抗裂度、裂缝宽度和变形验算，以及受剪、受扭等承载力计算时的强度指标。

《规范》采用的混凝土的轴心抗拉强度标准值 $f_{t,k}$与立方体抗压强度标准值 $f_{cu,k}$之间的换算关系为

$$f_{t,k}=0.88\times0.395f_{cuk}^{0.55}(1-1.645\delta)^{0.45}\times\alpha_{c2} \tag{1-3}$$

式中　δ——混凝土强度试验结果的变异系数。

四、混凝土在复合应力作用下的强度

实际工程中的混凝土结构或构件，混凝土很少处于单向受力状态，往往是处于双向或三向复合压应力状态。在复合应力状态下，混凝土的强度和变形性能有明显的变化。

（一）混凝土的双向或三向受压强度

混凝土双向或三向受压时，混凝土一向的抗压强度随另两向压应力的增加而增大，并且混凝土的极限压应变也大大增加。这是由于侧向压力约束了混凝土的横向变形，抑制了混凝土内部裂缝的出现和开展，使得混凝土的强度和延性均有明显提高。

利用三向受压可使混凝土抗压强度得以提高这一特性，在实际工程中可将受压构件做成“约束混凝土”，以提高混凝土的抗压强度和延性。常用的有配置密排侧向箍筋、螺旋箍筋柱及钢管混凝土柱等。

（二）混凝土在正应力和剪应力共同作用下的强度

试验结果表明，混凝土的抗剪强度随拉应力的增大而减小；当压应力小于（0.5～0.7）f_c时，抗剪强度随压应力的增大而增大；当压应力大于（0.5～0.7）f_c时，由于混凝土内裂缝的明显发展，抗剪强度反而随压应力的增大而有所减小。

五、混凝土强度等级的选用

《规范》对混凝土强度等级的选用有如下规定：

素混凝土结构的混凝土强度等级不应低于 C15；钢筋混凝土结构的混凝土强度等级不应低于 C20；当采用强度等级 400MPa 及以上的钢筋时，混凝土强度等级不应低于 C25；承受重复荷载的钢筋混凝土构件，混凝土强度等级不应低于 C30。

预应力混凝土结构的混凝土强度等级不宜低于 C40，且不应低于 C30。

1.2.2　混凝土的变形

混凝土的变形分为两类：一类是混凝土的受力变形，包括一次短期加载下的变形，荷载长期作用下的变形和多次重复荷载作用下的变形等；另一类是混凝土由于收缩和温、湿度变化而产生的变形。

一、混凝土在一次短期加载时的变形性能

（一）混凝土在一次短期加载下的应力—应变关系

混凝土在一次短期加载下的应力—应变关系是混凝土最基本的力学性能之一，它可较全面地反映混凝土的强度和变形特点，也是确定构件截面上混凝土受压区应力分布图形的主要依据。

图 1-5 所示为混凝土棱柱体试件在受压时实测的应力—应变曲线，可看到曲线由上升段 OC 和下降段 CF 两部分组成。

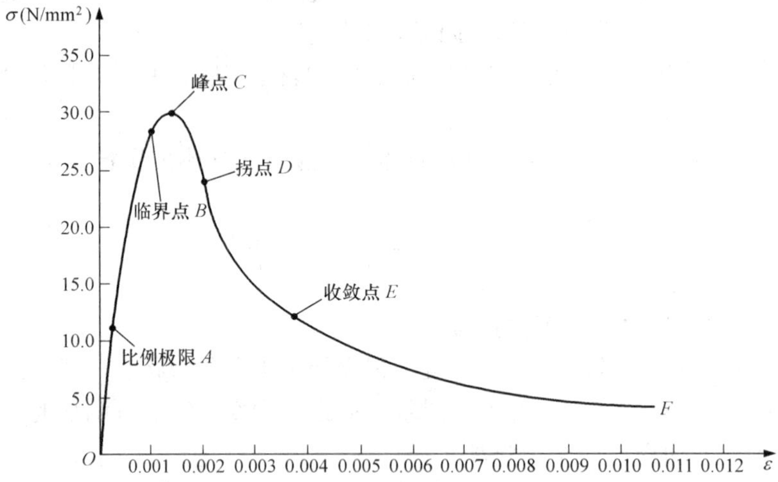

图 1-5　混凝土棱柱体受压应力—应变曲线

上升段 OC 大致可分为三段：

（1）第一阶段 OA 段为准弹性阶段，此时混凝土压应力较小（$\sigma_c \leqslant 0.3f_c$），应力—应变关系接近直线，卸载后应变可恢复到零，A 点称为比例极限。

（2）第二阶段 AB 段为混凝土内部微裂缝稳定发展阶段，随混凝土压应力继续增大（$0.3f_c < \sigma_c \leqslant 0.8f_c$），混凝土呈现明显的非弹性性质，应变的增加速度比应力快，应力—应变关系偏离直线逐渐弯曲，B 点为临界点。

（3）第三阶段 BC 段为裂缝不稳定扩展阶段，随着荷载进一步增加，曲线明显弯曲直至峰值 C 点，混凝土的塑性变形显著增大，混凝土内裂缝发展很快并相互贯通，进入不稳定状态。峰值 C 点的应力 σ_c 即为混凝土的轴心抗压强度 f_c，相应的峰值压应变 ε_0 为 0.0015～0.0025。对 C50 及以下的素混凝土通常取 $\varepsilon_0 = 0.002$。

下降段 CF：

当混凝土压应力达到 f_c 后，曲线开始下降，承载力逐渐降低，应变继续增大，并在 D 点出现拐点；超过 D 点后曲线下降加快，至 E 点曲率最大，E 点称为收敛点；超过 E 点后，试件的贯通主裂缝已经很宽，已失去结构意义。D 点相应的应变称为混凝土的极限压应变 ε_{cu}，一般为 0.0033。ε_{cu} 值越大，说明混凝土的塑性变形能力越强，即材料的延性越好，抗震性能越好。当处于轴向受压时极限压应变 ε_{cu} 取 ε_0（即 0.002）。

图 1-6 为不同强度混凝土的应力—应变曲线。由图可看出，随着混凝土强度的提高，上升段曲线的直线部分增大，峰值应变 ε_0 也有所增大；但混凝土强度越高，曲线下降段越陡，延性越差。

混凝土受拉时的应力—应变曲线与受压类似，但极限拉应变小得多，为 $(1\sim1.5)\times10^{-4}$，因此混凝土受拉时极易开裂。

（二）混凝土受压时纵向应变与横向应变的关系

混凝土试件在一次短期加压时，除了产生纵向压缩应变 ε_{cv} 外，还将在横向产生膨胀应

变 ε_{ch}。横向应变与纵向应变的比值 $\nu_c = \varepsilon_{ch}/\varepsilon_{cv}$ 称为横向变形系数，又称为泊松比。在混凝土应力值 $\sigma_c < 0.5f_c$ 时，横向变形系数基本保持为常数；当 $\sigma_c > 0.5f_c$ 时，横向变形突然逐渐增大，应力越高，增大速度越快，表明试件内部微裂缝迅速发展。当材料处于弹性阶段时，混凝土的横向变形系数（泊松比）可取 $\nu_c = 0.2$。

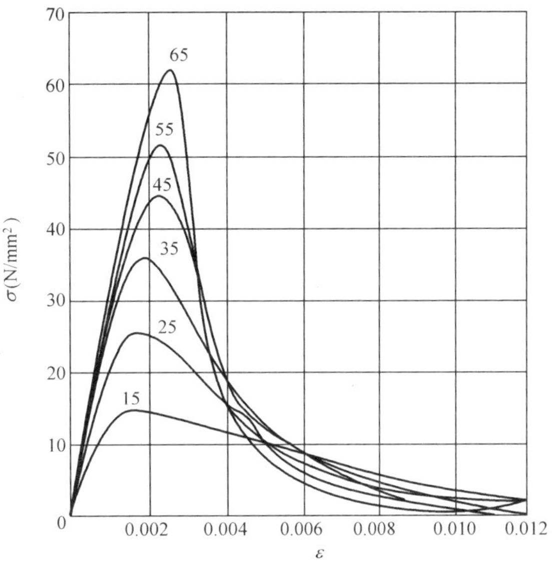

图 1-6　不同强度混凝土的应力—应变曲线

（三）混凝土的弹性模量、变形模量和剪变模量

混凝土的应力与其弹性应变之比称为混凝土的弹性模量，用符号 E_c 表示。《规范》采用以下经验公式计算混凝土的弹性模量

$$E_c = \frac{10^5}{2.2 + \dfrac{34.74}{f_{cu,k}}} \tag{1-4}$$

混凝土的应力与其弹塑性总应变之比称为混凝土的变形模量，用符号 E_c' 表示。该值小于混凝土的弹性模量 E_c。混凝土的弹性模量 E_c 与变形模量 E_c' 的关系为

$$E_c' = \nu E_c \tag{1-5}$$

式中　ν——混凝土弹性特征系数，当 $\sigma_c \leqslant 0.3f_c$ 时，$\nu = 1.0$；$\sigma_c = 0.5f_c$ 时，$\nu = 0.8 \sim 0.9$；$\sigma_c = 0.9f_c$ 时，$\nu = 0.4 \sim 0.7$。

混凝土的剪变模量是指剪应力和剪应变的比值，用 G_c 表示。《规范》取 $G_c = 0.4E_c$。

二、混凝土在重复荷载作用下的变形性能

工程中的某些构件，例如工业厂房中的吊车梁，在其使用期限内要承受大约 200 万次以上的重复荷载作用，在多次重复荷载作用情况下，混凝土的强度和变形性能都有着重要变化。混凝土在荷载重复作用下引起的破坏称为疲劳破坏。疲劳破坏的产生取决于加载时应力是否超过混凝土疲劳强度 f_c^f。试验表明，混凝土疲劳强度 f_c^f 低于轴心抗压强度 f_c，大致在 $(0.4 \sim 0.5)f_c$，此值的大小与荷载重复作用的次数、应力变化幅度及混凝土强度等级有关。

通常，承受重复荷载作用并且荷载循环次数不少于 200 万次的构件必须进行疲劳验算。

三、混凝土在荷载长期作用下的变形性能——徐变

混凝土在不变荷载长期作用下，其应变随时间而继续增长的现象称为混凝土的徐变。

混凝土徐变对混凝土结构和构件的工作性能有很大的影响。由于混凝土的徐变，会使受弯构件的变形增大，使结构或构件产生内力重分布。在预应力混凝土结构中还会产生较大的预应力损失。

试验表明，徐变的发展规律是先快后慢，通常在最初六个月内可完成最终徐变量的 70%～80%，第一年内可完成最终徐变量的 90%左右，其余部分在以后几年内逐步完成，经过 2～5 年徐变基本结束。

产生徐变的原因通常认为有两方面：一是混凝土中尚未形成水泥石结晶体的水泥石凝胶

体的黏性流动所致；二是由于混凝土内部微裂缝在长期荷载作用下不断发展和增长，从而导致应变的增长。

混凝土的徐变与初始加载应力大小有直接关系。当初应力 $\sigma_c \leqslant 0.5f_c$ 时，徐变与 σ_c 成正比，称为线性徐变；当 $\sigma_c > 0.5f_c$ 时，徐变与 σ_c 已不再呈线性关系，徐变变形比应力增长要快，称为非线性徐变；当 $\sigma_c \approx 0.8f_c$ 时，徐变变形急剧增长不再收敛，其增长会超出混凝土变形能力而导致混凝土破坏。因此，一般取 $\sigma_c = 0.8f_c$ 作为荷载长期作用下混凝土抗压强度的极限。混凝土构件在使用期间，应当避免经常处于不变的高应力状态。

影响徐变的因素很多，主要有以下几方面：

（1）应力条件：指混凝土初始加载应力和加载时混凝土的龄期，这是影响徐变的最主要因素。初始加载应力越大，徐变越大；加载时混凝土的龄期越短，徐变越大。在实际工程中，应加强养护使混凝土尽早结硬可减小徐变。

（2）内在因素：指混凝土的组成和配合比。水泥用量越多，水泥胶体越多，水灰比越大，徐变越大；骨料越坚硬，徐变越小。

（3）环境因素：指养护及使用条件下的温度和湿度影响。养护的温度越高，湿度越大，水泥水化作用就越充分，徐变就越小；试件受荷后，环境温度越低、湿度越大，以及体表比（构件体积与表面积的比值）越大，徐变就越小。

四、混凝土的收缩、膨胀和温度变形

混凝土在凝结硬化过程中，体积会发生变化，在空气中硬化时体积会收缩，而在水中硬化时体积会膨胀。通常，收缩值要比膨胀值大很多，对结构有明显的不利影响，故必须注意；而膨胀值其量值很小，对结构有利，一般可不予考虑。

混凝土的收缩是一种随时间增长而增大的变形，凝结硬化初期收缩变形发展较快，一个月可完成全部收缩的50%，三个月后增长逐渐缓慢，一般两年后趋于稳定，最终收缩应变为 $(2\sim5)\times10^{-4}$。

引起混凝土收缩的原因，在硬化初期主要是水泥石凝固过程中产生的体积变形，简称凝缩，它是不可恢复的；后期主要是混凝土内自由水分蒸发而引起的收缩，简称干缩，当干缩后的混凝土再次吸水时，部分干缩变形可以恢复。

影响混凝土收缩的因素有内在因素和环境影响：

（1）内在因素：水泥强度高、水泥用量多、水灰比大，则收缩量越大；骨料粒径大、级配好、弹性模量高，则收缩量越小；混凝土越密实，收缩就越小。

（2）环境影响：混凝土在养护和使用期间的环境湿度大，则收缩量小；采用高温蒸汽养护时，收缩减小。

此外，混凝土构件的表面面积与其体积的比值越大，收缩量越大。

混凝土收缩属于自发变形，当受到外部（支座）或内部（钢筋）的约束时，将使混凝土中产生拉应力，从而加速裂缝的出现和发展；在预应力混凝土结构中，收缩还会导致预应力损失。在工程中为尽量减小收缩，可采取如下措施：

1）减小水泥用量和水灰比。

2）选择粒径大、级配好的骨料。

3）提高混凝土的密实度。

4）加强混凝土的早期养护。

5）设置施工缝、设置构造钢筋等。

混凝土随温度的升降会产生胀缩，称之为温度变形。混凝土的温度线膨胀系数约为（1.0～1.5）$\times 10^{-5}$/℃，《规范》取为 1.0$\times 10^{-5}$/℃，它与钢筋的线膨胀系数 1.2$\times 10^{-5}$/℃相近，因此，当温度发生变化时，在混凝土和钢筋之间引起的内应力很小，不会影响到钢筋与混凝土之间的黏结。但对结构构件来说，当温度应力过大时，则可能造成混凝土结构的裂缝。

在工程中为防止混凝土产生收缩裂缝和温度裂缝，可根据工程具体情况采取设置温度收缩缝、设置承受温度应力的构造钢筋，设置混凝土后浇带等措施。

1.3　钢筋与混凝土的黏结

1.3.1　黏结力的组成

在钢筋混凝土结构中，钢筋和混凝土这两种性质不同的材料之所以能有效地结合在一起共同工作，除了二者之间温度线膨胀系数相近及混凝土包裹钢筋具有保护作用以外，主要的原因是两者在接触面上具有良好的黏结作用。该作用可承受黏结表面上的剪应力，抵抗钢筋与混凝土之间的相对滑动。

试验研究表明，黏结力由三部分组成：①因水泥颗粒的水化作用形成的凝胶体对钢筋表面产生的胶结力；②因混凝土结硬时体积收缩，将钢筋紧紧握裹而产生的摩擦力；③由于钢筋表面凹凸不平与混凝土之间产生的机械咬合力。其中，胶结力作用最小，光面钢筋以摩擦力为主，带肋钢筋以机械咬合力为主。

1.3.2　黏结强度及其影响因素

钢筋与混凝土的黏结面上所能承受的平均剪应力的最大值称为黏结强度，用 τ_u 表示。黏结强度 τ_u 可用拔出试验来测定，如图 1-7 所示。试验表明，黏结应力沿钢筋长度的分布是不均匀的，最大黏结应力产生在离端头某一距离处，越靠近钢筋尾部，黏结应力越小。如果埋入长度太长，则埋入端端头处黏结应力很小，甚至为零。

试验结果表明，影响黏结强度的主要因素有以下几点：

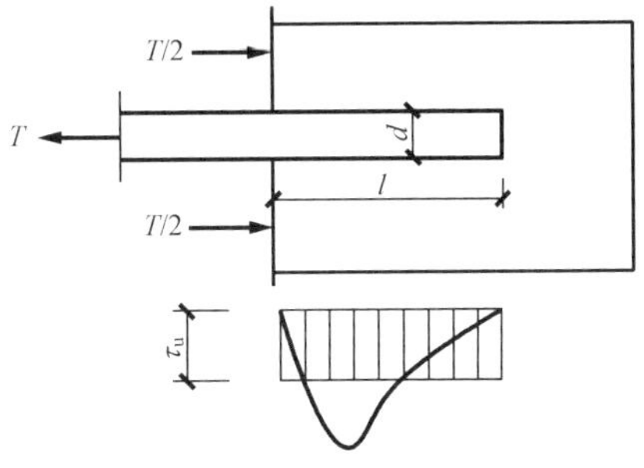

图 1-7　钢筋锚固端拔出试验时的黏结应力

（1）钢筋表面形状。变形钢筋表面凹凸不平，与混凝土之间机械咬合力大，则黏结强度高于光面钢筋。工程中通过将光面钢筋端部做弯钩来增加其黏结强度。

（2）混凝土的强度等级。混凝土强度等级越高，黏结强度越大，但不与立方体抗压强度 f_{cu}成正比，与混凝土的抗拉强度 f_t 大致成正比例关系。

（3）保护层厚度及钢筋净距。混凝土保护层较薄时，其黏结力将降低，并易在保护层最薄弱处出现纵向劈裂裂缝，使黏结力提早破坏。为此，《规范》对保护层最小厚度和钢筋的最小间距均做了要求。

（4）横向钢筋。构件中设置横向钢筋（如梁中箍筋），可以延缓径向劈裂裂缝的发展和限制劈裂裂缝的宽度，从而提高黏结强度。所以，《规范》要求在钢筋的锚固区和搭接范围要增设附加箍筋。

1.3.3 保证黏结的构造措施

一、锚固长度

为保证钢筋受力后有可靠的黏结，不产生相对滑移，纵向钢筋必须伸过其受力截面在混凝土中有足够的埋入长度。《规范》以钢筋应力达到屈服强度 f_y 时，不发生黏结锚固破坏时的最小埋入长度，作为确定锚固长度的依据。锚固长度的取值主要取决于黏结强度 τ_u 值的高低，当黏结强度 τ_u 值高时，所需锚固长度就小；否则，所需锚固长度值就大。

（一）基本锚固长度 l_{ab}

受拉钢筋的基本锚固长度又称为基本锚固长度，用 l_{ab} 表示，它与钢筋强度、混凝土强度等级、钢筋直径及外形有关。当计算中充分利用钢筋的抗拉强度时，受拉钢筋的锚固长度 l_{ab} 按下式计算

普通钢筋
$$l_{ab}=\alpha\frac{f_y}{f_t}d \tag{1-6}$$

预应力筋
$$l_{ab}=\alpha\frac{f_{py}}{f_t}d \tag{1-7}$$

式中 l_{ab}——受拉钢筋的基本锚固长度；
f_y——钢筋的抗拉强度设计值；
f_t——混凝土轴心抗拉强度设计值，当混凝土>C60 时，按 C60 取用；
d——钢筋的公称直径；
α——钢筋的外形系数，按表 1-2 取用。

表 1-2　钢筋的外形系数

钢筋类型	光面钢筋	带肋钢筋	螺旋肋钢丝	三股钢绞线	七股钢绞线
α	0.16	0.14	0.13	0.16	0.17

注　光面钢筋末端应做 180°弯钩，弯后平直段长度不应小于 $3d$，但作受压钢筋时可不做弯钩。

按式（1-6）计算的纵向受拉钢筋的基本锚固长度 l_{ab} 见表 1-3。

表 1-3　受拉钢筋的基本锚固长度 l_{ab}　mm

钢筋种类	混凝土强度等级					
	C20	C25	C30	C35	C40	C45
HPB300	$39d$	$34d$	$30d$	$28d$	$25d$	$24d$
HRB335 HRBF335	$38d$	$33d$	$29d$	$27d$	$25d$	$23d$
HRB400 HRBF400 RRB400	—	$40d$	$35d$	$32d$	$29d$	$28d$
HRB500 HRBF500	—	$48d$	$43d$	$39d$	$36d$	$34d$

注　1. HPB300 钢筋为受拉钢筋时，其末端应做 180°弯钩，弯后平直段长度不应小于 $3d$；当为受压钢筋时可不做弯钩。
2. 在任何情况下，锚固长度不得小于 200mm。

（二）受拉钢筋的锚固长度 l_a

一般情况下，受拉钢筋的锚固长度可取基本锚固长度。考虑各种影响钢筋与混凝土黏结锚固强度的因素，当采取不同的埋置方式和构造措施时，锚固长度应按下式计算

$$l_a = \zeta_a l_{ab} \tag{1-8}$$

式中　l_a——受拉钢筋的锚固长度；

ζ_a——锚固长度修正系数，按下面规定取用，当多于一项时，可按连乘计算。经修正后的锚固长度，不应小于基本锚固长度的 0.6 倍且不小于 200mm；对预应力钢筋，ζ_a 可取 1.0。

纵向受拉普通钢筋的锚固长度修正系数 ζ_a 应根据钢筋的锚固条件按下列规定取用：

（1）当带肋钢筋的公称直径大于 25mm 时取 1.10。

（2）对环氧树脂涂层钢筋取 1.25。

（3）当钢筋在混凝土施工过程中易受扰动（如滑模施工）时取 1.10。

（4）锚固区保护层厚度为 $3d$ 时可取 0.8；锚固区保护层厚度为 $5d$ 时可取 0.7；中间按内插法取值（此处 d 为锚固钢筋的直径）。

（5）当纵向受拉钢筋末端采用机械弯钩或机械锚固措施（图 1-8）时，包括弯钩或锚固端头在内的锚固长度（投影长度）可取基本锚固长度 l_{ab} 的 0.6 倍。钢筋弯钩和机械锚固的形式和技术要求应符合表 1-4 及图 1-8 的规定。

表 1-4　钢筋弯钩和机械锚固的形式和技术要求

锚固形式	技术要求
90°弯钩	末端 90°弯钩，弯后直段长度 $12d$
135°弯钩	末端 135°弯钩，弯后直段长度 $5d$
一侧贴焊锚筋	末端一侧贴焊长 $5d$ 同直径钢筋，焊缝满足强度要求
两侧贴焊锚筋	末端两侧贴焊长 $3d$ 同直径钢筋，焊缝满足强度要求
焊端锚板	末端与厚度 d 的锚板穿孔塞焊，焊缝满足强度要求
螺栓锚头	末端旋入螺栓锚头，螺纹长度满足强度要求

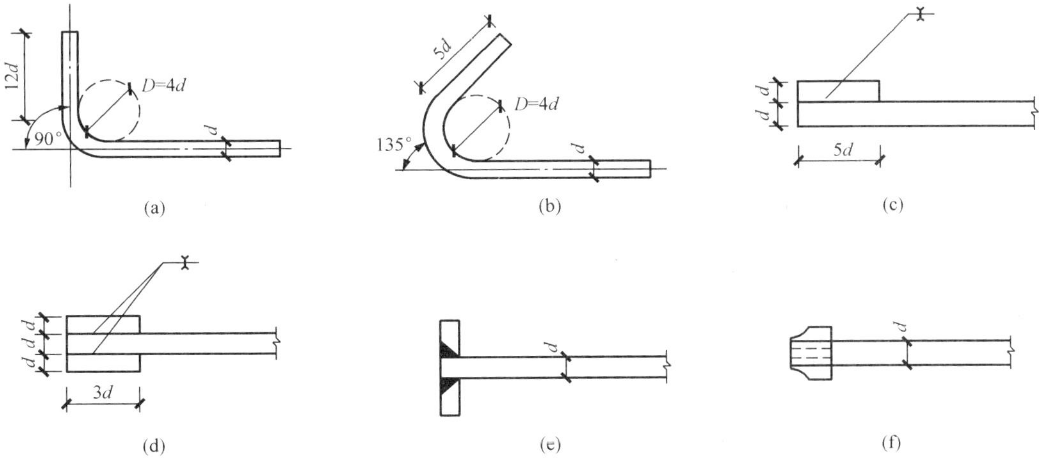

图 1-8　钢筋机械锚固的形式及构造要求

（a）弯折；（b）弯钩；（c）一侧贴焊锚筋；（d）两侧贴焊锚筋；（e）穿孔塞焊锚板；（f）螺栓锚头

采用机械锚固措施时，锚固长度范围内的箍筋不应少于3个，其直径不应小于$d/4$，间距不应大于$5d$，且不大于100mm；当纵向钢筋保护层厚度大于$5d$时，可不配置上述钢筋（此处d为锚固钢筋的直径）。

（三）受压钢筋的锚固长度

混凝土结构中的纵向受压钢筋，当计算中充分利用钢筋的抗压强度时，其锚固长度不应小于相应受拉锚固长度的0.7倍。受压钢筋不应采用末端弯钩和一侧贴焊锚筋的锚固措施。

二、钢筋的连接

钢筋在构件中往往由于长度不足需要进行钢筋的连接。钢筋的连接可分为绑扎搭接连接、机械连接（锥螺纹套筒、钢套筒挤压连接等）或焊接连接三种。

绑扎搭接宜用于受拉钢筋直径不大于25mm以及受压钢筋直径不大于28mm的连接，机械连接宜用于直径不小于16mm受力钢筋的连接，焊接连接宜用于直径不大于28mm受力钢筋的连接。

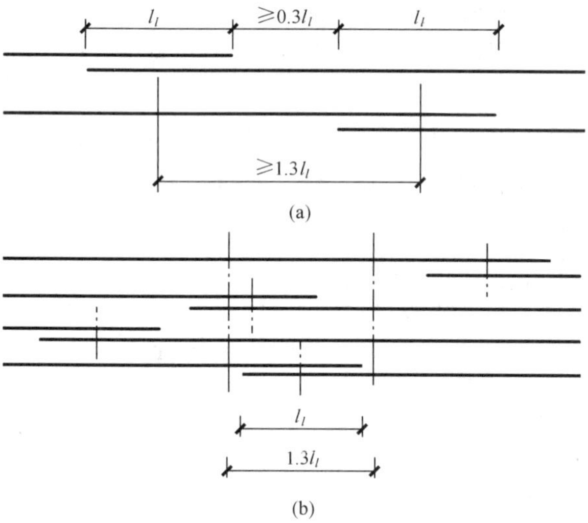

图1-9 同一连接区段内受拉钢筋搭接接头
（a）搭接接头间距；（b）同一搭接范围

受力钢筋的连接接头宜设置在受力较小处。在同一根受力钢筋上宜少设接头。在结构的重要构件和关键传力部位，纵向钢筋不宜设置连接接头。

（一）绑扎搭接连接

轴心受拉及小偏心受拉杆件（如桁架和拱的拉杆）的纵向受力钢筋不得采用绑扎搭接。同一构件中相邻纵向受力钢筋的绑扎搭接接头位置宜相互错开，两搭接接头的中心间距应大于1.3倍搭接长度l_l（图1-9），凡搭接接头中点位于该连接区段长度内的搭接接头均属于同一连接范围。

位于同一连接区段范围内的受拉钢筋搭接接头面积百分率，对梁类、板类及墙类构件，不宜大于25%；对柱类构件，不宜大于50%。当工程中确有必要增大受拉钢筋搭接接头面积百分率时，对梁类构件不应大于50%；对板类、墙类及柱类构件可根据实际情况放宽。粗细钢筋在同一区段搭接时，按较细钢筋的截面积计算接头面积百分率及搭接长度。这是由于钢筋通过接头传力时，按受力较小的细钢筋考虑承载受力。

绑扎搭接钢筋之间能够传力是由于钢筋与混凝土之间的黏结锚固作用，两根相向受力的钢筋分别锚固在搭接连接区段的混凝土中，都将拉力传递给混凝土，绑扎搭接完全是靠钢筋与混凝土之间的黏结力来传递内力的（图1-10）。若搭接长度不够，则可能造成黏结力的破坏，使构件失效。纵向受拉钢筋绑扎搭接接头的搭接长度l_l应根据位于

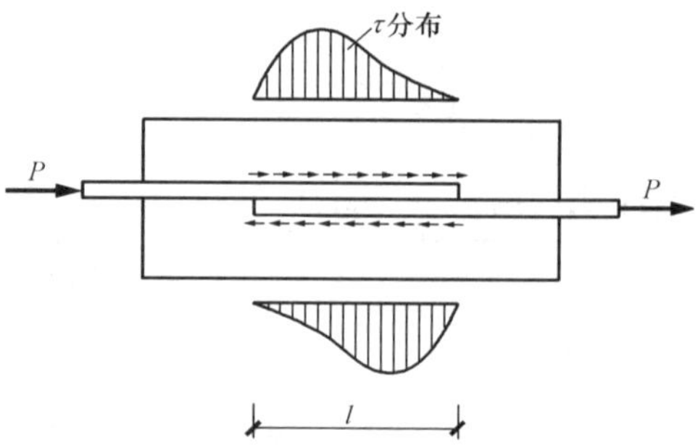

图1-10 钢筋搭接长度范围内的锚固黏结应力

同一连接区段内的钢筋搭接接头面积百分率按下式计算

$$l_l = \zeta_l l_a \quad (1-9)$$

式中　l_a——纵向受拉钢筋的锚固长度；

ζ_l——纵向受拉钢筋搭接长度修正系数，按表 1-5 取用。

表 1-5　纵向受拉钢筋搭接长度修正系数

纵向钢筋搭接接头面积百分率（%）	≤25	50	100
ζ_l	1.2	1.4	1.6

在任何情况下，纵向受拉钢筋的绑扎搭接接头的搭接长度均不应小于 300mm。

构件中的纵向受压钢筋，当采用搭接连接时，其受压搭接长度不应小于纵向受拉钢筋搭接长度的 0.7 倍，且不应小于 200mm。

在纵筋搭接长度范围内应配置箍筋，其直径不应小于搭接钢筋较大直径的 1/4。当钢筋受拉时，箍筋间距不应大于搭接钢筋较小直径的 5 倍，且不应大于 100mm，如图 1-11 所示；当钢筋受压时，箍筋间距不应大于搭接钢筋较小直径的 10 倍，且不应大于 200mm。当受压钢筋直径 d>25mm 时，尚应在搭接接头两个端面外 100mm 范围内各设置两个箍筋。

（二）机械连接

纵筋机械连接接头宜相互错开。钢筋机械连接接头连接区段长度为 35d（d 为连接钢筋的较小直径），凡接头中点位于该连接区段长度内的机械连接接头均属于同一连接区段。在受力较大处设置机械连接接头时，位于同一连接区段内的纵向受拉钢筋接头面积百分率不宜大于 50%。纵向受压钢筋的接头面积百分率可不受限制。直接承受动力荷载的结构构件中的机械连接接头，位于同一连接区段内的纵向受力钢筋接头面积百分率不应大于 50%。

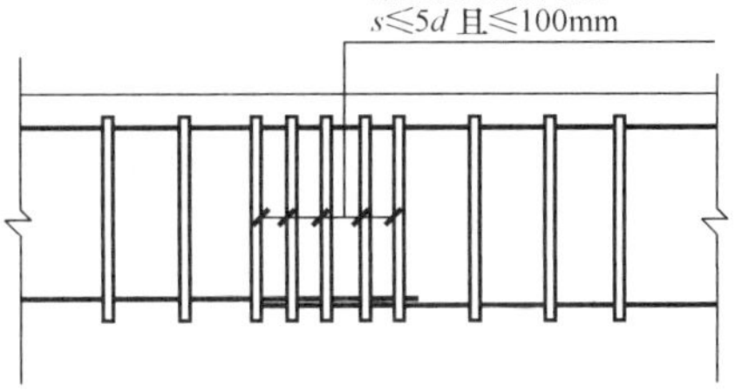

图 1-11　受拉钢筋搭接处箍筋加密

机械连接接头连接件的混凝土保护层厚度宜满足纵向受力钢筋最小保护层厚度的要求。连接件之间的横向净间距不宜小于 25mm。

（三）焊接连接

纵筋的焊接接头应相互错开。钢筋焊接接头连接区段的长度为 35d（d 为连接钢筋的较小直径）且不小于 500mm，凡接头中点位于该连接区段长度内的焊接接头均属于同一连接区段。位于同一连接区段内纵筋焊接接头面积百分率，对受拉钢筋接头不宜大于 50%，受压钢筋接头面积百分率可不受限制。

本章小结

（1）我国用于混凝土结构和预应力混凝土结构中的钢筋或钢丝可分为热轧钢筋、中强度预应力钢丝、消除应力钢丝、钢绞线和预应力螺纹钢筋。根据钢筋受拉时应力—应变关系特点的不同，可分为有明显屈服点钢筋和无明显屈服点钢筋。对于有明显屈服点的钢筋，其塑性较好，取其屈服强度作为强度设计指标；而无明显屈服点的钢筋，其强度较高，但塑性较差，取其残余应变为0.2%时所对应的应力 $\sigma_{0.2}$ 作为强度设计指标，称为条件屈服强度。

（2）钢筋的力学性能指标有屈服强度、极限抗拉强度、伸长率和冷弯性能四项。混凝土结构对钢筋性能的基本要求是强度高、塑性好、可焊性好以及与混凝土的黏结性好等方面。

（3）混凝土的立方体抗压强度是衡量混凝土强度的基本指标，用 f_{cu} 表示，我国规范采用立方体抗压强度作为评定混凝土强度等级的标准；混凝土轴心抗压强度能更好地反映混凝土构件的实际受力情况，用 f_c 表示；混凝土的抗拉强度也是其基本力学性能指标之一，用 f_t 表示，混凝土的开裂、裂缝宽度、变形验算等的计算均与抗拉强度有关。当混凝土处于三向受压状态时，由于侧向压力的约束作用，其强度和延性有大幅度的提高。

（4）混凝土属弹塑性材料，其应力—应变关系是混凝土力学性能的一个重要方面。混凝土在一次短期加载下的应力—应变全曲线包括上升段和下降段两部分。曲线峰值应力为 $\sigma_c=f_c$，其对应的应变取 $\varepsilon_0=0.002$，混凝土极限压应变取 $\varepsilon_{cu}=0.0033$。

（5）收缩是混凝土在空气中凝结硬化时自身体积减小的现象，是一种随时间增长而增大的变形。混凝土的收缩受到约束时将产生收缩拉应力，加速裂缝的出现和开展；在预应力混凝土结构中，混凝土的收缩将导致预应力的损失。在工程中应尽量减小混凝土的收缩变形。

（6）混凝土在不变荷载长期作用下随时间增长而增长的变形称为徐变。影响徐变的因素可分为内在因素、环境影响和应力条件三类。徐变是混凝土随时间发展而对结构有害的变形，徐变将使构件的变形增加，在预应力混凝土结构中将引起预应力损失。在工程中应尽量减小混凝土的徐变变形。

收缩与徐变发生的原因不同，但影响因素有共同之处，最明显的区别是徐变与应力状态有关，而收缩与应力无关。

（7）钢筋与混凝土之间的黏结力是保证钢筋与混凝土共同工作的基础，钢筋与混凝土之间的黏结力主要由化学胶结力、摩阻力和机械咬合力三部分组成。影响钢筋与混凝土黏结强度的因素主要有钢筋表面形状、混凝土强度、保护层厚度、钢筋净间距和横向钢筋等。在工程中一般通过必要的钢筋锚固长度、接头的搭接长度、端部设置弯钩等构造措施来保证钢筋与混凝土间的可靠黏结。

思考题

1-1　我国用于混凝土结构和预应力混凝土结构中的钢筋有哪些种类？有明显屈服点钢筋和无明显屈服点钢筋的应力—应变关系有什么不同？为什么将屈服强度作为强度设计指标？

1-2　钢筋的力学性能指标有哪些？混凝土结构对钢筋的性能有哪些基本要求？

1-3　混凝土立方体抗压强度如何确定？若采用非标准试块，则其换算系数是多少？

1-4　《规范》对混凝土强度等级的选用有何规定？

1-5　混凝土在双向或三向受压时的强度如何变化？

1-6　混凝土棱柱体试件在一次短期加载单轴受压试验所测得的应力—应变曲线有何

特点？

1-7　何谓混凝土的徐变？影响混凝土徐变的因素有哪些？徐变对普通混凝土结构和预应力混凝土结构有何影响？

1-8　何谓混凝土的收缩？收缩变形对混凝土结构有何影响？减小收缩可采取哪些措施？

1-9　钢筋与混凝土之间的黏结力主要由哪几部分组成？影响黏结强度的因素主要有哪些？

1-10　受拉钢筋的锚固长度如何确定？

1-11　为保证钢筋与混凝土之间的黏结力，对钢筋的锚固与连接有哪些构造要求？

扫一扫

课程前导资源

第 2 章　建筑结构的基本设计原则

学习提要

本章主要学习建筑结构的基本构件及结构设计时共同采用的设计方法，即概率极限状态设计法及基本知识，以及地震和房屋抗震的基本知识。通过本章的学习，应掌握荷载的取值或计算；理解结构的功能要求及两种极限状态的基本概念，了解概率极限状态设计法的基本概念；掌握材料的设计强度与荷载的效应组合，了解实用设计表达式的应用；了解地震的特性，掌握地震震级、地震烈度、基本烈度和设防烈度的概念及区别。

2.1　结构上的荷载与荷载效应

2.1.1　结构上的作用

结构上的作用，是指能使结构或构件产生效应（内力、变形、裂缝等）的各种原因的总称。作用可分为直接作用和间接作用两类。

一、直接作用

直接作用是指直接以力的不同集结形式（集中力或分布力）施加在结构上的作用，通常也称为结构的荷载。例如结构构件的自重、楼面和屋面上的人群，以及物品重量、风压力、雪压力、积水、积灰等。

二、间接作用

间接作用是指能够引起结构外加变形和约束变形，从而产生内力效应的各种原因。例如地震、地基变形、混凝土的收缩和徐变变形、温度变化等。

工程结构中常见的作用多数是直接作用，也即荷载。

2.1.2　荷载的分类

结构上的荷载按其随时间的变异性的不同，分为以下三类。

一、永久荷载（恒荷载）

永久荷载是指在结构设计基准期内，其作用量值不随时间变化，或其变化幅度与平均值相比可以忽略不计的荷载，如结构构件自重。

这里的设计基准期是为确定荷载代表值及与时间有关的材料性能等取值而选用的时间参数。《工程结构可靠性设计统一标准》（GB 50153—2008）（以下简称《统一标准》）取结构的设计基准期为 50 年。

二、可变荷载（活荷载）

可变荷载是指在结构设计基准期内其作用量值随时间而变化，且其变化幅度与平均值相比不可忽略不计的荷载，如楼面活荷载、屋面活荷载、积灰荷载、吊车荷载、风荷载、雪荷载等。

三、偶然荷载

偶然荷载是指在结构设计基准期内不一定出现，而一旦出现其量值很大且持续时间很短的荷载，如爆炸力、撞击力等。

2.1.3　荷载代表值

进行结构或构件设计时，针对不同设计目的对荷载应赋予一个规定的量值，该量值即为荷载代表值。永久荷载的代表值采用标准值，可变荷载的代表值有标准值、组合值、频遇值和准永久值，其中荷载标准值为基本代表值。

一、荷载标准值

荷载标准值是指在设计基准期内，在正常情况下可能出现的最大荷载值，是建筑结构设计时采用的荷载基本代表值。我国《建筑结构荷载规范》（GB 50009—2012）（以下简称《荷载规范》）对荷载标准值的取值方法有具体规定。

永久荷载标准值 G_k 由于其变异性不大，可按结构构件的设计尺寸和材料单位体积的自重计算确定。表 2 - 1 中列出了部分常用材料和构件的自重，供学习时查用。例如某矩形截面钢筋混凝土梁，计算跨度为 $l_0=4.5\text{m}$，截面尺寸 $b\times h=200\text{mm}\times500\text{mm}$，钢筋混凝土的自重根据表 2 - 1 查得为 25kN/m^3，则该梁沿跨度方向均匀分布的自重标准值为 $g_k=0.2\times0.5\times25=2.5\text{kN/m}$。

表 2 - 1　　部分常用材料和构件的自重

序号	名称	自重	备注
1	素混凝土（kN/m^3）	22～24	振捣或不振捣
2	钢筋混凝土（kN/m^3）	24～25	
3	水泥砂浆（kN/m^3）	20	
4	石灰砂浆、混合砂浆（kN/m^3）	17	
5	浆砌普通砖（kN/m^3）	18	
6	浆砌机砖（kN/m^3）	19	
7	水磨石地面（kN/m^2）	0.65	10mm 面层，20mm 水泥砂浆打底
8	贴瓷砖墙面（kN/m^2）	0.5	包括水泥砂浆打底、共厚 25mm
9	木框玻璃窗（kN/m^2）	0.2～0.3	

可变荷载标准值 Q_k 是根据观测资料和试验数据，并结合工程实践经验而确定的，《荷载规范》各章中规定了可变荷载标准值的取值。表 2 - 2 列出了部分民用建筑楼面均布活荷载标准值，供学习时查用。

表 2 - 2　　部分民用建筑楼面均布活荷载标准值及其组合值、频遇值和准永久值系数

项次	类别	标准值（kN/m^2）	组合值系数 ψ_c	频遇值系数 ψ_f	准永久值系数 ψ_q
1	（1）住宅、宿舍、旅馆、办公楼、医院病房、托儿所、幼儿园。	2.0	0.7	0.5	0.4
	（2）试验室、阅览室、会议室、医院门诊室			0.6	0.5
2	教室、食堂、餐厅、一般资料档案室	2.5	0.7	0.6	0.5
3	（1）礼堂、剧场、影院、有固定座位的看台。	3.0	0.7	0.5	0.3
	（2）公共洗衣房	3.0	0.7	0.6	0.5

续表

项次	类　别	标准值（kN/m²）	组合值系数 ψ_c	频遇值系数 ψ_f	准永久值系数 ψ_q
4	（1）商店、展览厅、车站、港口、机场大厅及其旅客候车室。	3.5	0.7	0.6	0.5
	（2）无固定座位的看台	3.5	0.7	0.5	0.3
5	（1）健身房、演出舞台。	4.0	0.7	0.6	0.5
	（2）舞厅	4.0	0.7	0.6	0.3
6	（1）书库、档案库、储藏室。	5.0	0.9	0.9	0.8
	（2）密集柜书库	12.0			
7	厨房：				
	（1）一般的。	2.0	0.7	0.6	0.5
	（2）餐厅的	4.0	0.7	0.7	0.7
8	浴室、厕所、盥洗室	2.5	0.7	0.6	0.5
9	走廊、门厅、楼梯：				
	（1）宿舍、旅馆、医院病房、托儿所、幼儿园、住宅。	2.0	0.7	0.5	0.4
	（2）办公楼、餐厅、医院门诊部。	2.5	0.7	0.6	0.5
	（3）教学楼及其他可能人员密集的情况	3.5	0.7	0.5	0.3

注　1. 本表所给各项活荷载适用于一般使用条件，当使用荷载较大或情况特殊时，应按实际情况采用。

2. 第6项书库活荷载当书架高度大于2m时，书库活荷载尚应按每米书架高度不小于2.5kN/m² 确定。

3. 本表各项荷载不包括隔墙自重和二次装修荷载。

二、可变荷载组合值

当两种或两种以上可变荷载同时作用在结构上时，考虑到它们同时达到其标准值的可能性较小，故除产生最大作用效应的主导荷载外，其他可变荷载标准值均乘以小于1.0的组合值系数 ψ_c 作为代表值，称为可变荷载组合值。若 Q_k 为可变荷载标准值，ψ_c 为可变荷载组合值系数，则可变荷载组合值可表示为 $\psi_c Q_k$。表2-2列出部分可变荷载组合值系数 ψ_c，可查用。

三、可变荷载频遇值

对可变荷载在设计基准期内在结构上偶尔出现的较大荷载，称为可变荷载频遇值。其具有持续时间较短或发生次数较少的特点，其对结构的破坏性有所减缓。可变荷载频遇值由荷载标准值乘以小于1.0的频遇值系数 ψ_f 得到，其值可表示为 $\psi_f Q_k$。表2-2列出部分可变荷载频遇值系数 ψ_f，可查用。

四、可变荷载准永久值

对可变荷载在设计基准期内经常作用的可变荷载，称可变荷载准永久值。其具有总持续时间较长的特点，对结构的影响类似于永久荷载。可变荷载准永久值由荷载标准值乘以小于1.0的准永久值系数 ψ_q 得到，其值可表示为 $\psi_q Q_k$。表2-2列出部分可变荷载准永久值系数

ψ_q，可查用。

2.1.4　荷载效应 S

荷载效应是指由荷载在结构上产生的各种内力（弯矩、剪力、扭矩、压力、拉力等）和变形（挠度、侧移、裂缝等）的统称，以“S”表示。荷载效应是结构设计的依据之一。

一般情况下，荷载效应 S 与荷载 Q 之间，可近似按线性关系考虑，即

$$S = CQ \tag{2-1}$$

式中　S——与荷载 Q 相应的荷载效应；

C——荷载效应系数，通常由力学分析确定；

Q——某种荷载。

例如，某简支梁承受均布荷载 q 作用，计算跨度为 l，由力学方法计算可知其跨中弯矩为 $M=\frac{1}{8}ql^2$，支座处剪力为 $V=\frac{1}{2}ql$。那么，弯矩 M 和剪力 V 均相当于荷载效应 S，q 相当于荷载 Q，$\frac{1}{8}l^2$ 和 $\frac{1}{2}l$ 则均相当于荷载效应系数 C。

由于结构上的荷载是一个不确定的随机变量，所以荷载效应 S 一般来说也是一个随机变量。

2.1.5　荷载分项系数及荷载设计值

由于荷载是随机变量，考虑其有超过荷载标准值的可能性，会导致结构计算时可靠度严重不一致等不利影响，根据对结构构件的可靠度分析并考虑工程经验，设计时一般将荷载标准值乘以一个大于 1 的调整系数，即荷载分项系数。

考虑到永久荷载标准值与可变荷载标准值的保证率不同，故分别采用不同的分项系数。以 γ_G 及 γ_Q 分别表示永久荷载及可变荷载的分项系数，γ_G 及 γ_Q 应根据《荷载规范》按表 2-3 采用。

表 2-3　荷载分项系数 γ_G 或 γ_Q

荷载类别	荷载分项系数	当作用效应对结构不利时	当作用效应对结构有利时
永久荷载	γ_G	1.3	≤1.0
可变荷载	γ_Q	1.5	0

荷载标准值与荷载分项系数的乘积称为荷载设计值，其数值大体相当于结构在非正常使用情况下荷载的最大值，它比荷载的标准值具有更大的可靠度。荷载设计值与荷载效应系数的乘积则称为荷载效应设计值，在结构承载力设计中，应采用荷载设计值。

2.2　结构抗力和材料强度

2.2.1　结构抗力 R

结构抗力是指结构或构件承受各种荷载效应的能力，即承载能力和抗变形能力，用“R”表示。承载能力包括受弯、受剪、受拉、受压、受扭等各种抵抗外力作用的能力；抗

变形能力包括抗裂性能、刚度等。例如，截面尺寸为 $b\times h=200\text{mm}\times450\text{mm}$ 的矩形截面钢筋混凝土简支梁，采用 C25 混凝土，在截面下部受拉区配有 3 Φ 22 的 HRB335 级钢筋，经正截面承载力计算（计算方法详见第 3 章）此梁能够承担的弯矩为 115kN·m，即该梁的抗弯承载力（即抗力）$R=115\text{kN}\cdot\text{m}$。

影响结构抗力的因素有材料性能（强度、变形模量等物理力学性能）、构件几何参数、配筋情况以及计算模式的精确性等，通常结构抗力主要取决于材料强度。考虑到材料强度的变异性（材料不均质、生产工艺和环境、尺寸、加载方法等）、几何参数（如制作尺寸偏差、安装误差等）的不定性，以及计算模式精确性的不确定性（采用近似的基本假设、计算公式不精确）等因素影响，结构抗力也是一个随机变量。

2.2.2 材料强度的取值

在结构计算中，材料强度分为标准值和设计值。

一、材料强度标准值 f_k

材料强度的标准值是一种特征值，是结构设计时采用的材料强度的基本代表值，也是生产中控制材料质量的主要依据。

由于材料强度是一个随机变量，为了安全起见，材料强度值必须具有较高的保证率。《统一标准》中各类材料强度标准值的取值原则是：在符合规定质量的材料强度实测总体中，根据标准试件用标准试验方法测得的不小于 95％的保证率的强度值，也即材料强度的实际值大于或等于该材料强度值的概率在 95％以上。

二、材料强度设计值

由于材料材质的不均匀性，各地区材料的离散性，实验室环境与实际工程的差别，以及施工中不可避免的偏差等因素，导致材料强度存在变异性。考虑由于材料强度的变异以及几何参数和设计模式的不定性可能使结构抗力进一步降低的不利影响，设计时将材料强度标准值除以一个大于 1 的材料分项系数，得到材料强度设计值。

各种材料的分项系数是根据结构可靠度分析，并考虑材料的分布规律和一定的保证率确定的，其值应符合各类材料结构设计规范的规定。

混凝土材料分项系数用 γ_c 表示，其值 γ_c 取为 1.40。钢筋材料分项系数用 γ_s 表示，对延性较好的 400MPa 级及以下的热轧钢筋，取 $\gamma_s=1.10$；对 500MPa 级钢筋，取 $\gamma_s=1.15$；对延性稍差的预应力筋，γ_s 一般取不小于 1.20。

各类钢筋和各种强度等级混凝土的强度标准值、设计值以及弹性模量，分别列于附录 1、附录 2 中，设计学习时可直接查用。

2.3 结构设计的要求

2.3.1 结构的功能要求

结构设计的目的是要使所设计的结构在规定的设计使用年限内，用最经济的手段来获得预定条件下满足设计所预期的各种功能的要求。建筑结构应满足的功能要求包括以下方面。

一、安全性

结构在正常设计、施工和维护条件下，应能承受在施工和使用期间可能出现的各种作用而不发生破坏；当发生爆炸、撞击、人为错误等偶然事件时，结构仍能保持必需的整体稳固性，不致发生倒塌；当发生火灾时，在规定的时间内（1～2h）可保持足够的承载力。

二、适用性

结构在正常使用过程中应保持良好的使用性能。例如，不发生过大的变形、振幅、过宽的裂缝等，以免影响正常使用。

三、耐久性

结构在正常使用和正常维护条件下应具有足够的耐久性能，以保证结构能够正常使用到预定的设计使用期限。例如，在设计规定的使用期间内，钢筋不致因保护层过薄或裂缝过宽而发生锈蚀等影响结构的使用年限。

结构的安全性、适用性、耐久性可概括称为结构的可靠性，即在规定的时间内（设计使用年限），在规定的条件下（正常设计、正常施工、正常使用和维修），结构完成预定功能（安全性、适用性、耐久性）的能力称为结构的可靠性。结构设计的基本准则就是应用较经济的方法来保证结构的可靠性。

在各种随机因素的影响下，结构完成预定功能的能力不能事先确定，只能用概率来描述，结构的可靠性用可靠度来定量描述。结构的可靠度是指结构在设计使用年限内，在正常设计、施工、使用和维护的条件下完成预定功能的概率。结构可靠度与结构设计使用年限长短有关。

结构的设计使用年限，是指按规定指标设计的建筑结构或构件，在正常施工、正常使用和维护下，不需进行大修即可达到其预定功能要求的使用年限。应当注意的是，结构的设计使用年限并不等于建筑结构的使用寿命。当结构的实际使用年限超过设计使用年限后，并不意味着结构就要报废，但其可靠度将逐渐降低，其继续使用年限需经鉴定确定。我国《统一标准》将房屋建筑结构的设计使用年限分为四个类别，对设计使用年限均有明确规定，见表 2-4，若建设单位提出更高要求，则应按建设单位的要求确定。

还应指出的是，结构使用年限与设计基准期为两个完全不同的时间域，设计基准期是为确定荷载及材料性能而选定的一个时间参数，我国取为 50 年。

表 2-4　结构设计使用年限分类

类别	结构设计使用年限（年）	示　例	类别	结构设计使用年限（年）	示　例
1	5	临时性结构	3	50	普通房屋和构筑物
2	25	易于替换的结构构件	4	100	纪念性建筑和特别重要的建筑结构

2.3.2　结构功能的极限状态

结构能满足功能要求而良好地工作，称为"可靠"或"有效"，反之则结构"不可靠"或"失效"。区分结构工作状态的可靠与失效的标志是"极限状态"。若结构或结构的一部分超过某一特定状态，就不能满足设计规定的某一功能要求，此特定状态便称为该功能的极限状态。

结构功能的极限状态可分为下列两类。

一、承载能力极限状态

结构或结构构件达到最大承载能力、出现疲劳破坏、发生不适于继续承载的变形或因结构局部破坏而引发的连续倒塌的状态，称为承载能力极限状态。当结构或构件出现下列状态之一时，即认为超过了承载能力极限状态：

（1）整个结构或结构的一部分作为刚体失去平衡（即倾覆）、结构发生滑移或漂浮等不稳定情况。

（2）结构构件或连接因材料强度（包括疲劳强度）不足而破坏。

（3）结构或构件因产生过度的塑性变形而不适于继续承载。

（4）结构转变为机动体系而丧失承载能力。

（5）结构或构件丧失稳定。

（6）结构因局部破坏而发生连续倒塌。

（7）地基丧失承载力而破坏。

二、正常使用极限状态

结构或结构构件达到正常使用或耐久性的某项规定限值时的状态，称为正常使用极限状态。当结构或构件出现下列状态之一时，即认为超过了正常使用极限状态：

（1）影响正常使用及外观的变形。

（2）影响正常使用或耐久性能的局部破坏，如裂缝较宽，影响耐久性或使人心理上产生不可接受的感觉。

（3）影响正常使用的振动。

（4）影响正常使用的其他特定状态。

承载能力极限状态主要控制结构的安全性功能，结构一旦超过这种极限状态，会造成人身伤亡及重大经济损失，因此设计中应把出现这种情况的概率控制得非常小。正常使用极限状态主要考虑结构的适用性和耐久性功能，当结构或构件超过这种极限状态时一般不会造成人身伤亡及重大经济损失，因此设计中出现这种情况的概率控制得略宽一些。

为保证结构的安全可靠，对所有的结构和构件都应按承载能力极限状态进行设计计算，而正常使用极限状态的验算则根据具体使用要求进行。

2.3.3 结构功能函数

结构或结构构件的工作状态可用荷载效应 S 和结构抗力 R 的关系来描述

$$Z = g(R, S) = R - S \tag{2-2}$$

式中，Z 为结构的“功能函数”。由于 R 和 S 都是具有不确定性的随机变量，故 $Z=g(R, S)$ 也是一个随机变量函数。按照 Z 值的大小不同，可以用来描述结构所处的三种不同工作状态：

当 $Z>0(R>S)$ 时，表示结构能够完成预定功能，处于可靠状态；

当 $Z<0(R<S)$ 时，表示结构不能完成预定功能，处于失效状态；

当 $Z=0(R=S)$ 时，表示结构处于可靠与失效的临界状态，即极限状态。

可见，为使结构不超过极限状态，保证结构的可靠性的基本条件为

$$Z = R - S \geqslant 0 \tag{2-3}$$

即

$$R \geqslant S \tag{2-4}$$

2.4 概率极限状态设计法

2.4.1 可靠度及失效概率

结构能完成预定功能的概率（$R \geqslant S$ 的概率）称为“可靠概率”即“可靠度”，以 P_s 表示，不能完成预定功能的概率（$R < S$ 的概率）为“失效概率”，以 P_f 表示，显然，P_s 和 P_f 两者互补，两者的关系为

$$P_s + P_f = 1 \tag{2-5}$$

或

$$P_s = 1 - P_f \tag{2-6}$$

由于荷载效应 S、结构抗力 R 以及结构的“功能函数 Z”均是随机变量，所以要使结构设计做到绝对的可靠（$R \geqslant S$）是不可能的，合理的解答应是使所设计结构的失效概率降低到人们可以接受的程度。只要结构的失效概率足够小，就可以认为结构是可靠的。

2.4.2 结构安全等级与目标可靠指标

在进行建筑结构设计时，根据建筑物重要性的不同，也即结构一旦失效可能产生的后果（即危及人的生命、造成经济损失和产生的社会影响等）严重程度，《统一标准》将建筑结构划分为三个安全等级，并对其目标可靠指标（或失效概率）做适当调整，对重要建筑的目标可靠指标稍高。这三个安全等级分别是：

一级——重要的建筑物，例如大城市的消防指挥中心，一旦破坏后果很严重。

二级——一般的工业与民用建筑，破坏后果严重。

三级——次要的建筑物，例如畜牧建筑、临时建筑等，破坏后果不严重。

对于承载能力极限状态，不同安全等级的结构或构件设计时应采用的目标可靠指标（或失效概率）见表 2-5。

表 2-5　结构承载力极限状态的目标可靠度指标 β（失效概率 P_f）

破坏类型		安全等级		
		一级	二级	三级
延性破坏	β	3.7	3.2	2.7
	P_f	1.1×10^{-4}	6.9×10^{-4}	3.5×10^{-3}
脆性破坏	β	4.2	3.7	3.2
	P_f	1.3×10^{-5}	1.1×10^{-4}	6.9×10^{-4}

结构设计目标可靠度的大小对结构设计的影响较大。若结构目标可靠度定的高则造价高，但结构的可靠度低会产生不安全感。因此，结构目标可靠度的确定应以达到结构可靠与经济上的最佳平衡为原则。一般结构目标可靠度的确定需考虑公众心理、结构重要性、结构破坏性质和社会经济的承受能力等因素。结构构件破坏分延性破坏和脆性破坏两类，延性破坏有明显预兆，目标可靠指标可稍低些；脆性破坏常为突发性破坏，无明显预兆，危险性大，故目标可靠指标应稍高一些。

2.4.3 概率极限状态设计法

在进行结构设计时，应针对不同的极限状态，根据结构的特点和使用要求给出具体的标志和限值，以作为结构设计的依据。这种以相应于结构各种功能要求的极限状态作为结构设

计依据的设计方法称为“极限状态设计法”。

建筑结构按极限状态设计法进行设计，既可采用失效概率 P_f 度量结构的可靠性，也可采用可靠概率 P_s 来度量结构的可靠性。一般采用失效概率 P_f 来度量，只要使所设计结构的失效概率 P_f 足够小，则结构的可靠性必然高。

即应满足下列条件

$$P_f \leqslant [P_f] \tag{2-7}$$

式中 $[P_f]$——结构或构件的允许失效概率。

2.5 极限状态实用设计表达式

若采用失效概率 P_f 或可靠概率 P_s 进行结构构件的设计，需进行繁杂的概率运算。实际工程设计中，为了使结构的可靠性设计方法简便、实用，考虑到多年来设计人员的沿用习惯以及应用上的方便，《统一标准》将概率极限状态设计法转化为以基本变量标准值（如荷载标准值、材料强度标准值等）和分项系数（如荷载分项系数、材料强度分项系数等）形式表达的极限状态实用设计表达形式，以便于设计人员易于接受、理解和实际应用。

2.5.1 承载能力极限状态实用设计表达式

一、结构重要性系数 γ_0

考虑到结构不同安全等级的要求，引入了结构重要性系数 γ_0，以对不同安全等级建筑结构的可靠指标做相应调整，其数值是按结构构件的安全等级或设计使用年限并考虑工程经验确定的。

对安全等级为一级或设计使用年限为 100 年及以上的结构构件，γ_0 不应小于 1.1；对安全等级为二级或设计使用年限为 50 年的结构构件，γ_0 不应小于 1.0；对安全等级为三级或设计使用年限为 5 年的结构构件，γ_0 不应小于 0.9。在抗震设计中不考虑结构构件的重要性系数，即对地震设计状况下应取 1.0。

二、设计表达式

在承载能力极限状态设计中，当用内力的形式表达时，结构构件应采用的极限状态设计表达式

$$\gamma_0 S_d \leqslant R_d \tag{2-8}$$

式中 γ_0——结构构件的重要性系数；

S_d——承载能力极限状态的荷载效应组合设计值；

R_d——结构构件的抗力设计值。

三、荷载效应组合设计值 S_d

当结构上同时作用有多种可变荷载时，要考虑荷载效应的组合问题。

荷载效应组合是指在所有可能同时出现的诸荷载组合下，确定结构或构件内产生的总效应。荷载效应组合分为基本组合与偶然组合两种情况。

按承载能力极限状态设计时，应考虑荷载效应的基本组合，必要时尚应按荷载效应的偶然组合进行计算。

《荷载规范》规定：对于基本组合，荷载效应组合的设计值 S_d 应从下列两组组合中取最不利值确定：

（1）由可变荷载效应控制的组合

$$S_{\mathrm{d}}=\gamma_{\mathrm{G}}S_{\mathrm{Gk}}+\gamma_{\mathrm{Q1}}S_{\mathrm{Q1k}}+\sum_{i=2}^{n}\gamma_{\mathrm{Q}i}\psi_{\mathrm{c}i}S_{\mathrm{Q}i\mathrm{k}} \tag{2-9}$$

（2）由永久荷载效应控制的组合

$$S_{\mathrm{d}}=\gamma_{\mathrm{G}}S_{\mathrm{Gk}}+\sum_{i=1}^{n}\gamma_{\mathrm{Q}i}\psi_{\mathrm{c}i}S_{\mathrm{Q}i\mathrm{k}} \tag{2-10}$$

式中　γ_{G}——永久荷载的分项系数，按表 2-3 中规定采用；

γ_{Q1}，$\gamma_{\mathrm{Q}i}$——第一个可变荷载 $Q_{1\mathrm{k}}$和第 i 个可变荷载 $Q_{i\mathrm{k}}$的分项系数，按表 2-3 中规定采用；

S_{Gk}——按永久荷载标准值 G_{k} 计算的荷载效应值；

S_{Q1k}——在基本组合中起控制作用的一个可变荷载标准值 $Q_{1\mathrm{k}}$计算的荷载效应值；

$S_{\mathrm{Q}i\mathrm{k}}$——按第 i 个可变荷载标准值 $Q_{i\mathrm{k}}$计算的荷载效应值；

$\psi_{\mathrm{c}i}$——第 i 个可变荷载 $Q_{i\mathrm{k}}$的组合值系数，其值可据表 2-2 查得；

n——参与组合的可变荷载数。

（3）对于一般排架、框架结构，式（2-9）可采用以下简化公式

$$S_{\mathrm{d}}=\gamma_{\mathrm{G}}S_{\mathrm{Gk}}+\psi\sum_{i=1}^{n}\gamma_{\mathrm{Q}i}S_{\mathrm{Q}i\mathrm{k}} \tag{2-11}$$

式中　ψ——简化公式中的可变荷载组合系数，一般情况取 0.9，当只有一个可变荷载时取 1.0。

在以上各式中，$\gamma_{\mathrm{G}}S_{\mathrm{Gk}}$ 和 $\gamma_{\mathrm{Q}}S_{\mathrm{Qk}}$ 分别称为永久荷载效应设计值和可变荷载效应设计值，相应的 $\gamma_{\mathrm{G}}G_{\mathrm{k}}$ 和 $\gamma_{\mathrm{Q}}Q_{\mathrm{k}}$ 分别称为永久荷载设计值和可变荷载设计值。

当按荷载效应偶然组合进行设计时，具体的设计表达式及各系数的值，应符合有关专门规范的规定。

四、结构构件抗力设计值 $\boldsymbol{R}_{\mathrm{d}}$

结构构件抗力设计值 R_{d} 的一般表达式为

$$R_{\mathrm{d}}=R(f_{\mathrm{c}},\ f_{\mathrm{s}},\ \alpha_{\mathrm{k}}\cdots)/\gamma_{\mathrm{Rd}} \tag{2-12}$$

式中　$R(\cdot)$——结构构件的抗力函数。

γ_{Rd}——结构构件的抗力模型不定性系数：对一般结构构件取 1.0；对重要的结构构件或不确定性较大的结构构件，根据具体情况取大于 1 的数值；对抗震设计应采用承载力抗震调整系数 γ_{RE}代替 γ_{Rd}。

f_{c}——混凝土强度设计值。

f_{s}——普通钢筋或预应力钢筋强度设计值。

α_{k}——结构构件几何参数（尺寸）的标准值。

结构构件抗力设计值的具体计算公式将在以后各章中叙述。

2.5.2　正常使用极限状态实用设计表达式

按正常使用极限状态设计，主要是验算结构构件的变形、抗裂度或裂缝宽度，以使其满足结构适用性和耐久性的要求。当结构或结构构件达到或超过正常使用极限状态时，其后果是结构不能正常使用，但其危害程度不及承载能力引起的结构破坏造成的损失大，故对其可靠度的要求可适当降低。《统一标准》规定，计算时荷载及材料强度均取标准值，即不考虑荷载分项系数和材料分项系数，也不考虑结构的重要性系数 γ_0。

一、设计表达式

正常使用极限状态计算中，按下列设计表达式进行设计

$$S_d \leqslant C \tag{2-13}$$

式中　S_d——正常使用极限状态的荷载效应组合的设计值；

C——结构构件达到正常使用要求的规定限值，例如变形限值 f_{lim}、裂缝宽度限值 w_{lim} 等。

二、荷载效应组合值 S

在正常使用极限状态设计时，应根据不同的设计目的，分别按荷载效应的标准组合、准永久组合进行设计。

对于标准组合，其荷载效应组合值 S 的表达式为

$$S = S_{Gk} + S_{Q1k} + \sum_{i=2}^{n} \psi_{ci} S_{Qik} \tag{2-14}$$

对于准永久组合，其荷载效应组合值 S 的表达式为

$$S = S_{Gk} + \sum_{i=1}^{n} \psi_{qi} S_{Qik} \tag{2-15}$$

式中　ψ_{qi}——可变荷载 Q_{ik} 的准永久值系数，其值可由表 2-2 查得。

【例 2-1】 某教学楼钢筋混凝土矩形截面简支梁，安全等级为二级，计算跨度 $l_0=6$m，作用在梁上的永久荷载（含自重）标准值 $g_k=15$kN/m，可变荷载标准值 $q_k=6$kN/m，试分别按承载能力极限状态设计时和正常使用极限状态设计时的各项组合计算梁跨中弯矩值。

解　（1）均布荷载标准值 g_k 和 q_k 作用下的跨中弯矩标准值：

永久荷载作用下

$$M_{Gk} = \frac{1}{8} g_k l_0^2 = \frac{1}{8} \times 15 \times 6^2 = 67.5\text{kN} \cdot \text{m}$$

可变荷载作用下

$$M_{Qk} = \frac{1}{8} Q_k l_0^2 = \frac{1}{8} \times 6 \times 6^2 = 27\text{kN} \cdot \text{m}$$

（2）承载能力极限状态设计时的跨中弯矩设计值：

安全等级为二级，取 $\gamma_0=1.0$。

荷载效应基本组合：

查表 2-3，取 $\gamma_G=1.3$，$\gamma_Q=1.5$，则

$$\begin{aligned} M &= \gamma_0(\gamma_G M_{Gk} + \gamma_{Q1} M_{Q1k}) \\ &= 1.0 \times (1.3 \times 67.5 + 1.5 \times 27) \\ &= 128.25\text{kN} \cdot \text{m} \end{aligned}$$

（3）正常使用极限状态设计时各项组合的跨中弯矩：

查表 2-2，取 $\psi_q=0.5$。按标准组合为

$$M = M_{Gk} + M_{Qk} = 67.5 + 27 = 94.5\text{kN} \cdot \text{m}$$

按准永久组合为

$$M = M_{Gk} + \psi_q M_{Qk} = 67.5 + 0.5 \times 27 = 81\text{kN} \cdot \text{m}$$

2.6　建筑结构抗震基本知识简介

一、地震基本术语

地球运动过程中，地壳构造运动使地壳积累了巨大的变形能，在地壳岩层中产生着很大的复杂内应力，当这些应力超过某处岩层的强度极限时，将使该处岩层产生突然的断裂或强烈错动，从而使岩层中积累的能量得以释放，变形能量以地震波的形式传至地面，由地震波传播将引发地面产生强烈振动，其现象就称为地震。

地球内部岩层发生断裂或错动的部位称为震源，震源正上方的地面位置称为震中，地面某处到震中的水平距离称为震中距。震中附近地面振动最强烈的，也就是建筑物破坏最严重的地区称为震中区。震源和震中之间的距离称为震源深度。

二、地震波

地震时，地下岩体断裂、错动而引起的振动以波的形式从震源向各个方向传播并释放能量，这就是地震波。它包括在地球内部传播的体波和只限于在地球表面传播的面波。体波中包括有纵波和横波两种形式。

纵波是由震源向外传递的压缩波，这种波质点振动的方向与波的前进方向一致，其特点是周期短、振幅小、传播速度快，能引起地面上下颠簸（竖向振动）。

横波是由震源向外传递的剪切波，其质点振动的方向与波的前进方向垂直，其特点是周期长、振幅大、传播速度较慢，能引起地面水平摇晃。

面波是体波经地层界面多次反射传播到地面后，又沿地面传播的次生波。面波的特点是周期长、振幅大，能引起地面建筑的水平振动。面波的传播是平面的，衰减较体波慢，故能传播到很远的地方，其传播导致的结果是地面呈起伏状或蛇形扭曲状。

总之，地震波的传播以纵波最快，横波次之，面波最慢。因此，地震时一般先出现由纵波引起的上下颠簸，而后出现横波和面波造成的房屋左右摇晃和扭动。一般建筑物的破坏主要由于房屋的左右摇晃和扭动造成的。

三、地震震级

地震震级是衡量一次地震本身强弱程度的指标。它是以地震时震源处释放能量的多少而引起地面产生最大水平地动位移的大小来确定的，用符号 M 表示。震级每增加一级，地震所释放出的能量约增加 30 倍。

一般地说，$M<2$ 的地震人们是感觉不到的，因此称为微震；$M=2\sim4$ 的地震，在震中附近地区的人就有感觉，称为有感地震；$M>5$ 的地震，会对地面上的建筑物造成不同程度的破坏，称为破坏性地震；$M=7\sim8$ 的地震称为强烈地震或大地震；$M>8$ 的地震称为特大地震。

四、地震烈度

地震烈度是指在一次地震时对某一地区的地表和建筑物影响的强弱程度。一次地震只有一个震级，然而同一次地震对不同地区的影响却不同，随着距离震中的远近不同会出现多种不同的烈度。一般来说，距震中距离越近，地震影响越大，地震烈度越高。

震中烈度 I_0 与震级 M 之间的关系可根据经验公式估定

$$M=0.58I_0+1.5 \tag{2-16}$$

表 2-6 给出了震源深度为 10～30km 时，震级 M 与震中烈度 I_0 的大致对应关系。

表 2-6　　震级 M 与震中烈度 I_0 的关系

震级 M	2	3	4	5	6	7	8	8 以上
震中烈度 I_0	1～2	3	4～5	6～7	7～8	9～10	11	12

为了评定地震烈度，就需要建立一个标准，这个标准称为地震烈度表。它是以描述震害宏观现象为主的，即根据人的感觉、器物的反应、建筑物的损害程度和地貌变化特征等方面的宏观现象进行判定和区分。我国采用分成 12 度的地震烈度表。

五、房屋结构的抗震设防

房屋结构的抗震设防，是指通过对地震区的房屋进行抗震设计和采取抗震构造措施，达到在地震发生时减轻地震灾害的目的。抗震设防的依据是抗震设防烈度。

（一）抗震设防分类

对于不同使用性质的建筑物，地震破坏所造成后果的严重性是不一样的。对于不同用途的建筑物，抗震设防目标是一致的、抗震设计方法也相同，但不宜采用相同的抗震设防标准，而应根据其破坏后果加以区别对待。为此，我国《建筑抗震设计规范》（GB 50011—2010）（以下简称《抗震规范》）将建筑物按其用途的重要性分为四类：

甲类建筑：指使用上有特殊设施，涉及国家公共安全的重大建筑工程和地震时可能发生严重次生灾害等特别重大灾害后果，需要进行特殊设防的建筑。此类建筑的确定须经国家规定的批准权限批准。

乙类建筑：指地震时使用功能不能中断或需尽快恢复的生命线相关建筑，以及地震时可能导致大量人员伤亡等重大灾害后果，需要提高设防标准的建筑。例如城市中生命线工程的核心建筑，一般包括供水、供电、交通、消防、通信、救护、供气、供热等系统，中小学教学楼等。

丙类建筑：指大量的除甲、乙、丁类建筑以外的一般工业与民用建筑。

丁类建筑：指使用上人员较少且震损不致产生次生灾害，允许在一定条件下适度降低要求的建筑。例如一般的仓库、人员稀少的辅助建筑物等。

（二）抗震设防标准

对各类建筑抗震设防标准的具体规定为：

甲类建筑：应按高于本地区设防烈度提高一度的要求加强其抗震措施；但设防烈度为 9 度时应按比 9 度更高的要求加强抗震措施。同时，应按批准的地震安全性评价的结果且高于本地区抗震设防烈度的要求进行抗震计算。

乙类建筑：按本地区设防烈度进行抗震计算，但在抗震构造措施上提高一度考虑。

丙类建筑：按本地区的抗震设防烈度进行抗震计算与加强抗震措施。

丁类建筑：允许比本地区设防烈度的要求适当降低其抗震措施，但设防烈度为 6 度时不应降低。一般情况下，仍按本地区抗震设防烈度进行抗震计算。

应注意的是，我国采取的提高抗震构造措施，主要着眼于把财力、物力用在增加结构薄弱部位的抗震能力上，是经济而有效的抗震方法。

（三）抗震设防目标

抗震设防是指对建筑物进行抗震设计并采取一定的抗震构造措施，以达到结构抗震的效果和目的。抗震设防的依据是抗震设防烈度。

抗震设防烈度是一个地区作为抗震设防依据的地震烈度，应按国家规定权限审批或颁布的文件（图件）执行。一般情况下，抗震设防烈度可采用国家地震局颁发的地震烈度区划图中规定的基本烈度。

我国《抗震规范》中明确提出了“小震不坏、中震可修、大震不倒”的抗震设防的三个基本水准目标，即：

（1）当遭受低于本地区抗震设防烈度的多遇地震影响时，主体结构不受损坏或不需修理仍可继续使用。

（2）当遭受相当于本地区抗震设防烈度的地震影响时，主体结构可能有一定损坏，经一般修理仍可继续使用。

（3）当遭受高于本地区抗震设防烈度的罕遇地震影响时，主体结构不致倒塌或发生危及生命安全的严重破坏。

由于地震的发生及其强度的随机性很强，现阶段只能用概率的统计分析来估计一个地区可能遭受的地震影响。建筑物在设计基准期 50 年内，对当地可能发生的对建筑结构有影响的各种强度的地震应具有不同的抵抗能力，这可以用 3 个地震烈度水准来考虑，即多遇烈度、基本烈度和罕遇烈度。多遇地震烈度（小震）是出现概率最大的地震烈度，50 年内超越概率为 63.2%，对应的重现期约 50 年，将它作为第一水准的烈度；基本烈度（中震）为超越概率约为 10%的地震烈度，是一个地区进行抗震设防的依据，对应的重现期约 475 年，将它定义为第二水准的烈度；罕遇地震烈度（大震）为超越概率为 2%～3%的地震烈度，对应的重现期约 2400～1600 年，可作为第三水准的烈度。由烈度概率分布分析可知，多遇烈度比基本烈度约低 1.55 度，而罕遇烈度比基本烈度约高出 1 度。

这样，遵照现行抗震规范设计的建筑，在遭遇到多发的多遇烈度（小震）作用时，建筑物基本上仍处于弹性阶段，一般不会损坏；而在遭遇到相应基本烈度（中震）的地震作用下，建筑物将进入弹塑性状态，但不至于发生严重破坏；在遭遇到发生概率很小的罕遇地震（大震）作用时，建筑物可能产生严重破坏，但不至于倒塌。

（四）建筑结构抗震设计方法

我国《抗震规范》提出了采用简化的两阶段设计方法以实现上述三个水准的基本设防目标。

第一阶段设计是承载力验算，按多遇地震烈度作用时对应的地震作用效应和其他荷载效应的组合对结构构件的进行截面承载能力抗震验算，这样既可满足第一水准下必要的承载力可靠度，又可满足第二水准的设防要求（中震可修）。对于大多数结构，可只进行第一阶段的设计，而通过概念设计和抗震构造措施定性地实现罕遇地震下的设防要求。

第二阶段设计是弹塑性变形验算，对地震时易倒塌的结构、有明显薄弱层的不规则结构以及有专门要求的建筑，除进行第一阶段设计外，还要进行结构薄弱部位的弹塑性层间变形验算并采取相应的抗震构造措施定量地实现罕遇地震下的设防要求。

（五）抗震设计的基本要求

地震作用是一种不规则的循环往复作用，且具有很大的不确定性。地震时对建筑物的破坏机理十分复杂，对建筑物造成破坏的程度也很难预测，要进行精确的抗震设计是比较困难的。因此，人们在总结地震灾害经验中提出了“概念设计”的思想。所谓概念设计是指正确地解决总体方案、材料使用和细部构造，以达到合理抗震设计的目的。

根据概念设计原理，在进行抗震设计时，应遵循下列要求。

（1）场地和地基。选择建筑场地时，应根据工程需要，掌握地震活动情况，工程地质和地震地质的有关资料，对抗震有利、不利和危险地段做出综合评价。对不利地段应提出避开要求，当无法避开时应采取有效措施；对危险地段，严禁建造甲、乙类建筑，不应建造丙类建筑。建筑抗震有利、不利和危险地段划分见《抗震规范》有关规定。

地基和基础设计时，同一结构单元的基础不宜设置在性质截然不同的地基上，也不宜部分采用天然地基，部分采用桩基。当地基为软弱黏性土、液化土、新近填土或严重不均匀土时，应采取相应的措施。

（2）建筑设计和建筑结构的规则性。建筑及其抗侧力结构的平面布置宜规则、对称，并应具有良好的整体性；建筑的立面和竖向剖面宜规则，结构的侧向刚度宜均匀变化，竖向抗侧力构件的截面尺寸和材料强度宜自下而上逐渐减小，避免抗侧力结构的侧向刚度和承载力突变。

对不规则的建筑结构，应按《抗震规范》要求进行水平地震作用计算和内力调整，并对薄弱部位采取有效抗震构造加强措施。对体型复杂、平立面特别不规则的建筑结构，应进行专门研究和论证，采取特别的加强措施；严重不规则的建筑不应采用。

（3）结构体系。结构体系应根据建筑的抗震设防类别、抗震设防烈度、建筑高度、场地条件、地基、结构材料和施工等因素，经技术、经济和使用条件综合比较确定。在选择结构体系时，应具有明确的计算简图和合理的地震作用传递途径；具有必要的抗震承载力，良好的变形能力和消耗地震能量的能力；避免因部分结构或构件破坏而导致整体结构丧失抗震能力或对重力荷载的承载能力；对可能出现的薄弱部位，应采取措施提高抗震能力。

（4）结构构件。对砌体结构应按规定设置钢筋混凝土圈梁和构造柱、芯柱，或采用约束砌体、配筋砌体等；对混凝土结构构件应避免剪切破坏先于弯曲破坏、混凝土的压溃先于钢筋的屈服、钢筋的锚固黏结破坏先于构件破坏；对钢结构构件应合理控制尺寸，避免局部失稳或整体失稳。

加强结构各构件之间的连接，使连接节点的破坏不应先于其连接的构件破坏，以保证结构的整体性。

（5）非结构构件。在抗震设计中，处理好非承重结构构件与主体结构之间的关系，可防止附加灾害，减少损失。如附着于楼、屋面结构上的非结构构件以及楼梯间的非承重墙体，应与主体结构有可靠的连接或锚固；框架结构的围护墙和隔墙应避免不合理的设置而导致主体结构破坏；幕墙、装饰贴面等与主体要有可靠连接；建筑附属机电设备等，其自身及其与主体结构的连接，应进行抗震设计。

（6）结构材料与施工。抗震结构对材料和施工质量的特别要求，应在设计文件上注明。结构材料性能指标应符合《抗震规范》的要求。

本章小结

（1）结构设计的目的是要保证所建造的结构安全适用，结构应满足安全性、适用性和耐久性的功能要求，结构的安全性、适用性和耐久性可统称为结构的可靠性。结构在规定的时间内、规定的条件下，完成预定功能的概率称为结构的可靠度。

（2）结构上的作用、荷载效应 S、结构抗力 R 都是随机变量：当 $R>S$ 时，结构可靠；当 $R<S$ 时，结构失效；当 $R=S$ 时，结构处于极限状态。发生情况 $R<S$ 的概率称为结构的失效概率 P_f，发生情况 $R\geqslant S$ 的概率称为结构的可靠度 P_s（或可靠概率），结构的可靠度 P_s 和失效概率 P_f 之和为 1。

（3）整个结构或结构的某一部分超过某一特定状态就不能满足设计规定的某一功能的要求，此特定状态称为该功能的极限状态。结构的极限状态划分为两类：承载能力极限状态和正常使用极限状态。任何钢筋混凝土结构或构件，都必须进行承载能力极限状态计算，同时还应根据使用要求对正常使用极限状态进行验算，以确保结构对安全性、适用性和耐久性的要求。

（4）荷载分为永久荷载、可变荷载和偶然荷载。结构设计时对不同的荷载应采用不同的代表值。永久荷载采用标准值作为代表值；可变荷载根据设计要求，采用标准值、组合值、频遇值或准永久值作为代表值。其中荷载标准值是结构设计时采用的基本代表值，其他代表值可由标准值乘以相应的系数得到。

（5）为保证所设计的结构安全可靠，计算时将荷载（或荷载效应）取足够大的超荷载值，实际结构中的材料强度取较小的低强度值，则结构的失效概率就越小。荷载设计值即是在荷载标准值基础上乘以大于 1 的荷载分项系数得出的，材料强度设计值则是在材料强度标准值基础上除以大于 1 的材料强度分项系数得出的。

（6）不同的设计要求有不同的荷载组合。承载能力极限状态一般采用荷载的基本组合，实用设计表达式中应考虑结构的重要性系数；正常使用极限状态采用荷载的标准组合、准永久组合，实用设计表达式中不考虑结构的重要性系数。

（7）震级是反映一次地震本身强弱程度的大小和尺度，是一种定量指标。地震烈度是指某一地区地面和各类建筑物遭受一次地震影响的强弱程度，是衡量地震后引起后果的一种标度。对应于一次地震，震级只有一个，而烈度在不同的地点却是不同的。

（8）工程结构的抗震设防目标是要求建筑物在使用期间对不同频率和强度的地震，应具有不同的抵御能力，即“小震不坏、中震可修、大震不倒”。基于这一抗震设防目标，《抗震规范》用三个地震烈度水准来考虑，即多遇烈度、基本烈度和罕遇烈度，其中基本烈度相当于抗震设防烈度。

（9）为了实现三个烈度水准的抗震设防目标，《抗震规范》提出了两阶段设计法，并要求通过对地震作用的取值和抗震构造措施的采取等来实现。

（10）建筑物的抗震设防类别主要根据其重要性程度来划分，即按其受地震破坏时产生的后果可将建筑物分为四类：甲类建筑、乙类建筑、丙类建筑和丁类建筑。建筑物的抗震设防类别不同，对其抗震设防的要求和采取的抗震措施也不相同。

思考题

2-1　什么是结构上的作用和作用效应？作用与荷载有何异同？

2-2　简述结构有哪些功能要求。什么是结构的可靠性？

2-3 什么是可靠度？说明结构的可靠指标 β 与可靠概率 P_s、失效概率 P_f 的对应关系。

2-4 什么是结构的抗力？说明 $R>S$、$R=S$、$R<S$ 的意义。

2-5 试说明荷载的标准值、可变荷载的准永久值是如何确定的？为什么要进行荷载组合？

2-6 什么是材料强度的标准值？什么是材料强度的设计值？它们是如何确定的？

2-7 写出承载能力极限状态和正常使用极限状态各种组合的实用设计表达式，并解释公式中各符号的含义？

2-8 建筑结构的安全等级是根据什么划分的？不同安全等级结构的可靠指标有什么不同？结构设计时是如何考虑调整的？

2-9 建筑结构的设计基准期与设计使用年限有何区别？设计使用年限分哪几类？

2-10 什么是地震波？地震波包含哪几种波？

2-11 什么是地震震级？什么是地震烈度？什么是抗震设防烈度？

2-12 怎样理解小震、中震与大震？

2-13 建筑的抗震设防类别分为哪几类？分类的作用是什么？

2-14 什么是“三水准、两阶段”设计？

习　题

某承受集中荷载和均布荷载的矩形截面简支梁，安全等级为二级，计算跨度 $l_0=6\text{m}$，作用于跨中的集中荷载永久荷载标准值 $G_k=12\text{kN}$，均布永久荷载标准值（含自重）$g_k=10\text{kN/m}$，均布可变荷载标准值 $q_k=8\text{kN/m}$，$\psi_s=0.7$，$\psi_q=0.5$。试计算按承载能力极限状态设计时梁跨中截面的弯矩设计值 M，以及在正常使用极限状态下荷载效应的标准组合弯矩值 M_k 和荷载效应的准永久组合弯矩值 M_q。

扫一扫

课程前导资源

第 3 章 钢筋混凝土受弯构件

学习提要

建筑工程中受弯构件应用非常广泛，本章主要学习钢筋混凝土受弯构件（梁、板）的受力性能、设计计算内容与方法，以及相关的构造要求等。通过本章的学习，要求了解受弯构件破坏形式以及受力特点，掌握梁、板配置钢筋的构造要求，了解影响正截面、斜截面承载力的主要因素，熟悉受弯构件正截面、斜截面承载力的计算公式及使用条件，掌握不同截面形式（单筋矩形截面、双筋矩形截面、T 形截面）梁的截面设计与截面复核等问题。理解抵抗弯矩图的绘制、纵向受力钢筋的弯起和切断位置的确定方法。

3.1 受弯构件截面形式及计算内容

3.1.1 截面破坏形式

在荷载作用下，截面上同时承受弯矩（M）和剪力（V）作用的构件称为受弯构件。房屋建筑中梁和板是最典型的受弯构件，也是应用最为广泛的结构构件。受弯构件的破坏有两种可能：一种是在弯矩作用下发生的与梁轴线垂直的正截面破坏［图 3-1（a）］，另一种是在弯矩和剪力共同作用下发生的与梁轴线倾斜的斜截面破坏［图 3-1（b）］。

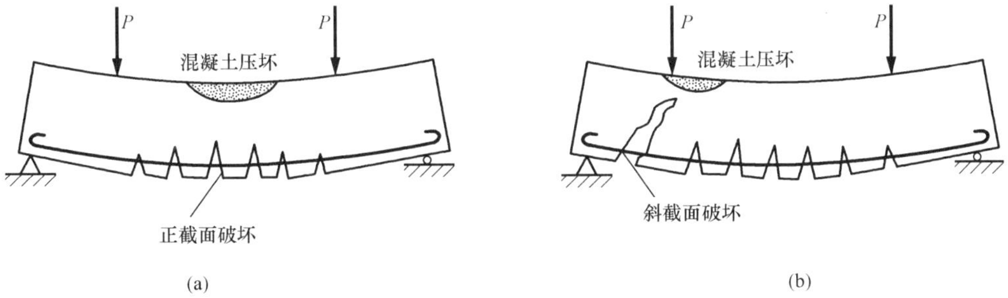

图 3-1 受弯构件破坏情况

仅在截面受拉区配置纵向受力钢筋的构件，称作单筋截面受弯构件［图 3-2（a）、（b）］；在截面受拉区和受压区都配置有受力钢筋的构件，称作双筋截面受弯构件［图 3-2（c）］。

3.1.2 设计内容

钢筋混凝土受弯构件的设计通常包括以下内容。

一、承载能力极限状态计算

（1）正截面受弯承载力计算。为保证受弯构件不因弯矩作用而破坏，按控制截面（跨中或支座截面）的弯矩值确定截面尺寸和纵向受力钢筋的数量。

（2）斜截面受剪承载力计算。为保证斜截面不因弯矩、剪力作用而破坏，按剪力设计值

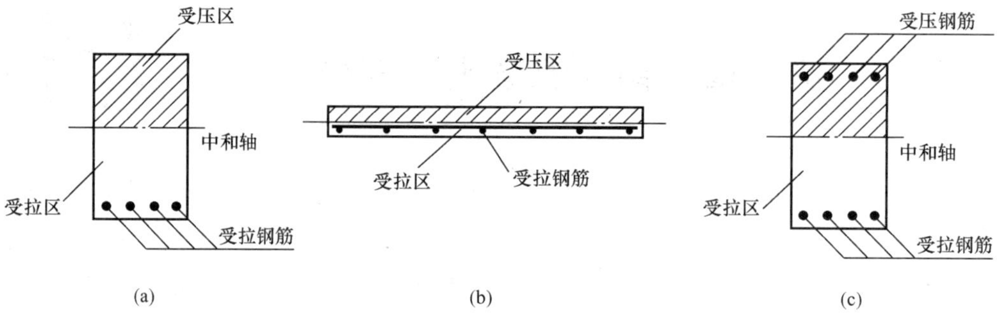

图 3-2 梁和板的横截面

复核截面尺寸，并确定抗剪所需的箍筋及弯起钢筋的数量。

二、正常使用极限状态验算

受弯构件一般还需进行正常使用阶段的挠度变形和裂缝宽度的验算。

三、钢筋构造措施

受弯构件除进行上述计算外，还需按 M 图、V 图及黏结锚固等要求，确定配筋构造，以保证构件的各个部位都具有足够的抗力，以及具备必要的适用性和耐久性。

3.2 受弯构件基本构造要求

3.2.1 板的构造要求

一、板的最小厚度

板的厚度应满足承载力、刚度和裂缝控制、施工等方面的要求，同时还应考虑经济性。现浇板厚度一般取为 10mm 的倍数，工程中常用厚度为 60、70、80、100mm 和 120mm。现浇板的最小厚度不应小于表 3-1 规定的数值。对于现浇民用建筑楼板，当板的厚度与计算跨度之比满足表 3-2 时，可认为板的刚度基本满足要求，而不需进行挠度验算。

表 3-1 现浇钢筋混凝土板的最小厚度 mm

板的类别		最小厚度
单向板	屋面板、民用建筑楼板	60
	工业建筑楼板	70
	行车道下的楼板	80
双向板		80
悬臂板（根部）	悬臂长度小于或等于 500mm	60
	悬臂长度 1200mm	100
无梁楼板		150

表 3-2　**板厚 h 的最小值**

板的类型	单向板	双向板	有柱帽无梁楼盖	无柱帽无梁楼盖
板厚	$l/30$	$l/40$	$l/35$	$l/30$

注　1. 预应力板可适当增加；
2. 当板的荷载、跨度较大时宜适当减小。

二、板的支承长度

现浇板在砖墙上的支承长度一般不小于 120mm，且应满足受力钢筋在支座内的锚固长度要求。预制板的支承长度，在外砖墙上不应小于 120mm，在内砖墙上不应小于 100mm，在钢筋混凝土梁上不应小于 80mm。

三、板的配筋

板中一般布置有两种钢筋，即受力钢筋和分布钢筋，如图 3-3 和图 3-4 所示。

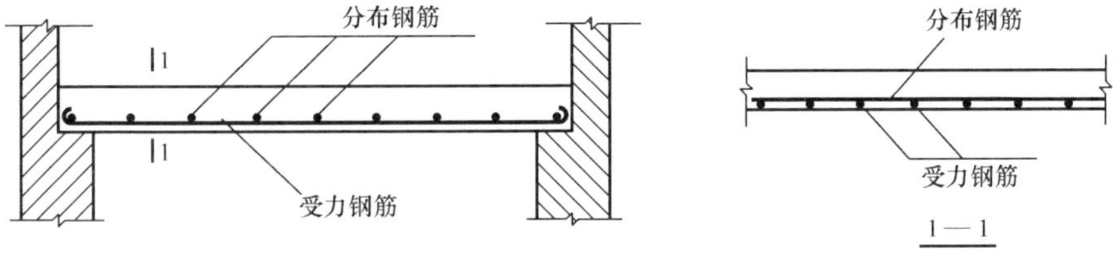

图 3-3　简支板内钢筋布置

（一）受力钢筋

受力钢筋沿板跨度方向设置在受拉区，承担由弯矩作用而产生的拉应力。

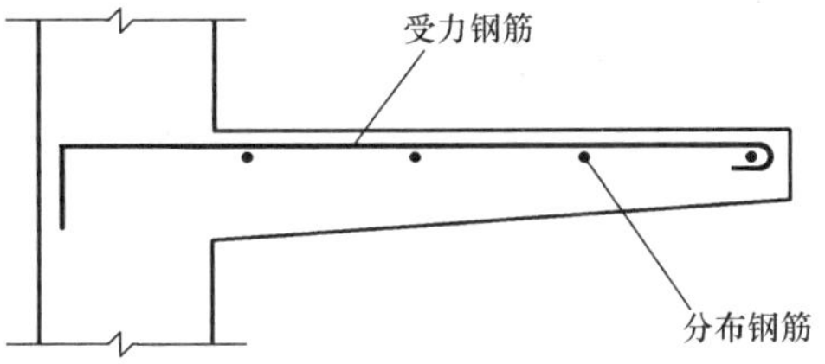

图 3-4　悬臂板内钢筋布置

（1）直径。板中受力钢筋直径通常为 6～12mm；当板厚度较大时，直径可为 14～18mm。其中现浇板的受力钢筋直径不宜小于 8mm。

（2）间距。板中受力钢筋间距一般在 70～200mm 之间；当板厚 $h>150$mm 时，钢筋间距不宜大于 250mm，且不宜大于 $1.5h$。

（二）分布钢筋

分布钢筋与受力钢筋垂直，放置于受力钢筋的内侧，其作用是将板上荷载均匀地传递给各受力钢筋，在施工中固定受力钢筋的设计位置，同时承担因混凝土收缩及温度变化在垂直受力钢筋方向产生的拉应力。

分布钢筋可按构造配置。《规范》规定：板中单位长度上分布钢筋的配筋面积不小于受力钢筋截面面积的 15%，且配筋率不宜小于 0.15%；其直径不宜小于 6mm，间距不宜大于 250mm。当有较大的集中荷载作用于板面时，间距不宜大于 200mm。在温度、收缩应力较大的现浇板区域，应在板的表面双向配置防裂构造钢筋，配筋率均不宜小于 0.10%，间距不宜大于 200mm。防裂构造钢筋可利用原有钢筋贯通布置，也可另行设置钢筋与原有钢筋按受拉钢筋的要求搭接或在周边构件中锚固。

3.2.2　梁的构造要求

一、梁的截面形式及尺寸

（一）截面形式

钢筋混凝土梁常采用的截面形式有矩形、T 形，还可做成工字形、花篮形、倒 T 形、倒L形等截面（图3-5）。

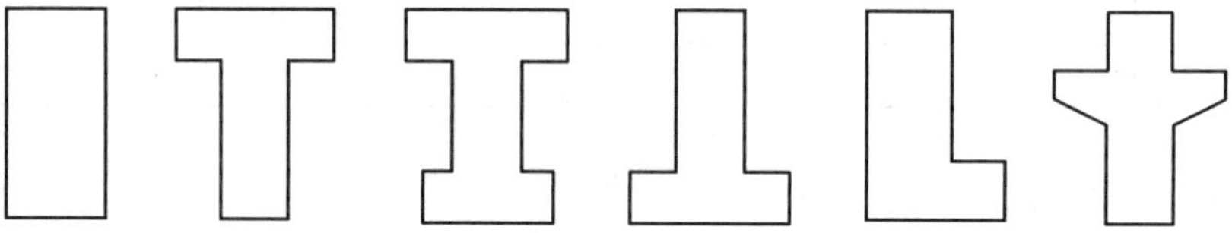

图3-5　梁的截面形式

（二）截面尺寸

梁的截面尺寸应满足承载力、刚度以及抗裂性能的要求，同时还应考虑施工上的方便。

对于一般荷载作用下的梁，按刚度条件，梁截面高度 h 可根据高跨比（h/l）来估计，具体参照表3-3初定梁的高度。为了统一模板尺寸便于施工，常用梁高为250、300、350mm、…、750、800、900、1000mm等。

表3-3　梁的截面高度

项　次	构件种类		简支	两端连续	悬臂
1	整体肋形梁	次梁	$l/16$	$l/20$	$l/8$
		主梁	$l/12$	$l/15$	$l/6$
2	独立梁		$l/12$	$l/15$	$l/6$

梁的截面宽度 b 可由高宽比来确定：矩形截面 $h/b=2.0\sim3.0$，T形截面 $h/b=2.5\sim4.0$（此处 b 为梁肋宽）。常用梁宽为150、180、200mm…，如 $b>200$mm，应取50mm的倍数。

二、梁的支承长度

梁在砖墙或砖柱上的支承长度 a 应满足梁内纵向受力钢筋在支座处的锚固长度要求，并满足支承处砌体局部受压承载力的要求。当梁高 $h\leqslant500$mm时，$a=180\sim240$mm；当梁高 $h>500$mm时，$a\geqslant370$mm。当梁支承在钢筋混凝土梁或柱上时，其支承长度 $a\geqslant180$mm。

三、梁的配筋

在钢筋混凝土梁中，通常配置有纵向受力钢筋、箍筋、弯起钢筋及架立钢筋。当梁的截面高度较大时，还应在梁侧设置构造钢筋。梁内钢筋的形式和构造如图3-6所示。

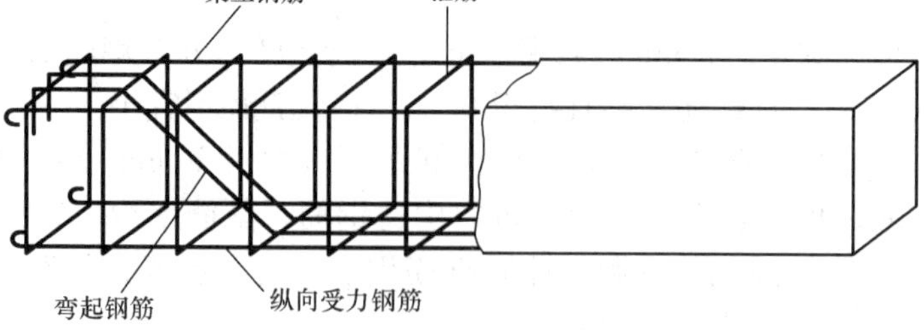

图3-6　梁内钢筋布置

（一）纵向受力钢筋

纵向受力钢筋通常布置于梁的受拉区，承受由弯矩产生的拉应力，其数量通过计算来确定。

梁中纵向钢筋常用直径为 12～32mm，梁伸入支座范围内的钢筋不应少于 2 根，钢筋数量较多时，可多层配置。梁高不小于 300mm 时，钢筋直径不应少于 10mm；梁高小于 300mm 时，钢筋直径不应小于 8mm。同一构件中钢筋直径的种类宜少，当有两种不同直径时，钢筋直径相差至少 2mm，以便在施工中能够用肉眼辨别；但同一截面内受力钢筋直径也不宜相差太大，以免产生截面受力不均现象。

为了保证钢筋与混凝土之间的黏结和混凝土浇筑的密实性，梁纵向钢筋的净距不应小于表 3 - 4 的规定。

表 3 - 4　梁纵向钢筋的最小间距

间距类型	水平净距		垂直净距（层距）
钢筋类型	上部钢筋	下部钢筋	25mm 且 d
最小间距	30mm 且 $1.5d$	25mm 且 d	

注　当梁的下部钢筋配置多于二层时，两层以上水平方向中距应比下边两层的中距增大一倍。

在梁的配筋密集区域，当受力钢筋单根布置导致混凝土难以浇筑密实时，为方便施工，可采用两根或三根钢筋绑扎并筋的配筋方式，如图 3 - 7 所示。对直径不大于 28mm 的钢筋，并筋数量不应超过 3 根；直径 32mm 的钢筋并筋数量宜为 2 根；直径 36mm 及以上的钢筋不应并筋。

当采用并筋时，上述构造要求中的钢筋直径应改用并筋的等效直径 d_e。并筋的等效直径 d_e 按面积等效原则确定，等直径双并筋 $d_e=\sqrt{2}d$，等直径三并筋 $d_e=\sqrt{3}d$，d 为单根钢筋的直径。二并筋可按纵向或横向的方式布置，三并筋宜按品字形布置。

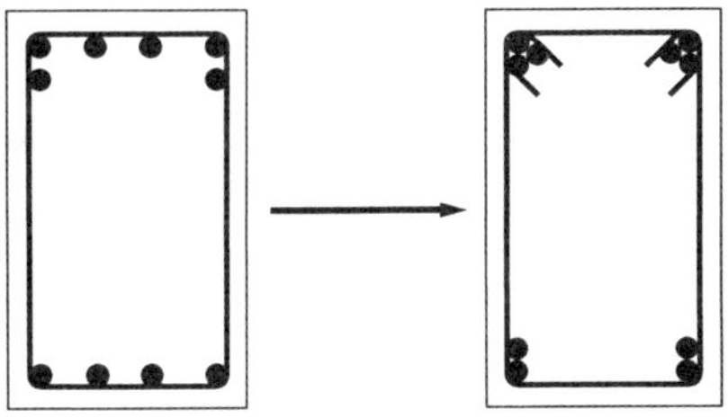

图 3 - 7　并筋

（二）架立钢筋

当梁受压区无受压钢筋时，需配置 2 根架立钢筋放置于受压区外缘两侧。其作用一是固定箍筋的正确位置，并与梁底纵向钢筋形成钢筋骨架；二是承受由于混凝土收缩及温度变化而产生的拉力，防止发生裂缝。如受压区配有纵向受压钢筋时，受压钢筋可兼作架立钢筋。

架立钢筋的直径与梁的跨度 l_0 有关，当 $l_0<4$m 时，其直径不应小于 8mm；当 $l_0=4\sim6$m 时，其直径不应小于 10mm；当 $l_0>6$m 时，其直径不应小于 12mm。

（三）箍筋

梁内箍筋主要用来承受由弯矩和剪力在梁内引起的主拉应力，同时还可固定纵向钢筋的位置，并和其他钢筋一起形成空间骨架。箍筋的数量应根据计算以及构造来确定。按计算不需要箍筋的梁，当梁截面高度 $h>300$mm 时，应沿梁全长按构造配置箍筋；当 $h=150\sim300$mm 时，可仅在梁的端部各 1/4 跨度范围内按构造设置箍筋，但当梁的中部 1/2 跨度范围内有集中荷载作用时，仍应沿梁全长配置箍筋；若 $h<150$mm，可不设箍筋。

支承在砌体结构上的钢筋混凝土独立梁，在纵向受力钢筋的锚固长度 l_{as} 范围内应设置不少于两道的箍筋，当梁与混凝土梁或柱整体连接时，支座内可不设置箍筋，如图 3 - 8 所示。

箍筋的形式有封闭式和开口式两种，一般情况下均采用封闭箍筋。为使箍筋更好地发挥作用，应将其端部锚固在受压区内，且端头应做成 135°弯钩，弯钩端部平直段的长度不应小于 $5d$（d 为箍筋直径）和 50mm。

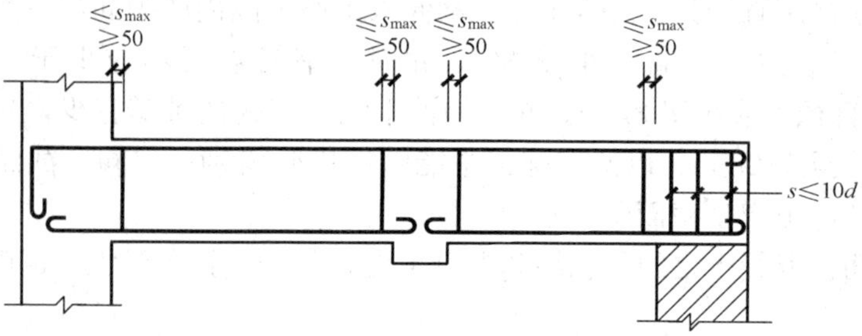

图 3-8　梁内箍筋布置示意

箍筋的肢数一般有单肢、双肢和四肢，如图 3-9 所示，通常采用双肢箍筋。当梁宽 $b \leqslant$ 150mm 时，可采用单肢箍筋；当 $b \leqslant$ 400mm 且一层内纵向受压钢筋不多于 4 根时，可采用双肢箍筋；当 $b >$ 400mm 且一层内纵向受压钢筋多于 3 根时，或当 $b \leqslant$ 400mm 但一层内纵向受压钢筋多于 4 根时，宜采用四肢箍筋。

图 3-9　箍筋的形式和肢数

梁内箍筋直径选用与梁高 h 有关，为了保证钢筋骨架具有足够的刚度，《规范》规定：当 $h >$ 800mm 时，其箍筋直径不宜小于 8mm；当 $h \leqslant$ 800mm 时，其箍筋直径不宜小于 6mm；梁中配有计算需要的纵向受压钢筋时，箍筋直径尚不应小于 $d/4$（d 为纵向受压钢筋的较大直径）。为了便于钢筋加工，箍筋直径一般不宜大于 12mm。

梁中箍筋间距除满足计算要求外，还应符合最大间距的要求。为防止箍筋间距过大，出现不与箍筋相交的斜裂缝，《规范》规定，梁中箍筋的最大间距宜符合表 3-5 的规定。

表 3-5　　**梁中箍筋最大间距 s_{max}**　　mm

梁高 h	$150<h \leqslant 300$	$300<h \leqslant 500$	$500<h \leqslant 800$	$h>800$
$V \leqslant 0.7f_tbh_0$	200	300	350	400
$V > 0.7f_tbh_0$	150	200	250	300

当梁中配有按计算需要的纵向受压钢筋时，箍筋应做成封闭式，箍筋间距不应大于 15d（d 为受压钢筋的最小直径），同时不应大于 400mm；当一层内的纵向受压钢筋多于 5 根且直径大于 18mm 时，箍筋间距不应大于 10d。

（四）弯起钢筋

弯起钢筋是由纵向受力钢筋弯起而成。其作用除在跨中承受由弯矩产生的拉力外，在靠近支座的弯起段用来承受弯矩和剪力共同产生的主拉应力，即作为受剪钢筋的一部分，如

图 3-10 所示。在钢筋混凝土梁中，应优先采用箍筋作为受剪钢筋。

图 3-10　弯起钢筋各段受力情况

弯起钢筋的数量、位置由计算确定，弯起角度宜取 45°或 60°。第一排弯起钢筋的上弯点与支座边缘的水平距离，以及相邻弯起钢筋之间上弯点到下弯点的距离，都不得大于箍筋的最大间距 s_{max}，靠近梁端的第一根弯起钢筋的上弯点到支座边缘的距离不小于 50mm；在弯终点外应留有平行于梁轴线方向的锚固长度，在受拉区不应小于 $20d$（d 为弯起钢筋直径），在受压区不应小于 $10d$，如图 3-11 所示。对于光面钢筋，其末端应设置标准弯钩。

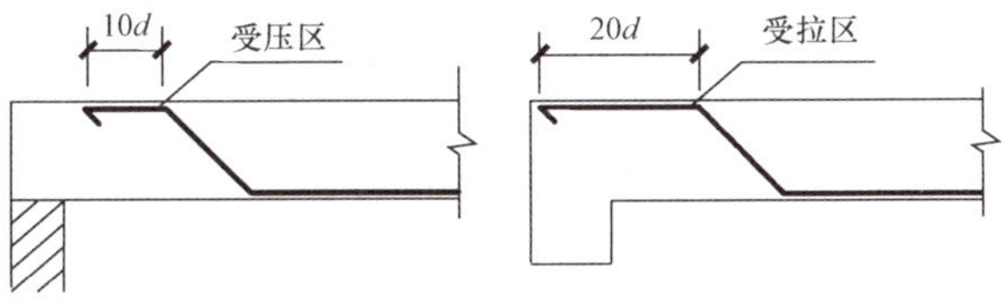

图 3-11　弯起钢筋的锚固

钢筋弯起的顺序一般是先内层后外层、先内侧后外侧，梁底层钢筋中的角部钢筋不应弯起，顶层钢筋中的角部钢筋不应弯下。

（五）梁侧构造钢筋

当梁的腹板高度 $h_w \geqslant 450$mm 时，应在梁的两侧沿高度分别设置纵向构造钢筋（即腰筋），用于抵抗由于温度及混凝土收缩等原因在梁侧所产生的拉应力，防止在梁的侧面产生垂直于梁轴线的收缩裂缝，同时可增强钢筋骨架的刚度。要求每侧纵向构造钢筋的截面面积（不包括梁上、下部受力钢筋及架立钢筋）不应小于腹板截面面积（bh_w）的 0.1%，其间距不宜大于 200mm，见图 3-12。

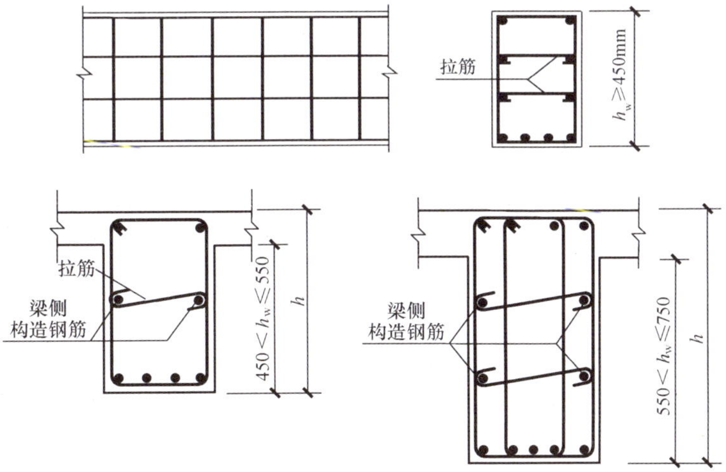

图 3-12　梁侧构造钢筋及拉筋布置

梁两侧的纵向构造钢筋宜用拉筋联系，拉筋直径与箍筋直径相同，拉筋间距常取箍筋间距的两倍。当设有多排拉筋时，上下两排拉筋竖向错开设置。

腹板高度 h_w，对矩形截面为有效高度；对 T 形和工字形截面则为梁高减去上、下翼缘后的腹板净高。

3.2.3 混凝土保护层厚度及截面有效高度

一、混凝土保护层厚度

为了保护钢筋免遭锈蚀，减小混凝土的碳化，保证钢筋与混凝土间有足够的黏结强度以及提高混凝土结构的耐火、耐久性，受力钢筋的表面必须有足够厚度的混凝土保护层。构件最外层钢筋（包括箍筋、构造筋、分布筋）的外缘至混凝土表面的距离称作混凝土保护层的厚度 c。

《规范》规定，混凝土保护层厚度不应小于表 3 - 6 中规定的混凝土保护层最小厚度，且不小于受力钢筋的直径 d。

表 3 - 6　　混凝土保护层的最小厚度　　mm

环境类别	环境条件	构件名称	混凝土强度等级	
			≤C25	>C25
一	室内正常环境，无侵蚀性净水浸没环境	板、墙、壳	20	15
		梁、柱	25	20
二 a	室内潮湿环境；非严寒和非寒冷地区露天环境；非严寒和非寒冷地区与无侵蚀性的水或土直接接触的环境；严寒和寒冷地区的冰冻线以下与无侵蚀性的水或土直接接触的环境	板、墙、壳	25	20
		梁、柱	30	25
二 b	干湿交替环境；水位频繁变动区环境；严寒和寒冷地区露天环境；严寒和寒冷地区的冰冻线以上与无侵蚀性的水或土直接接触的环境	板、墙、壳	30	25
		梁、柱	40	35
三 a	严寒和寒冷地区冬季水位变动区环境；受除冰盐影响环境；海风环境	板、墙、壳	35	30
		梁、柱	45	40
三 b	盐渍土环境；受除冰盐作用环境；海岸环境	板、墙、壳	45	40
		梁、柱	55	50

注　1. 钢筋混凝土基础应设置混凝土垫层，其受力钢筋的混凝土保护层厚度应从垫层顶面算起，且不应小于 40mm。
　　2. 本表适用于设计使用年限为 50 年的混凝土结构，对设计使用年限为 100 年的混凝土结构，保护层厚度不应小于表中数值的 1.4 倍。

当梁、柱、墙中纵向受力钢筋的保护层厚度大于 50mm 时，宜对保护层采取有效的构造措施对厚保护层混凝土进行拉结，防止混凝土开裂剥落、下坠。网片钢筋的保护层厚度不应小于 25mm。

二、截面的有效高度 h_0

所谓截面有效高度 h_0 是指受拉钢筋的重心至混凝土受压边缘的垂直距离。在钢筋混凝土受弯构件中，截面的抵抗弯矩主要取决于受拉钢筋的拉力与受压混凝土的压力所形成的力矩，所以，梁、板在进行截面设计和复核时，截面高度只能采用其有效高度。截面有效高度 h_0 的取值与受拉钢筋的直径及排放有关。有效高度统一写为

$$h_0 = h - a_s \tag{3-1}$$

式中　a_s——受拉钢筋重心至截面受拉边缘的距离。

当受拉钢筋一排放置时，$a_s=c+d_v+d/2$；当受拉钢筋两排放置时，$a_s=c+d_v+d+d_2/2$，其中 c 为混凝土保护层厚度，d_v 为箍筋直径，d 为受拉钢筋直径，d_2 为两排钢筋之间的间距。为计算方便，通常受拉钢筋直径取为 20mm，则不同环境等级下钢筋混凝土梁设计计算中参考取值列于表 3-7 中。

表 3-7　钢筋混凝土梁 a_s 近似取值　mm

环境等级	梁混凝土保护层最小厚度	箍筋直径Φ 6		箍筋直径Φ 8	
		受拉钢筋一排	受拉钢筋两排	受拉钢筋一排	受拉钢筋两排
一	20	35	60	40	65
二 a	25	40	65	45	70
二 b	35	50	75	55	80
三 a	40	55	80	60	85
三 b	50	65	90	70	95

注　混凝土强度等级不大于 C25 时，表中 a_s 取值应增加 5mm。

板类构件的受力钢筋通常布置在外侧，常用直径为 8～12mm，对于一类环境可取 $a_s=20$mm，对于二 a 类环境可取 $a_s=25$mm。

3.3　受弯构件正截面承载力计算

3.3.1　钢筋混凝土受弯构件正截面破坏的特征

试验结果表明，钢筋混凝土受弯构件中，纵向受力钢筋含量的变化将影响构件的受力性能和破坏形态。钢筋含量的多少，用受拉钢筋面积 A_s 与混凝土有效面积 bh_0 的比值来反映，称为配筋率 ρ，即

$$\rho=\frac{A_s}{bh_0} \tag{3-2}$$

钢筋混凝土受弯构件正截面的破坏特征，主要与配筋率 ρ 的大小有关，配筋率不同，破坏特征也不同。

一、钢筋混凝土适筋梁正截面工作的受力性能

（一）钢筋混凝土适筋梁正截面工作的三个阶段

钢筋混凝土梁由于混凝土材料的非匀质性和弹塑性性质，其在荷载作用下，正截面上的应力应变变化规律与匀质弹性体受弯构件明显不同。

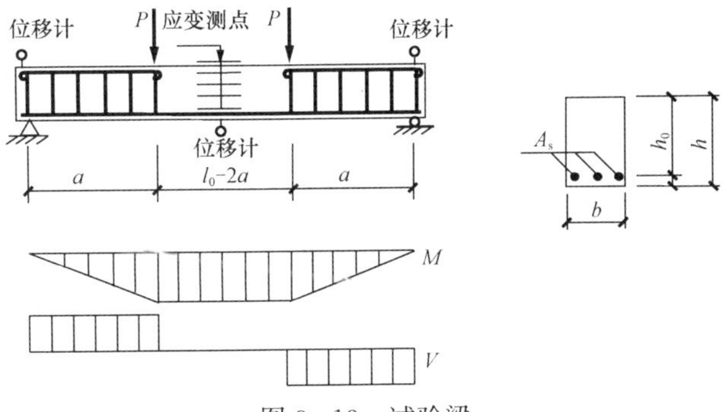

图 3-13　试验梁

图 3-13 所示为一配筋适量的钢筋混凝土试验梁，在两个对称集中荷载之间的区段称为“纯弯段”，其截面弯矩最大，而剪力为零；在集中荷载与支座之间的区段称为“剪弯段”，其截面同时有弯矩和剪力。在“纯弯段”上，最大拉应力发生在截面的下

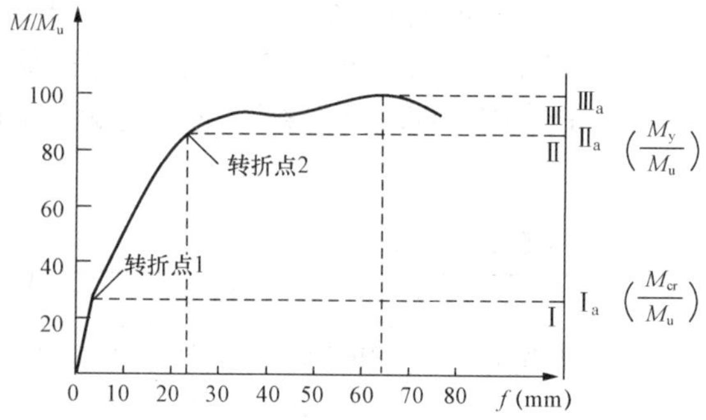

图 3-14 M-f 关系曲线

边缘，当其超过混凝土的抗拉强度时，将出现垂直裂缝。试验采用两点对称逐级加荷，从荷载为零开始直至梁正截面受弯破坏，观察梁在受荷后变形和裂缝的出现与开展情况。

图 3-14 为试验梁的弯矩与挠度关系曲线实测结果。图中纵坐标为相对于梁破坏时极限弯矩 M_u 的弯矩无量纲 M/M_u 值；横坐标为梁跨中挠度 f 的实测值（以 mm 计）。从图 3-14 中可看出，M/M_u-f 曲线有两个明显的转折点，从而把梁的受力和变形过程划分为三个阶段。

第Ⅰ阶段弯矩较小，此时梁尚未出现裂缝，挠度和弯矩关系接近直线变化，当梁的弯矩达到开裂弯矩 M_{cr}时，梁的裂缝即将出现，标志着第Ⅰ阶段的结束即达Ⅰ$_a$。

当弯矩超过开裂弯矩 M_{cr}时，梁出现裂缝，即进入第Ⅱ阶段，随着裂缝的出现和不断开展，挠度的增长速度较开裂前为快，M/M_u-f 曲线出现了第一个明显转折点。在第Ⅱ阶段过程中，钢筋应力将随着弯矩的增加而增大，当钢筋应力增大到 M_y 时钢筋屈服，标志着第Ⅱ阶段的结束即达Ⅱ$_a$。

进入第Ⅲ阶段后，弯矩增加不多，裂缝急剧开展，挠度急剧增加，M/M_u-f 曲线出现了第二个明显转折点。钢筋应变有较大的增长，但其应力维持屈服强度不变，当弯矩增加到最大弯矩 M_u 时，受压区混凝土达到极限压应变 ε_{cu}，标志着第Ⅲ阶段的结束即达Ⅲ$_a$ 梁将破坏。

（二）受弯构件正截面各阶段应力状态

（1）第Ⅰ阶段——弹性工作阶段。

从加荷开始到受拉区混凝土开裂以前，整个截面均参与受力，由于荷载很小，混凝土和钢筋均处于弹性阶段，截面上混凝土的拉应力和压应力分布呈直线变化，中和轴在截面形心位置，应变分布符合平截面假定如图 3-15（a）所示。

随荷载增加，受拉区混凝土首先表现出明显的塑性特征，拉应力图形呈曲线分布，当截面受拉边缘混凝土拉应力达 f_t 时，截面处于即将开裂的极限状态，即第Ⅰ$_a$ 状态，表明第Ⅰ阶段结束。梁截面承受的相应弯矩为开裂弯矩 M_{cr}。此时，受压区混凝土的压应力较小，仍处于弹性阶段，应力图形为三角形直线分布，如图 3-15（b）所示。

此阶段的特点是挠度 f 很小，钢筋应变 ε_s 也很小，且 f 及 ε_s 与 M 成正比，整个梁处于弹性工作阶段。

对于不允许出现裂缝的构件，第Ⅰ$_a$ 状态将作为其抗裂度计算的依据。

（2）第Ⅱ阶段——带裂缝工作阶段。

继续增加荷载，受拉区纯弯段薄弱截面开始出现裂缝，梁进入带裂缝工作阶段。

开裂瞬间，裂缝截面受拉区混凝土退出工作，其开裂前所承担的拉力转移给钢筋承担，开裂截面钢筋应力、应变明显增大，导致裂缝开展延伸，中和轴也随之上移，受压区高度逐渐减小，如图 3-15（c）所示。受压区混凝土的压应力随荷载的增加不断增大，压应力图形逐渐呈曲线分布，表现出弹塑性特征。

当受拉钢筋应力恰好达到屈服强度 f_y，钢筋应变 $\varepsilon_s=\varepsilon_y$ 时达到第Ⅱ$_a$ 状态，表明第Ⅱ阶段结束，梁截面承受的相应弯矩为屈服弯矩 M_y，如图 3-15（d）所示。

此阶段的特点是受拉钢筋应变 ε_s 增大，裂缝不断开展，挠度 f 比开裂前有较快的增长。

正常使用情况下，钢筋混凝土受弯构件处于第Ⅱ阶段，因此，该阶段的受力状态是挠度验算和裂缝宽度验算的依据。

（3）第Ⅲ阶段——破坏阶段。

对于配筋适量的梁，钢筋应力达到 f_y 时，受压区混凝土一般尚未压坏。此时，钢筋应力保持 f_y 不变，受拉钢筋应变 $\varepsilon_s>\varepsilon_y$，并继续增大。

随着荷载增大，裂缝进一步向上开展，中和轴上移，混凝土受压区高度减小，受压混凝土表现出充分的塑性特征，受压区混凝土的压应力和压应变 ε_c 迅速增大，压应力曲线趋于丰满，如图 3-15（e）所示。当受压区边缘混凝土压应变 ε_c 达到极限压应变 ε_{cu}时，受压区混凝土被压碎，达到第Ⅲ$_a$ 状态，梁处于受弯正截面破坏的极限状态，如图 3-15（f）所示，相应的弯矩为极限弯矩 M_u。

第Ⅲ$_a$ 状态是受弯构件适筋梁正截面承载力计算的依据。

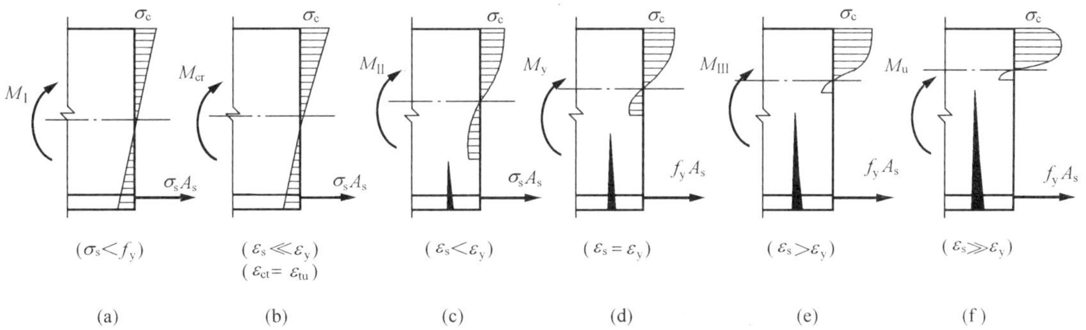

图 3-15　钢筋混凝土梁正截面三个工作阶段

（a）Ⅰ阶段；（b）Ⅰ$_a$ 状态；（c）Ⅱ阶段；（d）Ⅱ$_a$ 状态；（e）Ⅲ阶段；（f）Ⅲ$_a$ 状态

二、受弯构件正截面破坏特征

（一）适筋梁

受拉钢筋配置适中的梁，称为适筋梁。适筋梁的破坏特征为受拉钢筋首先屈服，然后受压区混凝土压应变 ε_c 达到极限压应变 ε_{cu}被压碎，如图 3-16（a）所示。由于从屈服弯矩 M_y 到极限弯矩 M_u 有一个较长的变形过程，破坏前有明显的破坏预兆，表现为延性破坏。

（二）超筋梁

当配筋率 ρ 过大时，构件中受拉钢筋应力尚未达屈服强度时，受压区边缘混凝土压应变 ε_c 已先达到极限压应变 ε_{cu}被压坏，此类破坏称为超筋梁破坏，其破坏形态如图 3-16（b）所示。其破坏特征表现为受压混凝土先压碎，受拉钢筋未屈服。由于钢筋伸长不多，没有形成明显的主裂缝，其破坏为没有明显预兆的脆性破坏，在实际工程中应避免采用。

超筋梁的破坏取决于受压区混凝土的抗压强度。

（三）少筋梁

当配筋率 ρ 小于一定值时，构件中受拉钢筋屈服时的总拉力相应减小。当梁开裂时受拉区混凝土的拉力释放，使受拉钢筋应力突然增加且增量很大，导致钢筋应力在混凝土开裂瞬

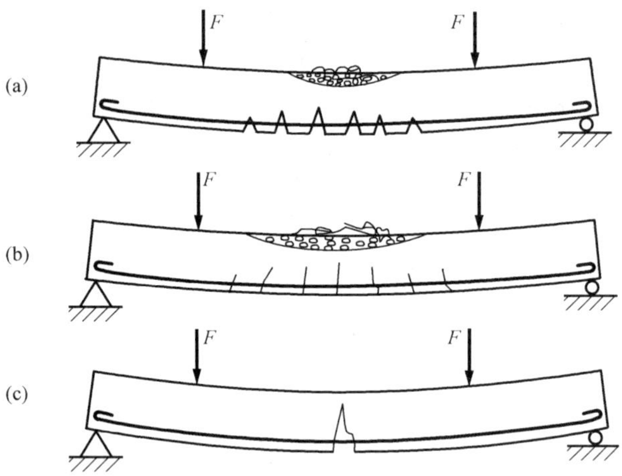

图 3-16　梁的破坏形态
（a）适筋梁；（b）超筋梁；（c）少筋梁

间达到屈服强度并进入强化阶段，或者被拉断，此类破坏称为少筋梁破坏，其破坏形态如图 3-16（c）所示。其破坏特征是混凝土“一裂即坏”，混凝土的抗压强度未得到充分发挥。少筋梁破坏类似于素混凝土梁，破坏十分突然，属于受拉脆性破坏，且承载能力低，实际工程中也应避免采用。

少筋梁的破坏取决于混凝土的抗拉强度。

上述三种破坏形态中，由于超筋梁和少筋梁的变形性能很差，破坏突然，且少筋梁的承载力很低，在实际工程中应予以避免。为使受弯构件正截面设计成适筋梁，就应对受拉钢筋的配筋率 ρ 进行控制，避免过大或太小而出现超筋梁或少筋梁破坏。

3.3.2　受弯构件正截面承载力计算的基本理论

受弯构件正截面承载力是指适筋梁截面在承载能力极限状态所能承担的弯矩 M_u。正截面承载力计算依据为适筋梁第Ⅲ$_a$ 阶段的应力状态。

一、基本假定

根据受弯构件正截面的破坏特征，其正截面受弯承载力计算可采用以下基本假定：

（1）截面应变保持平面，即构件正截面弯曲变形后仍保持为一平面，其截面上的应变沿截面高度线性分布。

（2）不考虑混凝土的抗拉强度，拉力全部由纵向受拉钢筋承担。

（3）钢筋应力—应变关系曲线简化为图 3-17 所示。

当 $0 < \varepsilon_s < \varepsilon_y$ 时　　$\sigma_s = \varepsilon_s E_s$　　（3-3）

当 $\varepsilon_y \leqslant \varepsilon_s \leqslant 0.01$ 时　　$\sigma_s = f_y$　　（3-4）

式中　σ_s——钢筋拉应变为 ε_s 时的钢筋拉应力；

E_s——钢筋的弹性模量；

f_y——钢筋抗拉强度设计值；

ε_y——钢筋拉应力刚好达到 f_y 时的钢筋拉应变。

（4）混凝土受压应力—应变关系曲线近似采用图 3-18 所示。

当 $\varepsilon_c \leqslant \varepsilon_0$ 时(上升段)　　$\sigma_c = f_c\left[1-\left(1-\dfrac{\varepsilon_c}{\varepsilon_0}\right)^n\right]$　　（3-5）

当 $\varepsilon_0 < \varepsilon_c \leqslant \varepsilon_{cu}$ 时(水平段)　　$\sigma_c = f_c$　　（3-6）

其中

$$n = 2-\frac{1}{60}(f_{cu,k}-50) \leqslant 2.0 \quad (3-7)$$

$$\varepsilon_0 = 0.002+0.5(f_{cu,k}-50)\times 10^{-5} \geqslant 0.002 \quad (3-8)$$

$$\varepsilon_{cu} = 0.0033 - (f_{cu,k} - 50) \times 10^{-5} \leqslant 0.0033 \quad (3-9)$$

式中　σ_c——混凝土压应变为 ε_c 时的混凝土压应力；

f_c——混凝土轴心抗压强度设计值；

ε_0——混凝土压应力刚好达到 f_c 时的混凝土压应变；

ε_{cu}——正截面的混凝土极限压应变，当处于非均匀受压时按式（3-9）计算，当处于均匀受压时取为 ε_0。

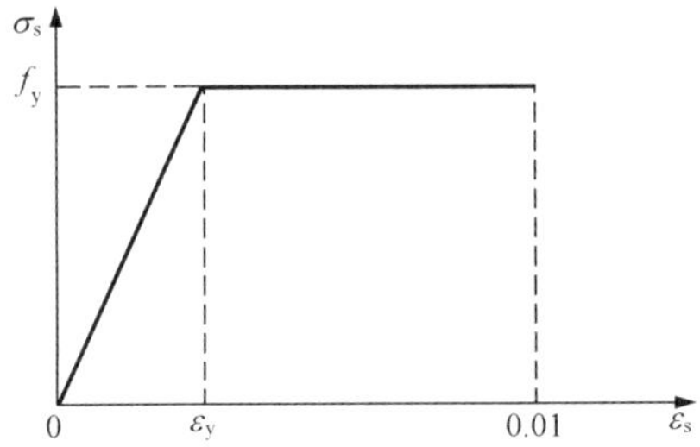

图 3-17　钢筋应力—应变关系

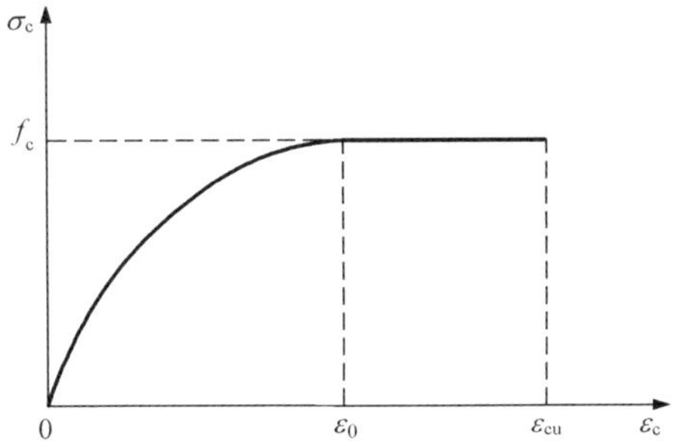

图 3-18　混凝土应力—应变关系

二、等效矩形应力图形

按上述基本假定，达极限弯矩 M_u 时，受压区混凝土的应力图形如图 3-19（c）所示为曲线形。为简化计算，受压区混凝土的曲线应力图形可采用等效矩形应力图形来代替，如图 3-19（d）所示。

等效代换的原则是：保证受压区混凝土压应力合力的大小相等和作用点位置不变。

等效矩形应力图形的应力值取为 $\alpha_1 f_c$，其换算受压区高度取为 x，实际受压区高度为 x_c，令 $x=\beta_1 x_c$。根据等效原则，通过计算统计分析，系数 α_1 和系数 β_1 取值如下：

当混凝土强度等级≤C50 时　$\alpha_1=1.0$，$\beta_1=0.8$；

当混凝土强度等级为 C80 时　$\alpha_1=0.94$，$\beta_1=0.74$；

混凝土强度等级介于 C50～C80 之间时　α_1、β_1 值按线性内插法确定。

受弯构件的混凝土强度等级一般不大于 C50，可取 $\alpha_1=1.0$，$\beta_1=0.8$。

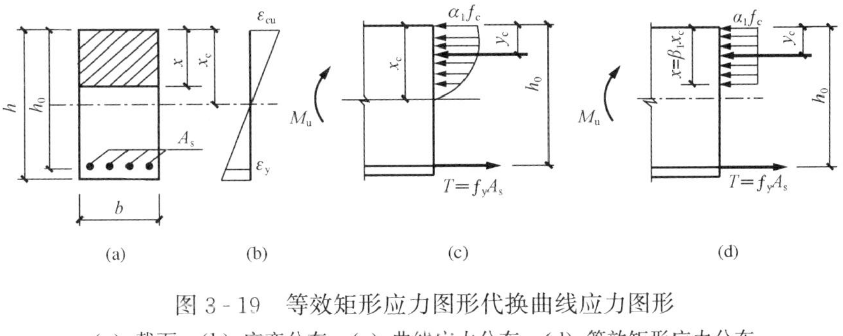

图 3-19　等效矩形应力图形代换曲线应力图形

（a）截面；（b）应变分布；（c）曲线应力分布；（d）等效矩形应力分布

三、适筋梁的界限条件

（一）相对界限受压区高度 ξ_b 和最大配筋率 ρ_{max}

适筋破坏与超筋破坏的区别在于：前者破坏始于受拉钢筋屈服，后者破坏则始于受压区

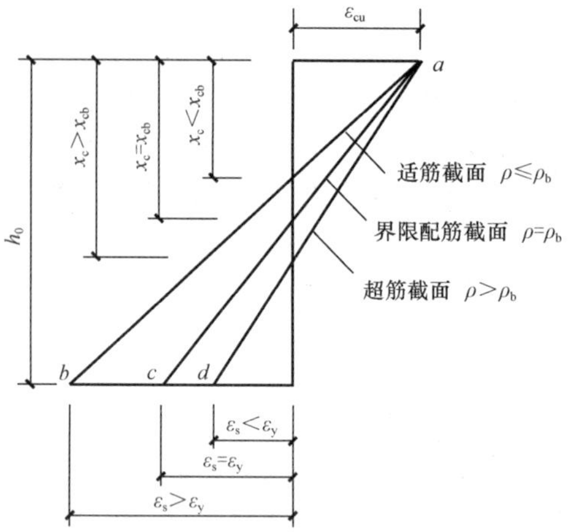

图 3 - 20 截面应变分布

混凝土压碎。两者之间的界限为：受拉钢筋应力达屈服强度 f_y 与受压区混凝土达极限压应变 ε_{cu} 同时发生，此破坏形式称为“界限破坏”。

根据正截面变形时的应变分布情况，同时画出适筋破坏、界限破坏、超筋破坏时截面的应变图形，分别见图 3 - 20 中的直线 ab、ac 和 ad。它们在受压边缘的混凝土极限压应变值 ε_{cu} 相同，但受拉钢筋的应变 ε_s 却不相同，因此，受压区的理论高度 x_c（或计算高度 x）也各不相同。从图中可看出，钢筋应变 ε_s、受压区高度 x_c（或 x）以及破坏类型具有相对应关系，可根据相对受压区高度的大小，来判别正截面破坏类型。

适筋破坏：$\varepsilon_s>\varepsilon_y$，$x_c<x_{cb}$（或 $x<x_b$）；

界限破坏：$\varepsilon_s=\varepsilon_y$，$x_c=x_{cb}$（或 $x=x_b$）；

超筋破坏：$\varepsilon_s<\varepsilon_y$，$x_c>x_{cb}$（或 $x>x_b$）。

这里，x_{cb}是界限破坏时截面实际受压区高度，x_b是界限破坏时截面换算受压区高度。

令
$$\xi=x/h_0,\quad \xi_b=x_b/h_0$$

其中，ξ 称为相对受压区高度，ξ_b 称为相对界限受压区高度。

当 $\xi\leqslant\xi_b$ 时，则 $\varepsilon_s\geqslant\varepsilon_y$，属于适筋梁（包括界限破坏）；

当 $\xi>\xi_b$ 时，则 $\varepsilon_s<\varepsilon_y$，属于超筋梁。

可见，ξ_b 值或 x_b值是区别受弯构件正截面破坏性质的一个特征值。由图 3 - 20 中界限破坏时 ac 直线的几何关系得

$$\frac{x_{cb}}{h_0}=\frac{\varepsilon_{cu}}{\varepsilon_{cu}+\varepsilon_y}$$

$$\xi=\frac{x_b}{h_0}=\frac{\beta_1 x_{cb}}{h_0}=\frac{\beta_1}{1+\dfrac{\varepsilon_y}{\varepsilon_{cu}}}$$

取 $\varepsilon_y=f_y/E_s$，得出有屈服点钢筋的 ξ_b 值为

$$\xi_b=\frac{\beta_1}{1+\dfrac{f_y}{E_s\varepsilon_{cu}}} \tag{3 - 10}$$

对于常用钢筋所对应的 ξ_b 值见表 3 - 8。

根据截面上力的平衡条件，由图 3 - 19 则有 $\alpha_1 f_c bx=f_y A_s$，即

$$\xi=\frac{x}{h_0}=\frac{A_s}{bh_0}\frac{f_y}{\alpha_1 f_c}=\rho\frac{f_y}{\alpha_1 f_c} \qquad [3 - 11(a)]$$

或
$$\rho=\xi\frac{\alpha_1 f_c}{f_y} \qquad [3 - 11(b)]$$

由式［3 - 11（a)］可知，相对受压区高度 ξ 与配筋率 ρ 有关，ξ 随 ρ 的增大而增大。当 ξ 达到适筋梁的界限相对受压区高度 ξ_b 值时，相应地 ρ 也达到界限配筋率 ρ_b，所以

$$\rho_b=\rho_{max}=\xi_b\frac{\alpha_1 f_c}{f_y} \tag{3 - 12}$$

由式（3-12）知，最大配筋率 ρ_{max} 与 ξ_b 值有直接关系，其量值仅取决于构件材料种类和强度等级。

表 3-8 **界限相对受压区高度 ξ_b 和 $\alpha_{s,max}$**

钢筋种类	系数	≤C50	C60	C70	C80
HPB300 级	ξ_b $\alpha_{s,max}$	0.576 0.410	0.556 0.402	0.537 0.393	0.518 0.384
HRB335 级、HRBF335 级	ξ_b $\alpha_{s,max}$	0.550 0.399	0.531 0.390	0.512 0.381	0.493 0.372
HRB400 级、HRBF400 级、RRB400 级	ξ_b $\alpha_{s,max}$	0.518 0.384	0.499 0.374	0.481 0.365	0.463 0.356
HRB500 级、HRBF500 级	ξ_b $\alpha_{s,max}$	0.482 0.366	0.464 0.357	0.447 0.347	0.429 0.337

注　表中系数 $\alpha_{s,max}=\xi_b(1-0.5\xi_b)$。

（二）最小配筋率 ρ_{min}

由于少筋梁属于"一裂即坏"的截面，因而在建筑结构中，不允许采用少筋梁。最小配筋率 ρ_{min} 的确定原则是：配有最小配筋率的钢筋混凝土受弯构件在破坏时的正截面承载力与相同截面同等级的素混凝土受弯构件的正截面承载力相等。《规范》规定了受弯构件的最小配筋率 ρ_{min} 为

$$\rho_{min}=0.45\frac{f_t}{f_y},\quad 且\geqslant 0.20\% \tag{3-13}$$

式中　f_t——混凝土的抗拉强度设计值。

对板类受弯构件（不包括悬臂板）的受拉钢筋，当采用强度等级 400N/mm²、500N/mm² 的钢筋时，其最小配筋率允许采用 0.15% 和 $0.45f_t/f_y$ 中的较大值。

由式（3-12）和式（3-13）可知，ρ_{max} 和 ρ_{min} 仅取决于所用材料的性能，与截面形状及尺寸无关。即一旦受弯构件的混凝土强度等级和钢筋种类选定，其 ρ_{max} 和 ρ_{min} 就已确定。

【例 3-1】 现有一钢筋混凝土梁，混凝土强度等级采用 C30，配置 HRB335 级钢筋作为纵向受力钢筋，欲确定其 ρ_{max} 和 ρ_{min} 取值。

解　（1）确定设计参数。

混凝土用 C30，$f_c=14.3\text{N/mm}^2$，$f_t=1.43\text{N/mm}^2$，$\alpha_1=1.0$；

钢筋采用 HRB335 级，$f_y=300\text{N/mm}^2$，$\xi_b=0.550$。

（2）计算 ρ_{max}

$$\rho_{max}=\xi_b\frac{\alpha_1 f_c}{f_y}=0.550\times\frac{1.0\times14.3}{300}=2.621\%$$

（3）计算 ρ_{min}

$$\rho_{min}=0.45\times\frac{f_t}{f_y}=0.45\times\frac{1.43}{300}=0.214\%>0.2\%,\quad 故\ \rho_{min}=0.214\%$$

3.3.3 单筋矩形截面受弯构件正截面承载力计算

根据适筋梁在破坏时的应力状态及基本假定，并用等效矩形应力图形代替混凝土实际应力图形，则单筋矩形截面受弯构件正截面承载力计算应力图形如图 3-21 所示。

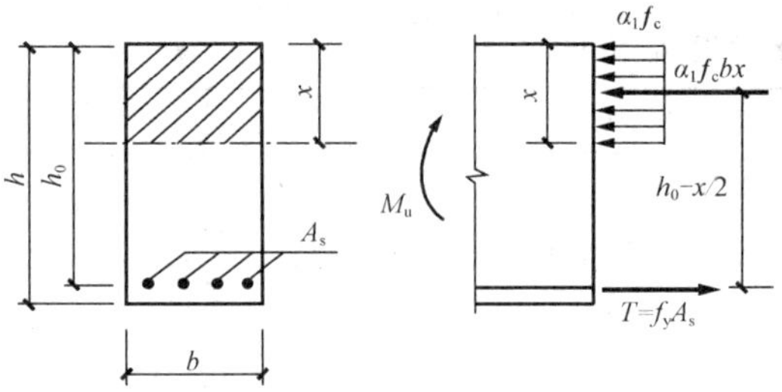

图 3-21 单筋矩形截面受弯构件正截面计算应力图形

一、基本公式及适用条件

（一）基本公式

按图 3-21 所示的计算应力图形，建立平衡条件，同时从满足承载力极限状态出发，应满足 $M \leqslant M_u$。故单筋矩形截面受弯构件正截面承载力计算公式为

$$\alpha_1 f_c bx = f_y A_s \tag{3-14}$$

$$M \leqslant M_u = \alpha_1 f_c bx\left(h_0 - \frac{x}{2}\right) \tag{3-15}$$

或

$$M \leqslant M_u = f_y A_s\left(h_0 - \frac{x}{2}\right) \tag{3-16}$$

式中 f_c——混凝土轴心抗压强度设计值；

b——截面宽度；

x——混凝土受压区高度；

α_1——系数，当混凝土强度等级≤C50 时取 1.0，当混凝土等级为 C80 时取 0.94，其间按线性内插法取用；

f_y——钢筋抗拉强度设计值；

A_s——纵向受拉钢筋截面面积；

h_0——截面有效高度；

M_u——截面破坏时的极限弯矩；

M——作用在截面上的弯矩设计值。

（二）适用条件

（1）为防止发生超筋脆性破坏，应满足以下条件

$$\rho \leqslant \rho_{max} \tag{3-17(a)}$$

或

$$\xi \leqslant \xi_b \quad（即\ x \leqslant x_b = \xi_b h_0） \tag{3-17(b)}$$

或

$$M \leqslant M_{u,max} = \alpha_1 f_c b h_0^2 \xi_b (1 - 0.5\xi_b) \tag{3-17(c)}$$

式中，$M_{u,max}$是适筋梁所能承担的最大弯矩，从式［3-17（c）］中可知，在截面尺寸、材料种类等因素确定的条件下，$M_{u,max}$是一个定值，与钢筋的数量无关。

（2）为防止发生少筋脆性破坏，应满足以下条件

$$\rho \geqslant \rho_{min} \tag{3-18(a)}$$

或

$$A_s \geqslant \rho_{min} bh \tag{3-18(b)}$$

应当注意，式（3-18）中采用的是全部截面面积 bh，而不是有效截面面积 bh_0，这是

因为素混凝土梁受拉区混凝土开裂时退出受拉工作是从受拉混凝土截面边缘开始的。

二、基本公式的应用

在工程设计中，钢筋混凝土受弯构件正截面承载力的计算可以分为截面设计和截面复核两类问题。

（一）截面设计

截面设计时，根据构件上所作用的荷载经计算可知弯矩设计值 M，而材料的强度等级、截面尺寸均需设计人员选定，因此未知数有 f_y、f_c、b、h（或 h_0）、A_s 和 x，多于两个，基本公式没有唯一解。设计人员应根据材料供应、施工条件、使用要求等因素综合分析，首先选择材料，其次确定截面。当材料强度 f_y、f_c、α_1 和截面尺寸 b、h（或 h_0）确定后，未知数就只有 x、A_s，即可求解。

（1）利用基本公式计算。

1）求出截面受压区高度 x，并判断是否属于超筋梁。由式（3 - 15）得

$$x = h_0 - \sqrt{h_0^2 - \frac{2M}{\alpha_1 f_c b}}$$

若根号内出现负值或 $x > x_b = \xi_b h_0$，则属于超筋梁，应加大截面尺寸或提高混凝土强度等级，或改为双筋截面重新计算。

2）求纵向受拉钢筋截面面积 A_s。若 $x \leqslant \xi_b h_0$，则

$$A_s = \frac{\alpha_1 f_c b x}{f_y}$$

3）选配钢筋。根据计算所得的 A_s，在表 3 - 9 或表 3 - 10 中选择钢筋的直径和根数（间距），并复核一排能否放下。如果纵向钢筋需要按两排放置，则应改变截面有效高度 h_0，重新计算 A_s，并再次选择钢筋。

表 3 - 9　钢筋的计算截面面积及公称质量

公称直径（mm）	不同根数钢筋的计算截面面积（mm²）									单根钢筋公称质量（kg/m）
	1	2	3	4	5	6	7	8	9	
6	28.3	57	85	113	142	170	198	226	255	0.222
6.5	33.2	66	100	133	166	199	232	265	299	0.260
8	50.3	101	151	201	252	302	352	402	453	0.395
8.2	52.8	106	158	211	264	317	370	423	475	0.432
10	78.5	157	236	314	393	471	550	628	707	0.617
12	113.1	226	339	452	565	678	791	904	1017	0.888
14	153.9	308	461	615	769	923	1077	1231	1385	1.21
16	201.1	402	603	804	1005	1206	1407	1608	1809	1.58
18	254.5	509	763	1017	1272	1527	1781	2036	2290	2.00
20	314.2	628	942	1256	1570	1884	2199	2513	2827	2.47
22	380.1	760	1140	1520	1900	2281	2661	3041	3421	2.98

续表

公称直径（mm）	不同根数钢筋的计算截面面积（mm^2）									单根钢筋公称质量（kg/m）
	1	2	3	4	5	6	7	8	9	
25	490.9	982	1473	1964	2454	2945	3436	3927	4418	3.85
28	615.8	1232	1847	2463	3079	3695	4310	4926	5542	4.83
32	804.2	1609	2413	3217	4021	4826	5630	6434	7238	6.31
36	1017.9	2036	3054	4072	5089	6107	7125	8143	9161	7.99
40	1256.6	2513	3770	5027	6283	7540	8796	10 053	11 310	9.87

注 表中直径 $d=8.2$mm 的计算截面面积及公称质量仅适用于有纵肋的热处理钢筋。

表 3-10 钢筋混凝土板每米宽的钢筋截面面积

钢筋间距（mm）	钢 筋 直 径（mm）											
	3	4	5	6	6/8	8	8/10	10	10/12	12	12/14	14
70	101	180	280	404	561	719	920	1121	1369	1616	1907	2199
75	94.2	168	262	377	524	671	899	1047	1277	1508	1780	2052
80	88.4	157	245	354	491	629	805	981	1198	1414	1669	1924
85	83.2	148	231	333	462	592	758	924	1127	1331	1571	1181
90	78.2	140	218	314	437	559	716	872	1064	1257	1438	1710
95	74.5	132	207	298	414	529	678	826	1008	1190	1405	1620
100	70.6	126	196	283	393	503	644	785	958	1131	1335	1539
110	64.2	114	178	257	357	457	585	714	871	1028	1214	1399
120	58.9	105	163	236	327	419	537	654	798	942	1113	1283
125	56.5	101	157	226	314	402	515	628	766	905	1068	1231
130	54.4	96.6	151	218	302	387	495	604	737	870	1027	1184
140	50.5	89.8	140	202	281	359	460	561	684	808	954	1099
150	47.1	83.8	131	189	262	335	429	523	639	754	890	1026
160	44.1	78.5	123	177	246	314	403	491	599	707	834	962
170	41.5	73.9	115	166	231	296	379	462	564	665	785	905
180	39.2	69.8	109	157	218	279	358	436	532	628	742	855
190	37.2	66.1	103	149	207	265	339	413	504	595	703	810
200	35.3	62.8	98.2	141	196	251	322	393	479	565	668	770
220	32.1	57.1	89.2	129	176	229	293	357	436	514	607	700
240	29.4	52.4	81.8	118	164	210	268	327	399	471	556	641
250	28.3	50.3	78.5	113	157	201	258	314	383	452	534	616

4）验算最小配筋率 ρ_{min}。所选实际配筋的钢筋面积应满足 $A_s \geqslant \rho_{min} bh$。若 $A_s < \rho_{min} bh$，说明截面尺寸过大，应适当减小截面尺寸。当截面尺寸不能减少时，则应按最小配筋率配筋，即取 $A_s = \rho_{min} bh$。

【例3-2】 某教学楼钢筋混凝土矩形截面简支梁（图3-22），结构安全等级为二级，一类环境，计算跨度 $l_0=5.4\text{m}$。梁上作用均布永久荷载标准值（包括梁自重）$g_k=25\text{kN/m}$，均布可变荷载标准值 $q_k=40\text{kN/m}$。试设计该截面并进行正截面承载力设计。

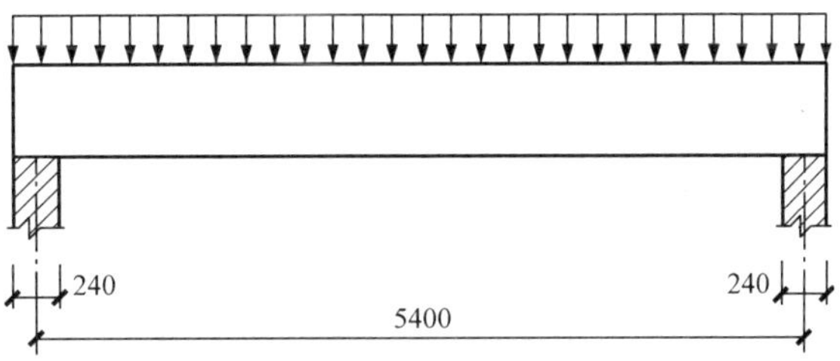

图3-22 ［例3-2］附图

解 ①选用材料并确定设计参数。

结构安全等级为二级，重要性系数取 $\gamma_0=1.0$；

混凝土用C30，$f_c=14.3\text{N/mm}^2$，$f_t=1.43\text{N/mm}^2$，$\alpha_1=1.0$；

纵筋采用HRB400级钢筋，$f_y=360\text{N/mm}^2$，$\xi_b=0.518$；

一类环境，保护层厚度 $c=20\text{mm}$。

②确定跨中截面最大弯矩设计值。

由可变荷载效应控制的组合，取 $\gamma_G=1.2$，$\gamma_Q=1.4$，则

$$M_1=\gamma_0\frac{1}{8}(\gamma_G g_k+\gamma_Q q_k)l_0^2=1.0\times\frac{1}{8}\times(1.2\times25+1.4\times40)\times5.4^2$$
$$=313.5\text{kN}\cdot\text{m}$$

由永久荷载效应控制的组合，取 $\gamma_G=1.35$，$\gamma_Q=1.4$，查《荷载规范》得 $\psi_c=0.7$，则

$$M_2=\gamma_0\frac{1}{8}(\gamma_G g_k+\gamma_Q\psi_c q_k)l_0^2=1.0\times\frac{1}{8}\times(1.35\times25+1.4\times0.7\times40)\times5.4^2$$
$$=265.9\text{kN}\cdot\text{m}$$

取 M_1 和 M_2 的较大值，即 $M=M_1=313.5\text{kN}\cdot\text{m}$。

③确定截面尺寸。

根据高跨比初步估计高度 h 为

$$l(1/8\sim1/14)=5400\times(1/8\sim1/14)=675\sim385\text{mm}，取 h=600\text{mm}$$

由高宽比确定宽度 b 为

$$h/(2.0\sim3.0)=600/(2\sim3)=300\sim200\text{mm}，取 b=250\text{mm}$$

④计算钢筋截面面积 A_s 和选择钢筋。

先假定单排钢筋布置，设箍筋选用直径Φ8，查表3-7取 $a_s=40\text{mm}$，则截面有效高度 h_0 为

$$h_0=600-40=560\text{mm}$$

由式（3-14）得

$$x=h_0-\sqrt{h_0^2-\frac{2M}{\alpha_1 f_c b}}=560-\sqrt{560^2-\frac{2\times313.5\times10^6}{1.0\times14.3\times250}}=188.3\text{mm}$$
$$x<x_b=\xi_b h_0=0.518\times560=290\text{mm}$$

将 $x=188.3\text{mm}$ 代入式（3-14）得

$$A_s=\frac{\alpha_1 f_c bx}{f_y}=\frac{1.0\times14.3\times250\times188.3}{360}=1870\text{mm}^2$$

选配钢筋时，应考虑钢筋净距要求，尽可能放一排。查表3-9，选4根直径为25的钢筋（4Φ25），实配钢筋 $A_s=1964\text{mm}^2$。

⑤验算最小配筋率。

$$\rho_{\min}=\left\{0.45\frac{f_t}{f_y},0.2\%\right\}_{\max}=\left\{0.45\times\frac{1.43}{360},0.2\%\right\}_{\max}=\{0.178\%,0.2\}_{\max}=0.2\%$$

$\rho_{\min}bh=0.2\%\times250\times600=300\text{mm}^2<A_s=1964\text{mm}^2$，故满足要求。

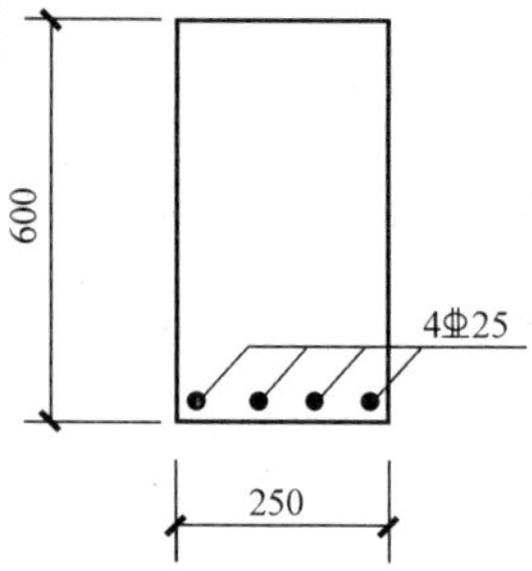

图 3 - 23 ［例 3 - 2］截面配筋图

⑥绘截面配筋图。

如图 3 - 23 所示，画出截面形式和钢筋的布置，标注截面尺寸及钢筋的根数、型号。

（2）表格计算。

由［例 3 - 2］可以看出，用基本公式进行设计需求解一元二次方程，计算较烦琐。为方便计算，可将基本公式适当变换后，编制成计算表格。

由于相对受压区高度 $\xi=x/h_0$，则 $x=\xi h_0$。

由式（3 - 15）得

$$M=\alpha_1 f_c bx\left(h_0-\frac{x}{2}\right)=\alpha_1 f_c bh_0{}^2\xi(1-0.5\xi)$$

令

$$\alpha_s=\xi(1-0.5\xi) \tag{3 - 19a}$$

则

$$M=\alpha_s\alpha_1 f_c bh_0^2 \tag{3 - 19b}$$

当 $\xi=\xi_b$ 时，$\alpha_s=\alpha_{s,\max}=\xi_b(1-0.5\xi_b)$，则

$$M=M_{u,\max}=\alpha_{s,\max}\alpha_1 f_c bh_0^2 \tag{3 - 19c}$$

由式（3 - 16）得

$$M_u=f_yA_s\left(h_0-\frac{x}{2}\right)=f_yA_sh_0(1-0.5\xi)$$

令

$$\gamma_s=1-0.5\xi \tag{3 - 20a}$$

则

$$M=f_yA_s\gamma_sh_0 \tag{3 - 20b}$$

由式（3 - 14）得

$$A_s=\frac{\alpha_1 f_c bx}{f_y}=\xi bh_0\frac{\alpha_1 f_c}{f_y} \tag{3 - 21}$$

由式（3 - 20b）得

$$A_s=\frac{M}{f_y\gamma_sh_0} \tag{3 - 22}$$

式中 α_s——截面抵抗矩系数，反映截面抵抗矩的相对大小，在适筋梁范围内，ρ 越大，则 α_s 值也越大，M_u 值也越高；

γ_s——截面内力臂系数，是截面内力臂与截面有效高度的比值，ξ 越大，γ_s 越小。

显然，α_s、γ_s 均为相对受压区高度 ξ 的函数，利用 α_s、γ_s 和 ξ 的关系，预先编制成计算表格（表 3 - 11）供设计时查用。当已知 α_s、γ_s、ξ 之中某一值时，就可查出相对应的另外两个系数值。

利用计算表格进行截面设计时的步骤如下：

1）求 α_s，计算式为

$$\alpha_s = \frac{M}{\alpha_1 f_c b h_0^2}$$

表 3-11　　钢筋混凝土矩形和 T 形截面受弯构件正截面承载力计算系数表

ξ	γ_s	α_s	ξ	γ_s	α_s
0.01	0.995	0.010	0.31	0.845	0.262
0.02	0.990	0.020	0.32	0.840	0.269
0.03	0.985	0.030	0.33	0.835	0.275
0.04	0.980	0.039	0.34	0.833	0.282
0.05	0.975	0.048	0.35	0.825	0.289
0.06	0.970	0.058	0.36	0.820	0.295
0.07	0.965	0.067	0.37	0.815	0.301
0.08	0.960	0.077	0.38	0.810	0.309
0.09	0.955	0.085	0.39	0.805	0.314
0.10	0.950	0.095	0.40	0.800	0.320
0.11	0.945	0.104	0.41	0.795	0.326
0.12	0.940	0.113	0.42	0.790	0.332
0.13	0.935	0.121	0.43	0.785	0.337
0.14	0.930	0.130	0.44	0.780	0.343
0.15	0.925	0.139	0.45	0.775	0.349
0.16	0.920	0.147	0.46	0.770	0.354
0.17	0.915	0.155	0.47	0.765	0.359
0.18	0.910	0.164	0.48	0.760	0.365
0.19	0.905	0.172	0.482	0.759	0.366
0.20	0.900	0.180	0.49	0.755	0.370
0.21	0.895	0.188	0.50	0.750	0.375
0.22	0.890	0.196	0.51	0.745	0.380
0.23	0.885	0.203	0.518	0.741	0.384
0.24	0.880	0.211	0.52	0.740	0.385
0.25	0.875	0.219	0.53	0.735	0.390
0.26	0.870	0.226	0.54	0.730	0.394
0.27	0.865	0.234	0.55	0.725	0.400
0.28	0.860	0.241	0.56	0.720	0.403
0.29	0.855	0.248	0.57	0.715	0.408
0.30	0.850	0.255	0.576	0.712	0.410

2）查系数 γ_s 或 ξ。

3）求纵向钢筋面积 A_s。

若 $\alpha_s \leqslant \alpha_{s,\max}$，则

$$A_s = \frac{M}{f_y r_s h_0} \quad 或 \quad A_s = \xi b h_0 \frac{\alpha_1 f_c}{f_y}$$

若 $\alpha_s > \alpha_{s,\max}$，则属超筋梁，说明截面尺寸过小，应加大截面尺寸或提高混凝土强度等

级，重新计算。

4）验算最小配筋率为

$$A_s \geqslant \rho_{min} bh$$

【例 3-3】 已知一单跨简支板如图 3-24 所示，板厚为 80mm，计算跨度 $l_0=2.4$m，承受均布荷载设计值为 6.3kN/m² （包括板自重），混凝土强度等级为 C20，用 HPB300 级钢筋配筋，安全等级为二级，一类环境，试设计该简支板。

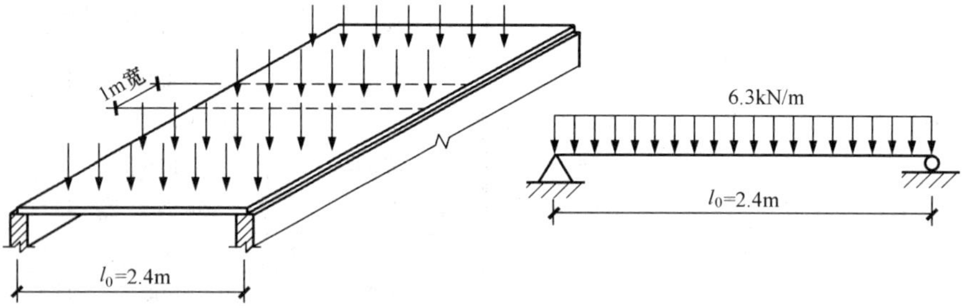

图 3-24 ［例 3-3］板受力图

解 取宽度 $b=1$m 的板带为计算单元。

① 确定设计参数。

$f_c=9.6\text{N/mm}^2$，$f_t=1.10\text{N/mm}^2$，$\alpha_1=1.0$，$f_y=270\text{N/mm}^2$，$\xi_b=0.576$，$c=20$mm。

② 计算跨中最大弯矩设计值 M。

$$M=\gamma_0\frac{1}{8}ql_0^2=1.0\times\frac{1}{8}\times 6.3\times 2.4^2=4.536\text{kN}\cdot\text{m}$$

③ 计算钢筋截面面积 A_s 和选择钢筋。

截面有效高度 h_0 为

$$h_0=80-25=55\text{mm}$$

$$\alpha_s=\frac{M}{\alpha_1 f_c bh_0^2}=\frac{4.536\times 10^6}{1.0\times 9.6\times 1000\times 55^2}=0.156$$

查表 3-11 得 $\gamma_s=0.915$，$\xi=0.170<\xi_b=0.576$。

故

$$A_s=\frac{M}{f_y r_s h_0}=\frac{4.536\times 10^6}{270\times 0.915\times 55}=334\text{mm}^2$$

查表 3-10，选用Φ 8@150，实配钢筋 $A_s=335\text{mm}^2$。

④ 验算最小配筋率。

$$\rho_{min}=\left\{0.45\frac{f_t}{f_y},\ 0.2\%\right\}_{max}=\left\{0.45\times\frac{1.10}{270},\ 0.2\%\right\}_{max}=\{0.183\%,\ 0.2\%\}_{max}=0.2\%$$

$$\rho_{min}bh=0.2\%\times 1000\times 80=160\text{mm}^2<A_s=335\text{mm}^2$$

⑤ 选用分布钢筋并绘截面配筋图。

分布钢筋按构造选用Φ6@250，其截面积为 $A_s=113\text{mm}^2<0.15\%bh=0.15\%\times 1000\times 80=120\text{mm}^2$，显然不满足构造要求，故重选Φ6@200。截面配筋图如图 3-25 所示。

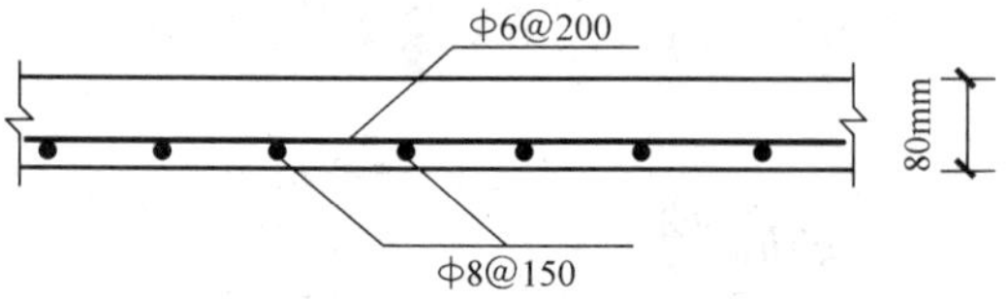

图 3-25 ［例 3-3］板配筋图

（二）截面复核

当材料强度设计值（f_c、f_y）、截面尺寸（b、h）和钢筋截面面积 A_s 都已知时，欲求截面所能承受的极限弯矩设计值 M_u；或已知截面设计弯矩值 M，复核该截面是否安全经济。

截面复核时计算步骤如下：

（1）确定截面有效高度为

$$h_0 = h - a_s$$

（2）计算受压区高度 x，计算式为

$$x = \frac{f_y A_s}{\alpha_1 f_c b}$$

（3）验算公式适用条件，并计算截面受弯承载力 M_u。

若 $x \leqslant x_b = \xi_b h_0$，且 $A_s \geqslant \rho_{min} bh$，为适筋梁，则 M_u 计算式为

$$M_u = \alpha_1 f_c bx\left(h_0 - \frac{x}{2}\right)$$

若 $x > x_b = \xi_b h_0$，为超筋梁，取 $x = x_b = \xi_b h_0$，则 M_u 计算式为

$$M_u = M_{u,max} = \alpha_1 f_c bh_0^2 \xi_b (1 - 0.5\xi_b)$$

若 $A_s < \rho_{min} bh$，则为少筋梁，应修改设计或将受弯承载力降低使用。

（4）复核截面是否安全经济。

当 $M_u \geqslant M$ 时，承载力足够，截面处于安全；当 $M_u < M$ 时，承载力不足，截面处于不安全，此时应修改原设计；如 $M_u \gg M$ 时为不经济，必要时也应修改原设计。

【例 3-4】 有一钢筋混凝土梁，截面尺寸 $b \times h = 200\text{mm} \times 450\text{mm}$，采用 C20 混凝土和 HRB335 级钢筋，安全等级为二级，一类环境，箍筋选用 HPB300 级Φ6 钢筋，截面配筋如图 3-26 所示。该梁承受最大弯矩设计值 $M = 65\text{kN} \cdot \text{m}$，复核该截面是否安全。

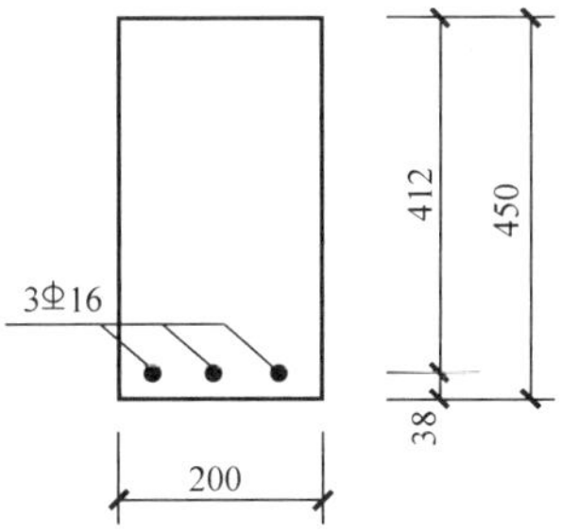

图 3-26 ［例 3-4］截面配筋图

解　（1）确定设计参数：

$f_c = 9.6\text{N/mm}^2$，　$f_t = 1.10\text{N/mm}^2$，　$\alpha_1 = 1.0$，

$f_y = 300\text{N/mm}^2$，　$\xi_b = 0.550$。

（2）计算截面有效高度为

$$h_0 = h - a_s = 450 - 25 - 6 - 16/2 = 411\text{mm}$$

（3）验算最小配筋率：钢筋 3Φ16，$A_s = 603\text{mm}^2$。

$\rho_{min} = 0.45 \dfrac{f_t}{f_y} = 0.45 \times \dfrac{1.10}{300} = 0.165\% < 0.2\%$，取 $\rho_{min} = 0.2\%$。

$A_{s,min} = \rho_{min} bh = 0.2\% \times 200 \times 450 = 180\text{mm}^2 < A_s = 603\text{mm}^2$，故满足要求。

（4）计算受压区高度 x，并验算是否超筋。

由式（3-14）得

$$x = \frac{f_y A_s}{\alpha_1 f_c b} = \frac{300 \times 603}{1.0 \times 9.6 \times 200} = 94.2\text{mm}$$

$x < \xi_b h_0 = 0.550 \times 411 = 226\text{mm}$，满足要求。

（5）计算截面受弯承载力 M_u，并复核截面是否安全。

由式（3-15）得

$$M_u = \alpha_1 f_c bx\left(h_0 - \frac{x}{2}\right) = 1.0 \times 9.6 \times 200 \times 94.2 \times (411 - 0.5 \times 94.2)$$

$$= 65.8\text{kN} \cdot \text{m} > M = 65\text{kN} \cdot \text{m}$$

显然，截面安全。由于 M_u 与 M 很接近，还表明该梁正截面设计是经济的。

三、影响受弯构件抗弯承载能力的因素

（一）截面尺寸（b、h）

试验结果表明，加大截面高度 h 和宽度 b 均可提高构件的受弯承载力 M_u，但截面高度 h 的影响效果要明显大于宽度 b 的影响效果，从公式 $M_u = \alpha_s \alpha_1 f_c b h_0^2$ 中也可反映出这一点。

（二）材料强度（f_c、f_y）

当截面尺寸一定，钢筋数量相同的情况下，试验与计算结果表明，提高混凝土强度等级可提高 M_u，但其效果不如提高钢筋强度 f_y 的效果明显，故提高混凝土的强度等级是不可取的。

（三）受拉钢筋数量（A_s）

前述已知，在适筋范围内，随配筋量 A_s（或 ρ）的增大，受压区高度 x 也逐渐加大，故受弯承载力 M_u 也将提高，且其提高效果还很明显。

综上所知，欲提高截面的抗弯承载力 M_u，首选既经济又效果显著的措施是加大截面高度，其次是提高受拉钢筋的强度等级或增加钢筋数量，而加大截面宽度或提高混凝土的强度等级等措施一般不予采用。

四、经济配筋率

实际工程设计中，需从经济角度考虑。合理的选择应该是在满足承载力及使用要求前提下，选用经济配筋率。根据我国工程设计经验，通常经济配筋率范围为：板的经济配筋率为 $\rho=0.4\%\sim0.8\%$；梁的经济配筋率为 $\rho=0.6\%\sim1.5\%$。

3.3.4 双筋矩形截面受弯构件正截面承载力计算

双筋截面梁是指在梁截面的受拉区和受压区同时按计算配置纵向受力钢筋的受弯构件。在受弯构件截面受压区配置钢筋，协助混凝土承受压力，称这类钢筋为受压钢筋，用 A'_s 表示。一般情况，梁中利用受压钢筋来协助混凝土承受压力是不经济的，故应尽量少用双筋截面。

双筋截面梁通常主要在下述情况下采用：

（1）梁承受的弯矩很大即 $M > \alpha_{s,\max} \alpha_1 f_c b h_0^2$，而截面尺寸及材料强度又由于种种原因限制不能再增大和提高，单筋截面梁无法满足时，宜设计成双筋梁。

（2）由于荷载有多种组合，受弯构件在不同荷载组合作用下，截面可能承受正、负号弯矩。

（3）在抗震结构中为保证框架梁具有足够的延性，要求必须配置一定比例的受压钢筋。

一、受压钢筋的强度

（一）纵向受压钢筋的抗压强度设计值，f'_y

双筋截面设计在受拉区配置受拉钢筋，同时在受压区配置受压钢筋，只要满足适筋梁 $\xi \leqslant \xi_b$ 的条件及双筋截面构造条件，双筋截面梁达到极限弯矩时的破坏形态基本上与单筋截面适筋梁相似，即破坏始于受拉钢筋屈服，然后受压区边缘混凝土达到极限压应变压碎，属于延性破坏。

此时，受压钢筋应力 σ'_s 是否达到屈服强度，取决于受压钢筋所能达到的压应变值 ε'_s。试验表明，当受压区配有受压热轧钢筋，且梁内布置了适量的封闭箍筋时，混凝土受到一定的约束作用，实际的极限压应变 ε_{cu} 和峰值应变 ε_0 均有所增大，从而使双筋矩形截面构件达到极限弯矩时受压钢筋的压应变 ε'_s 也大于按素混凝土极限压应变计算的量值。当 $x \geqslant 2a'_s$ 时，热轧钢筋的抗压强度均可充分发挥。

故《规范》规定，热轧钢筋的抗压强度设计值，当 $f_y \leqslant 400\text{N/mm}^2$ 时，取 $f'_y = f_y$；当 $f_y > 400\text{N/mm}^2$ 时，取 $f'_y = 410\text{N/mm}^2$。

（二）保证纵向受压钢筋设计强度 f'_y 发挥的条件

（1）为防止纵向受压钢筋在纵向压力作用下发生压屈而侧向凸出，保证受压钢筋充分发挥其作用，《规范》规定，双筋梁必须采用封闭箍筋，且箍筋间距 s 应满足 $s \leqslant 15d$（此处 d 为受压钢筋最小直径），同时 $s \leqslant 400\text{mm}$；但一层内的受压钢筋多于 5 根且钢筋直径大于 18mm 时，箍筋间距 s 应满足 $s \leqslant 10d$。当梁宽 $b \leqslant 400\text{mm}$ 且一层内受压钢筋多于 4 根，或当梁宽 $b > 400\text{mm}$ 但一层内受压钢筋多于 3 根时，应设复合箍筋。箍筋直径 d_v 满足 $d_v \geqslant \frac{1}{4}d$（此处 d 为受压钢筋最大直径）。

（2）为保证受压钢筋的强度充分发挥，受压钢筋合力作用点不能离中性轴太近，双筋矩形截面梁混凝土受压高度 x 应满足

$$x \geqslant 2a'_s \tag{3-23}$$

式中　a'_s——受压钢筋重心至受压混凝土边缘的垂直距离。

二、基本计算公式及适用条件

（一）计算应力图形

双筋矩形截面受弯构件中受压钢筋在满足式（3-23）和构造要求的条件下，达到承载力极限状态时的截面应力如图 3-27（a）所示。

（二）基本计算公式

根据平衡条件，基本公式为

$$\alpha_1 f_c bx + f'_y A'_s = f_y A_s \tag{3-24}$$

$$M_u = \alpha_1 f_c bx\left(h_0 - \frac{x}{2}\right) + f'_y A'_s (h_0 - a'_s) \tag{3-25}$$

双筋截面的受弯承载力 M_u 可分解为两部分：第一部分由受压混凝土合力 $\alpha_1 f_c bx$ 与部分受拉钢筋 A_{s1} 的合力 $f_y A_{s1}$ 组成的“单筋矩形截面”所承担的弯矩 M_{u1}［图 3-27（b）］；第二部分由受压钢筋 A'_s 的合力 $f'_y A'_s$ 与另一部分受拉钢筋 A_{s2} 的合力 $f_y A_{s2}$ 构成“纯钢截面”所承担的弯矩 M_{u2}［图 3-27（c）］，即

$$M_u = M_{u1} + M_{u2} \tag{3-26}$$

$$A_s = A_{s1} + A_{s2} \tag{3-27}$$

对第一部分［图 3-27（b）］，由平衡条件可得

$$\alpha_1 f_c bx = f_y A_{s1} \tag{3-28}$$

$$M_{u1} = \alpha_1 f_c bx\left(h_0 - \frac{x}{2}\right) \tag{3-29}$$

对第二部分［图 3-27（c）］，由平衡条件可得

$$f'_y A'_s = f_y A_{s2} \tag{3-30}$$

$$M_{u2} = f'_y A'_s (h_0 - a'_s) \tag{3-31}$$

显然，“纯钢筋截面”部分所承担的弯矩 M_{u2} 与混凝土无关，因此截面破坏形态不受 A_{s2} 配

筋量的影响，理论上这部分配筋可以很大，甚至可用钢梁代替，从而形成钢骨混凝土截面。

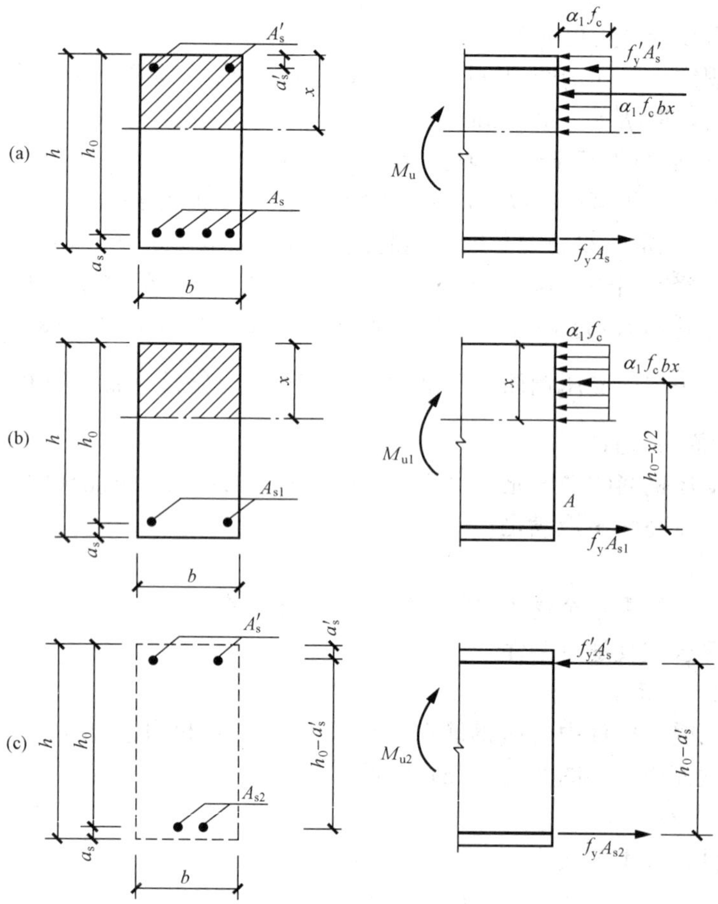

图 3-27 双筋矩形截面受弯承载力计算应力图形

(a) 计算应力图形；(b)“单筋截面”应力图形；(c)“纯钢截面”应力图形

（三）适用条件

（1）为防止超筋脆性破坏，应满足以下条件

$$x \leqslant \xi_b h_0$$

或

$$\xi \leqslant \xi_b$$

或

$$\rho = \frac{A_{s1}}{bh_0} \leqslant \xi_b \frac{\alpha_1 f_c}{f_y} \qquad (3-32)$$

由于“纯钢截面”部分不影响破坏形态，因此仅需控制单筋截面部分不要形成超筋即可。

（2）为保证受压钢筋的强度充分利用，应满足以下条件

$$x \geqslant 2a'_s$$

双筋截面一般不会出现少筋破坏情况，故一般不必验算最小配筋率。

三、基本公式的应用

（一）截面设计

设计双筋截面时，一般是已知弯矩设计值、截面尺寸和材料强度设计值。计算时有下列两种情况：

（1）已知弯矩设计值 M、截面尺寸 $b\times h$，以及材料强度 f_c、f_y、f'_y、α_1，求受拉钢筋截面面积 A_s 和 A'_s。

由于式（3-24）和式（3-25）两个基本公式中，含有 A'_s、A_s 和 x 三个未知数，因此，还需补充一个条件才能求解。为使钢筋总用量（A'_s+A_s）为最小，并且充分利用混凝土的受压能力，由适用条件 $x\leqslant\xi_b h_0$，取 $x=\xi_b h_0$。

计算步骤如下：

1）判别是否需要采用双筋梁：

若 $M\geqslant M_{u,max}=\alpha_1 f_c b h_0^2\xi_b(1-0.5\xi_b)$，则按双筋截面梁设计；否则按单筋截面梁设计。

2）令 $x=\xi_b h_0$，代入式（3-28）求得 A_{s1}

$$A_{s1}=\frac{\alpha_1 f_c b h_0 \xi_b}{f_y}$$

3）由式（3-29）、式（3-26）分别计算 M_{u1}、M_{u2}

$$M_{u1}=\alpha_1 f_c b h_0^2\xi_b(1-0.5\xi_b)$$

$$M_{u2}=M-M_{u1}$$

4）由式（3-31）求得 A'_s

$$A'_s=\frac{M_{u2}}{f'_y(h_0-a'_s)}$$

5）由式（3-30）求得 A_{s2}

$$A_{s2}=\frac{f'_y A'_s}{f_y}$$

6）计算 A_s

$$A_s=A_{s1}+A_{s2}$$

（2）已知弯矩设计值 M、截面尺寸 $b\times h$、材料强度设计值 f_c、f_y、f'_y、α_1 及受压钢筋截面面积 A'_s，求受拉钢筋截面面积 A_s。

此类问题往往是由于变号弯矩的需要，或由于构造要求，已在受压区配置截面面积为 A'_s 的受压钢筋。因此应充分利用 A'_s 以减少 A_s，达到节约钢筋的目的。

计算步骤如下：

1）由给定 A'_s 计算 A_{s2}、M_{u2}，计算式分别为

$$A_{s2}=\frac{f'_y A'_s}{f_y}$$

$$M_{u2}=f'_y A'_s(h_0-a'_s)$$

2）计算 M_{u1}，计算式为

$$M_{u1}=M-M_{u2}$$

3）求 A_{s1}，计算式为

$$\alpha_s = \frac{M_{u1}}{\alpha_1 f_c b h_0^2}$$

若 $\alpha_s \leqslant \alpha_{s,max}$（即 $x \leqslant \xi_b h_0$），且 $x \geqslant 2a'_s$，则查 ξ 或 γ_s 求 A_{s1}；

若 $\alpha_s > \alpha_{s,max}$（即 $x > \xi_b h_0$），说明已知的 A'_s 数量不足，应增加 A'_s 的数量或按 A'_s 未知的情况求 A'_s 和 A_{s1} 的数量；

若 $x < 2a'_s$，说明受压钢筋 A'_s 的应力达不到抗压强度 f'_y，这时应取 $x = 2a'_s$，A_s 计算式为

$$A_s = \frac{M}{f_y (h_0 - a'_s)} \tag{3-33}$$

4）求 A_s，计算式为

$$A_s = A_{s1} + A_{s2}$$

（二）截面复核

已知截面尺寸（$b \times h$）、材料强度（f_c、f_y、f'_y、α_1）、钢筋面积（A'_s、A_s），求截面能承受的弯矩设计值 M_u。

计算步骤如下：

（1）由式（3-25）求得 x 为

$$x = \frac{f_y A_s - f'_y A'_s}{\alpha_1 f_c b}$$

（2）求 M_u：

若 $x \leqslant \xi_b h_0$，且 $x \geqslant 2a'_s$，则将 x 值直接代入式（3-25）求得 M_u；

若 $x > \xi_b h_0$，说明属超筋梁，此时应取 $x = \xi_b h_0$ 代入式（3-25）求得 M_u；

若 $x < 2a'_s$，则由式（3-33）求得 M_u。

（3）复核截面是否安全。若 $M_u \geqslant M$ 则截面安全；若 $M_u < M$ 则截面不安全。

【例 3-5】 一钢筋混凝土矩形截面梁，$b = 200\text{mm}$，$h = 500\text{mm}$，混凝土强度等级 C30，纵筋采用 HRB400 级钢筋，箍筋选用 HPB300 级Φ8 钢筋，承受弯矩设计值 $M = 275\text{kN} \cdot \text{m}$，安全等级为二级，一类环境。试求所需的纵向钢筋。

解 （1）确定设计参数。

$f_c = 14.3\text{N/mm}^2$，$\alpha_1 = 1.0$，$f'_y = f_y = 360\text{N/mm}^2$，$\xi_b = 0.518$，$\alpha_{s,max} = 0.384$。

（2）验算是否需采用双筋截面。

初步假设受拉钢筋为双排布置，取 $h_0 = 500 - 65 = 435\text{mm}$。

$$M_{u,max} = \alpha_{s,max} \alpha_1 f_c b h_0^2 = 0.384 \times 1.0 \times 14.3 \times 200 \times 435^2 = 207.8\text{kN} \cdot \text{m} < M = 275\text{kN} \cdot \text{m}$$

故需配受压钢筋，取 $a'_s = 40\text{mm}$。

（3）计算受压钢筋截面面积 A'_s 及相应的受拉钢筋 A_{s2}。

$$A'_s = \frac{M - M_{u,max}}{f'_y (h_0 - a'_s)} = \frac{275 \times 10^6 - 207.8 \times 10^6}{360 \times (435 - 40)} = 473\text{mm}^2$$

$$A_{s2} = \frac{f'_y}{f_y} A'_s = \frac{360}{360} \times 473 = 473\text{mm}^2$$

（4）求与受压混凝土相对应的受拉钢筋 A_{s1}。

取 $x = \xi_b h_0$，则

$$A_{s1} = \frac{\alpha_1 f_c b h_0 \xi_b}{f_y} = \frac{1.0 \times 14.3 \times 200 \times 435 \times 0.518}{360} = 1790\text{mm}^2$$

（5）计算总受拉钢筋截面面积。

$$A_s = A_{s1} + A_{s2} = 1790 + 473 = 2263\text{mm}^2$$

（6）选择钢筋，并绘配筋截面图。

受拉钢筋选用6 ⏀ 22，A_s=2281mm²；受压钢筋选用2 ⏀ 18，A'_s=509mm²。截面配筋图如图3-28所示。

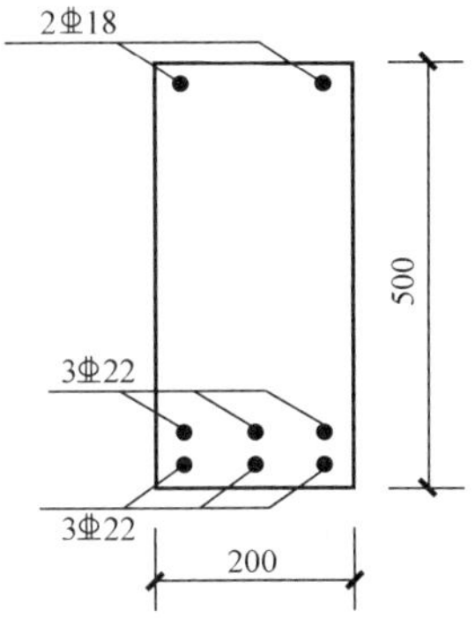

图3-28 [例3-5]截面配筋图

【例3-6】 已知条件同[例3-5]，但出于构造要求在受压区已配置了3 ⏀ 18的受压钢筋（A'_s=763mm²）求受拉钢筋截面面积A_s。

解 （1）计算与受压钢筋A'_s相对应的受拉钢筋A_{s2}及M_{u2}。

$$A_{s2} = \frac{f'_y}{f_y}A'_s = \frac{360}{360} \times 763 = 763\text{mm}^2$$

$$\begin{aligned} M_{u2} &= f'_y A'_s (h_0 - a'_s) \\ &= 360 \times 763 \times (435 - 40) \\ &= 108.5 \times 10^6 \text{N} \cdot \text{mm} \end{aligned}$$

（2）求与受压混凝土相对应的M_{u1}及受拉钢筋A_{s1}。

$$M_{u1} = M - M_{u2} = 275 \times 10^6 - 108.5 \times 10^6 = 166.5 \times 10^6 \text{N} \cdot \text{mm}$$

$$\alpha_s = \frac{M_{u1}}{\alpha_1 f_c b h_0^2} = \frac{166.5 \times 10^6}{1.0 \times 14.3 \times 200 \times 435^2} = 0.308 < \alpha_{s,\max} = 0.384$$

相应地 γ_s=0.810，ξ=0.378，则

$$x = \xi h_0 = 0.378 \times 435 = 164.4\text{mm} > 2a'_s = 2 \times 40 = 80\text{mm}$$

$$A_{s1} = \frac{M_{u1}}{f_y h_0 \gamma_s} = \frac{166.5 \times 10^6}{360 \times 0.810 \times 435} = 1312\text{mm}^2$$

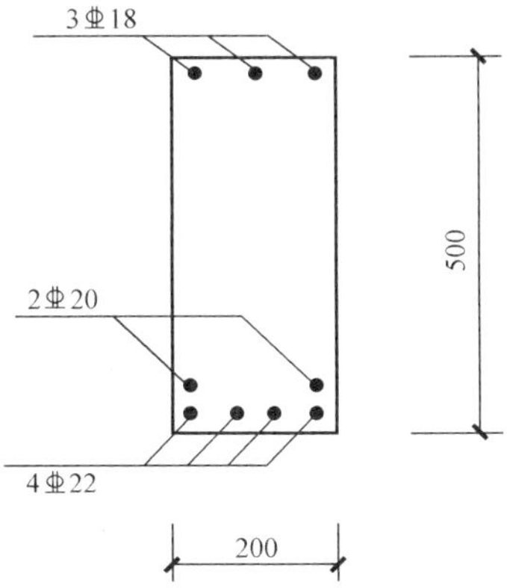

图3-29 [例3-6]截面配筋图

（3）受拉钢筋总截面面积A_s

$$A_s = A_{s1} + A_{s2} = 1312 + 763 = 2075\text{mm}^2$$

（4）选择钢筋，并绘截面配筋图。

受拉钢筋选用4 ⏀ 22+2 ⏀ 20，A_s=2148mm²。

截面配筋图见图3-29。

比较[例3-5]和[例3-6]的计算结果可知，因为在[例3-5]中混凝土受压区高度x取最大值$\xi_b h_0$，即充分发挥了混凝土的抗压能力，故钢筋计算总量$A_s + A'_s$=2263+473=2736mm²要比[例3-6]中钢筋计算总量$A_s + A_s'$=2075+763=2838mm²较少。

【例3-7】 某钢筋混凝土梁截面尺寸$b \times h$=200mm×400mm，混凝土为C20，采用HRB335级钢筋，受拉钢筋为3 ⏀ 20(A_s=941mm²)，受压钢筋为2 ⏀ 14（A'_s=308mm²），箍筋Φ6钢筋，安全等级为二级，一类环境，承受弯矩设计值M=90kN·m。试验算该截面是否安全。

解 截面有效高度为

$$h_0 = 400 - 40 = 360\text{mm}$$

截面受压区高度x为

$$x = \frac{f_y A_s - f'_y A'_s}{\alpha_1 f_c b} = \frac{300 \times 941 - 300 \times 308}{1.0 \times 9.6 \times 200} = 98.9\text{mm} > 2a'_s = 2 \times 40 = 80\text{mm}$$

且 $x = 98.9\text{mm} < \xi_b h_0 = 0.55 \times 360 = 198\text{mm}$

相应地

$$M_u = \alpha_1 f_c bx\left(h_0 - \frac{x}{2}\right) + f'_y A'_s (h_0 - a'_s)$$
$$= 1.0 \times 9.6 \times 200 \times 98.9 \times \left(360 - \frac{98.9}{2}\right) + 300 \times 308 \times (360 - 40)$$
$$= 88.5 \times 10^6 \text{N} \cdot \text{mm} = 88.5\text{kN} \cdot \text{m} < 90\text{kN} \cdot \text{m}$$

故截面承载力不满足要求。

3.3.5 T形截面受弯构件正截面承载力计算

受弯构件产生裂缝后，受拉混凝土因开裂而退出工作，拉力基本由受拉钢筋承担，故可将受拉区混凝土的一部分挖去，并把原有的纵向受拉钢筋集中布置，就形成如图 3-30 所示的T形截面。该T形截面的正截面承载力不但与原有矩形截面相同，而且还节省了被挖去部分的混凝土并减轻了构件自重。

T形截面由梁肋（$b \times h$）和挑出翼缘（$b'_f - b) \times h'_f$ 两部分组成。梁肋宽度为 b，受压翼缘宽度为 b'_f，厚度为 h'_f，截面全高度为 h。

由于T形截面受力比矩形截面合理，所以在工程中应用十分广泛。一般用于：独立的T形截面梁、工字形截面梁，如吊车梁、屋面梁等；整体现浇肋形楼盖中的主、次梁（图 3-31）等；槽形板、预制空心板等（图 3-32）受弯构件均可按T形截面计算。

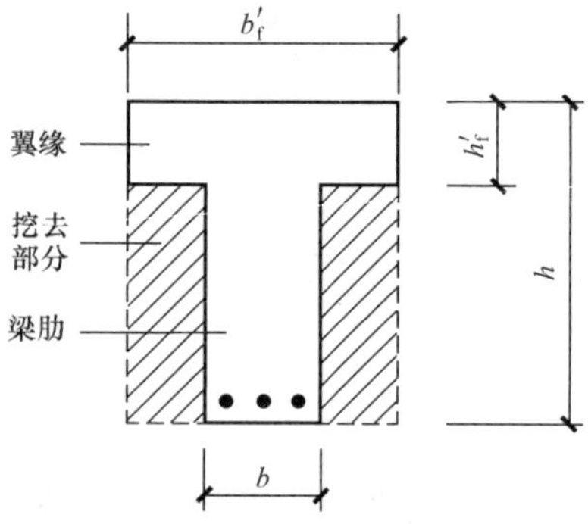

图 3-30 T形截面

一、T形截面受弯构件中受压翼缘的计算宽度 b'_f

T形截面的受压翼缘宽度越大，截面的受弯承载力也越高，因为 b'_f 增大可使受压区高度 x 减小，内力臂增大。但试验表明，与肋部共同工作的翼缘宽度是有限的，沿翼缘宽度上的压应力分布是不均匀的，距肋部越远翼缘的应力越小［图 3-33（a）、（c）］。为简化计算，在设计中假定距肋部一定范围内的翼缘全部参与工作，且认为在此宽度范围内压应力是均匀分布的，此宽度称为翼缘的计算宽度 b'_f，［如图 3-33（b）、（d）所示］。

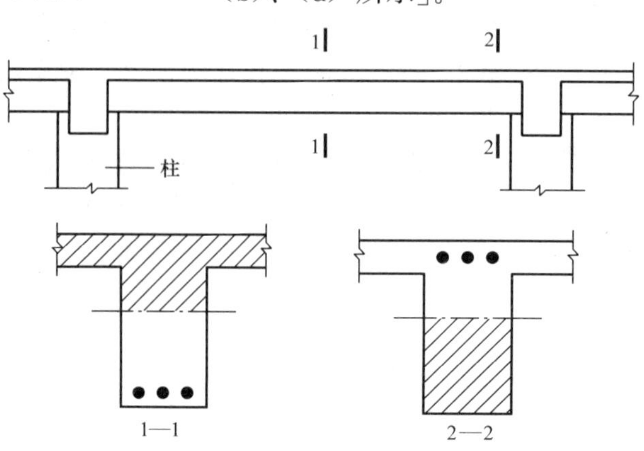

图 3-31 整体式楼盖

图 3 - 32　槽型板和空心板

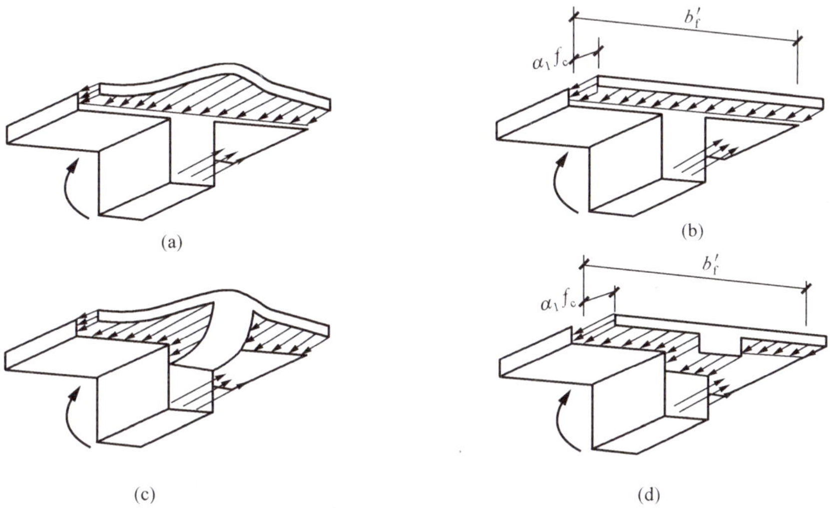

图 3 - 33　T 形截面应力分布和翼缘计算宽度 b'_f

《规范》对翼缘计算宽度 b'_f 的取值，规定取表 3 - 12 中有关各项中的最小值。

表 3 - 12　　翼缘计算宽度 b'_f

序号	考虑情况		T 形截面		倒 L 形截面
			肋形梁（板）	独立梁	肋形梁（板）
1	按计算跨度 l_0 考虑		$l_0/3$	$l_0/3$	$l_0/6$
2	按梁（肋）净距 s_n 考虑		$b+s_n$	—	$b+s_n/2$
3	按翼缘高度考虑	当 $h'_f/h_0 \geqslant 0.1$	—	$b+12h'_f$	—
		当 $0.1>h'_f/h_0\geqslant 0.05$	$b+12h'_f$	$b+6h'_f$	$b+5h'_f$
		当 $h'_f/h_0<0.05$	$b+12h'_f$	b	$b+5h'_f$

注　1. 表中 b 为梁的腹板宽度；

2. 如肋形梁跨内设有间距小于纵肋间距的横肋时，则可不遵守表中情况 3 的规定；

3. 独立梁受压区的翼缘板在荷载作用下经验算沿纵肋方向可能产生裂缝时，其计算宽度应取腹板宽度 b。

二、T 形截面分类及其判别

T 形截面梁，根据其受力后受压区高度 x 的大小，可分为两类 T 形截面：

（1）第一类 T 形截面 $x\leqslant h'_f$，中和轴在翼缘内，受压区面积为矩形［图 3 - 34（a）］；

（2）第二类 T 形截面 $x>h'_f$，中和轴在梁肋内，受压区面积为 T 形［图 3 - 34（b）］。

两类 T 形截面的界限情况为 $x=h'_f$，按照图 3 - 35 所示，由平衡条件可得

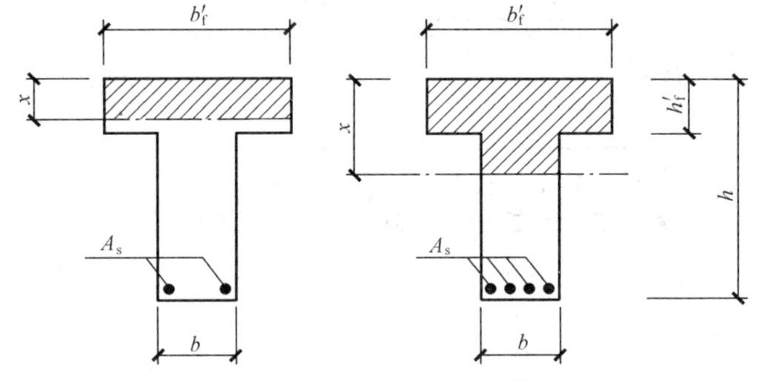

图 3-34 两类 T 形截面

$$\alpha_1 f_c b'_f h'_f = f_y A_s^* \tag{3-34}$$

$$M_u^* = \alpha_1 f_c b'_f h'_f \left(h_0 - \frac{h'_f}{2}\right) \tag{3-35}$$

式中 A_s^*——当 $x=h'_f$ 时，与受压翼缘相对应的受拉钢筋面积；

M_u^*——当 $x=h'_f$ 时，截面所承担的弯矩设计值。

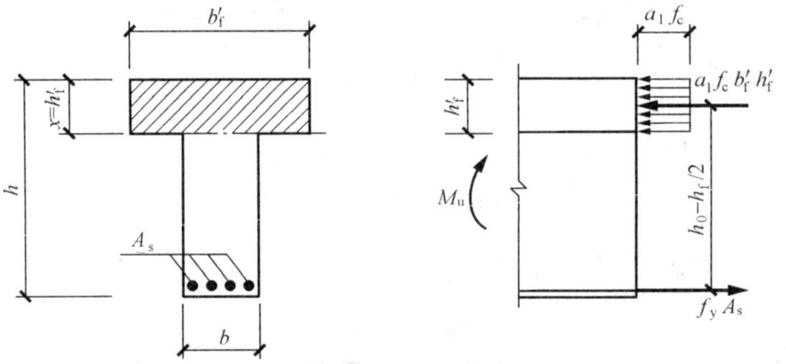

图 3-35 两类 T 形截面的界限

根据式（3-34）和式（3-35），可按下述方法进行 T 形截面类型的判别。

当满足下列条件之一时，属于第一类 T 形截面

$$\left.\begin{aligned} A_s \leqslant A_s^* &= \frac{\alpha_1 f_c b'_f h'_f}{f_y} \\ M \leqslant M_u^* &= \alpha_1 f_c b'_f h'_f \left(h_0 - \frac{h'_f}{2}\right) \end{aligned}\right\} \tag{3-36}$$

当满足下列条件之一时，属于第二类 T 形截面

$$\left.\begin{aligned} A_s > A_s^* &= \frac{\alpha_1 f_c b'_f h'_f}{f_y} \\ M > M_u^* &= \alpha_1 f_c b'_f h'_f \left(h_0 - \frac{h'_f}{2}\right) \end{aligned}\right\} \tag{3-37}$$

设计截面或复核截面时，可根据已知的设计弯矩 M 或受拉钢筋 A_s，用式（3-36）或式（3-37)判别 T 形截面的类型。

三、基本计算公式及适用条件

（一）第一类 T 形截面

（1）基本计算公式。

由于受弯构件承载力主要取决于受压区混凝土，与受拉区混凝土的形状无关（不考虑混凝土的受拉作用），故受压区面积为矩形（$b'_{\rm f}x$）的第一类 T 形截面，当仅配置受拉钢筋时，其承载力可按宽度为 $b'_{\rm f}$ 的单筋矩形截面进行计算。计算应力图形如图 3-36 所示。

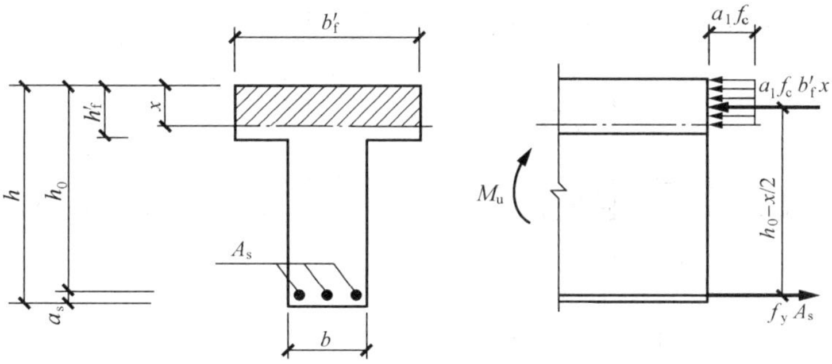

图 3-36　第一类 T 形截面计算应力图形

根据平衡条件可得基本计算公式为

$$\alpha_1 f_{\rm c} b'_{\rm f} x = f_{\rm y} A_{\rm s} \tag{3-38}$$

$$M \leqslant M_{\rm u} = \alpha_1 f_{\rm c} b'_{\rm f} x \left(h_0 - \frac{x}{2}\right) \tag{3-39}$$

（2）基本公式适用条件。

1）防止超筋破坏，条件为

$$\xi \leqslant \xi_{\rm b}$$

或

$$M \leqslant \alpha_1 f_{\rm c} b'_{\rm f} h_0^2 \xi_{\rm b}(1-0.5\xi_{\rm b})$$

第一类 T 形截面由于受压区高度 x 较小，相应的受拉钢筋不会太多即不会超筋，故通常不必验算。

2）防止少筋破坏，条件为

$$\rho \geqslant \rho_{\min}$$

或

$$A_{\rm s} \geqslant \rho_{\min} bh$$

由于 $\rho_{\min}$ 是由截面的开裂弯矩 $M_{\rm cr}$ 决定的，而 $M_{\rm cr}$ 主要取决于受拉区混凝土面积，故 $\rho = A_{\rm s}/bh$。

（二）第二类 T 形截面

（1）基本计算公式。

第二类 T 形截面中混凝土受压区的形状已由矩形变为 T 形，其计算应力图形如图 3-37（a）所示。根据平衡条件可得基本计算公式

$$\alpha_1 f_{\rm c} bx + \alpha_1 f_{\rm c}(b'_{\rm f} - b)h'_{\rm f} = f_{\rm y} A_{\rm s} \tag{3-40}$$

$$M_{\rm u} = \alpha_1 f_{\rm c}(b'_{\rm f} - b)h'_{\rm f}\left(h_0 - \frac{h'_{\rm f}}{2}\right) + \alpha_1 f_{\rm c} bx \left(h_0 - \frac{x}{2}\right) \tag{3-41}$$

如同双筋矩形截面，可把第二类T形截面所承担的弯矩M_u分为两部分：第一部分为由受压区混凝土（$b\times x$）与部分受拉钢筋A_{s1}组成的单筋矩形截面，相应的受弯承载力为M_{u1}［图3-37（b）］；第二部分为由翼缘挑出部分混凝土$(b'_f-b)h'_f$与相应的其余部分受拉钢筋A_{s2}组成的截面，其相应的受弯承载力为M_{u2}［图3-37（c）］。总受拉钢筋面积$A_s=A_{s1}+A_{s2}$，总受弯承载力$M_u=M_{u1}+M_{u2}$。

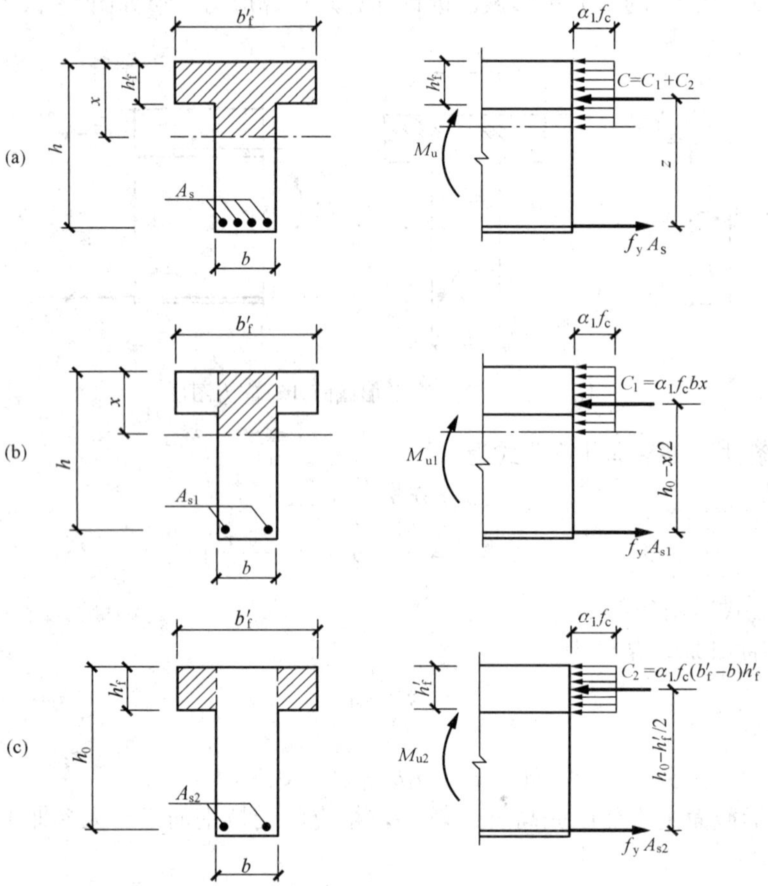

图3-37　第二类T形截面计算应力图形

对第一部分，由平衡条件可得

$$\alpha_1 f_c bx = f_y A_{s1} \tag{3-42}$$

$$M_{u1} = \alpha_1 f_c bx\left(h_0 - \frac{x}{2}\right) \tag{3-43}$$

对第二部分，由平衡条件可得

$$\alpha_1 f_c (b'_f - b)h'_f = f_y A_{s2} \tag{3-44}$$

$$M_{u2} = \alpha_1 f_c (b'_f - b)h'_f\left(h_0 - \frac{h'_f}{2}\right) \tag{3-45}$$

（2）基本公式适用条件。

1）防止超筋破坏，条件为

$$x \leqslant \xi_b h_0$$

或

$$\rho=\frac{A_{s1}}{bh_0}\leqslant\rho_{max}=\xi_b\frac{\alpha_1 f_c}{f_y}$$

2）防止少筋破坏，条件为

$$\rho\geqslant\rho_{min}$$

第二类 T 形截面梁受压区高度 x 较大，相应的受拉钢筋配筋率较高，故通常不必验算 ρ_{min}。

四、基本公式的应用

T 形截面计算时，应先判别截面类型，然后应用相应公式进行计算。

（一）截面设计

已知：截面尺寸（b、h、b'_f、h'_f），材料强度设计值（α_1、f_c、f_y），弯矩设计值 M。

求：纵向受拉钢筋截面面积 A_s。

（1）第一类 T 形截面。

当 $M\leqslant\alpha_1 f_c b'_f h'_f\left(h_0-\frac{h'_f}{2}\right)$时，属于第一类 T 形截面。其计算方法与 $b'_f\times h$ 的单筋矩形截面完全相同。

（2）第二类 T 形截面。

当 $M>\alpha_1 f_c b'_f h'_f\left(h_0-\frac{h'_f}{2}\right)$时，属于第二类 T 形截面。其计算步骤如下：

1）计算 A_{s2} 和相应承担的弯矩 M_{u2}

$$A_{s2}=\frac{\alpha_1 f_c(b'_f-b)h'_f}{f_y}$$

$$M_{u2}=\alpha_1 f_c(b'_f-b)h'_f\left(h_0-\frac{h'_f}{2}\right)$$

2）计算 M_{u1}

$$M_{u1}=M-M_{u2}=M-\alpha_1 f_c(b'_f-b)h'_f\left(h_0-\frac{h'_f}{2}\right)$$

3）计算 A_{s1}

$$\alpha_s=\frac{M_{u1}}{\alpha_1 f_c b h_0^2}$$

由 α_s 查出相对应的 ξ、γ_s。

若 $\xi>\xi_b$，则表明梁的截面尺寸不够，应加大截面尺寸或改用双筋 T 形截面。

若 $\xi\leqslant\xi_b$，表明梁处于适筋状态，截面尺寸满足要求，则

$$A_{s1}=\frac{M_{u1}}{f_y r_s h_0}\quad 或\quad A_{s1}=\xi b h_0\frac{\alpha_1 f_c}{f_y}$$

4）计算总钢筋截面面积

$$A_s=A_{s1}+A_{s2}$$

（二）截面复核

已知：截面尺寸（b、h、b'_f、h'_f），材料强度设计值（α_1、f_c、f_y），纵向受拉钢筋截面面积 A_s。

求：截面受弯承载力 M_u；或已知弯矩设计值 M，复核该截面是否安全。

计算步骤如下：

（1）判断 T 形截面类型。

当 $A_s \leqslant \dfrac{\alpha_1 f_c b'_f h'_f}{f_y}$ 时，属第一类 T 形截面；按 $b'_f \times h$ 的单筋矩形截面承载力复核方法进行。

当 $A_s > \dfrac{\alpha_1 f_c b'_f h'_f}{f_y}$ 时，属第二类 T 形截面，按以下步骤计算 M_u。

（2）计算截面受弯承载力 M_u。

由式（3-40）得

$$x = \frac{f_y A_s - \alpha_1 f_c (b'_f - b) h'_f}{\alpha_1 f_c b}$$

若 $x \leqslant \xi_b h_0$，将 x 值直接代入式（3-41）求得 M_u；

若 $x > \xi_b h_0$，则取 $x = \xi_b h_0$ 代入式（3-41）求得 M_u。

（3）复核截面是否安全。若 $M_u \geqslant M$ 则截面安全；若 $M_u < M$ 则截面不安全。

【例 3-8】 某现浇肋形楼盖中次梁如图 3-38 所示。承受弯矩设计值 $M = 110\text{kN} \cdot \text{m}$，梁的计算跨度 $l_0 = 6\text{m}$，混凝土强度等级 C20，钢筋采用 HRB335 级钢筋配筋，箍筋Φ 6 钢筋，安全等级为二级，一类环境。求该次梁所需的纵向受拉钢筋面积 A_s。

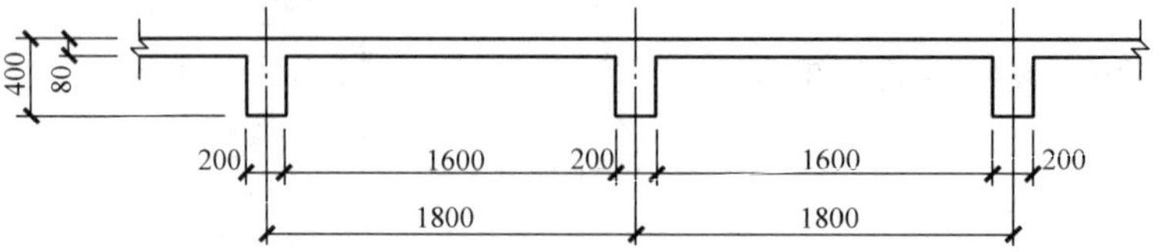

图 3-38 ［例 3-8］图

解 （1）确定翼缘计算宽度 b'_f。

取
$$h_0 = 400 - 40 = 360\text{mm}$$

按计算跨度 l_0 考虑时

$$b'_f = \frac{l_0}{3} = 2\text{m}$$

按梁的净距 s_n 考虑时

$$b'_f = b + s_n = 0.2 + 1.6 = 1.8\text{m}$$

按梁的翼缘厚度 h'_f 考虑时

$$b'_f = b + 12h'_f = 0.2 + 12 \times 0.8 = 1.16\text{m}$$

故取 $b'_f = 1160\text{mm}$。

（2）判别截面类型。

$$\alpha_1 f_c b'_f h'_f \left(h_0 - \frac{h'_f}{2}\right) = 1.0 \times 9.6 \times 1160 \times 80 \times \left(360 - \frac{80}{2}\right)$$
$$= 285\text{kN} \cdot \text{m} > M = 110\text{kN} \cdot \text{m}$$

属于第一类 T 形截面，按截面尺寸 $b'_f \times h$ 的矩形截面计算。

(3) 计算 A_s

$$\alpha_s = \frac{M}{\alpha_1 f_c b'_f h_0^2} = \frac{110 \times 10^6}{1.0 \times 9.6 \times 1160 \times 360^2} = 0.076$$

查表 3-11，得 $\xi=0.08$，则

$$A_s = \xi b'_f h_0 \frac{\alpha_1 f_c}{f_y} = 0.08 \times 1160 \times 360 \times \frac{1.0 \times 9.6}{300} = 1069\text{mm}^2$$

选用 2 Φ 22+1 Φ 20(A_s=1074mm^2)。

(4) 验算适用条件

$\rho = \dfrac{A_s}{bh} = \dfrac{1074}{200 \times 400} = 1.34\% > \rho_{min} = 0.2\%$ 符合要求。

截面配筋如图 3-39 所示。

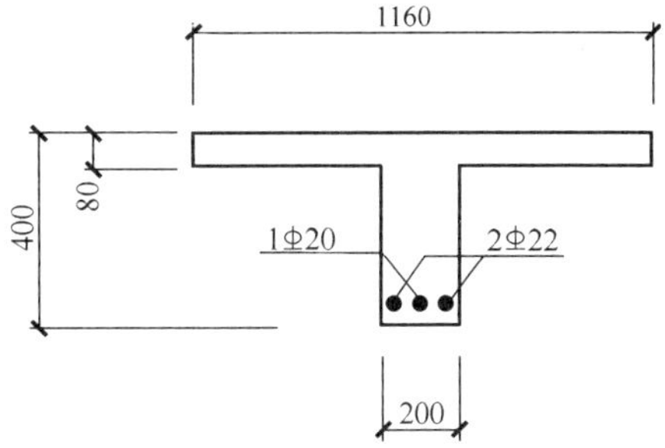

图 3-39 ［例 3-8］截面配筋图

【例 3-9】 有一 T 形截面梁，其截面尺寸如图 3-40 所示，承受弯矩设计值 M=550kN·m，混凝土强度等级 C20，采用 HRB335 级钢筋，箍筋Φ8 钢筋，安全等级为二级，一类环境，计算该梁受拉钢筋截面面积。

解 (1) 判别类型。取 h_0=800−70=730mm，则

$$\alpha_1 f_c b'_f h'_f \left(h_0 - \frac{h'_f}{2}\right) = 1.0 \times 9.6 \times 600 \times 100 \times \left(730 - \frac{100}{2}\right)$$
$$= 392 \times 10^6\text{N} \cdot \text{mm} = 392\text{kN} \cdot \text{m} < M = 550\text{kN} \cdot \text{m}$$

属于第二类 T 形截面。

(2) 计算 A_s。

1) 计算 A_{s2} 和 M_{u2}

$$A_{s2} = \frac{\alpha_1 f_c (b'_f - b) h'_f}{f_y} = \frac{1.0 \times 9.6 \times (600 - 300) \times 100}{300} = 960\text{mm}^2$$

$$M_{u2} = \alpha_1 f_c (b'_f - b) h'_f \left(h_0 - \frac{h'_f}{2}\right) = 1.0 \times 9.6 \times (600 - 300) \times 100 \times \left(730 - \frac{100}{2}\right)$$
$$= 195.8 \times 10^6\text{N} \cdot \text{mm} = 195.8\text{kN} \cdot \text{m}$$

2) 计算 M_{u1}

$$M_{u1} = M_u - M_{u2} = 550 - 195.8 = 354.2\text{kN} \cdot \text{m}$$

3) 求 A_{s1}

$$\alpha_s = \frac{M_{u1}}{\alpha_1 f_c b h_0^2} = \frac{354.2 \times 10^6}{1.0 \times 9.6 \times 300 \times 730^2} = 0.230$$
$$\gamma_s = 0.868, \xi = 0.265 < \xi_b = 0.55$$

则

$$A_{s1} = \frac{M_{u1}}{f_y \gamma_s h_0} = \frac{354.2 \times 10^6}{300 \times 0.868 \times 730} = 1863\text{mm}^2$$

4) 计算 A_s

$$A_s = A_{s1} + A_{s2} = 960 + 1863 = 2823\text{mm}^2$$

选 6 Φ 25(A_s=2945mm^2)，截面配筋如图 3-40 所示。

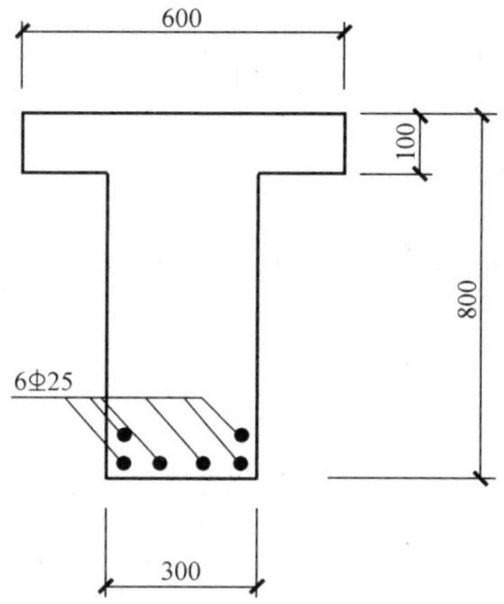

图 3-40 ［例 3-9］图

3.4 受弯构件斜截面承载力计算

3.4.1 受弯构件斜截面承载力试验研究

一、受弯构件斜截面裂缝的出现

图 3-41（a）为一个矩形截面钢筋混凝土简支梁在两个对称集中荷载作用下的弯矩图和剪力图，在剪弯段（Am 及 nB 段），由于弯矩和剪力共同作用，弯矩使截面产生正应力 σ，剪力使截面产生剪应力 τ，两者合成在梁截面上任意点的两个相互垂直的截面上，形成主拉应力 σ_{pt} 和主压应力 σ_{pc}。

主拉应力的方向是倾斜的，在截面中和轴处（图 3-41 中 1 点），正应力 $\sigma=0$、剪应力 τ 最大，主拉应力 σ_{pt} 和主压应力 σ_{pc} 与梁纵轴成 45°角；在受压区内（图 3-41 中 2 点），由于正应力 σ 为压应力，使 σ_{pt} 减小，σ_{pc} 增大，主拉应力 σ_{pt} 与梁轴线的夹角大于 45°；在受拉区内（图 3-41 中 3 点），由于正应力 σ 为拉应力，使 σ_{pt} 增大，σ_{pc} 减小，主拉应力 σ_{pt} 与梁轴线的夹角小于 45°。图 3-41（b）为该梁的主应力迹线分布图，其中实线为主拉应力 σ_{pt} 迹线，虚线为主压应力 σ_{pc} 迹线，迹线上任意一点的切线为该点的主应力方向，主拉应力迹线与主压应力迹线是正交的。

随着荷载不断增加，梁内各点的主应力也随之增大，当主拉应力 σ_{pt} 超过混凝土抗拉强度 f_t 时，梁的剪弯区段混凝土将开裂，裂缝方向垂直于主拉应力迹线方向，即沿主压应力迹线方向发展，形成斜裂缝。

二、受弯构件斜截面承载力的试验研究

受弯构件斜截面承载力包括斜截面受剪承载力和斜截面受弯承载力。工程设计中，斜截面受弯承载力一般是通过对纵向钢筋和箍筋的构造要求来保证的，斜截面受剪承载力主要通过计算配置腹筋（箍筋、弯起钢筋）使其得到满足。

通常，板的跨高比较大，且大多承受分布荷载，因此相对于正截面承载力来讲，其斜截面承载力往往是足够的，故受弯构件斜截面承载力主要是对梁及厚板而言的。

（一）剪跨比

剪跨比是个无量纲参数，是梁弯剪区段内同一截面所承受的弯矩与剪力两者的相对比

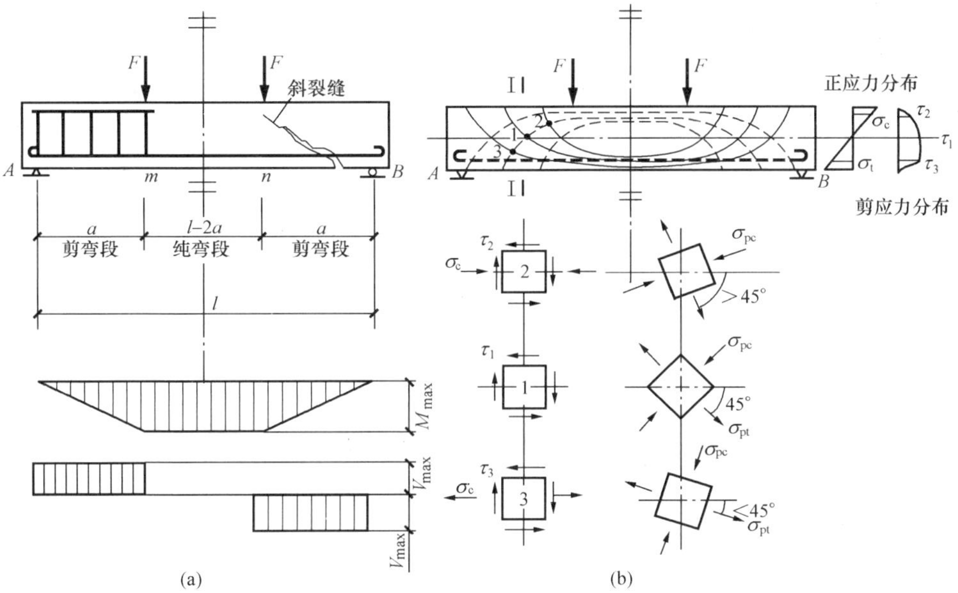

图 3-41　简支梁开裂前的应力状态

值，即 $\lambda=M/(Vh_0)$。其实质上反映了截面上正应力和剪应力的比值关系。

对于集中荷载作用下的梁［图 3-41（a）］，集中荷载作用点处截面的剪跨比 λ 为

$$\lambda=\frac{M}{Vh_0}=\frac{Va}{Vh_0}=\frac{a}{h_0} \tag{3-46}$$

式中　a——离支座最近的集中荷载到邻近支座的距离，称为“剪跨”。

（二）受弯构件斜截面的破坏形态

受弯构件斜截面受剪破坏形态主要取决于箍筋配置数量和剪跨比 λ。受弯构件斜截面受剪破坏有斜压、斜拉和剪压三种破坏形式。

（1）斜压破坏。

当梁的箍筋配置数量较大，或者剪跨比较小（$\lambda<1$）时，将会发生斜压破坏。其破坏特点是：梁的腹部出现若干条大体相互平行的斜裂缝，随着荷载的增加，梁腹部混凝土被斜裂缝分割成几个倾斜的受压柱体，在箍筋应力尚未达到屈服强度之前，斜压柱体混凝土已达极限强度而被压碎，如图 3-42（a）所示。

斜压破坏的受剪承载力主要取决于混凝土的抗压强度和截面尺寸，再增加箍筋配量已不起作用，其抗剪承载力较高，呈受压脆性破坏特征。

（2）斜拉破坏。

当梁的箍筋配置数量过小且剪跨比较大（$\lambda>3$）时，将会发生斜拉破坏。其破坏特点是：斜裂缝一旦出现，箍筋不能承担斜裂缝截面混凝土退出工作后所释放出来的拉应力，箍筋立即屈服，斜裂缝迅速向受压边缘延伸，很快形成临界斜裂缝，将构件整个截面劈裂成两部分而破坏，如图 3-42（c）所示。

斜拉破坏的抗剪承载力较低，破坏取决于混凝土的抗拉强度，脆性特征显著，类似受弯构件正截面的少筋梁。

（3）剪压破坏。

当梁的箍筋配置数量适当，或者剪跨比适中（$1\leqslant\lambda\leqslant3$）时，将会发生剪压破坏。其破坏特点是：斜裂缝产生后，箍筋的存在限制和延缓了斜裂缝的开展，斜截面上的拉应力由箍筋承担，使荷载可以继续增加。随着箍筋的应力不断增加，直至与临界斜裂缝相交的箍筋应力达到屈服而不能再控制斜裂缝的开展，从而导致斜截面末端剪压区不断缩小，剪压区混凝土在正应力和剪应力共同作用下达到极限状态而破坏，如图 3-42（b）所示。

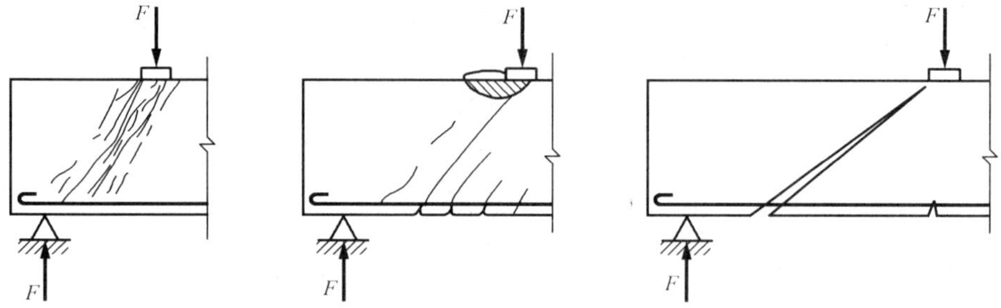

图 3-42 受弯构件斜截面受剪破坏的主要形式

（a）斜压破坏；（b）剪压破坏；（c）斜拉破坏

剪压破坏的过程比斜压破坏缓慢，梁的最终破坏是因主斜裂缝的迅速发展引起，破坏仍呈脆性。剪压破坏的受剪承载力在很大程度上取决于混凝土的抗拉强度，部分取决于斜裂缝顶端剪压区混凝土的剪压受力强度，其承载力介于斜拉破坏和斜压破坏之间。

从上述三种破坏形态可知，斜压破坏箍筋强度不能充分发挥作用，而斜拉破坏又十分突然，故这两种破坏形式在设计时均应避免。因此，在设计中应把构件控制在剪压破坏类型内。为此，《规范》通过截面限制条件（即箍筋最大配筋率）来防止发生斜压破坏；通过控制箍筋的最小配筋率来防止发生斜拉破坏。而剪压破坏，则通过受剪承载力的计算配置箍筋来避免。

（三）影响斜截面受剪承载力的主要因素

（1）剪跨比 λ。

剪跨比 λ 是影响无腹筋梁抗剪能力的主要因素，特别是对以承受集中荷载为主的独立梁影响更大。剪跨比越大，抗剪承载力越低，但当 $\lambda>3$ 后，抗剪承载力趋于稳定，剪跨比对抗剪承载力不再有明显影响。

（2）混凝土强度等级。

混凝土强度等级对斜截面受剪承载力有着重要影响。试验表明，梁的受剪承载力随混凝土强度等级的提高而提高，两者为线性关系。

（3）纵筋配筋率 ρ。

增加纵筋面积可以抑制斜裂缝的开展和延伸，有助于增大混凝土剪压区的面积，并提高骨料咬合力及纵筋销栓作用，因此间接提高了梁的斜截面抗剪能力。

（4）配箍率 ρ_{sv}。

在有腹筋梁中，箍筋的配置数量对梁的受剪承载力有显著的影响。箍筋的配置数量可用配箍率 ρ_{sv} 表示，配箍率 ρ_{sv} 定义为箍筋截面面积与对应的混凝土面积的比值（图 3-43），即

$$\rho_{sv}=\frac{A_{sv}}{bs}=\frac{nA_{sv1}}{bs} \tag{3-47}$$

式中　A_{sv}——配置在同一截面内箍筋各肢的全部截面面积，$A_{sv}=nA_{sv1}$；

A_{sv1}——单肢箍筋的截面面积；

n——在同一截面内箍筋的肢数；

b——矩形截面的宽度，T 形、工字形截面的腹板宽度；

s——沿构件长度方向上箍筋的间距。

试验表明，当配箍率在适当的范围内，梁的受剪承载力随配箍率 ρ_{sv} 的增大而提高，两者大体呈线性关系。

(5) 弯起钢筋。

与斜裂缝相交处的弯起钢筋也能承担一部分剪力，弯起钢筋的截面面积越大，强度越高，梁的抗剪承载力也就越高。但由于弯起钢筋一般是由纵向钢筋弯起而成，其直径较粗，根数较少，承受的拉力比较大且集中，受力很不均匀；箍筋虽然不与斜裂缝正交，但分布均匀，对抑制斜裂缝开展的效果比弯起钢筋好。所以工程设计中，应优先选用箍筋。

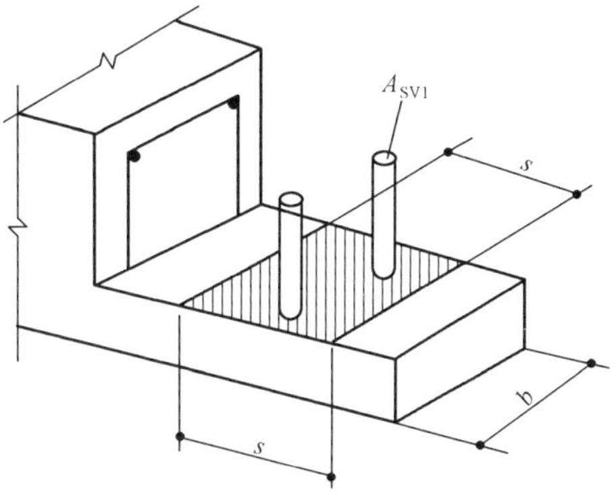

图 3-43　配箍率 ρ_{sv} 的定义

(6) 截面形状和尺寸效应。

T 形、工字形截面由于存在受压翼缘，增加了剪压区的面积，使斜拉破坏和剪压破坏的受剪承载力比相同梁宽的矩形截面大约提高 20%；但受压翼缘对于梁腹混凝土被压碎的斜压破坏的受剪承载力并没有提高作用。

试验表明，随截面高度的增加，斜裂缝宽度加大，骨料咬合力作用削弱，导致梁的受剪承载力降低。对于无腹筋梁，梁的相对受剪承载力随截面高度的增大而逐渐降低。但对于有腹筋梁，尺寸效应的影响会减小。

3.4.2　受弯构件斜截面受剪承载力计算

一、斜截面受剪承载力的计算公式

有腹筋梁斜截面受剪承载力的计算公式是依据剪压破坏形态，在试验结果和理论研究分析的基础上建立的。图 3-44 为一配置箍筋和弯起钢筋的简支梁发生斜截面剪压破坏时斜裂缝到支座之间的一段隔离体，由图中可以看出，其斜截面受剪承载力由三部分组成：斜裂缝上端剪压区混凝土承担的剪力 V_c；与斜裂缝相交的箍筋承担的剪力 V_{sv}；与斜裂缝相交的弯起钢筋承担的剪力 V_{sb}，即

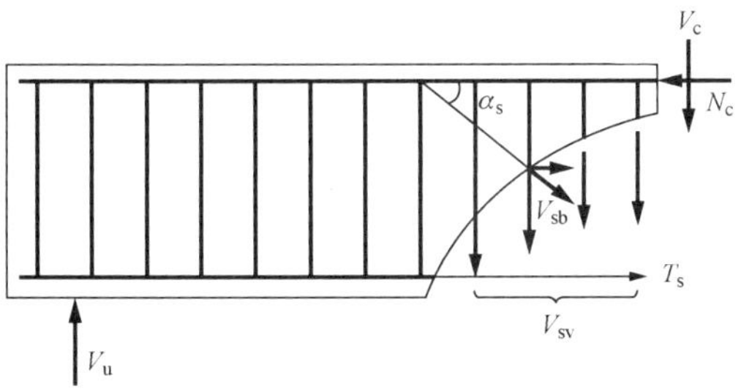

图 3-44　斜截面计算简图

$$V_u=V_c+V_{sv}+V_{sb} \tag{3-48}$$

或

$$V_u=V_{cs}+V_{sb} \tag{3-49}$$

式中　V_u——剪压破坏时，斜截面上的受剪承载力设计值；

V_c——斜裂缝末端剪压区混凝土受剪承载力设计值；
V_{sv}——与斜裂缝相交的箍筋受剪承载力设计值；
V_{sb}——与斜裂缝相交的弯起钢筋受剪承载力设计值；
V_{cs}——与斜裂缝相交的箍筋和剪压区混凝土共同承受的剪承载力设计值，$V_{cs}=V_c+V_{sv}$。

（一）仅配置箍筋的梁

对矩形、T形和工字形截面的一般受弯构件，可统一按下式计算

$$V \leqslant V_u = V_{cs} = \alpha_{cv} f_t b h_0 + f_{yv} \frac{A_{sv}}{s} h_0 \tag{3-50}$$

式中 V——构件斜截面上的最大剪力设计值。
α_{cv}——斜截面混凝土受剪承载力系数，对一般受弯构件取0.7；对集中荷载作用下（包括作用有多种荷载，其中集中荷载对支座截面或节点边缘所产生的剪力值占总剪力值的75%以上的情况）的独立梁，取 $\alpha_{cv}=\frac{1.75}{\lambda+1.0}$。$\lambda$ 为计算剪跨比，当 $\lambda<1.5$ 时，取 $\lambda=1.5$；当 $\lambda>3$ 时，取 $\lambda=3$。
f_t——混凝土轴心抗拉强度设计值。
f_{yv}——箍筋抗拉强度设计值，一般可取 $f_{yv}=f_y$，但当 $f_y>360\text{N/mm}^2$（如500MPa级钢筋）时，应取 $f_{yv}=360\text{N/mm}^2$。
A_{sv}——配置在同一截面内箍筋的全部截面面积，$A_{sv}=nA_{sv1}$。
n——在同一截面内箍筋的肢数。
A_{sv1}——单肢箍筋的截面面积。
s——沿构件长度方向上箍筋的间距。
b——矩形截面的宽度，T形或工字形截面的腹板宽度。
h_0——构件截面的有效高度。

分别考虑一般受弯构件和集中荷载作用下独立梁的不同情况时：

（1）对一般受弯构件，计算式为

$$V_{cs} = 0.7 f_t b h_0 + f_{yv} \frac{A_{sv}}{s} h_0 \tag{3-51}$$

（2）对集中荷载作用下的独立梁，计算式为

$$V_{cs} = \frac{1.75}{\lambda + 1.0} f_t b h_0 + f_{yv} \frac{A_{sv}}{s} h_0 \tag{3-52}$$

（二）同时配有箍筋和弯起钢筋的梁

计算中假定有腹筋梁发生剪压破坏时，与斜裂缝相交的弯起钢筋的拉应力可达到其抗拉屈服强度，但考虑弯起钢筋与破坏斜截面相交位置的不确定性，弯起钢筋的应力可能达不到屈服强度，因此《规范》对弯起钢筋的强度乘以0.8的钢筋应力不均匀系数，并取其抗拉强度设计值为 f_{yv}。

如图3-44所示，弯起钢筋垂直分量所能承担的剪力为

$$V_{sb} = 0.8 f_y A_{sb} \sin\alpha_s \tag{3-53}$$

式中 A_{sb}——同一弯起平面内弯起钢筋的截面面积；
α_s——弯起钢筋与梁纵轴之间的夹角，一般取 $\alpha_s=45°$，当梁截面高度 $h>800\text{mm}$ 时，取 $\alpha_s=60°$。

因此，同时配有箍筋和弯起钢筋时梁的斜截面受剪承载力计算式可表示为

$$V \leqslant V_u = V_{cs} + V_{sb} = \alpha_{cv} f_t b h_0 + f_{yv} \frac{A_{sv}}{s} h_0 + 0.8 f_y A_{sb} \sin\alpha_s \tag{3-54}$$

（1）对一般受弯构件，计算式为

$$V_u = 0.7 f_t b h_0 + f_{yv} \frac{A_{sv}}{s} h_0 + 0.8 f_y A_{sb} \sin\alpha_s \tag{3-55}$$

（2）对集中荷载作用下的独立梁，计算式为

$$V_u = \frac{1.75}{\lambda + 1.0} f_t b h_0 + f_{yv} \frac{A_{sv}}{s} h_0 + 0.8 f_y A_{sb} \sin\alpha_s \tag{3-56}$$

二、计算公式的适用条件

（一）截面限制条件

为避免因箍筋数量过多而发生斜压破坏，《规范》规定其受剪截面应符合下列最小截面尺寸条件，也即控制最大配箍率的条件。

当 $h_w/b \leqslant 4.0$ 时，应满足

$$V \leqslant 0.25 \beta_c f_c b h_0 \tag{3-57}$$

当 $h_w/b \geqslant 6.0$ 时，应满足

$$V \leqslant 0.2 \beta_c f_c b h_0 \tag{3-58}$$

当 $4.0 < h_w/b < 6.0$ 时，按线性内插法取用。

式中　β_c——高强混凝土的强度折减系数，当混凝土强度等级为≤C50 时，取 $\beta_c = 1.0$；混凝土强度等级为 C80 时，取 $\beta_c = 0.8$；其间按线性内插法确定。

h_w——截面的腹板高度，矩形截面取有效高度 h_0，T 形截面取有效高度减去翼缘高度，工字形截面取腹板净高。

（二）最小配箍率

为避免出现因箍筋数量过少而发生的斜拉破坏，《规范》规定，当 $V > \alpha_{cv} f_t b h_0$ 时，配箍率 ρ_{sv} 应满足

$$\rho_{sv} = \frac{A_{sv}}{bs} \geqslant \rho_{sv,\min} = 0.24 \frac{f_t}{f_{yv}} \tag{3-59}$$

为了充分发挥箍筋的作用，除满足上式最小配箍率条件外，尚需对箍筋最小直径和最大间距 s 加以限制。因为箍筋间距过大，有可能斜裂缝在箍筋间出现，箍筋不能有效地限制斜裂缝的开展。

（三）构造配箍要求

在斜截面受剪承载力的计算中，当设计剪力符合下列要求时，均可以不需要通过斜截面受剪承载力计算来配置箍筋，仅需按构造配置箍筋即可。

$$V \leqslant \alpha_{cv} f_t b h_0 \tag{3-60}$$

即对一般受弯构件符合 $V \leqslant 0.7 f_t b h_0$，对集中荷载作用下的独立梁符合 $V \leqslant \frac{1.75}{\lambda + 1.0} f_t b h_0$ 时仅按构造配箍即可。

三、计算方法

（一）受剪计算截面

进行受弯构件斜截面承载力计算时，计算截面的位置应选取剪力设计值最大的危险截面

或受剪承载力较为薄弱的截面。在设计中，计算截面的位置应按下列规定采用：

（1）支座边缘处的斜截面（图 3-45 中的截面 1—1，V_1）；

（2）箍筋直径或间距改变处的斜截面（图 3-45 中的截面 3—3，V_3）；

（3）弯起钢筋弯起点处的斜截面（图 3-45 中的截面 4—4，V_4）；

（4）腹板宽度或截面高度改变处的截面（图 3-45 中的截面 2—2，V_2）。

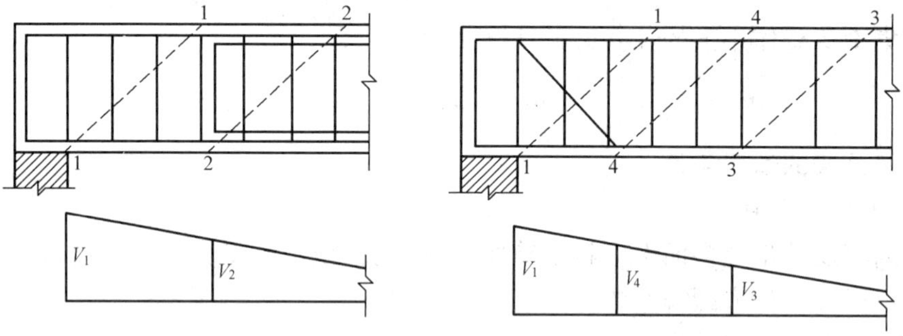

图 3-45 斜截面受剪承载力计算截面的位置

在计算弯起钢筋时，其计算截面的剪力设计值通常按如下方法取用：计算第一排（对支座而言）弯起钢筋时，取支座边缘处的剪力值；计算以后的每一排弯起钢筋时，取前一排弯起钢筋弯起点处的剪力值；同时，箍筋间距及前一排弯起钢筋的弯起点至后一排弯起钢筋的弯终点的距离 s 均应符合箍筋的最大间距 s_{max} 要求，而且靠近支座的第一排弯起钢筋的弯终点距支座边缘的距离也应满足 $s \leqslant s_{max}$，且≥50mm，一般可取 50mm，如图 3-46 所示。

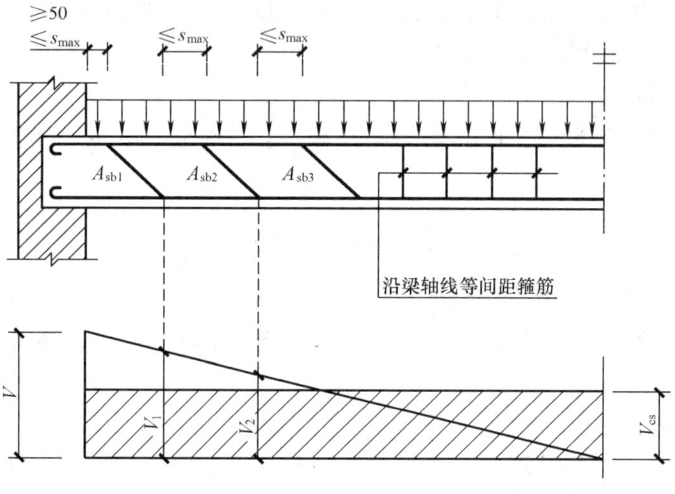

图 3-46 弯起钢筋承担剪力的位置要求

（二）斜截面受剪承载力的计算

钢筋混凝土梁一般先进行正截面承载力计算，确定截面尺寸和纵向钢筋后再进行斜截面受剪承载力的计算。受弯构件斜截面受剪承载力计算也有截面设计和截面复核两类问题。

（1）仅配箍筋梁的设计。

钢筋混凝土受弯构件通常先进行正截面承载力设计，确定截面尺寸（b、h_0）、材料强度（f_c、f_t、f_y、f_{yv}、β_c）和纵向钢筋，再进行斜截面受剪承载力的设计计算。其计算方法和步骤如下：

1）绘制剪力图，确定计算截面及其剪力设计值 V。

2）验算截面限制条件，按式（3-57）或式（3-58）对截面尺寸进行验算，如不满足要求，应加大截面尺寸或提高混凝土强度等级。

3）确定是否需要按计算配置箍筋。

当满足式（3-60）时，可仅按构造配置箍筋；否则，应按计算配置腹筋。

4）计算箍筋数量

对一般受弯构件

$$\frac{A_{sv}}{s}=\frac{nA_{sv1}}{s}\geqslant\frac{V-0.7f_tbh_0}{f_{yv}h_0} \tag{3-61}$$

对集中荷载作用下的独立梁

$$\frac{A_{sv}}{s}=\frac{nA_{sv1}}{s}\geqslant\frac{V-\frac{1.75}{\lambda+1.0}f_tbh_0}{f_{yv}h_0} \tag{3-62}$$

5）根据$\frac{A_{sv}}{s}$值可按构造确定箍筋直径 d、肢数 n 和间距 s。通常先按构造确定箍筋直径 d 和肢数 n，然后计算箍筋间距 s；也可先确定箍筋的肢数 n 和间距 s，再确定箍筋的直径 d。选择箍筋直径和间距时应满足最大箍筋间距、最小箍筋直径和最小配箍率 $\rho_{sv,min}$要求。

（2）同时配置箍筋和弯起钢筋梁的设计。

当梁承受的剪力很大时，可以考虑将纵筋在支座截面附近弯起参与斜截面受剪。通常的方法有两种。

1）先根据经验和构造要求配置箍筋，确定 V_{cs}，对剪力 $V>V_{cs}$ 部分，考虑由弯起钢筋承担。所需弯起钢筋的面积按下式计算

$$A_{sb}=\frac{V-V_{cs}}{0.8f_y\sin\alpha_s} \tag{3-63}$$

式中，剪力设计值 V 应根据弯起钢筋计算斜截面的位置确定。对如图 3-46 所示配置多排弯起钢筋的情况：

第一排弯起钢筋的截面面积为

$$A_{sb1}=\frac{V-V_{cs}}{0.8f_y\sin\alpha_s}$$

第二排弯起钢筋的截面面积为

$$A_{sb2}=\frac{V_1-V_{cs}}{0.8f_y\sin\alpha_s}$$

2）根据受弯正截面承载力的计算要求，先根据纵筋确定弯起钢筋的面积 A_{sb}，再计算所需箍筋。此时，按下式计算所需箍筋：

对一般受弯构件，计算式为

$$\frac{A_{sv}}{s}=\frac{V-0.7f_tbh_0-0.8f_{yv}A_{sb}\sin\alpha_s}{f_yh_0} \tag{3-64}$$

对集中荷载作用下的独立梁，计算式为

$$\frac{A_{sv}}{s}=\frac{V-\frac{1.75}{\lambda+1.0}f_tbh_0-0.8f_{yv}A_{sb}\sin\alpha_s}{f_yh_0} \tag{3-65}$$

再根据$\frac{A_{sv}}{s}$值可按构造确定箍筋直径d、肢数n和间距s，并满足最大箍筋间距、最小箍筋直径和最小配箍率$\rho_{sv,min}$要求。

（3）截面受剪承载力复核。

在已知材料强度（f_c、f_t、f_y、f_{yv}、β_c）、截面尺寸（b、h_0）、配箍量（n、A_{sv1}、s），以及可能的弯起筋（A_{sb}）时，欲确定构件的斜截面受剪承载力V_u，或已知剪力设计值V的情况下验算斜截面受剪承载力是否满足要求。

计算步骤如下：

1）用式（3-57）或式（3-58）验算截面限制条件是否满足，如不满足，应修改原始条件。

2）用式（3-59）验算最小配箍率要求，如不满足，应修改原始条件。

3）用式（3-55）或式（3-56）计算受剪承载能力V_u。

4）复核承载力：当$V \leqslant V_u$时，受剪承载力满足；当$V \geqslant V_u$时，则受剪承载力不满足。

【例 3-10】 根据斜截面受剪承载力计算［例 3-2］钢筋混凝土梁中所需箍筋用量，箍筋采用 HPB300 级钢筋。

解 （1）确定设计参数。

$f_c = 14.3\text{N/mm}^2$，$f_t = 1.43\text{N/mm}^2$，$\beta_c = 1.0$，$f_y = 360\text{N/mm}^2$，$f_{yv} = 270\text{N/mm}^2$。

（2）计算支座边缘截面最大剪力设计值。

按可变荷载效应控制的组合计算，取$\gamma_G = 1.2$，$\gamma_Q = 1.4$，则

$$V_1 = \gamma_0 \frac{1}{2}(\gamma_G g_k + \gamma_Q q_k) l_n$$

$$= 1.0 \times \frac{1}{2}(1.2 \times 25 + 1.4 \times 40) \times (5.4 - 0.24)$$

$$= 221.9\text{kN}$$

按永久荷载效应控制的组合计算，取$\gamma_G = 1.35$，$\gamma_Q = 1.4$，查表 2-2 得$\psi_c = 0.7$，则

$$V_2 = \gamma_0 \frac{1}{2}(\gamma_G g_k + \gamma_Q \psi_c q_k) l_n$$

$$= 1.0 \times \frac{1}{2}(1.35 \times 25 + 1.4 \times 0.7 \times 40) \times (5.4 - 0.24)$$

$$= 188.21\text{kN}$$

取V_1和V_2的较大值，即$V = V_1 = 221.9\text{kN}$。

（3）复核截面尺寸。

$$h_w/b = h_0/b = 560/250 = 2.24 < 4.0$$

$$0.25\beta_c f_c b h_0 = 0.25 \times 1.0 \times 14.3 \times 250 \times 560 = 501\text{kN} > V = 221.9\text{kN}$$

截面尺寸满足要求。

（4）验算是否需按计算配置箍筋。

$$0.7 f_t b h_0 = 0.7 \times 1.43 \times 250 \times 560 = 140.1\text{kN} < V = 221.9\text{kN}$$

故需按计算配置箍筋。

（5）计算箍筋数量。

$$\frac{nA_{sv1}}{s} \geqslant \frac{221\,900 - 140\,100}{270 \times 560} = 0.54\text{mm}^2/\text{mm}$$

选用双肢箍Φ 8，$A_{sv1}=50.3\text{mm}^2$，则

$$s \leqslant \frac{2\times 50.3}{0.54}=186\text{mm}$$

取 $s=180\text{mm}<s_{max}=250\text{mm}$，箍筋沿梁长均匀布置。

（6）验算最小配箍率。

$$\rho_{sv,min}=0.24\frac{f_t}{f_{yv}}=0.24\times\frac{1.43}{270}=0.127\%$$

$$\rho_{sv}=\frac{nA_{sv1}}{bs}=\frac{2\times 50.3}{250\times 180}=0.224\%>\rho_{sv,min}$$

所以配箍率满足要求。

【例 3-11】 某钢筋混凝土简支梁，如图 3-47 所示，截面尺寸 $b\times h=200\text{mm}\times 500\text{mm}$，混凝土强度等级 C25，箍筋 HPB300 级，承受均布荷载，配置有双肢Φ 8@150 的箍筋，处二 a 类环境。

（1）计算该梁能承受的最大剪力设计值 V；

（2）按抗剪承载力要求，计算该梁能承受的最大均布荷载设计值 q。

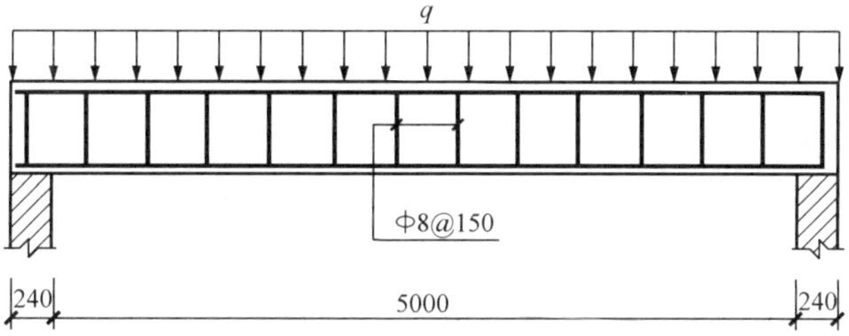

图 3-47　某钢筋混凝土简支梁

解　（1）确定设计参数。

$$f_c=11.9\text{N/mm}^2,\ f_t=1.27\text{N/mm}^2,\ f_{yv}=270\text{N/mm}^2,\ \beta_c=1.0$$

（2）验算最小配箍率。

$$\rho_{sv,min}=0.24\frac{f_t}{f_{yv}}=0.24\times\frac{1.27}{270}=0.113\%$$

$$\rho_{sv}=\frac{nA_{sv1}}{bs}=\frac{2\times 50.3}{200\times 150}=0.335\%>\rho_{sv,min}$$

配箍率满足要求。

（3）计算梁的抗剪承载力 V_u。

纵筋按一排放置考虑，截面有效高度为

$$h_0=500-45=455\text{mm}$$

$$V_u=V_{cs}=0.7f_tbh_0+f_{yv}\frac{A_{sv}}{s}h_0$$

$$=0.7\times 1.27\times 200\times 455+270\times\frac{2\times 50.3}{150}\times 455=163.2\text{kN}$$

（4）验算截面尺寸。

$$h_w/b=h_0/b=455/200=2.275<4.0$$

$$0.25\beta_c f_c bh_0 = 0.25 \times 1.0 \times 11.9 \times 200 \times 455 = 271\text{kN} > V = 163.2\text{kN}$$

截面尺寸满足要求。

所以梁能承受的最大剪力设计值为

$$V = V_u = 163.2\text{kN}$$

（5）计算该梁能承受的最大均布荷载设计值 q。

由 $V=ql_n/2$ 可得，该梁能承受的最大均布荷载设计值（含自重）为

$$q = \frac{2V_u}{l_n} = \frac{2 \times 163.2}{5} = 65.3\text{kN/m}$$

3.4.3 受弯构件纵向钢筋的构造要求

在受弯构件正截面受弯承载力和斜截面受剪承载力的计算中，钢筋强度的充分发挥应建立在可靠的配筋构造基础上。因此，在钢筋混凝土结构的设计中，钢筋的构造与设计计算同等重要。

通常为节约钢材，在受弯构件设计中，可根据设计弯矩图的变化将钢筋截断或弯起作受剪钢筋。但将钢筋截断或弯起时，应确保构件的受弯承载力、受剪承载力不出现问题。

一、抵抗弯矩图

通常根据构件支承条件和荷载作用形式，由力学方法求出所得弯矩，并沿构件轴线方向绘出的分布图形，称为设计弯矩图，如图 3 - 48 中的 M 图。

而按受弯构件各截面纵向受拉钢筋实际配置情况计算所能承受的弯矩值，并沿构件轴线方向绘出的弯矩图形，称为抵抗弯矩图（或材料图），如图 3 - 48 中的 M_u 图。

图 3 - 48 所示为某承受均布荷载作用的钢筋混凝土单筋矩形截面简支梁。其设计弯矩图（M 图）为抛物线，按跨中截面最大设计弯矩 M_{max} 计算，梁下部需配置纵筋 2 ⌀ 25+2 ⌀ 22 纵向受拉钢筋。如将 2 ⌀ 25+2 ⌀ 22 钢筋沿梁长贯通至两端支座并可靠锚固，因钢筋面积 A_s 值沿梁跨度方向不变，抵抗弯矩 M_u 沿梁跨度也保持不变，故抵抗弯矩 M_u 图为一矩形框，如图 3 - 48 中 $acdb$，且任何截面均能保证 $M \leqslant M_u$。如果实配钢筋总面积等于计算钢筋面积，则抵抗弯矩图的外包线正好与设计弯矩图上的弯矩最大点相切，如图 3 - 48 中的 1 点处；如果实配钢筋的总面积略大于计算钢筋面积，则可根据实际配筋量计算出抵抗弯矩 M_u 图的外围水平线位置。

比较 M 图与 M_u 图可以看出，钢筋沿梁通长布置的方式显然满足受弯承载力的要求，但仅在跨中截面受弯承载力 M_u 与设计弯矩 M 相接近，全部钢筋得到充分利用；而在靠近支座附近截面 M_u 远大于 M，纵筋的强度不能被充分利用。为使钢筋的强度充分利用且节约钢材，在保证受弯承载力的前提条件下，可根据设计弯矩 M 图的变化将一部分钢筋截断或弯起。

当梁的截面尺寸、材料强度及钢筋截面面积确定后，由基本公式 $x=\dfrac{f_y A_s}{\alpha_1 f_c b}$ 代入式（3 - 16），则其截面总抵抗弯矩值 M_u 为

$$M_u = f_y A_s\left(h_0 - \frac{x}{2}\right) = f_y A_s\left(h_0 - \frac{f_y A_s}{2\alpha_1 f_c b}\right) = f_y A_s h_0\left(1 - \frac{f_y}{2\alpha_1 f_c}\rho\right) \qquad (3 - 66)$$

由式（3 - 66）可知，当 ρ 一定时，抵抗弯矩 M_u 与钢筋面积 A_s 成正比关系。每根钢筋所承担的抵抗弯矩 M_{ui} 可近似地按该根钢筋截面面积 A_{si} 与钢筋总截面面积 A_s 的比值关系求得

$$M_{ui}=\frac{A_{si}}{A_s}M_u \tag{3-67}$$

按每根钢筋承担的抵抗弯矩值 M_{ui} 绘出水平线，如图 3-48 中，①号钢筋 1 Φ 25 的抵抗弯矩表示为 M_{u1}，②号钢筋 1 Φ 25 的抵抗弯矩表示为 M_{u2}，③号钢筋 1 Φ 22 的抵抗弯矩表示为 M_{u3}，④号钢筋 1 Φ 22 的抵抗弯矩表示为 M_{u4}。梁跨跨中 1 点处的抵抗弯矩 $M_u=M_{u1}+M_{u2}+M_{u3}+M_{u4}$，由于 1 点处 $M_u=M_{max}$，即 1 点处①、②、③、④号钢筋强度充分利用；在 2 点处抵抗弯矩 $M_u=M_{u1}+M_{u2}+M_{u3}$，即①、②、③号钢筋强度充分利用，并已足以抵抗荷载在 2 点所在截面所产生的弯矩，④号钢筋在此截面显然已不再需要；在 3 点处抵抗弯矩 $M_u=M_{u1}+M_{u2}$，①、②号钢筋强度充分利用已足够，③号钢筋在 3 点截面以外也已不再需要；在 4 点处抵抗弯矩 $M_u=M_{u1}$，①号钢筋强度充分利用也已足够，②号钢筋在 4 点截面以外也已不再需要。因此，可将 1、2、3、4 四点分别称为④、③、②、①号钢筋的“充分利用点”，而将 2、3、4、a 三点分别称为④、③、②、①号钢筋的“不需要点”或“理论断点”。

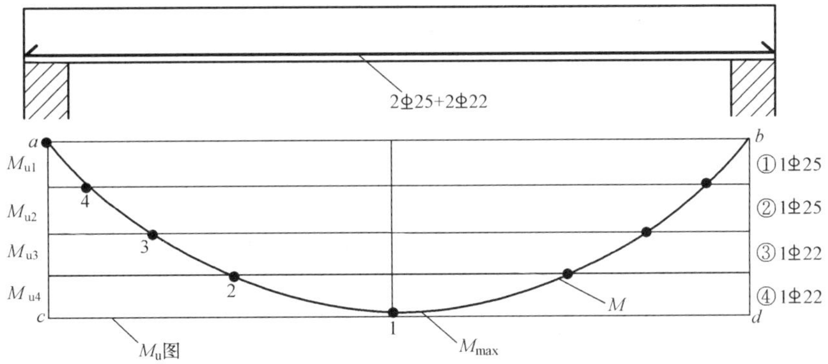

图 3-48　纵筋不弯起、不截断时简支梁的抵抗弯矩图

抵抗弯矩图的作用主要体现在三个方面：

(1) 抵抗弯矩图可反映构件中材料的利用程度。M_u 图与 M 图反映了“需要”与“可能”的关系，为了保证正截面的受弯承载力，抵抗弯矩 M_u 不应小于设计弯矩 M，即 M_u 图必须将 M 图包纳在内。M_u 图越贴近 M 图，表明钢筋的利用越充分，构件设计越经济。

(2) 确定弯起筋的弯起位置。为节约钢筋，可将一部分纵筋在受弯承载力不需要处予以弯起，用于斜截面抗剪和抵抗支座负弯矩。

(3) 确定纵筋的截断位置。可在受弯承载力不需要处考虑将纵筋截断，从而确定纵筋的实际截断位置。

二、纵向受力钢筋的弯起

(一) 钢筋弯起在 M_u 图上的表示方法

在图 3-49 中，如将④号 1 Φ 22 钢筋在临近支座处弯起，由于弯起钢筋在弯起后正截面抗弯内力臂逐渐减小，该钢筋承担的正截面抵抗弯矩相应逐渐减小，故反映在 M_u 图上 eg、fh 是斜线，形成的抵抗弯矩图即为图中所示的 $aigefhjb$。图中 e、f 点分别垂直对应于弯起点 E、F，g、h 分别垂直对应于弯起钢筋与梁轴线的交点 G、H。

（二）纵向受力钢筋弯起点的规定

对于梁正弯矩区段内的纵向受拉钢筋，可采用弯向支座（用来抗剪或承受负弯矩）的方式将多余钢筋弯起。纵向钢筋弯起的位置和数量必须同时满足以下三方面的要求：

（1）满足正截面受弯承载力的要求。必须使纵筋弯起点的位置在该钢筋的充分利用点以外，使梁的抵抗弯矩图不小于相应的设计弯矩图，也就是 M_u 图必须包纳 M 图（即 $M_u \geqslant M$）。

（2）满足斜截面受剪承载力的要求。当混凝土和箍筋的受剪承载力 $V_{cs}<V$ 时，需要弯起纵筋承担剪力。纵筋弯起的数量要通过斜截面受剪承载力计算确定。

（3）满足斜截面受弯承载力的要求。④号钢筋弯起后，考虑支座附近可能出现斜裂缝，为保证斜截面的抗弯承载力，④号钢筋弯起后与弯起前的受弯承载力不应降低。为此《规范》规定：弯起钢筋弯起点可设在按正截面受弯承载力计算不需要该钢筋的截面之前，但弯起钢筋与梁中心线的交点应位于不需要该钢筋的截面之外，同时，弯起点与该钢筋的充分利用点之间的水平距离 s 不应小于 $h_0/2$，如图 3-49 所示。

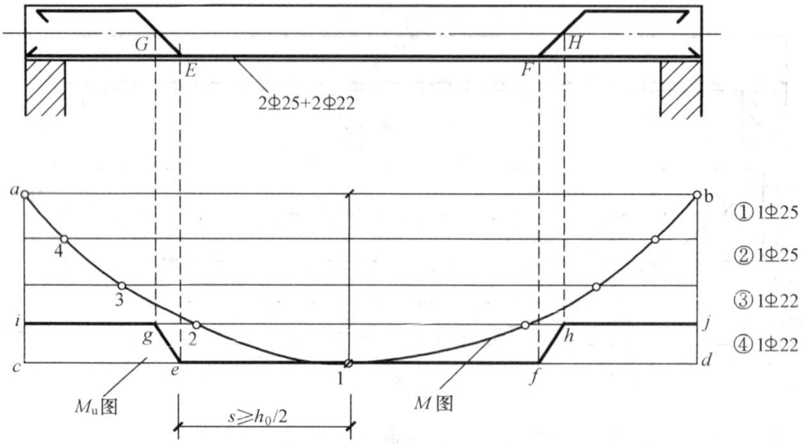

图 3-49 纵筋弯起时简支梁的抵抗弯矩图

三、纵向受力钢筋的截断

（一）钢筋截断在 M_u 图上的表示方法

在图 3-50 中，b 点为①号钢筋的“理论断点”，如将①号钢筋在 b 点处进行截断处理，反映在 M_u 图上呈台阶形变化，表明该处抵抗弯矩发生突变。

（二）纵向钢筋截断点的规定

（1）梁跨中承受正弯矩的纵筋不宜在受拉区截断，可将其中一部分弯起，将另一部分伸入支座内。

（2）连续梁和框架梁中承受支座负弯矩的纵向受拉钢筋，可根据弯矩图的变化将计算不需要的纵筋分批截断，但其截断点的位置必须保证纵筋截断后的斜截面抗弯承载力以及黏结锚固性能。为此，《规范》对钢筋的实际截断点做出以下规定：钢筋截断点应从该钢筋的“充分利用点”截面向外延伸的长度不小于 l_{d1}；从其“理论断点”截面向外延伸的长度不小于 l_{d2}，l_{d1} 和 l_{d2} 的取值见表 3-13，设计时钢筋实际截断点的位置应取 l_{d1} 和 l_{d2} 中外伸长度较远者确定。

表 3-13　负弯矩钢筋实际截断点的延伸长度　mm

截面条件	l_{d1}	l_{d2}
$V \leqslant 0.7f_tbh_0$	$\geqslant 1.2l_a$	$\geqslant 20d$
$V > 0.7f_tbh_0$	$\geqslant 1.2l_a + h_0$	$\geqslant h_0$，且$\geqslant 20d$
$V > 0.7f_tbh_0$，且断点仍在负弯矩受拉区内	$\geqslant 1.2l_a + 1.7h_0$	$\geqslant 1.3h_0$，且$\geqslant 20d$

注　1. 表中 l_{d1}、l_{d2} 均为《规范》规定的最小值。
2. l_a 为纵向受拉钢筋的最小锚固长度，d 为被截断钢筋的直径。

图 3-50 为某连续梁支座附近的弯矩及剪力（$V > 0.7f_tbh_0$）分布情况，图中 b、c、d 点分别为①、②、③号纵筋的理论截断点，a、b、c 点则分别为相应纵向钢筋强度充分利用截面。纵筋的实际截断位置应在理论截断点以外延伸一段距离（$\geqslant h_0$，且$\geqslant 20d$）；还应在充分利用点截面以外一段距离（$\geqslant 1.2l_a + h_0$）。

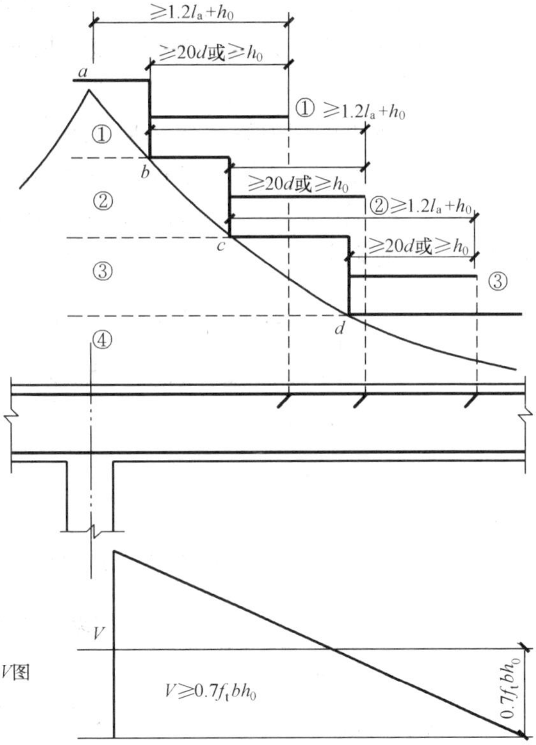

图 3-50　$V \geqslant 0.7f_tbh_0$ 时的纵筋截断

（3）悬臂梁中的受拉钢筋，应有不少于 2 根上部钢筋伸至悬臂梁外端，并向下弯折不小于 $12d$；其余钢筋不应在梁的上部截断，可按纵向钢筋弯起点的规定将部分纵筋向下弯折，且弯终点以外应留有平行于轴线方向的锚固长度，在受压区不应小于 $10d$，在受拉区不应小于 $20d$，如图 3-51 所示。

四、钢筋的其他构造要求

（一）鸭筋

为了充分利用纵向受力钢筋，可利用纵筋弯起来抗剪，但当纵筋数量有限而不能弯起时，可以单独设置抗剪弯筋（即鸭筋）承担抗剪作用，如图 3-52 所示。但不允许设置成图中的浮筋。

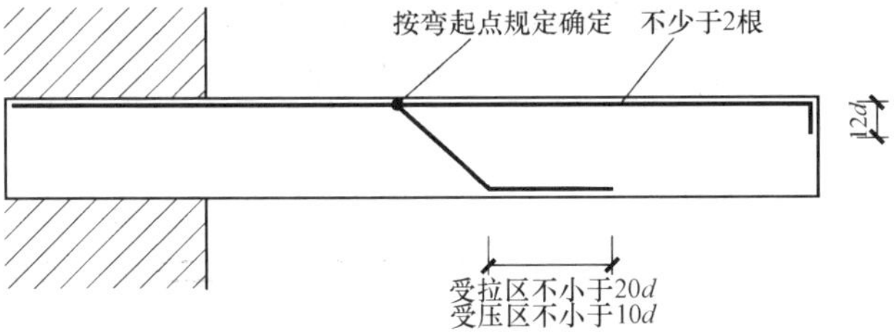

图 3-51　悬臂梁纵筋构造

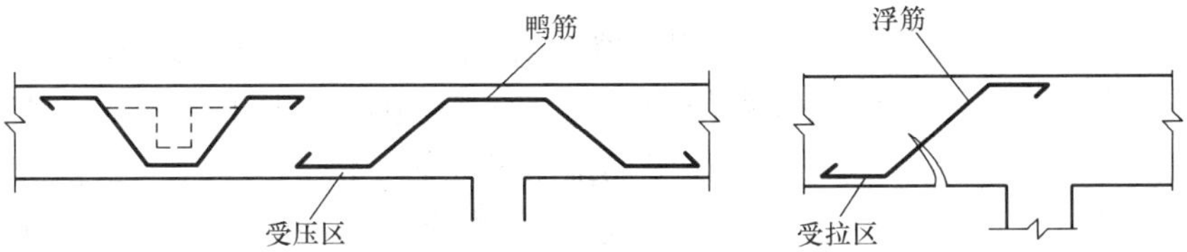

图 3-52　鸭筋和浮筋

（二）纵筋在简支支座处内的锚固

（1）板端。

《规范》规定：在简支板支座处或连续板的端支座及中间支座处，下部纵向受力钢筋应伸入支座，其锚固长度 l_{as} 不应小于 $5d$（d 为纵向钢筋直径），且宜伸过支座中心线。当连续板内温度、收缩应力较大时，伸入支座的长度宜适当增加。

（2）梁端。

由于支座附近的剪力较大，为防止在出现斜裂缝后，与斜裂缝相交的纵筋应力突然增大，产生滑移甚至被从混凝土中拔出而破坏，纵筋伸入支座的锚固应满足下列要求。

1）简支梁和连续梁的简支端下部纵筋伸入支座的锚固长度 l_{as} 如图 3-53（a）所示，应满足表 3-14 的规定。

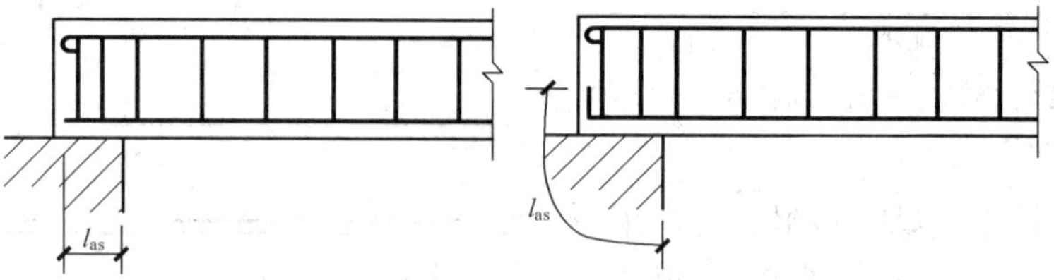

图 3-53 纵筋在简支支座的锚固长度 l_{as}

表 3-14 简支梁纵筋锚固长度表 l_{as}

$V \leqslant 0.7 f_t b h_0$	$\geqslant 5d$	
$V > 0.7 f_t b h_0$	带肋钢筋	$\geqslant 12d$
	光面钢筋	$\geqslant 15d$

注 光圆钢筋锚固的末端均应设置标准弯钩。

当纵筋伸入支座的锚固长度不符合表 3-14 的规定时，应采取下述锚固措施，但伸入支座的水平长度不应小于 $5d$。

①在梁端将纵向受力钢筋上弯，并将弯折后长度计入 l_{as} 内，如图 3-53（b）所示。

②在纵筋端部加焊横向钢筋或锚固钢板，如图 3-54 所示。

③将钢筋端部焊接在梁端的预埋件上。

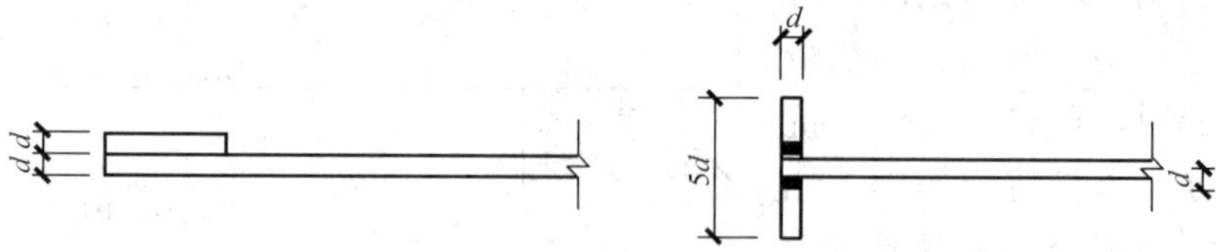

图 3-54 钢筋机械锚固的形式

2）支承在砌体结构上的钢筋混凝土独立梁，在纵筋的锚固长度 l_{as} 范围内应配置不少于 2 道箍筋，其直径不宜小于纵筋最大直径的 0.25 倍，间距不宜大于纵筋最小直径的 10 倍。当采用机械锚固时，箍筋间距尚不宜大于纵筋最小直径的 5 倍。

3）连续梁在中间支座处，上部纵筋受拉应贯穿支座；而下部纵筋一般受压，但由于斜裂缝出现和黏结裂缝的发生会使下部纵筋也会承受拉力，故下部纵筋伸入支座内的锚固长度 l_{as} 也应满足表 3-14 的要求。

（三）箍筋的锚固

箍筋是受拉钢筋，必须有良好的锚固。通常箍筋都采用封闭式，箍筋末端常用 135°弯钩。弯钩端头直线段长度不小于 50mm 或 5 倍箍筋直径。如果采用 90°弯钩，则箍筋受拉时弯钩会翘起，从而导致混凝土保护层崩裂。若梁两侧有楼板与梁整浇时，也可采用 90°弯钩，但弯钩端头直线段长度不小于 10 倍箍筋直径。

【例 3-12】 某钢筋混凝土外伸梁，混凝土 C30，纵向钢筋 HRB400 级，箍筋 HPB300 级，截面尺寸如图 3-55 所示，构件处于一类环境，安全等级为二级。作用在梁上的均布荷载设计值（包括梁自重）为 $q_1=64\text{kN/m}$，$q_2=104\text{kN/m}$。试设计此梁，并绘制梁的施工详图。

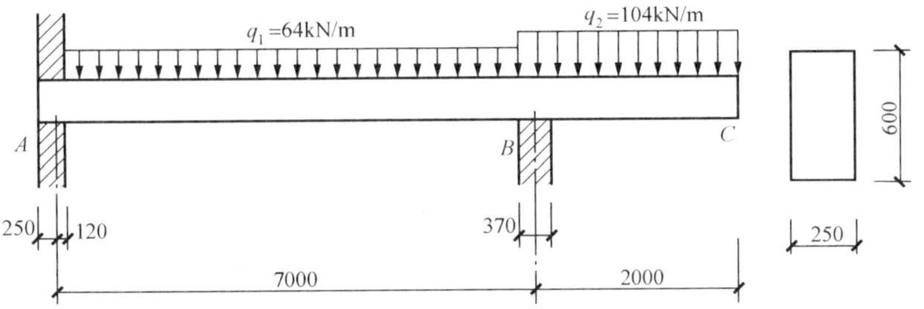

图 3-55 ［例 3-12］图

解 （1）确定计算简图。

1）计算跨度。

AB 跨　净跨　$l_n = 7.00 - 0.37/2 - 0.12 = 6.695\text{m}$

计算跨度　$l_{ab} = 1.025 l_n + b/2 = 1.025 \times 6.695 + 0.37/2 = 7.05\text{m}$

BC 跨　净跨　$l_{n1} = 2.00 - 0.5 \times 0.37 = 1.815\text{m}$

计算跨度　$l_{bc} = 2.0\text{m}$

2）计算简图：如图 3-56（a）所示。

（2）内力计算，求控制截面的弯矩设计值和剪力设计值。

1）梁端反力。

$$R_B = \frac{\frac{1}{2} \times 64 \times 7.05^2 + 104 \times 2 \times (1 + 7.05)}{7.05} = 463\text{kN}$$

$$R_A = 64 \times 7.05 + 104 \times 2 - 463 = 196\text{kN}$$

2）支座边缘截面的剪力。

AB 跨

$$V_A = 196 - 64 \times 0.17 = 186\text{kN}$$

$$V_{B左} = 186 - 64 \times 6.695 = -233\text{kN}$$

BC 跨

$$V_{B右} = 104 \times (2.00 - 0.185) = 189\text{kN},\ V_C = 0$$

3）弯矩。

AB 跨跨中最大弯矩值：

根据剪力为零条件计算，即 $V_x = R_A - q_1 x = 196 - 64x = 0$

求得最大弯矩截面距支座 *A* 的距离为

$$x = 196/64 = 3.06\text{m}$$

则

$$M_{max} = 196.1 \times 3.06 - \frac{1}{2} \times 64 \times 3.06^2 = 300\text{kN} \cdot \text{m}$$

BC 跨悬臂端弯矩值：

$$M_B = \frac{1}{2} \times 104 \times 2^2 = 208\text{kN} \cdot \text{m}, M_C = 0$$

M、V 图分别见图 3-56（b）、（c）所示。

对正截面承载力而言，AB 跨跨中、B 支座为两个危险截面；对斜截面承载力而言，A 支座边、B 支座左边、B 支座右边为三个危险截面。计算弯矩值、计算剪力值均列于图上。

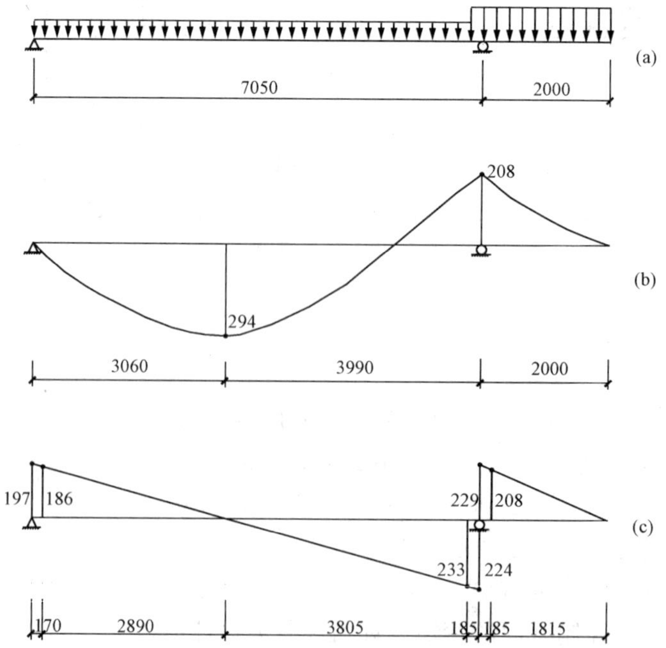

图 3-56　计算简图及内力图

（a）计算简图；（b）M 图；（c）V 图

（3）正截面承载能力计算。

1）AB 跨跨中最大弯矩处截面。假设纵筋按两排放置，截面有效高度为 $h_0=600-65=535\text{mm}$。

$$\alpha_s = \frac{M_{max}}{\alpha_1 f_c b h_0^2} = \frac{300 \times 10^6}{1.0 \times 14.3 \times 250 \times 535^2} = 0.293$$

查表得：$\xi=0.355<\xi_b=0.518$，$\gamma_s=0.822$。

$$A_s = \frac{M_{max}}{f_y \gamma_s h_0} = \frac{300 \times 10^6}{360 \times 0.822 \times 535} = 1895\text{mm}^2$$

选用 2 ⌀ 22+4 ⌀ 20（$A_s=2016\text{mm}^2$），在跨中按两排放置，与假设相符。

2）B 支座截面。假设纵筋按一排放置，截面有效高度为 $h_0=600-40=560\text{mm}$。

$$\alpha_s = \frac{M_B}{\alpha_1 f_c b h_0^2} = \frac{208 \times 10^6}{1.0 \times 14.3 \times 250 \times 560^2} = 0.186$$

查表得：$\xi=0.208<\xi_b=0.518$，$\gamma_s=0.896$。

$$A_s = \frac{M_B}{f_y \gamma_s h_0} = \frac{208 \times 10^6}{360 \times 0.896 \times 560} = 1152\text{mm}^2$$

选用2⌀22+2⌀20（$A_s=1388mm^2$），在支座按一排放置，与假设相符。

$\rho_{min}=0.45\dfrac{f_t}{f_y}=0.45\times\dfrac{1.43}{360}=0.17\%<0.2\%$，取$\rho_{min}=0.2\%$

$A_{s,min}=\rho_{min}bh=0.2\%\times250\times600=300mm^2<A_s=1152mm^2$，故满足要求。

（4）斜截面承载能力计算。

截面尺寸验算

$0.25\beta_c f_c bh_0=0.25\times1.0\times14.3\times250\times560=500.5\times10^3N>V_{max}=233\times10^3N$

截面尺寸符合要求。

确定是否需计算腹筋

$$0.7f_t bh_0=0.7\times1.43\times250\times560=140\times10^3N<V_{min}=186\times10^3N$$

需按计算配置腹筋。

1）AB跨。

$$V_{Bmax}=V_{B左}=233kN,\quad h_0=535mm$$

$$\frac{A_{sv}}{s}\geqslant\frac{V_{B左}-0.7f_t bh_0}{f_{yv}h_0}=\frac{233\times10^3-140\times10^3}{270\times535}=0.644mm^2/mm$$

选用双肢箍Φ8，$A_{sv}=2\times50.3=100.6mm^2$，则

$s\leqslant100.6/0.644=156mm<s_{max}=250mm$，取用双肢Φ8@150箍筋在$AB$跨内均匀布置。

$$\rho_{sv,min}=0.24\frac{f_t}{f_{yv}}=0.24\times\frac{1.43}{270}=0.12\%$$

$\rho_{sv}=\dfrac{nA_{sv1}}{bs}=\dfrac{2\times50.3}{250\times150}=0.26\%>\rho_{sv,min}$，满足要求。

2）BC跨。

$$V_{B右}=189kN,\quad h_0=560mm$$

$$\frac{A_{sv}}{s}\geqslant\frac{V_{B右}-0.7f_t bh_0}{f_{yv}h_0}=\frac{189\times10^3-140\times10^3}{270\times560}=0.324mm^2/mm$$

选用双肢箍Φ 6，$A_{sv}=2\times28.3=56.6mm^2$，则

$s\leqslant56.6/0.324=175mm<s_{max}=250mm$，取用双肢Φ 6@150箍筋在BC跨内均匀布置。

$\rho_{sv}=\dfrac{nA_{sv1}}{bs}=\dfrac{2\times28.3}{250\times150}=0.15\%>\rho_{sv,min}$，满足要求。

（5）配置构造钢筋，并绘制梁结构详图。

1）架立钢筋。

AB跨　$l_0=7m>6m$，$d_{min}=12m$，选2Φ 14。

BC跨　$l_0=2m$，$d_{min}=8m$，选2Φ 14（宜减少钢筋类型，选择与AB跨相同）。

2）腰筋。

$$h_w=h_0=560mm>450mm$$

每侧设2Φ 14，则

$$A_s=308mm^2>0.1\%bh_w=0.1\%\times250\times660=165mm^2$$

满足要求。

3）拉结筋。

AB跨Φ8@300，BC跨Φ 6@300。

4）绘制梁结构详图，如图 3-57 所示。

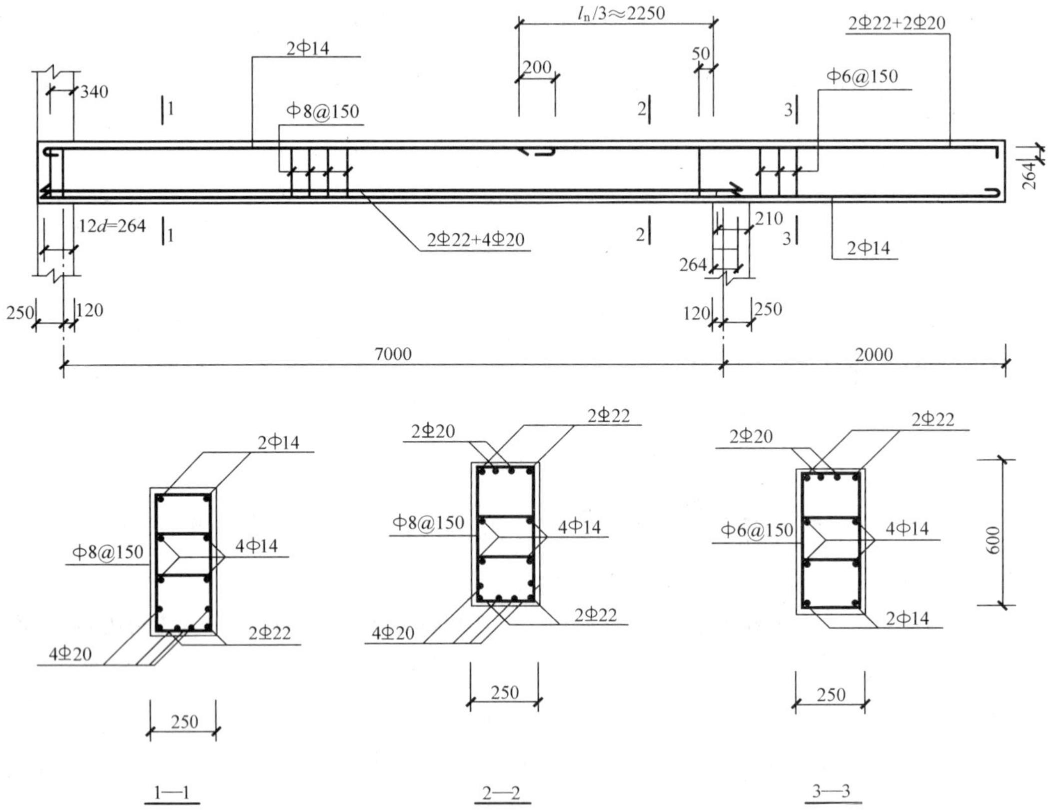

图 3-57　外伸梁配筋图

*3.5　受弯构件的变形及裂缝宽度验算

钢筋混凝土结构和构件除应按承载能力极限状态进行设计外，还应进行正常使用极限状态的验算，以满足结构的正常使用功能和耐久性要求。对一般常见的工程结构，正常使用极限状态验算主要包括裂缝控制验算和变形验算，以及保证结构耐久性的设计和构造措施等方面。

混凝土结构的使用功能不同，对裂缝和变形控制的要求也有不同。对于在使用上要求有严格抗裂、抗渗要求的结构，如储液池、核反应堆等，要求在使用中是不能出现裂缝的，宜优先选用预应力混凝土构件。钢筋混凝土构件在正常使用情况下通常是带着裂缝工作的，过大的裂缝宽度和变形不仅会影响外观，使用户在心理上产生不安全感，而且还可能导致钢筋锈蚀，降低结构的安全性和耐久性，因此，对在使用上允许出现裂缝的构件，应对裂缝宽度进行限制。对此，《规范》作出如下规定：

（1）挠度控制要求：《规范》规定，钢筋混凝土受弯构件的最大挠度计算值 f_{max} 应按荷载准永久组合，预应力混凝土受弯构件的最大挠度计算值 f_{max} 应按荷载准标准组合，并考虑荷载长期作用影响进行计算，其计算值不应超过表 3-15 中规定的挠度限值 f_{lim}。

表 3-15　　受弯构件的挠度限值 f_{lim}

构件类型		挠度限值
吊车梁	手动吊车	$l_0/500$
	电动吊车	$l_0/600$
屋盖、楼盖及楼梯构件	$l_0<7m$	$l_0/200$ ($l_0/250$)
	$7m \leqslant l_0 \leqslant 9m$	$l_0/250$ ($l_0/300$)
	$l_0>9m$	$l_0/300$ ($l_0/400$)

注　1. 表中 l_0 为构件的计算跨度。
2. 表中括号内数值适用于使用上对挠度有较高要求的构件。
3. 计算悬臂构件的挠度限值时，其计算跨度按实际悬臂长度的 2 倍取用。

（2）裂缝控制要求：《规范》将钢筋混凝土和预应力混凝土结构构件的裂缝控制等级统一划分为三级（详见第 7 章 7.4）。钢筋混凝土构件的裂缝控制等级均属于三级——允许出现裂缝的构件，要求按荷载效应的标准组合并考虑荷载长期作用影响计算的最大裂缝宽度 w_{max}，不应超过表 3-16 中规定的最大裂缝宽度限值 w_{lim}。

表 3-16　　结构构件的裂缝控制等级及最大裂缝宽度限值 w_{lim}

环境类别	钢筋混凝土结构		预应力混凝土结构	
	裂缝控制等级	w_{lim} (mm)	裂缝控制等级	w_{lim} (mm)
一	三级	0.30 (0.40)	三级	0.20
二 a		0.20		0.10
二 b			二级	—
三 a、三 b			一级	—

注　1. 表中规定适用于采用热轧钢筋的钢筋混凝土构件和采用预应力钢丝、钢绞线及螺纹钢筋的预应力混凝土构件。
2. 对处于年平均相对湿度小于 60%地区一类环境下的受弯构件，其最大裂缝宽度可采用括号内的数值。
3. 表中的最大裂缝宽度限值，用于验算荷载作用引起的最大裂缝宽度。

3.5.1　钢筋混凝土构件的裂缝宽度验算

钢筋混凝土构件的裂缝有两种：一种是由于混凝土的收缩或温度变形等引起的；另一种则是由荷载作用引起的受力裂缝。对于前一种裂缝，不需进行裂缝宽度计算，应从构造、施工、材料等方面采取措施加以控制；而由荷载作用引起的受力裂缝则通过验算裂缝宽度来控制。

一、裂缝的产生和开展

现以一受弯构件为例，说明垂直裂缝的出现和开展过程，如图 3-58 所示。设 M 为由外荷载产生的弯矩；M_{cr} 为构件开裂弯矩，即构件垂直裂缝即将出现时对应的弯矩值。

（1）裂缝出现前：当 $M<M_{cr}$ 时，受拉区沿各截面的拉应力相等，混凝土拉应力和钢筋的拉应力（应变）沿长度基本上是均匀分布的，且混凝土拉应力 σ_{ct} 小于混凝土抗拉强度 f_{tk}，钢筋所受的拉力很小。

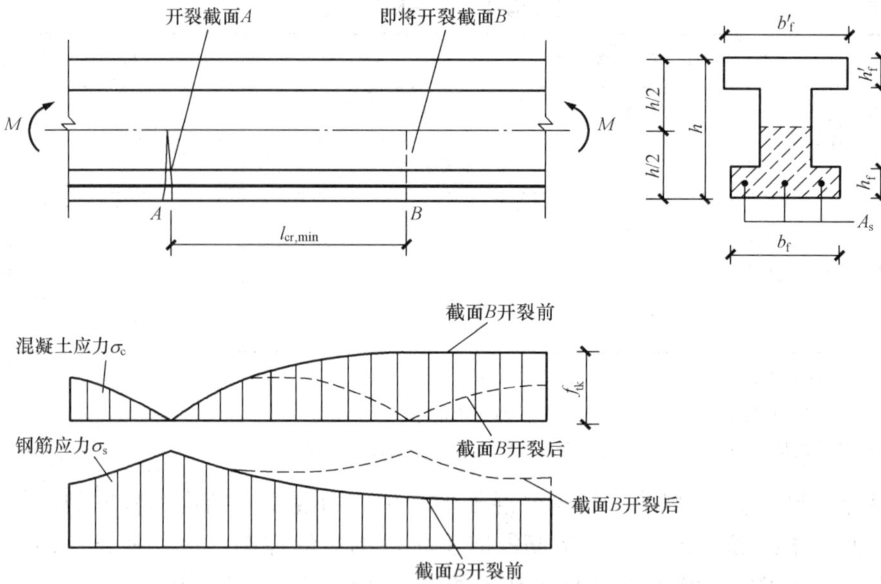

图 3-58　裂缝的出现和开展

（2）第一条（批）裂缝出现：当 $M=M_{cr}$ 时，从理论上讲 $\sigma_{ct}=f_{tk}$，钢筋的应力 $\sigma_{s,cr}=\alpha_E f_{tk}$，各截面进入裂缝即将出现的极限状态。由于混凝土材料的非均匀性，构件将在抗拉能力最薄弱的截面 A 处首先出现第一条（批）裂缝，如图 3-58 中的 A 截面。此时，出现裂缝的截面受拉混凝土退出工作，原来由混凝土承担的拉力转由钢筋承担，故裂缝截面处钢筋的应力和应变突然增大，裂缝处原来处于拉伸状态的混凝土将向裂缝两侧回缩，混凝土与受拉纵筋之间产生相对滑移和黏结应力，使裂缝一出现即有一定宽度。

通过黏结力的作用，混凝土的回缩受到钢筋约束，钢筋的应力通过黏结力逐渐传递给混凝土而减小，混凝土的拉应力由裂缝处的零逐渐回升，直至距裂缝截面 A 某一距离 $l_{cr,min}$ 处的截面 B 时，混凝土的应力又恢复至裂缝出现前的应力状态（即 σ_{ct} 达 f_{tk}），混凝土的应力又达到其抗拉强度。在截面 B 以后，钢筋与混凝土又具有相同的应变，黏结应力消失，钢筋与混凝土的应力又成均匀分布。

显然，在距第一条（批）裂缝两侧 $l_{cr,min}$ 范围内，混凝土的拉应力 σ_{ct} 小于混凝土抗拉强度 f_{tk}。

（3）第二条（批）裂缝出现：当荷载稍有增加，在截面 B 处以后的那部分混凝土便又处于受拉张紧状态，就会在另外的薄弱截面处出现新的第二条（批）裂缝。在新的裂缝处，混凝土又退出工作向两侧回缩，钢筋应力也突然增大，混凝土和钢筋之间又产生相对滑移和黏结应力。

可以看出，在两个裂缝截面 A、B 之间，混凝土应力小于其抗拉强度，因而一般不会出现新的裂缝。

（4）裂缝的分布：裂缝的出现并不是无限的，若各裂缝间的距离小于 $2l_{cr,min}$，由于混凝土的拉应力 σ_{ct} 小于 f_{tk} 不足以使拉区混凝土开裂，此时裂缝已基本出齐，其裂缝间距及裂缝分布情况趋于稳定状态。由于混凝土材料的不均匀性，裂缝的分布及宽度也是不均匀的，裂缝的间距介于 $l_{cr,min}\sim 2l_{cr,min}$ 之间。

二、平均裂缝间距 l_{cr}

当裂缝出齐后，裂缝间距的平均值称为平均裂缝间距 l_{cr}。试验分析表明，平均裂缝间距 l_{cr}的大小，主要取决于混凝土和钢筋之间的黏结强度。影响平均裂缝间距的因素有如下几方面：

（1）与纵筋配筋率有关。受拉区混凝土截面的纵向钢筋配筋率越大，平均裂缝间距越小。

（2）与纵筋直径的大小有关。当受拉区配筋的截面面积相同时，钢筋直径越细，钢筋根数越多，钢筋表面积越大，黏结力越大，平均裂缝间距就越小。

（3）与钢筋表面形状有关。变形钢筋比光面钢筋的黏结力大，故其平均裂缝间距就小。

（4）与混凝土保护层厚度有关。在受拉区截面面积相同时，保护层越厚，越不易使拉区混凝土达到其抗拉强度，为此平均裂缝间距就越大。

《规范》给出下式计算构件的平均裂缝间距 l_{cr}

$$l_{cr}=\beta\left(1.9c_s+0.08\frac{d_{eq}}{\rho_{te}}\right) \tag{3-68}$$

$$d_{eq}=\frac{\sum n_i d_i^2}{\sum n_i \nu_i d_i} \tag{3-69}$$

式中　β——与构件受力状态有关的系数，对轴心受拉构件 $\beta=1.1$，对其他受力构件 $\beta=1.0$。

c_s——最外层纵向受拉钢筋外边缘至受拉区边缘的距离。当 $c_s<20$mm 时，取 $c_s=20$mm；当 $c_s>65$ 时，取 $c_s=65$mm。

d_{eq}——纵向受拉钢筋的等效直径，mm。

d_i——第 i 种纵向受拉钢筋的公称直径，mm。

n_i——第 i 种纵向受拉钢筋的根数。

ν_i——第 i 种受拉钢筋的相对黏结特性系数，光面钢筋取 $\nu_i=0.7$，带肋钢筋取 $\nu_i=1.0$。

ρ_{te}——按有效受拉混凝土截面面积计算的纵向受拉钢筋配筋率，$\rho_{te}=\dfrac{A_s}{A_{te}}\geqslant 0.01$。

A_{te}——有效受拉混凝土截面面积，对轴心受拉构件，取构件截面面积，对受弯、偏心受拉和偏心受压构件，取 $A_{te}=0.5bh+(b_f-b)h_f$。

b_f，h_f——受拉翼缘的宽度、高度。

三、平均裂缝宽度 w_m

裂缝的宽度是指纵向受拉钢筋重心处的裂缝宽度。裂缝的开展是由于裂缝处混凝土的回缩所造成，因此，平均裂缝宽度 w_m 应等于在 l_{cr}内钢筋的平均伸长值 $\varepsilon_{sm}l_{cr}$与混凝土的平均伸长值 $\varepsilon_{ctm}l_{cr}$的差值，如图 3-59 所示，w_m 按下式计算

$$w_m=\varepsilon_{sm}l_{cr}-\varepsilon_{ctm}l_{cr} \tag{3-70}$$

式中　ε_{sm}，ε_{ctm}——在裂缝间距范围内钢筋和混凝土的平均拉应变。

由于 ε_{ctm}一般很小，可忽略不计，则平均裂缝宽度 w_{cr}又可表示为

$$w_m=\varepsilon_{sm}l_{cr} \tag{3-71}$$

裂缝间距内钢筋的平均拉应变可表示为

$$\varepsilon_{sm}=\psi\varepsilon_s=\psi\frac{\sigma_{sq}}{E_s} \tag{3-72}$$

$$\psi=1.1-0.65\frac{f_{tk}}{\rho_{te}\sigma_{sq}} \tag{3-73}$$

式中　ε_s——裂缝截面钢筋的拉应变；

E_s——钢筋弹性模量；

ψ——裂缝间受拉钢筋应变不均匀系数，$\psi=\varepsilon_{sm}/\varepsilon_s$，反映了裂缝间混凝土参与承受拉力的程度，$\psi$ 值越小，表示混凝土参与承受拉力的程度越大，ψ 取值介于 0.2～1.0 之间，对直接承受重复荷载的构件，取 $\psi=1.0$。

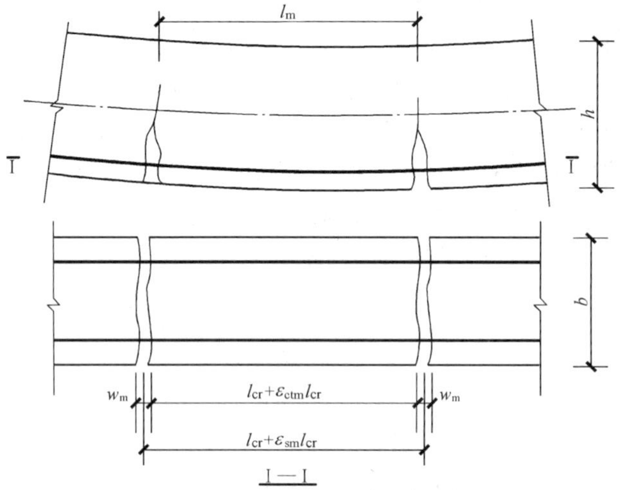

图 3-59　平均裂缝宽度计算图

则平均裂缝宽度 w_m 的表达式为

$$w_m=\alpha_c\psi\frac{\sigma_{sq}}{E_s}l_{cr} \tag{3-74}$$

对轴心受拉钢筋

$$\sigma_{sq}=\frac{N_q}{A_s} \tag{3-75}$$

对受弯构件

$$\sigma_{sq}=\frac{M_q}{0.87h_0A_s} \tag{3-76}$$

式中　α_c——反映裂缝间混凝土伸长对裂缝宽度影响的系数，对受弯、偏心受压构件取 $\alpha_c=0.77$，对其他构件取 $\alpha_c=0.85$；

σ_{sq}——按荷载效应的准永久组合计算的纵向受拉钢筋的应力。

四、最大裂缝宽度 w_{max}

实际工程中，由于混凝土质量的不均匀、裂缝的间距有疏有密，每条裂缝开展的宽度也不相同，因此，验算裂缝宽度应以最大裂缝宽度为准。最大裂缝宽度 w_{max} 采取由平均裂缝宽度乘以扩大系数得到，扩大系数主要考虑以下两种情况：一是裂缝宽度的不均匀性，引入扩大系数 τ_s，对受弯构件和偏心受压构件取 $\tau_s=1.66$，对偏心受拉和轴心受拉构件取 $\tau_s=1.9$；二是在荷载长期作用下，裂缝宽度不断增大，又引入扩大系数 τ_l，取 $\tau_l=1.5$。将相关的各种系数归并后，《规范》给出了最大裂缝宽度 w_{max} 的计算公式为

$$w_{max}=\alpha_{cr}\psi\frac{\sigma_{sq}}{E_s}\left(1.9c_s+0.08\frac{d_{eq}}{\rho_{te}}\right) \tag{3-77}$$

式中　α_{cr}——构件受力特征系数，$\alpha_{cr}=\tau_l\tau_s\alpha_c\beta$，对受弯、偏心受压构件，取 $\alpha_{cr}=1.9$；对偏心受拉构件，$\alpha_{cr}=2.4$；对轴心受拉构件，$\alpha_{cr}=2.7$。

c_s——最外层纵向受拉钢筋外边缘至受拉区底边的距离，当 $c_s<20$ 时，取 $c_s=20$；当 $c_s>65$ 时，取 $c_s=65$。

按式（3-77）计算的最大裂缝宽度不应超过规范规定的最大裂缝宽度，即应满足

$$w_{max}\leqslant w_{lim} \tag{3-78}$$

五、减小裂缝宽度的措施

从式中（3-77）中可知，影响裂缝宽度的主要因素有以下几个方面：

（1）钢筋应力 σ_{sq}。随着 σ_{sq} 增长，裂缝宽度加大。若利用高强度等级钢筋，则在荷载效应组合作用下的钢筋应力就高，裂缝就宽。因而对于普通钢筋混凝土不宜采用高强度钢筋。

（2）钢筋直径 d。随着 d 增大，裂缝宽度也增大。为减小裂缝宽度，可采用较细直径的钢筋，但还应考虑施工上的方便。

（3）有效配筋率 ρ_{te}。裂缝宽度随着有效受拉纵筋配筋率 ρ_{te} 增加而减小。增加 ρ_{te} 的方法有两个：一是选用低强度的钢筋，二是增加钢筋（承载力需要以外）数量，两者均会减小裂缝宽度，但后者显然浪费钢筋。

（4）纵筋保护层厚度 c_s。裂缝宽度随着 c_s 值增加有所增大。但由于保护层厚度 c 是根据钢筋与混凝土的黏结力以及耐久性要求确定的，变化幅度很小，因此一般不考虑调整 c 值。

（5）钢筋表面特征。宜采用变形钢筋，这是由于变形钢筋表面的黏结力大于光面钢筋表面黏结力，裂缝间距（宽度）小的缘故。

（6）当采用普通混凝土构件裂缝宽度无法满足控制要求时，可采用预应力混凝土。

综上可见，减小裂缝宽度的最好办法是在不增加钢筋用量的情况下选用较细直径的变形钢筋；其次增加配筋量也很有效，只是不很经济；必要时可采用预应力混凝土，此法最有效。

【例 3-13】 试验算［例 3-2］中梁的最大裂缝宽度是否满足要求。其中准永久值系数 $\psi_q=0.5$，最大裂缝宽度限值 $w_{lim}=0.3\text{mm}$。

解　（1）确定计算参数。

混凝土 C30，$f_{tk}=2.01\text{N/mm}^2$，$E_c=3.0\times10^4\text{N/mm}^2$，$c_s=20+8=28\text{mm}$。

HRB400 级热轧钢筋，$E_s=2\times10^5\text{N/mm}^2$，$A_s=1964\text{mm}^2$，相对黏结特征系数 $v_i=1.0$。

纵筋 4 ⌀ 25，箍筋 Φ 8，截面有效高度 $h_0=600-20-8-25/2=560\text{mm}$，受弯构件，$\alpha_{cr}=1.9$，准永久组合系数 $\psi_q=0.5$。

（2）计算纵向受拉钢筋的有效配筋率 ρ_{te} 和应力 σ_{sq}。

按荷载效应准永久组合作用计算的跨中弯矩值

$$M_q=\frac{1}{8}(g_k+\psi_q q_k)l_0^2=\frac{1}{8}\times(25+0.5\times40)\times5.4^2=164\text{kN}\cdot\text{m}$$

$$\rho_{te}=\frac{A_s}{0.5bh}=\frac{1964}{0.5\times250\times600}=0.026>0.01$$

$$\sigma_{sq}=\frac{M_q}{0.87h_0A_s}=\frac{164\times10^6}{0.87\times560\times1964}=172\text{N/mm}^2$$

（3）计算纵向钢筋应变的不均匀系数 ψ。

$$\psi = 1.1 - 0.65 \times \frac{f_{tk}}{\rho_{te}\sigma_{sq}} = 1.1 - 0.65 \times \frac{2.01}{0.026 \times 172} = 0.651$$

（4）计算最大裂缝宽度 w_{max}。

$$w_{max} = \alpha_{cr}\psi \frac{\sigma_{sq}}{E_s}\left(1.9c_s + 0.08\frac{d_{eq}}{\rho_{te}}\right)$$

$$= 1.9 \times 0.651 \times \frac{172}{2 \times 10^5}\left(1.9 \times 28 + 0.08 \times \frac{25}{0.026}\right) = 0.14\text{mm}$$

验算裂缝宽度：$w_{max} = 0.14\text{mm} < 0.3\text{mm}$，满足要求。

六、钢筋的代换

在实际施工过程中，经常会遇到现场可供的钢筋级别、直径与设计要求不相符的情况，即需要对钢筋进行代换。在钢筋代换时，应在了解设计意图和代用材料性能的前提下，遵循下述原则和有关注意事项。

（1）代换原则：要求被钢筋代换后，结构构件的安全性、适用性、耐久性不能降低，必须符合原设计的要求。

1）满足承载力要求。钢筋代换方式有两种，具体方法如下：

等强度代换

$$A_{se} f_{ye} \geqslant A_s f_y \tag{3-79}$$

等面积代换

$$A_{se} \geqslant A_s \tag{3-80}$$

式中 A_s——原设计图中钢筋的截面面积；

f_y——原设计图中钢筋的强度设计值；

A_{se}——代换后钢筋的截面面积；

f_{ye}——代换钢筋的强度设计值。

当钢筋强度等级不同时按等强度代换，若钢筋强度等级相同仅钢筋直径不符合设计要求时可按等面积代换。

2）满足裂缝宽度限值要求。如用强度高的钢筋代换强度低的钢筋，钢筋数量必然减少而导致钢筋应力 σ_{sk} 增大，而使构件裂缝宽度加大；如用粗直径钢筋代换细直径钢筋，也会使裂缝宽度加大。因此必须引起注意，必要时进行验算。

3）有抗震设防要求的结构构件，应按照钢筋受拉承载力设计值相等的原则换算，替代后的纵向钢筋的总承载力设计值不应高于原设计的纵向钢筋总承载力设计值。

（2）钢筋代换应注意的事项。

1）钢筋代换时，按式（3-79）计算代换后选用的钢筋其截面面积（不宜超过 5%～10%）；钢筋配筋率 ρ 若小于最小配筋率 ρ_{min}，则代换的钢筋应按最小配筋率 ρ_{min} 设置，即 $A_{se} \geqslant \rho_{min} bh$。

2）钢筋代换后，若截面有效高度 h_0 减小，则应计算增加钢筋用量。

3）对裂缝宽度要求较严的构件（如吊车梁等），不宜用光面钢筋代替变形钢筋；有抗渗要求的板（屋面板、水池板等），不宜用直径过粗的钢筋代换。

4）钢筋的搭接长度和锚固长度均与钢筋的级别有关，钢筋代换后，应根据构造要求作相应更改。采用光面钢筋代换时，还应注意弯钩的设置。

3.5.2　受弯构件的变形验算

一、钢筋混凝土梁抗弯刚度的特点

在材料力学中，对于简支梁跨中挠度计算的一般形式为

$$f=\alpha\frac{Ml_0^2}{EI} \tag{3-81}$$

式中　f——梁跨中最大挠度；

M——梁跨中最大弯矩；

EI——匀质材料梁的截面抗弯刚度；

l_0——梁的计算跨度；

α——与荷载形式有关的荷载效应系数，如均布荷载作用时 $\alpha=5/48$，跨中集中荷载作用时 $\alpha=1/12$。

截面抗弯刚度 EI 体现了截面抵抗弯曲变形的能力。对匀质弹性材料，当梁的截面尺寸和材料给定后，EI 为常数，挠度 f 与弯矩 M 为线性关系。截面的曲率与截面弯矩和抗弯刚度的关系可表示为

$$\frac{1}{r}=\frac{M}{EI}\quad 或\quad EI=\frac{M}{\frac{1}{r}} \tag{3-82}$$

由于混凝土并非匀质弹性材料，其弹性模量随着荷载的增大而减小，在受拉区混凝土开裂后，开裂截面的惯性矩也将发生变化。因此，钢筋混凝土受弯构件的截面抗弯刚度不是一个常数，而是随着弯矩的增大而逐渐减小的，其挠度 f 随弯矩 M 增大变化的规律也与匀质弹性材料梁不同。图 3-60 所示为匀质弹性材料梁和钢筋混凝土适筋梁的挠度和截面刚度随弯矩增大的曲线，可以看出，钢筋混凝土梁在受拉区混凝土开裂后，由于截面抗弯刚度减小，挠度随弯矩增大的速率要大于匀质弹性材料梁。

此外，在荷载长期作用下，钢筋混凝土梁的挠度随时间而增长，刚度随时间而降低。试验表明，前 6 个月挠度增长较快，以后逐渐减缓，一年后趋于收敛。

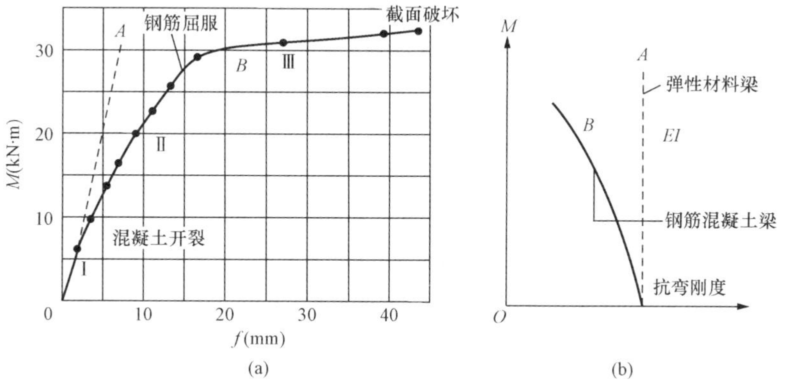

图 3-60　匀质弹性材料梁和钢筋混凝土梁的刚度和抗弯挠度

（a）挠度曲线；（b）刚度曲线

为区别于匀质弹性材料梁的抗弯刚度，用 B 表示钢筋混凝土受弯构件的截面抗弯刚度，简称为抗弯刚度。则抗弯刚度由截面弯矩和曲率的关系为

$$B=\frac{M}{\frac{1}{r}} \tag{3-83}$$

因此，钢筋混凝土受弯构件的挠度计算，关键是确定正常使用条件下截面的抗弯刚度 B，在确定截面抗弯刚度后，构件的挠度就可按力学方法进行计算。

二、受弯构件的短期刚度 B_s

在正常使用阶段，钢筋混凝土梁是处于带裂缝工作阶段的。在纯弯段内，钢筋和混凝土的应变分布和曲率分布如图 3-61 所示，具有如下特点：

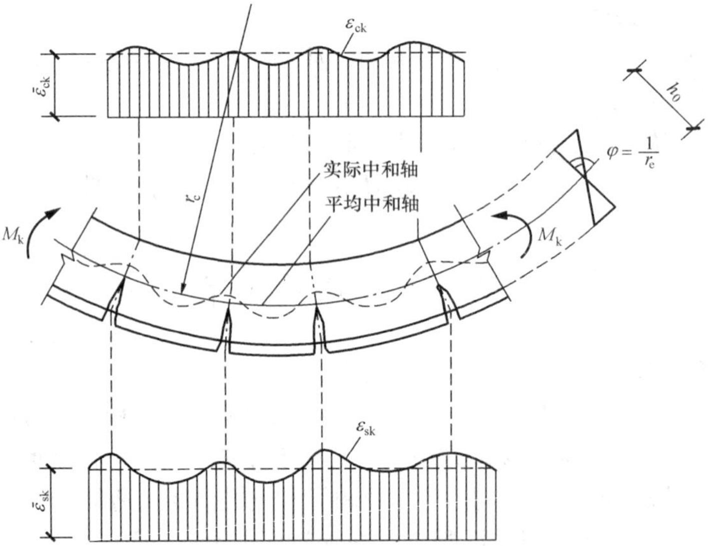

图 3-61　钢筋混凝土梁纯弯段的应力图形

（1）受拉钢筋的拉应变沿梁长分布不均匀。裂缝截面处混凝土退出工作，拉力全部由钢筋承担，故钢筋应变 ε_{sk} 最大；裂缝之间由于钢筋与混凝土的黏结作用，受拉区混凝土与钢筋共同工作，则钢筋应变减小，钢筋应变沿梁轴线方向呈波浪形变化。

（2）受压区边缘混凝土的压应变也沿梁长呈波浪形分布，裂缝截面处 ε_{ck} 最大，而在裂缝之间压应变减小，但其变化幅度要比受拉钢筋变化幅度小得多。

（3）截面中和轴高度沿梁轴线呈波浪形变化，裂缝截面处中和轴高度最小。

（4）平均应变沿截面高度基本上呈直线分布，仍符合平截面假定。

综上所述，根据图 3-61 所示梁受压混凝土的平均压应变与受拉钢筋的平均拉应变可以求出构件的平均曲率，从而进一步推导出梁的短期刚度 B_S 计算式为

$$B_S=\frac{E_sA_sh_0^2}{1.15\psi+0.2+\frac{6\alpha_E\rho}{1+3.5\gamma'_f}} \tag{3-84}$$

$$\gamma'_f=(b'_f-b)h'_f/bh_0$$

式中　E_s——钢筋弹性模量；

ψ——钢筋拉应变不均匀系数，按式（3-73）计算；

α_E——受拉钢筋弹性模量与混凝土弹性模量的比值，即 $\alpha_E=E_s/E_c$；

E_c——混凝土弹性模量；

γ'_f——受压翼缘加强系数（相对于肋部）；

b'_f，h'_f——分别为受压翼缘的宽度、高度；

ρ——纵向受拉钢筋配筋率，对钢筋混凝土受弯构件，取 $\rho=A_s/bh_0$。

三、钢筋混凝土受弯构件的长期刚度 *B*

在长期荷载作用下，由于受压混凝土的徐变、受拉混凝土的收缩以及滑移徐变等影响，均导致梁的曲率增大，刚度降低，挠度增加。

我国《规范》规定，钢筋混凝土受弯构件的挠度应按荷载效应的准永久组合并考虑长期作用影响的长期刚度 B 计算。在荷载效应准永久组合弯矩 M_q 的作用下，构件先产生一短期曲率 $1/r$，在 M_q 的长期作用下曲率将逐渐增大到短期曲率得 θ 倍，即达到 θ/r，则长期刚度 B 可表示为

$$B=\frac{M}{\dfrac{\theta}{r}}=\frac{M}{\dfrac{1}{r}}\frac{1}{\theta}=\frac{B_s}{\theta} \tag{3-85}$$

$$\theta=1.6+0.4\left(1-\frac{\rho'}{\rho}\right) \tag{3-86}$$

式中　θ——荷载长期作用对挠度增大的影响系数，θ 值适用于一般情况下的矩形、T 形和 I 形截面梁；

ρ——受拉钢筋配筋率，$\rho=A_s/bh_0$；

ρ'——受压钢筋配筋率，$\rho'=A'_s/bh_0$。

四、钢筋混凝土受弯构件挠度的计算

对于一个受弯构件，由于弯矩一般沿梁轴线方向是变化的，截面的抗弯刚度随弯矩的增大而减小，因此梁截面的抗弯刚度通常是沿梁长变化的，图 3-62 所示为简支梁当开裂后沿梁长的刚度变化情况。显然，按照沿梁长变化的刚度来计算挠度是十分烦琐的，为简化计算，《规范》规定对于等截面受弯构件，可假定各同号弯矩区段内的刚度相等，并取用该区段内最大弯矩处的刚度即该区段内的最小刚度来计算挠度，这就是钢筋混凝土受弯构件挠度计算中通称的“最小刚度原则”。对于有正负弯矩作用的连续梁或伸臂梁，当计算跨度内的支座截面刚度不大于跨中截面刚度的两倍或不小于跨中截面刚度的 1/2 时，该跨也可按等刚度构件进行计算，其构件刚度可取跨中最大弯矩截面的刚度。

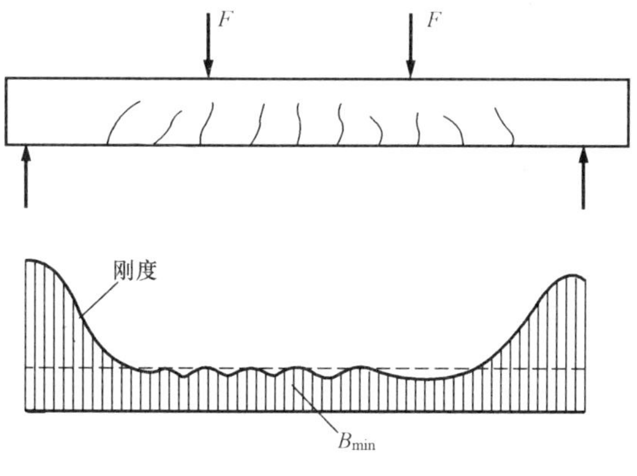

图 3-62　简支梁截面抗弯刚度分布

钢筋混凝土受弯构件的刚度确定后，即可按力学方法进行挠度验算，并应满足

$$f_{max}=\alpha\frac{M_q l_0^2}{B}\leqslant f_{lim} \tag{3-87}$$

五、减小构件挠度（增大刚度）的措施

从式（3-87）可知，欲减小挠度值 f，就需增大抗弯刚度 B，影响抗弯刚度的主要因素有：

（1）截面有效高度 h_0，由式（3-84）可知，当配筋率和材料给定时，增大 h_0 对提高抗弯刚度 B_S 最为有效。

（2）配筋率 ρ。增大 ρ 会使 B_s 略有提高，但单纯为提高抗弯刚度而增大配筋率 ρ 是不经济的。

（3）截面形状。当截面有受拉或受压翼缘时，γ'_f、A_{et} 增大会使 B_S 提高。

（4）混凝土强度等级。提高 f_{tk} 和 E_c，使 ψ 和 α_E 减小，可增大 B。

（5）在受压区增加受压钢筋。增大 ρ'，可使 θ 减小，也可增大 B。

（6）采用预应力混凝土，可显著减小挠度值 f。

综上可见，欲减小钢筋混凝土梁的挠度而增大其抗弯刚度，增大截面有效高度 h_0 是最经济而有效的好办法；其次是增加钢筋的截面面积。其他措施如提高混凝土强度等级和选择合理的截面形状（T 形、I 形）等效果都不显著。此外，采用预应力混凝土构件也是受弯构件刚度的最有效措施。

【例 3-14】 试验算［例 3-2］中梁的跨中最大挠度是否满足要求。

解 （1）确定计算参数

$$f_{tk}=2.01\text{N/mm}^2,\ E_c=3.0\times10^4\text{N/mm}^2,\ E_s=2\times10^5\text{N/mm}^2$$

$$\alpha_E=\frac{E_s}{E_c}=\frac{2\times10^5}{3.0\times10^4}=6.67$$

$$A_s=1964\text{mm}^2,h_0=560\text{mm},\ \rho=\frac{A_s}{bh_0}=\frac{1964}{250\times560}=0.0140,\ \rho'=0$$

$$\psi=0.651,\ \sigma_{sq}=172\text{N/mm}^2,\ \rho_{te}=0.026>0.01,\ M_q=164\text{kN}\cdot\text{m}$$

（2）计算短期刚度 B_S

矩形截面 $\gamma'_f=0$，则短期刚度为

$$B_S=\frac{E_sA_sh_0^2}{1.15\psi+0.2+\dfrac{6\alpha_E\rho}{1+3.5\gamma'_f}}=\frac{2\times10^5\times1964\times560^2}{1.15\times0.651+0.2+\dfrac{6\times6.67\times0.014}{1+3.5\times0}}$$

$$=81.58\times10^{12}\text{N}\cdot\text{mm}^2$$

（3）计算长期刚度 B

$$\theta=1.6+0.4\left(1-\frac{\rho'}{\rho}\right)=1.6+0.4\times\left(1-\frac{0}{0.014}\right)=2.0$$

$$B=\frac{B_S}{\theta}=\frac{81.58\times10^{12}}{2}=40.79\times10^{12}\text{N}\cdot\text{mm}^2$$

（4）计算梁的挠度 f 并验算

$$f_{max}=\frac{5}{48}\times\frac{M_ql_0^2}{B}=\frac{5}{48}\times\frac{164\times10^6\times5.4^2\times10^6}{40.79\times10^{12}}=12.21\text{mm}$$

查表 3-15 知挠度限值 $f_{lim}=l_0/200=5400/200=27\text{mm}$，$f=12.21\text{mm}<f_{lim}=27\text{mm}$，所以满足要求。

本章小结

（1）一个完整的设计，应该是既有可靠的结构计算为依据，又有合理的构造措施。对于

受弯构件与承载力有关的基本构造问题，诸如各种钢筋的作用、纵向钢筋的间距、钢筋保护层厚度、截面有效高度等，应有较清楚的认识。

（2）钢筋混凝土受弯构件在不同配筋率条件下，其破坏形式可分为三种。适筋截面梁属延性破坏，其特点是受拉钢筋先屈服，而后受压区混凝土被压碎；超筋截面梁属脆性破坏，其特点受拉钢筋未屈服，而受压区混凝土先被压碎，其承载力取决于混凝土的抗压强度；少筋截面梁也属脆性破坏，其特点是受拉区混凝土一开裂，受拉钢筋就屈服甚至于拉断，受压区混凝土强度得不到利用而失效，其承载力取决于混凝土的抗拉强度。

在实际工程中，受弯构件应设计成适筋截面。对于适筋与超筋、少筋的临界条件，必须牢牢掌握。

（3）适筋截面梁受荷全过程可分为三个阶段：

第Ⅰ阶段——弹性工作阶段，第Ⅰ阶段末时受压区混凝土处弹性受力状态，而受拉区混凝土应力已接近抗拉强度，钢筋承受的拉力很小。

第Ⅱ阶段——带裂缝工作阶段，在裂缝截面处的受拉混凝土基本退出工作，拉力基本上由钢筋承担，受压区混凝土已处弹塑性受力状态，第Ⅱ阶段末时钢筋应力已接近屈服强度。

第Ⅲ阶段——破坏阶段，此时受拉钢筋已先屈服，而后裂缝向上延伸开展，直至受压区混凝土压坏。第Ⅲ阶段末时混凝土即将压坏的状态为正截面破坏极限状态，为正截面承载力计算的依据。

（4）受弯构件正截面承载力计算时做了两方面的简化处理。首先是采用了四个基本假定，应对每个假定的作用有一个初步的认识；其次采用了等效矩形应力图形代换了受压区混凝土的曲线形应力图形，应熟悉等效代换的条件。

（5）影响受弯构件正截面破坏形态的主要因素，对单筋矩形截面有纵向受拉钢筋的配筋率、钢筋强度和混凝土强度等因素；对双筋矩形截面还有受压钢筋配筋率的影响；对 T 形截面则还有挑出的翼缘尺寸大小，其作用类似于双筋梁受压钢筋的作用。

影响受弯构件正截面承载力的最主要因素是截面高度、配筋率和钢筋强度。增大截面高度对承载力的提高既经济又有效；在配筋率适当的前提下，随着钢筋强度的提高或配筋率的增大，承载力几乎呈线性增长，但当配筋率增大至最大配筋率时，承载力达到最大值 $M_{u,max}$。

混凝土强度对受弯构件正截面承载力的影响比钢筋强度小得多，但当配筋率接近或达到最大配筋率时，混凝土强度决定着正截面承载力的大小。

（6）对于弯矩较大且截面尺寸受到限制，仅靠混凝土承受不了由弯矩产生的压力时，可采用受压钢筋协助混凝土承受压力，形成双筋截面。为保证受压钢筋得到充分利用，受压钢筋应有恰当的位置和数量，此外对箍筋在构造上也有一定的要求。

（7）T 形截面受弯构件中，由于受压翼缘的参与受力，使得其受弯承载力较矩形截面承载力有所提高。根据受压区截面形状的不同，T 形截面可分为两类：当受压区为矩形时，截面仍为矩形截面；只有当受压区为 T 形时，截面才真正为 T 形截面。

（8）根据受弯构件剪跨比和腹筋配量的大小不同，斜截面受剪可能有斜拉破坏、剪压破坏和斜压破坏。这三种破坏均为脆性破坏。斜拉破坏发生于腹筋配置过少且剪跨比较大时，类似正截面的少筋破坏，采用限制最大箍筋间距、最小箍筋直径及最小配箍率来避免；斜压破坏发生于腹筋配置过多或剪跨比过小时，类似正截面的超筋破坏，由限制最小截面尺寸来控制。斜截面受剪承载力是以剪压破坏为基础建立计算公式的，因此，通过计算配置腹筋可以防止剪压破坏。

（9）影响斜截面受剪承载力的主要因素是剪跨比、混凝土强度、纵筋配筋率、配箍率等。剪跨比反映了梁内截面上正应力与剪应力之间的相对比值，剪跨比越大，梁的抗剪承载力越低；随着混凝土强度提高、纵筋配筋率增加，梁的抗剪承载力线性提高。配箍率与梁的抗剪承载力呈线性关系，是影响梁受剪承载力的主要因素。

（10）剪压破坏时，斜截面受剪承载力有三部分组成：$V_u=V_c+V_{sv}+V_{sb}$，其中V_{sb}是弯起钢筋所承担的剪力，$V_{sb}=0.8f_yA_{sb}\sin\alpha_s$。$V_c$和$V_{sv}$分别是混凝土剪压区和箍筋对梁的抗剪承载力，对一般梁，$V_c=0.7f_tbh_0$，$V_{sv}=f_{yv}\frac{A_{sv}}{s}h_0$；对以集中荷载为主作用下的矩形截面独立梁，$V_c=\frac{1.75}{\lambda+1.0}f_tbh_0$，$V_{sv}=f_{yv}\frac{A_{sv}}{s}h_0$。但应强调的是，$V_c$项是指按照构造配置了一定数量的箍筋后混凝土才具有的抗剪能力。

（11）抵抗弯矩图是根据梁实配纵筋的数量计算绘制的各正截面所能抵抗的弯矩图形。抵抗弯矩图必须将由设计荷载引起的弯矩图完全包纳在内，才能保证沿梁全长各个截面的正截面抗弯承载力。

（12）斜截面承载力包括斜截面受剪承载力和斜截面受弯承载力两方面。斜截面受剪承载力是通过计算在梁中配置足够的腹筋来保证，而斜截面受弯承载力则是通过构造措施来保证的。这些构造措施包括纵筋的弯起和截断位置、纵筋的锚固要求、弯起钢筋和箍筋的构造要求等。

（13）钢筋混凝土受弯构件的裂缝产生是由于受拉边缘混凝土达到抗拉强度所致；而裂缝的发展则是开裂截面之间的混凝土和钢筋之间黏结滑移的结果。

（14）影响裂缝宽度的因素很多，最主要的是钢筋应力、钢筋直径和纵筋配筋率。对于普通钢筋混凝土受弯构件宜控制钢筋的级别，采用低强度较细直径的钢筋；当对裂缝宽度要求较严时，增大钢筋面积也是可取的有效办法。对钢筋混凝土构件，按荷载效应的准永久组合并考虑荷载长期作用影响计算的最大裂缝宽度不应超过《规范》规定的最大裂缝宽度限值。

（15）钢筋混凝土受弯构件的抗弯刚度是一个变量，其值随弯矩M的增大而逐渐减小，在荷载长期作用下，刚度还将随着作用持续时间的增加而降低。钢筋混凝土受弯构件的挠度应按荷载效应的准永久组合并考虑荷载长期作用影响的长期刚度B计算，挠度的计算值不应超过《规范》规定的挠度限值。

（16）由于钢筋混凝土受弯构件的刚度沿长度变化，为计算方便采用最小刚度原则。即取最大弯矩截面处的最小刚度计算构件的最大变形（挠度）值。

（17）影响受弯构件抗弯刚度最主要的因素是截面有效高度h_0，其次是纵筋配筋率ρ和截面形状。

思考题

3-1 钢筋混凝土梁、板构件的截面配筋基本构造要求有哪些？试说明这些构造要求的作用是什么？

3-2　简述适筋梁正截面的受力全过程，在各阶段的受力特点及其与计算的联系。

3-3　钢筋混凝土梁正截面破坏有哪几种破坏形态？各种破坏形态有何特征？钢筋混凝土适筋梁正截面受弯破坏的标志是什么？

3-4　什么是相对受压区高度 ξ 和界限相对受压区高度 ξ_b？各影响因素是什么？最大配筋率 ρ_{max} 与 ξ_b 的关系是怎样的？

3-5　如何定义等效矩形应力图形？等效的原则是什么？

3-6　影响受弯构件正截面承载力的因素有哪些？如欲提高正截面承载力 M_u，宜优先采用哪些措施？适筋梁的极限弯矩如何计算？

3-7　在单筋矩形截面受弯承载力复核时，为什么当 $x \geqslant \xi_b h_0$ 时，可按 $M_{u,max} = \alpha_1 f_c b h_0^2 \xi_b (1-0.5\xi_b)$ 确定受弯承载力？

3-8　在钢筋与混凝土的强度和截面尺寸给定的情况下，矩形截面的受弯承载力随相对受压区高度 ξ 的增加而如何变化？随钢筋面积的增加其变化情况如何？

3-9　截面尺寸如图 3-63 所示，根据配筋量的不同，回答下列问题：

（1）各截面破坏原因和破坏性质分别是什么？

（2）破坏时钢筋和混凝土强度是否充分利用？

（3）开裂弯矩大致相等吗？为什么？

（4）若混凝土为 C20，钢筋为 HPB300 级，各截面的破坏弯矩怎样？

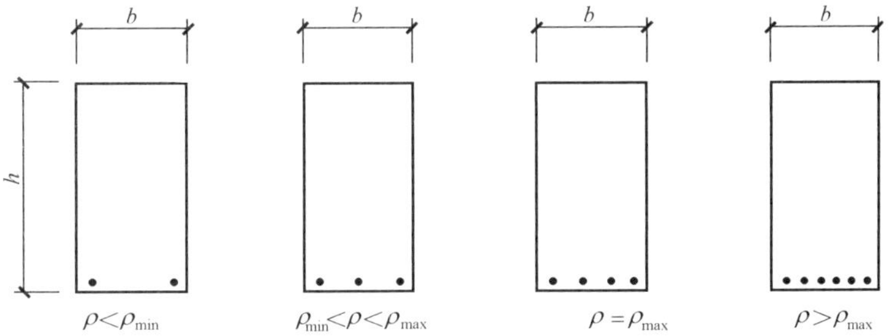

图 3-63　思考题 3-9 图

3-10　在什么情况下才采用双筋截面？双筋截面中的受压钢筋和单筋截面中的架立钢筋作用有何不同？如何保证受压钢筋强度得到充分利用？

3-11　如何理解在双筋矩形截面设计时取 $\xi=\xi_b$？

3-12　进行截面设计时和进行截面复核时如何判别两类 T 形截面？

3-13　整浇梁板结构中的连续梁，其跨中截面和支座截面应按哪种截面梁计算？为什么？

3-14　如图 3-64 所示四种截面，当材料强度相同时，试确定：

（1）各截面开裂弯矩的大小次序。

（2）当承受的设计弯矩相同时，各截面的配筋大小次序。

3-15　受弯构件斜截面受剪破坏有哪几种破坏形态？各自有何特点？以哪种破坏形态作为计算的依据？

3-16　影响受弯构件斜截面承载力的主要因素有哪些？它们与受剪承载力有何关系？

3-17　受剪承载力计算公式的适用范围是什么？《规范》采取什么措施来防止斜拉破坏

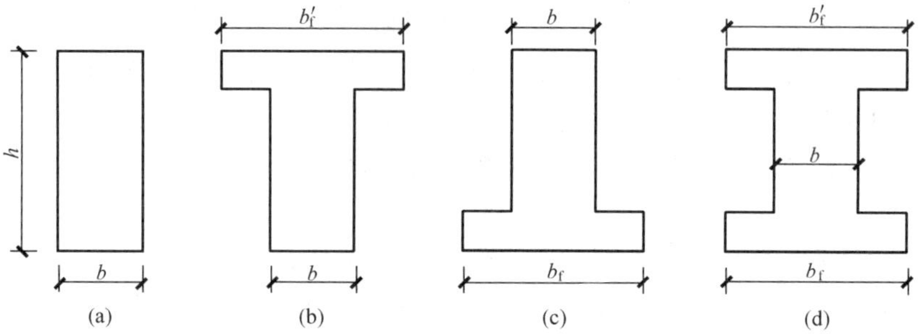

图 3-64　思考题 3-14 图

和斜压破坏？

3-18　如何考虑斜截面受剪承载力的计算截面位置？

3-19　规定箍筋和弯起钢筋最大间距的意义是什么？当满足最大箍筋间距和最小箍筋直径要求时，是否满足最小配箍率的要求？

3-20　什么是抵抗弯矩图（或材料图）？抵抗弯矩图与设计弯矩图比较说明了哪些问题？

3-21　如何截断钢筋？延伸长度为多少？在 $V \leqslant 0.7 f_t b h_0$ 和 $V > 0.7 f_t b h_0$ 两种情况下如何确定延伸长度？

3-22　简述钢筋混凝土构件裂缝的出现、分布和开展过程。

3-23　影响钢筋混凝土构件裂缝宽度的主要因素有哪些？若 $w_{max} > w_{lim}$，可采取哪些措施减小裂缝宽度？最有效的措施是什么？

3-24　钢筋混凝土受弯构件的截面弯曲刚度有什么特点？

3-25　使说明 B_S 和 B 的意义，如何计算？什么是“最小刚度原则”？

3-26　影响受弯构件抗弯刚度的因素有哪些？若 $f_{max} > f_{lim}$，可采取哪些措施来减小梁的挠度？最有效的措施是哪些？

习　题

3-1　已知钢筋混凝土适筋梁的截面尺寸如图 3-65 所示，采用 C30 混凝土，钢筋采用 HRB400 级，试确定：

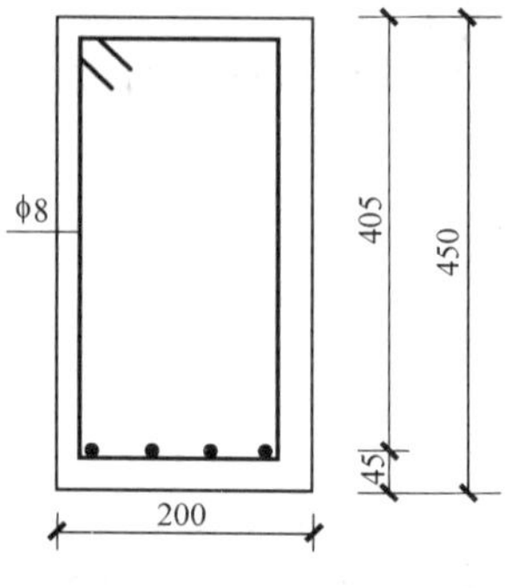

图 3-65　习题 3-1 图

（1）该梁的最大配筋率和最小配筋率？

（2）配筋为 4 ⌽ 18 时，该梁的极限弯矩 M_u。

（3）配筋为 3 ⌽ 28 时，该梁的极限弯矩 M_u。

3-2　已知矩形截面梁，已配置 4 根直径 20mm 的纵向受拉钢筋，a_s=45mm，试确定下列各种情况该梁所能承受的极限弯矩 M_u，并分析影响受弯承载力的主要因素。

（1）$b \times h$ = 250mm × 500mm，混凝土强度等级 C20，HRB335 级钢筋；

（2）$b \times h$ = 250mm × 500mm，混凝土强度等级 C40，HRB335 级钢筋；

（3）$b \times h = 250\text{mm} \times 500\text{mm}$，混凝土强度等级C20，HRB500级钢筋；

（4）$b \times h = 300\text{mm} \times 500\text{mm}$，混凝土强度等级C20，HRB335级钢筋；

（5）$b \times h = 250\text{mm} \times 600\text{mm}$，混凝土强度等级C20，HRB335级钢筋。

3-3　已知矩形截面梁，承受弯矩设计值$M = 120\text{kN} \cdot \text{m}$，$a_s = 45\text{mm}$，试确定下列各种情况该梁的纵向受拉钢筋面积$A_s$，并分析纵向受拉钢筋面积的变化趋势。

（1）$b \times h = 200\text{mm} \times 500\text{mm}$，混凝土强度等级C20，HRB335级钢筋；

（2）$b \times h = 200\text{mm} \times 500\text{mm}$，混凝土强度等级C40，HRB335级钢筋；

（3）$b \times h = 200\text{mm} \times 500\text{mm}$，混凝土强度等级C20，HRB500级钢筋；

（4）$b \times h = 300\text{mm} \times 500\text{mm}$，混凝土强度等级C20，HRB335级钢筋；

（5）$b \times h = 200\text{mm} \times 700\text{mm}$，混凝土强度等级C20，HRB335级钢筋。

3-4　钢筋混凝土矩形截面简支梁，$b \times h = 250\text{mm} \times 500\text{mm}$，采用C30混凝土，HRB400级钢筋，计算跨度$l_0 = 6.0\text{m}$，安全等级为二级。承受楼面传来的均布恒载标准值20kN/m（包括梁自重），均布活荷载标准值为16kN/m，活荷载组合系数$\psi_c = 0.7$。设箍筋采用直径Φ8钢筋，试确定纵向受拉钢筋A_s，并绘出截面配筋示意图。

3-5　某矩形截面简支梁，$b = 250\text{mm}$，$h = 500\text{mm}$，混凝土强度等级为C30，HRB400级钢筋，$a_s = 45\text{mm}$，承受的弯矩设计值$M = 250\text{kN} \cdot \text{m}$，安全等级二级。试确定该梁的纵向受拉钢筋，并绘制截面配筋图。若改用HRB500级钢筋，截面配筋情况怎样？

3-6　矩形截面梁$b \times h = 250\text{mm} \times 500\text{mm}$，混凝土C20，钢筋HRB335级，受拉钢筋为4Φ18($A_s = 1017\text{mm}^2$)，构件处于正常工作环境，弯矩设计值$M = 100\text{kN} \cdot \text{m}$，安全等级为二级。验算该梁的正截面承载力。

3-7　某矩形钢筋混凝土梁，截面尺寸$b \times h = 250\text{mm} \times 500\text{mm}$。混凝土C20，钢筋HRB335级，在梁中配有6Φ22的纵向受拉钢筋（$A_s = 2281\text{mm}^2$），$a_s = 60\text{mm}$，截面承受的弯矩设计值$M = 200\text{kN} \cdot \text{m}$，构件处于正常环境，安全等级为Ⅱ级，试验算梁的正截面承载力。

3-8　已知矩形截面梁，$b \times h = 200\text{mm} \times 500\text{mm}$，$a_s = a'_s = 40\text{mm}$。该梁在不同荷载组合下受到变号弯矩作用，其设计值分别为$M = -80\text{kN} \cdot \text{m}$，$M = +140\text{kN} \cdot \text{m}$，采用C20级混凝土，HRB400级钢筋。试求：

（1）按单筋矩形截面计算在$M = -80\text{kN} \cdot \text{m}$作用下，梁顶面需配置的受拉钢筋$A_s$；

（2）按单筋矩形截面计算在$M = +140\text{kN} \cdot \text{m}$作用下，梁底面需配置的受拉钢筋$A_s$；

（3）将在$M = -80\text{kN} \cdot \text{m}$作用下梁顶面配置的受拉钢筋$A_s$作为受压钢筋，按双筋矩形截面计算在$M = +140\text{kN} \cdot \text{m}$作用下梁底部需配置的受拉钢筋$A_s$；

（4）比较（2）和（3）的受拉钢筋面积A_s。

3-9　某T形截面梁，$b'_f = 400\text{mm}$，$h'_f = 100\text{mm}$，$b = 200\text{mm}$，$h = 600\text{mm}$，采用C20级混凝土，HRB400级钢筋，计算该梁的配筋。

（1）承受弯矩设计值$M = 150\text{kN} \cdot \text{m}$；

（2）承受弯矩设计值$M = 280\text{kN} \cdot \text{m}$。

3-10　同习题3-4矩形截面简支梁，净跨$l_n = 5.76\text{m}$，箍筋为HPB300级钢筋，试确定该梁的配箍。

3-11　承受均布荷载的简支梁，截面尺寸$b \times h = 200\text{mm} \times 400\text{mm}$，净跨$l_n = 3.5\text{m}$，

C25 混凝土，箍筋 HPB300 级，受均布恒载标准值为 g_k = 15N/m。已知沿梁全长配有双肢 Φ 8@200 的箍筋。试根据该梁的受剪承载力推算该梁所能承受的均布活荷载标准值 q_k。

3 - 12　已知图 3 - 66 为一矩形等截面外伸梁，$b \times h$ = 250mm×700mm，混凝土强度等级 C25，纵筋采用 HRB400 级、箍筋采用 HPB300 级。求：

（1）由正截面受弯承载力计算，选择纵向受拉钢筋；

（2）由斜截面受剪承载力计算，选择箍筋；

（3）绘制该梁的结构施工图。

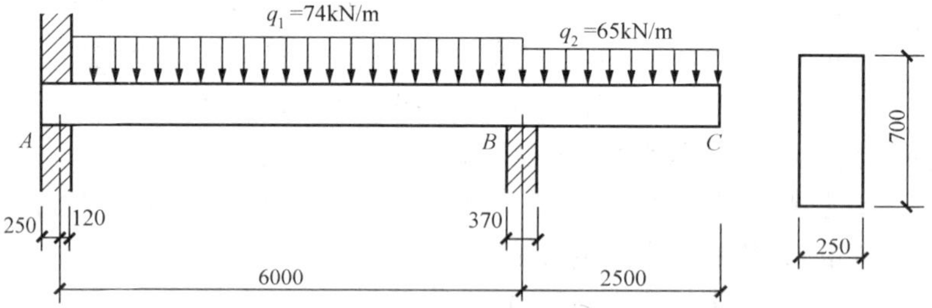

图 3 - 66　习题 3 - 12 图

3 - 13　某矩形截面钢筋混凝土简支梁，环境类别为一类，计算跨度为 l_0 = 4.8m，截面尺寸 $b \times h$ = 200×500mm，承受楼面传来的均布恒载标准值（包括自重）g_k = 25kN/m，均布活荷载标准值 q_k = 14kN/m，准永久值系数 ψ_q = 0.5。采用 C25 级混凝土，梁底配有 6 Φ 18HRB335 级钢筋（A_s = 1526mm^2），梁的挠度限值 f_{lim} = l_0/250，试验算梁的挠度是否满足要求。

3 - 14　验算习题 3 - 13 中梁的裂缝宽度。已知裂缝宽度限值为 w_{lim} = 0.2mm。

扫一扫

课程前导资源

第 4 章　钢筋混凝土受扭构件

学习提要

本章主要学习钢筋混凝土受扭构件的受力性能、可能的破坏形式、设计计算方法以及配筋构造等内容。通过本章的学习，要求了解矩形截面钢筋混凝土纯扭构件的受力性能和破坏形态，熟悉钢筋混凝土弯剪扭构件的承载力计算方法，重点掌握弯剪扭构件的钢筋配置方法及配筋构造要求。

4.1　概　　述

钢筋混凝土结构中经常出现承受扭矩的构件。一般地说，凡是在截面中有扭矩作用的构件都属于受扭构件。受扭构件根据截面上存在的内力情况可分为纯扭、剪扭、弯扭、弯剪扭等多种受力情况。在实际工程中，纯扭、剪扭和弯扭受力情况较少，而以弯剪扭受力情况最多。如图 4 - 1 中所示的吊车梁、现浇框架的边梁、雨篷梁等均属于受扭构件。

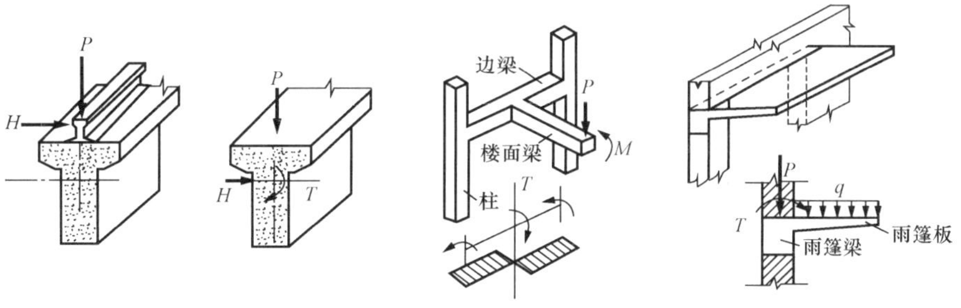

(a)　　(b)　　(c)

图 4 - 1　钢筋混凝土受扭构件示例

（a）吊车梁；（b）现浇框架边梁；（c）雨篷梁

4.2　受扭构件的受力特点及配筋构造

4.2.1　受扭构件的受力特点

一、矩形截面纯扭构件的开裂扭矩

（一）纯扭构件的开裂破坏形式

试验表明，钢筋混凝土纯扭构件开裂前钢筋的应力很低，钢筋对开裂扭矩的影响很小，可忽略钢筋而按匀质弹性材料考虑。由材料力学可知，矩形截面构件在扭矩 T 作用下，构件截面中将产生剪应力 τ，最大剪应力 τ_{max} 发生在截面长边中点。剪应力 τ_{max} 在构件侧面产生与构件轴线成 45°方向的主拉应力 σ_{tp} 和主压应力 σ_{cp}，其大小为 $\sigma_{tp}=\sigma_{cp}=\tau_{max}$。由于截面上的

剪应力呈环状分布，构件主拉应力 σ_{tp}和主压应力 σ_{cp}轨迹线沿构件表面呈螺旋形，当主拉应力 σ_{tp}超过混凝土抗拉强度 f_t 时，混凝土将首先在某一长边中点处（m 点）且垂直于主拉应力的方向出现斜裂缝，裂缝与构件的纵轴线呈 45°夹角，斜裂缝出现后很快延伸至 ab 两点，并沿主压应力轨迹线迅速向相邻两边延伸至 c 和 d，最后形成沿构件轴线成 45°角度的正交螺旋形裂缝，如图 4－2（a）所示。在扭矩作用下，构件最后因另一个侧面混凝土被压碎而破坏，破坏截面形成三面开裂的空间扭曲面，如图 4－2（b）所示。素混凝土纯扭构件的破坏通常发生的很突然，属于脆性破坏。

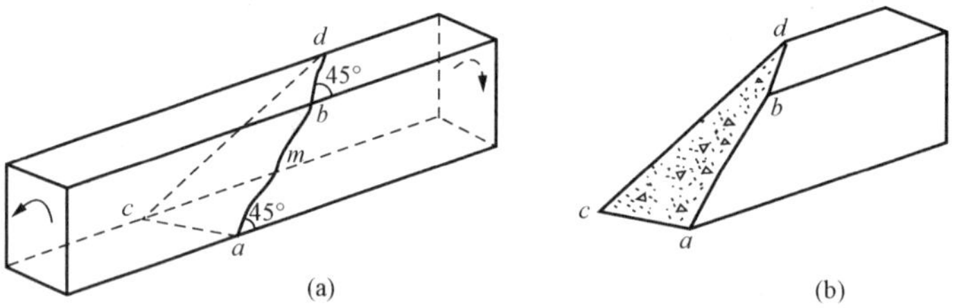

图 4－2　混凝土纯扭构件

（a）破坏过程；（b）斜向空间扭曲断裂面

（二）矩形截面纯扭构件的开裂扭矩

按弹性理论认为，当截面上某一点的 $\sigma_{tp}=\tau_{max}=f_t$ 时构件将出现裂缝，此时对应的开裂扭矩 T_{cr}即为素混凝土纯扭构件的抗扭承载力，其开裂扭矩 $T_{cr,e}$为

$$T_{cr,e}=f_tW_{te} \tag{4-1}$$

式中　f_t——混凝土抗拉强度设计值；

W_{te}——截面受扭弹性抵抗矩，$W_t=\alpha b^2h$，其中 α 为形状系数，一般情况取 $\alpha=0.2\sim0.33$；b、h 分别为矩形截面的短边和长边尺寸。

按照塑性理论认为，当截面某一点的应力达到抗拉强度 f_t 时，构件并不立即破坏，该点能保持极限应力不变而应变继续增长，整个截面仍能继续承担荷载，直至截面上各点应力均达到极限抗拉强度 f_t 时，构件才到达极限承载力。其开裂扭矩 $T_{cr,p}$为

$$T_{cr,p}=f_tW_t \tag{4-2}$$

式中　W_t——矩形截面抗扭塑性抵抗矩，$W_t=(3h-b)b^2/6$。

混凝土是既非理想弹性也非理想塑性材料，是一种介于两者之间的弹塑性材料。由试验得知，其受扭承载力介于弹性材料与塑性材料之间，且开裂扭矩和极限扭矩相当接近，为计算方便起见，《规范》偏安全地取按塑性材料所得的开裂扭矩结果乘上一个 0.7 的折减系数，则混凝土矩形截面纯扭构件的开裂扭矩计算公式为

$$T_{cr}=0.7f_tW_t \tag{4-3}$$

二、钢筋混凝土矩形截面纯扭构件的受力特点

（一）受扭钢筋的形式

由上述分析可知，在纯扭构件中配置受扭钢筋时，最合理的配筋方式是在靠近构件表面处设置与主拉应力迹线平行的呈 45°走向的螺旋形钢筋，但螺旋形配筋施工复杂，且不能适应变号扭矩的作用。而在实际工程中，扭矩沿构件全长不改变方向的情况是很少的，因此实际受扭构件通常采用横向封闭箍筋与纵向抗扭纵筋组成的空间配筋方式来抵抗截面扭矩作

用，如图 4-3 所示。

（二）纯扭构件的破坏形式

试验表明，在钢筋混凝土矩形截面纯扭构件中，配筋对提高构件的开裂扭矩 T_{cr} 作用不大，但配筋的数量对构件承担的极限扭矩却有很大的影响，构件最终的破坏形态和抗扭承载力将随配筋量的不同而变化。根据受扭钢筋配筋数量的多少，受扭构件的破坏形态可分为适筋破坏、少筋破坏和超筋破坏。

（1）适筋破坏。

对于受扭箍筋和纵筋配置适量的受扭构件，构件开裂后并不立即破坏，开裂前混凝土承担的扭矩产生的拉力将转由受扭钢筋（箍筋和纵筋）承担。随着扭矩继续增大，构件表面出现多条近乎连续、与构件轴线呈 45°的螺旋形裂缝，并不断向构件内部和沿主压应力轨迹线发展延伸。直到在构件长边上有一条裂缝发展为临界裂缝，并向短边延伸，与这条主裂缝相交的抗扭纵筋和抗扭箍筋达到屈服强度，而后该主裂缝急速扩展至相邻两个面，最终使第四个面上的混凝土被压碎，形成一个空间扭曲破坏面，构件达到极限扭矩 T_u 破坏（图 4-4）。其破坏过程是延续发展的，钢筋先屈服而混凝土后压碎，它类似于受弯构件适筋梁破坏，属延性破坏类型。破坏时的极限扭矩的大小取决于箍筋和纵筋的配筋数量。

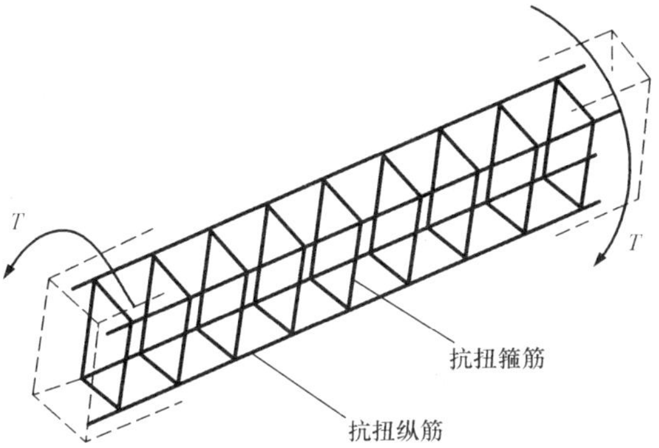

图 4-3　钢筋混凝土受扭钢筋

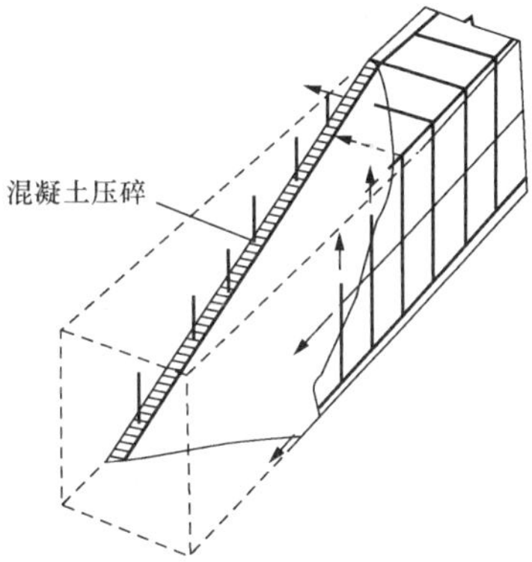

图 4-4　钢筋混凝土纯扭构件适筋破坏

（2）少筋破坏。

当抗扭箍筋和抗扭纵筋配置数量过少时，抗扭箍筋和抗扭纵筋不足以承担混凝土开裂后释放的拉应力，混凝土一旦开裂，则抗扭箍筋和抗扭纵筋便很快达到屈服或被拉断，致使构件破坏。其破坏特征类似于受弯构件的少筋梁破坏，表现出明显的受拉脆性破坏，受扭承载力取决于混凝土的抗拉强度。此时，构件的破坏扭矩与开裂扭矩非常接近，配筋对极限扭矩影响不大。

（3）超筋破坏。

如果抗扭钢筋配置数量过多，受扭构件在破坏前将产生较多细而密螺旋形裂缝，但由于抗扭钢筋配置过多，钢筋应力增加缓慢，在抗扭钢筋屈服之前混凝土先被压碎而导致构件破坏，这种超筋破坏称为完全超筋破坏。其破坏特征类似于受弯构件的超筋梁，也属脆性破坏，其受扭承载力取决于混凝土的抗压强度。

由于受扭钢筋由箍筋和纵筋两部分钢筋组成，当箍筋和纵筋的配筋比例相差过大时，破坏还会出现两者中配筋率较小的一种钢筋达到屈服，而另一种钢筋未达到屈服的情况，此种破坏称为部分超筋破坏。

对于少筋破坏和完全超筋破坏，由于破坏时脆性性质表现明显，在设计中应避免采用；对于部分超筋破坏的受扭构件，设计中可以采用，但不经济，构件抗扭承载力由配筋较少的钢筋（箍筋或纵筋）控制。

4.2.2　受扭构件配筋构造要求

为使受扭箍筋和纵筋能较好地发挥作用，将箍筋配置于构件表面，而将纵筋沿构件核心周边（箍筋内皮）均匀、对称配置。

受扭纵筋应沿截面周边均匀、对称布置，且截面四角必须设置，其间距应不大于200mm 和截面的短边长度。受扭纵筋的接头与锚固均应按受拉钢筋的构造要求处理。

由于受扭构件的四边均有可能受拉，故而箍筋必须做成封闭式。箍筋的末端应做成不小于135°的弯钩，且应钩住纵筋，弯钩端头的平直段长度应不小于 $10d$（d 为箍筋直径）。对受扭箍筋的直径和间距的要求与第 3 章受弯构件相同。

4.3　受扭构件承载力计算

4.3.1　矩形截面纯扭构件承载力计算

一、抗扭纵筋与抗扭箍筋的配筋强度比 ζ

抗扭钢筋是由受扭纵筋和封闭箍筋两部分组成，两种配筋的比例对构件的受扭性能及极限受扭承载力有很大影响。为使箍筋和纵筋均能有效发挥作用，应将纵筋和箍筋在数量上和强度上加以控制。《规范》将受扭纵筋与箍筋的体积比和强度比的乘积称为配筋强度比 ζ，并通过限定 ζ 的取值对两部分钢筋用量比进行控制，如图 4 - 5 所示。

$$\zeta = \frac{A_{stl}s}{A_{st1}u_{cor}}\frac{f_y}{f_{yv}} \tag{4-4}$$

式中　f_y，f_{yv}——纵筋、箍筋的抗拉强度设计值；

A_{stl}——对称布置的全部受扭纵筋截面面积；

A_{st1}——受扭箍筋单肢截面面积；

s——箍筋的间距；

u_{cor}——箍筋核心部分的周长，$u_{cor}=2\times(b_{cor}+h_{cor})$，$b_{cor}$、$h_{cor}$ 分别为从箍筋内皮计算所得截面核心的短边及长边尺寸，如图 4 - 5 所示。

试验表明：当 $0.5\leqslant\zeta\leqslant2.0$ 时，受扭构件破坏时纵筋和箍筋基本上都能达到屈服强度，为慎重起见，《规范》建议 ζ 应满足

$$0.6\leqslant\zeta\leqslant1.7 \tag{4-5}$$

当 $\zeta=1.2$ 左右时为两种钢筋达到屈服的最佳值。当 $\zeta>1.7$ 时，取 $\zeta=1.7$。工程设计中，ζ 常用范围为 $\zeta=1.0\sim1.3$。

二、受扭承载力计算公式

根据国内试验资料的分析，并考虑结构的可靠性要求后，《规范》假定纯扭构件的受扭承载力 T_u 由受扭钢筋承担的扭矩 T_s 和混凝土承担的扭矩 T_c 两部分组成，给出了纯扭构件的承载力 T_u 计算公式，该公式是根据适筋破坏形式建立的，即

$$T_u = T_c + T_s = 0.35f_tW_t + 1.2\sqrt{\zeta}\frac{f_{yv}A_{st1}}{s}A_{cor} \tag{4-6}$$

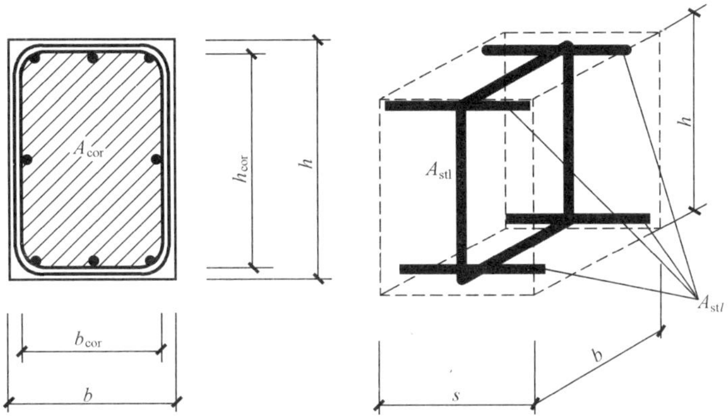

图 4-5　受扭纵筋与箍筋配筋强度比的计算示意图

矩形截面钢筋混凝土纯扭构件的受扭承载力计算公式为

$$T \leqslant T_u = 0.35 f_t W_t + 1.2\sqrt{\zeta}\frac{f_{yv}A_{st1}}{s}A_{cor} \tag{4-7}$$

式中　T——外荷载产生的扭矩设计值；

A_{cor}——箍筋内表面范围内截面核心部分的面积，$A_{cor}=b_{cor}\times h_{cor}$。

三、计算公式的适用条件

（一）避免超筋破坏条件

为防止配筋过多发生超筋脆性破坏，受扭截面应满足以下限制条件：

当 $h_w/b \leqslant 4.0$ 时

$$T \leqslant 0.25\beta_c f_c W_t \tag{4-8a}$$

当 $h_w/b = 6.0$ 时

$$T \leqslant 0.2\beta_c f_c W_t \tag{4-8b}$$

当 $4.0 < h_w/b < 6.0$ 时，按线性内插法取用。

式中　β_c　—混凝土强度影响系数，其取值与斜截面受剪承载力相同。

（二）避免少筋破坏

为了防止发生少筋脆性破坏，《规范》规定受扭箍筋和纵筋的配筋率应满足下列要求。

受扭箍筋应满足以下最小配箍率要求

$$\rho_{st} = \frac{2A_{st1}}{bs} \geqslant \rho_{st,min} = 0.28\frac{f_t}{f_{yv}} \tag{4-9}$$

受扭纵筋应满足以下最小配筋率要求

$$\rho_{tl} = \frac{A_{stl}}{bh} \geqslant \rho_{tl,min} = 0.6\sqrt{\frac{T}{Vb}}\frac{f_t}{f_y} \tag{4-10}$$

在式（4-10）中，V 为剪力设计值，当$\frac{T}{Vb}\geqslant 2.0$时，取$\frac{T}{Vb}=2.0$。

当扭矩小于开裂扭矩，即满足下式要求时，表明混凝土即可抵抗该扭矩，可以不进行受扭承载力计算，仅需按受扭钢筋的最小配筋率以及箍筋最大间距和箍筋最小直径的构造要求配置抗扭钢筋即可。

$$T \leqslant 0.7 f_t W_t \tag{4-11}$$

【例 4-1】 矩形截面钢筋混凝土受扭构件，截面尺寸 $b\times h=300\text{mm}\times 550\text{mm}$，承受扭矩设计值 $T=46.8\text{kN}\cdot\text{m}$，采用混凝土 C25，纵筋采用 HRB335 级钢筋，箍筋采用 HPB300 级钢筋，处一类环境。试设计所需配置的抗扭钢筋。

解 （1）确定设计参数及截面几何特征值。

混凝土 C25，$f_c=11.9\text{N/mm}^2$，$f_t=1.27\text{N/mm}^2$，$\beta_c=1.0$；

纵筋 HRB335 级，$f_y=300\text{N/mm}^2$；箍筋 HPB300 级，$f_{yv}=270\text{N/mm}^2$；

一类环境，混凝土保护层厚度 $c=20\text{mm}$，假设箍筋直径为 8mm，且取 $a_s=40\text{mm}$。

$$W_t=\frac{b^2}{6}(3h-b)=\frac{300^2}{6}\times(3\times550-300)=20.25\times10^6\text{mm}^3$$

$$b_{cor}=300-20\times2-8\times2=244\text{mm},\quad h_{cor}=550-20\times2-8\times2=494\text{mm}$$

$$u_{cor}=2\times(244+494)=1476\text{mm},\quad A_{cor}=244\times494=12.05\times10^4\text{mm}^2$$

（2）验算构件截面尺寸。

$$h_0=550-40=460\text{mm},\quad h_w/b=h_0/b=460/300=1.53<4.0$$

$$\frac{T}{W_t}=\frac{46.8\times10^6}{20.25\times10^6}=2.31\text{N/mm}^2<0.25\beta_c f_c=0.25\times1.0\times11.9=2.975\text{N/mm}^2$$

截面尺寸满足要求。

（3）确定是否需要计算配置抗扭钢筋。

$$\frac{T}{W_t}=2.31\text{N/mm}^2>0.7f_t=0.7\times1.27=0.89\text{N/mm}^2$$

故需按计算配置抗扭箍筋和抗扭纵筋。

（4）计算箍筋。

取配筋强度比 $\zeta=1.2$，由式（4-7）计算有

$$\frac{A_{st1}}{s}=\frac{T-0.35f_tW_t}{1.2\sqrt{\zeta}f_{yv}A_{cor}}=\frac{46.8\times10^6-0.35\times1.27\times20.25\times10^6}{1.2\sqrt{1.2}\times270\times12.05\times10^4}=0.884\text{mm}^2/\text{mm}$$

选用Φ10（$A_{st1}=78.5\text{mm}^2$），则 $s\leqslant\dfrac{78.5}{0.884}=88\text{mm}$，取用 $s=80\text{mm}$。

由式（4-9）验算配箍率

$$\rho_{st}=\frac{2A_{st1}}{bs}=\frac{2\times78.5}{300\times80}=0.65\%>\rho_{st,\min}=0.28\frac{f_t}{f_{yv}}=0.28\times\frac{1.27}{270}=0.13\%$$

满足要求。

（5）计算纵筋。

由式（4-4）计算有

$$A_{stl}=\zeta\frac{A_{st1}}{s}\cdot\frac{f_{yv}}{f_y}u_{cor}=1.2\times\frac{78.5}{80}\times\frac{270}{300}\times1476=1564\text{mm}^2$$

考虑纵筋间距应≤200mm，故最少应设置 10 根纵筋。选用 10Φ16（$A_{stl}=2011\text{mm}^2$）。

由式（4-10）验算配筋率

$$\rho_{tl}=\frac{A_{stl}}{bh}=\frac{2011}{300\times550}=1.22\%>\rho_{tl,\min}=0.85\frac{f_t}{f_y}=0.85\times\frac{1.27}{300}=0.36\%$$

满足要求。

（6）绘截面配筋图，如图 4-6 所示。

4.3.2　受弯矩、剪力和扭矩共同作用的构件承载力计算

一、弯剪扭承载力之间的相关性

实际工程中，单纯的纯扭构件很少，大多数受扭构件同时伴有弯矩和剪力的作用，处于弯、剪、扭共同作用的复合受力状态。试验表明，构件在多种内力同时作用下，其承载力之间是受同时作用的其他内力相互影响的。当受弯构件受到扭矩作用时，扭矩的存在使构件受弯承载力降低，这是因为扭矩的作用使纵筋产生拉应力，与受弯时钢筋拉应力叠加，使钢筋应力增大，从而使受弯承载力降级，如图 4-7（a）所示；而同时受到剪力和扭矩作用的构件，其承载力也低于剪力和扭矩单独作用时的承载力，这是由于两者的剪应力总会在构件的一个侧面上叠加，混凝土被重复利用，因此构件在剪扭作用下的承载力总是小于剪力和扭矩单独作用时的承载力，如图 4-7（b）所示。构件受扭承载力与受弯、受剪承载力的这种相互影响的性质，称为构件承载力的相关性。

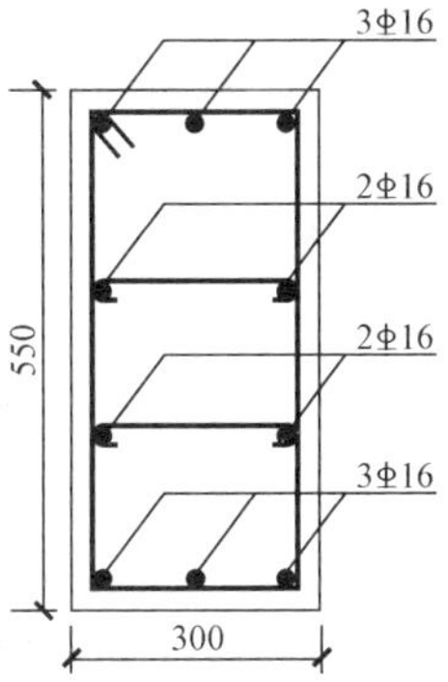

图 4-6　［例 4-1］配筋图

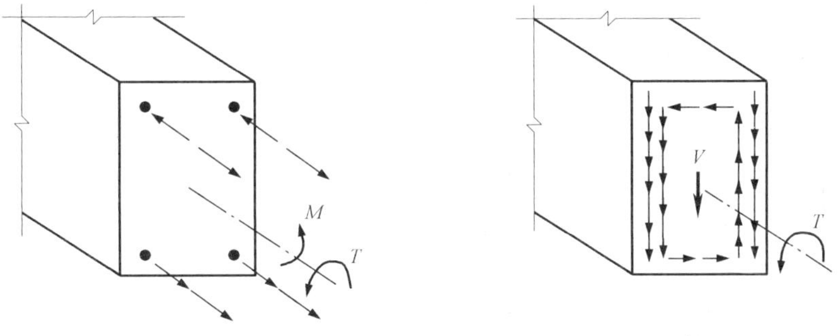

图 4-7　复合受力状态构件

（a）弯扭应力叠加；（b）剪扭应力叠加

由于弯剪扭三者之间的相关性过于复杂，为了简化计算，《规范》对弯剪扭构件的计算仅考虑了混凝土项承载力的剪力与扭矩之间的相关性，避免混凝土贡献的抗力被重复利用；对钢筋贡献的抗力部分不考虑相关性，而采用简单叠加方法来计算，即纵筋按受弯与受扭分别计算后叠加，箍筋按受扭和受剪分别计算后叠加。

试验表明，剪扭构件的抗剪承载力 V_u 和抗扭承载力 T_u 将随着剪力和扭矩的比值 V/T（称为剪扭比）的变化而变化。《规范》采用了剪力和扭矩共同作用下构件混凝土受扭承载力降低系数 β_t 来考虑剪扭共同作用的影响。对一般受扭构件，β_t 的计算公式为

$$\beta_t = \frac{1.5}{1 + 0.5\dfrac{V}{T}\dfrac{W_t}{bh_0}} \tag{4-12}$$

对集中荷载作用下独立剪扭构件，β_t 的计算公式为

$$\beta_t = \frac{1.5}{1 + 0.2(\lambda + 1.0)\dfrac{V}{T}\dfrac{W_t}{bh_0}} \tag{4-13}$$

式中　λ——计算截面剪跨比，其取值范围为 $1.5 \leqslant \lambda \leqslant 3$。

β_t 的取值范围为 0.5≤β_t≤1.0。当 β_t<0.5 时，取 β_t=0.5；当 β_t>1.0 时，取 β_t=1.0。

二、矩形截面弯剪扭构件承载力计算要点

（一）“叠加法”设计方法

由于弯剪扭共同作用下构件受力性能比较复杂，《规范》规定，在弯矩、剪力、扭矩共同作用下的钢筋混凝土构件可按“叠加法”进行其承载力计算。具体方法是：先分别按受弯构件正截面承载力和剪扭构件承载力（考虑了承载力降低系数 β_t）的相应计算方法，求出抗弯纵筋与抗扭纵筋及抗剪箍筋与抗扭箍筋，而后将计算的纵筋与箍筋分别进行“叠加”配置，即其纵向钢筋截面面积由抗弯纵筋与抗扭纵筋相叠加，重叠处的钢筋面积可合并后统一配置；其箍筋截面面积由抗剪箍筋与抗扭箍筋相叠加。

必须注意的是，抗弯纵筋应布置在受弯时的受拉区（对单筋截面），而抗扭纵筋和纯扭构件一样应沿截面周边均匀布置。

设弯扭构件按纯扭构件计算的抗扭纵筋的面积为 A_{stl}，均匀对称布置在截面周边，分三排均匀布置，如图 4-8（a）所示；按受弯构件计算的抗弯纵筋 A_s 和 A'_s 分别布置在截面的受拉侧（底部）和受压侧（顶部），如图 4-8（b）所示；则弯扭构件纵筋叠加后的配筋结果如图 4-8（c）所示。

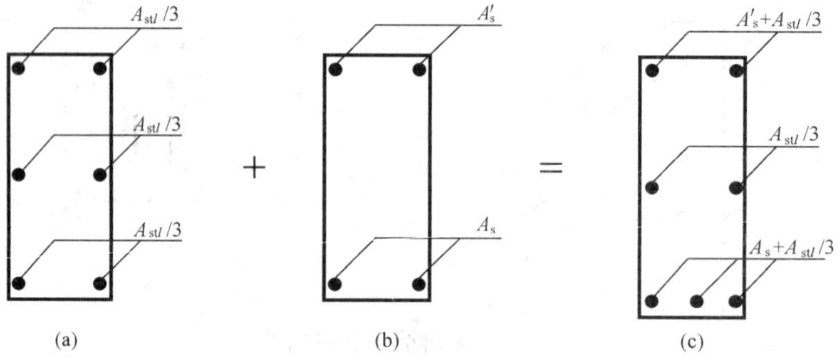

图 4-8 弯扭构件的纵筋叠加

（a）抗扭纵筋；（b）抗弯纵筋；（c）纵筋叠加

设受剪箍筋肢数 $n=4$，受剪箍筋 $\frac{nA_{sv1}}{s}$ 的配置如图 4-9（a）所示；受扭箍筋 $\frac{A_{st1}}{s}$ 应配置在截面周边，如图 4-9（b）所示；则剪扭构件箍筋叠加后的配筋结果如图 4-9（c）所示。

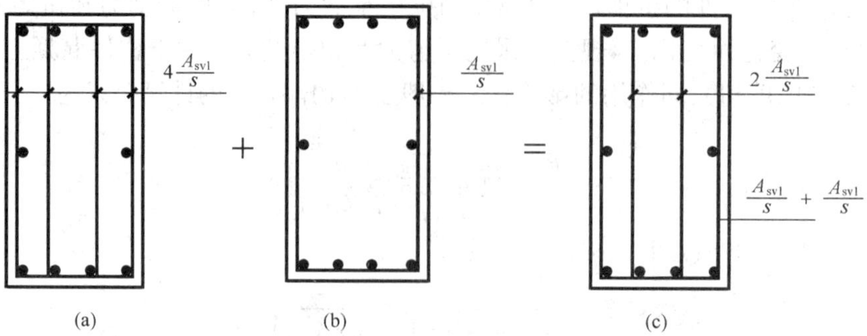

图 4-9 剪扭构件的箍筋叠加

（a）抗剪箍筋；（b）抗扭箍筋；（c）箍筋叠加

（二）矩形截面剪扭构件承载力计算公式

在引入了折减系数 β_t 后，其抗扭和抗剪承载力计算公式分别为

抗扭承载力

$$T \leqslant 0.35\beta_t f_t W_t + 1.2\sqrt{\zeta} f_{yv} \frac{A_{st1}}{s} A_{cor} \tag{4-14}$$

抗剪承载力

$$V \leqslant 0.7(1.5-\beta_t) f_t b h_0 + f_{yv} \frac{nA_{sv1}}{s} h_0 \tag{4-15}$$

以集中荷载为主的独立梁

$$V \leqslant \frac{1.75}{\lambda+1.0}(1.5-\beta_t) f_t b h_0 + f_{yv} \frac{nA_{sv1}}{s} h_0 \tag{4-16}$$

（三）简化计算的规定

（1）当 $\frac{V}{bh_0}+\frac{T}{W_t}\leqslant 0.7f_t$ 时，即扭矩小于混凝土的开裂扭矩时，可不进行剪扭计算，箍筋（抗扭箍筋与抗剪箍筋之和）和抗扭纵筋可按构造要求配置，但仍必须满足各自规定的最小配筋量的要求。只需进行抗弯配筋计算即可。

（2）当 $V\leqslant 0.35f_t bh_0\left(\text{或 } V\leqslant\frac{0.875}{\lambda+1}f_t bh_0\right)$ 时，可忽略剪力影响，仅按受弯构件正截面承载力和纯扭构件受扭承载力分别进行计算，然后将钢筋叠加配置。

（3）当 $T\leqslant 0.175f_t W_t$ 时，可忽略扭矩影响，仅按受弯构件的正截面承载力和斜截面承载力分别进行计算，配置抗弯纵筋和抗剪箍筋。

（四）受扭计算公式的适用条件

（1）截面限制条件。

为避免发生完全超筋破坏，采用控制截面尺寸限制条件，即弯剪扭构件的截面应满足下述公式要求，否则应增大截面尺寸或提高混凝土强度 f_c。

当 $h_w/b\leqslant 4.0$ 时

$$\frac{V}{bh_0}+\frac{T}{0.8W_t}\leqslant 0.25\beta_c f_c \tag{4-17a}$$

当 $h_w/b\geqslant 6.0$ 时

$$\frac{V}{bh_0}+\frac{T}{0.8W_t}\leqslant 0.2\beta_c f_c \tag{4-17b}$$

当 $4.0<h_w/b<6.0$ 时，按线性内插法取用。

（2）最小配筋率。

为避免发生少筋破坏，采用控制最小配筋率限制条件。

1）剪扭箍筋的配箍率应满足

$$\rho_{sv}=\frac{A_{svt}}{bs}\geqslant\rho_{sv,min}=0.28\frac{f_t}{f_{yv}} \tag{4-18}$$

2）受扭纵筋的配筋率应满足

$$\rho_{tl}=\frac{A_{stl}}{bh}\geqslant\rho_{tl,min}$$

3）弯曲受拉纵筋的配筋率应满足其最小配筋率要求。

（五）弯剪扭构件配筋计算步骤

当已知截面内力（M、T、V），并初步选定截面尺寸和材料强度等级后，可按以下步骤进行。

（1）验算截面尺寸。

1）计算 W_t；

2）验算截面尺寸。若截面尺寸不满足时，应增大截面尺寸后再验算。

（2）确定计算方法。

1）确定是否需进行剪扭承载力计算，若不需则不必进行下述 2）、3）步骤；

2）确定是否需进行受剪承载力计算；

3）确定是否需进行受扭承载力计算。

（3）确定箍筋用量。

1）计算承载力降低系数 β_t；

2）计算受剪所需单肢箍筋的用量，计算式为

$$\frac{nA_{sv1}}{s}=\frac{V-0.7(1.5-\beta_t)f_tbh_0}{f_{yv}h_0}$$

或

$$\frac{nA_{sv1}}{s}=\frac{V-(1.5-\beta_t)\dfrac{1.75}{\lambda+1}f_tbh_0}{f_{yv}h_0}$$

3）计算受扭所需单肢箍筋的用量

$$\frac{A_{st1}}{s_t}=\frac{T-0.35\beta_c f_tW_t}{1.2\sqrt{\zeta}f_{yv}A_{cor}}$$

4）计算剪扭箍筋的单肢总用量$\dfrac{A_{svt1}}{s}=\dfrac{A_{sv1}}{s_v}+\dfrac{A_{st1}}{s_t}$，并选箍筋；

5）验算最小配箍率。

（4）确定纵筋用量。

1）计算受扭纵筋的截面面积 A_{stl}，并验算受扭最小配筋率；

2）计算受弯纵筋的截面面积 A_s，并验算受弯最小配筋率；

3）弯扭纵筋相叠加并选筋。叠加原则：A_s 配在受拉边，A_{stl} 沿截面周边均匀对称布置。

【例 4-2】 均布荷载作用下的钢筋混凝土矩形截面构件，截面尺寸 $b\times h=300\text{mm}\times500\text{mm}$，承受弯矩设计值 $M=150\text{kN}\cdot\text{m}$，剪力设计值 $V=120\text{kN}$，扭矩设计值 $T=25\text{kN}\cdot\text{m}$，采用 C30 混凝土，纵筋采用 HRB400 级钢筋，箍筋采用 HPB300 级钢筋，混凝土保护层厚为 25mm（二 a 类环境）。试设计其所需配置的钢筋。

解 （1）确定设计参数及截面几何特征值。

混凝土 C30，$f_c=14.3\text{N/mm}^2$，$f_t=1.43\text{N/mm}^2$，$\alpha_1=1.0$，$\beta_c=1.0$；

纵筋 HRB400 级，$f_y=360\text{N/mm}^2$，$\xi_b=0.518$；箍筋 HPB300 级，$f_{yv}=270\text{N/mm}^2$；

设箍筋直径为Φ 10，纵筋直径 $d=20\text{mm}$，$a_s=25+10+d/2=45\text{mm}$，取

$$h_0=500-45=455\text{mm}$$

$$W_t=\frac{b^2}{6}(3h-b)=\frac{300^2}{6}\times(3\times500-300)=18\times10^6\text{mm}^3$$

$$b_{cor}=300-25\times2-10\times2=230\text{mm},\quad h_{cor}=500-25\times2-10\times2=430\text{mm}$$

$$u_{cor} = 2 \times (b_{cor} + h_{cor}) = 2 \times (230 + 430) = 1320\text{mm}$$

$$A_{cor} = b_{cor} \times h_{cor} = 230 \times 430 = 9.89 \times 10^4 \text{mm}^2$$

（2）验算截面尺寸。

$$\frac{V}{bh_0} + \frac{T}{0.8W_t} = \frac{120 \times 10^3}{300 \times 455} + \frac{25 \times 10^6}{0.8 \times 18 \times 10^6} = 2.615\text{N/mm}^2$$

$$< 0.25\beta_c f_c = 0.25 \times 1.0 \times 14.3 = 3.575\text{N/mm}^2$$

截面满足要求。

（3）确定计算方法。

$$\frac{V}{bh_0} + \frac{T}{W_t} = \frac{120 \times 10^3}{300 \times 455} + \frac{25 \times 10^6}{18 \times 10^6} = 2.27\text{N/mm}^2 > 0.7f_t = 0.7 \times 1.43 = 1.00\text{N/mm}^2$$

故需按计算配置箍筋和受扭纵筋。

$$V = 120\text{kN} > 0.35f_t bh_0 = 0.35 \times 1.43 \times 300 \times 455 = 68.3\text{kN}$$

$$T = 25\text{kN} \cdot \text{m} > 0.175f_t W_t = 0.175 \times 1.43 \times 18 \times 10^6 = 4.5\text{kN} \cdot \text{m}$$

故剪力、扭矩均不能忽略，需按弯剪扭共同作用计算钢筋。

（4）抗弯纵筋计算。

$$\alpha_s = \frac{M}{\alpha_1 f_c bh_0^2} = \frac{150 \times 10^6}{1.0 \times 14.3 \times 300 \times 455^2} = 0.169$$

查表 3-10 得，$\xi=0.186<\xi_b=0.518$。

则

$$A_s = \xi bh_0 \frac{\alpha_1 f_c}{f_y} = 0.186 \times 300 \times 455 \times \frac{1.0 \times 14.3}{360} = 1009\text{mm}^2$$

$$\rho_{min} = \max\{0.45f_t/f_y, 0.2\%\} = 0.215\%$$

$$A_s = 1009\text{mm}^2 > \rho_{min}bh = 0.215\% \times 300 \times 500 = 322\text{mm}^2$$

满足要求。

（5）抗剪箍筋计算。

$$\beta_t = \frac{1.5}{1 + 0.5\dfrac{VW_t}{Tbh_0}} = \frac{1.5}{1 + 0.5 \times \dfrac{120 \times 10^3 \times 18 \times 10^6}{25 \times 10^6 \times 300 \times 455}} = 1.14 > 1.0$$

取 $\beta_t=1.0$，则

$$\frac{nA_{sv1}}{s} = \frac{V - 0.7 \times (1.5 - \beta_t)f_t bh_0}{f_{yv}h_0}$$

$$= \frac{120 \times 10^3 - 0.7 \times (1.5 - 1.0) \times 1.43 \times 300 \times 455}{270 \times 455} = 0.42\text{mm}^2/\text{mm}$$

设箍筋肢数 $n=2$，$\dfrac{A_{sv1}}{s}=0.42/2=0.21\text{mm}^2/\text{mm}$。

（6）抗扭钢筋计算。

取 $\zeta=1.2$，则

$$\frac{A_{st1}}{s} = \frac{T - 0.35\beta_t f_t W_t}{1.2\sqrt{\zeta}f_{yv}A_{cor}} = \frac{25 \times 10^6 - 0.35 \times 1.0 \times 1.43 \times 18 \times 10^6}{1.2\sqrt{1.2} \times 270 \times 98.9 \times 10^3} = 0.46\text{mm}^2/\text{mm}$$

$$A_{stl} = \zeta \frac{A_{st1}}{s} \frac{f_{yv}}{f_y} u_{cor} = 1.2 \times 0.46 \times \frac{270}{360} \times 1320 = 547\text{mm}^2$$

验算受扭纵筋最小配筋率为

$$\frac{T}{Vb}=\frac{25\times10^{6}}{120\times10^{3}\times300}=0.69<2$$

$$\rho_{tl,\min}=0.6\sqrt{\frac{T}{Vb}}\frac{f_t}{f_y}=0.6\sqrt{0.69}\times\frac{1.43}{360}=0.198\%$$

$$A_{stl}=547\text{mm}^2>\rho_{tl,\min}bh=0.198\%\times300\times500=297\text{mm}^2$$

满足要求。

（7）选配钢筋。

根据抗扭钢筋构造要求，抗扭纵筋间距 $s\leqslant200$mm，纵筋需设三层，每层 2 根。

1）梁顶部和腹部各层配筋为

$$\frac{1}{3}A_{stl}=\frac{1}{3}\times547=182.3\text{mm}^2$$

分别选用 2 ⌀ 12（面积为 226mm²），梁顶纵筋兼作架立筋。

2）梁底部所需纵筋为

$$A_s+\frac{1}{3}A_{stl}=1009+\frac{1}{3}\times547=1191.3\text{mm}^2$$

选用 4 ⌀ 20（面积为 1256mm²）。

3）剪扭箍筋的单肢总用量为

$$\frac{A_{st1}}{s}+\frac{A_{sv1}}{s}=0.46+0.21=0.67\text{mm}^2/\text{mm}$$

选用箍筋直径Φ 10，单肢截面面积为 78.5mm²。则

$$s\leqslant\frac{78.5}{0.67}=117\text{mm，取用 }s=110\text{mm}$$

选双肢箍筋Φ 10@110。

验算最小配箍率为

$$\rho_{sv,\min}=0.28\frac{f_t}{f_{yv}}=0.28\times\frac{1.43}{270}=0.148\%$$

$$\rho_{svt}=\frac{nA_{svt1}}{bs}=\frac{2\times78.5}{300\times110}=0.48\%>\rho_{sv,\min}$$

满足要求。

（8）绘截面配筋图。钢筋布置如图 4 - 10 所示。

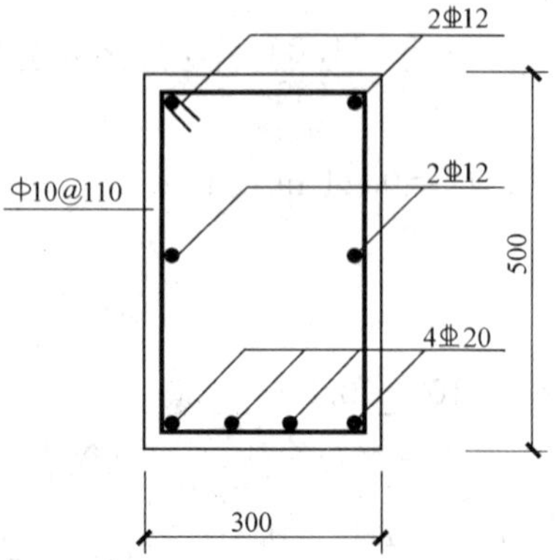

图 4 - 10 ［例 4 - 2］配筋图

本 章 小 结

（1）钢筋混凝土纯扭构件的裂缝呈 45°角的螺旋形，其开裂原因是由于剪应力及相应的主拉应力达到混凝土的极限抗拉强度。配筋适当的钢筋混凝土纯扭构件，在破坏时纵向钢筋和箍筋都能达到其抗拉屈服强度，属延性破坏类型。

（2）矩形截面钢筋混凝土纯扭构件是一个空间受力构件，其扭矩是由钢筋（纵筋和箍筋）与混凝土共同承担的。因此，其受扭承载力 T_u 由两部分组成，一部分是由混凝土所承担的扭矩 $0.35f_tW_t$，另一部分是由钢筋与混凝土共同承担的扭矩 $1.2\sqrt{\zeta}\frac{f_{yv}A_{st1}}{s}A_{cor}$。

（3）在受扭构件中，欲使抗扭纵筋和抗扭箍筋的强度都能得到充分利用，应对抗扭纵筋和抗扭箍筋的用量比进行控制，即限定配筋强度比 ζ 的取值，《规范》建议 ζ 的取值为 0.6～1.7，当 $\zeta=1.2$ 左右时为最佳值。

（4）实际工程中，受扭构件一般为弯矩、剪力和扭矩共同作用的构件。构件在多种内力同时作用下，其承载力是受同时作用的内力影响而有所降低的，即构件各种内力之间存在着承载力之间的相关性。在计算中，仅考虑了混凝土单独承担的那部分剪力与扭矩之间的相关性影响，引用了受扭承载力降低系数 β_t。

（5）受扭构件必须满足截面限制条件，以避免“超筋”；同时箍筋及纵向钢筋也必须不小于最小配筋率要求，以避免“少筋”。抗扭纵筋应按照在两个方向各自对称、均匀布置的原则进行设置，并应满足间距要求；抗扭箍筋在构造上必须封闭严紧。

思 考 题

4-1　矩形截面钢筋混凝土纯扭构件的破坏形态与什么因素有关？有哪几种破坏形态？各有什么特点？

4-2　钢筋混凝土纯扭构件破坏时，在什么条件下，纵向钢筋和箍筋都会先达到屈服强度，然后混凝土才压坏，即产生延性破坏？

4-3　ζ 和 β_t 的含义分别是什么？简述其作用和取值限制。

4-4　受扭构件中，受扭纵向钢筋为什么要沿截面周边对称放置，并且四角必须放置？

4-5　简述抗扭钢筋的构造要求。

4-6　钢筋混凝土弯剪扭构件“叠加法”配筋的原则是什么？

习 题

4-1　钢筋混凝土矩形截面纯扭构件，$b\times h=300\text{mm}\times600\text{mm}$，承受的扭矩设计值 $T=60\text{kN}\cdot\text{m}$。混凝土采用 C30，纵筋为 HRB335 级，箍筋为 HPB300 级，$a_s=45\text{mm}$。试设计抗扭箍筋和纵筋，并绘制截面配筋图。

4-2　一均布荷载作用下矩形截面悬臂梁，$b\times h=250\text{mm}\times500\text{mm}$，混凝土为 C30，纵筋为 HRB400 级，箍筋为 HPB300 级，$a_s=45\text{mm}$。若在悬臂支座截面处作用设计弯矩 $M=100\text{kN}\cdot\text{m}$，设计剪力 $V=80\text{kN}$ 和设计扭矩 $T=10\text{kN}\cdot\text{m}$。试设计配筋，并绘制截面配筋图。

第 5 章　钢筋混凝土受压构件

学习提要

本章主要学习钢筋混凝土轴心受压及偏心受压构件的受力性能、破坏形式、设计计算方法及构造要求。通过本章的学习，重点掌握受压构件正截面承载能力的计算，掌握轴心受压构件普通箍筋柱和螺旋箍筋柱正截面承载力计算方法，理解长细比对构件承载力的影响；了解大小偏心受压构件破坏形态；掌握大、小偏心受压的判别条件和承载力计算方法。

5.1　概　　述

受压构件是工程中以承受轴向压力为主的受力构件。受压构件在钢筋混凝土结构中应用非常广泛，例如屋架的受压腹杆、框架柱、单层厂房柱、拱等构件。受压构件在结构中起着重要的作用，其破坏与否将直接影响整个结构是否破坏或倒塌。

受压构件按其纵向压力作用线与构件截面形心是否重合，分为轴心受压构件和偏心受压构件。当纵向压力作用线与构件截面形心重合时为轴心受压构件［图 5-1（a）］；当纵向压力作用线与构件截面形心不重合时为偏心受压构件，偏心受压构件又分为单向偏心受压构件［图 5-1（b）］和双向偏心受压构件［图 5-1（c）］。

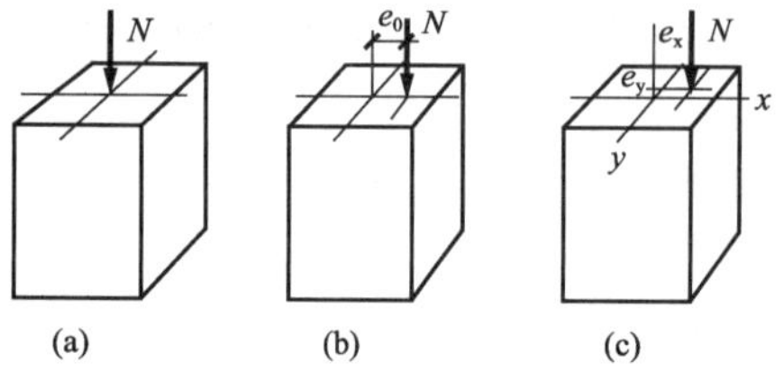

图 5-1　轴心受压与偏心受压
（a）轴心受压；（b）单向偏心受压；
（c）双向偏心受压

在实际工程中，由于混凝土材质的不均匀性、施工时的误差、荷载实际作用位置的偏差等原因，真正的轴心受压构件是不存在的。但为了计算方便，对以恒载为主的多层建筑的内柱和屋架的受压腹杆等少数构件，常近似按轴心受压构件进行设计；而框架结构柱、单层工业厂房柱、承受节间荷载的屋架上弦杆和拱等大量构件均属偏心受压构件。

5.2　受压构件的基本构造要求

5.2.1　截面形式及尺寸

考虑到构件的受力合理和施工时模板制作方便，轴心受压柱一般多采用正方形或矩形截面，在特殊情况下才采用圆形或多边形。偏心受压构件一般采用矩形截面，当截面尺寸较大时，特别是在装配式柱中，为节约混凝土和减轻柱的自重，可采用工字形截面。

受压构件截面尺寸一般不宜小于 250mm×250mm，以避免长细比过大，降低构件承载力。长细比宜控制在 $l_0/b\leqslant30$ 或 $l_0/d\leqslant25$（b 为矩形截面短边，d 为圆形截面直径），且为施工方便，截面边长尺寸在 800mm 以内时，以 50mm 为模数；当截面尺寸在 800mm 以上时，以 100mm 为模数。

5.2.2　受压构件配筋构造要求

一、纵向钢筋

（一）纵向钢筋的作用

纵筋在受压构件中的主要作用是协助混凝土共同承担由外荷载引起的内力，防止构件突然的脆性破坏。同时，纵向钢筋还可以承担构件偶然的弯矩以及混凝土收缩和温度变化引起的拉应力等。

（二）纵向钢筋的构造

（1）为保证钢筋骨架的刚度、减小钢筋在施工时的纵向弯曲及减少箍筋用量，纵向钢筋宜采用较粗直径的钢筋。纵筋直径不宜小于 12mm，通常在 16～32mm 范围内选用。

（2）矩形截面受压构件中纵向钢筋根数不得少于 4 根，轴心受压构件中的纵向钢筋应沿构件截面周边均匀对称布置，偏心受压构件的纵向钢筋应按计算要求布置在有偏心距方向作用平面的两对边。圆柱中纵向钢筋根数不应少于 6 根，且不宜少于 8 根，宜沿周边均匀布置。当截面高度 $h\geqslant600$mm 时，应在截面两个侧面设置直径为 10～16mm 的纵向构造钢筋，以防止构件因温度变化和混凝土收缩应力而产生裂缝，并相应地设置复合箍筋或拉筋，见图 5-2。

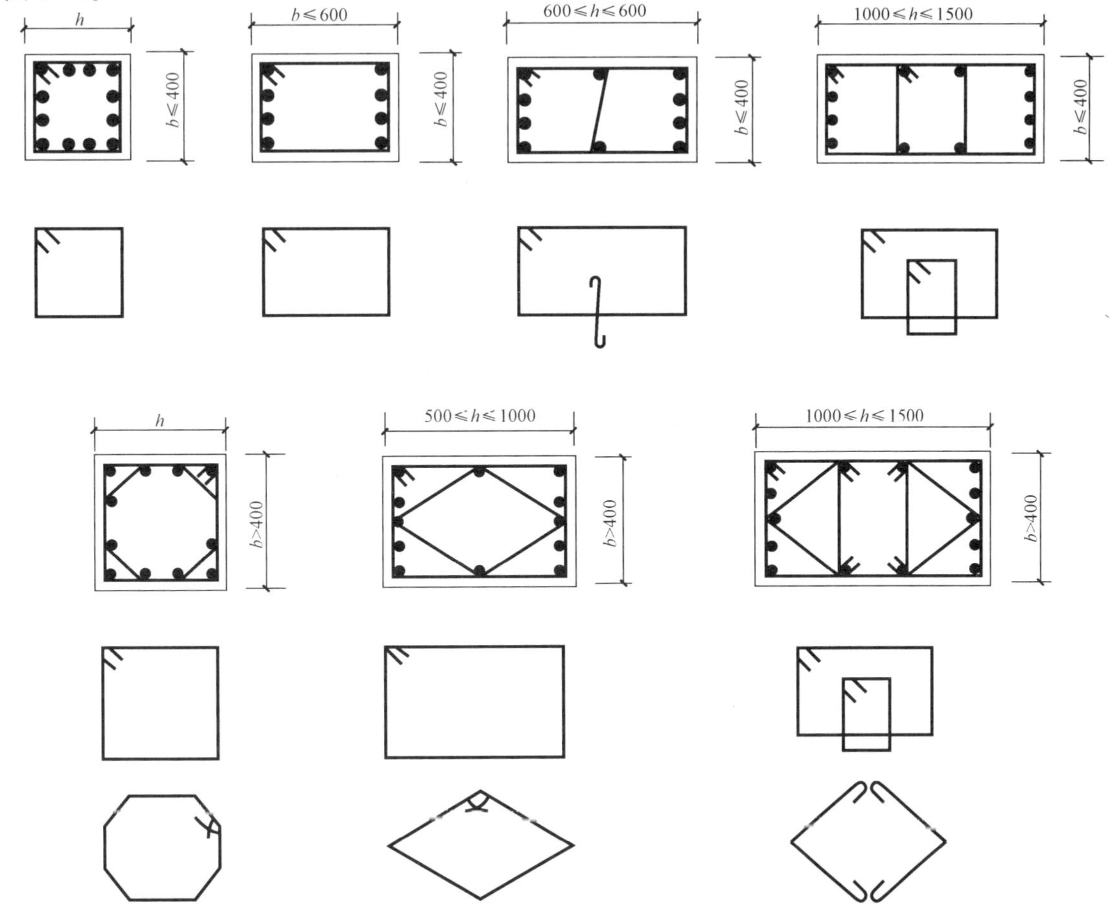

图 5-2　柱的纵向构造钢筋与复合箍筋

（3）为提高受压构件的延性，保证构件承载能力，纵向钢筋应满足最小配筋率的要求。全部纵筋的最小配筋百分率，对强度级别为 300N/mm^2、335N/mm^2 的钢筋为 0.6%，对强度级别为 400N/mm^2 的钢筋为 0.55%，对强度级别为 500N/mm^2 的钢筋为 0.5%；同时一侧纵筋的配筋率不应小于 0.2%。考虑到经济和施工方便，全部纵筋的配筋率不宜大于 5%。通常受压钢筋的配筋率不超过 3%，在 0.6%～2%之间。

（4）柱中纵向钢筋的净间距不应小于 50mm，且不宜大于 300mm；在偏压构件中，垂直于弯矩作用平面的侧面上的纵筋以及轴心受压柱中各边的纵向受力钢筋，其间距不宜大于 300mm。对处在水平位置浇筑的预制柱，其纵筋净距要求与梁相同。

二、箍筋的构造要求

（一）箍筋的作用

在受压构件中，箍筋的作用主要是约束受压钢筋，防止纵筋压屈外凸，同时与纵筋形成骨架，在施工时保证纵筋的正确位置；当偏压构件中剪力较大时，箍筋还承担抗剪作用。

（二）箍筋的构造

（1）受压构件中的周边箍筋应做成封闭式。纵向钢筋至少每隔一根放置于箍筋转弯处。当柱截面短边尺寸大于 400mm 且各边纵筋多于 3 根时，或当柱截面短边尺寸不大于 400mm。但各边纵筋多于 4 根时，应设置复合箍筋，如图 5-2 所示。

（2）采用热轧钢筋时，箍筋直径不应小于 0.25d_{max}（d_{max}为纵向钢筋最大直径），且不应小于 6mm；箍筋间距不应大于 400mm 及构件截面的短边尺寸，且不应大于 15d_{min}（d_{min}为纵向钢筋最小直径）。当柱中全部纵筋的配筋率大于 3%时，箍筋直径不应小于 8mm，间距不应大于 10d_{min}，且不应大于 200mm。箍筋末端应做成 135°弯钩，且弯钩末端平直段长度为配筋率≤3%时不应小于 5d，配筋率>3%时不应小于 10d（d 为箍筋直径）。

（3）在纵筋搭接长度范围内，箍筋直径不应小于搭接钢筋直径的 0.25 倍。箍筋间距应适当加密，当搭接钢筋受拉时，箍筋间距不应大于 5d_{min}，且不应大于 100mm；当钢筋受压时，箍筋间距不应大于 10d_{min}，且不应大于 200mm。当搭接受压钢筋直径 d>25mm 时，尚应在搭接接头两个端面外 100mm 范围内各设置两道箍筋。

（4）对于截面形状复杂的构件，不应采用具有内折角的箍筋，以避免产生向外拉力，致使折角处混凝土破损。可将复杂截面划分成若干简单截面，分别配置箍筋，如图 5-3 所示。

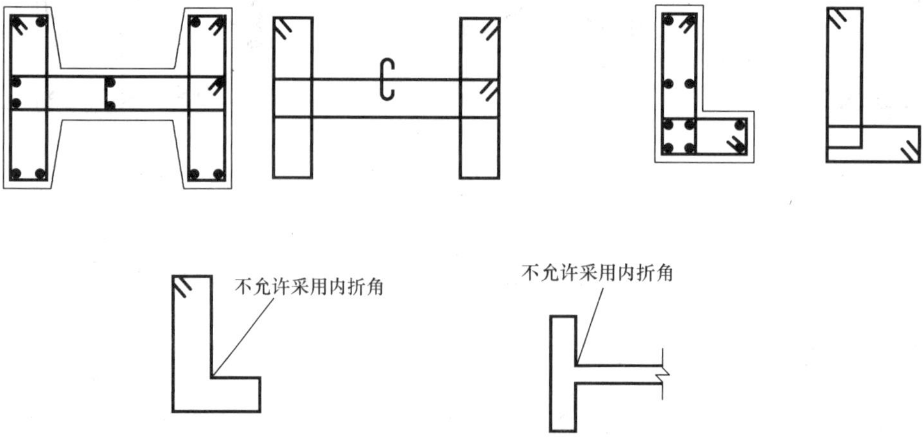

图 5-3　复杂截面的箍筋形式

5.3　轴心受压构件承载力计算

钢筋混凝土轴心受压柱按箍筋配置形式分为两种类型：配有纵向钢筋和普通箍筋的柱，简称普通箍筋柱［图 5－4（a)］；配有纵向钢筋和螺旋式或焊接环式箍筋的柱，统称为螺旋箍筋柱［图 5－4（b)］。实际工程中一般采用普通箍筋柱。

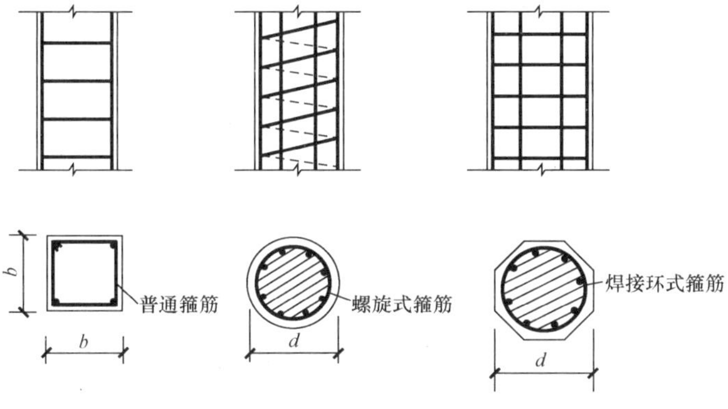

图 5－4　柱的类型

（a）普通箍筋柱；（b）螺栓箍筋柱

5.3.1　配置普通箍筋柱的承载力计算

一、破坏形态及受力性能

钢筋混凝土受压构件根据其长细比的大小分为“短柱”和“长柱”两种。当柱的长细比矩形截面 $l_0/b\leqslant 8$、圆形截面 $l_0/d\leqslant 7$ 时为短柱，否则为长柱。其中，l_0 为构件的计算长度，b 为矩形截面的短边尺寸，d 为圆形截面的直径。

钢筋混凝土轴心受压短柱在轴向压力作用下，由于钢筋和混凝土之间存在着黏结力，因此纵向钢筋与混凝土共同承受压力，其整个截面的压应变基本上是均匀的。当轴压力较小时，混凝土处于弹性工作状态，混凝土和钢筋压应力按照二者弹性模量比值线性增长。随着轴压力的增大，混凝土塑性变形发展，变形模量降低，钢筋应力增长速度加快，混凝土应力增长逐渐变慢。当达到极限荷载时，在柱的中部最薄弱区段的混凝土内将出现竖向细微裂缝，随着压应变的继续增长，这些裂缝发展将相互贯通，在外层混凝土保护层剥落之后，核心部分的混凝土将在纵向裂缝之间被完全压碎。在此过程中，混凝土的膨胀将向外推挤钢筋，从而使纵向受压钢筋在箍筋间压曲向外凸出呈灯笼状。

破坏时，一般中等强度的钢筋均能达到其抗压屈服强度，混凝土能达到轴心抗压强度，钢筋和混凝土的强度都得到充分的利用。

在实际工程中，受压构件多为较细长的长柱。试验表明，长柱的承载力低于其他条件相同的短柱承载力，长细比越大，承载能力降低越多。其原因在于：长细比越大，由于各种偶然因素造成的微小的初始偏心距将使构件产生侧向弯曲，向外凸出一侧可能由受压转变为受拉，而导致构件的承载力有所降低。对长细比过大的受压构件还可能会发生失稳破坏。

《规范》采用稳定系数 φ 来反映长柱承载力的降低程度，$\varphi\leqslant 1$，随构件的长细比 l_0/b

（或 l_0/d）的增大而减小，具体数值可查表 5-1。

表 5-1 钢筋混凝土轴心受压构件的稳定系数 φ

l_0/b	≤8	10	12	14	16	18	20	22	24	26	28	30	32	34	36
l_0/d	≤7	8.5	10.5	12	14	15.5	17	19	21	22.5	24	26	28	29.5	31
φ	1.0	0.98	0.95	0.92	0.87	0.81	0.75	0.70	0.65	0.60	0.56	0.52	0.48	0.44	0.40

注 l_0 为构件的计算长度；b 为矩形截面的短边尺寸；d 为圆形截面的直径。

二、正截面承载力计算公式

《规范》给出配有纵向钢筋及普通箍筋的轴心受压构件正截面承载力计算公式为

$$N \leqslant N_u = 0.9\varphi(f_c A + f'_y A'_s) \tag{5-1}$$

式中 N——轴向压力设计值；

0.9——可靠度调整系数；

f_c——混凝土轴心抗压强度设计值；

A——构件截面面积，当纵筋配筋率 $\rho' > 3\%$ 时，A 应改用 A_n，其中 $A_n = A - A'_s$；

f'_y——钢筋的抗压强度设计值；

A'_s——全部纵向钢筋的截面面积。

【例 5-1】 某现浇钢筋混凝土框架柱，截面尺寸为 400mm×400mm，承受轴向压力设计值 N=2500kN，柱的计算长度 l_0=5.0m，混凝土强度等级为 C30，钢筋采用 HRB335 级。要求确定纵筋数量 A'_s。

解 （1）确定设计参数。查表得 $f_c = 14.3\text{N/mm}^2$，$f'_y = 300\text{N/mm}^2$。

（2）计算稳定系数 φ。

$l_0/b = 5000/400 = 12.5$，查表 5-1 得 $\varphi = 0.9425$。

（3）计算纵筋截面面积 A'_s，并校验 ρ'。

由式（5-1）求得

$$A'_s = \frac{\dfrac{N}{0.9\varphi} - f_c A}{f'_y} = \frac{\dfrac{2500 \times 10^3}{0.9 \times 0.9425} - 14.3 \times 400 \times 400}{300} = 2197\text{mm}^2$$

配筋率 $\rho' = \dfrac{A'_s}{A} = \dfrac{2197}{400 \times 400} = 0.0137 = 1.37\% > \rho'_{min} = 0.6\%$ 且 $\rho' < 3\%$。

（4）配筋并绘截面配筋图。

1）纵筋。

选用 4 Φ 20+4 Φ 18（A'_s=1256+1017=2273mm²），4 Φ 20 钢筋布置在截面四角，4 Φ 18 钢筋布置在截面四边中部。

截面一侧配筋率 $\rho' = \dfrac{314.2 \times 2 + 254.5}{400 \times 400} = 0.55\% > 0.2\%$，满足要求。

2）箍筋

直径 $\{d_{max}/4 = 20/4, 6\}_{max} = 6\text{mm}$，取 6mm。

间距 $\{15d_{min}, b, 400\}_{min} = 270\text{mm}$，取 250mm。

即选用Φ 6@250。

截面配筋图如图 5-5 所示。

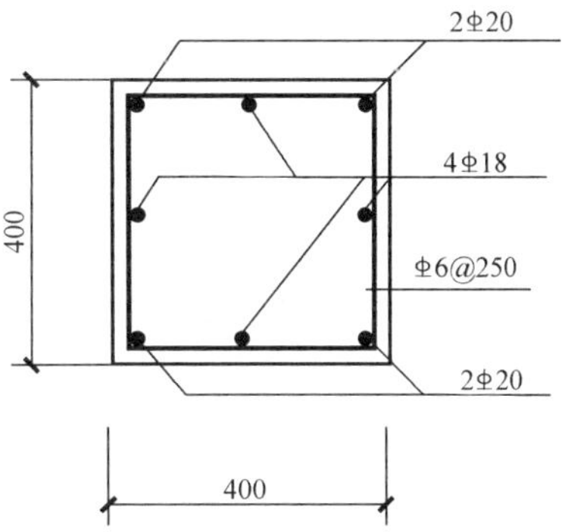

图 5-5 ［例 5-1］配筋图

【例 5-2】 某建筑门厅处有现浇柱四根，截面尺寸为 250mm×250mm。由两端支承条件确定其计算高度为 $l_0=3.2$m，柱内配置 4 ⌀ 20HRB400 级钢筋（$A'_s=1256\text{mm}^2$），混凝土强度等级 C30。柱的轴向压力设计值 $N=950$kN。试验算该柱截面是否安全。

解 （1）确定设计参数。

查表得

$$f_c=14.3\text{N/mm}^2, f'_y=360\text{N/mm}^2$$

（2）计算稳定系数 φ。

$l_0/b=3200/250=12.8$，查表 5-1 得 $\varphi=0.938$。

（3）验算配筋率 ρ'。

$$\rho'=\frac{A'_s}{A}=\frac{1256}{250\times250}=2.0\%>\rho'_{\min}=0.55\%,\text{且}\ \rho'<3\%$$

（4）计算构件抗压承载力 N_u。

按式（5-1），得

$$\begin{aligned}N_u&=0.9\varphi(f_cA+f'_yA'_s)\\&=0.9\times0.938\times(14.3\times250^2+360\times1256)\times10^{-3}\\&=1136.22\text{kN}\end{aligned}$$

（5）判定是否安全。

$$N_u=1136.22\text{kN}>N=950\text{kN}$$

故截面安全。

5.3.2 配有螺旋式（或焊接环式）间接钢筋柱承载力

轴心受压柱的箍筋也可以采用螺旋箍筋或横向焊接环筋，统称为螺旋钢箍柱，这两种柱的受力性能是相同的。螺旋钢箍柱截面形状一般为圆形或多边形。

一、试验研究分析

配有螺旋箍筋或焊接环筋的钢筋混凝土柱，在轴向压力作用下，螺旋箍筋或焊接环筋能够有效约束其内核心混凝土在纵向受压时产生的横向变形和内部微裂缝的发展，使核心混凝土处于三向受压状态，从而使混凝土的抗压强度得到提高，并改善其变形性能，使得构件的抗压承载力得以提高。

试验表明，在轴向压力作用下，将在构件的表皮产生与轴力方向平行的明显的纵向裂缝，当轴向压力逐渐增大时，螺旋钢箍外的混凝土保护层开始剥落。随着轴向压力的继续增加，核心部分混凝土的横向变形使螺旋箍筋或焊接环筋产生环向拉应力，而被张紧的螺旋箍筋或焊接环筋则相当于一个套箍的作用，紧紧箍住核心混凝土，有效地限制了核心混凝土的横向变形，使核心混凝土受到了侧向约束，处于三向受压状态。当螺旋箍筋或焊接环筋的拉应力达到其抗拉屈服强度后，就不能再起到约束核心混凝土横向变形的作用，这时核心部分混凝土即被压碎，构件破坏。图 5-6 为螺旋箍筋柱与普通钢箍柱荷载（N）和轴向应变（ε）曲线的比较。

由于构件的混凝土保护层在螺旋箍筋或焊接环筋受到较大拉应力时将发生开裂并剥落，

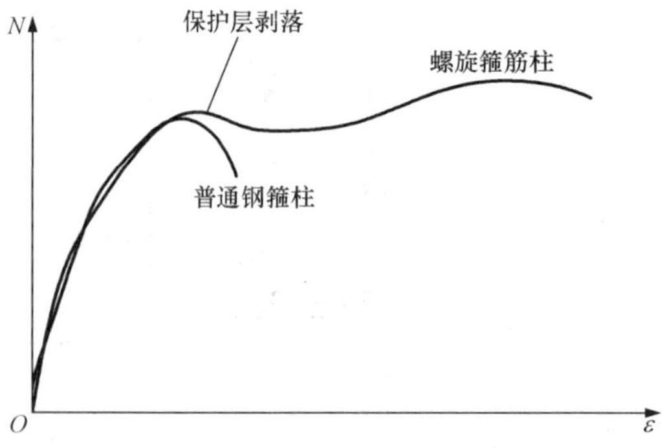

图 5-6 轴心受压柱的轴力—应变曲线

故不考虑该部分混凝土的抗压能力。

二、承载力计算

螺旋箍筋或焊接环筋所包围的核心截面混凝土的实际抗压强度，由于处于三向受压状态，故抗压强度得到提高，其值可根据圆柱体三向受压状态下的试验结果得到的近似关系进行计算

$$f_{cc}=f_c+4\sigma_r \quad (5-2)$$

$$\sigma_r=\frac{2\alpha f_{yv}A_{ss0}}{4A_{cor}}$$

式中 f_{cc}——被约束混凝土的轴心抗压强度；

σ_r——当间接钢筋的应力达到屈服强度时，柱核心区混凝土受到的径向压力值。

根据对构件的可靠度分析以及内力平衡条件，《规范》规定螺旋箍筋柱或焊接环筋柱的承载力计算公式为

$$N\leqslant N_u=0.9(f_cA_{cor}+2\alpha f_{yv}A_{sso}+f'_yA'_s) \quad (5-3)$$

$$A_{sso}=\frac{\pi d_{cor}A_{ss1}}{s} \quad (5-4)$$

式中 α——间接钢筋对混凝土约束的折减系数，当混凝土不大于 C50 时，取 $\alpha=1.0$；当混凝土为 C80 时，取 $\alpha=0.85$；当混凝土等级在 C50～C80 之间时，按直线内插法确定。

A_{sso}——螺旋箍筋或焊接环式间接钢筋的换算截面面积。

d_{cor}——构件的核心截面直径，按间接钢筋内表面确定。

A_{ss1}——螺旋箍筋或焊接环式单根间接钢筋的截面面积。

A_{cor}——构件的核心截面面积，$A_{cor}=\frac{\pi d_{cor}^2}{4}$。

f_{yv}——间接钢筋的抗拉强度设计值。

s——间接钢筋沿构件轴线方向的间距。

公式说明：

（1）为了保证在正常使用情况下箍筋外层混凝土不致过早剥落，要求按式（5-3）算得的构件受压承载力设计值不应大于同样条件下普通箍筋柱承载力设计值［按式（5-1）计算］的 1.5 倍。

（2）凡属下列任意一种情况时，不考虑间接钢筋的影响，承载力按普通箍筋柱承载力公式（5-1）进行计算：

1）当长细比 $l_0/d>12$ 时，长细比较大，有可能因纵向弯曲引起螺旋箍筋不起作用。

2）当按螺旋箍筋柱算得的承载力小于按普通箍筋柱算得的承载力时。

3）当间接钢筋的换算截面面积小于所有纵向钢筋的截面面积的 25%时，可认为间接钢筋配置太少，间接钢筋对核心混凝土的约束作用不明显。

三、构造要求

间接钢筋间距不应大于 80mm 及 $d_{cor}/5$，同时也不宜小于 40mm。间接钢筋直径依据《规范》规定按普通箍筋柱的箍筋要求采用。

5.4　矩形截面偏心受压构件正截面承载力计算

5.4.1　偏心受压构件的受力性能

工程中的偏心受压构件大部分都是按单向偏心受压来进行截面设计的。通常在沿着偏心轴方向的两边配置纵向钢筋，离偏心压力 N 较近一侧的纵向钢筋为受压钢筋，其截面面积用 A_s' 表示；另一侧的纵向钢筋则根据轴向压力偏心距的大小，可能受拉也可能受压，其截面面积用 A_s 表示。本章节仅介绍单向偏心受压构件正截面承载力的计算。

一、偏心受压短柱的受力特点和破坏特征

构件上同时受到轴向压力 N 和弯矩 M 的作用，等效于偏心距为 $e_0=M/N$ 的偏心压力 N 的作用。从正截面受力性能来看，可以把偏心受压构件看作是轴心受压与受弯之间的过渡状态，当 $N=0$ 时，$Ne_0=M$ 为受弯构件；当 $M=0$ 时，$e_0=0$ 为轴心受压构件。因此可以断定，偏心受压截面中的应变和应力分布特征将随着 M/N 逐步降低，而从接近于受弯构件的状态过渡到接近于轴心受压的状态。

试验表明，随着轴向压力的偏心距及纵向钢筋配筋率的变化，偏心受压构件将发生不同的破坏形态，大致可归纳为以下两种。

（一）大偏心受压破坏

当截面相对偏心矩 e_0/h 较大（即弯矩 M 的影响较大），而且配置的受拉钢筋 A_s 合适时，所发生的破坏称为大偏心受压破坏。此时，由于偏心矩较大，离偏心力 N 较远一侧的截面受拉，离偏心力 N 较近一侧的截面受压。受拉一侧混凝土较早出现横向裂缝，并随 N 的增加裂缝不断开展而退出工作，拉力全部由受拉纵筋承担；而受压一侧的压力则由混凝土与该侧的受压钢筋共同承担。

随着受拉裂缝的出现并不断开展延伸，受拉纵筋应力增长并先达到屈服强度 f_y，随着钢筋屈服后的塑性伸长，裂缝将明显加宽并进一步向受压一侧延伸，使受压区高度急剧减小，受压混凝土压应变增加很快，最后当受压边缘混凝土达到极限压应变被压碎而导致构件破坏，此时受压钢筋也达到抗压屈服强度 f_y'，如图 5-7 所示。

上述破坏过程中，关键的破坏特征是受拉钢筋首先达到屈服，然后受压钢筋也能达到屈服，最后受压区混凝土压碎而导致构件破坏。在构件破坏前有较明显的预兆，与受弯构件适筋破坏类似，属于延性破坏。

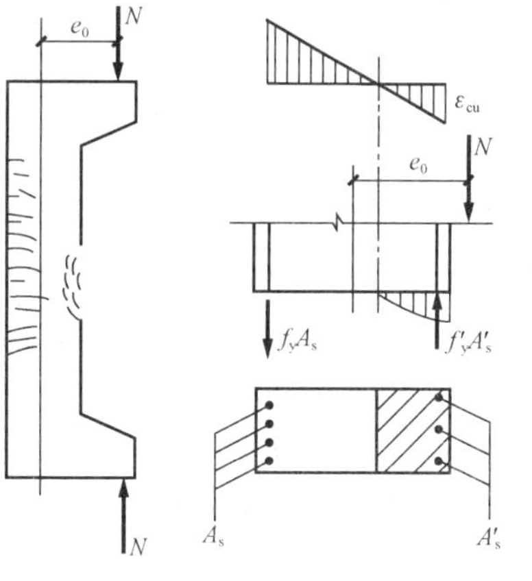

图 5-7　大偏心受压破坏形态

（二）小偏心受压破坏

当截面相对偏心矩 e_0/h 较小，或相对偏心矩 e_0/h 虽然较大，但配置的受拉钢筋 A_s 较多时，所发生的破坏称为小偏心受压破坏。

当相对偏心矩 e_0/h 较小时，构件全截面呈不均匀受压，距偏心力 N 较近一侧压应力较大，距偏心力 N 较远一侧压应力较小。破坏时，压应力较大一侧的混凝土被压坏，同侧的受压钢筋应力也达到抗压屈服强度；而压应力较小一侧的钢筋及混凝土均未达到其抗压强度。

当相对偏心矩 e_0/h 虽然较大，但距偏心力 N 较远一侧配置的受拉钢筋较多时，距偏心力 N 较远一侧的部分截面受拉，距偏心力 N 较近一侧的截面受压。破坏时，受压一侧边缘混凝土达到极限压应变被压坏，受压钢筋也达屈服强度 f'_y；而距偏心力 N 较远一侧的受拉区，由于配置了较多数量的钢筋，致使钢筋应力很小而未达其屈服强度。

总之，小偏心受压破坏形态的特点是距偏心力 N 较近一侧受压混凝土先被压碎，而距偏心力 N 较远一侧，无论是受拉或受压，其钢筋强度均未达到屈服强度，如图 5-8 所示。这种破坏没有明显的预兆，裂缝开展不明显，与受弯构件超筋（或轴心受压构件）破坏类似，属于脆性破坏。

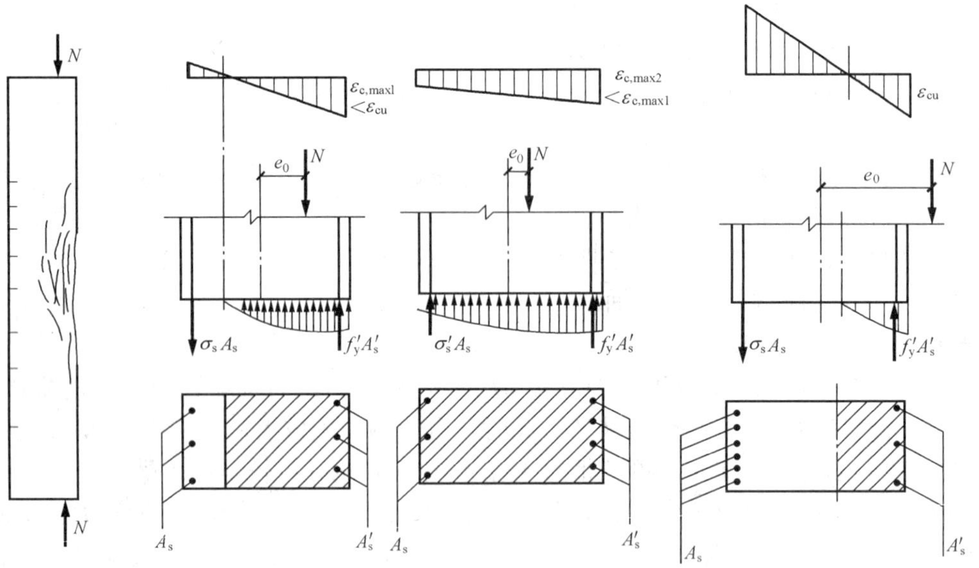

图 5-8　小偏心受压破坏形态

（三）两类偏心受压破坏的判别条件

从大、小偏心受压破坏特征可以看出，两者之间根本区别在于破坏时受拉钢筋能否达到屈服，这和受弯构件正截面的适筋破坏和超筋破坏两种情况完全一致。因此，两种偏心受压破坏形态的界限条件是：在破坏时纵向受拉钢筋 A_s 的应力达到屈服强度的同时，受压区混凝土也达到极限压应变被压碎，此时其相对受压区高度称为界限相对受压区高度 ξ_b。

当 $\xi \leqslant \xi_b$ 时，属于大偏心受压破坏；当 $\xi > \xi_b$ 时，属于小偏心受压破坏。

二、弯矩 M 和轴力 N 对承载力的影响

偏心受压构件是弯矩和轴力共同作用的构件，弯矩 M 和轴力 N 对于构件的作用效应存在着叠加和制约的关系，对构件承载力有很大的影响。对于给定材料、截面尺寸和配筋的偏心受压构件，在达到承载能力极限状态时，截面承受的弯矩 M 和轴力 N 具有相关性，构件可以在不同的弯矩 M 和轴力 N 的组合下达到其极限承载力。

如图 5-9 所示为偏心受压构件的 N-M 相关曲线图，其中 A 点表示受弯构件的情况，C 点表示轴心受压的情况，AB 段表示大偏心受压时的相关曲线，BC 段表示小偏心受压时的相关曲线。从图中可以看出，AB 段随着轴向压力的增大，截面能承担的弯矩也相应提高；BC 段则随着轴向压力的增大，截面能承担的弯矩反而降低；B 点为钢筋和混凝土同时达到其极限强度的界限状态，此时弯矩达到偏心受压构件的最大弯矩。图中曲线上任意一点坐标（D 点）表示达承载能力极限状态时 N 和 M 的一种组合；当其实际组合在曲线 ABC 以内时（如 E 点），表示截面在给定的 N 和 M 组合下是安全的，构件不会破坏；反之，当其实际组合在曲线以外时（如 F 点），表示截面在给定的 N 和 M 组合下超过了承载能力极限状态，构件发生破坏。

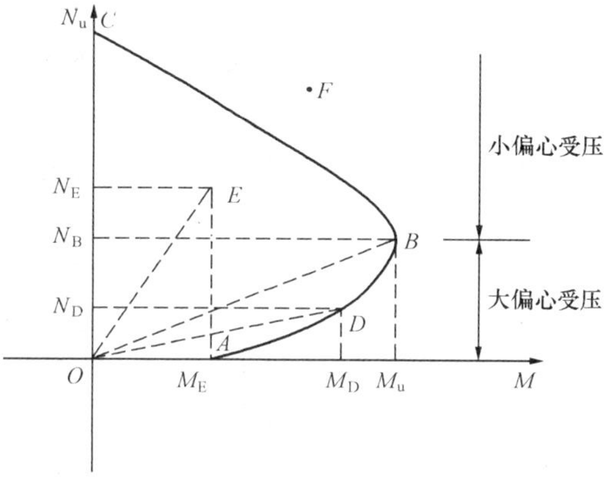

图 5－9　偏心受压构件的 N－M 相关曲线图

三、附加偏心矩 e_a

计算偏心受压构件正截面受压承载力时，在求得作用于截面上的轴力 N 和弯矩 M 后，即可求得轴向力的偏心距 $e_0=M/N$。但是，由于实际工程中存在着荷载作用位置的不定性、混凝土质量不均匀性以及施工偏差等因素，都可能产生附加偏心矩而导致构件承载力的降低。为安全起见，在偏心受压构件正截面承载力计算中，有必要把偏心受压构件的偏心距 e_0 予以加大，即在此偏心距 e_0 基础上再加上一个附加偏心距 e_a。

《规范》规定，附加偏心距 e_a 值应取 20mm 和偏心方向截面尺寸的 1/30 两者中的较大值。正截面计算时所取的偏心距 e_i 由 e_0 和 e_a 两者相加而成，即

$$e_i = e_0 + e_a \tag{5-5}$$

四、偏心受压长柱的受力特点

（一）偏心受压长柱的附加弯矩或二阶弯矩

由于偏心受压构件截面上的弯矩影响，钢筋混凝土偏心受压构件将产生纵向弯曲变形，即产生侧向挠度 f，从而使荷载的初始偏心距增大。对于长细比较小（$l_0/h\leqslant5$）的短柱，由于侧向挠度很小，在设计时一般可忽略不考虑。但对于长细比较大的长柱（图 5－10），侧向挠度 f 的影响，柱中截面承受的弯矩将由 Ne_i 增加到 $N(e_i+f)$。f 随着荷载的增大而不断加大，因而弯矩的增长也就越来越明显。偏心受压构件计算中，把截面弯矩中的 Ne_i 称为初始弯矩或一阶弯矩，将 Nf 称为附加弯矩或二阶弯矩。

当长细比较小时，偏心受压构件的纵向弯曲变形很小，附加弯矩的影响可忽略。但当长细比较大时，附加弯矩值 Nf 使得构件的承载力显著降低，在结构设计时必须予以考虑。因此《规范》规定：弯矩作用平面内截面对称的偏心受压构件，当同一主轴方向的杆端弯矩比 M_1/M_2 不大于 0.9 且设计轴压比不大于 0.9 时，若构件的长细比满足式（5－6）的要求，可不考虑该方向构件自身挠曲产生的附加弯矩影响；当不满足式（5－6）时，附加弯矩的影响不可忽略，需按截面的两个主轴方向分别考虑构件自身挠曲产生的附加弯矩影响。

$$\frac{l_0}{i}\leqslant 34-12\left(\frac{M_1}{M_2}\right) \tag{5-6}$$

式中　M_1，M_2——偏心受压构件两端截面按结构分析确定的对同一主轴的组合弯矩设计值，绝对值较大端为 M_2，绝对值较小端为 M_1，当构件按单曲率弯曲时，M_1/M_2 为正，如图 5－10（a）所示，否则为负，如图 5－10（b）所示。

（二）柱端截面附加弯矩——偏心距调节系数和弯矩增大系数

实际工程中最常遇到的是长柱，即不满足式（5－6）条件要求，在确定偏心受压构件的

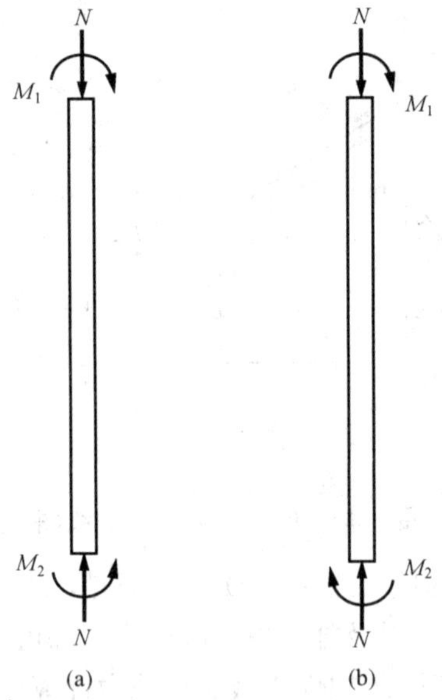

图 5-10　偏心受压构件的弯曲

内力设计值时，需考虑构件的侧向挠度引起的附加弯矩（二阶弯矩）的影响，在工程设计中通常采用增大系数法，即 C_m-η_{ns}法。

《规范》中，将柱端的附加弯矩计算用偏心距调节系数和弯矩增大系数表示，即偏心受压柱的设计弯矩（考虑了附加弯矩后）为原柱端最大弯矩 M_2 乘以偏心距调节系数 C_m 和弯矩增大系数 η_{ns}而得。

（1）偏心距调节系数 C_m。

对于弯矩作用平面内截面对称的偏心受压构件，同一主轴方向两端的杆端弯矩大多不相同，但也存在单曲率弯曲（M_1/M_2 为正）时二者大小接近的情况，即比值 M_1/M_2 大于 0.9，此时，该柱在柱两端相同方向、几乎相同大小的弯矩作用下将产生最大的偏心距，使该柱处于最不利的受力状态。因此，在这种情况下，需考虑偏心距调节系数，《规范》规定偏心距调节系数采用以下公式进行计算

$$C_m = 0.7 + 0.3\frac{M_1}{M_2} \geqslant 0.7 \tag{5-7}$$

（2）弯矩增大系数 η_{ns}。

弯矩增大系数是考虑侧向挠度的影响而引入的增大系数，如图 5-11 所示。考虑柱产生侧向挠度 f 后，柱中截面弯矩可表示为

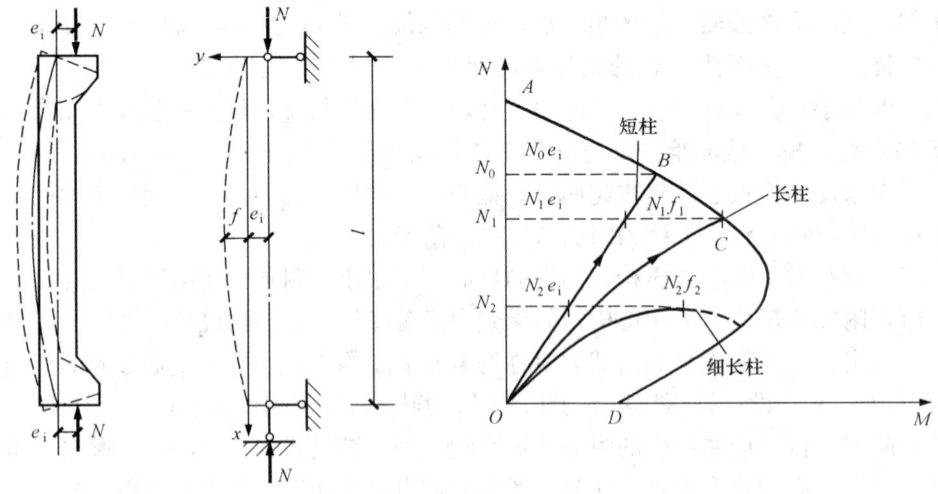

图 5-11　钢筋混凝土柱弯矩增大系数计算图

$$M = N(e_i + f) = N\frac{e_i + f}{e_i}e_i = N\eta_{ns}e_i$$

$$\eta_{ns} = \frac{e_i + f}{e_i} = 1 + \frac{f}{e_i}$$

式中　η_{ns}——弯矩增大系数。

根据大量试验结果及理论分析，《规范》给出了弯矩增大系数 η_{ns}的计算公式

$$\eta_{ns}=1+\frac{1}{1300(M_2/N+e_a)/h_0}\left(\frac{l_0}{h}\right)^2\zeta_c \tag{5-8}$$

$$\zeta_c=\frac{0.5f_cA}{N} \tag{5-9}$$

式中　M_2——偏心受压构件两端截面按结构分析确定的弯矩设计值中绝对值较大的弯矩设计值；

N——与弯矩设计值 M_2 相应的轴向压力设计值；

ζ_c——截面曲率修正系数，当 $\zeta_c>1.0$ 时，取 $\zeta_c=1.0$。

（三）控制截面设计弯矩计算方法

除排架结构柱以外的偏心受压构件，在其偏心方向上考虑杆件自身挠曲影响（即附加弯矩或二阶弯矩）的控制截面弯矩设计值可按下式计算

$$M=C_m\eta_{ns}M_2 \tag{5-10}$$

其中，当 $C_m\eta_{ns}$ 小于 1.0 时取 1.0；对剪力墙肢及核心筒墙肢类构件，可取 $C_m\eta_{ns}$ 等于 1.0。

5.4.2　矩形截面偏心受压构件正截面承载力计算的基本公式

如前所述，大偏心受压构件的破坏与适筋受弯构件相似，小偏心受压构件破坏则与超筋受弯构件相似。为简化计算，《规范》采用了与受弯构件正截面承载力相同的计算假定，对受压区混凝土的曲线应力图也同样采用等效矩形应力图来代替。

一、大偏心受压构件承载力的计算公式及适用条件

（一）计算公式

为简化计算，采用了与受弯构件相同的处理方法，把受压区混凝土曲线形应力图形用等效矩形应力图形代替，其受压区高度 x 可取中和轴（按截面应变保持平面的假定所确定的）高度乘以系数 β_1，矩形应力图的应力值取为 $\alpha_1 f_c$，α_1 和 β_1 取值与受弯构件 3.3.2 等效矩形应力图形取值方法相同。矩形截面大偏心受压构件截面计算应力图形如图 5-12 所示。

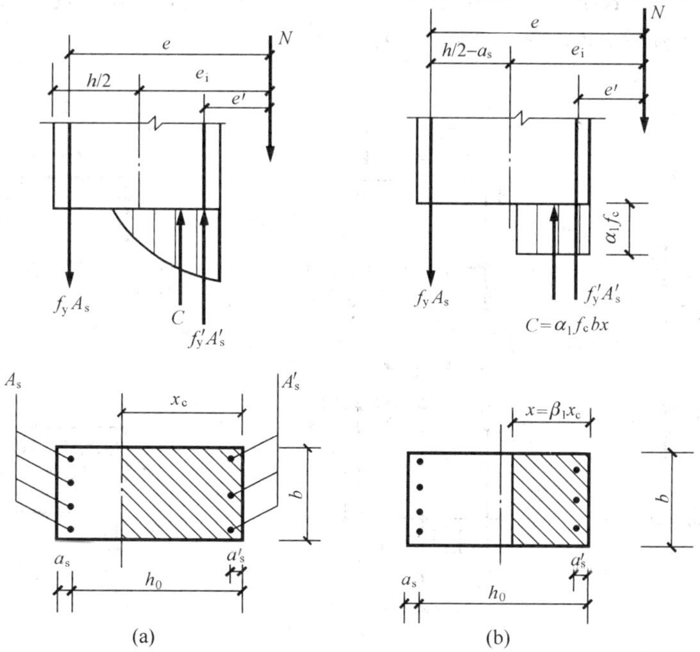

图 5-12　大偏心受压构件计算应力图形

（a）应力图形；（b）等效矩形应力图形

由平衡条件可得以下基本计算公式

$$N \leqslant \alpha_1 f_c bx + f'_y A'_s - f_y A_s \tag{5-11}$$

$$Ne \leqslant \alpha_1 f_c bx\left(h_0 - \frac{x}{2}\right) + f'_y A'_s (h_0 - a'_s) \tag{5-12}$$

式中 e——轴向压力作用点至受拉钢筋 A_s 合力点的距离，$e = e_i + \frac{h}{2} - a_s$，其中 e_i 按式（5-5）计算。

（二）适用条件

（1）为了保证构件破坏时，受拉钢筋能达到屈服强度 f_y，必须满足

$$x \leqslant x_b = \xi_b h_0 \tag{5-13}$$

式中 x_b——界限破坏时受压区计算高度，同受弯构件。

（2）为了保证构件破坏时，受压钢筋能达到抗压屈服强度 f'_y，必须满足

$$x \geqslant 2a'_s \tag{5-14}$$

若计算中出现 $x < 2a'_s$ 的情况时，说明破坏时受压钢筋 A'_s 没有屈服，此时可近似取 $x = 2a'_s$，并对受压钢筋 A'_s 的合力点取矩，则可得

$$Ne' = f_y A_s (h_0 - a'_s) \tag{5-15}$$

式中 e'——轴向压力作用点至受压钢筋 A'_s 合力点的距离，即 $e' = e_i - \frac{h}{2} + a'_s$。

二、小偏心受压构件承载力的计算公式及适用条件

（一）基本公式

小偏心受压破坏时，距纵向力 N 较近一侧的混凝土受压被压碎，受压钢筋 A'_s 的应力达到抗压强度设计值 f'_y；但距纵向力 N 较远一侧的纵向钢筋 A_s 无论受拉还是受压均未能屈服，故其应力统一用 σ_s 表示。为简化起见，受压区混凝土仍采用等效矩形应力图形，矩形截面小偏心受压构件计算应力图形如图 5-13 所示。

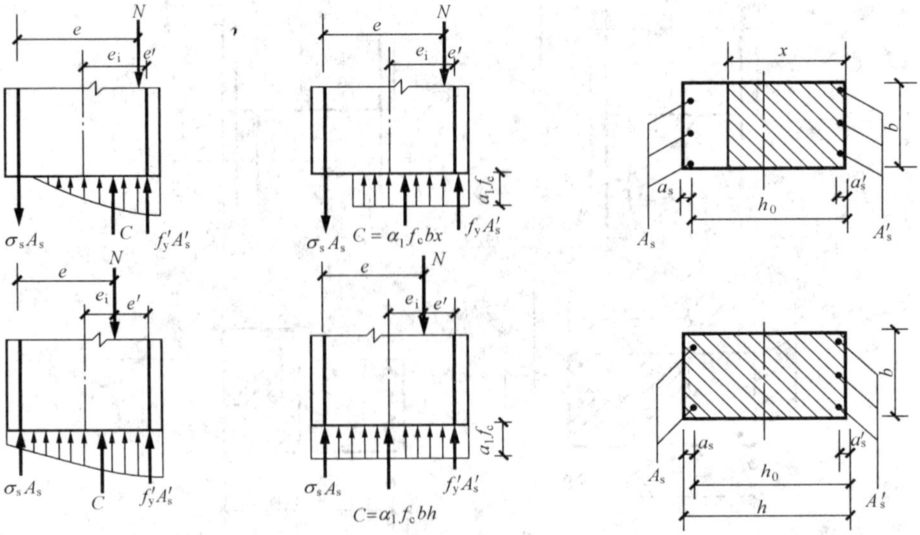

图 5-13　小偏心受压构件计算应力图形

按照平衡条件得以下基本计算公式

$$N \leqslant \alpha_1 f_c bx + f'_y A'_s - \sigma_s A_s \tag{5-16}$$

$$Ne \leqslant \alpha_1 f_c bx\left(h_0 - \frac{x}{2}\right) + f'_y A'_s (h_0 - a'_s) \tag{5-17}$$

$$\sigma_s = \frac{\xi - \beta_1}{\xi_b - \beta_1} f_y \tag{5-18}$$

按式（5-18）算得的钢筋应力 σ_s 值为正号时，钢筋受拉；当 σ_s 值为负号时，钢筋受压。其取值应符合下列条件

$$-f'_y \leqslant \sigma_s \leqslant f_y$$

（二）适用条件

应满足小偏心受压条件

$$x > x_b = \xi_b h_0，且 x \leqslant h$$

5.4.3　对称配筋矩形截面偏心受压构件正截面承载力计算

在实际工程中，偏心受压构件在各种不同荷载（风荷载、地震作用、竖向荷载）组合作用下，在同一截面内常承受变号弯矩，即截面在一种荷载组合作用下为受拉的部位，在另一种荷载组合作用下变为受压，而截面中原来受拉的钢筋则会变为受压；同时，为了在施工中不产生差错，一般都采用对称配筋方式。所谓对称配筋，就是在截面两侧配置相同数量、相同种类的钢筋，即 $f'_y = f_y$，$A'_s = A_s$，$a'_s = a_s$。

一、大、小偏心受压破坏的判别

在对称配筋条件下，$f'_y A'_s = f_y A_s$，由式（5-11）可直接计算得出

$$x = \frac{N}{\alpha_1 f_c b} \tag{5-19}$$

或

$$\xi = \frac{x}{h_0} = \frac{N}{\alpha_1 f_c b h_0} \tag{5-20}$$

当 $x \leqslant \xi_b h_0$（或 $\xi \leqslant \xi_b$）时，为大偏心受压；当 $x > \xi_b h_0$（或 $\xi > \xi_b$）时，为小偏心受压。

在此应注意的是，按式（5-19）计算的 ξ 值对于小偏心受压构件来说仅为判断依据，不能作为小偏心受压构件的实际相对受压区高度。

二、大偏心受压构件的配筋计算

由式（5-20）得出 ξ 值及 $x = \xi h_0$。

当 $2a'_s \leqslant x \leqslant \xi_b h_0$ 时，利用式（5-12）可直接求得 A'_s，并使 $A'_s = A_s$。

$$A'_s = A_s = \frac{Ne - \alpha_1 f_c bx\left(h_0 - \dfrac{x}{2}\right)}{f'_y (h_0 - a'_s)} \tag{5-21}$$

当 $x < 2a'_s$ 时，由式（5-15）求出 A_s，并使 $A'_s = A_s$

$$A'_s = A_s = \frac{Ne'}{f_y (h_0 - a'_s)} \tag{5-22}$$

当求得 $A'_s + A_s > 5\%bh$ 时，说明截面尺寸过小，宜加大柱的截面尺寸。

此外，计算出的钢筋面积 A_s 及 A'_s 均要满足最小配筋率的要求，即 A'_s（或 A_s）$\geqslant 0.002bh$。

【例 5-3】 某钢筋混凝土偏心受压柱，承受轴向压力设计值 $N = 500\text{kN}$，柱端较大弯矩设计值 $M_2 = 380\text{kN} \cdot \text{m}$，截面尺寸为 $b \times h = 400\text{mm} \times 450\text{mm}$，$a_s = a'_s = 40\text{mm}$，柱的计算长度 $l_0 = 5\text{m}$，采用 C30 混凝土和 HRB400 钢筋，要求进行截面对称配筋设计（按两端弯矩相

等 $M_1/M_2=1$ 的框架柱考虑）。

解 （1）确定设计参数。C30 混凝土，$\alpha_1=1.0$，$\beta_1=0.8$，$f_c=14.3\text{N/mm}^2$。HRB400 钢筋，$f'_y=f_y=360\text{N/mm}^2$，$\xi_b=0.518$。

$$I=\frac{bh^3}{12}=\frac{400\times 450^3}{12}=30\ 375\times 10^5\text{mm}^4,\quad A=bh=400\times 450=180\times 10^3\text{mm}^2$$

$$i=\sqrt{\frac{I}{A}}=\sqrt{\frac{30\ 375\times 10^5}{180\times 10^3}}=129.9\text{mm},\quad a_s=a'_s=40\text{mm},\quad h_0=450-40=410\text{mm}$$

（2）求框架柱设计弯矩 M。

由于 $M_1/M_2=1$，$i=129.9\text{mm}$，则 $l_0/i=5000/129.9=38.5>34-12(M_1/M_2)=22$ 因此，需要考虑附加弯矩影响。

$$\zeta_c=\frac{0.5f_cA}{N}=\frac{0.5\times 14.3\times 180\times 10^3}{500\times 10^3}=2.57>1,\text{取 }\zeta_c=1.0$$

$$C_m=0.7+0.3\frac{M_1}{M_2}=1$$

$$e_a=\left\{\frac{h}{30},20\text{mm}\right\}_{\max}=\{450/30\text{mm},20\text{mm}\}_{\max}=20\text{mm}$$

$$\eta_{ns}=1+\frac{1}{1300(M_2/N+e_a)/h_0}\left(\frac{l_0}{h}\right)^2\zeta_c$$

$$=1+\frac{1}{1300\times(380\times 10^6/500\ 000+20)/410}\times\left(\frac{5000}{450}\right)^2\times 1=1.05$$

代入式（5-10）得框架柱设计弯矩为

$$M=C_m\eta_{ns}M_2=1\times 1.05\times 380=399\text{kN}\cdot\text{m}$$

（3）判别大、小偏心受压。

由式（5-19）得

$$x=\frac{N}{\alpha_1 f_c b}=\frac{500\times 10^3}{1.0\times 14.3\times 400}=87.4\text{mm}<\xi_b h_0=0.518\times 410=212.38\text{mm}$$

故属于大偏心受压，且 $x=87.3\text{mm}>2a'_s=2\times 40=80\text{mm}$。

（4）计算 A'_s 和 A_s。

$$e_0=\frac{M}{N}=\frac{399\times 10^6}{500\times 10^3}=798\text{mm}$$

$$e_i=e_0+e_a=798+20=818\text{mm}$$

$$e=e_i+\frac{h}{2}-a_s=818+450/2-40=1003\text{mm}$$

由式（5-21）得

$$A'_s=A_s=\frac{Ne-\alpha_1 f_c bx\left(h_0-\frac{x}{2}\right)}{f'_y(h_0-a'_s)}$$

$$=\frac{500\times 10^3\times 1003-1.0\times 14.3\times 400\times 87.4\times\left(410-\frac{87.4}{2}\right)}{360\times(410-40)}$$

$$=2390\text{mm}^2>0.002bh=0.002\times 400\times 450=360\text{mm}^2$$

（5）选配钢筋并验算配筋率，绘截面配筋图。每侧各选配 5 ⌀ 25（$A'_s=A_s=$

2454mm²)。

全部纵筋配筋率为

$$\rho=\frac{A_s+A_s'}{bh}=\frac{2454\times2}{400\times450}=2.72\%>\rho_{min}=0.55\%，且\ \rho<\rho_{max}=5\%$$

满足要求。

截面配筋图如图 5-14 所示。

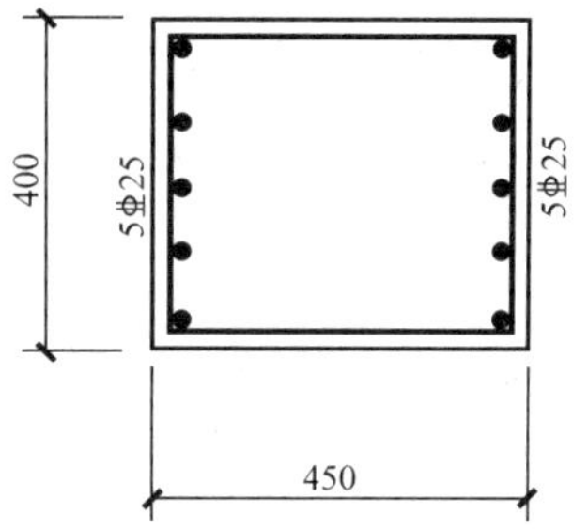

图 5-14 ［例 5-3］截面配筋图

三、小偏心受压构件的配筋计算

当根据式（5-19）计算所得 $x>\xi_b h_0$ 时，可判定为小偏心受压构件。此时应按小偏心受压构件的计算公式进行计算。

将 $f_y'=f_y$、$A_s'=A_s$、$a_s=a_s'$ 及 σ_s 计算式（5-18）代入式（5-16）和式（5-17）中，重新计算其实际相对受压区高度 ξ，可得 ξ 的三次方程，但计算相当烦琐。为此《规范》给出了 ξ 的近似计算公式

$$\xi=\frac{N-\xi_b\alpha_1 f_c bh_0}{\dfrac{Ne-0.43\alpha_1 f_c bh_0^2}{(\beta_1-\xi_b)(h_0-a_s')}+\alpha_1 f_c bh_0}+\xi_b \tag{5-23}$$

显然，$\xi>\xi_b$，肯定为小偏心受压情况。将 ξ 代入计算式（5-17）可求得

$$A_s'=A_s=\frac{Ne-\alpha_1 f_c bh_0^2\xi(1-0.5\xi)}{f_y'(h_0-a_s')} \tag{5-24}$$

【例 5-4】 钢筋混凝土偏心受压柱，承受轴向压力设计值 $N=2200$kN，两端弯矩设计值相等为 $M_1=M_2=200$kN·m，截面尺寸为 $b\times h=450$mm$\times500$mm，$a_s=a_s'=40$mm，柱的计算长度 $l_0=4$m，混凝土采用 C35，钢筋采用 HRB400，要求进行截面对称配筋设计。

解　（1）确定设计参数。

C35 混凝土，$\alpha_1=1.0$，$\beta_1=0.8$，$f_c=16.7\text{N/mm}^2$。

HRB400 钢筋，$f_y'=f_y=360\text{N/mm}^2$，$\xi_b=0.518$。

$$I=\frac{bh^3}{12}=\frac{450\times500^3}{12}=4687.5\times10^6\text{mm}^4,\quad A=bh=450\times500=225\times10^3\text{mm}^2$$

$$i=\sqrt{\frac{I}{A}}=\sqrt{\frac{4687.5\times10^6}{225\times10^3}}=144.3\text{mm},\quad a_s=a_s'=40\text{mm},\quad h_0=500-40=460\text{mm}$$

（2）求框架柱设计弯矩 M。

由于 $M_1/M_2=1$，$i=144.3$mm，则 $l_0/i=4000/144.3=27.7>34-12(M_1/M_2)=22$

因此，需要考虑附加弯矩影响。

$$\zeta_c=\frac{0.5f_cA}{N}=\frac{0.5\times16.7\times225\times10^3}{2200\times10^3}=0.85$$

$$C_m=0.7+0.3\frac{M_1}{M_2}=1$$

$$e_a=\left\{\frac{h}{30},\ 20\text{mm}\right\}_{max}=\{500/30\text{mm},\ 20\text{mm}\}_{max}=20\text{mm}$$

$$\eta_{ns}=1+\frac{1}{1300(M_2/N+e_a)/h_0}\left(\frac{l_0}{h}\right)^2\zeta_c$$

$$=1+\frac{1}{1300\times(200\times10^6/2200\times10^3+20)/460}\times\left(\frac{4000}{500}\right)^2\times0.85=1.174$$

代入式（5 - 10）得框架柱设计弯矩为

$$M=C_m\eta_{ns}M_2=1\times1.174\times200=234.8\text{kN}\cdot\text{m}$$

（3）判别大、小偏心受压。

由式（5 - 20）得

$$\xi=\frac{x}{h_0}=\frac{N}{\alpha_1f_cbh_0}=\frac{2200\times10^3}{1.0\times16.7\times450\times460}=0.636>\xi_b=0.518$$

故属于小偏心受压。

（4）计算 A_s' 和 A_s。

$$e_0=\frac{M}{N}=\frac{234.8\times10^6}{2200\times10^3}=106.7\text{mm}$$

$$e_i=e_0+e_a=106.7+20=126.7\text{mm}$$

$$e=e_i+\frac{h}{2}-a_s=126.7+\frac{500}{2}-40=336.7\text{mm}$$

由式（5 - 23）得

$$\xi=\frac{N-\xi_b\alpha_1f_cbh_0}{\dfrac{Ne-0.43\alpha_1f_cbh_0^2}{(\beta_1-\xi_b)(h_0-a_s')}+\alpha_1f_cbh_0}+\xi_b$$

$$=\frac{2200\times10^3-0.518\times1.0\times16.7\times450\times460}{\dfrac{2200\times10^3\times336.7-0.43\times1.0\times16.7\times450\times460^2}{(0.8-0.518)\times(460-40)}+1.0\times16.7\times450\times460}$$

$$+0.518$$

$$=0.622$$

则

$$A_s'=A_s=\frac{Ne-\alpha_1f_cbh_0^2\xi(1-0.5\xi)}{f_y'(h_0-a_s')}$$

$$=\frac{2200\times10^3\times336.7-1.0\times16.7\times450\times460^2\times0.622\times(1-0.5\times0.622)}{360\times(460-40)}$$

$$=392\text{mm}^2<0.002bh=0.002\times450\times500=450\text{mm}^2$$

需按最小配筋率配筋。

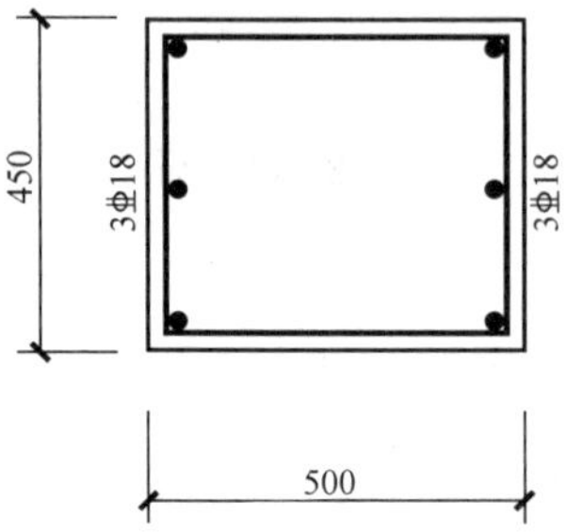

图 5 - 15 ［例 5 - 4］截面配筋图

（5）选配钢筋并验算配筋率，绘截面配筋图。

考虑钢筋间距不宜大于 300mm，每侧各选配 3 ⌀ 18（$A_s'=A_s=763\text{mm}^2$），全部纵筋配筋率为

$$\rho=\frac{A_s+A_s'}{bh}=\frac{763\times2}{450\times500}=0.68\%>0.55\%$$

每侧配筋 $A_s'=A_s=763\text{mm}^2>0.002bh$。满足要求。

截面配筋图如图 5 - 15 所示。

5.5　矩形截面偏心受压构件斜截面承载力计算

5.5.1　轴向压力对构件斜截面受剪承载力的影响

偏心受压构件除承受轴向压力 N 和弯矩 M 外，通常还伴随有剪力 V 的作用，一般情况下剪力值相对较小，可不进行斜截面受剪承载力的计算；但在多高层框架结构中，当承受水平地震作用或风荷载作用时，作用在柱上的剪力较大，受剪所需的箍筋数量很可能超过受压构件的构造要求，因此还需进行斜截面受剪承载力计算。

试验表明，轴向压力 N 对构件的抗剪承载力有提高作用，主要是因为轴向压力 N 能阻滞斜裂缝的出现和开展，增加了混凝土剪压区的高度，从而提高了剪压区混凝土的抗剪承载力。

轴向压力对构件抗剪承载力的提高作用是有限度的。图 5 - 16 为根据试验结果所绘出的 $V_u/(f_cbh)$ 与 $N/(f_cbh)$ 的关系曲线图，从图中可看出，当轴压比 $N/(f_cbh)\leqslant 0.3$ 时，偏压构件的斜截面抗剪承载力随 N 的增大而增强；当轴压比 $N/(f_cbh)$ 在 0.3～0.5 时，抗剪承载力达到最大值；当轴压比 $N/(f_cbh)>0.5$时，则构件的抗剪承载力反而会随着 N 的增大而逐渐有所下降。

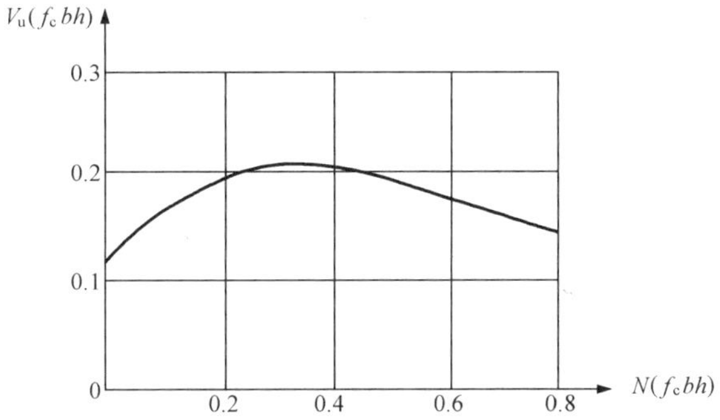

图 5 - 16　$V_u/(f_cbh)$ 与 $N/(f_cbh)$ 的关系

5.5.2　偏心受压构件斜截面受剪承载力计算公式

根据试验结果和可靠度分析，《规范》给出了偏心受压构件受剪承载力计算公式为

$$V\leqslant\frac{1.75}{\lambda+1}f_tbh_0+f_{yv}\frac{A_{sv}}{s}h_0+0.07N \tag{5-25}$$

式中　λ——偏心受压构件计算截面的剪跨比，$\lambda=M/(Vh_0)$，对框架柱取 $\lambda=\dfrac{H_n}{2h_0}$；

N——与剪力设计值 V 相对应的轴向压力设计值，当 $N>0.3f_cA$ 时，取 $N=0.3f_cA$，A 为构件的截面面积。

本 章 小 结

（1）配有普通箍筋的轴心受压构件，其抗压承载力由混凝土和纵筋两部分组成。由于纵向弯曲的影响将降低构件的承载力，因而应考虑稳定系数 φ 的影响。

由于受到混凝土最大压应变的限制，高强度钢筋在受压构件中不能充分发挥作用，因此，在受压构件中不宜采用高强度钢筋。

（2）配有螺旋箍（或焊接环筋）的轴心受压构件中，由于螺旋箍（或焊接环筋）对核心混凝土横向变形的约束作用，间接提高了构件的承载力。试验表明，这种以横向约束提高构件承载力的办法是非常有效的。

（3）偏心受压构件按其破坏特征不同，分为大偏心受压构件和小偏心受压构件，大偏心受压构件破坏时，受拉钢筋先达到屈服强度，最后另一侧受压区的混凝土被压碎、受压钢筋也达到屈服强度；小偏心受压构件破坏时，距偏心力较近一侧混凝土被压碎、受压钢筋达到屈服强度，而距偏心力较远一侧的混凝土和钢筋应力一般都比较小，均未达其强度。

偏心受压构件是以受拉钢筋首先屈服或受压混凝土首先压碎来判别大、小偏心受压破坏类型的，与受弯构件取得一致，均以 x_b（或 ξ_b）来判别，当 $x \leqslant x_b$（或 $\xi \leqslant \xi_b$）时，属于大偏心受压破坏；当 $x > x_b$（或 $\xi > \xi_b$）时，属于小偏心受压破坏。

（4）考虑实际工程中荷载作用位置不确定性、混凝土质量不均匀性、配筋不对称性以及施工不准确性等因素可能产生的偏心距增大，将导致构件承载力的降低影响，计算中引入了附加偏心距 e_a。《规范》采取的方法是用计算初始偏心矩 e_i 代替荷载偏心距 e_0，其中 $e_i = e_0 + e_a$。

（5）钢筋混凝土偏心受压长柱承载力计算时，应考虑在外荷载作用下因构件纵向弯曲变形引起的附加弯矩使构件承载力降低的影响，《规范》通过偏心距调节系数 C_m 和弯矩增大系数 η_{ns} 来考虑。

（6）在偏压构件中，轴向压力在一定范围内对斜截面抗剪承载力有提高作用，但其提高是有限度的，当轴压比 $N/(f_c A)$ 达 0.3～0.5 时，其抗剪承载力达到最大值。

思考题

5-1　在轴心受压构件中，配置纵向钢筋的作用是什么？为什么要控制配筋率？

5-2　解释轴心受压计算中稳定系数 φ 的含义是什么？主要考虑了哪些因素？

5-3　试分析在普通箍筋柱和螺旋式箍筋柱中，箍筋各有什么作用？

5-4　偏心受压柱破坏形态有哪几种？破坏特征怎样？其判别的条件是什么？

5-5　试解释偏心距调节系数 C_m 和弯矩增大系数 η_{ns} 的概念，分别怎样计算？

5-6　偏心受压承载力计算中，柱端设计弯矩怎样确定？

5-7　什么是对称配筋？有什么优点？

5-8　简述轴压力 N 对偏心受压构件抗剪承载力的影响。

习　题

5-1　某现浇的轴心受压柱，截面尺寸 $b \times h = 300\text{mm} \times 300\text{mm}$，计算长度 $l_0 = 4.8\text{m}$，采用混凝土强度等级为 C30，HRB335 级钢筋，承受轴向力设计值 $N = 1420\text{kN}$，计算纵筋数量。

5-2　某钢筋混凝土偏心受压柱，承受轴向压力设计值 $N = 500\text{kN}$，柱端弯矩 $M_1 = M_2 = 380\text{kN} \cdot \text{m}$，截面尺寸为 $b \times h = 400\text{mm} \times 450\text{mm}$，$a_s = a_s' = 40\text{mm}$，柱的计算长度 $l_0 = 5\text{m}$，采用 C30 混凝土和 HRB400 级钢筋，采用对称配筋，试计算柱所需的纵向钢筋。

5-3　某钢筋混凝土框架柱，截面尺寸 $b \times h = 450\text{mm} \times 500\text{mm}$，$a_s = a_s' = 40\text{mm}$，柱的计算长度 $l_0 = 6.0\text{m}$，采用 C30 混凝土和 HRB400 级钢筋，承受轴向压力设计值 $N = 3600\text{kN}$，柱端弯矩 $M_1 = 400\text{kN} \cdot \text{m}$，$M_2 = 420\text{kN} \cdot \text{m}$，要求进行截面对称配筋设计。

扫一扫

课程前导资源

第6章　钢筋混凝土梁板结构

学习提要

本章主要学习钢筋混凝土现浇单向板、双向板肋梁楼盖的内力计算，截面设计；楼梯的结构受力特点、内力分析和配筋构造，以及雨篷等悬挑构件的受力特点、内力分析和配筋构造。通过本章的学习，掌握现浇单向板、双向板肋梁楼盖的内力计算，理解按弹性理论、塑性理论计算梁、板内力时的思路与特点；掌握板式楼梯、梁式楼梯的计算；了解井字楼盖的计算及雨篷的设计。

6.1　概　　述

钢筋混凝土梁板结构是土木工程中常用的结构，例如房屋中的楼（屋）盖［图6-1（a)］，地下室底板［图6-1（b)］等。

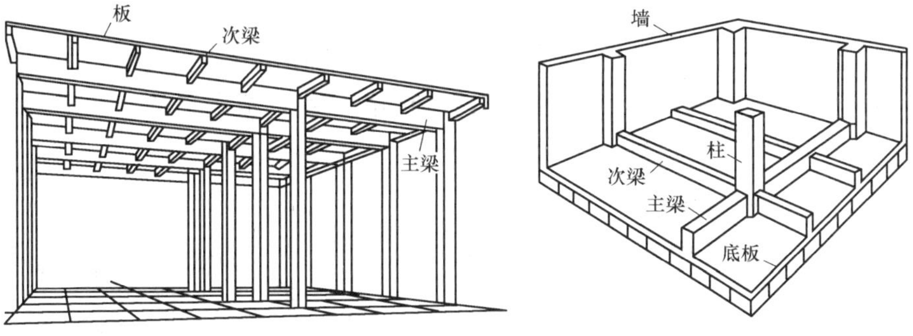

(a)　　(b)

图6-1　钢筋混凝土梁板结构

（a）肋型楼盖；（b）地下室底板

根据施工方法的不同，钢筋混凝土楼盖可分为现浇整体式、装配式和装配整体式三类。现浇整体式楼盖的全部构件均为现场浇筑，因而整体性好，抗震性能强，可适应各种特殊的结构布置要求，但模板用量大，工期较长，施工受季节影响比较大。装配式楼盖是将预制梁板构件在现场装配而成，可节省模板并缩短工期，但整体性和刚度较差。装配整体式楼盖（图6-2）是在预制梁、板吊装就位后，再在板面作配筋现浇层而形成的叠合式楼盖，该楼盖可节省模板，楼盖整体性也较好，但费工费料。

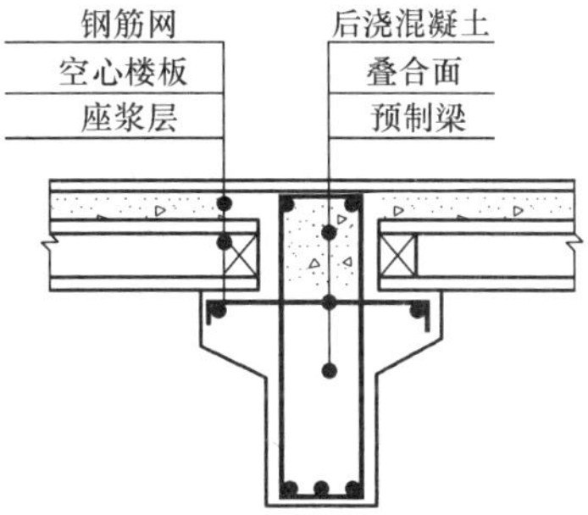

图6-2　叠合梁

现浇整体式楼盖按楼板受力和支承条件的不同又分为现浇肋梁楼盖、无梁楼盖和井式楼盖。

（一）现浇肋梁楼盖

现浇肋梁楼盖由板和梁组成。梁将板分成多个区格，根据板区格的长边尺寸 l_2 和短边尺寸 l_1 的比值不同，又可将肋梁楼盖分为单向板肋梁楼盖和双向板肋梁楼盖，如图 6－3（a）、（b）所示。

当板区格的长边尺寸 l_2 与短边尺寸 l_1 之比超过一定数值时，板上的荷载主要沿短边 l_1 的方向传递到支承梁上，而沿长边 l_2 方向传递的荷载很小，可以忽略不计，仅考虑板沿单方向（短方向）受力，称为“单向板”，相应的肋梁楼盖称为单向板肋梁楼盖。当板区格的长边 l_2 与短边 l_1 之比较小时，板上的荷载将通过两个方向同时传递到相应的支承梁上，此时板沿两个方向受力，称为“双向板”，相应的肋梁楼盖称为双向板肋梁楼盖。

《规范》规定，当 $l_2/l_1 \geqslant 3.0$ 时，按沿短边方向受力的单向板计算；当 $l_2/l_1 \leqslant 2.0$ 时，应按两个方向同时受力的双向板计算；当 $2.0 < l_2/l_1 < 3.0$ 时，宜按双向板计算。

单向板肋梁楼盖具有构造简单、计算简便、施工方便、较为经济的优点，故被广泛采用。

（二）井式楼盖

井式楼盖是由肋梁楼盖演变而成，其特点是两个方向上的梁截面尺寸相同，不分主、次梁，互相交叉形成井字状，共同直接承受板传来的荷载，如图 6－3（c）所示。井式楼盖的建筑效果较好，常适用于公共建筑的大厅或接近方形的中小礼堂、餐厅。

（三）无梁楼盖

无梁楼盖是在楼盖中不设梁肋，将板直接支承在带有柱帽（或无柱帽）的柱上，是一种板柱结构，如图 6－3（d）所示。无梁楼盖具有结构高度小，板底平整，采光、通风效果好等特点，通常适用于柱网尺寸不超过 6m 的图书馆、冷库和各种仓库等。

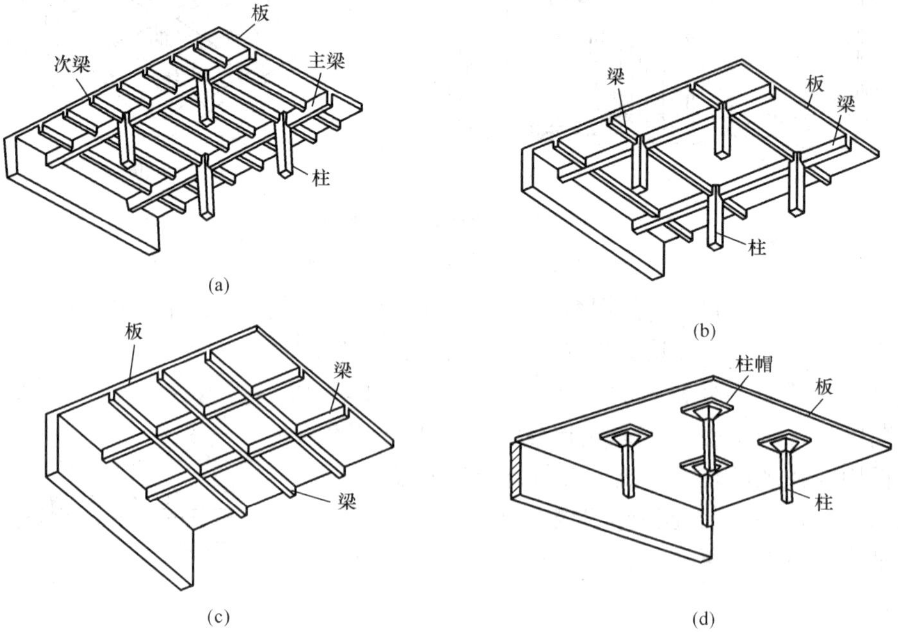

图 6－3　楼盖的主要结构形式

（a）单向板肋梁楼盖；（b）双向板肋梁楼盖；（c）井式楼盖；（d）无梁楼盖

6.2　整体式单向板肋梁楼盖

单向板肋梁楼盖一般由板、次梁和主梁组成，板可以支承在次梁、主梁或砖墙上。在单向板肋梁楼盖中，荷载传递路线为，荷载→板→次梁→主梁→柱（墙），也就是说，板的支座为次梁，次梁的支座为主梁，主梁的支座为柱或墙。由于板、次梁和主梁整体浇筑在一起，因此楼盖中的板和梁往往形成多跨连续结构，在内力计算和构造要求上与单跨简支板、梁均有较大区别，所以在现浇楼盖的设计和施工中，必须注意这一重要特点。

6.2.1　结构平面布置及梁、板尺寸的确定

一、结构平面布置

楼盖结构平面布置的任务是合理确定柱网和梁格，结构平面布置一般可按下列原则进行。

（一）满足房屋的正常使用要求

当房屋的宽度不大时（<5～7m），梁可以只沿一个方向布置［图 6-4（a）］；当房屋的平面尺寸较大时（例如工厂、仓库等），梁则应布置在两个方向上，并设一、两排或更多的支柱，此时主梁可平行于纵向外墙［图 6-4（b）］或垂直于纵向外墙［图 6-4（c）］设置，前者对室内采光较为有利，后者则适合需要开设较大窗孔的建筑。

（二）结构受力是否合理

应尽量避免将集中荷载直接支承于板上，如板上有隔墙、机器设备等集中荷载作用时，宜在板下设置梁来支承［图 6-4（d）］，也应尽量避免将梁搁置在门窗洞口上。

（三）节约材料、降低造价

实践表明，楼盖中板的混凝土用量占整个楼盖混凝土用量的 50%～70%，因此板厚不宜大，但板太薄会使挠度过大，且施工质量难以保证。由图 6-4 中可以看出，板的跨度就是次梁的间距，次梁跨度即为主梁的间距，主梁跨度即为柱或墙的间距。构件的跨度过大和过小均不经济，所以跨度应控制在合理跨度范围内。通常板的合理跨度一般为 1.7～2.7m 之间，不宜超过 3m；次梁的合理跨度为 4～6m，主梁的合理跨度为 5～8m。

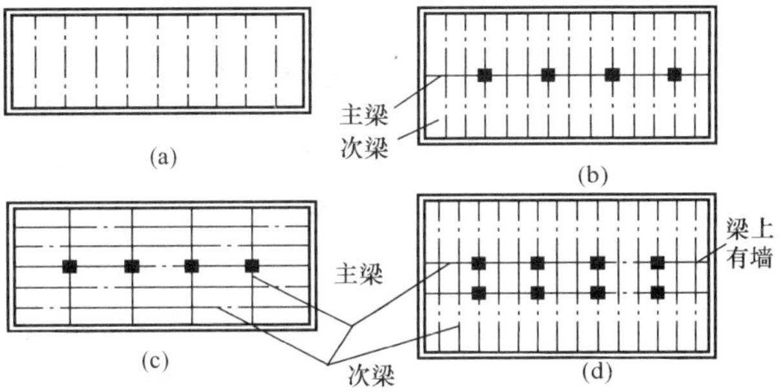

图 6-4　单向板楼盖的几种结构布置

二、梁、板尺寸的初步确定

梁、板一般不需作刚度和裂缝宽度验算的最小截面高度为

板　　$h=(1/30\sim1/40)l_1$

次梁　　$h=(1/18\sim1/12)l_0$

主梁　　$h=(1/14\sim1/8)l_0$

主、次梁截面宽度　　$b=h/2\sim h/3$

式中　l_1——单向板的标志跨度（次梁间距）；

　　l_0——次梁、主梁的标志跨度（主梁间距、柱与柱或柱与墙的间距）。

6.2.2 单向板楼盖计算简图的确定

结构平面布置确定后，即可确定梁、板的计算简图，以便对板、次梁和主梁分别进行计算。其内容有荷载计算、支承条件的影响、计算跨度和跨数。

一、结构支承条件

（一）边支座

当板或梁直接搁置在砖墙（或砖柱）上时，支座对板、梁的嵌固作用不大，计算中可将其视为铰支座。

（二）中间支座

在肋梁楼盖中，板、次梁、主梁和柱均是整浇在一起的，板支承于次梁，次梁支承于主梁，主梁支承于柱。因此，次梁对于板、主梁对于次梁、柱对于主梁转动具有一定的约束作用。但在实际工程中为简化计算，假定板、次梁、主梁分别在次梁、主梁、柱的支承为铰支承，认为在支承处可以自由转动，而忽略了次梁、主梁、柱在支承处对连续板、次梁、主梁的转动约束能力。

二、计算跨度与计算跨数

梁、板的计算跨度通常可按表 6-1 中规定采用。

表 6-1 梁、板的计算跨度

<table>
<tr><td rowspan="5">按弹性理论计算</td><td rowspan="3">单跨</td><td>两端简支</td><td>$l_0 \leqslant l_n + h$ （板）
$l_0 = l_n + a \leqslant 1.05l_n$ （梁）</td></tr>
<tr><td>一端简支、一端与支承构件整浇</td><td>$l_0 \leqslant l_n + h/2$ （板）
$l_0 = l_n + a/2 \leqslant 1.05l_n$ （梁）</td></tr>
<tr><td>两端与支承构件整浇</td><td>$l_0 = l_n$</td></tr>
<tr><td rowspan="2">多跨</td><td>边跨</td><td>$l_0 \leqslant l_n + h/2 + b/2$ （板）
$l_0 = l_n + a/2 + b/2 \leqslant 1.025l_n + b/2$ （梁）</td></tr>
<tr><td>中间跨</td><td>$l_0 = l_c$</td></tr>
<tr><td rowspan="2">按塑性理论计算</td><td colspan="2">一端简支、一端与支承构件整浇</td><td>$l_0 \leqslant l_n + h/2$ （板）
$l_0 = l_n + a/2 \leqslant 1.025l_n$ （梁）</td></tr>
<tr><td colspan="2">两端与支承构件整浇</td><td>$l_0 = l_n$</td></tr>
</table>

注 l_0 为板、梁的计算跨度；l_c 为支座中心线间距离；l_n 为板、梁的净跨；h 为板厚；a 为板、梁端部支承长度；b 为中间支座宽度。

对于各跨荷载相同，且跨数超过五跨的等跨（或跨度相差不超过 10%）等截面连续梁（板），除两边各两跨外的所有中间跨内力十分接近，因此为简化计算，将所有中间跨均以第三跨来代表。即若跨数超过 5 跨时，可近似地按 5 跨计算；若跨数小于 5 跨时，按实际跨数计算。

三、荷载取值

楼盖上的荷载有恒荷载和活荷载两类。其中楼盖恒荷载的标准值可由其几何尺寸和材料单位体积重量计算，楼盖的活荷载标准值可从《荷载规范》中查得。

当楼面承受均布荷载时，梁、板的荷载计算单元分别按下述方法确定，如图 6-5（a）所示。

单向板：除承受板自重、抹灰荷载外，还承受作用其上的使用活荷载，通常取 1m 宽的板带作为计算单元。

次梁：除承受次梁自重、抹灰荷载外，还承受板传来的荷载。计算板传来的荷载时，为简化计算，不考虑板的连续性而按简支板进行计算，即取宽度为板跨度 l_1 的负荷带作为计算单元。

主梁：除承受主梁自重、抹灰荷载外，还承受次梁传来的集中荷载。为简化计算，计算时不考虑次梁的连续性，而按简支次梁计算次梁传来的集中荷载，主梁自重及抹灰荷载也可简化为集中荷载。

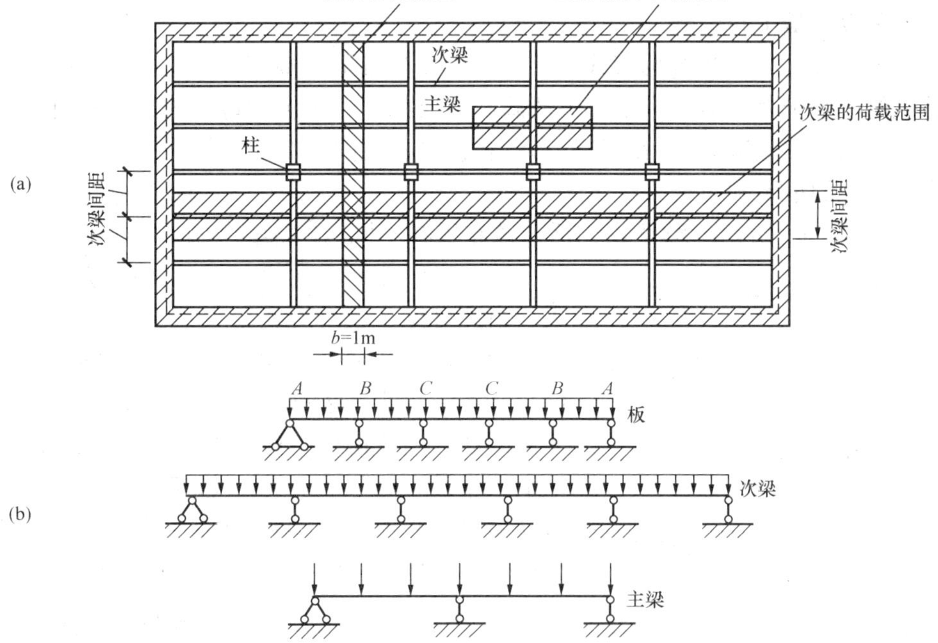

图 6 - 5　单向板肋梁楼盖板、梁的计算简图

(a) 荷载计算单元；(b) 板、梁的计算简图

在确定连续梁、板的计算简图时，由于一般假设其支座均为铰接，即忽略了支座对被板、梁的转动约束作用，这对于等跨连续梁、板在恒荷载作用下带来的误差是不大的，但在活荷载不利布置下，次梁的转动将减小板的内力，由此对连续梁、板在荷载作用下的内力带来一定的误差。为了简单计算，可以采取增大恒荷载、相应减小活荷载，保持总荷载不变的方法来进行计算，以考虑这种有利影响。同理，主梁的转动势必也将减小次梁的内力，故对次梁也采用折算荷载来计算次梁的内力，但折算的少些。

折算荷载的取值如下

连续板

$$g' = g + q/2 \quad q' = q/2 \tag{6 - 1}$$

连续次梁

$$g' = g + q/4 \quad q' = 3q/4 \tag{6 - 2}$$

式中　g，q——单位长度上的恒荷载、活荷载设计值；

g'，q'——单位长度上折算恒荷载、折算活荷载设计值。

在按弹性理论分析内力时，可采用折算荷载计算内力；但在按塑性理论分析计算内力时，可不必考虑折算荷载，即可直接取用荷载 g 和 q。当板或次梁支承在砖墙上或钢结构构件上时，上述约束不存在，故不用折减。

连续板、次梁和主梁的计算简图如图 6 - 5（b）所示。

6.2.3　按弹性方法计算内力

按弹性计算法计算连续板、梁的内力时，将钢筋混凝土梁、板视为理想弹性体，按结构力学的方法进行内力计算。为设计方便，对于常用荷载作用下的等跨等截面的连续梁、板，其内力均已制成表格，见附表 3 - 1，供设计计算时查用。

一、活荷载的最不利位置

作用在梁、板上的荷载有恒荷载和活荷载，恒荷载是保持不变的，而活荷载在各跨的分布则是随机的。对于简支梁，当全部恒荷载和活荷载同时作用时将产生最大的内力；但对于多跨连续梁、板，则应考虑活荷载如何布置将使梁、板内某一截面的内力绝对值最大，这种布置称为活荷载的最不利布置。

图 6 - 6 所示为一五跨连续梁，当活荷载布置在不同跨时梁的弯矩图及剪力图。由图 6 - 6（a）、（c）可见，这两种情况 AB 跨内都产生正弯矩，由此可见，当活荷载布置在 1、3、5 跨时将使该跨出现跨内最大正弯矩，见图 6 - 7（a）。由图 6 - 6（a）、（b）可见，这两种情况在支座 B 上都产生负弯矩，因此，当活荷载布置在 1、2、4 跨时使支座 B 截面上产生最大负弯矩，见图 6 - 7（c）。而活荷载在各跨满布时，并不是最不利情况。把上述活荷载分布情况进行归纳分析，则可总结出如下规律：

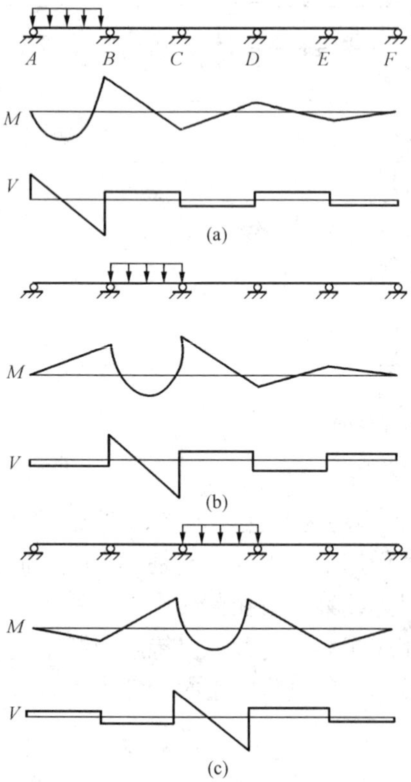

图 6 - 6　五跨连续梁弯矩图及剪力图

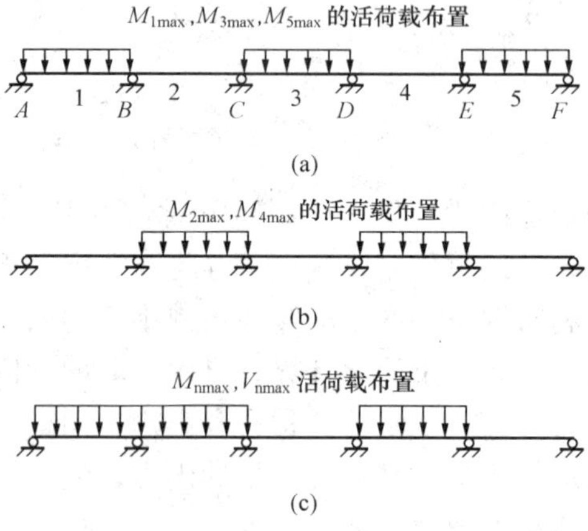

图 6 - 7　活载不利布置

（1）当求连续梁某跨跨中最大正弯矩时，除应在该跨布置活荷载外，两边应每隔一跨布置活荷载。

（2）当求连续梁各中间支座的最大（绝对值）负弯矩时，应在该支座的左、右两跨布置活荷载，然后隔跨布置活荷载。

（3）当求连续梁各支座截面（左侧或右侧）的最大剪力时，应在该支座的左、右两跨布置活荷载，然后隔跨布置活荷载。

二、内力计算

明确活荷载最不利布置后，可直接由附表 3 - 1 中查出相应的弯矩、剪力系数，利用下列公式计算跨内或支座截面的最大内力。

均布荷载作用下

$$M = k_1 g l_0^2 + k_2 q l_0^2 \tag{6-3}$$

$$V = k_3 g l_0 + k_4 q l_0 \tag{6-4}$$

集中荷载作用下

$$M = k_1 G l_0 + k_2 Q l_0 \tag{6-5}$$

$$V = k_3 G + k_4 Q \tag{6-6}$$

式中　g，q——单位长度上的均布恒荷载和活荷载；

G，Q——集中恒荷载和活荷载；

$k_1 \sim k_4$——内力系数，由附表 3 - 1 中相应栏内查得；

l_0——梁的计算跨度。

在求跨中弯矩时，取相应跨的计算跨度；但当求支座负弯矩时，计算跨度可取相邻两跨的平均值（或取其中较大值）。

三、内力包络图

在求出了支座截面和跨内截面的最大弯矩值、最大剪力值后，即可进行截面设计。但这只能确定支座截面和跨内的配筋，而不能确定钢筋在跨内的变化情况，要想合理地确定上部纵向钢筋的切断和下部纵向钢筋的弯起位置，就需要知道每一跨内其他截面的最大弯矩和最大剪力的变化情况，即绘制内力包络图。

内力包络图是分别将各种活荷载不利组合作用下的内力图（弯矩图和剪力图），叠画在同一坐标图上的“内力叠合图”的外包线所形成的图形。它表示连续梁在各种活荷载最不利布置下各截面可能产生的最大内力值。图 6 - 8 为五跨连续梁的弯矩包络图和剪力包络图。

绘制弯矩包络图的目的，在于能合理地确定钢筋弯起和切断的位置，有时也可以检查构件截面承载力是否可靠、材料用量是否经济。

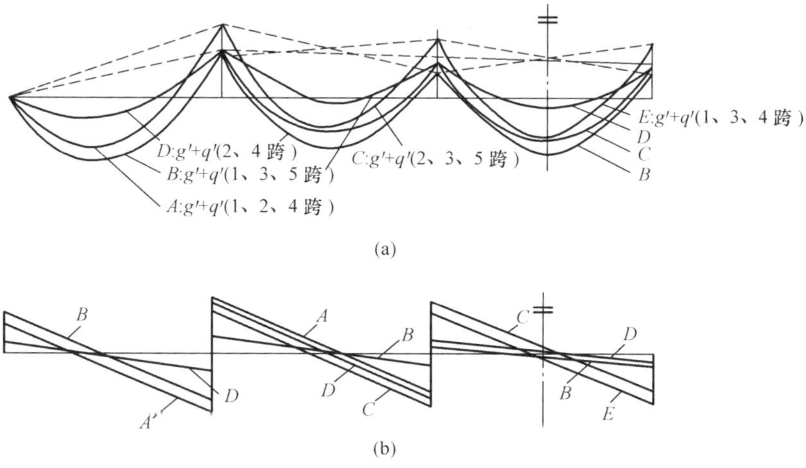

图 6 - 8　内力包络图

（a）弯矩包络图；（b）内力包络图

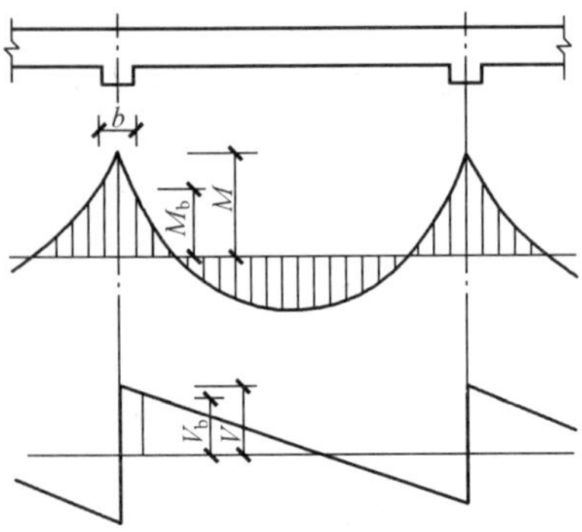

图 6-9　梁支座边缘的弯矩和剪力

四、支座弯矩和剪力设计值的计算

按弹性理论计算时，求得的支座截面最大内力均为支座中心线处的内力，但此处的截面高度却由于与其整体连接的支承梁（或柱）的存在而明显增大，故其内力虽为最大，但并非最危险截面，如图 6-9 所示。实际上，控制截面应在支座边缘，弯矩和剪力设计值应以支座边缘截面为准，故取

弯矩设计值

$$M_b = M - V_0 \frac{b}{2} \tag{6-7}$$

剪力设计值

$$V_b = V - (g+q) \frac{b}{2} \tag{6-8}$$

式中　M_b，V_b——支座边缘截面处的弯矩和剪力设计值；

M，V——支座中心线处截面的弯矩和剪力设计值；

V_0——按简支梁计算的支座中心处的剪力设计值；

g，q——均布恒荷载和活荷载；

b——支座宽度。

五、弹性理论分析的几点结论

（1）弹性理论认为结构的任一截面达到极限弯矩，即意味着整个结构的破坏，其结构构件具有较高的可靠度。

（2）弹性理论考虑了活荷载的不利布置，截面设计是根据活荷载不利作用下计算所得内力进行配筋的，事实上各种最不利内力是根本不会同时出现的。当某一截面达到其极限弯矩时，其他截面的承载力均不能达到有效发挥，材料得不到利用。

（3）按弹性理论方法计算结果，连续梁的内支座截面弯矩通常较大，配筋较多导致钢筋拥挤，施工不方便混凝土浇捣，从而影响施工效率和质量。

6.2.4　按塑性内力重分布的方法计算内力

按弹性理论分析梁、板内力时，认为结构是匀质弹性体，假定从开始加荷到结构破坏，梁、板内力与恒荷载成正比。但实际上，钢筋混凝土并非完全弹性材料，在受荷过程中构件截面上会出现明显的塑性，结构各截面间的内力关系在发生变化，即出现了内力重分布现象。特别是当钢筋屈服后所表现的塑性性能，更加剧了这一现象。

一、“塑性铰”的概念

（一）“塑性铰”的形成

如图 6-10 所示的简支梁，当加荷至跨中弯矩较大的截面受拉钢筋屈服后，随着荷载的稍许增加，钢筋将产生很大的塑性变形，受压区混凝土被压缩，裂缝开展，屈服截面形成一个塑性变形集中的区域，在这个区域内截面两侧产生较大的相对转动，犹如一个能够转动的“铰”，称为塑性铰。

（二）“塑性铰”的特点

“塑性铰”与力学中的理想铰相比，具有以下特点：

（1）“塑性铰”能承受相应于截面“屈服”的极限弯矩。

（2）“塑性铰”不是集中于一点，而是发生在一小段局部变形很大的区域。

（3）“塑性铰”只能沿弯矩作用方向作有限的转动。

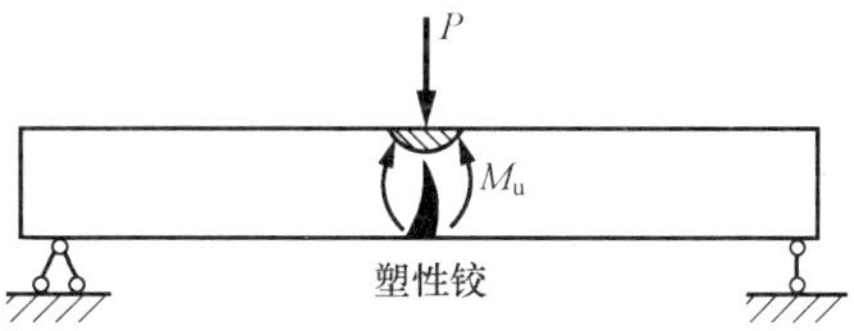

图 6-10　简支梁的破坏机构

（三）“塑性铰”对结构的影响

静定结构中任一截面出现塑性铰后，结构将成为几何可变体系，结构的承载能力将随着塑性铰转动的终止而达极限。超静定结构由于存在多余约束，构件某一截面出现塑性铰只意味着将减少一个多余约束，不一定会导致结构立即破坏，还可继续增加荷载，只是结构的内力分布发生了变化，即产生了内力重分布。

二、超静定结构的塑性内力重分布

（一）塑性内力重分布过程

以图 6-11 所示的两跨连续梁来说明超静定结构的内力重分布过程。

该梁每跨跨中作用一集中荷载 P，梁跨度 $l=3$m，设梁跨中和支座截面能承受的极限弯矩相同，$M_u=30$kN・m。

按照弹性理论计算，由附表 3-1 查得弯矩为

跨中截面

$$M_1 = M_2 = 0.156Pl$$

支座截面

$$M_B = -0.188Pl$$

跨中和支座截面的弯矩比值 $M_1:M_B=1:1.2$。则支座在外荷载 $P_1=\frac{M_B}{0.188l}=\frac{30}{0.188\times3}=53.2$kN 作用时将达到截面的抗弯承载力，如图 6-11（b）所示。按弹性方法分析，P_1 就是这根梁所能承担的极限荷载，但此时跨中截面的弯矩仅为 $M_1=M_2=0.156\times53.2\times3=24.89$kN・m，其抗弯承载力并未得到发挥，还存在一定的承载能力储备（30－24.89＝5.11kN・m）。

按照塑性理论分析，当支座弯矩达极限值 M_B 时，中间支座将出现塑性铰，但此时结构并未破坏。若再继续增加荷载 P_2，此时连续梁的工作将类似两根简支梁，如图 6-11（c）所示。在 P_2 作用下，其支座弯矩的增值为零，跨中弯矩将按简支梁的规律增加，直到跨中总弯矩也达到其极限弯矩值而形成塑性铰。此时，连续梁将成为几何可变体系，结构承载能力丧失，如图 6-11（d）所示。

本例中，在加荷初期，连续梁的内力分布规律基本符合按弹性理论计算的情况，其跨中和支座截面的弯矩比例为 $M_1:M_B=1:1.2$。但是在中间支座出现塑性铰后，结构计算简图发生变化，随着荷载加大，这一比例关系在变化着，直至破坏时其比例改变为 1∶1。

显然，在塑性铰出现后的加载过程中，增加的荷载将全部由跨中截面来负担，跨中弯矩随着荷载的增加而逐渐增大，这就是结构的内力重分布过程。

（二）结构塑性内力重分布的限制条件

塑性铰的形成是超静定结构实现塑性内力重分布的关键。为保证结构塑性内力重分布的

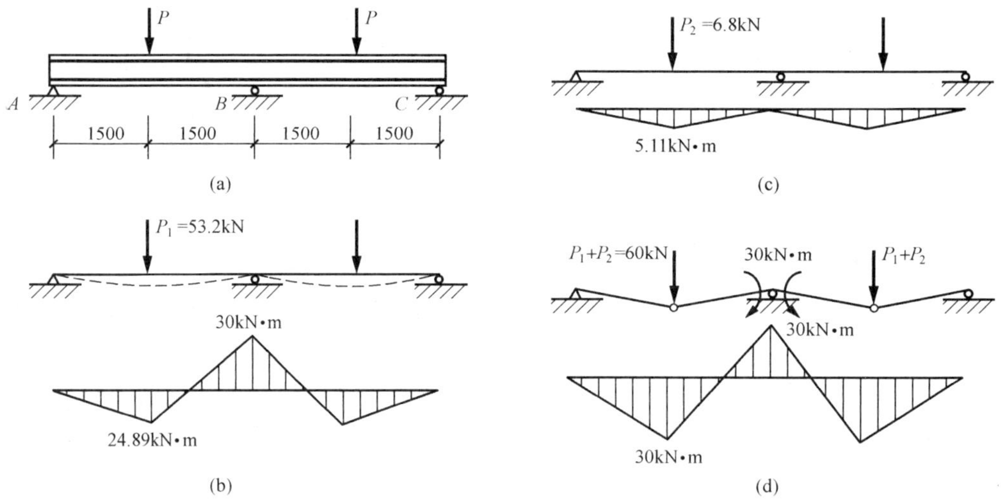

图 6-11　连续梁塑性内力重分布过程

实现，一方面要求塑性铰有足够的转动能力；另一方面塑性铰的转动幅度又不宜过大。

（1）钢筋宜采用塑性较好的 HPB300、HRB335 和 HRB400 级钢筋。

（2）塑性铰处截面的相对受压区高度应满足 $\xi=x/h_0\leqslant 0.35$。

（3）弯矩调整幅度不宜过大，应控制在弹性理论计算弯矩的 20%以内。

（三）考虑塑性内力重分布的意义和适用范围

超静定混凝土结构在实际承载过程中，由于混凝土的非弹性变形、裂缝的出现和开展、钢筋的锚固滑移，以及塑性铰的形成和转动等因素影响。结构的刚度在各受力阶段不断发生变化，从而使结构的实际内力与变形明显地不同于按刚度不变的弹性理论计算的结果。所以，在设计钢筋混凝土连续梁、板时，恰当地考虑结构的内力重分布，不仅可以使结构的内力分析与截面设计相协调，而且具有以下优点：

（1）超静定结构的破坏标志，不是某一截面达到极限弯矩，而是结构出现足够数目的塑性铰，使整个结构形成可变体系，适当地考虑内力重分布，可以使结构在破坏时由较多的截面达到其承载力，从而充分发挥结构的潜力，有效地利用材料。

（2）利用结构内力重分布的特性，合理调整钢筋布置（适当减少支座截面配筋），可以改善支座钢筋拥挤现象，简化配筋构造，方便混凝土浇捣，从而提高施工效率和质量。

（3）根据结构内力重分布规律，在一定条件和范围内可以人为控制结构中的弯矩分布（弯矩由支座截面向跨中截面转移），从而使设计得以简化。

考虑到内力重分布是以形成塑性铰为前提的，虽然可以节约钢材，但在使用阶段钢筋应力较高，构件裂缝和变形均较大。因此下列情况下不能采用：

（1）在使用阶段不允许开裂或对裂缝开展有较严格限制的结构，如水池池壁，自防水屋面等。

（2）重要部位的结构，要求可靠度较高的结构，如主梁。

（3）直接受动力和重复荷载作用的结构。

（4）处于有腐蚀环境中的结构。

三、塑性内力重分布的计算方法

对于在均布荷载作用下的等跨、等截面连续梁、板，当考虑塑性内力重分布时各控制截面的弯矩和剪力可按以下公式计算。

弯矩

$$M = \alpha(g+q)l_0^2 \tag{6-9}$$

剪力

$$V = \beta(g+q)l_n \tag{6-10}$$

式中　α，β——弯矩和剪力系数，按图 6-12 采用；

l_0，l_n——梁、板的计算跨度和净跨；

g，q——梁、板恒荷载和活荷载的设计值。

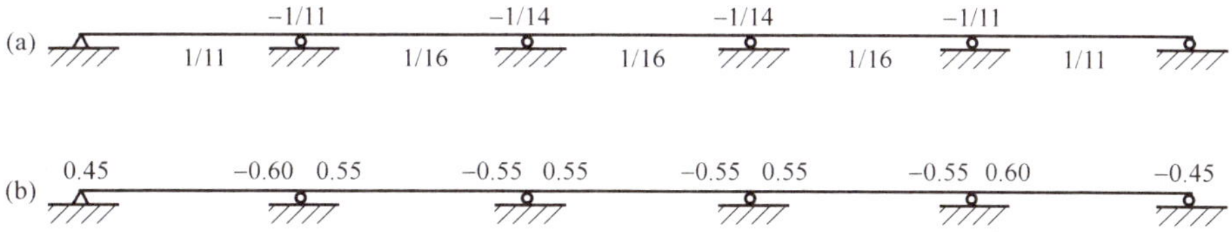

图 6-12　板和次梁按塑性理论计算的内力系数

(a) 弯矩系数；(b) 剪力系数

6.2.5　截面设计及构造要求

一、板的计算及构造要求

（一）板的计算

(1) 支承在次梁或砖墙上的连续板，一般可按塑性内力重分布的方法计算。

(2) 板一般均能满足斜截面抗剪要求，设计时不需进行抗剪计算。

(3) 四周与梁整浇的板，在负弯矩作用下支座上部开裂，在正弯矩的作用下跨中下部开裂，板实际轴线为一个拱形（图 6-13）。在竖向荷载作用下，受到支座水平推力的影响，板的弯矩有所减少。因此，板中间跨的跨中截面及中间支座，计算弯矩可减少 20%，但边跨跨中及第一内支座的弯矩不予降低。边区格板一律不折减。

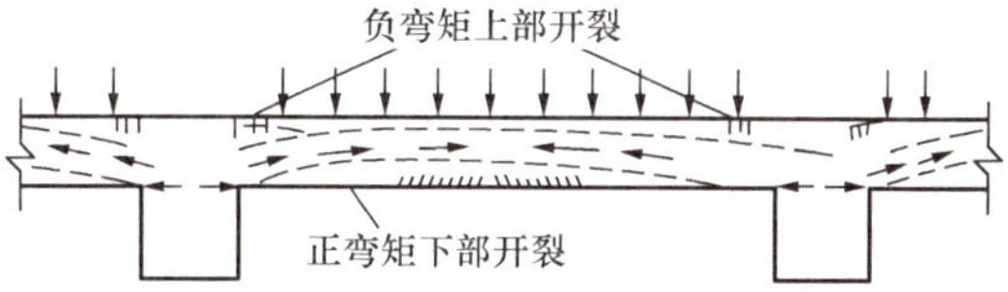

图 6-13　板的内拱作用

(4) 根据弯矩算出各控制截面的钢筋面积后，为保证配筋协调（直径、间距协调），应按先内跨后边跨，先跨中后支座的顺序选配钢筋。

（二）构造要求

(1) 板的支承长度。

板的支承长度应满足其受力钢筋在支座内锚固的要求，且一般不小于板厚，当搁置在砖墙上时，不少于 120mm。

(2) 受力钢筋的配筋方式。连续板受力钢筋有弯起式和分离式两种配筋方式，如图 6-14 所示。

当 $q/g \leqslant 3$ 时，$a = l_n/4$；当 $q/g > 3$ 时，$a = l_n/3$。其中 g、q 分别为均布恒载和活载设计值。

弯起式配筋的特点是钢筋锚固较好，整体性强，省钢材，但施工较复杂，目前已很少采用。

分离式配筋是指在跨中和支座钢筋各自单独选配。其特点是配筋构造简单，但其锚固能力较差，整体性不如弯起式配筋，耗钢量也较多。

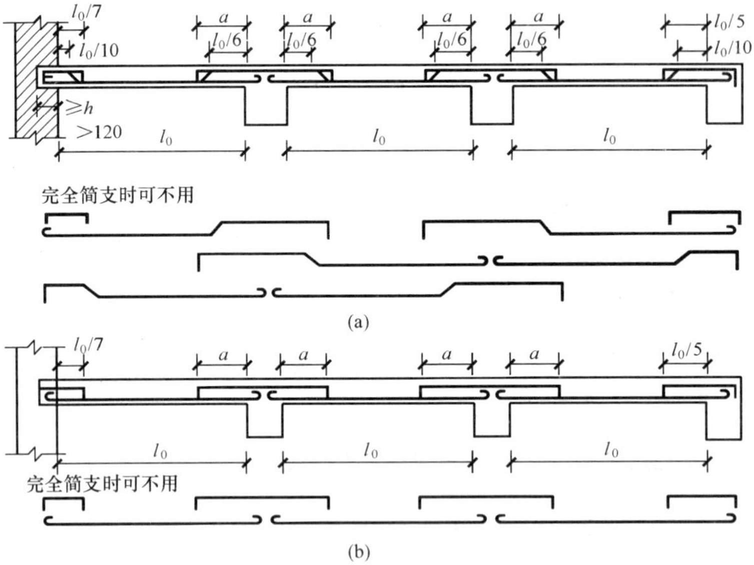

图 6-14　连续板受力钢筋的布置方式

（a）弯起式；（b）分离式

（三）构造钢筋

（1）分布钢筋。分布钢筋沿板的长跨方向（与受力钢筋垂直）布置，并放在受力钢筋的内侧，其单位长度上的截面面积不应小于单位宽度上受力钢筋截面面积的 15%，其间距不应大于 250mm。在受力钢筋的所有弯折处均应配置分布钢筋，但在梁的范围内不必布置（图 6-15）。

图 6-15　板的分布钢筋

（2）板面附加钢筋。对按简支边或非受力边设计的现浇板，当与混凝土梁、墙整体浇筑或嵌固在砌体墙内时，为了避免沿墙边（或梁边）板面产生裂缝，应沿支承周边配置上部构造钢筋，并应符合下列规定：

1）钢筋直径不宜小于 8mm，间距不宜大于 200mm，且单位宽度内的配筋面积不宜小于板跨中相应方向板底钢筋截面面积的 1/3。与混凝土梁、混凝土墙整体浇筑单向板的非受力方向，钢筋截面面积尚不宜小于受力方向跨中板底钢筋截面面积的 1/3。

2）砌体墙支座处钢筋伸入板边的长度不宜小于 $l_1/7$，在楼板角部，宜按两个方向正交、斜向平行或放射状布置附加钢筋，如图 6-16 所示。钢筋以混凝土梁边、柱边、墙边伸入板内的长度不宜小于 $l_1/4$，如图 6-17 所示。

（3）板面的温度、收缩钢筋。在温度、收缩应力较大的现浇板区域内，应在板面布置温度、收缩钢筋。温度、收缩钢筋可利用原有钢筋贯通布置，也可另行设置构造钢筋网，并与原有钢筋按受拉钢筋的要求搭接或在周边构件中锚固，其配筋率不宜小于 0.10%，间距不宜大于 200mm。

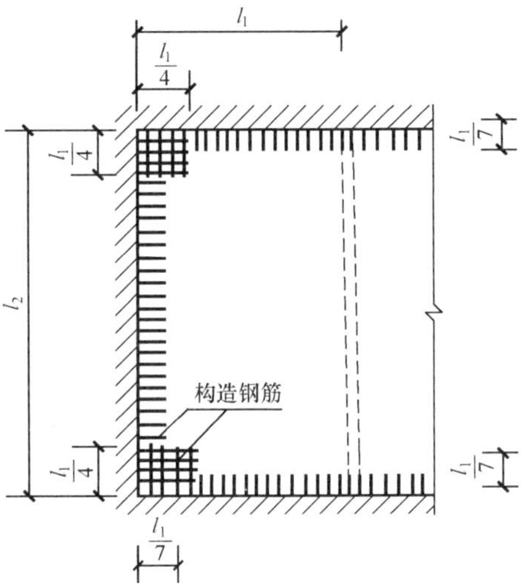

图 6-16　板的构造钢筋

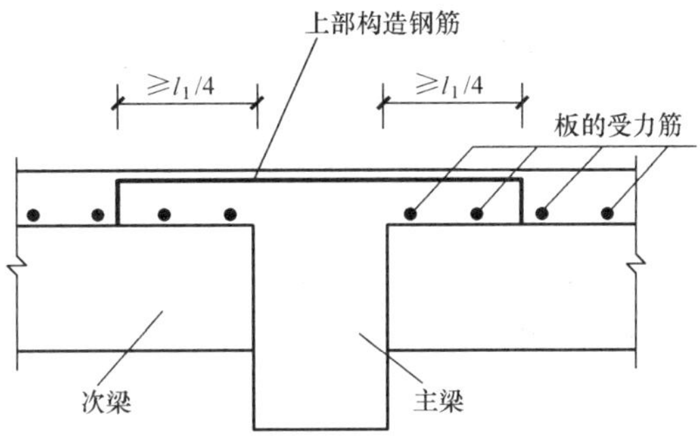

图 6-17　垂直于主梁的板面构造钢筋

图 6-18 为现浇有梁楼板（双向板）的配筋图，①号和②号为下部受力钢筋，形成下部整体钢筋网；④号筋为板支座处的上部受力钢筋，③号筋为板面构造钢筋，均与分布钢筋形成上部局部钢筋网。

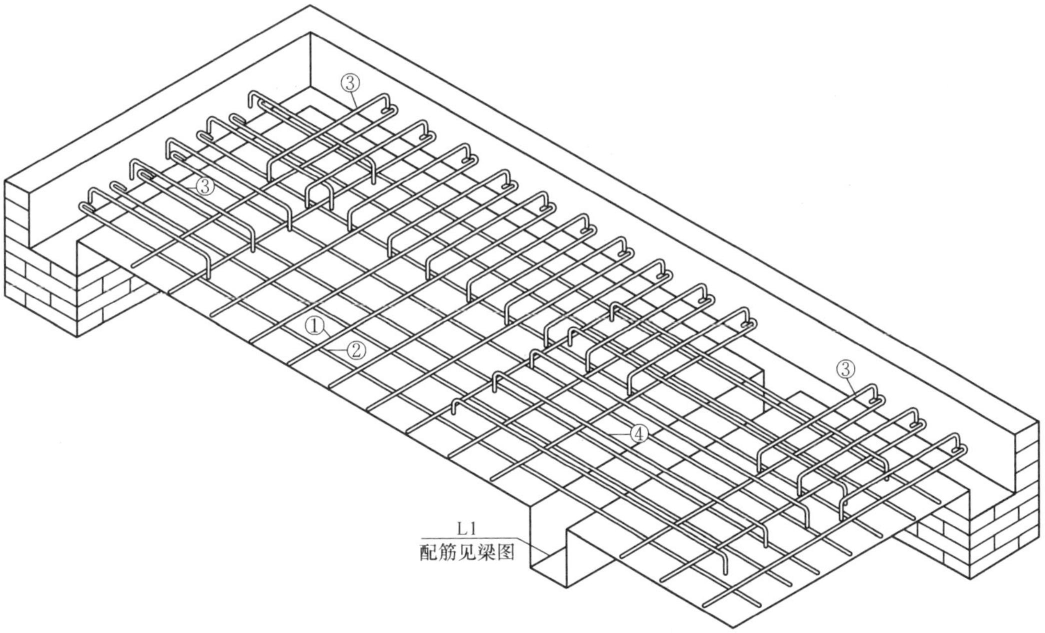

图 6-18　现浇楼板的模板及配筋图

二、次梁的计算及构造要求

（一）计算要点

（1）配筋计算时，跨中可按 T 形截面计算，但支座只能按矩形截面计算。

（2）计算腹筋时，一般只利用箍筋抗剪；但当荷载、跨度较大时，宜在支座附近设置弯起钢筋，以减少箍筋用量。

（二）构造要求

（1）次梁的一般构造要求，如受力钢筋的直径、间距、根数等，同第 3 章受弯构件的构造要求。

（2）次梁伸入墙内的长度一般不应小于 240mm。

（3）沿梁长纵向钢筋的弯起和切断，原则上应按弯矩包络图确定。但对于相邻跨度相差不超过 20%，且活荷载与恒荷载的比值 $q/g \leqslant 3$ 时，其纵筋的弯起和截断可参考图 6-19 进行。

当梁端按简支计算但实际受到部分约束时，应在支座区上部设置纵向构造钢筋。其截面面积不应小于梁跨中下部纵向受力钢筋计算所需截面面积的 1/4，且不应少于 2 根。该纵向构造钢筋自支座边缘向跨内伸出的长度不应小于 $l_0/5$。

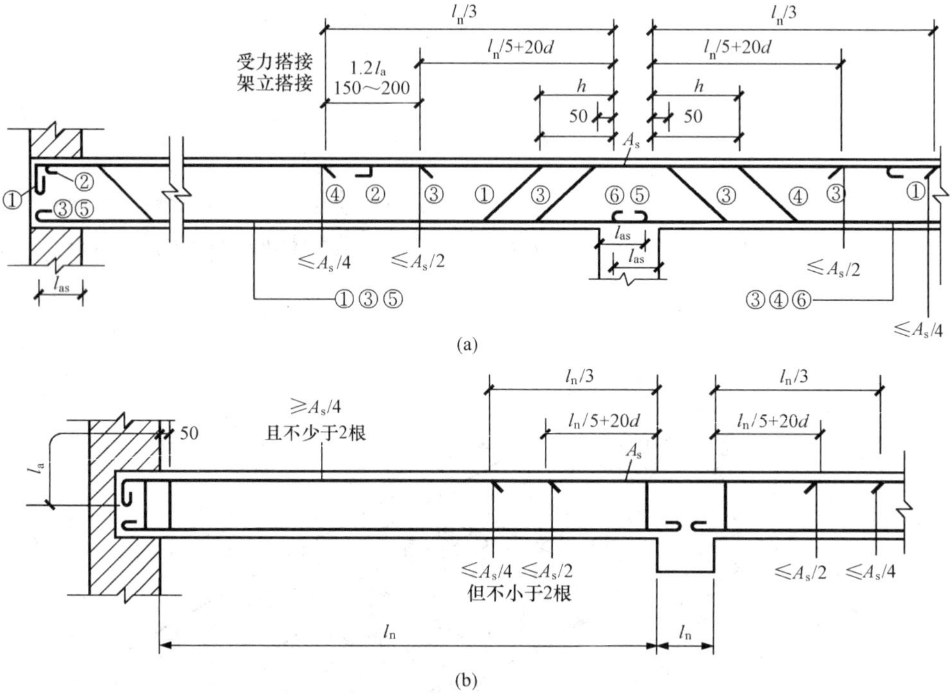

图 6-19 次梁的配筋构造要求

（a）有弯起筋的次梁配筋构造要求；（b）无弯起筋的次梁配筋构造要求

①、④—弯起钢筋可同时用于抗剪和抗弯；②—架立钢筋兼负钢筋；

③—弯起钢筋或鸭筋仅用于抗剪；⑤、⑥—梁底下排角部纵筋

按图 6-19（a），中间支座负钢筋的弯起，第一排的上弯点距支座边缘为 50mm；第二排、第三排上弯点距支座边缘分别为 h 和 $2h$。

支座处上部受力钢筋总面积为 A_s，则第一批截断的钢筋面积不得超过 $A_s/2$，延伸长度从支座边缘起不小于 $l_n/5+20d$（d 为截断钢筋的直径）；第二批截断的钢筋面积不得超过 $A_s/4$，延伸长度不小于 $l_n/3$，所余下的纵筋面积不小于 $A_s/4$，且不少于 2 根，可用来承担部分负弯矩并兼做架立钢筋，其伸入边支座的锚固长度不得小于 l_a。

位于次梁下部的纵向钢筋除弯起的外，应全部伸入支座，不得在跨间截断。下部纵筋伸

入边支座和中间支座的锚固长度应不小于 l_{as}。

三、主梁计算及构造要求

（一）计算要点

（1）主梁按弹性理论计算，不考虑塑性内力重分布。

（2）截面配筋计算时，跨中可按 T 形截面计算，但支座只按矩形截面计算。

（3）由于支座处板、次梁和主梁的钢筋重叠交错，且主梁负筋位于次梁和板的负筋之下（图 6 - 20），故主梁截面有效高度在支座处有所减少。此时主梁支座截面有效高度应取：

受力钢筋一排布置时，$h_0=h-(55\sim60)$；

受力钢筋二排布置时，$h_0=h-(80\sim90)$。

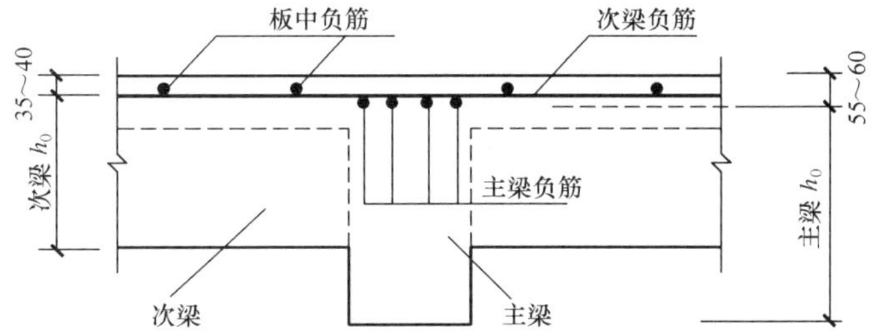

图 6 - 20　主梁支座处受力钢筋的布置

（4）主梁受剪钢筋宜优先采用箍筋。如果在斜截面抗剪承载力计算中，需要利用弯起钢筋抵抗部分剪力，则应考虑跨中有足够的钢筋可供弯起，以使抗剪承载力图形完全覆盖剪力包络图。若跨中钢筋可供弯起的根数不多，则应在支座设置专门的抗剪鸭筋（图 6 - 21）。

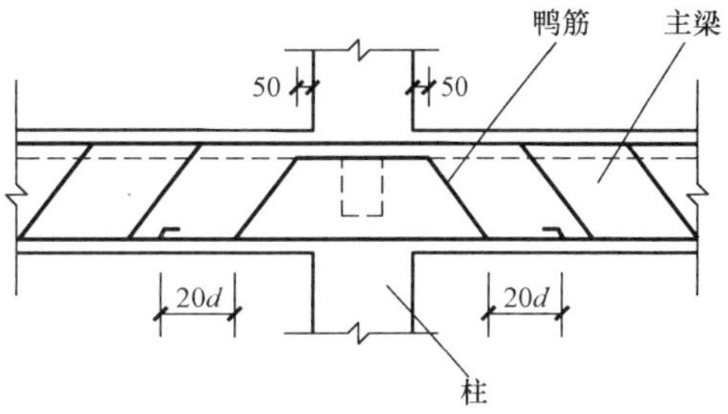

图 6 - 21　鸭筋的设置

（二）构造要求

（1）主梁的一般构造要求与次梁相同。但主梁纵向受力钢筋的弯起和截断，应按弯矩包络图确定，并应满足有关构造要求。

（2）主梁伸入墙内的长度一般应不小于 370mm。

（3）附加横向钢筋。

在主梁上的次梁与之相交处，应设置附加横向钢筋，以承担次梁作用于主梁上传来的集中荷载，防止主梁腹部可能出现斜裂缝而引起局部破坏。附加横向钢筋有箍筋和吊筋两种，应优先采用箍筋。附加横向钢筋应布置在长度为 $s=2h_1+3b$ 的范围内（图 6 - 22），第一道附加箍筋距次梁边缘 50mm。

附加横向钢筋的用量按下式计算

$$F\leqslant mnA_{sv1}f_{yv}+2A_{sb}f_y\sin\alpha_s \tag{6 - 11}$$

式中　F——作用在梁的下部或梁截面高度范围内的集中荷载设计值；

A_{sb}——附加吊筋的截面面积；

A_{sv1}——附加箍筋的单肢截面面积；

n——同一截面内附加箍筋的肢数；

m——在长度 s 范围内附加箍筋的道数；

f_{yv}，f_y——附加箍筋、吊筋的抗拉强度设计值；

α_s——附加吊筋与梁轴线的夹角，一般取 45°，如梁高大于 800mm 时取 60°。

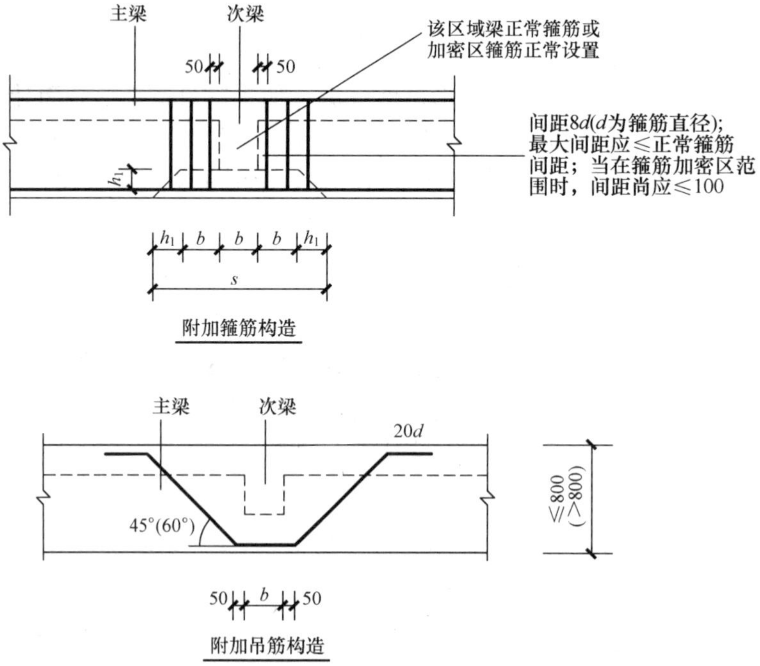

图 6-22 梁截面高度范围内有集中荷载作用时附加钢筋的布置

6.2.6 整体式单向板肋梁楼盖设计实例

某多层工业厂房楼盖平面如图 6-23 所示，采用整体式钢筋混凝土单向板肋梁楼盖，楼板周边支承在砖墙上。试设计之。

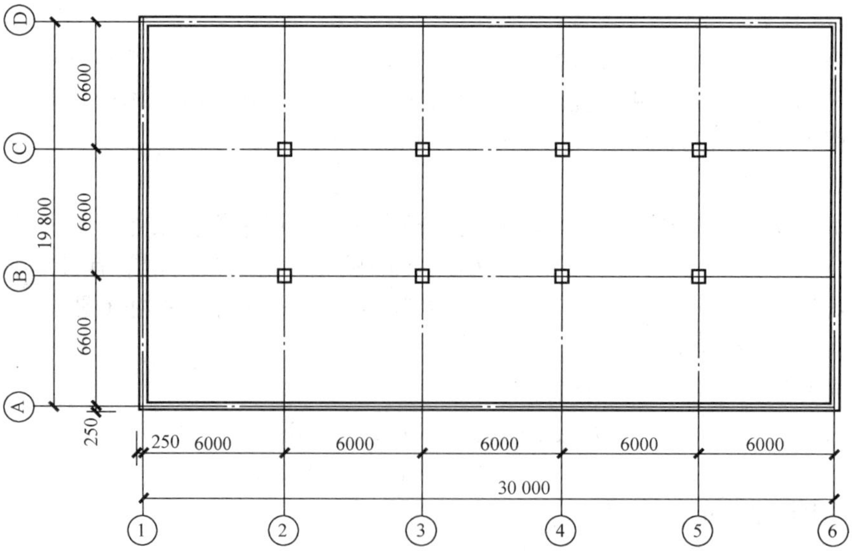

图 6-23 楼盖平面图

一、设计资料

（1）楼面做法。20mm 厚水泥砂浆面层，现浇钢筋混凝土楼板，15mm 厚混合砂浆天棚抹灰。

（2）楼面活荷载标准值为 $7.0kN/m^2$。

（3）材料。混凝土采用 C20，$f_t=1.1N/mm^2$，$f_c=9.6N/mm^2$。梁内受力钢筋为 HRB335 级，$f_y=300N/mm^2$；其余钢筋为 HPB300，$f_y=270N/mm^2$。

二、楼盖梁板结构平面布置及确定截面尺寸

（1）梁格布置。楼盖的梁板结构平面布置见图 6-24。主梁、次梁的跨度分别为 6.6m 和 6.0m，板的跨度为 2.2m，跨长均处合理跨度范围内。

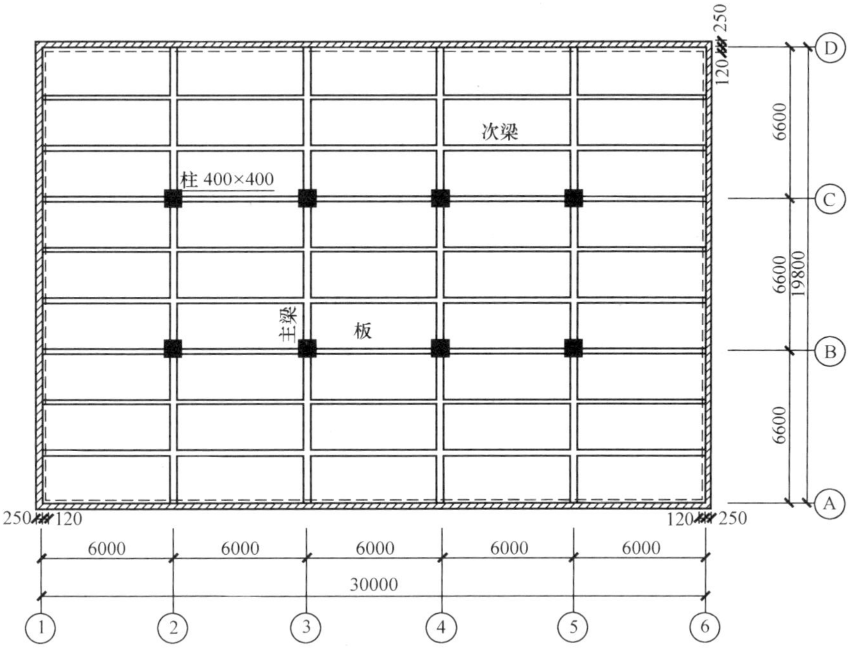

图 6-24　楼盖结构平面布置图

（2）截面尺寸。

板厚　按 $h=(1/40\sim1/35)l_0=55\sim63mm$，考虑到工业楼面最小板厚要求，故取 $h=80mm$。

次梁　$h=(1/18\sim1/12)l_0=334\sim500mm$，取 $h=450mm$；

$b=(1/3\sim1/2)h=150\sim225mm$，取 $b=200mm$。

主梁　$h=(1/14\sim1/8)l_0=470\sim825mm$，取 $h=700mm$；

$b=(1/3\sim1/2)h=233\sim350mm$，取 $b=300mm$。

柱　截面尺寸为 400mm×400mm。

三、板的设计（按塑性内力重分布计算）

（1）荷载计算。

20mm 水泥砂浆面层	$0.020\times20=0.4kN/m^2$
80mm 现浇混凝土板	$0.080\times25=2.00kN/m^2$
15mm 混合砂浆天棚抹灰	$0.015\times17=0.255kN/m^2$
恒荷载标准值	$g_k=2.655kN/m^2$

恒荷载设计值 $g=1.2\times2.655=3.186\text{kN/m}^2$

活荷载标准值 $q_k=7.0\text{kN/m}^2$

活荷载设计值 $q=1.3\times7.0=9.1\text{kN/m}^2$

板上荷载设计值 $(3.186+9.1)\times1=12.286\text{kN/m}$

由于 $q_k>4\text{kN/m}^2$，故 $\gamma_Q=1.3$。

结果如图 6-25 所示。

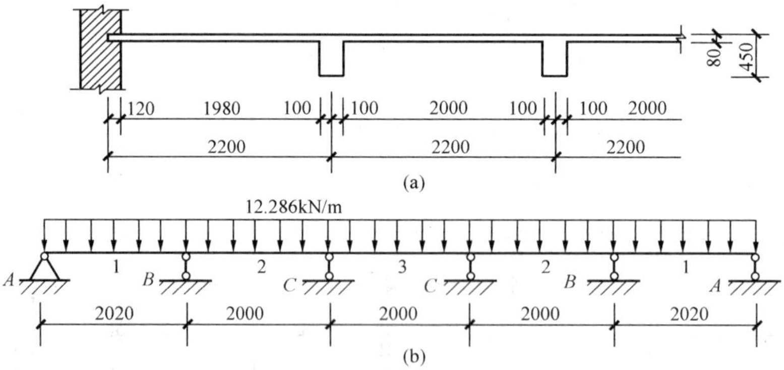

图 6-25 板的计算简图

（2）计算简图。取 1m 宽板带作为计算单元，各跨的计算跨度为

中间跨 $l_0=l_n=2200-200=2000\text{mm}$

边跨 $l_0=l_n+h/2=2200-100-120+80/2=2020\text{mm}<l_n+a/2=1980+120/2=2040\text{mm}$，取 $l_0=2020\text{mm}$

平均跨度 $l_0=(2020+2000)/2=2010\text{mm}$

（3）内力计算。

由于跨度差 $(2020-2000)/2000=1\%<10\%$，故可按等跨连续板计算内力。各截面的弯矩计算见表 6-2。

表 6-2 板弯矩计算表

截面	边跨跨中	第一内支座	中间跨跨中	中间支座
弯矩系数	+1/11	−1/11	+1/16	−1/14
$M=\alpha(g+q)l_0^2$ (kN·m)	$1/11\times12.29\times2.02^2=4.56$	$-1/11\times12.29\times2.02^2=-4.56$	$1/16\times12.29\times2.0^2=3.07$	$-1/14\times12.29\times2.01^2=-3.55$

（4）截面强度计算，见表 6-3。

$f_y=270\text{N/mm}^2$，$f_c=9.6\text{N/mm}^2$，$\alpha_1=1.0$，$h_0=80-25=55\text{mm}$。

表 6-3 正截面强度计算

截面	边跨跨中	B 支座	中间跨跨中		中间支座	
在平面图上的位置			①～② ⑤～⑥轴线	②～⑤轴线	①～② ⑤～⑥轴线	②～⑤轴线
M (kN·m)	4.56	−4.56	3.07	0.8×3.07	−3.55	−0.8×3.55
$\alpha_s=\dfrac{M}{\alpha_1 f_c b h_0^2}$	0.157	0.157	0.106	0.085	0.122	0.092

续表

截面		边跨跨中	B 支座	中间跨跨中		中间支座	
在平面图上的位置				①～② ⑤～⑥轴线	②～⑤轴线	①～② ⑤～⑥轴线	②～⑤轴线
$\gamma_s=0.5(1+\sqrt{1-2\alpha_s})$		0.914	0.914	0.944	0.956	0.935	0.952
$A_s=M/\gamma_s f_y h_0$ (mm^2)		336	336	219	173	256	201
实配钢筋 (mm^2)	①～②轴线	①Φ 8@150 $A_s=335$	③Φ 8@150 $A_s=335$	⑤Φ 8@200 $A_s=251$		⑦Φ 8@200 $A_s=251$	
	②～⑤轴线	②Φ 8@150 $A_s=335$	④Φ 8@150 $A_s=335$		⑥Φ 8@200 $A_s=251$		⑧Φ 8@200 $A_s=251$

位于中间板带上的中间区格板四周与梁整体连接，其中间跨的跨中截面（M_2、M_3）和中间支座（M_c）计算弯矩可以减少 20%，其他截面则不予以减少。

为方便施工，在同一板中钢筋直径的种类不宜超过两种，且相邻跨跨中及支座钢筋宜取相同的间距或整数倍。且由于 $q/g=9.1/3.186<3$，所以取 $a=l_n/4=550$。

（5）根据计算结果及板的构造要求，绘制板的配筋图，如图 6-26 所示（板厚均为 80mm）。

嵌固在周边砌体墙内以及与主梁相交处的板面附加钢筋分别按照构造要求选用Φ 8@200，板中分布钢筋选用⑩Φ 8@250。

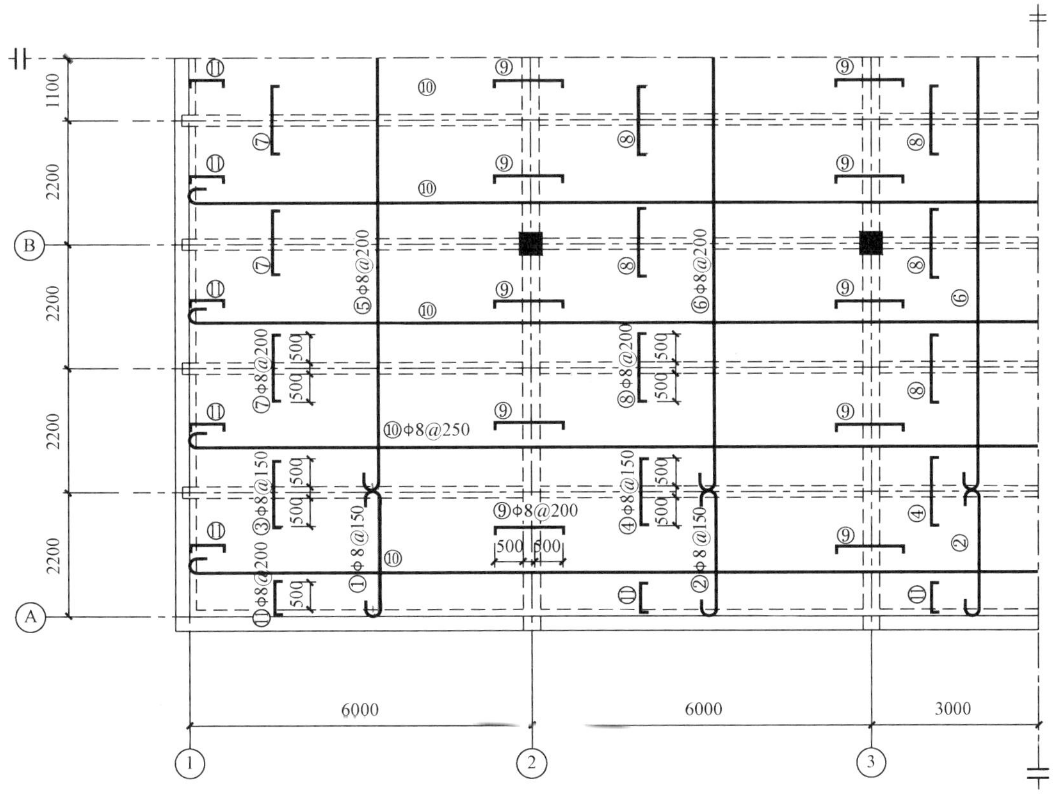

图 6-26　单向板配筋图

四、次梁的设计（按考虑塑性内力重分布的方法计算）

（1）荷载计算。

板传来的恒载	2.655×2.2=5.841kN/m
次梁自重	25×0.2×(0.45−0.08)=1.850kN/m
次梁粉刷抹灰	17×0.015×(0.45−0.08)×2=0.189kN/m
恒载标准值	g_k=7.880kN/m
恒载设计值	$g=1.2g_k$=1.2×7.88=9.46kN/m
板传来活载标准值	q_k=7.0×2.2=15.4kN/m
活载设计值	$q=1.3q_k$=1.3×15.4=20.02kN/m
荷载设计总值	9.46+20.02=29.48kN/m

（2）计算简图。

各跨计算跨度为

中间跨　$l_0=l_n$=6000−300=5700mm

边跨　$l_0=l_n+a/2$=6000−150−120+250/2=5855mm<1.025l_n=5873.25mm

　　取 l_0=5855mm

平均跨度　l_0=(5855+5700)/2=5777.5mm

跨度差　(5855−5700)/5700=2.7%<10%

次梁计算简图见图 6-27。

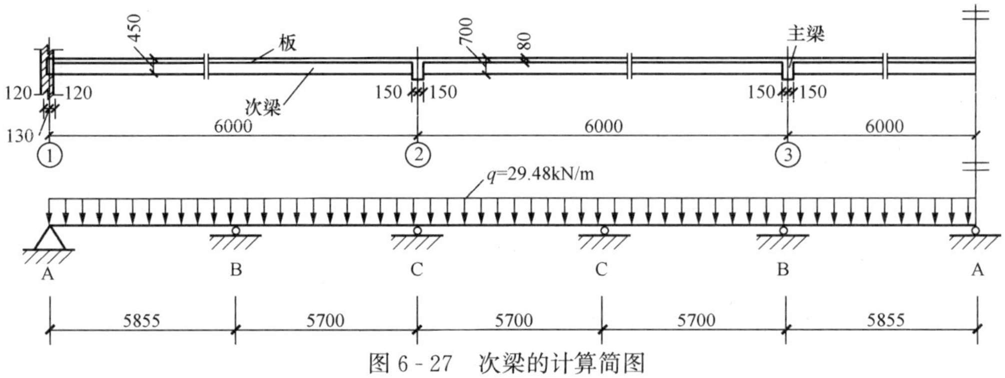

图 6-27　次梁的计算简图

（3）内力计算。

各截面的弯矩计算见表 6-4，各截面的剪力计算见表 6-5。

表 6-4　　次梁的弯矩计算

截面	边跨跨中	第一内支座	中间跨度	中间支座
弯矩系数 α	+1/11	−1/11	+1/16	−1/14
$M=\alpha(g+q)l_0^2$ (kN·m)	1/11×29.48×5.855² =91.87	−1/11×29.48×5.855² =−89.47	1/16×29.48×5.70² =59.86	−1/16×29.48×5.70² =−68.41

表 6-5　　次梁的剪力计算

截面	A 支座	B 支座左	B 支座右	C 支座
剪力系数 β	0.45	0.6	0.55	0.55
$V=\beta(g+q)l_n$ (kN)	0.45×29.48×5.73 =76.01	0.6×29.48×5.73 =101.35	0.55×29.48×5.70 =92.42	0.55×29.48×5.70 =92.42

（4）正截面承载力计算。

1）次梁跨中截面按 T 形截面计算。

边跨　$b'_f=l_0/3=5.855/3=1.95\text{m}<b+s_n=0.2+1.98=2.18\text{m}$

　　取 $b'_f=1.95\text{m}$

中间跨　$b'_f=l_0/3=5.7/3=1.90\text{m}<b+s_n=0.2+2.0=2.2\text{m}$

　　取 $b'_f=1.90\text{m}$

支座截面按矩形截面计算。

2）判断截面类型。

$$h_0=h-40=450-40=410\text{mm}$$

$$\alpha_1 f_c b'_f h'_f(h_0-h'_f/2)=1.0\times9.6\times1950\times80\times(410-80/2)$$

$$=554.1\text{kN}\cdot\text{m}>91.87\text{kN}\cdot\text{m}$$

属于第一类 T 形截面。

次梁正截面承载力计算见表 6 - 6。

表 6 - 6　　次梁正截面承载力计算

截　　面	边跨跨中	B 支座	中间跨跨中	中间支座
M（kN·m）	91.87	−89.47	59.86	−59.86
b'_f 或 b（mm）	1950	200	1900	200
$\alpha_s=\frac{M}{\alpha_1 f_c bh_0^2}$（或 $\alpha_s=\frac{M}{\alpha_1 f_c b'_f h_0^2}$）	0.029	0.277	0.0195	0.185
γ_s	0.985	0.834	0.99	0.897
$A_s=M/f_y\gamma_s h_0$（mm^2）	758.3	872	492	543
选用钢筋	3 Φ 18	4 Φ 18	2 Φ 18	4 Φ 14
实际配筋面积（mm^2）	763	1017	509	615

（5）斜截面承载力计算，见表 6 - 7。

表 6 - 7　　次梁斜截面承载力计算

截　　面	A 支座	B 支座左	B 支座右	C 支座
V（kN）	76.01	101.35	92.42	92.42
$0.25f_c bh_0$（kN）	$0.25\times9.6\times200\times410=196.8\text{kN}>V$　截面满足要求			
$0.7f_t bh_0$（kN）	$0.7\times1.1\times200\times410=63.14\text{kN}<V$　按计算配箍			
箍筋直径和肢数	φ 6　双肢			
$A_{sv}=nA_{sv1}$（mm^2）	$2\times28.3=56.6$	$2\times28.3=56.6$	$2\times28.3=56.6$	$2\times28.3=56.6$
$s=\frac{f_{yv}A_{sv}h_0}{V-0.7f_t bh_0}$（mm）	378.7	127.5	166.4	166.4
实配间距（mm）	120	120	150	150

（6）根据计算结果及次梁的构造要求，绘次梁配筋图，见图 6 - 28。

架立钢筋，$l_0=6\text{m}$，应$\geqslant$10mm，选用 2 Φ 12；

梁侧构造钢筋，$h_0=410\text{mm}<450\text{mm}$，故不需要设置。

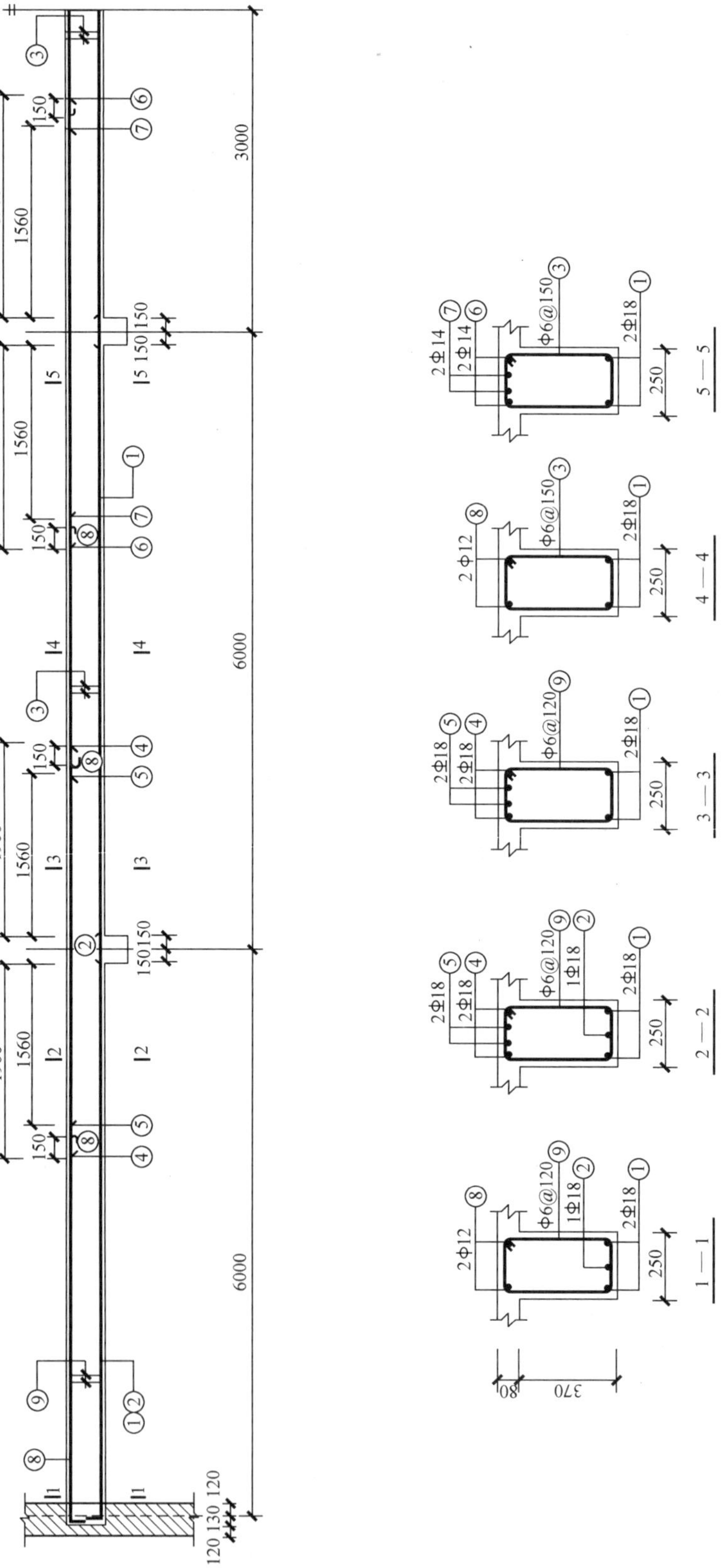
3000
6000
6000
1900
1560
150
120 130 120
1—1
2—2
3—3
4—4
5—5
2Φ12
2Φ18
1Φ18
2Φ14
Φ6@120
Φ6@150
250
370
80

图 6-28 次梁配筋图

五、主梁的计算（按弹性理论计算）

（1）荷载计算。

次梁传来的恒载	$7.88\times6.0=47.28\text{kN}$
主梁自重	$25\times0.3\times(0.7-0.08)\times2.2=10.23\text{kN}$
梁侧抹灰	$17\times0.015\times(0.7-0.08)\times2\times2.2=0.696\text{kN}$
恒载标准值	$G_k=58.206\text{kN}$
恒载设计值	$G=1.2\times58.206=69.85\text{kN}$
次梁传来活载标准值	$Q_k=15.4\times6=92.40\text{kN}$
活载设计值	$Q=1.3\times92.4=120.1\text{kN}$

（2）计算简图。

主梁中间支承于柱上，柱截面 400mm×400mm；主梁端部支承于砖墙上，其支承长度 $a=370\text{mm}$。

则主梁各跨计算跨度为

中间跨　$l_0=l_c=6600\text{mm}$

边跨　$l_0=1.025l_n+b/2=6637\text{mm}<l_n+a/2+b/2$

$=6600-120-200+370/2+400/2=6665\text{mm}$

取 $l_0=6637\text{mm}$

平均跨度　$l_0=(6637+6600)/2=6619\text{mm}$

跨度差　$(6637-6600)/6600=0.56\%<10\%$

主梁计算简图见图 6-29。

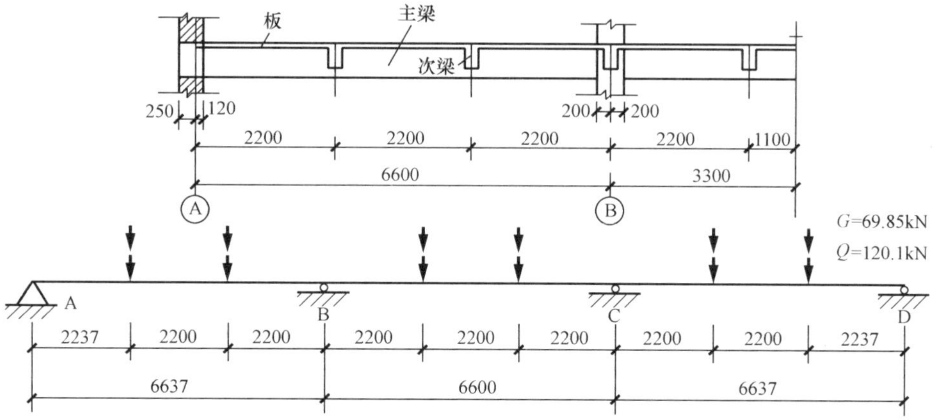

图 6-29　主梁的计算简图

（3）内力计算。

1）弯矩计算。

$$M=k_1Gl_0+k_2Ql_0$$

弯矩系数 k_1、k_2 值由附表 3-1 查得

边跨　$Gl_0=69.85\times6.637=463.59\text{kN}\cdot\text{m}$，　$Ql_0=120.1\times6.637=797.1\text{kN}\cdot\text{m}$

中跨　$Gl_0=69.85\times6.60=461.01\text{kN}\cdot\text{m}$，　$Ql_0=120.1\times6.60=792.7\text{kN}\cdot\text{m}$

平均跨$Gl_0=69.85\times6.619=462.34\text{kN}\cdot\text{m}$，　$Ql_0=120.1\times6.619=795\text{kN}\cdot\text{m}$

主梁弯矩计算见表 6-8。

表 6-8　　主 梁 弯 矩 计 算

项次	荷载简图	$\frac{K}{M_1}$	$\frac{K}{M_{1a}}$	$\frac{K}{M_B}$	$\frac{K}{M_2}$	$\frac{K}{M_{2a}}$	$\frac{K}{M_C}$
① 恒载	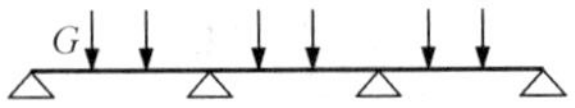	$\frac{0.244}{113.1}$	71.7	$\frac{-0.267}{-123.4}$	$\frac{0.067}{30.9}$	$\frac{0.067}{30.9}$	$\frac{-0.267}{-123.4}$
② 活载	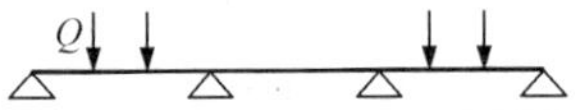	$\frac{0.289}{230.4}$	194.5	$\frac{-0.133}{-105.7}$	−105.7	−105.7	$\frac{-0.133}{-105.7}$
③ 活载		−35.6	−70.7	$\frac{-0.133}{-105.7}$	$\frac{0.200}{158.5}$	$\frac{0.200}{158.5}$	$\frac{-0.133}{-105.7}$
④ 活载		$\frac{0.229}{182.5}$	99.8	$\frac{-0.311}{-247.2}$	75.9	$\frac{0.170}{134.8}$	$\frac{-0.089}{-70.8}$
⑤ 活载	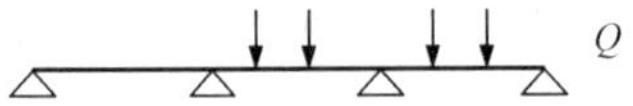	−23.9	−47.3	$\frac{-0.089}{-70.8}$	$\frac{0.170}{134.8}$	75.9	$\frac{-0.311}{-247.2}$
内力组合	①+②	343.5	266.2	−229.1	−74.8	−74.8	−229.1
	①+③	77.5	0.8	−229.1	189.4	189.4	−229.1
	①+④	295.6	171.5	−370.6	106.8	165.7	−194.2
	①+⑤	89.2	24.4	−194.2	165.7	106.8	−370.6
最不利内力	M_{min}组合项次	①+③	①+③	①+④	①+②	①+②	①+⑤
	M_{min}组合值（kN·m）	77.5	0.8	−370.6	−74.8	−74.8	−370.6
	M_{max}组合项次	①+②	①+②	①+⑤	①+③	①+③	①+④
	M_{max}组合值（kN·m）	343.5	266.2	−194.2	189.4	189.4	−194.2

注　M_{1a}、M_{2a}分别为第一、第二跨跨中对应于第二个集中荷载作用点处的弯矩值。

2）剪力计算。

$$V = k_3G + k_4Q$$

剪力系数 k_3、k_4 值由附表 3-1 查得。

剪力计算见表 6-9。

表 6-9　　主 梁 剪 力 计 算

项次	荷载简图	$\frac{K}{V_A}$	$\frac{K}{V_{Bl}}$	$\frac{K}{V_{Br}}$
①恒载	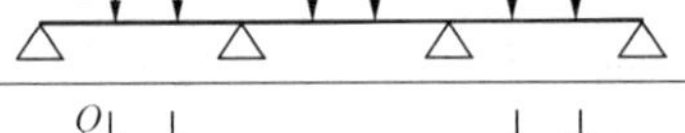	$\frac{0.733}{51.2}$	$\frac{-1.267}{-88.5}$	$\frac{1.000}{69.85}$
②活载	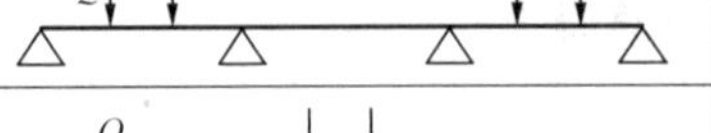	$\frac{0.866}{104.0}$	$\frac{-1.134}{-136.2}$	$\frac{0}{0}$
③活载	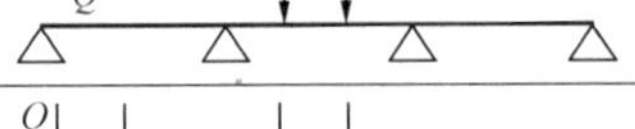	$\frac{-0.133}{-16}$	$\frac{-0.133}{-16}$	$\frac{1.000}{120.1}$
④活载	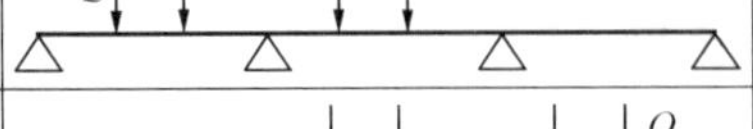	$\frac{0.689}{82.7}$	$\frac{-1.311}{-157.5}$	$\frac{1.222}{146.8}$
⑤活载	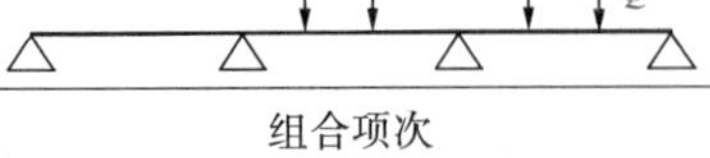	$\frac{-0.089}{-10.7}$	$\frac{-0.089}{-10.7}$	$\frac{0.778}{93.4}$
V_{min}（kN）	组合项次	①+③	①+④	①+⑤
	组合值	35.2	−246.0	163.3

续表

项次	荷载简图	$\frac{K}{V_A}$	$\frac{K}{V_{Bl}}$	$\frac{K}{V_{Br}}$
V_{max}（kN）	组合项次	①+②	①+⑤	①+④
	组合值	155.2	−99.2	216.7

主梁弯矩及剪力包络图见图 6-30。

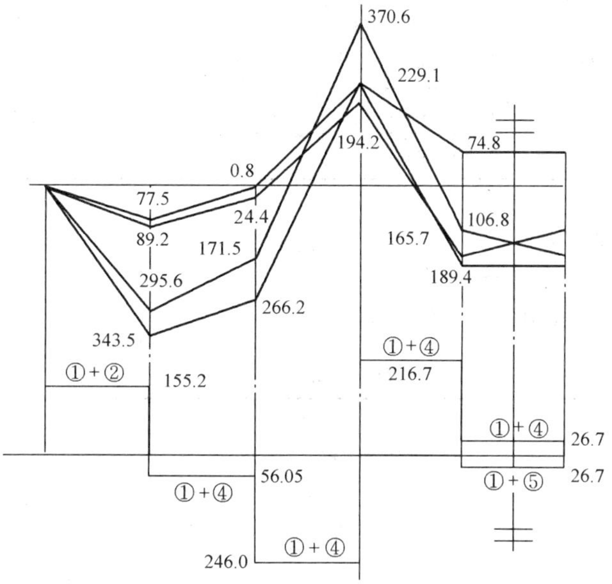

图 6-30　主梁弯矩及剪力包络图

（4）正截面承载力计算。

1）确定翼缘宽度。

主梁跨中按 T 形截面计算：

边　跨　$b_f'=l_0/3=6.637/3=2.212\text{m}<b+s_n=0.3+5.7=6\text{m}$

取 $b_f'=2.212\text{m}$

中间跨　$b_f'=l_0/3=6.6/3=2.2\text{m}<b+s_n=0.3+5.7=6\text{m}$

取 $b_f'=2.2\text{m}$

支座截面仍按矩形截面计算。

2）判断截面类型。

截面有效高度：跨中截面取 $h_0=h-60=640\text{mm}$，支座截面取 $h_0=h-90=610\text{mm}$。

$$\alpha_1 f_c b_f' h_f'(h_0-h_f'/2)=1.0\times9.6\times2212\times80\times(640-80/2)$$
$$=1019.4\text{kN}\cdot\text{m}>343.5\text{kN}\cdot\text{m}$$

属于第一类 T 形截面。

3）截面承载力计算。

主梁正截面承载力计算见表 6-10。

表 6-10 主梁正截面承载力计算

截面	边跨跨中	B支座	中间跨跨中	
M（kN·m）	343.5	−370.6	189.4	−74.8
$V_0b/2$ （kN）	—	216.7×0.4/2=43.3	—	—
$M-V_0b/2$ （kN·m）	343.5	−327.3	189.4	−74.8
$\alpha_s=\frac{M}{\alpha_1 f_c bh_0^2}\left(或\ \alpha_s=\frac{M}{\alpha_1 f_c b_f' h_0^2}\right)$	0.039	0.305	0.022	0.010
γ_s	0.980	0.812	0.989	0.995
$A_s=M/f_y\gamma_s h_0$（mm^2）	1826	2207	997	392
选用钢筋	4 Φ 25	2 Φ 16+6 Φ 20	2 Φ 25	2 Φ 16
实际配筋面积（mm^2）	1964	2286	982	402

（5）斜截面承载力计算。

主梁斜截面承载力计算见表 6-11。

$V_0=G+Q=69.85+120.1=189.95\text{kN}$

表 6-11 主梁斜截面承载力计算

截面	A支座	B支座左	B支座右
V（kN）	155.2	246.0	216.7
$0.25f_cbh_0$（kN）	0.25×9.6×300×610=439.2kN>V 截面满足要求		
$0.7f_tbh_0$（kN）	0.7×1.1×300×610=140.91kN<V 按计算配箍		
箍筋直径和肢数	双肢Φ 8 （$n=2$，$A_{sv1}=50.3mm^2$）		
$\frac{A_{sv}}{s}=(V_{cs}-V_c)/f_{yv}h_0$	0.112	0.82	0.59
计算箍筋间距 $s\leqslant\frac{nA_{sv1}}{\frac{A_{sv}}{s}}$	898	123	170
实配箍筋间距 s	120	120	150

（6）主梁吊筋计算。

由次梁传给主梁的集中荷载为

$$F=1.2\times47.28+1.0\times1.3\times92.4=176.86\text{kN}$$

$$A_s\geqslant\frac{F}{2f_y\sin45^\circ}=\frac{176.86\times10^3}{2\times300\times0.707}=416.93\text{mm}^2$$

选用 2 Φ 18（$A_s=509mm^2$）。

（7）根据构造要求选择构造筋，并根据计算结果及主梁的构造要求，绘主梁配筋图，见图 6-31。

架立钢筋：$l_0=6.6$m，应≥12mm，选用 2 Φ 14。

梁侧构造钢筋：$h_0=640$mm>450mm，并满足间距要求，选用每侧 2 Φ 14。

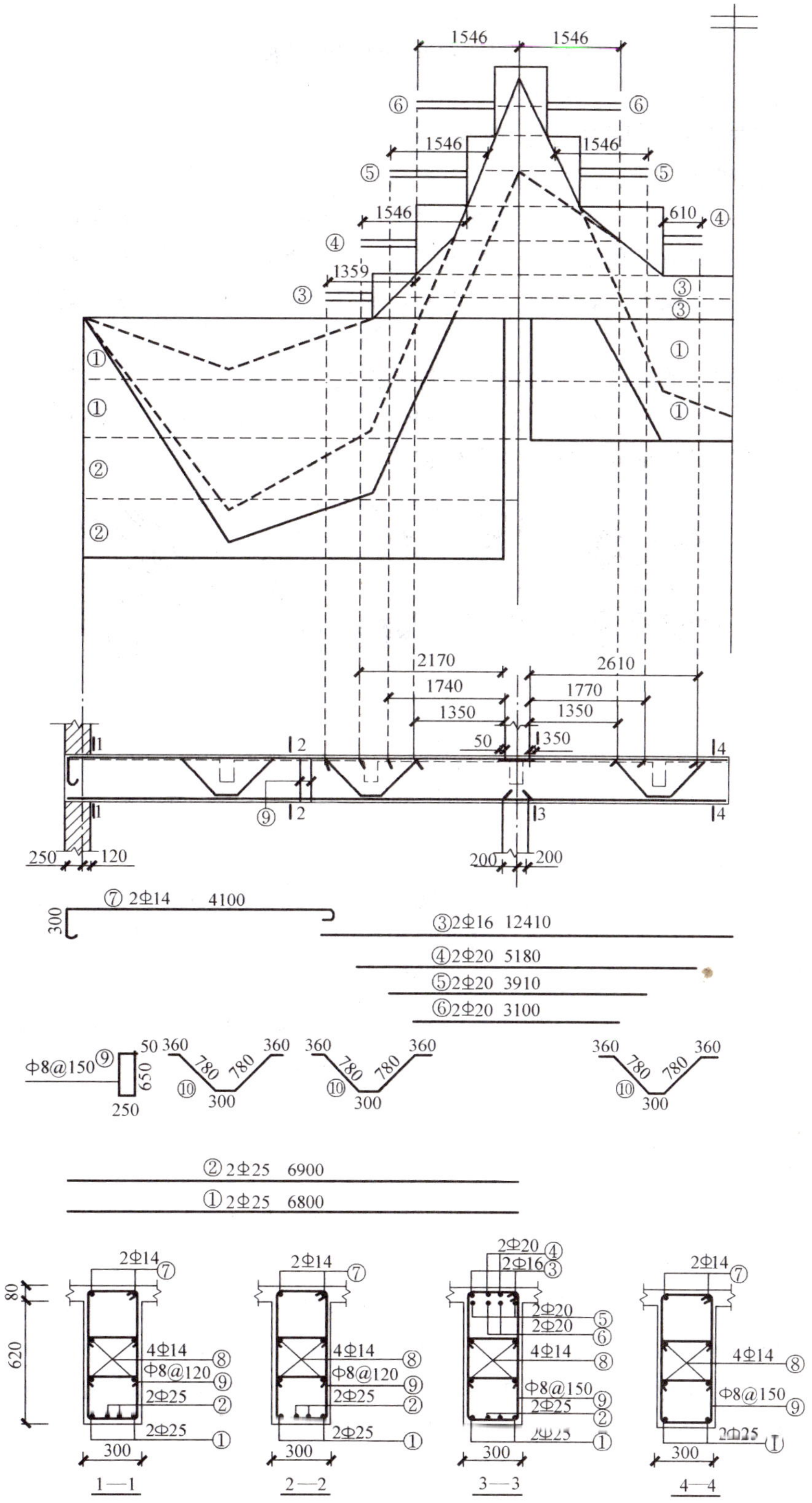

图 6 - 31　主梁抵抗弯矩图及配筋图

6.3　整体式双向板肋梁楼盖

6.3.1　整体式双向板肋梁楼盖的受力特点

一、双向板的破坏特征

试验结果表明，在承受均布荷载的四边简支正方形板中，当荷载逐渐增加时，首先在板底中央出现裂缝，然后沿对角线方向向四角扩展。在接近破坏时，板的顶面四角附近出现圆弧形裂缝，该裂缝又促使板底裂缝进一步扩展，最终导致跨中钢筋屈服而破坏，如图 6 - 32（a）、（b）所示。

在承受均布荷载的四边简支矩形板中，首先在板底中部且平行于长边的方向上出现第一批裂缝并逐渐延伸，然后沿大约 45°方向向四角扩展，接近破坏时，在板的顶面四角附近亦出现环状裂缝，最后导致钢筋屈服，整个板破坏，如图 6 - 32（c）所示。

(a)　(b)　(c)

图 6 - 32　均布荷载下双向板的裂缝图

（a）方形板板底裂缝；（b）方形板板面裂缝；（c）矩形板板底裂缝

二、双向板的受力特点

（1）双向板在两个方向受力都较大，因此需在两个方向同时配置受力钢筋。

（2）试验表明，在荷载的作用下，简支双向板的四角都有翘起的趋势，板传给四边支承梁的压力并非均匀分布，而是中部较大，两端较小。

（3）试验还表明，在其他条件相同时，采用强度等级较高的混凝土较为优越。当用钢量相同时，采用细而密的配筋较采用粗而疏的配筋有利，且将板中间部分钢筋排列较密些要比均匀排列更适宜。

6.3.2　双向板的内力计算要点

一、单跨双向板的计算

对于常用的荷载分布及支承条件的单跨双向板，有关设计手册中已按弹性理论方法给出了计算结果，并制成图表，供设计时查用。

单跨双向板按其四边支承情况的不同，可形成不同的计算简图。在附表 3 - 2 中，列出了在均布荷载作用下常见的六种边界约束条件：四边简支；三边简支，一边固定；两对边简支，两对边固定；两邻边简支，两邻边固定；三边固定，一边简支；四边固定。

计算时，根据双向板两个方向跨度的比值以及板周边的支承情况，从附表 3 - 2 中查出相应的弯矩系数和挠度系数，按下式计算双向板中间板带每米宽度内的弯矩值

$$M = 表中系数 \times (g+q)l^2 \tag{6-12}$$

式中　M——跨中或支座截面单位板宽内的弯矩；

g，q——作用于板上的均布恒载、均布活载；

l——板的较小跨度。

二、连续双向板的计算

多跨连续双向板按弹性理论的精确计算十分复杂，为了计算简化，一般采用“实用计算方法”。实用计算方法的基本思路是，考虑活荷载的不利位置布置，将连续双向板可以按下述方法将其转化为单跨双向板，利用单跨双向板的计算系数进行计算。

（一）跨内最大弯矩

（1）活荷载的不利位置。当求连续双向板某跨的跨内最大弯矩时，活荷载的不利位置为棋盘布置。图 6 - 33 所示的带阴线的板区格内将发生跨内最大弯矩。

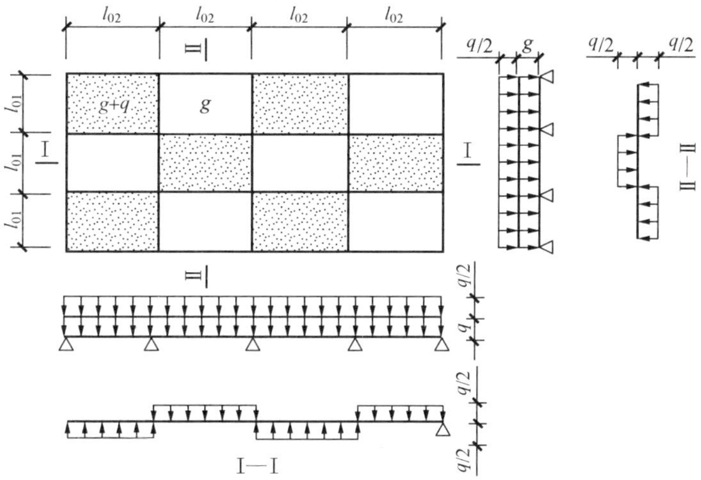

图 6 - 33　连续双向板的计算图示

（2）荷载等效分解。将板上活载 q 与恒载 g 分成对称型和反对称型两种情况，在每一区格内的荷载总值保持不变。

对称型　　$g'=g+q/2$

反对称型　　$q'=\pm q/2$

在对称型荷载 g' 作用下，连续板的各中间支座两侧的荷载相同，可认为支承处板的转角为零。则中间区格板可近似视为四边固定的双向板，可按四边固定的双向板来计算跨内弯矩。边区格板的三个内支承边、角区格板的两个内支承边均可看成固定边。各外支承边应根据楼盖四周的实际支承条件而定。

在反对称型荷载 q' 作用下，连续板的支承处左右截面旋转方向一致，即板在支承处的转动变形基本自由，可将板的各中间支座看成铰支承，因此在 q' 作用下，各板均可按四边简支的双向板计算跨内弯矩。

（3）跨内最大弯矩。

通过上述荷载的等效处理，连续双向板在荷载 g'、q' 作用下，均转化成单跨双向板计算出跨内弯矩，再将两种荷载下的跨内弯矩叠加，即得各连续双向板的跨内最大弯矩。

（二）支座最大负弯矩

计算连续双向板的支座最大负弯矩时，可不考虑活荷载的不利位置，近似地假定全部恒

载 g 和活载 q 均匀布满板面，将各个区格板均看作嵌固在中间支座上。这样内区格板计算时，可按四边固定双向板计算支座负弯矩。边区格板计算时，其外边支承条件按实际情况考虑。两相邻板块同一支座弯矩的平均值即为此支座的最大负弯矩。

6.3.3　双向板的配筋计算和构造要求

一、双向板配筋计算要点

（1）双向板若短跨方向跨中截面的有效高度为 h_{01}，则长跨方向截面的有效高度 $h_{02}=h_{01}-d$（d 为板中受力钢筋直径），若两向钢筋直径不同时，取其平均值。

（2）若板与支座为整体连接并按弹性理论方法计算双向板内力时，应采用支座边缘处的弯矩值为计算弯矩。

（3）对于四边与梁整体连接的板，应考虑周边支承梁对板产生水平推力的有利影响，因此，设计时应将计算所得弯矩值根据下列情况予以减少。

对中间跨的跨中截面及中间支座截面，减少 20%。

对边跨的跨中截面及自楼板边缘算起的第二支座截面：当 $l_{02}/l_{01}<1.5$ 时，减少 20%；当 $1.5\leqslant l_{02}/l_{01}\leqslant 2$ 时，减少 10%（l_{01} 为垂直于楼板边缘方向的计算跨度，l_{02} 为沿楼板边缘方向的计算跨度）。

楼板的角区格板不应减少。

二、双向板的构造要求

（1）双向板的板厚一般为 80～160mm。为满足板的刚度要求，简支板厚应不小于 $l_0/45$，连续板厚不小于 $l_0/50$，l_0 为短边的计算跨度。

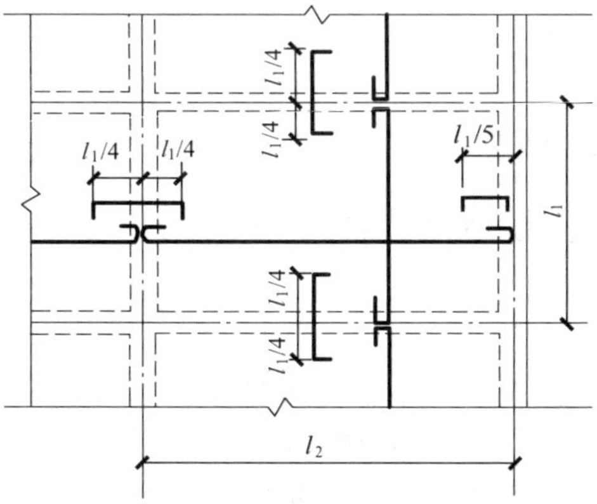

图 6-34　双向板的配筋方式

（2）双向板跨中的受力钢筋应根据相应方向跨内最大弯矩计算，沿短跨方向的跨中钢筋放在外侧，沿长跨方向的跨中钢筋放在内侧。

（3）双向板的配筋形式有分离式和弯起式两种，如图 6-34 所示，通常采用分离式配筋。双向板的其他配筋要求同单向板。

（4）双向板的角区格板如两边嵌固在承重墙内，为防止产生垂直于对角线方向的裂缝，应在板角上部配置附加的双向钢筋网，每一方向的钢筋不少于Φ 8@200，伸出长度不小于 $l_1/4$（l_1 为板的短跨）。

6.3.4　双向板支承梁的设计

一、支承梁上的荷载

精确地确定双向板传给支承梁的荷载是困难的，在工程中也是不必要的。在确定双向板传给支承梁的荷载时，可根据荷载传递路线最短的原则按如下方法近似确定，即从板的四角作 45°线与平行于底边的中线相交，将每一区格板分为四块，每块小板面积上的荷载就近传至与其相邻的支承梁。因此，短跨支承梁上的荷载为三角形分布，在长跨支承梁上的荷载为梯形分布，如图 6-35 所示。

二、支承梁的弯矩

对于等跨或近似等跨（跨度相差不超过 10%）的连续支承梁，按弹性理论设计计算梁

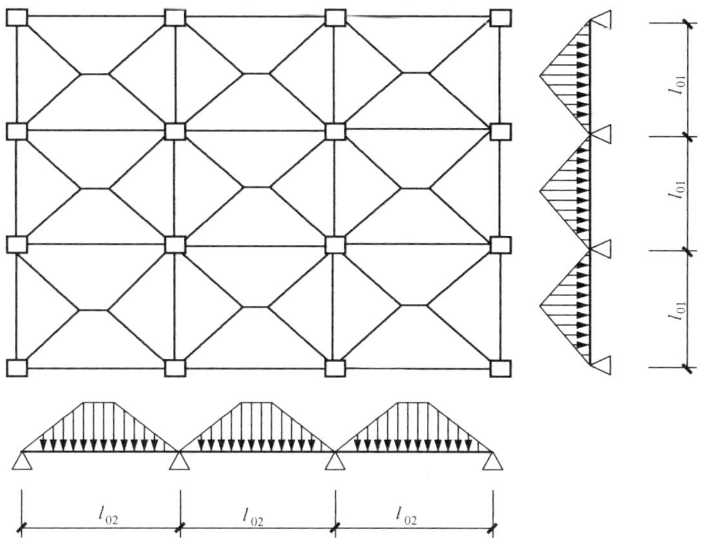

图 6-35　双向板支承梁承受的荷载

的支座弯矩时，可按支座弯矩等效的原则，先将三角形荷载和梯形荷载等效为均布荷载 p_{equ}，再利用均布荷载下等跨连续梁的计算表格来计算梁的内力。

三角形分布荷载和梯形分布荷载化为等效均布荷载的计算公式为

三角形荷载作用时

$$p_{equ}=\frac{5}{8}p \tag{6-13}$$

梯形荷载作用时

$$p_{equ}=(1-2\alpha^2+\alpha^3)p \tag{6-14}$$

$$p=(g+q)\frac{l_{01}}{2},\quad \alpha=\frac{l_{01}}{2l_{02}}$$

式中　g，q——板面的均布恒荷载和均布活荷载；

l_{01}，l_{02}——短跨与长跨的计算跨度。

在按等效均布荷载求出支承梁的支座弯矩后（此时仍考虑各跨活荷载的最不利布置），再根据所求得的支座弯矩和梁的实际荷载分布（三角形或梯形分布荷载），由平衡条件计算梁的跨中弯矩和支座剪力。

6.3.5　整体式双向板肋梁楼盖设计例题

某工业厂房为双向板肋梁楼盖，结构平面布置如图 6-36 所示，楼板厚 120mm，恒荷载设计值（含自重、面层粉刷层等）$g=4\text{kN/m}^2$，楼面活荷载的设计值 $q=8\text{kN/m}^2$，悬挑部分 $q=2\text{kN/m}^2$，混凝土采用 C20（$f_c=9.6\text{N/mm}^2$），钢筋采用 HPB300 级钢筋（$f_y=270\text{N/mm}^2$），要求采用弹性理论计算各区格的弯矩，进行截面设计，并绘出配筋图。

解　根据板的支承条件和几何尺寸以及结构的对称性，将楼盖划分为 A、B、C、D 四种区格板，在各区格板的计算中 l_x 为短边方向，l_y 为长边方向。

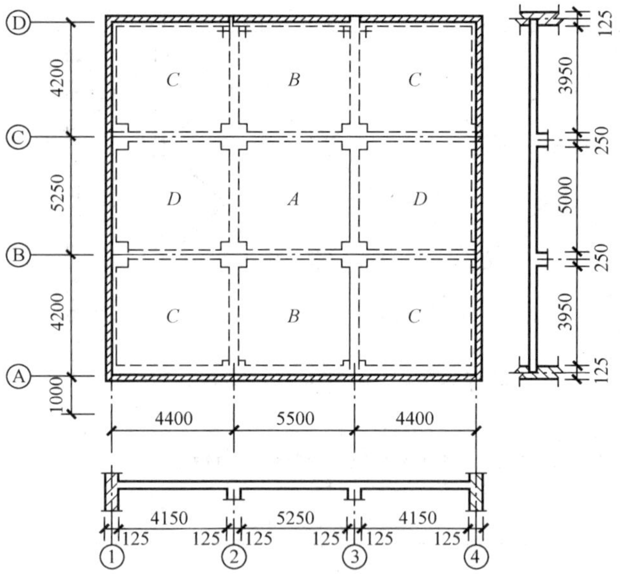

图 6-36 双向板肋形楼盖结构平面布置

一、计算各区格板的弯矩

区格板 A：

短边方向，两端与梁整浇 $l_x = l_c = 5.25\text{m}$

长边方向，两端与梁整浇 $l_y = l_c = 5.5\text{m}$

$$l_x/l_y = 5.25/5.5 = 0.95$$

l_x/l_y	支承条件	α_x	α_y	α'_x	α'_y
0.95	四边固定	0.0227	0.0205	−0.055	−0.0528
	四边简支	0.0471	0.0432	—	—

查附表 3-2，得弯矩系数为

$$M_x = 0.0227 \times (g + q/2) \times l_x^2 + 0.0471 \times q/2 \times l_x^2$$
$$= 0.0227 \times (4 + 8/2) \times 5.25^2 + 0.0471 \times 8/2 \times 5.25^2 = 10.20\text{kN} \cdot \text{m}$$
$$M_y = 0.0205 \times (g + q/2) \times l_x^2 + 0.0432 \times q/2 \times l_x^2$$
$$= 0.0205 \times (4 + 8/2) \times 5.25^2 + 0.432 \times 8/2 \times 5.25^2 = 9.28\text{kN} \cdot \text{m}$$
$$M'_x = -0.055 \times (g + q) \times l_x^2 = -0.055 \times (4 + 8) \times 5.25^2 = -18.19\text{kN} \cdot \text{m}$$
$$M'_y = -0.0528 \times (g + q) \times l_x^2 = -0.0528 \times (4 + 8) \times 5.25^2 = -17.46\text{kN} \cdot \text{m}$$

区格板 B：

短边方向，一端简支，一端与梁整浇 $l_x = l_n + h/2 + b/2 = 3.95 + 0.125 + 0.06$
$= 4.13\text{m}$

长边方向，两端均与梁整浇 $l_y = l_c = 5.5\text{m}$

$$l_x/l_y = 4.13/5.5 = 0.75$$

l_x/l_y	支承条件	α_x	α_y	α'_x	α'_y
0.75	三边固定，一边简支	0.0390	0.0273	−0.0837	−0.0729
	四边简支	0.0673	0.0420	—	—

$M_x = 0.0390 \times (g+q/2) \times l_x^2 + 0.0673 \times q/2 \times l_x^2$
$= 0.0390 \times (4+8/2) \times 4.13^2 + 0.0673 \times 8/2 \times 4.13^2 = 9.91\text{kN} \cdot \text{m}$

$M_y = 0.0273 \times (g+q/2) \times l_x^2 + 0.0420 \times q/2 \times l_x^2$
$= 0.0273 \times (4+8/2) \times 4.13^2 + 0.0420 \times 8/2 \times 4.13^2 = 6.59\text{kN} \cdot \text{m}$

$M'_x = -0.0837 \times (g+q) \times l_x^2 = -0.0837 \times (4+8) \times 4.13^2 = -17.13\text{kN} \cdot \text{m}$

$M'_y = -0.0729 \times (g+q) \times l_x^2 = -0.0729 \times (4+8) \times 4.13^2 = -14.92\text{kN} \cdot \text{m}$

区格板 C：

短边方向，一端简支，一端与梁整浇　$l_x = l_n + h/2 + b/2 = 3.95 + 0.125 + 0.06$
$= 4.13\text{m}$

长边方向，一端简支，一端与梁整浇　$l_y = l_n + h/2 + b/2 = 4.15 + 0.125 + 0.06$
$= 4.34\text{m}$

$$l_x/l_y = 4.13/4.34 = 0.95$$

l_x/l_y	支承条件	α_x	α_y	α'_x	α'_y
0.95	两邻边固定，两邻边简支	0.0308	0.0289	−0.0726	−0.0698
	四边简支	0.0471	0.0432	—	—

$M_x = 0.0308 \times (g+q/2) \times l_x^2 + 0.471 \times q/2 \times l_x^2$
$= 0.0308 \times (4+8/2) \times 4.13^2 + 0.0471 \times 8/2 \times 4.13^2 = 7.42\text{kN} \cdot \text{m}$

$M_y = 0.0289 \times (g+q/2) \times l_x^2 + 0.0432 \times q/2 \times l_x^2$
$= 0.0289 \times (4+8/2) \times 4.13^2 + 0.0432 \times 8/2 \times 4.13^2 = 6.89\text{kN} \cdot \text{m}$

$M'_x = -0.0726 \times (g+q) \times l_x^2 = -0.0726 \times (4+8) \times 4.13^2 = -14.86\text{kN} \cdot \text{m}$

$M'_y = -0.0698 \times (g+q) \times l_x^2 = -0.0698 \times (4+8) \times 4.13^2 = -14.29\text{kN} \cdot \text{m}$

区格 D：

短边方向，一端简支，一端与梁整浇　$l_x = l_n + h/2 + \text{b}/2 = 4.15 + 0.125 + 0.06 = 4.34\text{m}$

长边方向，两端均与梁整浇　$l_y = l_c = 5.25\text{m}$

$$l_x/l_y = 4.34/5.25 = 0.83$$

l_x/l_y	支承条件	α_x	α_y	α'_x	α'_y
0.83	三边固定，一边简支	0.0326	0.0274	−0.0735	−0.0693
	四边简支	0.0584	0.0430	—	—

$M_x = 0.0326 \times (g+q/2) \times l_x^2 + 0.0584 \times q/2 \times l_x^2$
$= 0.0326 \times (4+8/2) \times 4.34^2 + 0.0584 \times 8/2 \times 4.34^2 = 9.31\text{kN} \cdot \text{m}$

$M_y = 0.0274 \times (g + q/2) \times l_x^2 + 0.0430 \times q/2 \times l_x^2$
$= 0.0274 \times (4 + 8/2) \times 4.34^2 + 0.0430 \times 8/2 \times 4.34^2 = 7.37\text{kN} \cdot \text{m}$
$M'_x = -0.0735 \times (g + q) \times l_x^2 = -0.0735 \times (4 + 8) \times 4.34^2 = -16.61\text{kN} \cdot \text{m}$
$M'_y = -0.0693 \times (g + q) \times l_x^2 = -0.0693 \times (4 + 8) \times 4.34^2 = -15.66\text{kN} \cdot \text{m}$

二、截面设计

（1）截面有效高度 h_0 确定：假定钢筋选用Φ 10。

板跨中截面：$h_{0x} = h - a_s = 120 - 20 - 5 = 95\text{mm}$
$h_{0y} = h - a_s - d = 120 - 20 - 5 - 10 = 85\text{mm}$

板支座截面：$h_0 = h - a_s = 120 - 20 - 5 = 95\text{mm}$

（2）配筋计算。

由于楼盖周边按铰支考虑，因此 C 角区格板的弯矩不折减，而中央区格板 A 和边区格板 B、D 的跨中弯矩和支座弯矩均可减少 20%。

受拉钢筋 A_s 可近似按下式计算

$$A_s = \frac{M}{0.90 f_y h_0}$$

配筋计算结果见表 6 - 12，其配筋图如图 6 - 37 所示。

表 6 - 12　　多区格按弹性理论分析内力时的截面配筋计算表

截　面			h_0 (mm)	M (kN·m)	A_s (mm²)	配筋	实配 (mm²)
跨中	区格 A	短向	95	10.2×0.8=8.16	338	①Φ 8@150	335
		长向	85	9.28×0.8=7.42	345	②Φ 8@140	359
	区格 B	短向	95	7.93	324	③Φ 8@150	335
		长向	85	5.27	242	④Φ 8@200	251
	区格 C	短向	95	7.42	304	⑤Φ 8@160	314
		长向	85	6.89	316	⑥Φ 8@160	314
	区格 D	短向	95	7.45	306	⑦Φ 8@160	314
		长向	85	5.90	271	⑧Φ 8@180	279
支座	A-B		95	0.8×(18.19+17.13)/2=14.13	580	⑨Φ 10@130	604
	A-D		95	0.8×(17.46+16.61)/2=13.63	559	⑩Φ 10@140	561
	B-C		95	(14.29+14.92) /2=14.68	603	⑪Φ 10@130	604
	C-D		95	(15.66+14.86) /2=15.26	626	⑫Φ 10@120	654

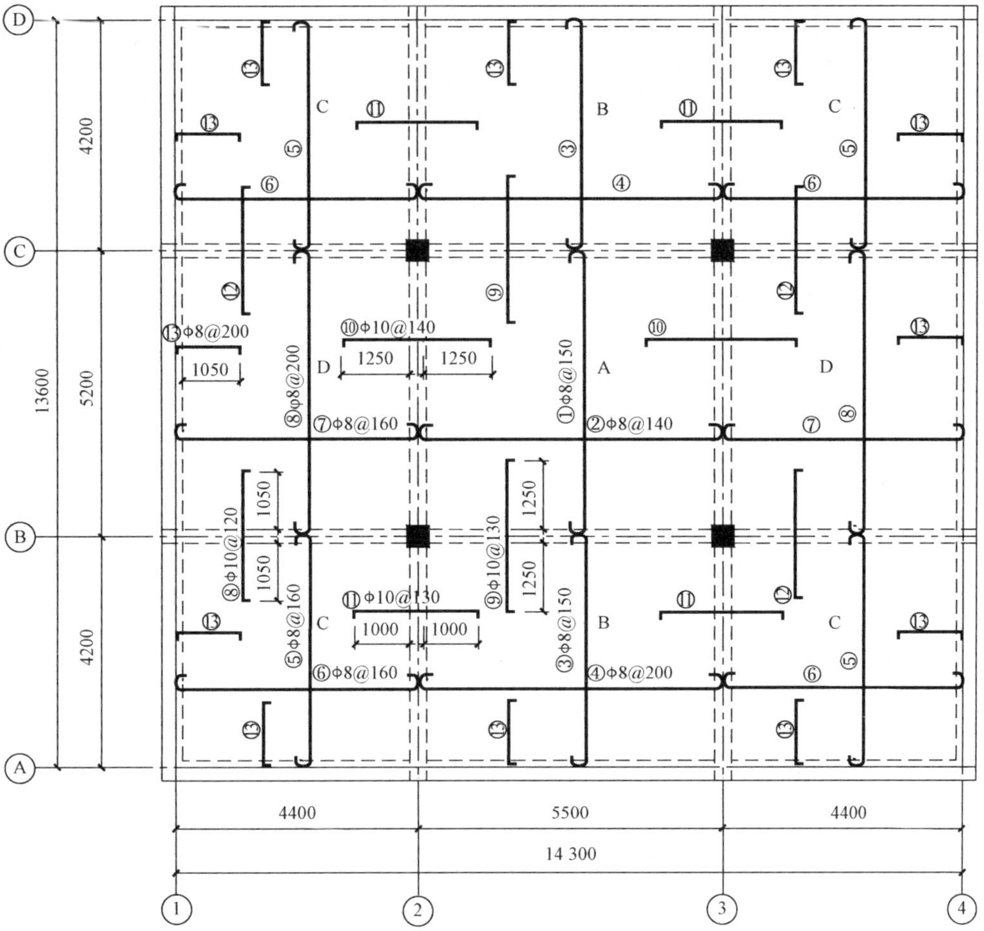

图 6-37　双向板配筋图（板厚均为 120mm）

6.4　井式楼盖

6.4.1　井式楼盖的组成及特点

井式楼盖是由双向板和交叉梁系组成的楼盖，交叉梁格支承在四边的大梁或墙上，整个楼盖就像一个四边支承的、双向带肋的大型双向板，其受力性能较好。在相同荷载作用的情况下，井式楼盖的跨度比较大，梁的截面尺寸却不一定很大，有利于提高楼层的净高，且井格的建筑效果较好。因此，井式楼盖多用在公共建筑门厅或大厅中。

井式楼盖与双向板肋梁楼盖的区别在于，两个方向的交叉梁没有主次之分，相互协同工作。梁交叉点一般无柱，楼板是四边支承的双向板。

井式楼盖在平面上宜做成正方形，如果做成矩形，其长、短边之比不宜大于 1.5，网格边长一般为 2～3m。交叉梁通常可布置为正交正放或正交斜放（图 6-38），双向交叉的井字梁可直接支承在墙上或具有足够刚度的大梁上。

6.4.2　井式楼盖的计算要点

井式楼盖中的板可按四边支承的双向板计算，不考虑支承梁的变形对板内力的影响。

井式楼盖中的井字梁很难区分主、次梁，由两个方向的梁共同直接承受由板传来的荷

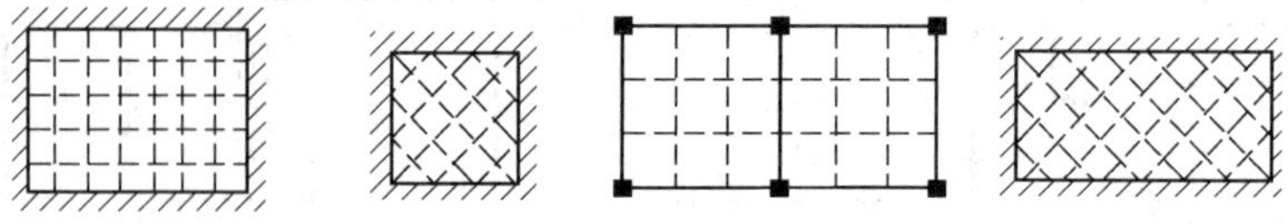

(a) (b) (c) (d)

图 6-38 井式楼盖平面布置

载，一般采用近似方法计算内力。

在一个跨度范围内，当井式楼盖的区格数多于 5×5 时，可近似地按“拟板法”进行计算。所谓拟板法，就是按截面抗弯刚度等价（按弹性分析即为截面惯性矩等价）的原则，将井字梁及其板面比拟为等厚的板进行计算的方法。

当井式楼盖的区格数少于 5×5 时，可忽略交叉点处的扭矩影响，按交叉梁进行计算。当板的区格为正方形时，井字梁上的荷载在两个方向都是三角形分布；当梁的区格为矩形时，则一个方向荷载为三角形分布，另一个方向为梯形分布。单跨井式楼盖，可变荷载按满布考虑；多跨连续井式楼盖，通常要考虑可变荷载的不利布置。对常用的区格划分，在结构静力计算手册中已有现成的表格可直接查得弯矩系数和剪力系数，比较方便地求出梁的弯矩、剪力，即可按受弯构件进行截面计算和设计。

井字梁的正截面配筋计算与一般 T 形截面梁相同，由于井字梁截面等高，所以在梁内纵向钢筋相交处，短向梁的受力钢筋应放置在长向梁的受力钢筋之下，因此长短方向梁的截面有效高度 h_0 也不相同。

6.4.3 井式楼盖的构造要求

井式楼盖的短边长度不宜大于 15m，井字梁的间距宜为 2.5～3.3m，且周边梁的刚度和强度应加强。平面尺寸长宽比在 1.5 以内时，常采用正交梁格，否则采用斜交梁格。为满足井字梁的刚度要求，梁高 h 一般取井字梁短边跨跨度的 1/16～1/18，梁宽 $b=(1/2\sim1/3)h$。当短边跨度较大时，井字梁的跨中在施工时要预先起拱。

支承井字梁的边梁高度，一般比井字梁的梁底高出 50～100mm，以便于井字梁中的梁底纵向钢筋的支承及锚固。考虑到边梁对井字梁的约束作用，所以在井字梁的梁端应适当增加在支座截面附近的负钢筋。

在井字梁的交叉点处，荷载不均匀的情况下将产生负弯矩，为此在梁顶两个方向的梁应各配置相当于各自纵向主筋的 20%～50%的纵向构造负筋，其长度为由梁交点起向四个方向外伸各自梁格宽度的 1/4 加梁宽的 1/2。为防止梁在交叉点处的相互冲切作用，通常采用加密箍筋或增加吊筋的方法来解决。

6.5 钢筋混凝土楼梯

楼梯是多层及高层房屋的竖向通道，是房屋的重要组成部分。钢筋混凝土楼梯由于经济、耐用、防火性能好，因而被广泛采用。

通常采用的楼梯结构形式主要有板式楼梯和梁式楼梯两种，有时也采用一些结构形式比较特殊的楼梯，如悬挑式（剪刀式）楼梯、螺旋式楼梯等，如图 6-39 所示。

楼梯上的永久荷载和可变荷载，都以水平投影面上的均布荷载来计量。楼梯的栏杆或栏

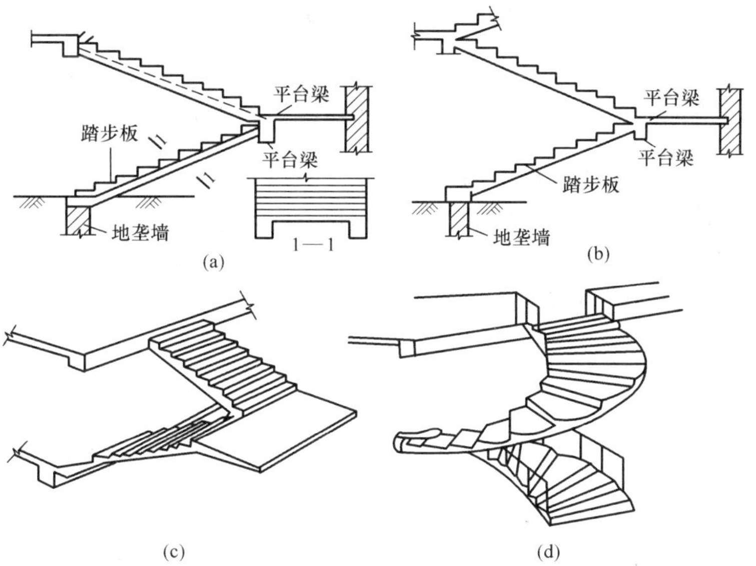

图 6-39　各种楼梯示意图

(a) 梁式楼梯；(b) 板式楼梯；(c) 剪刀式楼梯；(d) 螺旋式楼梯

板梁应考虑作用于其顶部的水平线荷载约 1kN/m。

6.5.1　现浇板式楼梯的计算与构造

板式楼梯由梯段斜板、平台板和平台梁组成。梯段斜板自带三角形踏步，两端分别支承在平台梁及楼层梁上（底层第一梯段下端可支承在地垄墙上），平台板两端分别支承在平台梁或楼层梁上，而平台梁两端支承在楼梯间侧墙或柱上。其特点是下表面平整，施工时支模方便，外观轻巧美观，但是当斜板的跨度 l 较大时，板厚 h 较大而不够经济。一般当楼梯的跨度不大（水平投影长度小于 3m），使用荷载较小，或公共建筑中为符合卫生和美观的要求时，宜采用板式楼梯。

板式楼梯的荷载传递途径为

梯段上荷载 —均布荷载→ 斜板 —均布荷载→ 平台梁 —集中荷载→ 楼梯间侧墙（或柱）

平台板上荷载 —均布荷载→ 平台梁

一、梯段斜板

板式楼梯的梯段板可近似按简支单向平板计算，板跨取上下平台梁中心至中心的斜长。计算梯段斜板时，可取出 1m 宽板带或以整个梯段板作为计算单元；斜板的截面计算高度取垂直于斜板轴线的最小高度，不考虑三角形踏步部分的作用；均布荷载 q 包括踏步板与板的自重和活荷载。

简支斜板的最大内力为

$$M_{\max} = \frac{1}{8}(g+q)l_0^2$$

$$V_{\max} = \frac{(g+q)l_0\cos\alpha}{2}$$

式中　l_0——为斜板水平投影长度；

α——斜板与水平方向夹角。

实际结构中，考虑到梯段斜板与平台梁整浇，平台梁对斜板有一定的嵌固约束作用，斜板板端有一定的负弯矩，支座负弯矩的存在使得跨中正弯矩有所减少，故跨中最大正弯矩可近似取$\frac{1}{10}(g+q)l_0^2$。梯段支座端（平台梁）上部纵向钢筋按梯板下部纵向钢筋的 1/2 配置，且不小于Φ 8@200，自支座边缘向跨内延伸的水平投影长度≥1/4 梯板净跨。

斜板中的受力筋按跨中弯矩计算求得，沿板长方向布置于板底。配筋方式可采用分离式或弯起式，为施工方便，采用分离式较多，如图 6-40 所示。在垂直受力筋方向应按构造要求配置分布钢筋，布置在受力钢筋的内侧，要求每个踏步内至少放一根分布筋。

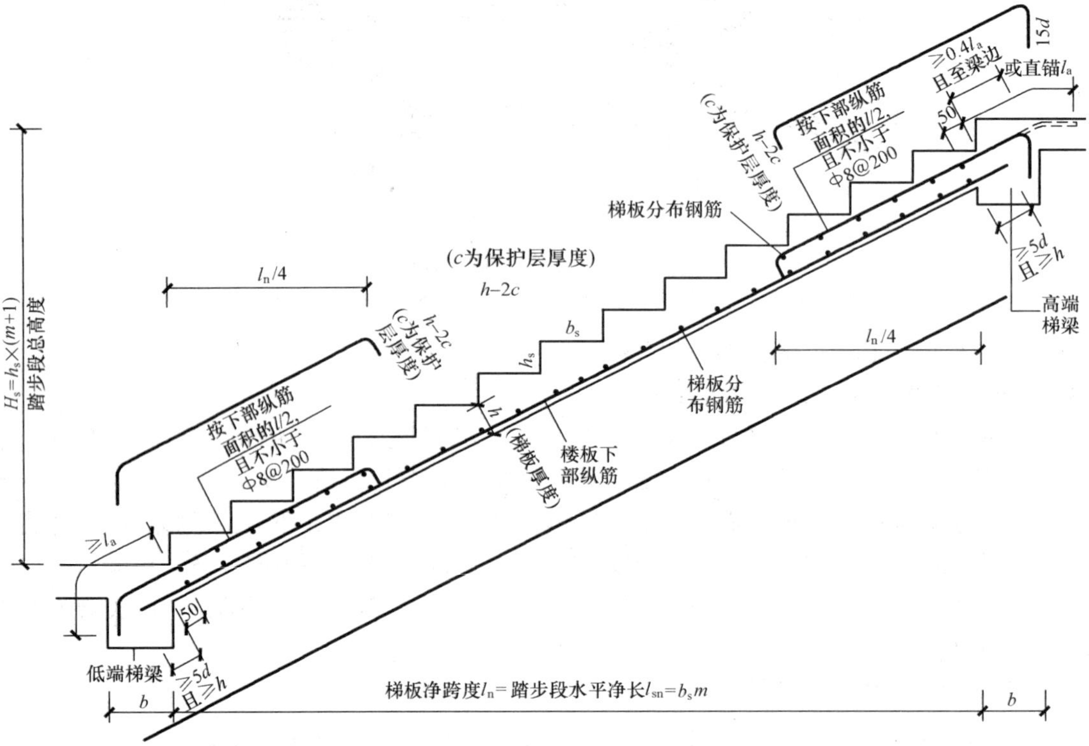

图 6-40　板式楼梯梯段板的配筋构造

板端负弯矩由构造钢筋抵抗。

二、平台梁和平台板

平台板一般可视为单向板，视支承条件不同，可能是两对边简支板或悬臂板，其配筋方式及构造与普通板一样。当板的两端均与梁整体连接时，考虑梁对板的弹性约束，板的跨中弯矩可按$M=\frac{1}{10}(g+q)l_0^2$计算；当板的一端与梁整体连接而另一端支承在墙上时，板的跨中弯矩则应按$M_{max}=\frac{1}{8}(g+q)l_0^2$计算。平台板的配筋构造如图 6-41 所示。

平台梁一般支承在楼梯间承重墙上，承受梯段斜板、平台板传来的均布荷载及平台梁自重，可按简支的倒 L 形梁计算。平台梁的截面高度取$h\geqslant l_0/12$（l_0 为平台梁的计算跨度）。其他构造要求与一般的梁相同。

6.5.2　现浇梁式楼梯的计算与构造

梁式楼梯由踏步板、斜梁、平台板和平台梁组成。踏步板两端支承在斜梁上，斜梁再分

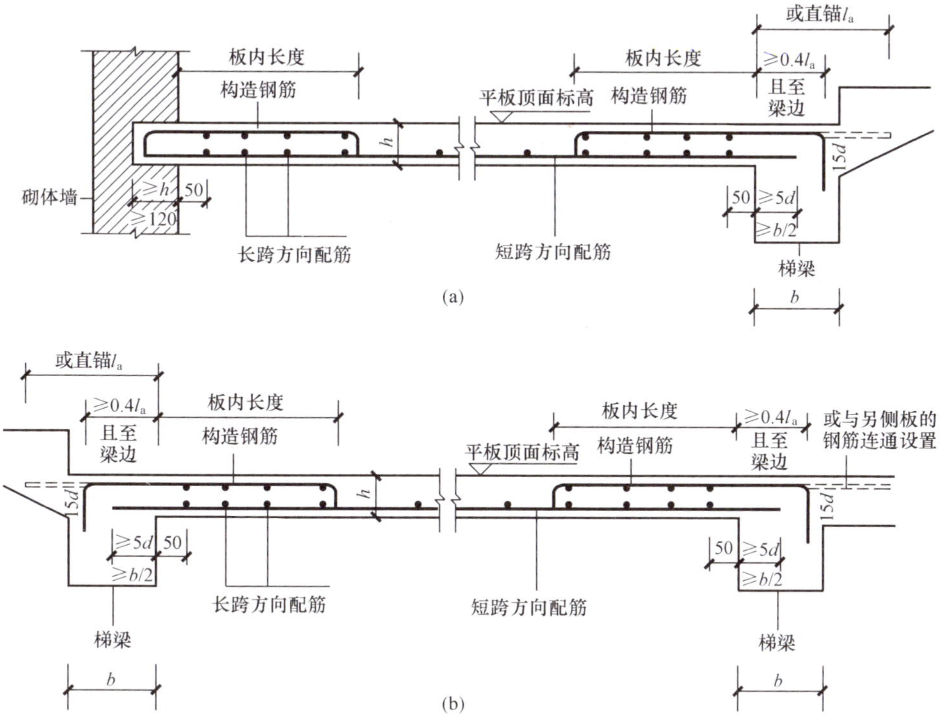

图 6-41　平台板的配筋构造

（a）楼层平台板配筋构造；（b）层间平台板配筋构造

别支承在平台梁及楼层梁上。斜梁一般放在踏步板两侧，可位于踏步板下面或上面，也可以用现浇栏板兼作斜梁。当梯段跨度较长大于 3m 时，采用梁式楼梯较为经济。梁式楼梯的缺点是施工时支模比较复杂，外观显得笨重。

梁式楼梯的荷载传递途径为

梯段荷载 —均布荷载→ 踏步板 —均布荷载→ 斜梁 —集中荷载→ 平台梁 ——→ 楼梯间侧墙（或柱）

平台板上荷载 —均布荷载→ 平台梁

梁式楼梯中各构件均可简化为简支受弯构件计算。与板式楼梯不同之处在于，梁式楼梯中的平台梁除承受平台板传来的均布荷载外，还承受斜梁传来的集中荷载。

一、踏步板

梁式楼梯的踏步板为两端支承在梯段斜梁上的单向板，计算时取一个踏步作为计算单元，近似按简支板计算，如图 6-42 所示。板的跨中弯矩为 $M=\frac{1}{8}(g+q)\ l_0^2$；当踏步板的两端与梯段斜梁整体连接时，考虑支座的嵌固作用，其跨中弯矩可按 $M=\frac{1}{10}(g+q)\ l_0^2$ 计算。

踏步板的截面为梯形，板厚取梯形踏步的平均高度为 $h=\frac{c}{2}+\frac{\delta}{\cos\alpha}$，由于三角形部分参与工作，故斜板厚度可以薄一些。其最小厚度可取 $\delta=40\text{mm}$。踏步板配筋除按计算确定外，要求每个踏步内一般不少于 2 Φ 8 受力钢筋布置在踏步下面斜板中。此外，沿整个梯段斜梁方向应布置间距不大于 250mm 的分布钢筋，位于受力钢筋的内侧。

二、梯段斜梁

梯段斜梁承受由踏步板传来的均布荷载及自重，按简支受弯构件进行设计，其计算原理与板式楼梯中的梯段斜板相同，其内力计算简图如图 6-43 所示。若踏步板与斜梁整浇，斜梁可按倒 L 形截面梁计算，踏步板下斜板为其受压翼缘。梯段梁的截面高度一般取 $h \geqslant l_0/20$（l_0 为斜梁水平投影计算跨度）。

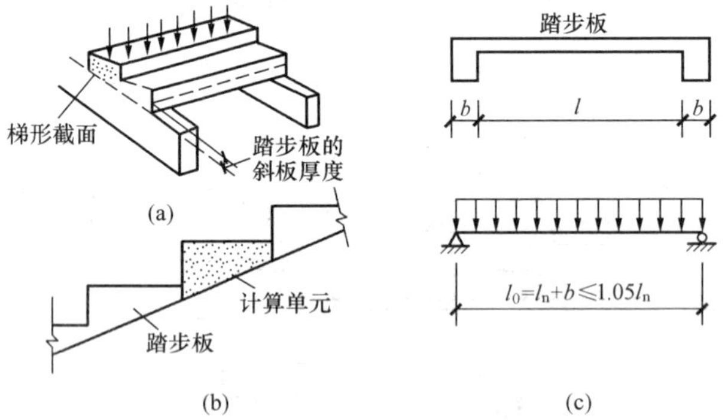

图 6-42　梁式楼梯踏步板计算简图

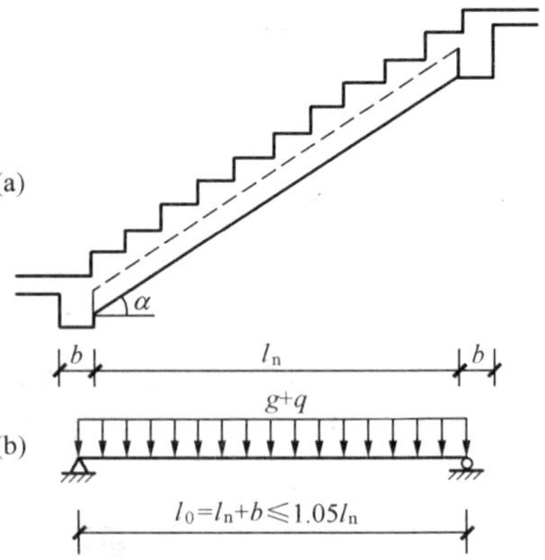

图 6-43　梯段斜梁的计算简图

斜梁端部纵筋必须放在平台梁纵筋上面，梁端上部应设置负弯矩钢筋，斜梁纵筋在平台梁中的锚固长度应满足受拉钢筋锚固长度的要求。其他构造同一般梁，如图 6-44 所示。

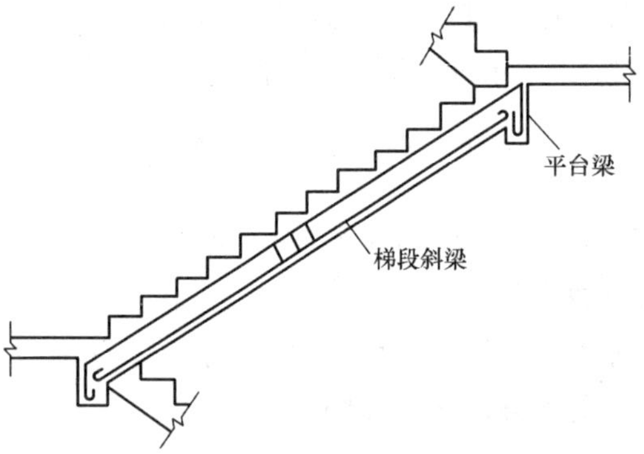

图 6-44　梯段斜梁的配筋示意图

三、平台梁与平台板的计算与构造

梁式楼梯的平台梁、平台板的计算与板式楼梯基本相同，其不同之处仅在于，梁式楼梯中的平台梁除承受平台板传来的均布荷载和平台梁自重外，还要承受梯段斜梁传来的集中荷载。因此在平台梁与斜梁相交处，应在平台梁中斜梁两侧设置附加箍筋或吊筋，其要求与钢筋混凝土主梁内附加钢筋要求相同。

6.5.3　折线形楼梯的计算与构造

当建筑物层高较大、楼梯间进深不够时，也可设计成板式梁式混合形的三折式楼梯，如图 6-45（a）所示。其中，TB_1 为板式楼梯，其一端支承在 TL_2 上，另一端支承在 TL_3 上；TB_2 为梁式楼梯；其梁 TL_1、TL_2 均为折线形梁。有时还需要采用折线形梯段板，如图6-46（a）所示。

折线形楼梯梁（板）的计算与普通梁（板）式楼梯一样，一般将斜梯段梁（板）上的荷载化为沿水平长度方向分布的荷载［图 6-46（b）］，再折算成简支梁［图 6-46（c）］，计算其 M_{max} 及 V_{max} 值。

由于折线形楼梯在梁（板）弯折处形成内角，在配筋时，若钢筋沿内折角连续配置，则此处受拉钢筋将产生较大的向外的合力，可使该处混凝土保护层剥落，钢筋被拉出而失去作用，如图 6-47（a）所示。因此，在内折角处应将纵向受力钢筋断开并分别进行锚固，如图 6-47（b）所示。在梁的内折角处箍筋还应适当加密，折线形梁的配筋构造，如图 6-45（b）所示。

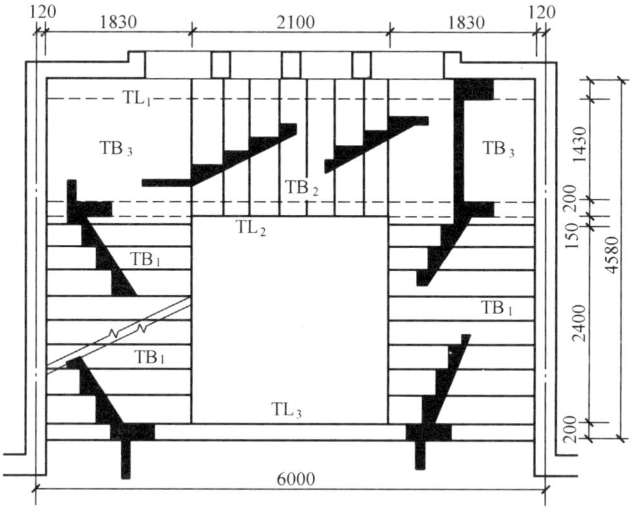

(a)

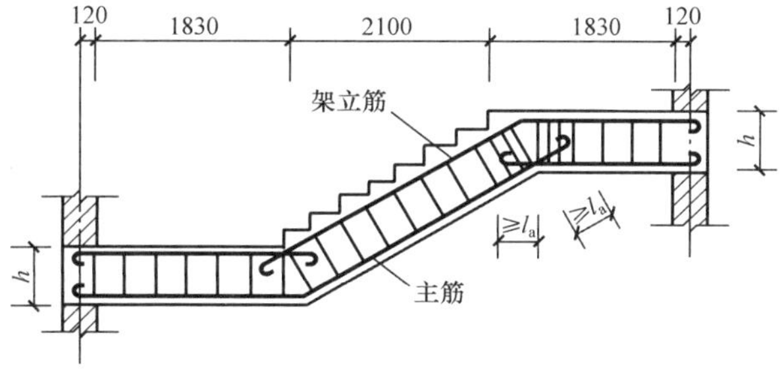

(b)

图 6-45　折线形楼梯平面

（a）平面图；（b）折梁配筋示意图

(a)

(b)

(c)

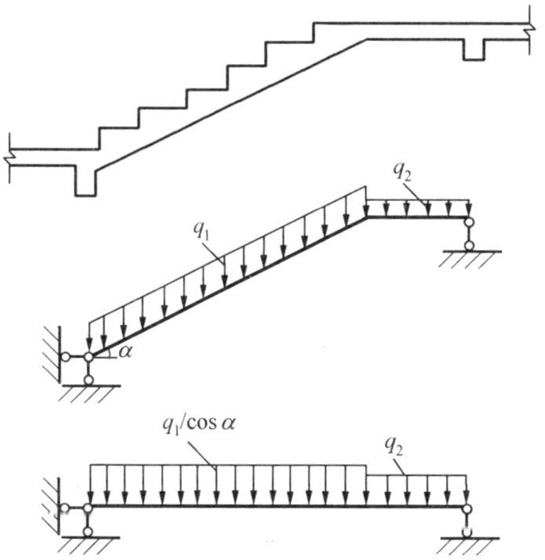

图 6-46　折板式楼梯的计算简化处理

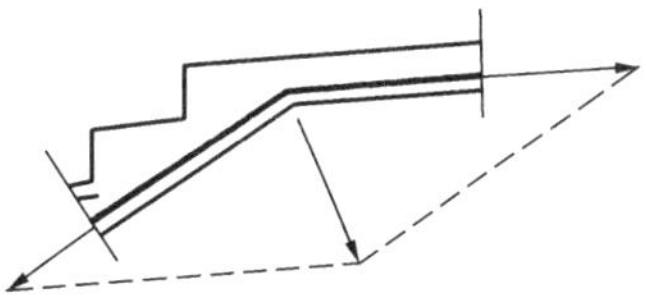

(a)

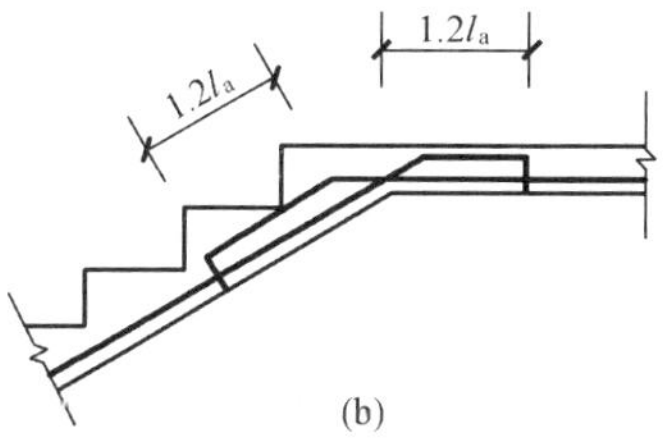

(b)

图 6-47　折线形楼梯板在曲折处的配筋

（a）混凝土保护层剥落，钢筋被拉出；

（b）转角处钢筋的锚固措施

6.6 钢筋混凝土悬挑构件

建筑工程中常见的钢筋混凝土悬挑构件有雨篷、外阳台、挑檐、挑廊等，这些悬挑构件除了按一般悬臂板、梁进行截面设计外，还可能对其进行抗倾覆验算。

6.6.1 钢筋混凝土雨篷

一、雨篷的组成和受力特点

雨篷是房屋结构中最常见的悬挑构件，当外挑长度不大于 3m 时，一般可不设外柱而做成悬挑结构。其中当外挑长度大于 1.5m 时，可设计成含有悬臂梁的梁板式雨篷，并按梁板结构计算其内力；当外挑长度不大于 1.5m 时，可设计成最为简单的悬臂板式雨篷。

钢筋混凝土悬臂板式雨篷由雨篷板和雨篷梁组成。雨篷梁一方面支承雨篷板，另一方面又兼做门过梁承受上部墙体的自重以及楼面梁、板或楼梯平台传来的荷载。这种雨篷可能发生的破坏形式有三种（图 6 - 48）：雨篷板在根部受弯断裂破坏；雨篷梁受弯、剪、扭破坏；雨篷整体倾覆破坏。

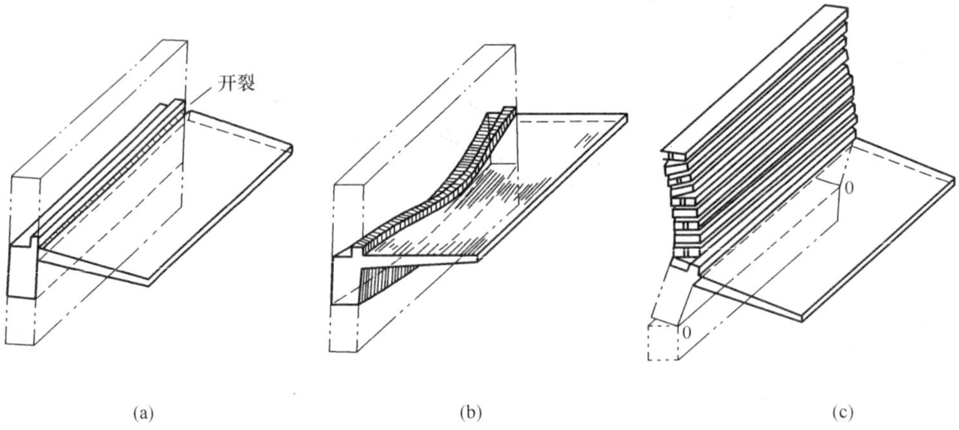

图 6 - 48 雨篷可能的破坏形式

（a）雨篷板受弯破坏；（b）雨篷梁受弯、剪、扭破坏；（c）雨篷整体倾覆破坏

为防止雨篷可能发生的破坏，应进行雨篷板的受弯承载力计算，雨篷梁的弯剪扭计算，雨篷整体的抗倾覆验算，以及采取相应的构造措施。

二、雨篷板的计算与构造

雨篷板是悬挑板，通常都做成变厚度板，其根部厚度不小于 70mm，端部厚度不小于 50mm。作用在雨篷板上的永久荷载 g 包括板自重、面层及粉刷层重等。其上的可变荷载有两种情况：一是雪载或 0.7kN/m^2 的均布可变荷载 q，二者取较大值；二是作用在板端的 1.0kN 施工或检修集中荷载 Q（沿板宽每隔 1.0m 考虑一个集中荷载）。可变荷载的两种情况不同时考虑。雨篷板受力情况如图 6 - 49 所示。

雨篷板的配筋按悬臂板计算，取根部板厚进行截面设计。受力钢筋应布置在板顶，受力筋必须伸入雨篷梁并与梁中的钢筋连接，并应满足受拉钢筋锚固长度 l_a 的要求。雨篷板的分布钢筋应布置在受力钢筋的内侧，按构造要求设置，见图 6 - 50。

当雨篷板有边梁时，可按一般梁板结构设计。

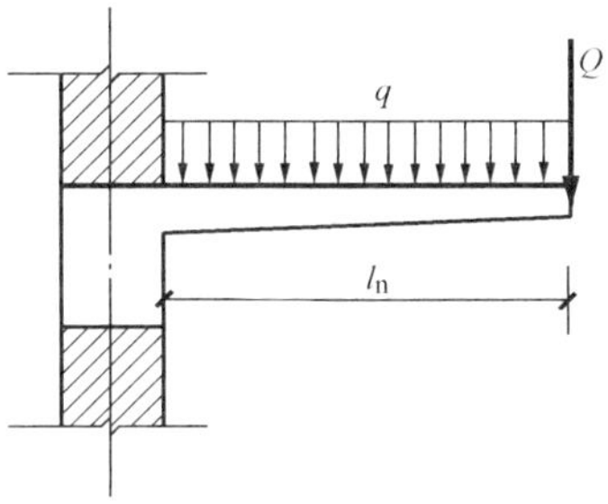

图 6-49　雨篷受力图

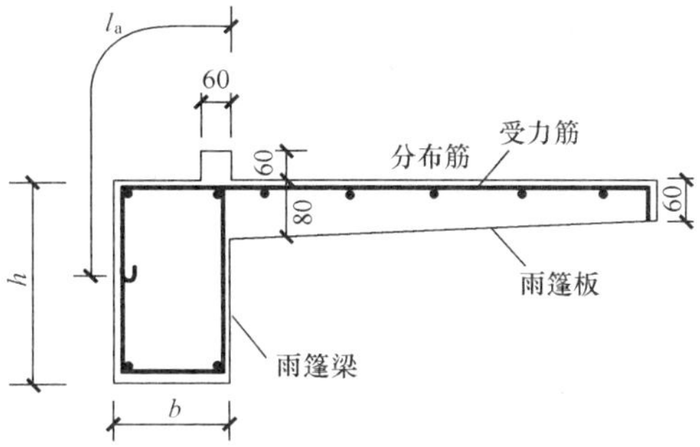

图 6-50　雨篷配筋图

三、雨篷梁的计算与构造

雨篷梁除承受自重及雨篷板传来的荷载外，还承受着上部墙体的重量及楼（屋）面梁、板可能传来的荷载。雨篷梁宽度一般与墙厚相同，其高度通常为砖的皮数倍。为防止板上雨水沿墙缝渗入墙内，通常在梁顶设置高过板顶 60mm 的凸块，如图 6-50 所示。雨篷梁嵌入墙内的支承长度不应小于 370mm。

在雨篷梁的内力计算中，不仅要对其进行受弯、受剪计算，必要时还应进行受扭计算。

计算弯矩时，设雨篷板端传来的 1kN 集中可变荷载与雨篷梁跨中的位置相对应，则雨篷梁跨中最大弯矩为 $M=\frac{1}{8}(g+q)l_0^2$ 或 $M=\frac{1}{8}gl_0^2+\frac{1}{4}Ql_0$ 取两者中的较大值。

计算剪力时，设雨篷板端传来的 1kN 集中可变荷载与雨篷梁支座边缘的位置相对应，其支座边缘剪力为 $V=\frac{1}{2}(g+q)l_n$ 或 $V=\frac{1}{2}gl_n+Q$，取两者中的较大值。

当雨篷梁受扭时，由永久荷载 g 和可变荷载 q 在单位长度的雨篷梁上引起的力矩分别为 $m_{Tg}=gl\frac{l+b}{2}$、$m_{Tq}=ql\frac{l+b}{2}$，雨篷梁的扭矩在支座处达最大值，为 $T=\frac{1}{2}(m_{Tg}+m_{Tq})l_n$ 或 $T=\frac{1}{2}m_{Tg}l_n+Q\left(l+\frac{b}{2}\right)$，取两者中的较大值。式中，$l$ 为雨篷板悬臂长度，b 为雨篷梁宽。

雨篷梁的配筋构造如图 6-50 所示。

四、抗倾覆验算

对于埋入砌体内的悬臂板式雨篷，设在雨篷板上作用的永久荷载和可变荷载设计值对雨篷梁底外缘 O 点产生倾覆力矩为 M_{ov}，雨篷梁的自重、梁上的砌体重，以及其他梁、板传来的荷载（只考虑永久荷载）标准值对倾覆点产生的抗倾覆力矩为 M_r，《砌体结构设计规范》（GB 50003—2011）（简称《砌体规范》）要求 $M_{ov}\leqslant M_r$。

为满足雨篷的抗倾覆要求，通常采取加大雨篷梁嵌入墙内的支承长度或使雨篷梁与周围的结构拉结等有效措施。

6.6.2　钢筋混凝土现浇挑檐

钢筋混凝土现浇挑檐可分为延伸悬挑板和纯悬挑板两种情况，延伸悬挑板是将挑檐板、圈梁和屋面板一起整浇，纯悬挑板是只将挑檐板和圈梁一起整浇。这两种情况下挑檐板的受力与现浇雨篷板相似，如图 6-51、图 6-52 所示。但两者在配筋构造上有所不同，延伸悬挑板的板面负筋与屋面板的板面负筋拉通一起配置，纯悬挑板的板面负筋则与雨篷板中受力筋构造一致，应伸入圈梁内并满足受拉钢筋锚固长度 l_a 的要求。当挑檐板仅与圈梁一起整浇时，圈梁内的配筋除按构造要求设置外，尚应考虑是否需要满足抗扭钢筋的构造要求。

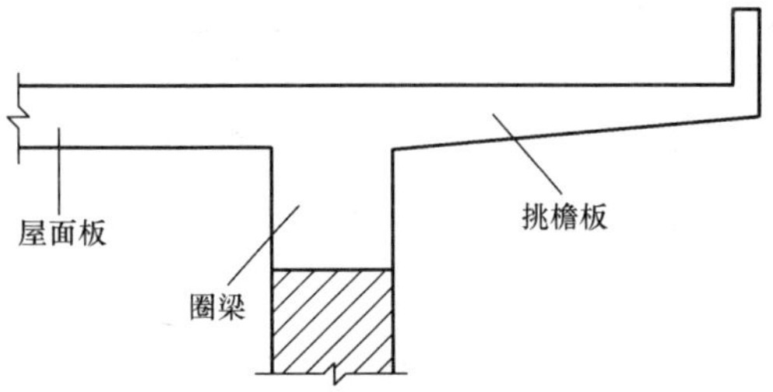

图 6-51　延伸悬挑板

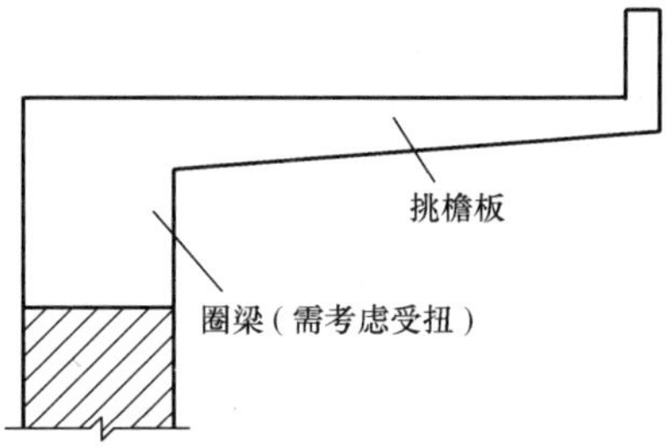

图 6-52　纯悬挑板

此外，在挑檐板挑出部分转角处，须配置附加构造钢筋。悬挑阴角附加筋斜向放置于悬挑板的阴角部位，位于板上部悬挑受力钢筋的下面，见图 6-53。悬挑阳角附加构造负筋采用放射状设置，见图 6-54。放射状构造负筋的直径与挑檐板钢筋直径相同，间距（按 $l/2$ 处计算）不大于 200mm，锚固长度 $l_a \geqslant l$（l 为挑檐板挑出长度）；当 $l \leqslant 300$mm 时，配筋根数为 5 根，当 300mm$<l \leqslant$500mm 时，配筋根数为 7 根，当 500mm$<l \leqslant$800mm 时配筋根数为 9 根。

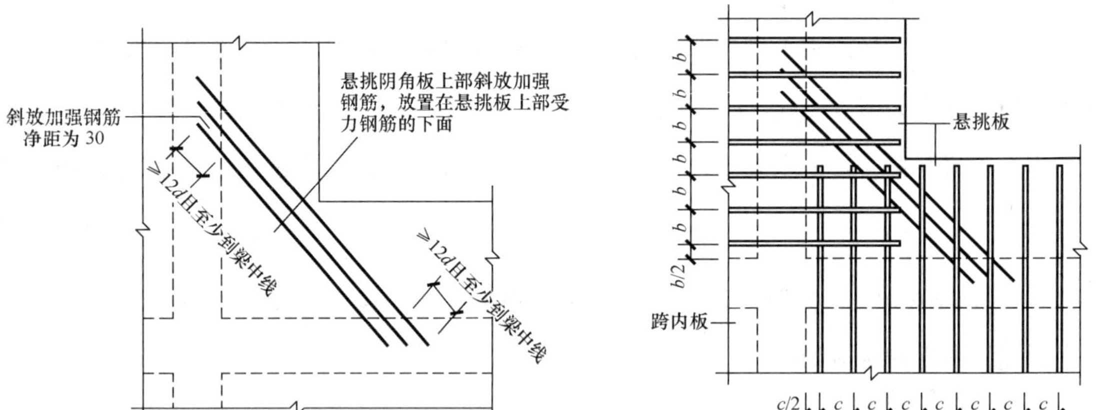

(a)　(b)

图 6-53　现浇挑檐板阴角处配筋

（a）板悬挑阴角附加钢筋；（b）板悬挑阴角附加筋与板面受力筋的交叉构造

悬臂雨篷（或挑檐）板有时带构造翻边，注意不能误认为是边梁，这时应考虑积水荷载对翻边的作用。当为竖直翻边时，积水将对其产生向外的推力，翻边的钢筋应置于靠积水的内侧，且在内折角处钢筋应有良好锚固［图 6-55（a）］。但当为斜翻边时，则应考虑斜翻边重量所产生的力矩使其有向内倾倒的趋势，翻边钢筋应置于外侧，且应弯入平板一定的长度［图 6-55（b）］。

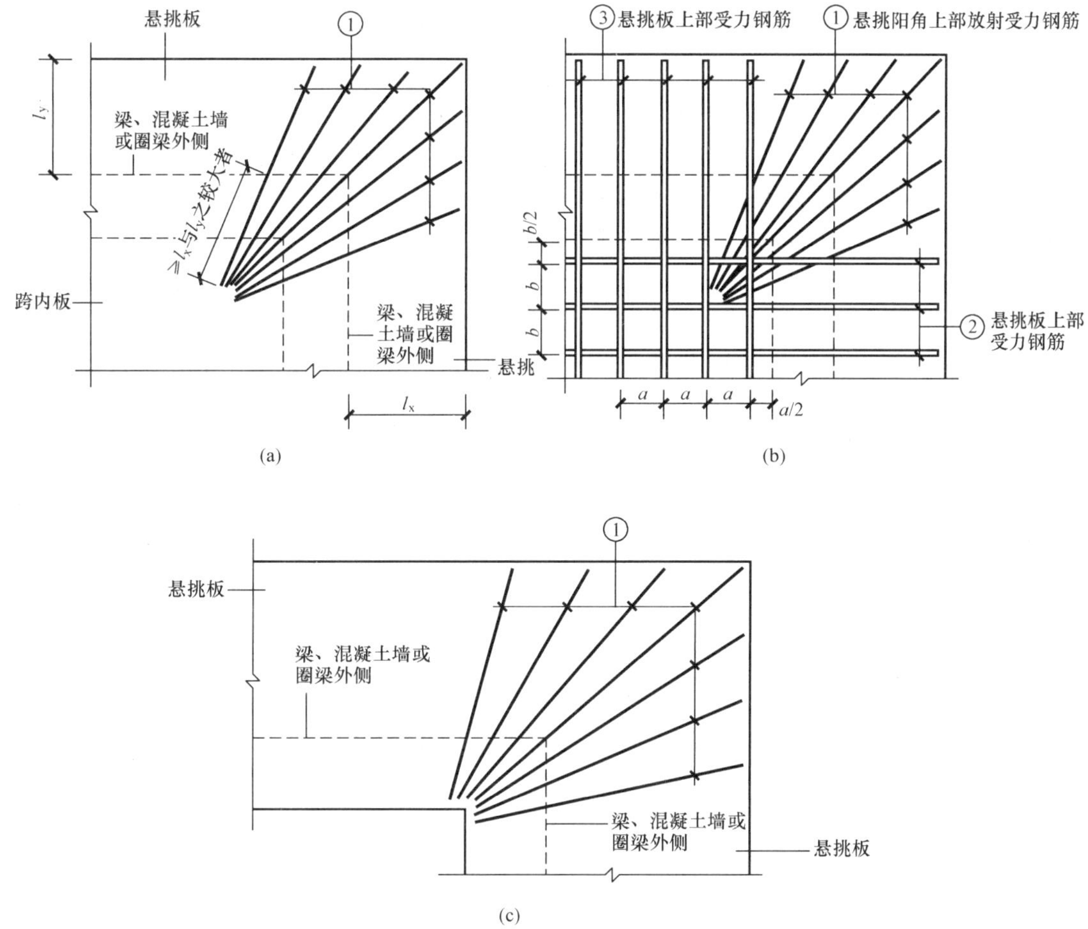

图 6-54　悬挑板阳角处配筋

（a）延伸悬挑板阳角放射筋；（b）放射筋与板面受力筋的交叉构造；（c）纯悬挑板阳角放射筋

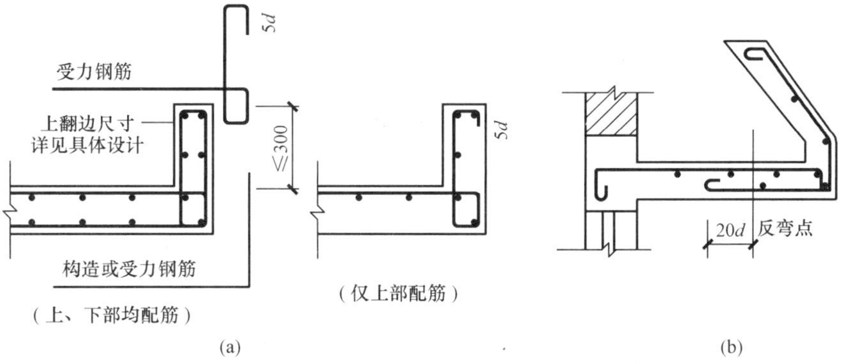

图 6-55　板翻边构造

（a）板翻边为竖直翻边；（b）板翻边为斜翻边

本章小结

(1) 楼盖设计中首先要解决的问题是选择合理的楼盖结构方案，梁板结构的结构形式、结构布置对整个建筑的安全性、合理性、经济性都有重要影响，因此各种楼盖的受力特点及不同结构布置对内力的影响是应重点解决的问题。

(2) 整体式单向板肋形楼盖按弹性理论方法的计算，是假定梁板为理想的匀质弹性体，因此其内力可按结构力学方法进行分析。连续梁、板各跨度相差不超过10%时，可按等跨计算。五跨以上可按五跨计算。对多跨连续梁、板要考虑活荷载的最不利位置，五跨以内的连续梁，在各种常用荷载作用下的内力，可从现成表格中查出内力系数进行计算。

(3) 连续板的配筋方式有分离式和弯起式。板和次梁不必按内力包络图确定钢筋弯起和截断的位置，一般可以按构造规定确定。主梁纵向钢筋的弯起与截断，应通过绘制弯矩包络图和抵抗弯矩图确定。次梁与主梁的相交处，应在主梁内设置附加箍筋或附加吊筋。

(4) 按塑性理论方法计算时，对于超静定结构，某个截面的屈服并不意味着结构的破坏，随着塑性铰的出现和荷载的增加，结构内力将重新分布，且在一定范围内可以人为地控制。利用塑性内力重分布，可调整连续梁的支座弯矩与跨中弯矩，取得经济的配筋。按塑性理论方法计算内力比较简便，且节省材料，但由于其使用阶段构件的裂缝及变形较大，应注意满足构件使用阶段裂缝和刚度的要求。对重要的结构仍应按弹性理论的方法计算。

(5) 现浇楼梯主要有板式楼梯与梁式楼梯。其组成构件均可按简支受弯构件计算。但考虑到板、梁简支假定与实际结构的差异，在支座处应配置构造负钢筋，同时应注意折板、折梁的配筋构造。

(6) 悬臂板式雨篷由雨篷板和雨篷梁组成。除需进行雨篷板和雨篷梁本身的承载力计算外，当埋入砌体内时还应考虑雨篷的整体抗倾覆要求。雨篷梁还应考虑扭矩的影响。

思考题

6-1 混凝土梁板结构有哪几种类型？分别说明它们各自的受力特点和适用范围。

6-2 单向板肋梁楼盖进行结构布置的原则是什么？

6-3 肋梁楼盖的结构计算简图如何确定？梁、板的计算跨度如何确定？

6-4 单向板肋梁楼盖按弹性理论计算时，为什么要考虑折算荷载？如何计算折算荷载？

6-5 按弹性理论计算连续梁各跨跨中最大正弯矩、支座截面最大负弯矩、支座边截面最大剪力时，荷载应如何布置？

6-6 现浇梁板结构中单向板和双向板是如何划分的？

6-7 什么是“塑性铰”？混凝土结构中的“塑性铰”与结构力学中的“理想铰”有何异同？

6-8　什么是塑性内力重分布？“塑性铰”与“塑性内力重分布”有何关系？

6-9　按弹性理论计算连续梁的内力时考虑支座宽度的影响？支座边缘处的内力如何计算？

6-10　周边与梁整体连接的板，在什么情况下可以对其算得的弯矩值予以折减？

6-11　板、次梁、主梁设计的配筋各有哪些受力钢筋？哪些构造钢筋？这些钢筋构件各起了什么作用？

6-12　在主次梁交接处，主梁中为什么要设置吊筋或附加箍筋？

6-13　什么是内力包络图？为什么要做内力包络图？

6-14　单向板与双向板的区别何在？

6-15　梁式楼梯和板式楼梯的适用范围如何？如何确定各组成部分的计算简图？

6-16　简述雨篷和雨篷梁的计算要点和构造要求。

习　题

6-1　两跨连续梁如图 6-56 所示，梁上作用集中恒载设计值 $G=40$kN，集中可变荷载设计值 $Q=80$kN，试求：

（1）按弹性理论计算所得的弯矩包络图；

（2）按考虑塑性内力重分布，中间支座弯矩调幅 20%后的弯矩包络图。

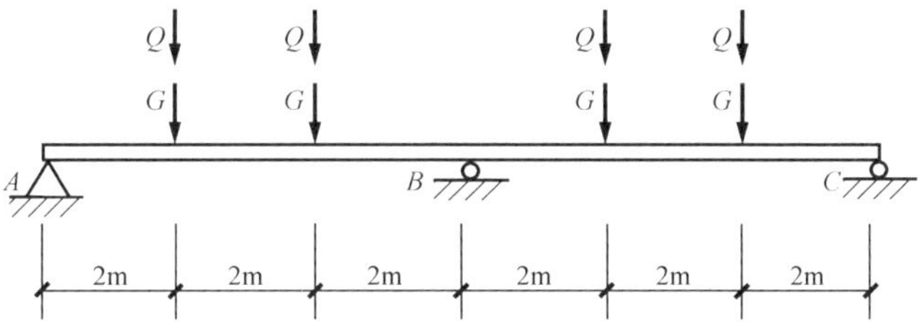

图 6-56　习题 6-1 图

6-2　某双向楼盖如图 6-57 所示，混凝土强度等级为 C25，梁沿柱网轴线设置，柱网尺寸为 5.7m×5.7m，梁与板整浇，板厚 $h=110$mm，梁截面尺寸为 300mm×600mm。楼面永久荷载（含板自重）标准值为 3kN/m²，可变荷载标准值为 4.0kN/m²。试用弹性理论确定中区格 A、边区格 B、角区格 C 的内力并计算配筋。

6-3　试设计钢筋混凝土单向板肋形楼盖。

一、设计资料

（1）结构形式。

某单层厂房仓库，采用多层砖混结构，内框架承重体系，采用整体式钢筋混凝土单向板肋梁现浇楼盖，结构平面如图 6-58 所示。外墙厚 370mm，钢筋混凝土柱截面尺寸为 400mm×400mm。图示范围内不考虑楼梯间。

（2）楼面构造。

30mm 厚水磨石地面（10mm 厚面层，20mm 厚水泥砂浆打底），板底有 15mm 厚石灰砂浆抹灰。现浇钢筋混凝土楼板。

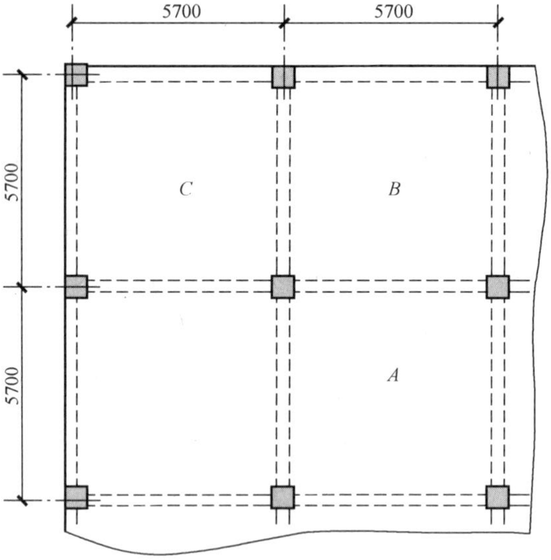

图 6-57 习题 6-2 图

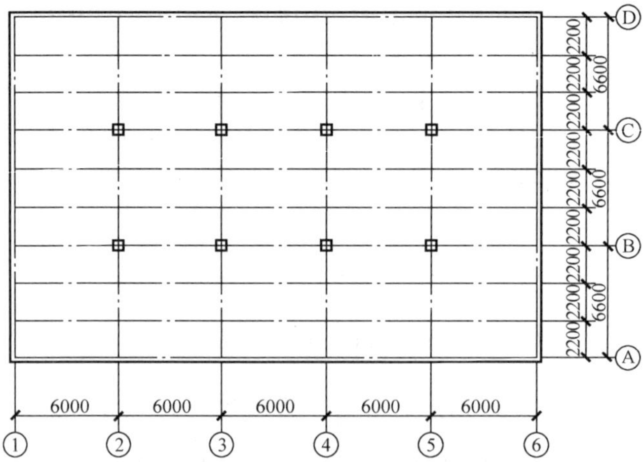

图 6-58 习题 6-3 图

（3）荷载。

永久荷载，包括梁、楼板及构造层自重。钢筋混凝土容重为 $25kN/m^3$，水泥砂浆容重 $20kN/m^3$，石灰砂浆容重 $17kN/m^3$，水磨石面层容重 $0.65kN/m^2$，分项系数 $\gamma_G=1.2$。

可变荷载，楼面均布活荷载标准值 $7kN/m^2$，分项系数 $\gamma_Q=1.3$。

（4）材料。

混凝土：C20。

钢筋：板，HPB300 级；

梁，主筋 HRB335 级，箍筋 HPB300 级。

二、设计内容与要求

（1）结构布置。

确定柱网尺寸，主次梁布置，构件截面尺寸，绘制楼盖平面结构布置图。

（2）梁板的设计。

1）单向板的设计。

按考虑塑性内力重分布的方法计算板的内力，计算板的正截面承载力，绘制板的配筋图。

2）次梁设计。

按考虑塑性内力重分布的方法计算次梁的内力，计算次梁的正截面、斜截面承载力，绘制次梁的配筋图。

3）主梁设计。

按弹性方法计算主梁的内力，绘制主梁的弯矩、剪力包络图，根据包络图计算主梁正截面、斜截面承载力，并绘制主梁的抵抗弯矩图及配筋图。

（3）绘制结构施工图。

用 2 号图纸选择适当比例，画出楼盖结构平面布置图，板配筋布置及主梁、次梁配筋详图，主梁的抵抗弯矩图并作钢筋明细表，最后完成楼盖施工图两张。

扫一扫

课程前导资源

第 7 章　预应力混凝土构件基本知识

学习提要

本章主要学习预应力混凝土的概念、预应力混凝土材料、预应力施加方法、预应力损失和预应力混凝土构造要求。通过本章的学习，应掌握和理解预应力混凝土的基本原理及特点，了解施加预应力的方法和锚具，了解预应力混凝土对材料的要求及张拉控制应力的概念，熟悉预应力损失及其组合，了解预应力混凝土构件的一般构造要求，了解预应力混凝土构件承载力计算及抗裂度计算原理。

7.1　预应力混凝土的基本概念

7.1.1　预应力混凝土构件的提出

众所周知，由于混凝土的抗拉强度很低，所以抗裂性能很差。一般情况下，当钢筋应力超过 20～30N/mm^2 时，混凝土就会开裂，在正常使用条件下，一般构件均处于带裂缝工作状态。对使用上允许开裂的构件，裂缝宽度一般应限制在 0.2～0.3mm 以内，此时相应的受拉钢筋应力最高也只能达到 150～250N/mm^2。对使用上不允许开裂的构件，普通钢筋混凝土无法满足要求。

由于混凝土的过早开裂，导致高强度钢筋的强度无法充分利用，也限制了高强度钢筋的应用；同时，混凝土的开裂还导致构件的刚度降低，变形增大。因而，普通钢筋混凝土不宜用于对裂缝控制要求较严格的构件，以及具有较高密闭性和耐久性要求的结构。为解决上述问题，人们在长期的生产实践中创造了预应力混凝土结构。

7.1.2　预应力混凝土的基本原理

所谓预应力混凝土结构是指在结构构件受外荷载作用之前，预先通过张拉钢筋，利用钢筋的回弹，人为地对受拉区的混凝土施加压力，由此产生的预压应力用以减小或抵消由外荷载作用下所产生的混凝土拉应力，使结构构件的拉应力减小，甚至处于受压状态，从而延缓混凝土开裂或使构件不开裂。

实际上，预应力混凝土是借助于其较高的抗压强度来弥补其抗拉强度的不足，通过调整预压应力的大小而达到使构件不开裂或推迟混凝土开裂以及减小裂缝宽度的目的。

7.1.3　预应力混凝土的特点

（1）抗裂性好。预应力混凝土构件的抗裂性能远高于普通钢筋混凝土构件，能延迟裂缝的出现开展，可减少构件的变形，提高了结构的耐久性，扩大了混凝土结构的适用范围。

（2）能充分利用高强度的材料。由于在受外荷载作用前预应力钢筋就一直处于较高张拉应力状态，同时混凝土要承受由预应力筋所传来的较高预压应力，因而高强度钢筋和混凝土的材料强度均能够得以充分利用。

（3）节约材料，减轻构件自重。采用预应力混凝土构件，由于提高了构件的刚度，可减小构件截面尺寸，节省钢材和混凝土用量，减轻结构自重，对大跨度结构尤为显著。

（4）可提高构件的抗剪能力。试验表明，纵向预应力钢筋起着锚栓的作用，可以阻止斜裂缝的出现和发展，因而提高了构件的抗剪能力。

预应力混凝土构件的缺点是工艺复杂，构造、施工和计算均较复杂，需要专用的张拉设备和锚具等，造价较高等。

7.1.4　施加预应力的方法

根据张拉钢筋与浇捣混凝土的先后次序不同，可分为先张法与后张法两种。

一、先张法

在浇筑混凝土之前张拉预应力钢筋的方法称为先张法，如图 7-1 所示。

先张法的主要施工工序：在固定台座上穿预应力钢筋，使钢筋就位；用千斤顶张拉预应力钢筋至预定长度后，用夹具将预应力钢筋固定在台座的传力架上；支模、浇筑并养护混凝土；待混凝土达到一定强度后（约为混凝土设计强度的 75%，且混凝土龄期不小于 7 天），切断并放松预应力钢筋。

在预应力筋回缩的过程中利用其与混凝土之间的黏结力而使构件混凝土处于预压状态。因此，在先张法预应力混凝土构件中，预应力的传递主要是通过预应力钢筋与混凝土之间的黏结力。

二、后张法

在结硬后的混凝土构件上张拉钢筋的方法称为后张法，如图 7-2 所示。

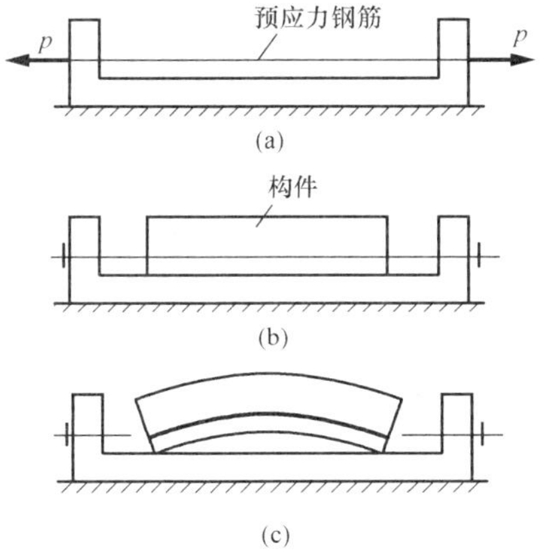

图 7-1　先张法工艺流程

（a）预应力钢筋就位、张拉、锚固；

（b）混凝土施工；（c）预应力钢筋放松

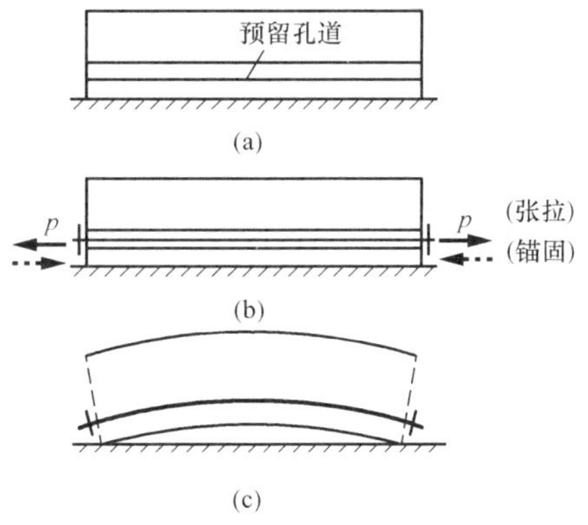

图 7-2　后张法工艺流程

（a）预留孔道、混凝土施工；

（b）穿筋、张拉、锚固；（c）孔道灌浆

后张法的主要施工工序：先浇筑混凝土构件，并在构件中预留预应力钢筋的孔道；待混凝土达到规定强度（约为混凝土设计强度的 75%以上）后，穿预应力钢筋，然后直接在构件上张拉预应力钢筋；当预应力钢筋张拉至规定应力后，在张拉端用锚具将其锚住，阻止钢筋回缩，从而使混凝土获得预压应力。最后在孔道内灌浆，使预应力钢筋与构件混凝土形成整体。

由此可见，在后张法预应力混凝土构件中，预应力的传递主要是依靠设置在预应力钢筋两端的锚固装置（锚具及其垫板）。

先张法的生产工序少，工艺简单，可成批生产，质量容易保证，适用于可批量生产的中小型构件，如楼板、屋面板等。后张法不需台座，便于在现场制作大型构件，但工序较多，操作也较麻烦，适用于大、中型构件。

7.2 预应力混凝土构件的一般规定

7.2.1 预应力混凝土材料

一、混凝土

预应力混凝土结构构件所用的混凝土，需满足下列要求：

（1）强度高。因为预应力混凝土要承受由预应力筋所传来的较高预压应力。在先张法构件中，高强度的混凝土可提高钢筋与混凝土之间的黏结强度；对后张法构件，高强度混凝土可提高锚固端的局部抗压承载力。

（2）收缩、徐变小。可减少因混凝土收缩、徐变引起的预应力损失，建立较高的预压应力。

（3）快硬、早强。可及早施加预应力，提高张拉设备的周转率，加快施工速度。

《规范》规定，预应力混凝土结构的混凝土强度等级不宜低于C40，且不应低于C30。

二、预应力钢筋

预应力混凝土构件所用的预应力钢筋，需满足下列要求：

（1）强度高。由于预应力钢筋自始至终处于较高张拉应力状态，故必须采用较高抗拉强度的钢筋。

（2）较好的塑性。为了避免预应力混凝土构件发生脆性破坏，要求钢筋在拉断之前应具有一定的伸长率；另外，当构件处于低温或冲击荷载作用时，必须保证预应力钢筋具有足够的塑性性能和抗冲击韧性。

（3）良好的加工性能。要求预应力钢筋应具有良好的可焊性，同时要求钢筋“墩头”后不影响其原来的力学性能。

（4）与混凝土之间有较好的黏结性能。先张法是靠钢筋与混凝土之间的黏结力来建立预应力的，因此，预应力钢筋与混凝土间必须要有足够的黏结强度。当采用光面钢丝时，为了增加黏结力，其表面应经过“刻痕”或“压波”等措施进行处理。

《规范》规定，预应力钢筋宜采用预应力钢丝、钢绞线和预应力螺纹钢筋。

7.2.2 张拉控制应力 σ_{con}

张拉控制应力是指预应力钢筋在张拉时，所控制达到的最大应力值。其值为张拉设备（如千斤顶上的油压表）所指示的总张拉力除以预应力钢筋截面面积而得出的应力值，以 σ_{con} 表示。

张拉控制应力 σ_{con} 的大小，直接影响预应力混凝土的使用效果。如果 σ_{con} 取值过低，则预应力钢筋经过各种损失后，对混凝土产生的预压应力过小，预应力混凝土的效果不明显，因此《规范》规定消除应力钢丝、钢绞线、中强度预应力钢丝 σ_{con} 不应小于 $0.4f_{ptk}$，预应力螺纹钢筋 σ_{con} 不宜小于 $0.5f_{pyk}$。但 σ_{con} 又不能取得太高，σ_{con} 过高可能出现下列问题：

（1）张拉过程中，可能使个别钢筋已超过实际屈服强度而失去回缩能力，或已发生脆断现象。

（2）构件的开裂荷载与破坏荷载接近，使构件在破坏前无明显预兆，构件的延性较差。

《规范》规定，在一般情况下，张拉控制应力 σ_{con} 值应符合下列规定：

1）消除应力钢丝、钢绞线　$\sigma_{con} \leqslant 0.75 f_{ptk}$；

2）中强度预应力钢丝　$\sigma_{con} \leqslant 0.70 f_{ptk}$；

3）预应力螺纹钢筋　$\sigma_{con} \leqslant 0.85 f_{pyk}$。

7.3　预 应 力 损 失

7.3.1　预应力损失

按照某一控制应力值张拉的预应力钢筋，其初始的张拉应力会由于各种原因而降低，这种预应力降低的现象称为预应力损失，用 σ_l 表示。预应力损失的产生，会使有效预应力值减小，从而降低预应力效果，如图 7-3 所示。下面介绍《规范》提出的六项预应力损失的产生原因及减小措施。

一、张拉端锚具变形和钢筋内缩引起的预应力损失 σ_{l1}

在张拉端，当预应力钢筋张拉至应力达 σ_{con} 后，卸去张拉机械，预应力钢筋回缩，由于锚具变形、钢筋在锚具中的滑动，以及锚具下垫板缝隙的压紧等现象均会使预应力钢筋的张紧程度降低，应力减小，即产生预应力损失 σ_{l1}。

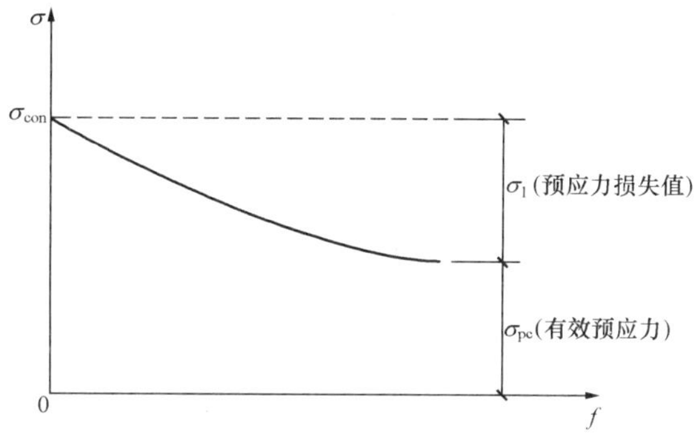

图 7-3　预应力损失及有效预应力

减小 σ_{l1} 损失可采取的措施有：

（1）选择变形和钢筋内缩值小的锚具，尽量减少垫板的块数。

（2）增加先张法台座长度，以增加生产中、小型构件的数量，从而减小每个构件的此项损失。

二、预应力钢筋与孔道壁之间的摩擦引起的预应力损失 σ_{l2}

采用后张法张拉钢筋时，预应力钢筋将与孔壁接触而产生摩擦阻力，这种摩擦阻力距离张拉端越远，其影响越大，使构件各截面上的实际有效预应力有所减少，即产生摩擦损失 σ_{l2}。

减小 σ_{l2} 损失可采取如下措施：

（1）对于较长的构件可采用两端张拉。

（2）采用“超张拉”工艺，张拉程序为

$$0 \longrightarrow 1.03\sigma_{con}(\text{或 } 1.05\sigma_{con}) \xrightarrow{\text{持荷 2min}} \sigma_{con}$$

三、混凝土加热养护时，预应力钢筋与张拉设备之间温差引起的预应力损失 σ_{l3}

对先张法预应力混凝土构件，当采用蒸汽或其他加热方法养护混凝土时，新浇的混凝土尚未结硬，升温时，由于钢筋温度高于台座温度，钢筋将产生相对伸长，导致预应力钢筋的应力下降；降温时，混凝土已结硬，钢筋与混凝土已具有黏结力，两者一起回缩，所以降低了的预应力也不会恢复，即产生温差损失 σ_{l3}。

减小 σ_{l3} 损失可采取的措施有：

（1）采用二次升温养护。先升温20℃，然后恒温养护，待混凝土强度达到$7\sim10N/mm^2$时再继续升温至规定的养护温度，此时，钢筋与混凝土已结成整体，能够一起胀缩而不引起预应力损失。

（2）在钢模上张拉预应力钢筋。由于预应力钢筋锚固在钢模上，升温时两者温度相同，可以不考虑温差引起的预应力损失。

四、预应力钢筋应力松弛引起的预应力损失σ_{l4}

钢筋在高应力作用下，由于预应力钢筋的塑性变形，在钢筋长度不变的条件下，钢筋的应力会随时间的增长而逐渐降低，这种现象称为钢筋的应力松弛。钢筋的应力松弛将引起预应力钢筋中的应力损失，即产生松弛损失σ_{l4}。

减小σ_{l4}损失可采取的措施有：

（1）采用超张拉工艺；

（2）采用低松弛的高强钢材。

五、混凝土收缩和徐变引起的预应力损失σ_{l5}

由于混凝土的收缩和徐变，使构件长度缩短，预应力钢筋随之回缩造成拉应力减少，由此产生预应力损失σ_{l5}。此项损失约占全部损失的50%左右。

减少σ_{l5}预应力损失的措施有：

（1）采用高强水泥，减少水泥用量，降低水灰比，采用干硬性混凝土。

（2）采用级配较好的骨料，加强振捣，提高混凝土的密实性。

（3）加强养护，以减少混凝土的收缩。

（4）控制混凝土的加载龄期，尽量使混凝土压应力σ_{pc}和σ'_{pc}值小于$0.5f''_{cu}$。

六、采用螺旋式预应力钢筋作配筋的环形构件由于混凝土的局部挤压引起的预应力损失σ_{l6}

采用螺旋式配筋的预应力混凝土构件，由于采用后张法直接在构件上张拉，预应力钢筋对混凝土形成局部挤压，使构件直径减小而造成预应力钢筋的拉应力降低，引起预应力钢筋的应力损失σ_{l6}。

σ_{l6}的大小与环形构件的直径d成反比，直径越小，损失越大。《规范》规定，当直径$d>3m$时，$\sigma_{l6}=0$。

7.3.2 预应力损失值的组合

上述六项预应力损失中，有的只发生在先张法构件中，有的只发生在后张法构件中，有的两种构件均会产生。它们发生的时间先后也不尽相同。为了计算方便，把损失划分为两批，即把在混凝土建立起初始预压应力前发生或在同时发生的预应力损失称为第一批损失，用σ_{lI}表示；把在混凝土建立起初始预压应力后发生并逐渐完成的预应力损失称为第二批损失，用σ_{lII}表示。《规范》规定，预应力混凝土构件在各阶段的预应力损失值宜按表7-1进行组合。

表7-1 各阶段预应力损失值的组合

预应力损失值的组合	先张法	后张法
混凝土预压前（第一批）的损失σ_{lI}	$\sigma_{l1}+\sigma_{l3}+\sigma_{l4}$	$\sigma_{l1}+\sigma_{l2}$
混凝土预压后（第二批）的损失σ_{lII}	σ_{l5}	$\sigma_{l4}+\sigma_{l5}+\sigma_{l6}$

当计算求得的预应力总损失值小于下列数值时，应按下列数值取用：

先张法构件为 100N/mm²，后张法构件为 80N/mm²。

7.4　预应力混凝土轴心受拉构件计算

预应力混凝土轴心受拉构件的计算可分为使用阶段的计算和施工阶段验算两部分，下面将分别进行讨论。

7.4.1　使用阶段

预应力混凝土轴心受拉构件使用阶段的计算分为承载力计算、抗裂度验算和裂缝宽度验算。

一、承载力计算

当预应力混凝土轴心受拉构件达到承载能力极限状态时，全部轴心拉力由预应力钢筋和普通钢筋承担，此时，预应力钢筋和普通钢筋均已屈服。于是，其正截面受拉承载力应按下式计算

$$\gamma_0 N \leqslant f_y A_s + f_{py} A_p \tag{7-1}$$

式中　γ_0——结构重要性系数；

N——构件的轴心拉力设计值；

f_{py}，f_y——预应力钢筋与普通钢筋的抗拉强度设计值；

A_p，A_s——预应力钢筋与普通钢筋的截面面积。

二、抗裂度及裂缝宽度验算

当构件截面上的应力超过预压应力 σ_{pc} 与混凝土实际抗拉强度 f_{tk} 之和时，截面将开裂。由于结构的使用功能及所处环境的不同，对构件裂缝控制的要求也应不同。因此，对预应力混凝土轴心受拉构件，应根据所处环境和使用要求，选用相应的裂缝控制等级，并按下列规定进行受拉边缘应力或正截面裂缝宽度验算。

（一）一级——严格要求不出现裂缝的构件

对使用阶段严格要求不出现裂缝的预应力混凝土轴心受拉构件，在荷载标准组合下，受拉边缘应力应符合下列规定

$$\sigma_{ck} - \sigma_{pc} \leqslant 0 \tag{7-2}$$

（二）二级——一般要求不出现裂缝的构件

对使用阶段一般要求不出现裂缝的预应力混凝土轴心受拉构件，在荷载标准组合下，受拉边缘应力应符合下列规定

$$\sigma_{ck} - \sigma_{pc} \leqslant f_{tk} \tag{7-3}$$

（三）三级——允许出现裂缝的构件

钢筋混凝土构件按荷载准永久组合并考虑长期作用影响的效应计算的最大裂缝宽度 w_{max}，预应力混凝土构件可按荷载标准组合并考虑长期作用影响的效应计算的最大裂缝宽度 w_{max}，应符合下列规定

$$w_{max} \leqslant w_{lim} \tag{7-4}$$

对环境类别为二 a 类的预应力混凝土构件，在荷载准永久组合下，受拉边缘应力尚应符合下列规定

$$\sigma_{cq} - \sigma_{pc} \leqslant f_{tk} \tag{7-5}$$

式中 σ_{ck}——荷载效应标准组合下抗裂验算边缘的混凝土法向应力，$\sigma_{ck}=N_k/A_0$；

σ_{cq}——荷载效应准永久组合下抗裂验算边缘的混凝土法向应力，$\sigma_{cq}=N_q/A_0$；

f_{tk}——混凝土轴心抗拉强度标准值；

w_{max}——按荷载的标准组合或准永久组合并考虑长期作用影响计算的最大裂缝宽度；

w_{lim}——最大裂缝宽度限值。

7.4.2 施工阶段

在后张法预应力混凝土构件张拉预应力筋时，或先张法预应力混凝土构件放松预应力筋时，由于预应力损失尚未完成，混凝土受到的压力最大，而此时混凝土的强度一般最低（只达到设计强度的75%）。因此，为保证此时混凝土不被压碎，应予以验算。

对预应力混凝土轴心受拉构件，预压时一般处于全截面均匀受压。截面上混凝土法向压应力应符合下列条件

$$\sigma_{cc} \leqslant 0.8f'_{ck} \tag{7-6}$$

式中 σ_{cc}——施工阶段张拉（或放松）预应力钢筋时，构件计算截面边缘纤维的混凝土压应力；

f'_{ck}——与各施工阶段混凝土立方体抗压强度 f'_{cu} 相应的轴心抗压强度标准值。

对先张法构件，σ_{cc} 按第一批预应力损失完成后计算，即

$$\sigma_{cc} = \frac{(\sigma_{con}-\sigma_{l1})A_p}{A_0} \tag{7-7}$$

对后张法构件，σ_{cc} 按不考虑预应力损失值计算，即

$$\sigma_{cc} = \frac{\sigma_{con}A_p}{A_n} \tag{7-8}$$

7.5 预应力混凝土构件的主要构造要求

7.5.1 先张法构件

一、预应力钢筋的配筋方式

当先张法预应力钢丝按单根方式配筋困难时，可采用相同直径钢丝并筋的配筋方式。并筋的等效直径，对双并筋应取为单筋直径的1.4倍，对三并筋应取为单筋直径的1.7倍。并筋的保护层厚度、锚固长度、预应力传递长度，以及正常使用极限状态验算均应按等效直径考虑（当预应力钢绞线、热处理钢筋采用并筋方式时，应有可靠的锚固措施）。

二、预应力钢筋的净间距

先张法预应力钢筋之间的净间距不宜小于其公称直径的2.5倍和混凝土粗骨料最大粒径的1.25倍，且应符合下列规定：

预应力钢丝，不应小于15mm；三股钢绞线，不应小于20mm；七股钢绞线，不应小于25mm。当混凝土振捣密实性具有可靠保证时，净间距可放宽为最大粗骨料粒径的1.0倍。

三、构件端部加强措施

（1）对单根配置的预应力钢筋，其端部宜设置长度不小于150mm且不少于四圈的螺旋钢筋，如图7-4（a）所示；当有可靠经验时，也可利用支座垫板上的插筋代替螺旋钢筋，但插筋数量不应少于4根，其长度不宜小于120mm，如图7-4（b）所示。

（2）对分散布置的多根预应力钢筋，在构件端部 10d（d 为预应力钢筋的公称直径）范围内应设置 3～5 片与预应力钢筋垂直的横向钢筋网，如图 7-4（c）所示。

（3）采用预应力钢丝配筋的薄板，在板端 100mm 范围内宜适当加密横向钢筋，如图 7-4（d)所示。

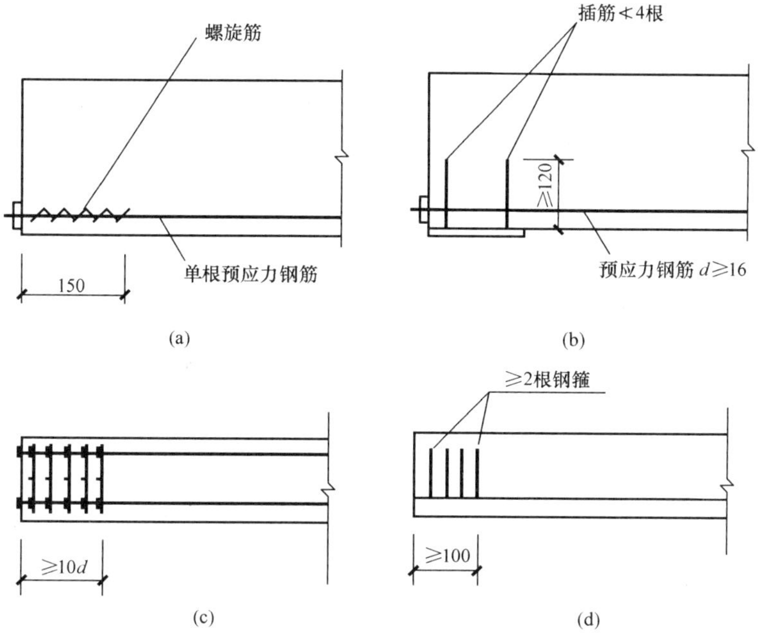

图 7-4　先张法构件端部加强措施

7.5.2　后张法构件

（1）配筋要求。

后张法预应力受弯构件中，宜将一部分预应力钢筋在靠近支座处弯起，弯起的预应力钢筋宜沿构件端部均匀布置。

（2）预留孔道。

后张法预应力钢丝束、钢绞线束的预留孔道应符合下列规定：

1）对预制构件，孔道之间的水平净距不宜小于 50mm，且不宜小于粗骨料粒径的 1.25 倍；孔道至构件边缘的净间距不宜小于 30mm，且不宜小于孔道直径的一半，如图 7-5 所示。

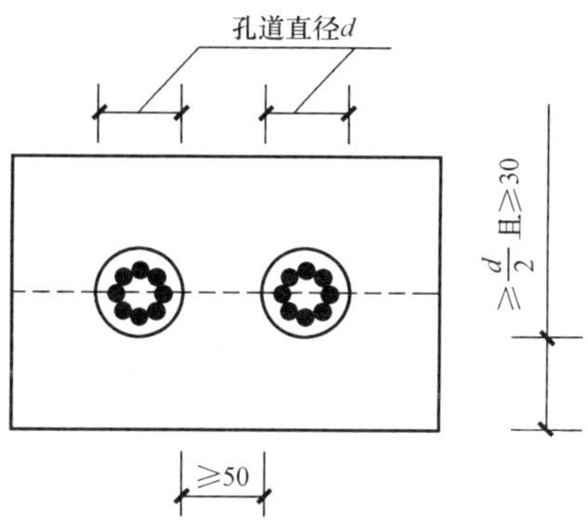

图 7-5　预制构件孔道净间距要求

2）现浇混凝土梁中，预留孔道在竖直方向的净间距不应小于孔道外径，水平方向的净距不宜小于 1.5 倍孔道外径，且不应小于粗骨料粒径的 1.25 倍；从孔道外壁至构件边缘的净间距，梁底不宜小于 50mm，梁侧不宜小于 40mm，裂缝控制等级为三级的梁，梁底、梁侧分别不宜小于 60mm 和 50mm。

3）预留孔道的内径宜比预应力束外径及需穿过孔道的连接器外径大 6～15mm，且孔道的截面积宜为穿入预应力束截面积的 3.0～4.0 倍。

4）当有可靠经验并能保证混凝土浇筑质量时，预留孔道可水平并列贴紧布置，但并排的数量不应超过 2 束。

（3）构件端部加强措施。

1）应配置间接钢筋，且在间接钢筋配置区以外，在构件端部长度 l 不小于 $3e$（e 为截面重心线上部或下部预应力钢筋的合力点至邻近边缘的距离），但不大于 $1.2h$（h 为构件端部截面高度）、高度为 $2e$ 的附加配筋区范围内，应均匀配置附加箍筋或网片（图 7-6）。

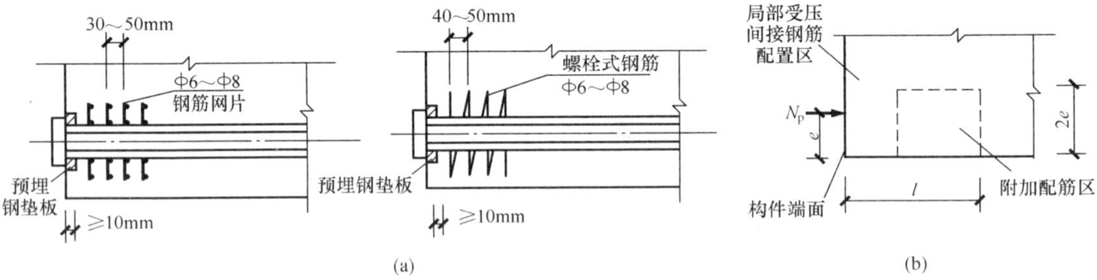

图 7-6　防止沿构件端部孔道劈裂的配筋方式及范围

2）当构件在端部有局部凹进时，应增设折线构造钢筋（图 7-7）或其他有效的构造钢筋。

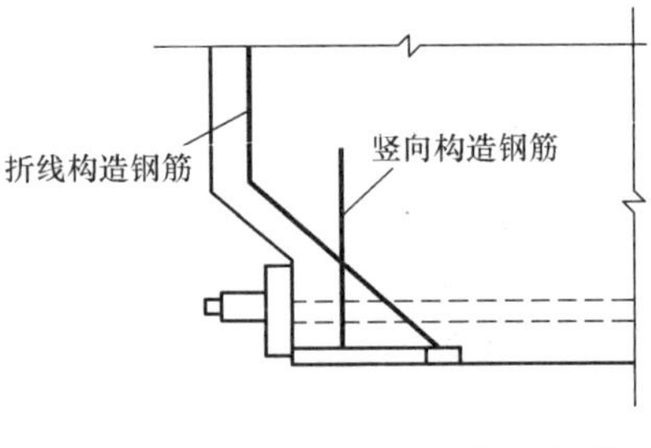

图 7-7　构件端部凹进处构造钢筋

（4）后张法预应力混凝土构件中，曲线预应力钢丝束、钢绞线束的曲率半径不宜小于 4m，对折线配筋的构件，在预应力钢筋弯折处的曲率半径可适当减小。

（5）构件端部尺寸应考虑锚具的布置、张拉设备的尺寸和局部受压要求，必要时应适当增大。在预应力钢筋锚具下及张拉设备的支承处应设置预埋垫板，并设置间接钢筋和附加构造钢筋。对外露金属锚具应采取可靠的防锈措施。

（6）在后张法预应力混凝土构件的预拉区和预压区中，应设置纵向非预应力构造钢筋，如图 7-8 所示。在预应力钢筋弯折处，应加密箍筋或沿弯折处内侧设置钢筋网片，如图 7-9 所示。

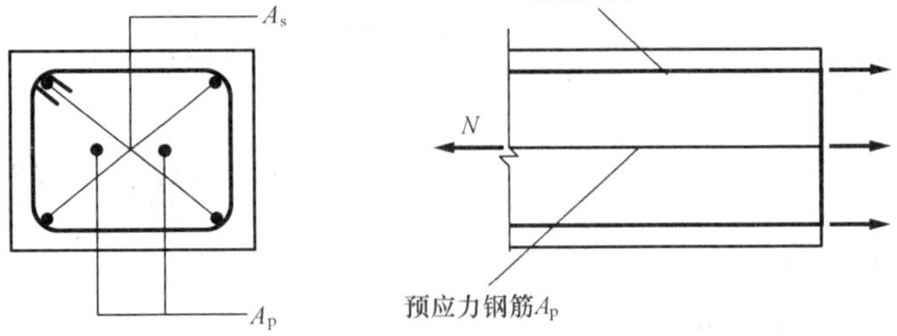

图 7-8　后张法构件预拉、压区、设置纵向非预应力构造钢筋

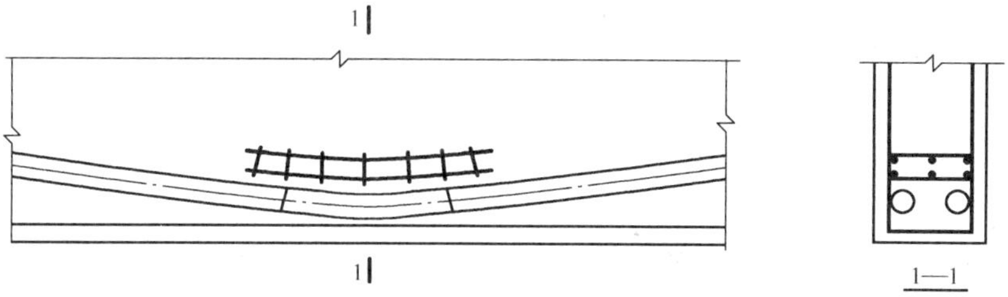

图 7-9　预应力钢筋弯折处内侧设置钢筋网片

本章小结

（1）预应力混凝土结构是在结构构件受外荷载作用前，先人为地对它施加压力，由此产生的预压应力状态用于减小或抵消外荷载所产生的拉应力，达到推迟受拉区混凝土开裂的目的。

（2）混凝土的预应力通过张拉构件内钢筋实现，根据施工工艺的不同，建立预应力的方法有先张法和后张法两种。先张法靠钢筋与混凝土之间的黏结力来建立预应力，适用于工厂生产中、小型预应力混凝土构件；后张法依靠构件两端的锚具来建立预应力，适用于大型预应力混凝土构件。

（3）由于预应力混凝土是通过张拉钢筋而使混凝土得到较大的预应力，预应力钢筋要经受较大的拉力，混凝土必须承受较大的压力，因而钢筋和混凝土应当采用较高强度的材料。

（4）张拉钢筋时所达到的应力不得超过《规范》规定的张拉控制应力 σ_{con}，其值应控制在《规范》规定的范围内，不能过高，也不能过低。

（5）预应力损失是指预应力混凝土构件在制作和使用过程中，预应力钢筋的拉应力和混凝土压应力逐渐降低的现象。预应力损失对构件的刚度、抗裂度均产生不利影响，因此，应采取各种有效措施，以减少各项预应力损失，使之控制在一定范围内。

（6）预应力混凝土轴心受拉构件的计算，包括使用阶段的承载力计算和抗裂度或裂缝宽度验算，以及施工阶段的承载力计算等。

（7）合理而有效的构造措施是保证设计意图的实现和方便施工、保证施工质量的重要条件。

思考题

7-1　什么是预应力混凝土结构？为什么对构件施加预应力？

7-2　为什么在普通钢筋混凝土中不能有效地利用高强钢材和高强混凝土，而在预应力混凝土结构中必须采用高强钢材和高强混凝土？

7-3　比较普通钢筋混凝土结构和预应力钢筋混凝土结构的区别，它们各自有何优缺点？

7-4　施加预应力的方法有哪几种？它们的主要区别是什么？

7-5　预应力混凝土对材料有哪些要求？

7-6　什么是张拉控制应力？为什么其取值不能过高或过低？与哪些因素有关？

7-7　预应力损失有哪些？它们是如何产生的？采取什么措施可以减少这些损失？

7-8　先张法和后张法预应力构件的第一批损失和第二批损失各有哪些项目？

7-9　对不同的裂缝控制等级，预应力混凝土轴心受拉构件使用阶段的抗裂度验算应分别满足什么要求？

7-10　为什么要对构件的端部局部加强？其构造措施有哪些？

7-11　对预应力构件有哪些构造要求？

扫一扫

课程前导资源

第 8 章　钢筋混凝土单层厂房排架结构

学习提要

本章主要学习单层工业厂房的结构组成、结构布置及主要构件选型、排架结构的计算、排架柱设计。通过本章学习，要求了解单层工业厂房的组成、布置与传力途径，了解各承重构件的选型，熟悉单跨排架的设计方法，掌握单层厂房柱、牛腿的受力特点、计算方法与构造要求，熟悉柱与其他构件的连接构造。

8.1　单层厂房结构的组成和布置

8.1.1　单层厂房的结构类型

在工业建筑中，如冶金、机械、纺织、化工等工业厂房，要求有较大的跨度、较高的空间和较重的吊车起重量，且其机器设备和产品较重，适宜采用单层厂房的形式。

钢筋混凝土单层厂房的承重结构主要由屋架（或屋面梁）、柱和基础组成，按主要承重结构的形式分为排架结构和刚架结构两种。

一、排架结构

排架结构中的柱与屋架（或屋面梁）为铰接，柱底与基础为刚接。排架结构具有传力明确，构造简单，施工方便等特点，适合于预制装配，是目前常用的单层厂房的结构形式，具体如图 8-1 所示。

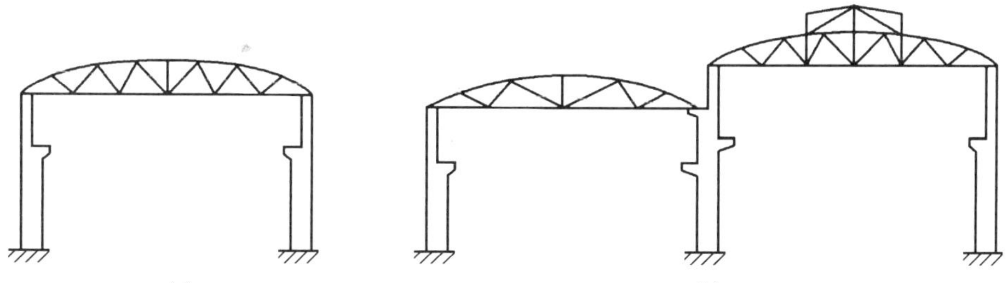

(a)　　(b)

图 8-1　钢筋混凝土排架结构厂房

（a）单跨厂房；（b）多跨厂房

二、刚架结构

常用的刚架结构是装配式钢筋混凝土门式刚架（以下简称门架），其柱顶与屋架（或屋面梁）刚接成一个构件，而柱底与基础通常为铰接。当门架顶节点铰接时，称为三铰门架，如图 8-2（a）所示；当门架顶节点为刚接时，称为两铰门架，如图 8-2（b）所示。三铰门式刚架是静定结构，而两铰门式刚架是超静定结构。

本章主要介绍钢筋混凝土排架结构单层工业厂房。

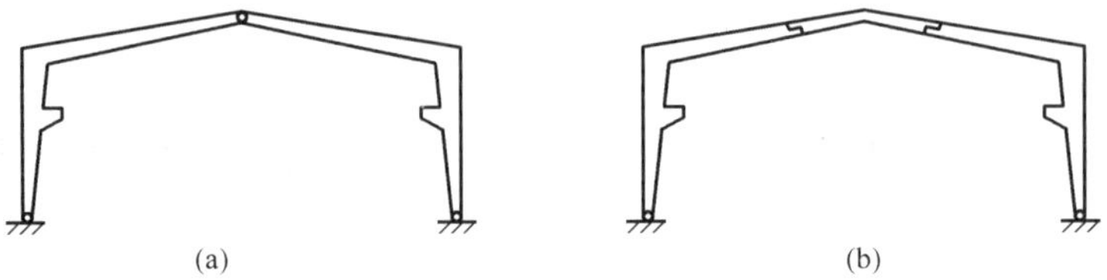

图 8-2 钢筋混凝土门式刚架结构厂房
（a）三铰门式刚架；（b）两铰门式刚架

8.1.2 单层厂房排架结构的结构组成

排架结构是由多种构件组成的空间整体体系，总体上可分为承重结构和围护结构两大类，如图 8-3 所示。

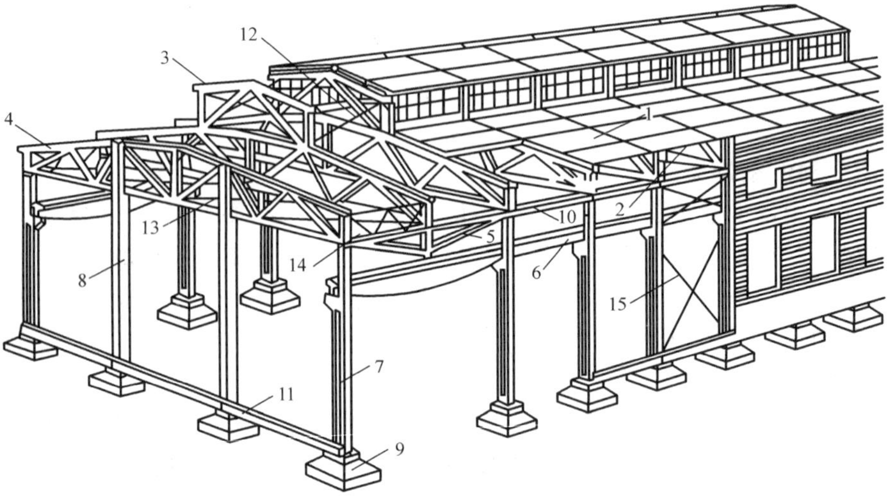

图 8-3 单层厂房的结构组成
1—屋面板；2—天沟板；3—天窗架；4—屋架；5—托架；6—吊车梁；7—排架柱；
8—抗风柱；9—基础；10—连系梁；11—基础梁；12—天窗架垂直支撑；
13—屋架下弦横向水平支撑；14—屋架端部垂直支撑；15—柱间支撑

一、承重结构

承重结构包括直接承受荷载并将荷载传递给其他构件的构件，如屋面板、天窗架、屋架、柱、吊车梁和基础等，这些构件又分别组成屋盖结构、横向平面排架结构、纵向平面排架结构。

（1）屋盖结构。屋盖结构分为有檩体系和无檩体系。有檩体系由小型屋面板、檩条和屋架（包括屋盖支撑）组成；无檩体系由大型屋面板、屋架或屋面梁（包括屋盖支撑）组成。单层厂房中多采用无檩屋盖。此外，为满足工艺上抽柱的需要，还可能设有托架。

屋盖结构的主要作用是承受屋面活荷载、雪载、自重以及其他荷载，并将这些荷载传给排架柱。屋盖结构的组成有屋面板、天沟板、天窗架、屋架或屋面梁、托架及屋盖支撑。

（2）横向平面排架结构。横向平面排架由横梁（屋架或屋面梁）、横向柱列和基础组成，是厂房的基本承重结构。厂房承受的屋盖荷载（屋盖自重、雪荷载及屋面活荷载等）、吊车荷载（竖向荷载及横向水平荷载）、横向风荷载、横向地震作用及纵横墙（或墙板）的自重等，都是由横向平面排架承担并传至基础和地基。因此，在单层厂房的结构设计中，一定要进行横向平面排架计算。

（3）纵向平面排架结构。纵向平面排架是由连系梁、吊车梁、纵向柱列（包括柱间支撑）和基础等组成，其作用是保证厂房结构的纵向刚度和稳定性，承受作用在厂房结构上的纵向水平荷载，并将其传至基础和地基。纵向平面排架中的吊车梁，具有承受吊车荷载和联系纵向柱列的双重作用，也是厂房结构中的重要组成构件。

由于厂房纵向长度比宽度大得多，纵向柱列中柱子数量较多，并有吊车梁和连系梁等多道联系，又有柱间支撑的有效作用，因此纵向排架中构件的内力通常都不大。当厂房结构不考虑地震作用时，一般可不进行纵向平面排架计算。

纵向平面排架与横向平面排架之间主要依靠屋盖结构和支撑体系相连接，以保证厂房结构的整体性和稳定性。

二、围护结构

围护结构由纵墙、横墙（山墙）、连系梁、抗风柱（有时设抗风梁或桁架）和基础梁等构件组成，兼有围护和承重作用。这些构件所承受的荷载，主要是墙体和构件的自重以及作用在墙面上的风荷载。

8.1.3 单层厂房的结构布置

一、柱网布置

单层厂房承重柱的纵向和横向定位轴线在平面上形成的网格称为柱网。柱网布置就是确定柱子纵向定位轴线之间的尺寸（跨度）和横向定位轴线之间的尺寸（柱距）。柱网布置既是确定柱的位置，也是确定屋面板、屋架和吊车梁等构件尺寸（跨度）的依据，柱网布置恰当与否，将直接影响厂房结构的经济合理性和先进性，对厂房生产使用及技术改造也会带来一定的影响。

柱网布置的一般原则是：符合生产工艺和正常使用的要求；建筑和结构方案经济合理；在施工方法上具有先进性和合理性；符合厂房建筑统一化、标准化的基本原则；适应生产发展和技术进步的要求。

厂房跨度在18m及以下时，应采用3m的倍数；在18m以上时，应采用6m的倍数。厂房柱距一般采用6m或6m的倍数。当工艺布置和技术经济有明显的优越性时，也可扩大柱网，采用21m、27m和33m跨度，9m柱距或其他柱距。

二、变形缝

变形缝包括伸缩缝、沉降缝和防震缝三种。

（1）伸缩缝。随着气温的变化，房屋结构会出现热胀冷缩现象，这种温度变化将在结构中产生温度应力，引起结构变形，严重时会使墙面、屋面和构件等拉裂。因此，当房屋的长度或宽度过大时，为减小房屋结构中的温度应力，应设置伸缩缝。当建筑物的长度超过规定限值，又未采取可靠的构造措施或施工措施时，其伸缩缝间距不宜超过表8-1的限值。

表8-1 伸缩缝的最大间距 m

结构类型	施工方法	最大间距	结构类型	施工方法	最大间距
排架结构	装配式	100	框架结构	现浇	55
		70（露天时）	剪力墙结构	现浇	45

沿厂房的横向伸缩缝应从基础顶面开始，将相邻两个温度区段的上部结构构件完全分开，并留出一定宽度的缝隙，使上部结构在温度变化时，沿纵向可自由变形。伸缩缝处应采用双排柱、双屋架（屋面梁），伸缩缝处双柱基础可不分开，做成连在一起的双杯口基础。

（2）沉降缝。当建筑物的荷载和高度存在有较大差异处，地基土的压缩性有显著差异处，结构类型和结构体系有明显不同处，基础类型或基础处理不一致处，厂房各部分的施工时间先后相差较长时，应设置沉降缝。

沉降缝应从屋顶至基础完全分开，以使缝两侧结构发生不同沉降时互不影响，从而保证房屋的安全和使用功能。沉降缝的最小宽度不得小于50mm，沉降缝可兼做伸缩缝。

（3）防震缝。防震缝是为了减轻地震震害而采取的措施之一，当相邻跨厂房高度相差悬殊、厂房结构类型和刚度有明显不同时，应设置防震缝。防震缝将房屋划分为简单规则的形状，使每一部分成为独立的抗震单元，使其在地震作用下互不影响。

防震缝两侧的上部结构应完全分开，且防震缝的最小宽度宜满足规范的要求，以防止地震时缝两侧的独立单元发生碰撞。防震缝的具体设置应符合《抗震规范》的要求。地震区中的伸缩缝和沉降缝的宽度，均应符合防震缝的要求。

三、支撑布置

在装配式混凝土结构单层厂房结构中，支撑体系是联系屋架、柱等主要结构构件并把它们构成整体的重要组成部分，对单层厂房抗震设计尤为重要。大量工程实践表明，支撑设置不当，不仅会影响厂房的正常使用，而且会引起工程事故。因此，设计时应予以高度重视。

就整体而言，支撑的主要作用是加强厂房结构的空间刚度，保证结构构件在安装和使用阶段的稳定和安全，有效传递纵向水平荷载（风荷载、吊车纵向水平荷载及地震作用等）；同时还有把风荷载、吊车水平荷载和水平地震作用等传递到相应承重构件的作用。

单层厂房的支撑体系包括屋盖支撑和柱间支撑。

（1）屋盖支撑。屋盖支撑系统包括上、下弦横向水平支撑，下弦纵向水平支撑，垂直支撑，天窗架支撑以及纵向水平系杆。

1）上弦横向水平支撑。屋盖上弦横向水平支撑系指布置在屋架上弦（或屋面梁上翼缘）平面内的水平支撑，是由交叉角钢和屋架上弦杆组成的水平桁架，布置在厂房端部及温度区段两端的第一或第二柱间，如图8-4所示。其作用是增强屋盖的整体刚度，保证屋架上弦或屋面梁上翼缘的侧向稳定，将山墙抗风柱传来的风荷载传至两侧柱列上。

对跨度较大的无檩体系屋盖且无天窗时，若采用大型屋面板且与屋架有可靠连接（有三点焊牢且屋面板纵肋间的空隙用C15或C20细石混凝土灌实），则可认为屋面板能起到上弦

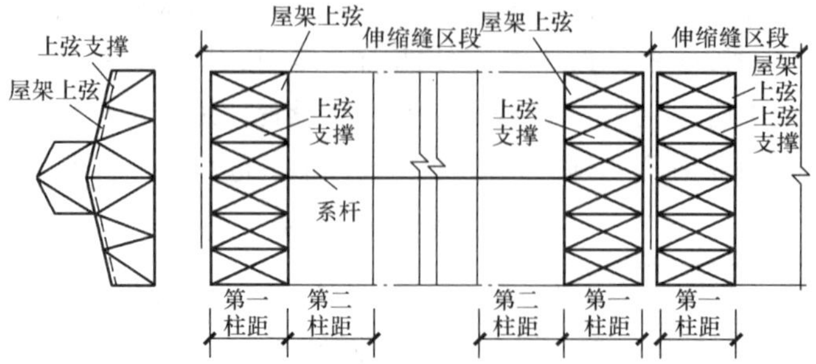

图8-4 屋盖上弦水平支撑

横向水平支撑的作用，而不需设置上弦横向水平支撑。

2）屋盖下弦水平支撑。屋盖下弦水平支撑系指布置在屋架下弦平面内的水平支撑，包括下弦横向水平支撑和下弦纵向水平支撑，如图 8-5 所示。

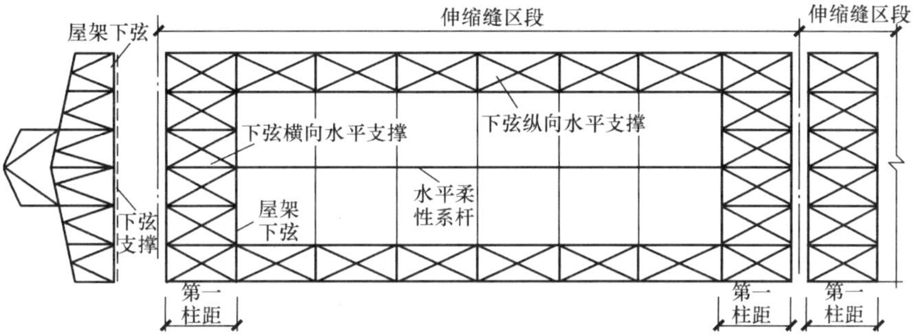

图 8-5　屋盖下弦水平支撑

设置下弦横向水平支撑的目的是作为屋盖垂直支撑的支点，将屋架下弦受到的纵向水平荷载传至纵向排架柱列，防止下弦杆产生振动。当厂房跨度 $L\geqslant18$m 时，宜设于厂房端部及伸缩缝处第一柱间，如图 8-5 所示。

屋盖下弦纵向水平支撑是由交叉角钢等钢杆件和屋架下弦第一节间组成的水平桁架。其作用是加强屋盖结构在横向水平面内的刚度，保证横向水平荷载的纵向分布，增强各排架间的空间作用。在屋盖设有托架时，还可以保证托架上翼缘的侧向稳定，并将托架区域内的横向水平荷载有效地传到相邻柱上。

当设置下弦纵向水平支撑时，为保证厂房空间刚度，必须同时设置相应的下弦横向水平支撑，形成封闭的水平支撑系统，如图 8-5 所示。

3）垂直支撑及水平系杆。垂直支撑是指在相邻两榀屋架之间由角钢与屋架的直腹杆组成的垂直桁架，如图 8-6 所示。垂直支撑和水平系杆的作用是保证屋架在安装和使用阶段的侧向稳定，防止在吊车工作时屋架下弦的侧向颤动，上弦水平系杆则可保证屋架上弦或屋面梁受压翼缘的侧向稳定。

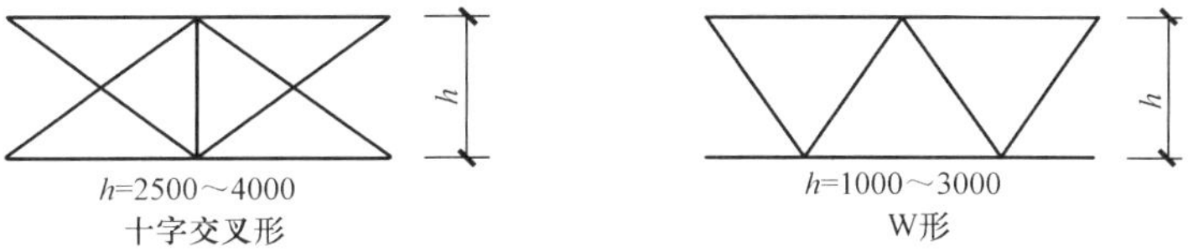

图 8-6　屋盖垂直支撑

当厂房跨度 $L\leqslant18$m 且无天窗时，可不设垂直支撑和水平系杆；当厂房跨度为 18～30m 时，在屋架跨中设一道垂直支撑；当厂房跨度 $L>30$m 时，在屋架 1/3 跨度左右布置两道对称垂直支撑；当屋架端部高度大于 0.9m 时，屋架两端各布置一道垂直支撑。当屋盖设置垂直支撑时，应在未设置垂直支撑的屋架间，在相应于垂直支撑平面内的屋架上弦和下弦节点处，设置通长的水平系杆。

屋盖垂直支撑应与下弦横向水平支撑布置在同一柱距内。

4）天窗架支撑。天窗架支撑包括设置在天窗两端第一柱间的上弦横向水平支撑和沿天窗架两侧边设置的垂直支撑。其作用是保证天窗架上弦的侧向稳定；将天窗端壁上的风荷载传递给屋架。天窗架支撑应设置在天窗架两端的第一柱距内，尽可能与屋架上弦横向水平支撑布置在同一柱间。

（2）柱间支撑。柱间支撑是由交叉的型钢和相邻两柱组成的立面桁架，柱间支撑按其位置分为上柱柱间支撑和下柱柱间支撑。前者位于吊车梁上部，后者位于吊车梁下部。

柱间支撑的主要作用是增强厂房的纵向刚度和稳定性；承受由山墙传来的风荷载，由屋盖结构传来的纵向水平地震作用，以及由吊车梁传来的纵向水平荷载，并将它们传至基础。

柱间支撑一般设置在伸缩缝区段两端，与屋盖横向水平支撑相对应的柱间，以及伸缩缝区段中央或临近中央的柱距，并在柱顶设置通长的刚性连系杆以传递水平作用力。

柱间支撑一般采用交叉的钢斜杆，如图 8-7（a）所示，交叉杆件的倾角为 35°～55°。当柱间因交通、设备布置或柱距较大而不能采用交叉斜杆式支撑时，可采用门架式支撑，如图 8-7（b）所示。

厂房需进行抗震设计时，支撑布置尚应符合《抗震规范》的有关要求。

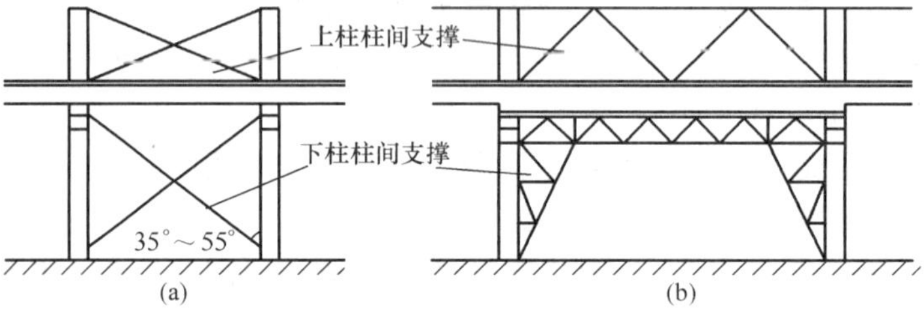

图 8-7　柱间支撑

（a）交叉斜杆式柱间支撑；（b）门架式柱间支撑

四、围护结构布置

（1）抗风柱。单层厂房的山墙受风面积较大，一般需在山墙内侧设置抗风柱将山墙分成几个区格，使山墙面受到的风荷载的一部分（靠近纵向柱列的区格）直接传至纵向柱列，另一部分则经抗风柱下端直接传至基础和经上端通过屋盖系统传至纵向柱列。

抗风柱一般与基础刚接，与屋架上弦铰接（也可只与下弦铰接或同时与上、下弦铰接）。抗风柱上端与屋架的连接必须满足两个要求：一是在水平方向必须与屋架有可靠的连接，以保证有效地传递风荷载；二是在竖向应允许两者之间有一定的竖向相对位移，以防止厂房与抗风柱沉降不均匀时产生不利影响。所以，抗风柱和屋架一般采用竖向可以移动，水平向又有较大刚度的弹簧板连接；若厂房沉降较大时，则宜采用螺栓连接。

（2）圈梁、连系梁、过梁、基础梁。用砌体作为厂房的围护结构时，一般要设置圈梁或连系梁、过梁及基础梁。

1）圈梁。圈梁的作用是将墙体与厂房柱箍在一起，以增强厂房的整体刚度，防止由于地基不均匀沉降或较大振动荷载等对厂房产生不利影响。圈梁设置于墙体内，与柱连接仅起拉结作用。

圈梁的布置与厂房刚度要求、墙体高度和地基情况有关。圈梁一般在檐口标高和吊车梁标高处各设一道，当外墙高度大于 15m 时，还应沿高度每 4～6m 增设一道。

圈梁宜连续布置在墙体的同一水平面上，并形成封闭圈。圈梁一般采用现浇钢筋混凝土制作。

2）连系梁。连系梁的作用是连系纵向柱列，以增强厂房的纵向刚度并传递风荷载到纵向柱列；此外，还承受其上部墙体的自重。

连系梁通常为预制的简支梁，两端搁置在柱外侧牛腿上，其连接可采用螺栓连接或焊接连接。

3）过梁。过梁的作用是承受门窗洞口上的墙体自重。在进行厂房结构布置时，应尽可能将圈梁、连系梁和过梁结合起来，以节约材料，简化施工。

4）基础梁。在一般厂房中，基础梁的作用是承受围护墙体的自重，并将其传给柱下单独基础，而不另设墙基础。

基础梁底部离地基土表面应预留 100mm 的空隙，使梁可随柱基础一起沉降而不受地基土的约束，同时还可防止地基土冻胀时将梁顶裂。基础梁与柱一般不连接（一级抗震等级的基础梁顶面应增设预埋件与柱焊接），将基础梁直接搁置在柱基础杯口上，当基础埋置较深时，则放置在基础上面的混凝土垫块上，如图 8-8 所示。当厂房高度不大且地基较好，柱基础又埋得较浅时，也可不设基础梁而做砖石或混凝土的墙基础。

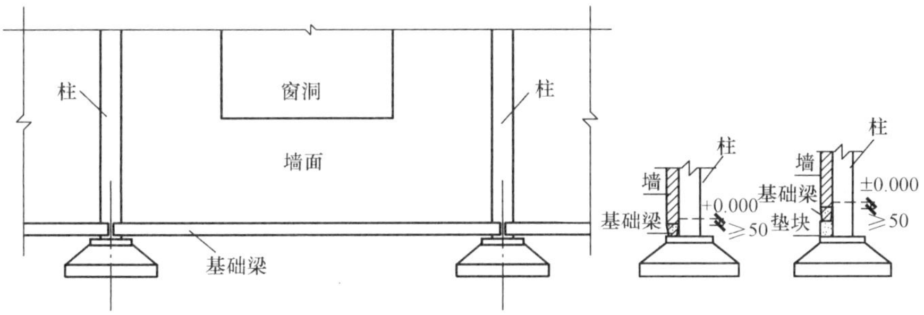

图 8-8　基础梁的布置

8.2　单层厂房结构主要构件和选型

8.2.1　屋面构件选型

一、屋面板

屋面板在屋盖体系中是用料最多、造价最高的构件，既起承重作用，又起围护作用。屋面板的形式很多，其中无檩体系屋盖中多用预应力混凝土大型屋面板，具体详见《1.5×6.0m 预应力混凝土屋面板》（04G410—2）标准图集，其中包括 1.5m×6.0m 预应力混凝土屋面板及其檐口板，预应力混凝土采光、通风开洞板，预应力混凝土嵌板等。屋面有卷材防水及非卷材防水两种，屋面坡度最大 1/5，最小 1/10。屋面水平刚度好，适用于中型和重型，以及振动较大、对屋面刚度要求较高的厂房。有檩体系多用于轻型厂房，屋面板根据檩距选用，大多采用轻型屋面板，现常根据需要选用各种彩钢板。

二、檩条

檩条在有檩体系屋盖中的作用：一是支承上部轻型屋面板并将屋面荷载传递给屋架（或屋面梁）；二是与屋盖体系的支撑一起增强屋盖总体刚度。

根据厂房柱距的不同，檩条长度一般为 4m 或 6m，目前应用较多的是 Γ 形或 T 形截面钢筋混凝土檩条。轻型屋面的单层厂房也常采用轻钢檩条。

8.2.2 屋架选型

屋架是屋盖体系中最主要的承重构件，除承受屋面板传来的屋面荷载外，有时还要承受厂房中悬挂吊车、高架管道等荷载。屋架形式有三角形屋架、折线形屋架、拱形屋架和梯形屋架等。拱形屋架受力最均匀、合理，但上悬坡度变化多，端节间坡度大，施工不便，不多应用；三角形屋架和梯形屋架施工相对简单，但受力不够合理，自重大，费材料，应用也较少；折线形屋架在受力上较接近拱形屋架，施工也较简单，且端节间坡度较小，所以目前应用比较普遍。具体详见表 8-2。

表 8-2　　钢筋混凝土屋架类型表

序号	构件名称（标准图号）	形　式	跨度（m）	特点及适用条件
1	钢筋混凝土三角形屋架	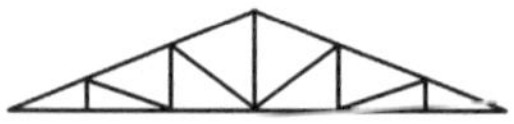	9 15 18	1. 自重较大，屋架上设檩条或挂瓦条。 2. 适用于跨度不大的中、轻型厂房。 3. 屋面坡度 1/5～1/15
2	钢筋混凝土折线形屋架（04G314）	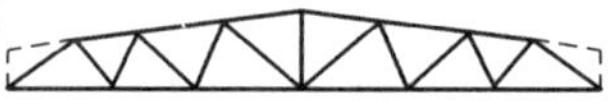	15 18	1. 外形较合理，屋面坡度合适。 2. 适用于卷材和非卷材防水屋面的中型厂房。 3. 屋面坡度 1/5
3	预应力混凝土折线形屋架（04G415—1）		18 21 24 27 30	1. 外形较合理，屋面坡度合适，自重较轻。 2. 适用于卷材和非卷材防水屋面的中、重型厂房。屋架间距 6m。 3. 屋面坡度 1/5～1/10
4	预应力混凝土拱形屋架	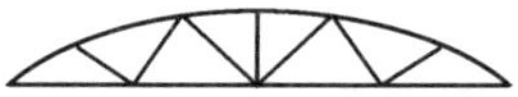	18～36	1. 外形合理，自重轻，但屋架端部屋面坡度太陡。 2. 适用于卷材防水屋面的中、重型厂房。 3. 屋面坡度 1/3～1/30
5	预应力混凝土梯形屋架	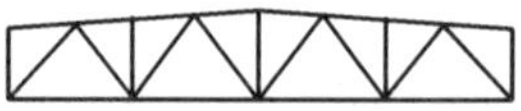	18～30	1. 自重较大，刚度好。 2. 适用于卷材防水的重型、高温及采用井式或横向天窗的厂房。 3. 屋面坡度 1/10～1/12

8.2.3 吊车梁选型

吊车梁是有吊车厂房的重要构件，直接承受吊车传来的竖向荷载和纵、横向水平制动力，并将这些力传给厂房柱。吊车梁与厂房中其他构件相比，其特点就在于它直接承受反复作用的动荷载，因而构件的强度、抗裂度计算根据《规范》要求，可能要考虑疲劳验算问题。吊车梁按吊车起重能力、跨度和吊车工作制的不同，可采用不同的形式，具体详见表 8-3。其中鱼腹式吊车梁受力最合理，但施工麻烦，故多用于 12m 大柱距厂房。桁架式吊车梁结构轻巧，但承载能力低，一般只用于小起重量吊车的轻型厂房。对一般中型厂房，目前多采用等高 T 形或工形截面吊车梁。

表 8-3　　钢筋混凝土吊车梁类型表

序号	构件名称（标准图号）	形　式	适　用　条　件
1	钢筋混凝土吊车梁 （04G323—1、2）	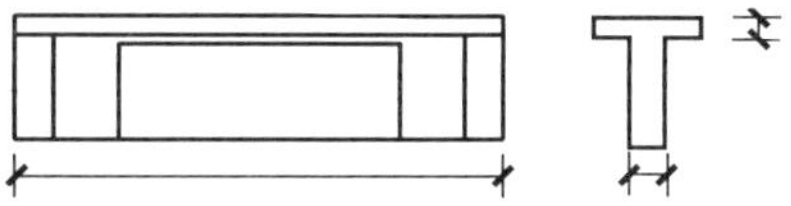	跨度：6m 吊车起重量：3～50kN（轻级制） 30～300kN（中级制） 50～200kN（重级制）
2	6m 后张法预应力 混凝土吊车梁 （04G426）	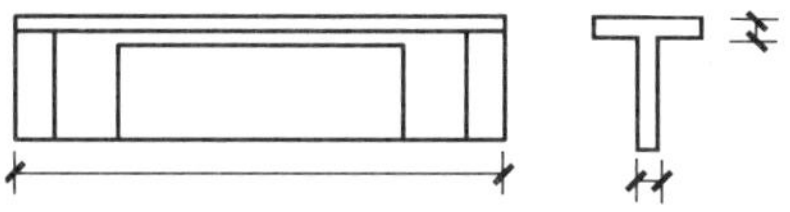	跨度：6m 吊车起重量：5～75kN（中级制） 50～500kN（重级制）
3	预应力混凝土 鱼腹式吊车梁	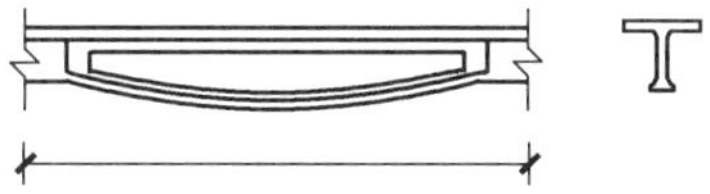	跨度：6m 吊车起重量：100～1200kN
4	轻型桁架式吊车梁	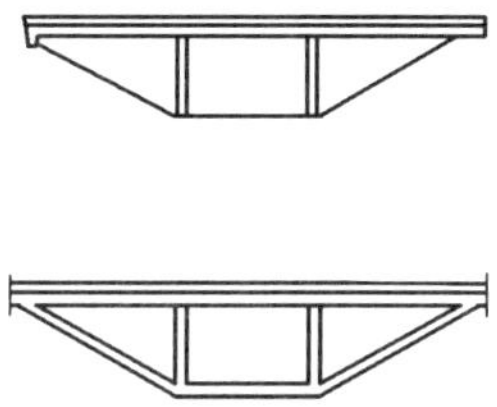	跨度：4～6m 吊车起重量：≤50kN

8.2.4　常用柱选型

柱是单层厂房中主要的承重构件，由它支承屋盖、吊车梁和连系梁传来的竖向与水平荷载，同时还要承受纵向外墙传来的水平风荷载。单层厂房常用柱的形式如图 8-9 所示。厂房跨度、高度和吊车起重量不大、柱截面尺寸较小时，多采用矩形或工形截面柱；当跨度、高度和吊车起重量较大时，宜采用双肢柱。

由于生产工艺要求的不同，厂房的高度、跨度、跨数、剖面形状和吊车起重量千差万

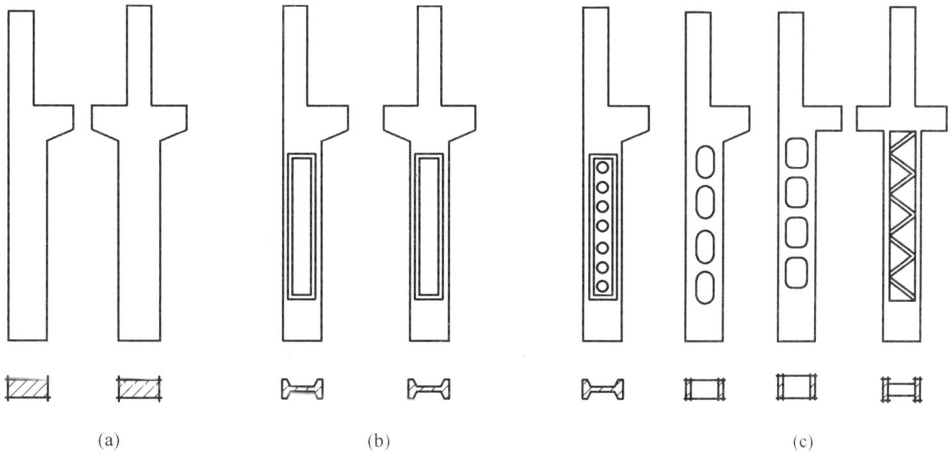

图 8-9　柱的形式

（a）矩形截面柱；（b）工形截面柱；（c）双肢柱

别，因而要实现单层厂房柱完全定型化和标准化是极其困难的。目前在《单层工业厂房钢筋混凝土柱》（05G335 系列）标准图集中给出了一些特定条件下柱子的标准设计，其适用于厂房柱距为 6m，跨度为 12m、15m、18m、24m，柱顶标高为 5.4～13.2m 的边柱及中柱，厂房形式可为单跨、等高双跨及等高多跨，厂房跨度可在 12～24m 范围内任意组合，但需设计人员经排架内力分析、截面配筋后方可确定柱子型号。另外还有不少情况需设计者自行设计。

《钢筋混凝土抗风柱》（10SG334）适用于一般的封闭式单层工业厂房山墙预制和现浇钢筋混凝土抗风柱，采用单阶矩形截面，沿山墙的常用柱距为 4.5m、6m、7.5m 和 9m，抗风柱下柱柱顶标高比厂房柱柱顶标高低 0.2m，与屋架上弦柔性连接。

8.2.5 基础选型

单层工业厂房一般采用钢筋混凝土独立杯形基础，分为高杯口独立柱基和低杯口独立柱基两种。当表层土壤松软，持力层较深或有不良地质条件时，也可采用柱下独立桩承台与桩基结合。由于地基与基础变化多，大多情况下需要根据实际工程具体做出基础设计。基础类型参见表 8-4。

表 8-4　　基础类型表

序号	名称	形　式	特　点	适用条件
1	杯形基础	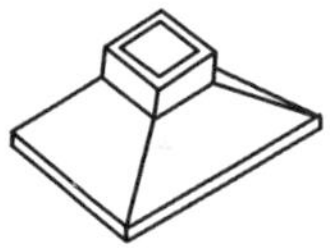	施工简便	适用于地基土质较均匀、地基承载力较大、荷载不大的一般厂房
2	爆扩短桩基础	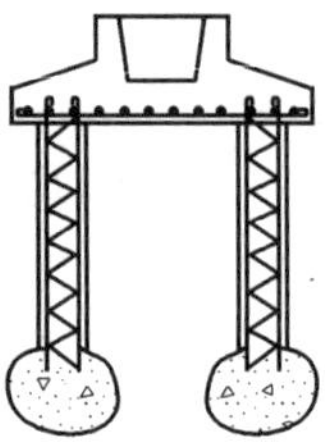	荷载通过端部扩大的短桩传递到好的土屋上，能节约土方和混凝土	适用于冻土地基表层土松软、持力层较深而柱荷载又较大的情况
3	桩基础	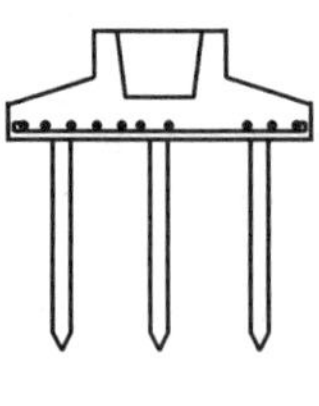	通过打入地基的钢筋混凝土长桩，将上部荷载传到桩尖和桩侧土中，可得到较高的承载力，而且地基变形将减小；但需打桩设备，材料费，造价高，施工周期长	适用于上部荷载大、地基土软弱而坚实，土层较深，或对厂房地基变形值限制较严的情况

8.3 单层厂房排架结构的内力计算要点

8.3.1 排架上的荷载

一、单层厂房结构的荷载类型及传力途径

单层厂房结构所承受的荷载分为竖向荷载和水平荷载两大类。一是竖向荷载，包括屋面

上的恒载、活载、各承重结构构件，以及围护结构等非承重构件的自重、吊车自重及吊车竖向活荷载等，分别通过屋架、墙梁、吊车梁等构件传递到柱子；二是水平荷载，包括纵、横墙风荷载和吊车纵、横向水平荷载以及水平地震作用等，分别通过墙、墙梁、抗风柱、屋盖、柱间支撑、吊车梁等构件传给柱子。所有上述荷载均由排架柱身传至基础及地基，可见排架柱是受力最为复杂、最重要的受力构件。

单层厂房传力途径如图 8-10 所示。

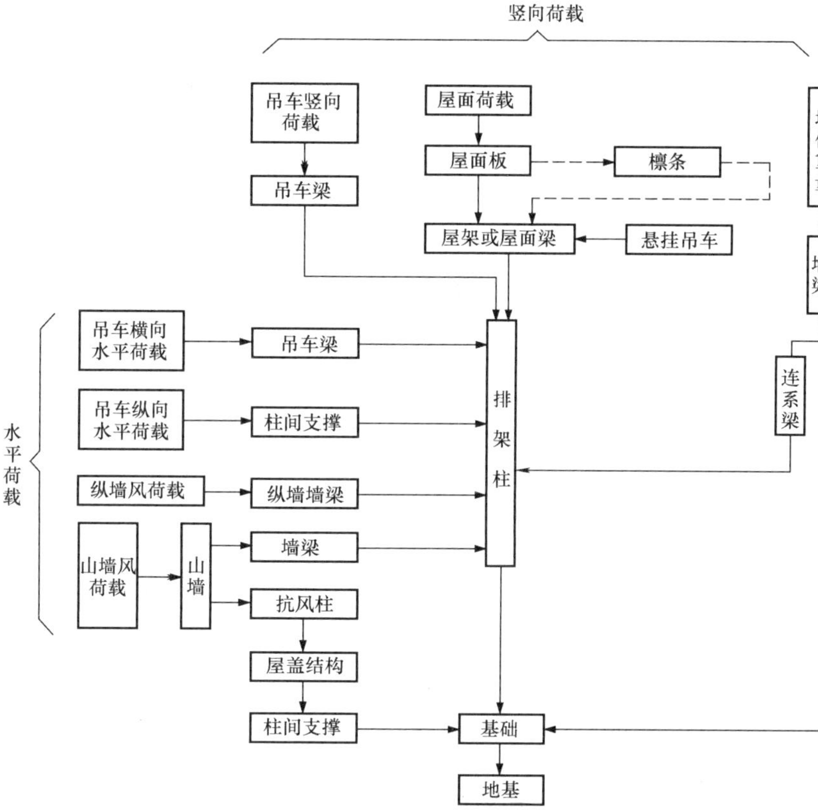

图 8-10　单层厂房传力途径示意图

二、排架上的荷载

作用在排架上的荷载有恒荷载和活荷载两类。恒荷载一般包括屋盖自重 G_1、上柱自重 G_2、下柱自重 G_3、吊车梁与轨道连结件等自重 G_4 及有时支承在柱牛腿上的围护结构自重 G_5 等。活荷载一般包括屋面活荷载 Q_1、吊车竖向荷载 $D_{max}(D_{min})$、吊车横向水平荷载 T_{max}、横向均布风荷载 q 及作用于排架柱顶的集中风荷载 F_w 等，如图 8-11 所示。

（一）恒荷载

（1）屋盖自重 G_1。屋盖自重包括屋面各构造层、屋面板、天窗架、屋架或屋面梁、屋盖支撑等自重。当采用屋架时，G_1 通过屋架上、下弦中心线的交点（一般距纵向定位轴线 150mm）作用于柱顶；当采用屋面梁时，G_1 通过梁端支承垫板的中心线作用于柱顶。G_1 对上柱有偏心距 e_1，对柱顶有力矩 $M_1=G_1e_1$；对下柱变截面处有力矩 $M_1'=G_1e_2$，如图 8-12 所示。

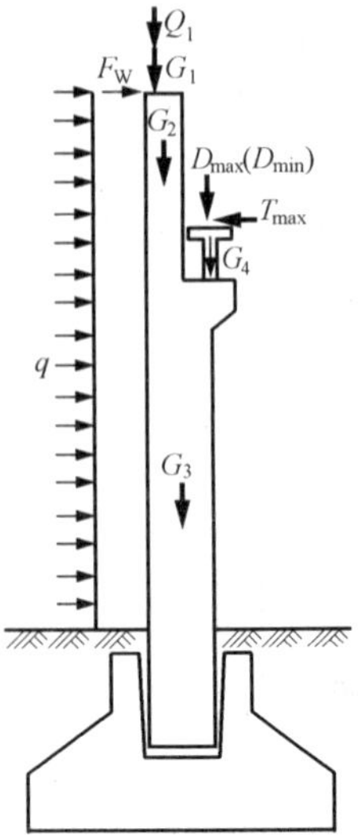

图 8-11　排架柱上的荷载

（2）柱自重 G_2 和 G_3。上、下柱的自重 G_2 和 G_3 分别沿上、下柱中心线作用，G_2 在牛腿顶面处，对下柱有力矩 $M_2'=G_2e_2$，如图 8-13 所示。

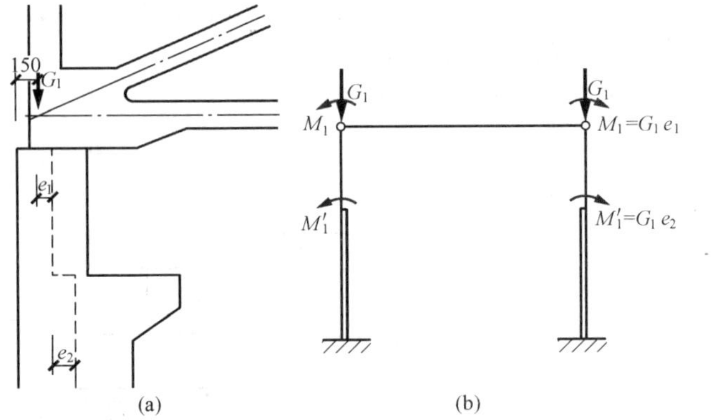

图 8-12　屋盖自重 G_1 的作用位置及计算简图

（3）吊车梁与轨道连结件等自重 G_4。吊车梁与轨道连结件等自重 G_4 沿吊车梁的中心作用于牛腿顶面，对下柱截面中心线有偏心距 e_4，在牛腿顶面处形成力矩 $M_3'=G_4e_4$，如图 8-13所示。

（4）围护结构自重 G_5。由柱侧牛腿上连系梁传来围护结构自重 G_5，沿连系梁中心线作用于牛腿顶面。

标准构件自重可以从标准图上直接查得，其他永久荷载的数值可根据几何尺寸、材料的自重计算求得。

（二）屋面活荷载

屋面活荷载包括屋面均布活荷载、雪荷载及积灰荷载，均按屋面水平投影面积计算。屋面活荷载 Q_1，通过屋架以集中力的形式作用于柱顶，其作用位置与屋盖自重 G_1 相同。

屋面均布活荷载按《荷载规范》的规定采用，当施工荷载较大时，按实际情况采用。

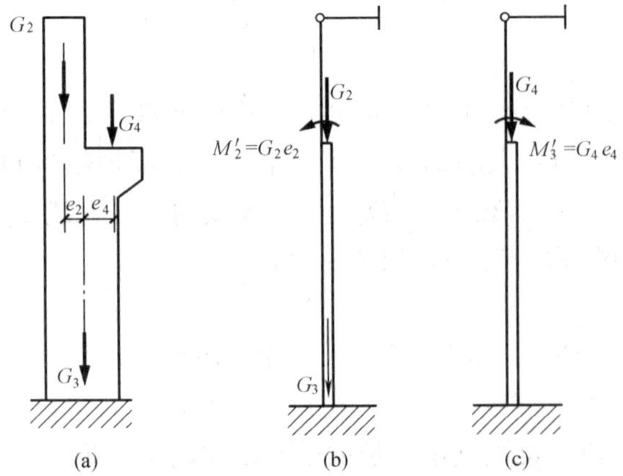

图 8-13　柱自重 G_2、G_3 和吊车梁自重 G_4 作用位置和计算简图

屋面雪荷载标准值 S_k 按下式计算

$$S_k=\mu_r S_0 \tag{8-1}$$

式中　S_0——基本雪压，kN/m²，按《荷载规范》给出的 50 年一遇的基本雪压采用；

μ_r——屋面积雪分布系数，根据不同的屋面形式由《荷载规范》查得。

屋面积灰荷载，对于在生产中有大量排灰的厂房及其临近建筑，应按《荷载规范》规定采用。

屋面均布活荷载不应与雪荷载同时考虑，取两者中的较大值；积灰荷载则应与雪荷载或屋面均布活荷载两者中的较大值同时考虑。

（三）吊车荷载

单层厂房中通常采用桥式吊车。桥式吊车由大车（桥架）和小车组成，如图 8-14 所示。大车在吊车梁的轨道上沿厂房纵向行驶，小车在大车的导轨上沿厂房横向运行，带有吊钩的起重卷扬机安装在小车上。根据吊车荷载达到其额定值的频繁程度的不同，将吊车分成轻级、中级、重级和超重级四级工作制。

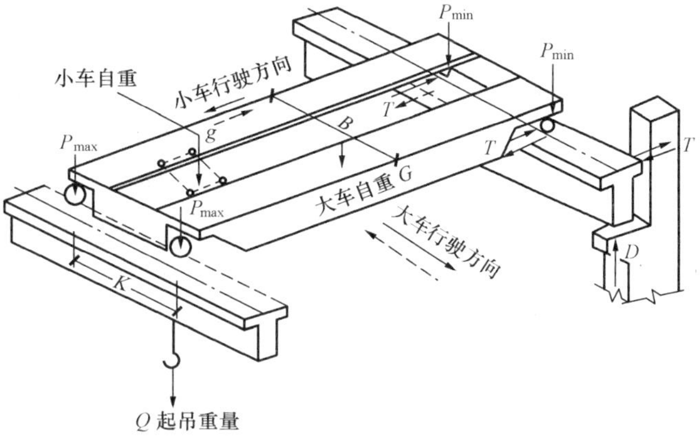

图 8-14　吊车最大轮压与最小轮压

桥式吊车在排架上产生的荷载有竖向荷载 D_{max}（或 D_{min}）、横向水平荷载 T_{max} 及吊车纵向水平荷载 T_e。

（1）吊车竖向荷载 D_{max}（或 D_{min}）：

1）吊车最大轮压 P_{max} 与最小轮压 P_{min}。吊车竖向荷载是指吊车在运行时，通过作用于吊车梁上的轮压传给排架柱的荷载。当小车吊有额定最大起重量行驶至大车某一侧端头极限位置时，小车所在一侧的每个大车轮压即为吊车的最大轮压 P_{max}，同时另外一侧的每个大车轮压即为最小轮压 P_{min}，如图 8-14 所示。P_{max} 和 P_{min} 可根据所选用的吊车型号、规格由产品目录或手册查得。

2）吊车竖向荷载 D_{max}（或 D_{min}）。吊车最大轮压 P_{max} 与最小轮压 P_{min} 同时产生，分别作用在两侧的吊车梁上，经由吊车梁两端传给柱子的牛腿。吊车是一组移动荷载，吊车在纵向的运行位置，直接影响其轮压对柱子所产生的竖向荷载，因此必须用吊车梁的支座反力影响线来求得由 P_{max} 对排架柱所产生的最大竖向荷载值 D_{max}。

由吊车轮压作用于排架柱上的吊车竖向荷载 D_{max} 和 D_{min}，除与小车行驶的位置有关外，还与厂房内的吊车台数以及大车沿厂房纵向运行的位置有关。

当计算同一跨内可能有多台吊车作用在排架上所产生的竖向荷载时，《荷载规范》规定，对单跨厂房一般按不多于两台吊车考虑；对于多跨厂房一般按不多于四台吊车考虑。

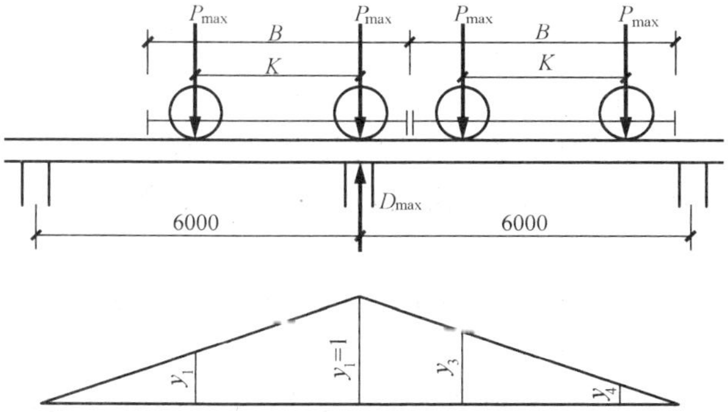

图 8-15　吊车纵向运行最不利位置及吊车梁支座反力影响线

当两台吊车满载靠紧并行，其中较大一台吊车的内轮正好运行至计算排架柱的位置时，作用于最大轮压 P_{max} 一侧排架柱上的吊车荷载为最大值 D_{max}，如图 8-15 所示；与此同时，在另一侧的排架柱上，则由最小轮压 P_{min} 产生竖向荷载为最小值 D_{min}。D_{max} 或 D_{min} 可根据图 8-15 所示的吊车最不利位置和吊车梁支座反力影响线求得

$$D_{max} = P_{max}\sum y_i \qquad (8-2)$$

$$D_{min} = P_{min}\sum y_i \qquad (8-3)$$

式中 $\sum y_i$——吊车最不利布置时，各轮子下影响线竖向坐标值之和，可根据吊车的宽度 B 和轮距 K 确定。

吊车竖向荷载 D_{max} 与 D_{min} 沿吊车梁的中心线作用在牛腿顶面。

由于 D_{max} 既可发生在左柱，也可发生在右柱，因此在计算排架时两种情况均应考虑。

（2）吊车横向水平荷载 T_{max}。吊车的横向水平荷载 T_{max} 是当小车沿厂房横向运动时，由于启动或突然制动产生的惯性力，通过小车制动轮与桥架上导轨之间的摩擦力传给大车，再通过大车轮均匀传给大车轨道和吊车梁，再由吊车梁与上柱的连接钢板传给两侧排架柱。吊车横向水平荷载作用位置在吊车梁顶面，且同时作用于吊车两侧的排架柱上，方向相同。

当四轮吊车满载运行时，每个大车轮引起的横向水平荷载标准值为

$$T = \alpha(g + Q)/4 \tag{8-4}$$

式中 α——横向制动力系数，取值规定如下：

软钩吊车：当 $Q \leqslant 10$t 时，$\alpha = 0.12$；

当 $Q = 16 \sim 50$t 时，$\alpha = 0.10$；

当 $Q \geqslant 75$t 时，$\alpha = 0.08$。

硬钩吊车：$\alpha = 0.20$。

吊车的横向水平制动力也是移动荷载，其最不利作用位置与图 8-15 吊车的竖向轮压相同，所以，吊车对排架柱产生的最大横向水平荷载标准值 T_{max}，也需根据吊车的最不利位置和吊车梁支座反力影响线确定，即

$$T_{max} = T\sum y_i \tag{8-5}$$

由于小车是沿桥架向左、右运行，有左、右两种制动情况，因此计算排架时，吊车的横向水平荷载应考虑向左和向右两种情况，如图 8-16 所示。

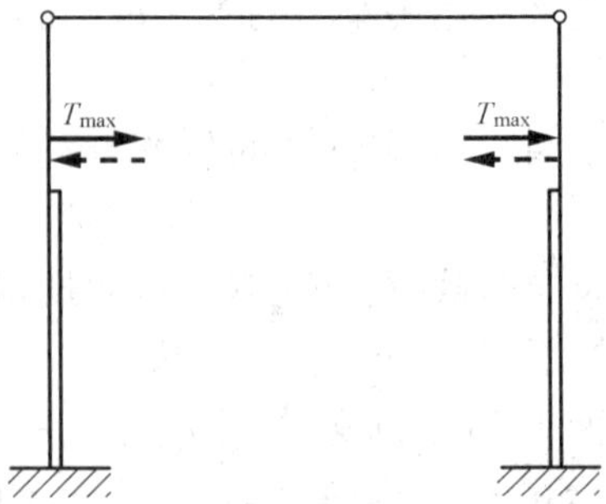

图 8-16 吊车横向水平作用下的计算简图

（3）吊车纵向水平荷载 T_e。吊车纵向水平荷载是由吊车的大车突然起动或制动引起的纵向水平惯性力。它由大车的制动轮与轨道的摩擦，经吊车梁传到纵向柱列或柱间支撑。

当厂房有柱间支撑时，全部吊车纵向水平荷载由柱间支撑承受；当厂房无柱间支撑时，全部吊车纵向水平荷载由同一伸缩区段内的所有各柱共同承受。在横向排架结构计算分析中，一般不考虑吊车纵向水平荷载。

（四）风荷载

（1）垂直作用在建筑物表面上的均布风荷载。

风荷载垂直地作用在单层厂房的外表面上，其标准值与厂房的高度、体型和尺寸有关。

《荷载规范》规定，垂直作用在厂房表面上的风荷载标准值 w_k（kN/m^2）按下式计算

$$w_k = \beta_z \mu_s \mu_z w_0 \tag{8-6}$$

式中 w_0——基本风压（kN/m^2），以当地比较空旷平坦的地面上离地 10m 高统计所得的 50 年一遇 10min 平均最大风速为标准确定的，可由《荷载规范》查得；

β_z——z 高度处的风振系数，对于单层厂房可取 $\beta_z = 1.0$；

μ_s——风荷载体型系数，“＋”表示风压力，“－”表示风吸力，其值如图 8 - 17 所示；

μ_z——风压高度变化系数，即不同高度处的风压值与离地 10m 高度处的风压值的比值，根据地面粗糙程度类别及高度 z，由《荷载规范》查得。

由式（8 - 6）可知，风荷载标准值 w_k 沿高度是变化的，为简化计算，将柱顶以下的风荷载沿高度取为均匀分布，其值分别为 q_1（迎风面的风压力）和 q_2（背风面的风吸力），如图 8 - 18 所示，风压高度变化系数 μ_z 按柱顶标高取值。

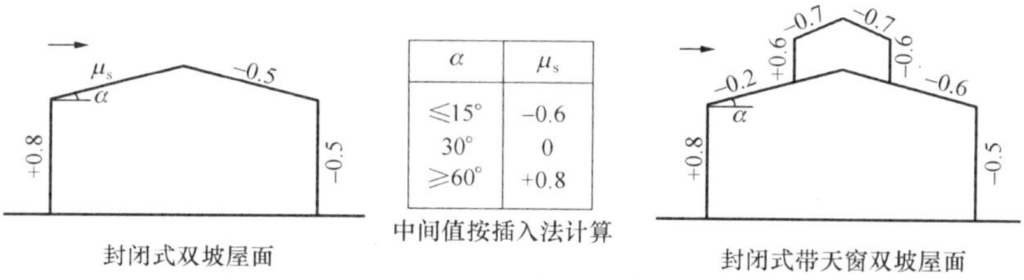

图 8 - 17　风荷载体型系数

（2）屋面传来的集中风荷载。作用于柱顶以上的风荷载，通过屋架以集中力 F_w 的形式施加于排架柱顶，其值为屋架高度范围内的外墙迎风面、背风面的风荷载及坡屋面上风荷载的水平分力的总和，如图 8 - 18 所示，计算时也取为均布荷载，此时的风压高度变化系数 μ_z 按下述情况确定：有矩形天窗时，取天窗檐口标高；无矩形天窗时，按厂房檐口标高取值。进行排架计算时，将柱顶以上的风荷载以集中力的形式作用于排架柱顶，其计算简图如图 8 - 18 所示。

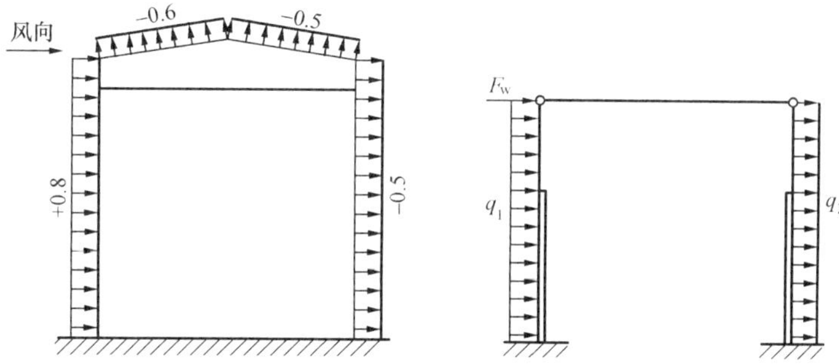

图 8 - 18　排架在风荷载作用下的计算简图

由于风载是可以变向的，因此在排架计算时，要考虑左风和右风两种情况。

8.3.2　排架的计算简图

单层厂房排架结构实际上是一空间结构体系，设计时为简化计算，将厂房结构沿纵、横两个主轴方向，按横向平面排架和纵向平面排架分别计算，即假定纵、横向排架之间互不影响，各自独立工作。

横向平面排架承担着厂房的大部分主要荷载，是单层厂房的基本承重结构，且跨度大、柱子数量较少，故横向排架中构件的内力较大，需具有足够的强度和刚度，以满足使用要求。因此，在单层厂房的结构设计中，一定要进行横向平面排架计算。

纵向柱列中柱子数量较多，并有吊车梁和连系梁等多道联系，又有柱间支撑的有效作用，因此纵向排架中构件的内力通常不大。当设计不考虑地震时，一般可不进行纵向平面排架计算。

因此，排架的计算分析主要以横向平面排架为主。这样就把厂房复杂的空间受力体系，简化成为横向平面排架问题。

一、计算单元

由于横向排架沿厂房纵向一般为等间距均匀排列，作用于厂房上的各种荷载（吊车荷载除外）沿厂房纵向基本为均匀分布，计算时可以通过任意相邻纵向柱距的中心线截取出有代表性的一段作为整个结构的横向平面排架的计算单元，如图 8 - 19 中的阴影部分所示。除吊车等移动荷载以外，阴影部分就是排架的负荷范围，或称从属面积。

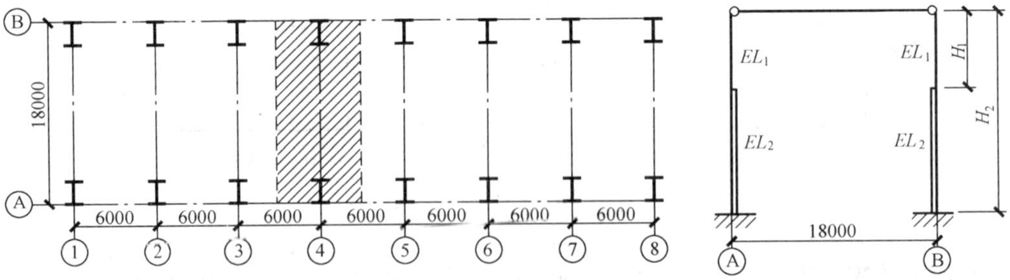

图 8 - 19　排架的计算单元和计算简图

二、计算简图

在确定排架结构的计算简图时，为简化计算作了以下假定：

（1）柱上端与屋架（或屋面梁）为铰接：屋架或屋面梁在柱顶一般采用预埋钢板焊接或预埋螺栓与柱连接，在构造上只能传递竖向力和水平力，而不能传递弯矩，故计算时按铰接结点考虑。

（2）柱下端固接于基础顶面：由于预制排架柱插入基础杯口有足够的深度，并用高强度等级的细石混凝土浇筑密实，因此，排架柱与基础连接处可按固定端考虑。

（3）排架横梁为无轴向变形刚性杆，横梁两侧柱顶的水平位移相等，一般单层厂房结构中常用的钢筋混凝土屋架或预应力混凝土屋架，下弦刚度较大，均符合这一假定。

（4）排架柱的高度由固定端算至柱顶铰结点处，排架柱的轴线为柱的几何中心线。当柱为变截面柱时，取上柱和下柱截面重心的连线，排架柱的轴线为一折线。

根据以上假定，横向排架的计算简图如图 8 - 19 所示。在计算简图中，横线代表屋架（横梁）下缘，连接于柱顶。柱总高 H 取基础顶面至柱顶的距离，上柱高 H_u 为牛腿顶面至柱顶的距离，下柱高 H_l 为基础顶面至牛腿顶面的距离。上、下柱的截面惯性矩分别为 I_u 和 I_l，截面抗弯刚度分别取 E_cI_u 和 E_cI_l，其中，E_c 为混凝土弹性模量。排架的跨度 L 应为下柱重心线间的距离，一般取排架柱的轴线间距。

8.3.3　排架内力计算方法简介

在求出排架上的荷载之后，便可做出排架的计算简图，进行排架的内力分析。排架内力分析的主要目的是为排架柱和柱下基础的设计提供内力数据。

在进行排架内力分析之前，首先要确定排架上有哪几种可能单独考虑的荷载情况，以单跨排架为例，若不考虑地震作用，可能有以下 8 种单独作用的荷载情况：

（1）恒荷载（G_1、G_2、G_3、G_4 等）；

（2）屋面活荷载（Q_1）；

（3）吊车竖向荷载 D_{max} 作用于左柱（D_{min} 作用于右柱）；

（4）吊车竖向荷载 D_{max} 作用于右柱（D_{min} 作用于 A 柱）；

（5）吊车水平荷载 T_{max} 作用于左、右柱，方向由左向右；

（6）吊车水平荷载 T_{max} 作用于左、右柱，方向由右向左；

（7）风荷载（F_w、q_1、q_2），方向由左向右；

（8）风荷载（F_w、q_1、q_2），方向由右向左。

需要单独考虑的荷载确定之后，即可对每种荷载情况利用结构力学的方法进行排架内力计算，再进行最不利内力组合。

一、单跨排架在恒荷载及屋面活荷载作用下的内力计算

在恒载 G_1、G_2、G_3、G_4 及屋面活荷载 Q_1 作用下，一般属于结构对称、荷载也对称的情况，可按无侧移排架计算。由于在排架计算简图中假定横梁为无轴向变形的刚性连杆，所以排架柱可按图 8-20（a）所示的简图计算内力。

根据对排架上的荷载分析已知，G_1 对上柱及下柱截面均有偏心，Q_1 对上、下柱也有偏心且偏心距与 G_1 相同，G_2、G_4 对下柱截面也有偏心，在计算中可将 G_1、G_2、G_4 及 Q_1 简化为作用在柱截面形心的轴力和作用在相应柱顶（上柱）及牛腿顶面（下柱）处的力矩 M_1 和 M_2。由于 G_1、G_2、G_3、G_4 及 Q_1 作用于柱截面形心时只引起柱的轴向力，不引起弯矩和剪力，所以可按图 8-21 计算柱截面的弯矩和剪力。

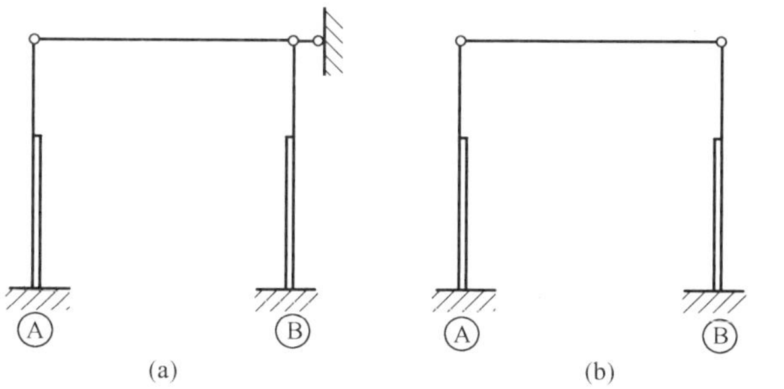

图 8-20　单跨等高排架计算简图

（a）无轴向变形的刚性连杆；（b）柱顶有侧移的排架

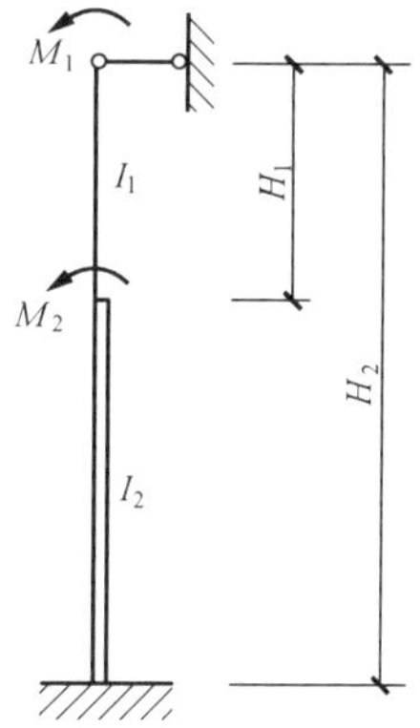

图 8-21　力矩 M_1、M_2 作用下的计算简图

二、在风荷载及吊车荷载作用下的排架内力计算

在风荷载及吊车荷载作用下，为荷载不对称的情况，可视柱顶为有侧移的排架进行内力计算，如图 8-20（b）所示。

（1）吊车竖向荷载 D_{max}（或 D_{min}）作用下内力计算。

吊车竖向荷载 D_{max}（或 D_{min}）作用于牛腿顶面并对下柱截面有偏心，可将其简化为作用于柱截面形心的轴向力和附加力矩，按图 8-22 所示简图分别计算，然后叠加而得。

当 M_{Dmax} 作用在 A 柱时，排架柱的内力计算如图 8-23 所示，其排架柱内力可由图 8-23（b）和图 8-23（c）的内力叠加得到。

（2）吊车水平荷载作用下排架内力计算。在吊车水平荷载 T_{max} 作用下，其排架柱的内力可由图 8-24（b）和图 8-24（c）的内力叠加得到。

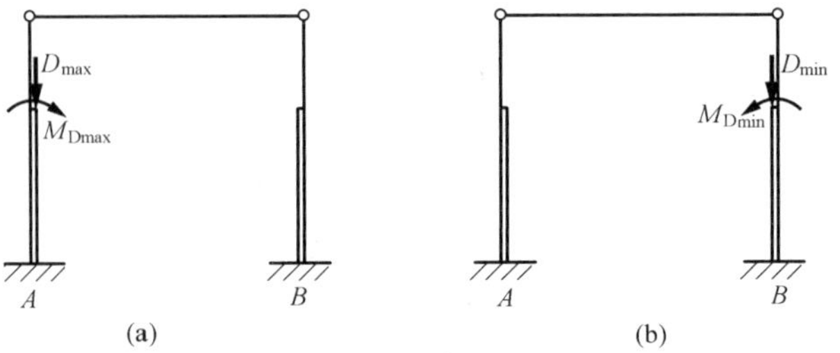

图 8-22　D_{max}和 D_{min}分别作用下的计算简图

（a）D_{max}作用在 A 柱；（b）D_{min}作用在 B 柱

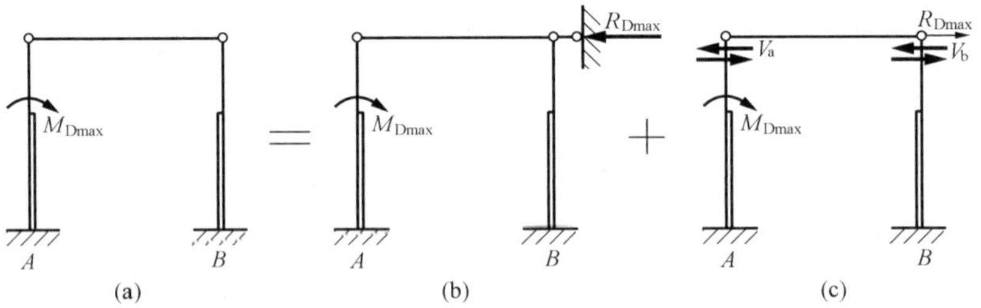

图 8-23　M_{Dmax}作用在 A 柱的内力计算

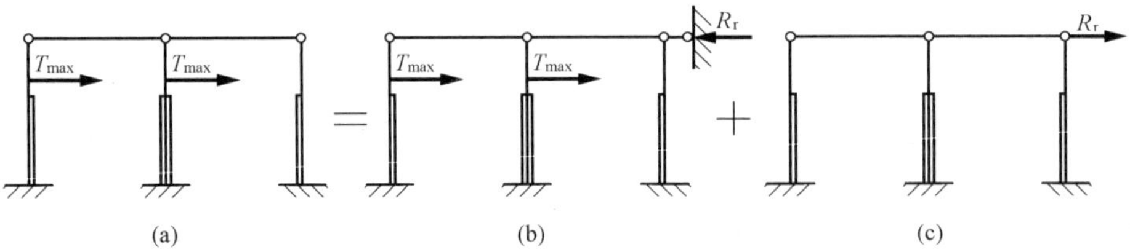

图 8-24　两跨等高排架在 T_{max}作用下的内力计算

（3）风荷载作用下排架内力计算。排架在风荷载 F_w、q_1、q_2 作用下的计算简图可由图 8-25（a）与图 8-25（b）叠加而得。其中图 8-25（a）可分解为 F_w、q_1、q_2 分别单独作用的受力情况，如图 8-26 所示。

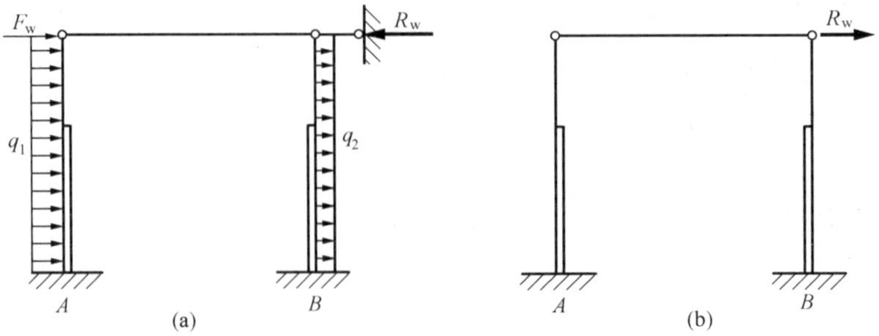

图 8-25　单跨排架风荷载作用下的内力计算

当风荷载由右向左作用时，A、B 柱的内力分别与从左向右作用时 B、A 柱的内力数值相等，符号相反。

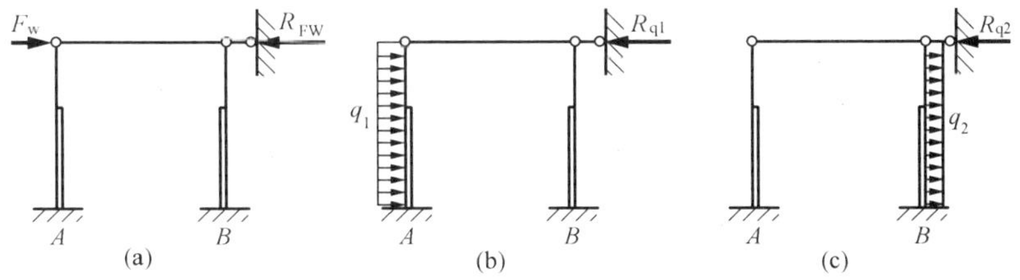

图 8-26 F_w、q_1、q_2 分别作用的受力情况

以上介绍的排架内力计算方法为不考虑厂房整体空间作用的计算方法，在实际厂房结构中，各榀排架之间均有纵向连系构件相连接，如大型屋面板、吊车梁、连系梁及支撑系统等，使各榀排架在水平荷载作用下协同工作，从而可减小排架的侧移和排架柱的内力。尤其是局部作用的荷载（如吊车的横向水平荷载），其整体空间作用更大。

8.3.4 排架内力组合

一、控制截面

控制截面是指对柱内钢筋量计算起控制作用的截面，也就是内力最大截面。在一般的单阶排架柱中，上柱各截面是相同的，通常上柱底部截面Ⅰ—Ⅰ的内力最大，因此取Ⅰ－Ⅰ截面为上柱的控制截面；在下柱中，通常各截面也是相同的，而牛腿顶截面Ⅱ－Ⅱ在吊车竖向荷载作用下弯矩最大，柱底截面Ⅲ—Ⅲ在风荷载和吊车水平荷载作用下弯矩最大，且轴力也最大，故取Ⅱ—Ⅱ和Ⅲ—Ⅲ截面为下柱的控制截面，如图 8-27 所示。下柱的纵筋按Ⅱ—Ⅱ和Ⅲ—Ⅲ截面中钢筋用量大者配置。柱底Ⅲ—Ⅲ截面的内力也是基础设计的依据。

二、内力组合

排架柱各控制截面的内力包括弯矩 M、轴力 N 和剪力 V，属偏心受压构件，剪力 V 对排架柱的配筋影响较小。

由 5.4.2 偏心受压正截面的 M-N 相关曲线可知，构件可在不同弯矩 M 和轴力 N 的组合下达到其极限承载力，M 和 N 内力怎样搭配对截面最不利，需要进行内力组合才能进行判断。对排架柱各控制截面，一般应考虑以下四种内力组合：

（1）$+M_{max}$及相应的 N、V。

（2）$-M_{max}$及相应的 N、V。

（3）N_{max}及相应的 M、V。

（4）N_{min}及相应的 M、V。

在这四种内力组合中，第（1）、（2）、（4）组是以构件可能出现大偏心受压破坏进行组合的；第（3）组则是从构件可能出现小偏心受压破坏进行组合的。全部内力组合可使柱避免出现任何一种形式破坏。各控制截面的钢筋就是按这四种内力组合所计算出的钢筋用量最大者配置的。

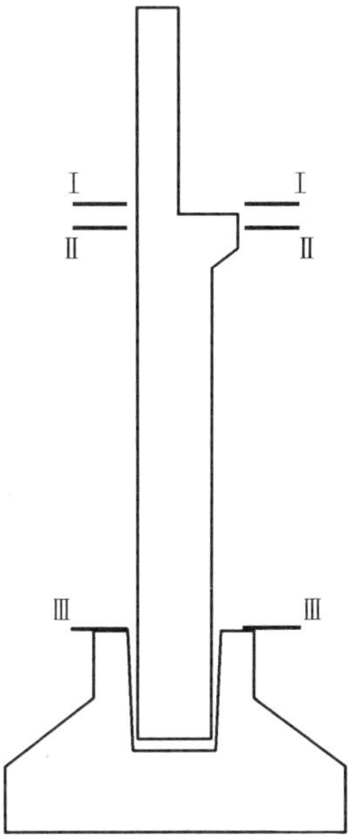

图 8-27 单阶柱的控制截面

在进行内力组合时，还需注意以下问题：

（1）恒载必须参与每一种组合。

（2）吊车竖向荷载 D_{max} 可分别作用于左柱和右柱，只能选择

其中一种参与组合。

（3）吊车水平荷载 T_{max} 向右和向左只能选其中一种参与组合。

（4）风荷载向右、向左方向只能选其一参与组合。

（5）组合 N_{max} 或 N_{min} 时，应使弯矩 M 最大，对于轴力为零，而弯矩不为零的荷载（如风荷载）也应考虑组合。

（6）在考虑吊车横向水平荷载 T_{max} 时，必然有 D_{max}（或 D_{min}）参与组合，即"有 T 必有 D"；但在考虑吊车荷载 D_{max}（或 D_{min}）时，该跨不一定作用有该吊车的横向水平荷载，即"有 D 不一定有 T"。

8.4 单层厂房结构排架柱

8.4.1 柱计算长度的确定

在进行柱截面承载力计算时，需确定柱子的计算长度。柱子的计算长度与柱的支承条件和高度有关，《规范》给出柱计算长度的规定，见表 8-5。

表 8-5 刚性屋盖单层房屋排架柱、露天吊车柱和栈桥柱的计算长度

柱 的 类 别		l_0		
		排架方向	垂直排架方向	
			有柱间支撑	无柱间支撑
无吊车房屋柱	单跨	$1.5H$	$1.0H$	$1.2H$
	两跨及多跨	$1.25H$	$1.0H$	$1.2H$
有吊车房屋柱	上 柱	$2.0H_u$	$1.25H_u$	$1.5H_u$
	下 柱	$1.0H_l$	$0.8H_l$	$1.0H_l$
露天吊车柱和栈桥柱		$2.0H_l$	$1.0H_l$	—

注 1. 表中 H 为从基础顶面算起的柱子全高；H_l 为从基础顶面至装配式吊车梁底面或现浇式吊车梁顶面的柱子下部高度；H_u 为从装配式吊车梁底面或从现浇式吊车梁顶面算起的柱子上部高度。

2. 表中有吊车房屋排架柱的计算长度，当计算中不考虑吊车荷载时，可按无吊车房屋柱的计算长度采用，但上柱的计算长度仍可按有吊车房屋采用。

3. 表中有吊车房屋排架柱的上柱在排架方向的计算长度，仅适用于 $H_u/H_l \geqslant 0.3$ 的情况；当 $H_u/H_l < 0.3$ 时，计算长度宜采用 $2.5H_u$。

8.4.2 柱运输、吊装阶段的验算

对于预制排架柱，在脱模、翻身和吊装时的受力状态与使用阶段不同，而且此时混凝土强度通常还未达到设计强度值，很可能会在此阶段出现裂缝，因而需进行施工阶段柱的承载力和裂缝宽度验算。柱的吊装可以采用平吊，也可以采用翻身吊，如图 8-28（a）、（b）所示，柱的吊点一般设在牛腿的下边缘。

在进行施工阶段验算时，荷载是柱的自重，如图 8-28（c）所示。考虑到施工时的振动影响，应将柱自重乘以动力系数 1.5。承载力验算方法和受弯构件类似，其内力（M）图如图 8-28（d）所示。但因吊装验算是临时性的，故构件的安全等级比使用阶段低一级；柱的混凝土强度等级一般按设计规定值的 70%考虑。

当采用翻身吊时，截面的受力方向与使用阶段一致，因而承载力和裂缝宽度均能满足要

求，一般不必进行验算。当采用平吊时，截面的受力方向是柱的平面外方向，截面有效高度大为减小，故采用平吊时可能需增加柱中配筋，如图8-28（e）、（f）所示。

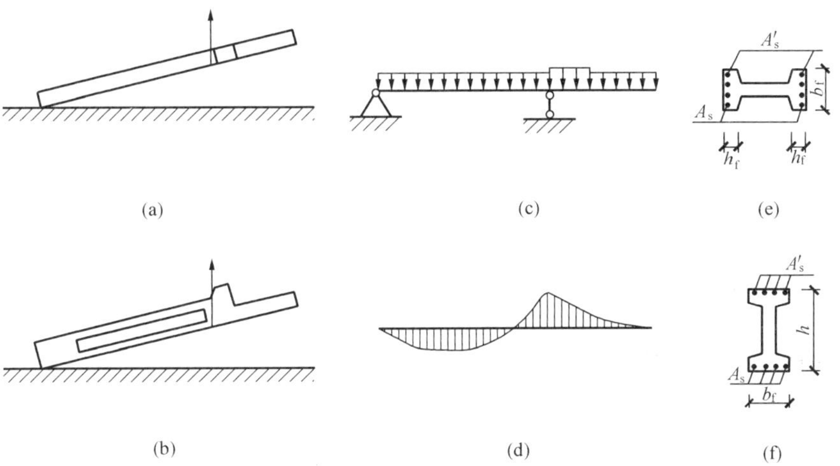

图8-28 预制柱吊装阶段验算

（a）平吊；（b）翻身吊；（c）荷载情况；（d）M图；

（e）截面一；（f）截面二

8.4.3 牛腿的受力特点与构造

单层厂房柱中，常采用由柱侧伸出的牛腿来支承吊车梁、屋架、托架和连系梁等构件。设置牛腿的目的是在不增加柱子截面的情况下，加大构件的支承面积，从而保证构件间的连接可靠。牛腿承受着较大的集中荷载，有的还承受着吊车动力作用，是排架柱极为重要的组成部分，应足够重视。

一、牛腿的受力特点

根据牛腿上竖向力 F_v 作用线至下柱边缘（牛腿根部）水平距离 a 的大小，将牛腿分为两类：当 $a>h_0$ 时，为长牛腿，受力特点与悬臂梁相似；当 $a\leqslant h_0$ 时，为短牛腿，厂房柱的牛腿多为短牛腿，h_0 为牛腿与下柱交接处垂直截面的有效高度。

试验表明，牛腿在荷载作用下，在牛腿上部产生与牛腿上表面基本平行且比较均匀的主拉应力，而在从加载点到牛腿下部与柱交接点的连线附近则呈主压应力状态（混凝土斜向压力带）。

试验表明，在竖向力作用下，当荷载增加到破坏荷载的20%～40%时，首先在牛腿上表面与上柱交接处出现垂直裂缝①，但其始终开展不大，对牛腿受力性能影响不大；当荷载继续加大至破坏荷载的40%～60%时，在加载板内侧附近出现斜裂缝②，并不断发展，其方向大致与主压应力方向平行；最后当荷载加大至接近破坏荷载（约为破坏荷载的80%）时，在斜裂缝②的外侧出现斜裂缝③，预示牛腿即将破坏，如图8-29所示。

在竖向荷载和水平拉力作用下，牛腿的受力特点可简化三角形桁架，如图8-30所示，其水平拉杆由牛腿顶部的水平纵向受拉钢筋组成，斜压杆由竖向力作用点与牛腿根部之间的混凝土组成。竖向压力由水平拉杆拉力和斜压杆压力承担；作用在牛腿顶部向外的水平拉力，则由水平拉杆承担。

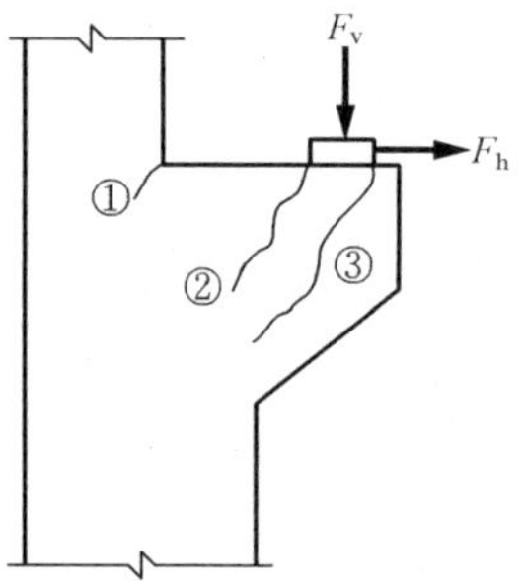

图 8-29 牛腿裂缝示意图

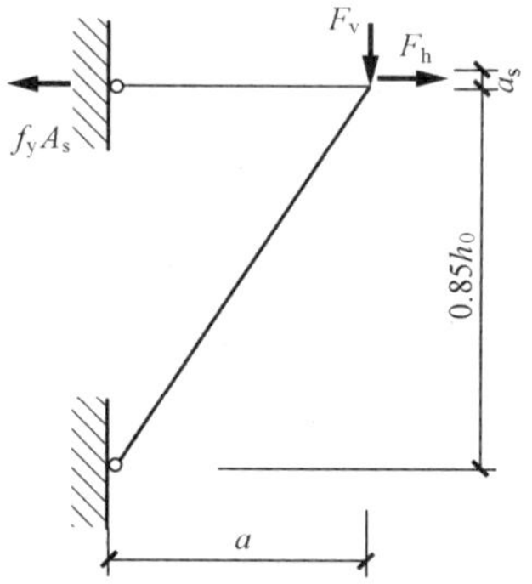

图 8-30 牛腿计算简图

二、牛腿截面尺寸的确定

牛腿截面宽度一般与柱宽相同；牛腿的顶面长度与吊车梁中线的位置、吊车梁端部的宽度 b_c 以及吊车梁至牛腿端部的距离 c_1 有关，一般吊车梁中线到上柱外边缘的水平距离为750mm，吊车梁至牛腿端部的水平距离 c_1 通常为 70～100mm，如图 8-31 所示。

牛腿的总高度 h 以使用阶段不出现斜裂缝②为控制条件来确定，《规范》给出了初定牛腿的总高度 h 的验算公式为

$$F_{vk} \leqslant \beta\left(1-0.5\frac{F_{hk}}{F_{vk}}\right)\frac{f_{tk}bh_0}{0.5+\dfrac{a}{h_0}} \tag{8-7}$$

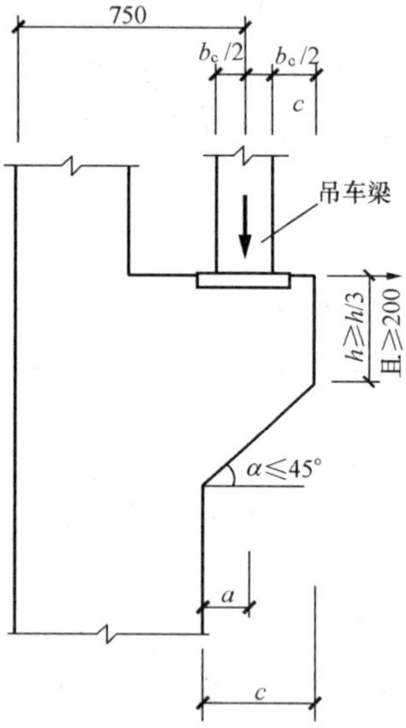

图 8-31 牛腿截面

式中 F_{vk}——作用于牛腿顶部按荷载效应标准组合计算的竖向力值。

F_{hk}——作用于牛腿顶部按荷载效应标准组合计算的水平拉力值。

f_{tk}——混凝土抗拉强度标准值。

β——裂缝控制系数，对支承吊车梁的牛腿取 0.65；对其他牛腿取 0.8。

a——竖向力作用点至下柱边缘的水平距离，此时应考虑安装偏差 20mm；当竖向力作用点位于下柱截面以内时，取 $a=0$。

b——牛腿宽度。

h_0——牛腿与下柱交接处的垂直截面有效高度，$h_0=h_1-a_s+c\tan\alpha$，当 $\alpha>45°$时，取 $\alpha=45°$，c 为下柱边缘到牛腿边缘的水平长度。

牛腿的外边缘高度 h_1 不应小于 $h/3$（h 为牛腿总高度），且不应小于 200mm；底面倾角 α 要求不大于 45°。

三、牛腿顶面纵向受力钢筋面积的确定

牛腿顶面纵向受力钢筋面积计算可归结为三角形桁架拉杆的计算，由承受竖向力所需的受拉钢筋和承受水平拉力所需的水平锚筋组成，其总面积 A_s 的计算式为

$$A_s \geqslant \frac{F_v a}{0.85 f_y h_0} + 1.2 \frac{F_h}{f_y} \tag{8-8}$$

式中　F_v——作用在牛腿顶部的竖向力设计值；

F_h——作用在牛腿顶部的水平拉力设计值；

a——竖向力作用点至下柱边缘的水平距离，当 $a<0.3h_0$ 时，取 $a=0.3h_0$。

四、牛腿钢筋的构造要求

（一）纵向受力钢筋的构造

牛腿顶部的纵筋宜采用 HRB400 级或 HRB500 级热轧钢筋，全部纵筋及弯起钢筋宜沿牛腿外边缘向下伸入下柱内 150mm 后截断，如图 8-32 所示。纵筋及弯起钢筋伸入上柱的锚固长度，当采用直线锚固时应符合受拉钢筋锚固长度 l_a 的规定；当上柱尺寸不足以设置直线锚固长度时，上部纵筋应伸至节点对边并向下 90°弯折，其弯折前的水平投影长度不应小于 $0.4l_a$，弯折后的垂直投影长度不应小于 $15d$，如图 8-32 所示。承受竖向力所需的纵筋的配筋率不应小于 0.2%及 $0.45f_t/f_y$，也不宜大于 0.6%，且根数不宜少于 4 根，直径不宜小于 12mm。

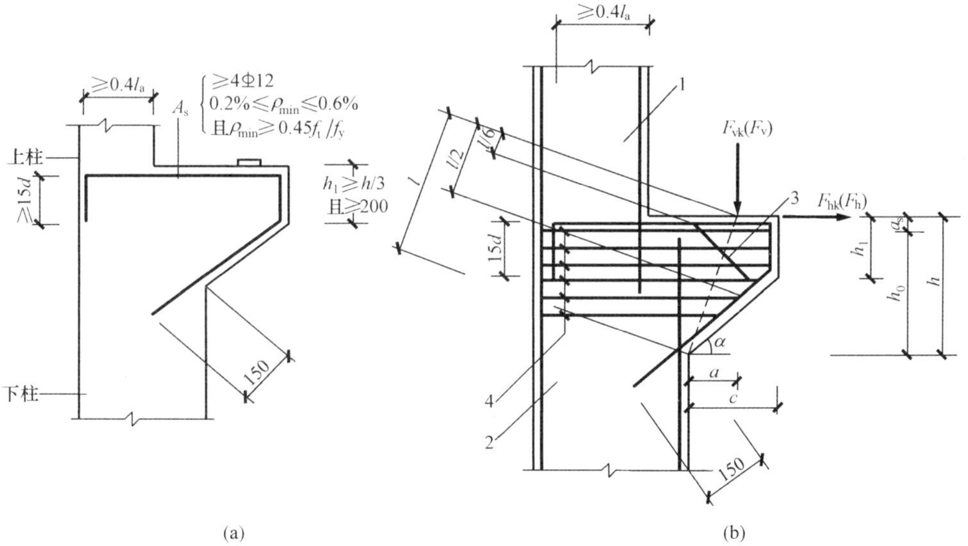

图 8-32　牛腿钢筋构造

（a）纵筋构造；（b）箍筋及弯起钢筋构造

1—上柱；2—下柱；3—弯起钢筋；4—水平箍筋

（二）箍筋和弯起钢筋的构造

牛腿中应设置水平箍筋，以便形成钢筋骨架和限制斜裂缝开展，如图 8-32 所示。水平箍筋的直径宜为 6～12mm，间距宜为 100～150mm，且在上部 $2h_0/3$ 范围内的水平箍筋总截面面积不宜小于承受竖向力的受拉钢筋截面面积的 1/2。

当牛腿的剪跨比 $a/h_0 \geqslant 0.3$ 时，宜设置弯起钢筋。弯起钢筋宜采用 HRB400 级或 HRB500 级钢筋，并宜使其与集中荷载作用点到牛腿斜边下端点连线的交点位于牛腿上部 $l/6$～$l/2$ 之间的范围内，如图 8-32（b）所示，l 为该连线的长度，其截面面积不宜小于承受竖向力的受拉钢筋截面面积的二分之一，根数不宜少于 2 根，直径不宜小于 12mm。纵向受拉钢筋不得兼作弯起钢筋。

8.4.4 柱与其他构件的连接构造

在单层厂房结构中，各组成构件必须通过彼此间的可靠连接，才能使厂房结构形成一个整体，才能保证内力的有效传递。柱是厂房结构中的主要承重构件，厂房中的其他构件都要通过预埋件与柱相连接，并将各构件上作用的竖向荷载和水平荷载通过柱传给基础。因此，各构件与柱的可靠连接十分重要，无论是在设计中还是在施工中，都应予以足够的重视。

一、屋架（或屋面梁）与柱连接

屋架（或屋面梁）与柱顶的连接，是通过连接钢板与屋架端部预埋件之间焊接连接实现的。屋架传来的垂直压力由连接垫板传递至柱顶，水平剪力则由连接焊缝（或锚筋）传递。垫板的尺寸和位置应保证屋架（或屋面梁）对柱顶作用的压力顺利传递，应使其中心落在屋架传给柱子压力合力作用线（屋架上、下弦中心线交点）的位置上，一般位于距厂房定位轴线150mm处，如图8-33所示。

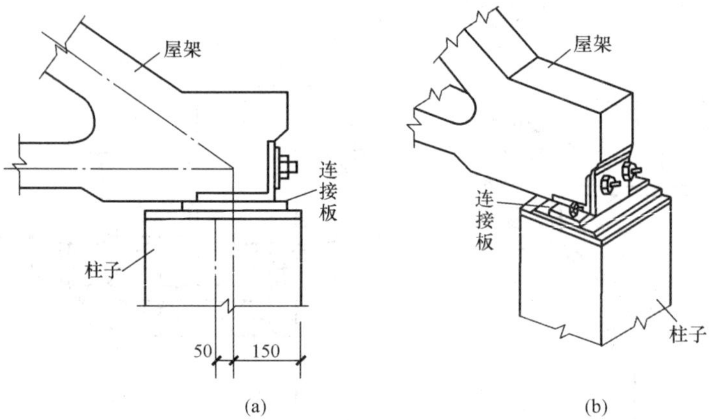

图8-33 屋架与柱子连接

二、吊车梁与柱的连接

排架柱承受由吊车梁传来的竖向及水平荷载，因此吊车梁与柱在垂直方向及水平方向都应有可靠的连接。吊车梁的竖向压力通过吊车梁梁底支承板与牛腿顶面预埋件连接的钢板来传递；吊车梁的水平力则通过吊车梁端顶面预埋件与上柱侧面预埋件间的连接钢板（或角钢）来传递。吊车梁与柱间宜用C20～C30细石混凝土填实，如图8-34所示。

三、墙与柱的连接

为保证墙体的稳定，并可靠的将墙面上风压力（或风吸力）传递给柱，自承重墙与柱应有所连接。通常采用柔性连接，即在钢筋混凝土柱中沿高度每隔500～600mm伸出拉结筋，将拉结筋砌入墙体的灰缝中。当墙体中设有圈梁时，应将拉结筋伸入圈梁与圈梁现浇，如图8-35所示。

四、柱间支撑与柱的连接

柱间支撑一般由型钢构成，较小截面柱的柱间支撑，如阶形柱的上柱柱间支撑，布置在上柱截面形心轴线上，其上下节点分别在上柱柱顶和上柱根部附近；较大截面柱的柱间支撑，如阶形柱的下柱柱间支撑，布置在下柱截面翼缘部分的形心轴线上，其上下节点分别在牛腿顶面和基础顶面附近，如图 8 - 36 所示。柱与柱间支撑的预埋件承受拉力和剪力。

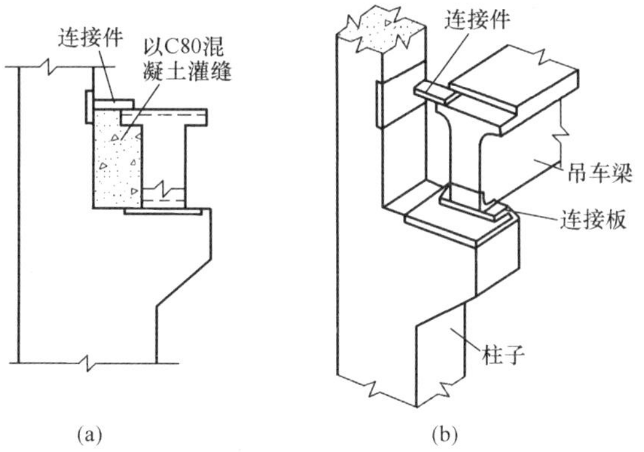

图 8 - 34　吊车梁与柱子连接

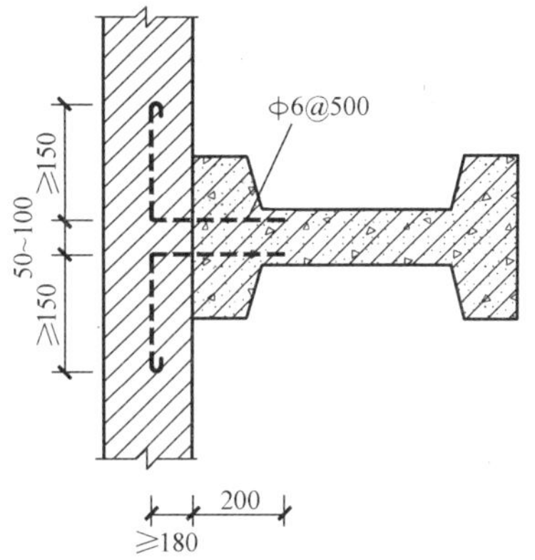

图 8 - 35　外墙与柱子连接

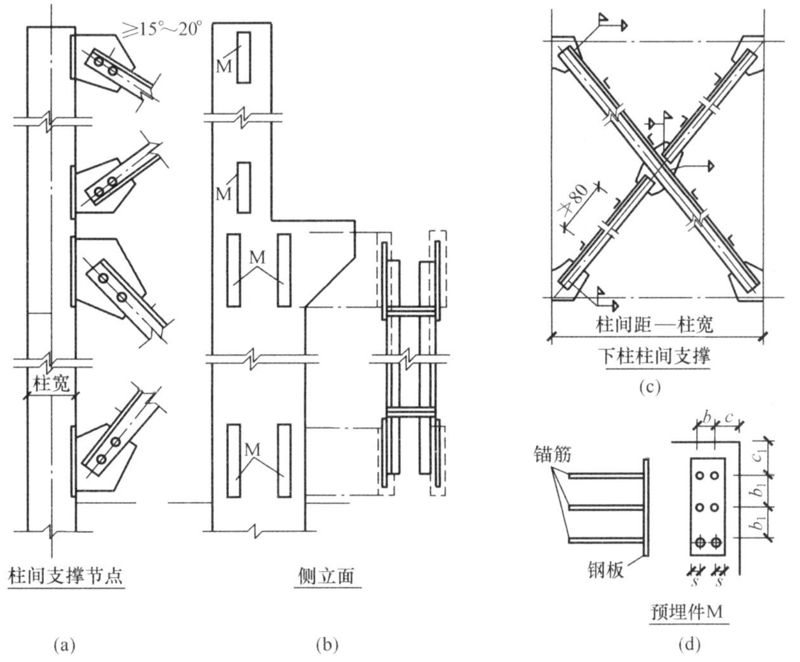

图 8 - 36　柱间支撑与柱子连接

五、屋架（或屋面梁）与山墙抗风柱连接

厂房山墙抗风柱的柱顶与屋架（或屋面梁）之间，通常采用竖向可移动、水平方向又有较大刚度的弹簧板连接，以保证在水平方向与屋架（或屋面梁）有可靠的连接，在竖向两者之间可以有一定的相对位移，如图 8 - 37 所示。

抗风柱下柱的顶面与屋架（或屋面梁）下弦的底面之间应至少留有 150mm 空隙，以防止抗风柱与屋盖变形不一致时的不利影响。

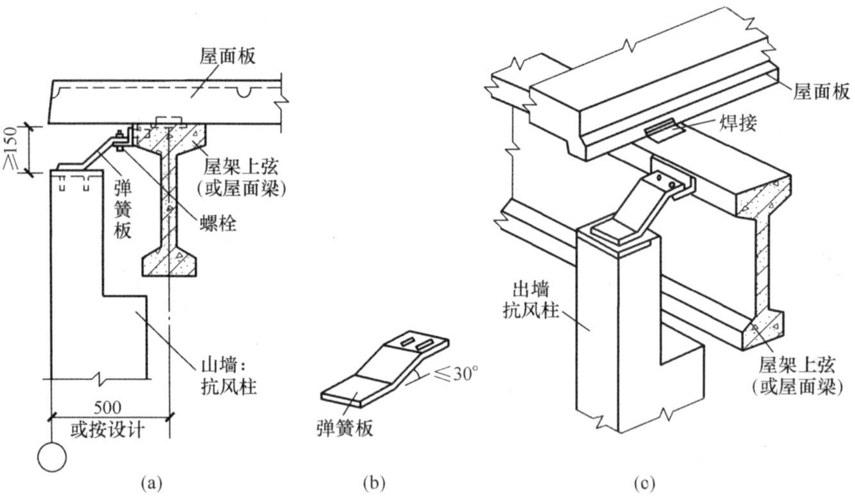

图 8-37 屋架（屋面梁）与抗风柱连接

抗风柱下端一般插入基础杯口内视为固定端连接。

本 章 小 结

（1）柱底与基础刚接、柱顶与屋架（屋面梁）铰接所组成的结构称为排架结构，其是装配式单层工业厂房的主要结构形式。排架结构厂房一般由屋盖结构、横向平面排架、纵向平面排架、支撑体系、基础以及围护结构等几部分组成。

（2）支撑体系是厂房结构中非常重要的组成部分，其作用是增强厂房的整体稳定性和空间刚度，保证结构构件在安装和使用阶段的稳定，有效传递水平荷载等。支撑体系一般包括屋盖上弦水平支撑、屋盖下弦水平支撑、屋盖垂直支撑、天窗架支撑、柱间支撑等。

（3）排架柱是厂房中最重要的结构构件，厂房中绝大部分的竖向和水平荷载均由排架柱承受并由其传至基础。单层厂房排架结构计算的基本单元主要是横向平面排架，排架内力分析与组合的目的，是为排架柱及基础的设计提供内力依据。

（4）排架上的恒载有屋盖自重、上柱自重、下柱自重、吊车梁自重等，活载有屋面活荷载、吊车竖向荷载、吊车横向水平荷载、沿排架高度均匀分布的风荷载及作用于排架柱顶的集中风荷载等。计算中，吊车的竖向荷载要考虑 D_{max}（D_{min}）分别作用于左柱和右柱两种情况，吊车的横向水平荷载和风荷载要考虑向左和向右两种情况。

（5）为保证结构的可靠性，应进行排架柱各控制截面的最不利内力组合。控制截面一般是上柱的底部截面、下柱的顶截面及底部截面，根据偏压构件（大、小偏压）的特点，一般应考虑四种内力组合：$+M_{max}$及相应的 N、V；$-M_{max}$及相应的 N、V；N_{max}及相应的 M、V；N_{min}及相应的 M、V。

（6）排架柱上一般设置短牛腿用以支承吊车梁，短牛腿受力时可简化为由水平拉杆和斜向压杆组成的铰接三角形桁架。牛腿的截面尺寸以使用阶段不出现裂缝为控制条件来确定，牛腿的纵筋按抗弯和抗拉承载力计算，牛腿的箍筋和弯起钢筋按构造要求设置。

思考题

8-1　单层钢筋混凝土排架结构厂房由哪些构件组成？

8-2　作用在单层厂房排架结构上的荷载有哪些？其荷载传递途径分别如何？

8-3　单层厂房的支撑体系包括哪些？他们的作用是什么？

8-4　在确定排架结构的计算单元和计算简图时做了哪些假定？

8-5　排架柱的控制截面如何确定？

8-6　排架柱进行最不利内力组合时，应进行哪几种内力组合？内力组合时需注意什么问题？

8-7　排架柱在吊装阶段的受力如何？为什么要对其进行吊装验算？其验算内容有哪些？

8-8　牛腿的受力特点如何？何谓长牛腿和短牛腿？

8-9　牛腿的截面尺寸如何确定？牛腿顶面的配筋构造有哪些？

8-10　排架柱与屋架和吊车梁是如何连接的？

8-11　屋架与山墙抗风柱的连接有何特点？

扫一扫

课程前导资源

第 9 章 钢筋混凝土多层与高层结构

学习提要

框架结构是多、高层建筑的一种主要结构形式，本章主要介绍了多层框架的结构组成和布置，竖向和水平荷载作用下的内力计算及侧移计算，以及框架梁、柱的配筋构造要求；还介绍了剪力墙结构、框架—剪力墙结构的受力性能和构造要求。在学习中，应了解框架结构体系和计算简图的确定，掌握框架结构的受力特性，掌握用分层法和反弯点法计算多层框架的内力。了解框架结构抗震设计的原则，领会框架梁、柱的配筋及节点构造；了解剪力墙结构的受力特性及配筋构造。

9.1 多层与高层房屋结构体系

9.1.1 多层与高层建筑结构的特点

多层与高层建筑的界限，各国定义不一。我国《高层建筑混凝土结构技术规程》（JGJ 3—2010）（以下简称《高规》）与《高层民用建筑设计防火规范》（2005 版）（GB 50045—1995）根据是否设电梯、建筑物的防火等级等因素，将 10 层及 10 层以上的住宅建筑结构和高度大于 24m 的其他民用建筑结构定义为高层建筑，2～9 层的住宅建筑结构和高度不大于 24m 的其他民用建筑结构定义为多层建筑；建筑物高度超过 100m 一般为超高层建筑。

高层建筑结构具有以下特点：

（1）高层建筑可以较小的占地面积获得更多的建筑面积，但是过于密集的高层建筑也会对城市造成热岛效应或影响建筑物周边地域的采光，玻璃幕墙过多的高层建筑还可能造成光污染现象。

（2）建造高层建筑可以提供更多的空闲场地，以便用作绿化和休闲场地，有利于美化环境，并带来更充足的日照、采光和通风效果。

（3）在高层建筑结构设计中，起控制作用的主要是水平荷载（风荷载和水平地震作用）。

（4）侧向位移在高层建筑结构中必须加以限制。层间位移过大，将导致承重构件或非承重构件（填充墙等）出现不同程度的损坏；摆动幅度过大，会使在高层建筑中居住和工作的人感到不舒服。

（5）高层建筑需满足房屋的竖向交通和防火要求，因此高层建筑的工程造价较高，运行成本加大。

目前，多层房屋常采用混合结构和钢筋混凝土结构，对于高层建筑，常采用钢筋混凝土结构、钢结构、钢一混凝土组合结构。本章主要介绍钢筋混凝土结构多层与高层房屋。

9.1.2 多层与高层房屋常用结构体系

结构体系是指结构抵抗竖向荷载和水平荷载时的传力途径及构件组成方式，竖向荷载通过水平构件（楼盖）和竖向构件（柱、墙等）传递到基础，是任何结构的最基本的传力体系。多、高层房屋结构体系的选择，应使结构受力合理、材料耗费小、施工方便，而结构体系的选择主要取决于建筑物的高度。目前，多、高层建筑结构承重体系分为框架结构体系、剪力墙结构体系、框架—剪力墙结构体系和筒体结构体系等。

一、框架结构体系

框架结构是指由竖向构件柱子与水平构件梁通过节点连接而组成，一般由框架梁、柱与基础形成多个平面框架，作为主要的承重结构，各平面框架再通过连系梁加以连接而形成一个空间结构体系，可同时抵抗竖向及水平荷载，如图9-1所示。

框架结构具有建筑平面布置灵活，结构构件类型少，设计、计算、施工都比较简单的特点，但由于框架在水平荷载作用下其侧向刚度小、水平位移较大，因此建筑高度受到限制。

框架结构是多层及高层办公楼、住宅、商店、医院、旅馆、学校以及多层工业厂房采用较多的结构体系。适用于10层以下的建筑，最大适宜高度为40m。

二、剪力墙结构体系

剪力墙结构是由纵向和横向钢筋混凝土墙体互相连接构成的承重结构体系，用以抵抗竖向荷载及水平荷载。一般情况下，剪力墙结构楼盖内不设梁，采用现浇楼板直接支承在钢筋混凝土墙上，剪力墙既承受水平荷载作用，又承受全部的竖向荷载作用，同时也兼作建筑物的围护构件（外墙）和内部各房间的分隔构件（内墙），如图9-2所示。当高层剪力墙结构的底部需要较大空间时，可取消底部一层或几层部分剪力墙以框架代替，即成为框支剪力墙体系。这种结构体系由于上、下层的刚度变化较大，水平荷载作用下框架与剪力墙连接部位易导致应力集中而产生过大的塑性变形，抗震性能较差。

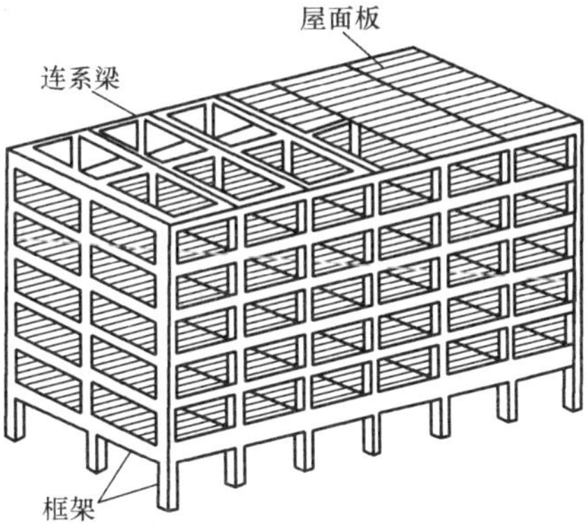

图9-1　框架体系

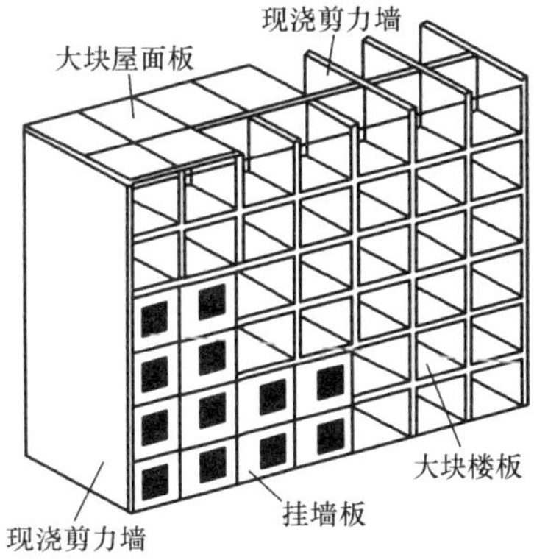

图9-2　剪力墙体系

剪力墙结构体系集承重、抗风、抗震与分割为一体，具有空间整体性强，抗侧刚度大，抗震性能好，在水平荷载作用下侧移小等优点。但由于剪力墙的间距较小，平面布置不灵活、建筑空间受到限制，很难满足大空间建筑功能的要求。

剪力墙结构通常适用于开间较小的高层住宅、公寓、写字楼等建筑。适用建筑层数为10～40层，适宜高度为120m。

三、框架—剪力墙结构体系

框架结构侧向刚度差，但具有平面布置灵活、立面处理易于变化等优点；而剪力墙结构抗侧力刚度大，对承受水平荷载有利，但剪力墙间距小，平面布置不灵活。在框架结构中设

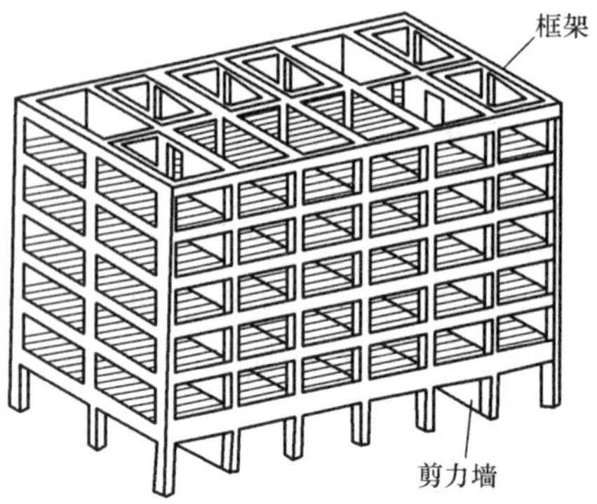

图 9-3　框架—剪力墙体系

置适当数量的剪力墙，就形成框架—剪力墙结构体系，其综合了框架结构及剪力墙结构的优点，是一种适合于建造高层建筑的结构体系，如图 9-3 所示。

在框架—剪力墙体系中，虽然剪力墙数量较少，但它却是主要抗侧力构件，承担了绝大部分水平荷载，而竖向荷载主要由框架结构承受。剪力墙的适宜布置位置在电梯间、楼梯间，接近房屋的端部但又不在建筑物尽端，纵向与横向剪力墙宜互相交联成组布置成 T 形、L 形、口形等形状。

框架—剪力墙体系集框架结构和剪力墙结构的优点于一体，具有较强的抗侧刚度和抗震性能，易于分割、使用方便的特点。广泛应用于多高层写字楼和宾馆等公共建筑中，建筑层数以 8～20 层为宜，最大适宜高度为 80m。

四、筒体结构体系

当建筑物的层数多、高度大、抗震设防烈度高时，需要采用抗侧刚度大、空间受力性能强的结构体系，筒体结构体系就是其中之一。

筒体体系是由剪力墙体系和框架—剪力墙体系演变发展而成，是将剪力墙或密柱框架（框筒）围合成侧向刚度更大的筒状结构，以筒体承受竖向荷载和水平荷载的结构体系。它将剪力墙集中到房屋的内部或外围，形成空间封闭筒体，既有较大的抗侧刚度，又获得较大的使用空间，使建筑平面设计更加灵活。

根据开孔的多少，筒体有空腹筒和实腹筒之分（图 9-4）。实腹筒一般由电梯井、楼梯间、设备管道井的钢筋混凝土墙体形成，开孔少，常位于房屋中部，故又称核心筒。空腹筒由布置在房屋四周的密排立柱和高跨比很大的横梁（又称窗裙梁）组成，也称为框筒。

根据外围结构构成的不同，筒体结构可以分成由剪力墙构成的薄壁筒和由密排柱深裙梁组成的框筒。根据由一个或多个筒体组合方式的不同，筒体结构体系可以布置成框架一核心筒结构、框筒（单筒）、筒中筒（二重筒）、成束筒（组合筒）和多重筒（群筒）等结构，如图 9-5 所示。

筒体体系由于具有很大的抗侧刚度，内部空间较大，平面布置灵活，因而一般常用于 30 层以上或高度超过 100m 的写字楼、酒店等超高层公共建筑中。

由于抗侧刚度的不同和承载力的不同，上述各种结构体系的适宜高度是不同的。根据《高规》，钢筋混凝土高层建筑结构的最大适用高度区分为 A 级和 B 级。A 级高度高层建筑结构是目前数量最多，应用最广泛的建筑。B 级高度高层建筑结

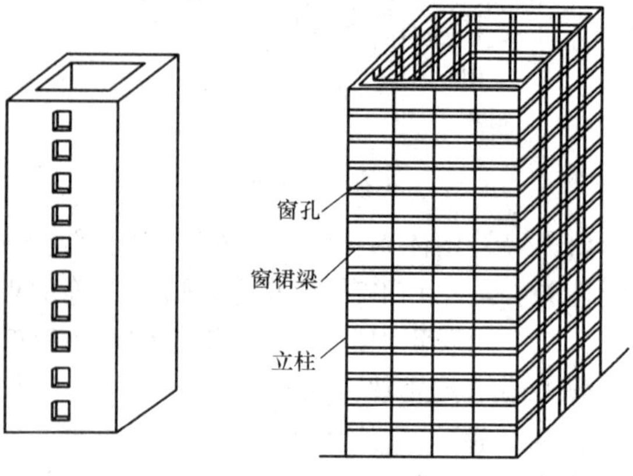

图 9-4　筒体体系
(a) 实腹筒；(b) 空腹筒

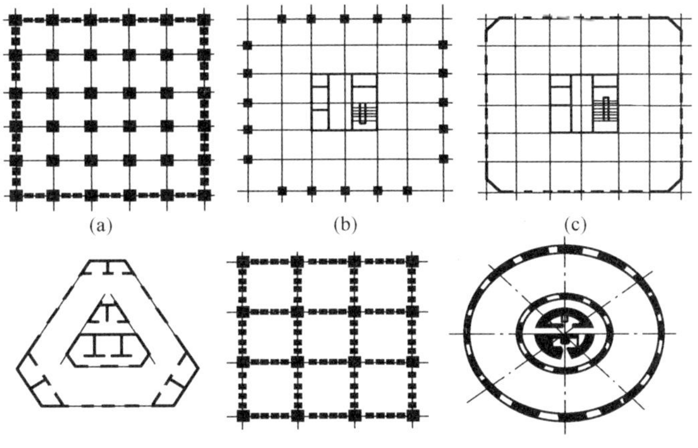

图9-5　筒体体系的类型

(a) 框筒；(b) 框架—核心筒；(c) 筒中筒；(d) 多筒体；(e) 成束筒；(f) 多重筒

构的最大适用高度可较A级适当放宽，但其结构抗震等级、有关的计算和构造措施较A级严格。凡未作特别说明者，均指A级高度。A级高度钢筋混凝土乙类和丙类高层建筑的最大适用高度限值，见表9-1。

表9-1　钢筋混凝土高层建筑的最大适用高度　m

结构类型		烈度				
		6	7	8 (0.2g)	8 (0.3g)	9
框架		60	50	40	35	24
框架—抗震墙		130	120	100	80	50
抗震墙		140	120	100	80	60
部分框支抗震墙		120	100	80	50	不应采用
筒体	框架—核心筒	150	130	100	90	70
	筒中筒	180	150	120	100	80
板柱—抗震墙		80	70	55	40	不应采用

注　1. 房屋高度指室外地面到主要屋面板板顶的高度（不包括局部突出屋面的水箱、电梯间等部分的高度）。

2. 当房屋高度超过表中规定时，设计应有可靠依据并采取有效措施。

9.1.3　多层及高层建筑结构设计的一般规定

在多层及高层建筑中，应根据结构高度和使用要求选择合理的结构体系，此外还应重视结构的选型和构造，择优选用抗震及抗侧性能好而经济合理的结构体系，在构造上应加强连接。

一、结构平面布置

在高层建筑中，水平荷载往往起着控制作用。从抗风的角度，宜选用风压较小的具有圆形、椭圆形等流线形周边形状的建筑物；从抗震角度，宜选用平面规则、均匀对称、结构侧向刚度均匀、平面长宽比较接近的建筑物。因而《混凝土高规》中对抗震设计的钢筋混凝土高层建筑的平面布置提出如下具体要求：

（1）结构平面布置宜简单、规则、对称，尽量减少突出、凹进等复杂平面，减小偏心。否则，在水平荷载作用下，结构会产生整体扭转而导致结构破坏。

（2）平面长度 L 不宜过长，突出部分长度 l 应尽可能小，凹角处宜采取加强措施，避免在地震作用下出现由于局部扭转、振动不一致而使建筑结构破坏。

（3）不宜采用角部重叠的平面图形或细腰部平面图形，避免出现薄弱部位。

二、结构竖向布置

高层结构沿竖向体型应力求规则、均匀，做到刚度均匀而连续，或沿高度下大上小，逐渐均匀变化，避免有过大的外挑和内收而引起竖向刚度突变，避免由于刚度突变形成薄弱层而遭受严重震害。在地震区的高层建筑的立面宜采用矩形、梯形、金字塔形等均匀变化的几何形状。

在实际工程中往往沿竖向分段改变构件截面尺寸和混凝土强度等级，截面尺寸的减小与混凝土强度等级的降低应在不同楼层，改变次数也不宜太多。

三、房屋的高宽比限值

高层建筑房屋的高度一般较大，在侧向力作用下，往往会产生较大的侧移，甚至有产生倾覆的可能，高宽比过大建筑物很难满足侧移控制、抗震和整体稳定性的要求。故应对高层建筑房屋的高宽比进行控制。

高层建筑结构的高宽比（H/B）不宜超过表 9-2 的限值。

表 9-2　　钢筋混凝土高层建筑结构适用的最大高宽比

结构体系	非抗震设计	抗震设防烈度		
		6度、7度	8度	9度
框架	5	4	3	2
板柱—剪力墙	6	5	4	—
框架—剪力墙、剪力墙	7	6	5	4
框架—核心筒	8	7	6	4
筒中筒	8	8	7	5

四、变形缝的布置

在高层建筑中，由于变形缝的设置会给建筑设计带来一系列的困难，如屋面防水处理、地下室渗漏、立面效果处理等，因而《混凝土高规》规定，在设计中宜通过调整平面形状和尺寸，采取相应的构造和施工措施，尽量少设缝或不设缝。当建筑物平面形状复杂而又无法调整其平面形状和结构布置使之成为较规则的结构时，宜通过变形缝将结构划分为较为简单的几个独立结构单元。

9.1.4　多层及高层建筑结构的荷载分类及特点

多层及高层房屋结构上的荷载分为竖向荷载和水平荷载两类。随着建筑物高度的增加，竖向荷载作用下在结构中产生的内力中仅轴力 N 随高度 H 呈线性关系增长，弯矩 M 和剪力 V 并不增加；而水平荷载作用下在结构中产生的弯矩 M 和剪力 V 却随着房屋高度的增加呈现快速增长的趋势。此外，结构的侧向位移也将增加更快。也就是说，随着房屋高度的增加，水平荷载将成为控制结构设计的主要因素。一般来说，对低层民用建筑，结构设计起控制作用的主要是竖向荷载；对多层建筑，水平荷载与竖向荷载共同起控制作用；而对高层建筑，承受竖向荷载虽然对结构设计具有重要的影响，但起控制作用的却是水平荷载（风荷载和地震作用）。

一、竖向荷载

竖向荷载包括结构构件和非结构构件的自重（恒载）、楼面使用活荷载、雪荷载、屋面积灰荷载和施工检修荷载等。

（一）恒荷载

竖向荷载中的恒荷载按相应材料和构件的自重，根据《荷载规范》进行计算。

（二）楼面活荷载

活荷载按《荷载规范》选用，当有特殊要求时，应按实际情况考虑。简化计算时，一般不考虑活荷载的不利布置，按活荷载满布考虑。

（三）屋面均布活荷载

（1）采用不上人屋面时，屋面活荷载标准值取 0.7kN/m^2；当施工或维修荷载较大时，应按实际情况采用。

（2）采用上人屋面时，屋面活荷载标准值取 2.0kN/m^2；当兼作其他用途时，应按相应楼面活荷载采用。

屋面均布活荷载不应与雪荷载同时组合。

二、水平荷载

水平荷载主要包括风荷载和水平地震作用。

（一）风荷载

对于高层建筑结构而言，风荷载是结构承受的主要水平荷载之一，在非抗震设防区或抗震设防烈度较低的地区，风荷载常常是结构设计的控制条件。

作用在建筑物表面上的风荷载，主要取决于风压（吸）力大小、建筑物体型、地面粗糙程度以及建筑物的动力特性等有关因素。垂直建筑物表面上的风荷载一般按静荷载考虑。层数较少的建筑物，风荷载产生的振动一般很小，设计时可不考虑风振。高层建筑对风的动力作用比较敏感，建筑物越柔，自振周期就越长，风的动力作用也就越显著。高度大于 30m 且高宽比大于 1.5 的高层建筑，要通过风振系数 β_z 来考虑风的动力作用。

为方便计算，可将沿建筑物高度分布作用的风荷载简化为节点集中荷载，分别作用于各层楼面和屋面处，并合并于迎风面一侧。对某一楼面，取相邻上、下各半层高度范围内分布荷载之和，并且该分布荷载按均布考虑。一般风荷载要考虑左风和右风两种可能。

（二）水平地震作用

地震作用是地震时作用在建筑物上的惯性力。一般在抗震设防烈度 6 度及以上时需考虑。地震时，地面上原来静止的建筑物因地面反复晃动产生加速度而强迫建筑物发生相应的加速度反应。这时，建筑物将会产生一个与加速度方向相反的惯性力作用在结构上，正是作用在结构上的惯性力使房屋遭到破坏。

地震时，房屋在地震波作用下既上下颠簸，又左右摇晃，这时房屋既受到垂直方向的地震作用，又受到水平方向的地震作用，分别称为竖向地震作用和水平地震作用。

在一般建筑物中，地震的竖向作用并不明显，只有在抗震设防烈度为9度及9度以上的地震区，竖向地震作用的影响才比较明显。因此，《抗震规范》规定，对于在抗震设防烈度为8、9度时的大跨度和长悬臂结构及9度时的高层建筑，应计算竖向地震作用，其余的建筑物不需要考虑竖向地震作用的影响。

水平方向的地震作用，其作用方向可能平行于房屋的两个主轴方向，也可能与主轴方向成一定角度。但在一般情况下，只考虑平行于房屋两个主轴方向的地震作用。高层建筑结构由于高度大，在地震设防烈度较高的地区，水平地震作用常常成为结构设计的控制条件。

地震作用与荷载的区别在于，荷载是对结构的直接作用，而地震作用是对结构的间接作用。

由于多、高层建筑结构的楼盖部分是结构的主要质量，因此，可将结构的质量集中到各层楼盖标高处，一般也将结构的惯性力（即地震作用）简化为作用在各楼层处的水平集中力。

9.2 框 架 结 构

9.2.1 框架结构的结构形式与布置

一、框架结构的组成特点

框架结构是指由钢筋混凝土梁和柱连接而形成的承重结构体系，既承受竖向荷载，同时又承受水平荷载。普通框架的梁和柱的节点连接处一般为刚性连接，框架柱与基础通常为固接。

框架结构的墙体一般不承重，只起分隔和围护作用。通常采用轻质材料，在框架施工完成后砌筑而成。填充墙与框架梁柱之间要有必要的连接构造，以增加墙体的整体性和抗震性。

二、框架结构的布置

房屋结构布置是否合理，对结构的安全性、适用性、经济性影响很大。因此，应根据房屋的高度、荷载情况以及建筑的使用和造型等要求，确定合理的结构布置方案。

（一）结构布置原则

（1）房屋开间、进深宜尽可能统一，使房屋中构件类型、规格尽可能减少，以便于工程设计和施工。

（2）房屋平面应力求简单、规则、对称及减少偏心，以使受力更合理。

（3）房屋的竖向布置应使结构刚度沿高度分布比较均匀、避免结构刚度突变。同一楼面应尽量设置在同一标高处，避免结构错层和局部夹层。

（4）为使房屋具有必要的抗侧移刚度，房屋的高宽比不宜过大，一般宜控制 $H/B \leqslant 4 \sim 5$。

（5）当建筑物平面较长，或平面复杂、不对称，或各部分刚度、高度、重量相差悬殊时，设置必要的变形缝。

（二）柱网布置

柱网是柱的定位轴线在平面上所形成的网络，是框架结构平面的“脉络”。框架结构的柱网布置，既要满足建筑功能和生产工艺的要求，又要使结构受力合理，施工方便。柱网尺寸，即平面框架的跨度（进深）及其间距（开间）的平面尺寸。

（1）柱网布置应满足生产工艺的要求。

多层工业厂房的柱网布置主要是根据生产工艺要求而确定的。柱网布置方式主要有内廊式和跨度组合式两类，见图 9-6。

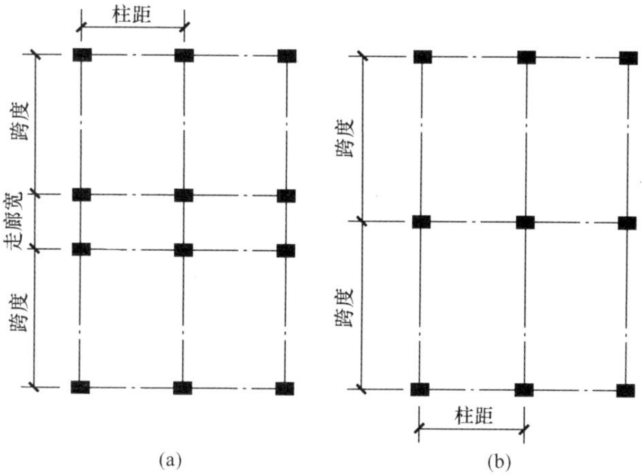

图 9-6　框架结构的柱网布置

（a）内廊式；（b）跨度组合式

内廊式柱网一般为对称三跨，边跨跨度一般采用 6、6.6m 和 6.9m 三种，中间走廊跨度常为 2.4、2.7、3.0m 三种，开间方向柱距为 3.6～7.2m。

跨度组合式具有较大的空间，便于布置生产流水线。跨度组合式柱网常用跨度为 6、7.5、9.0m 和 12.0m 四种，柱距采用 6m。

多层厂房的层高一般为 3.6、3.9、4.5、4.8、5.4m，民用房屋的常用层高为 3.0、3.6、3.9m 和 4.2m。柱网和层高通常以 300mm 为模数。

（2）柱网布置应满足建筑平面布置的要求。

在旅馆、办公楼等民用建筑中，建筑平面一般布置成两边为客房或办公用房，中间为走道的内廊式平面。因此，柱网布置应与建筑分隔墙的布置相协调。

（3）柱网布置要使结构受力合理。

多层框架主要承受竖向荷载。柱网布置时，应考虑到结构在竖向荷载作用下内力分布均匀合理，各构件材料均能充分利用。

（4）柱网布置应便于施工。

建筑设计及结构布置时应考虑到施工方便，以加快施工进度、降低工程造价、保证施工质量。

（三）承重框架的布置

框架结构是由若干平面框架通过连系梁连接而形成的空间结构体系，可将空间框架分解成纵、横两个方向的平面框架，楼盖的荷载可传递到纵、横两个方向的框架上。根据框架楼板布置方案和荷载传递路径的不同，框架的布置方案可分为以下三种：

（1）横向框架承重方案。

横向框架承重主要承重框架由横向主梁与柱构成，楼板沿纵向布置，支承在主梁上，纵向连系梁将横向框架连成一个空间结构体系，如图 9-7（a）所示。

横向框架具有较大的横向刚度，有利于抵抗横向水平荷载。而纵向连系梁截面较小，有利于房屋室内的采光和通风。因此，横向框架承重方案在实际工程中应用较多。

（2）纵向框架承重方案。

纵向框架承重主要承重框架由纵向主梁与柱构成，楼板沿横向布置，支承在纵向主梁上，横向连系梁将纵向框架连成一个空间结构体系，如图 9-7（b）所示。

纵向框架承重方案中，横向连系梁的高度较小，有利于设备管线穿行，可获得较高的室内净空，且开间布置较灵活，室内空间可以有效地利用。但其横向刚度较差，故只适用于层数较少的房屋。

（3）纵横向框架混合承重方案。

纵横向框架混合承重方案沿房屋纵、横两个方向均匀布置框架主梁以承担楼面荷载，如图 9-7（c）、（d）所示。由于纵、横向框架梁均承担荷载，梁截面均较大，故可使房屋两个方向都获得较大的刚度，因此有较好的整体工作性能。当采用现浇双向板或井字梁楼盖时，常采用这种方案。

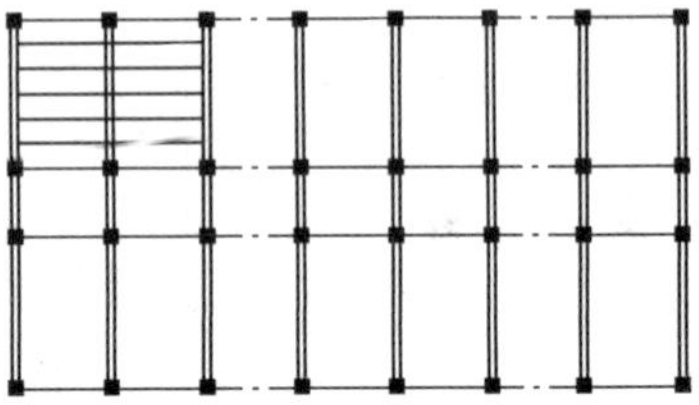

(a)

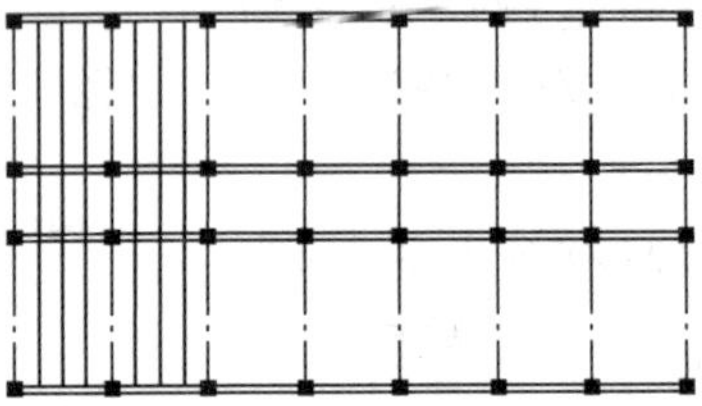

(b)

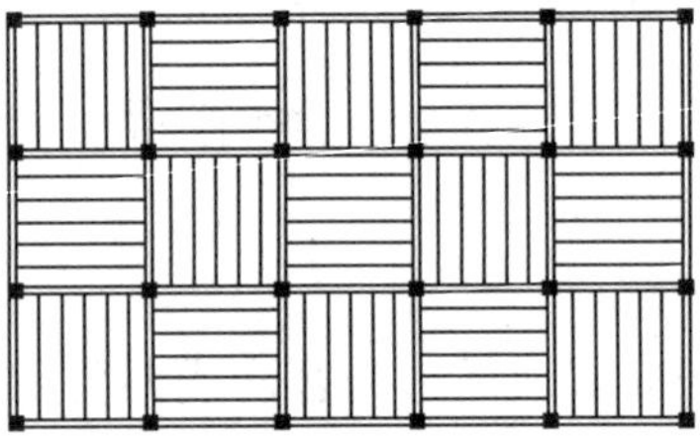

(c)

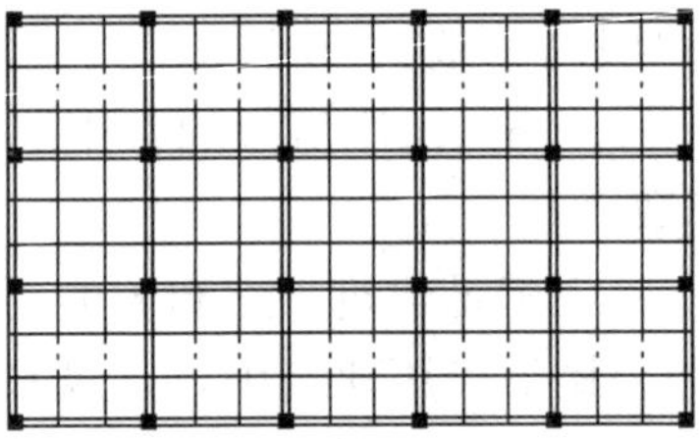

(d)

图 9-7　承重框架布置方案

（a）横向布置；（b）纵向布置；（c）纵、横向布置（预制板）；

（d）纵、横向布置（现浇板）

9.2.2　框架杆件的截面及计算简图

一、梁、柱截面尺寸的选取

（一）框架梁

框架梁截面高度可根据梁的跨度、约束条件等进行选择，一般梁高度取 $h_b=$（1/10～1/18）l_0。为防止梁发生剪切破坏，梁高 h_b 不宜大于 $l_n/4$（l_n为梁净跨）。

梁截面宽度取 $b_b=$（1/2～1/3）h_b，为了使端部节点传力可靠，梁宽 b_b 不宜小于柱宽的 1/2，且不宜小于 250mm。截面高宽比不宜大于 4。为了便于施工，一般梁的截面高度和宽度应符合模数要求，通常取 50mm 的倍数。

（二）框架柱

框架柱截面宽度和高度一般取（1/15～1/10）的层高，同时应满足轴压比的限制要求。

矩形截面柱的边长，非抗震设计时不宜小于 250mm，抗震设计时四级或不超过 2 层时不宜小于 300mm，一、二、三级且超过 2 层时不宜小于 400mm；柱剪跨比宜大于 2；柱截面长边与短边的边长比不宜大于 3；柱截面尺寸以 50mm 为模数。为避免柱发生剪切破坏，柱净高与截面长边之比宜大于 4。

二、框架梁抗弯刚度的计算

一般情况下，框架梁跨中承受正弯矩，楼板处于受压区，楼板对框架梁的刚度影响较大，而在节点附近，梁承受负弯矩时，楼板受拉，楼板对框架梁的影响较小。通常假定截面惯性矩沿轴线不变，并考虑楼板与梁的共同工作，框架梁截面惯性矩可按以下规定计算：

（1）对现浇楼盖，中框架梁 $I_b=2.0I_0$，边框架梁 $I_b=1.5I_0$，I_0 为矩形梁的截面惯性矩。

（2）对装配整体式楼盖，中框架梁 $I_b=1.5I_0$，边框架梁 $I_b=1.2I_0$。

（3）对装配式楼盖，则取 $I_b=I_0$。

三、计算简图

框架结构是由横向框架和纵向框架组成的空间结构体系，为简化计算，常忽略结构的空间联系，将纵向框架和横向框架分别按平面框架进行分析和计算，如图 9-8 所示。在各榀框架中，选取在结构上有代表性的框架作为计算单元进行内力分析和结构设计。取出来的平面框架承受如图 9-8（b）所示阴影计算单元范围内的水平荷载，而竖向荷载则需按楼盖结构的布置方案确定。

框架结构的计算简图是以梁、柱截面的几何轴线来确定的。框架杆件用轴线表示，杆件之间的连接用节点表示，杆件长度用节点间的距离表示。框架梁的跨度取柱子轴线之间的距离，框架的层高即框架柱的长度可取相应的建筑层高，但底层的层高则应取自基础顶面到一层楼盖顶面之间的距离，当基础标高未能确定时，可近似取底层的层高加 1.0m。对于现浇整体式框架，将各节点视为刚接节点，认为框架柱在基础顶面处为固定支座，如图 9-8（c）、（d）所示。

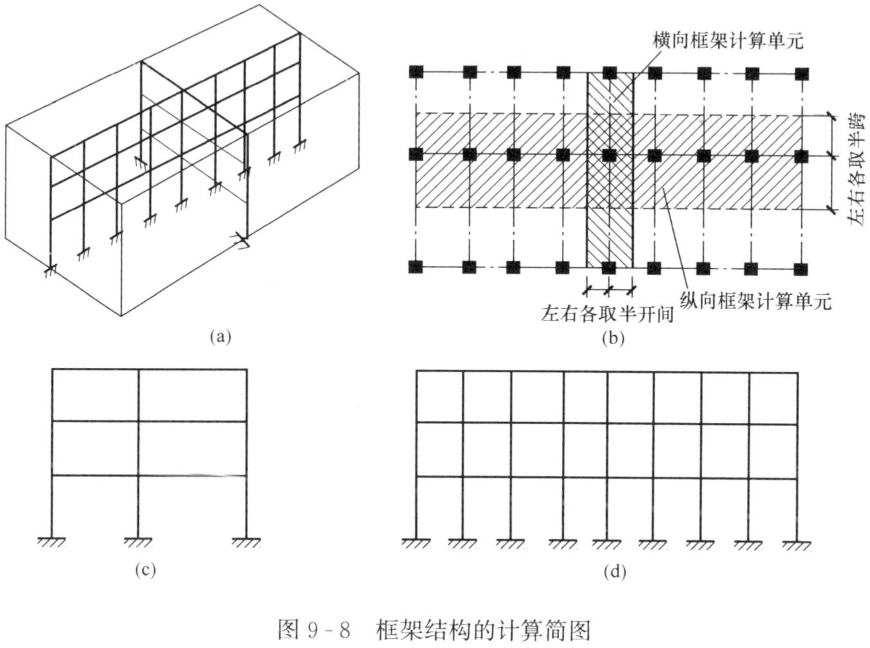

图 9-8　框架结构的计算简图

当框架各层柱截面尺寸相同或截面尺寸不同但形心线重合时，框架柱的轴线取截面形心线；当框架各层柱截面尺寸不同且形心线不重合时，也可近似取顶层柱的形心线作为柱的轴线简化计算。

框架各跨跨度相差不超过10%时，可当作等跨框架进行内力计算；屋面斜梁或折线形横梁，当倾斜度不超过1/8时，可当作水平横梁进行内力计算。

四、框架上的荷载

作用于框架结构上的荷载有竖向荷载和水平荷载两种。竖向荷载包括结构与构造层自重、楼（屋）面活荷载，一般为分布荷载，有时也有集中荷载；水平荷载包括风荷载和水平地震作用，一般均简化成作用于框架节点的水平集中力。

9.2.3 竖向荷载作用下框架内力的近似计算

多层多跨框架结构的内力（M、V、N）和位移计算，目前多采用电算求解。采用手算进行内力分析时，一般采用近似计算方法。计算竖向荷载作用下的内力时，通常有弯矩二次分配法和分层法。

一、弯矩二次分配法

弯矩二次分配法是对力学教材中关于无侧移框架的弯矩分配法的简化。将各节点的不平衡弯矩同时进行分配和传递，仅进行二次分配。具体步骤如下：

（1）根据梁、柱的转动刚度计算各节点杆件弯矩分配系数。

（2）计算各跨梁在竖向荷载作用下的固端弯矩。

（3）将各节点的不平衡弯矩同时进行分配并向远端传递后，再在各节点上的不平衡弯矩分配一次。

（4）将各节点对应弯矩代数和相加即为各杆端弯矩。

【例9-1】 某三跨二层钢筋混凝土框架，各层框架梁所承受竖向荷载设计值如图9-9所示，图中括号内数值为各杆件的相对线刚度。试用弯矩二次分配法计算该框架弯矩，并绘弯矩图。

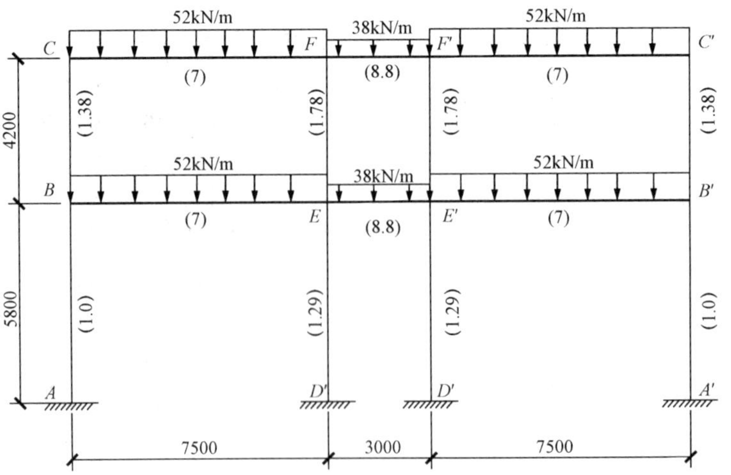

图9-9 ［例9-1］图

解　本框架结构对称，荷载对称，利用对称性原理可取其一半计算，此时中跨梁的相对线刚度应乘以 2。

（1）计算弯矩分配系数。

节点 C

$$\mu_{CB}=\frac{4\times1.38}{4\times1.38+4\times7}=0.16$$

$$\mu_{CF}=\frac{4\times7}{4\times1.38+4\times7}=0.84$$

节点 F

$$\mu_{FE}=\frac{4\times1.78}{4\times1.78+4\times7+8.8\times2}=0.14$$

$$\mu_{FC}=\frac{4\times7}{4\times1.78+4\times7+8.8\times2}=0.53$$

$$\mu_{FF'}=\frac{8.8\times2}{4\times1.78+4\times7+2\times8.8}=0.33$$

节点 B

$$\mu_{BA}=\frac{4\times1}{4\times1+4\times1.38+4\times7}=0.1$$

$$\mu_{BC}=\frac{4\times1.38}{4\times1+4\times1.38+4\times7}=0.15$$

$$\mu_{BE}=\frac{4\times7}{4\times1+4\times1.38+4\times7}=0.75$$

节点 E

$$\mu_{ED}=\frac{4\times1.29}{4\times1.29+4\times1.78+4\times7+8.8\times2}=0.09$$

$$\mu_{EF}=\frac{4\times1.78}{4\times1.29+4\times1.78+4\times7+8.8\times2}=0.12$$

$$\mu_{EB}=\frac{4\times7}{4\times1.29+4\times1.78+4\times7+8.8\times2}=0.48$$

$$\mu_{EE'}=\frac{8.8\times2}{4\times1.29+4\times1.78+4\times7+8.8\times2}=0.31$$

（2）计算固端弯矩。

$$M_{CF}=-M_{FC}=-\frac{1}{12}\times52\times7.5^2=-244\text{kN}\cdot\text{m}$$

$$M_{BE}=-M_{EB}=-\frac{1}{12}\times52\times7.5^2=-244\text{kN}\cdot\text{m}$$

$$M_{FF'}=M_{EE'}=-\frac{1}{3}\times38\times1.5^2=-28.5\text{kN}\cdot\text{m}$$

（3）弯矩分配与传递。

将框架各节点的不平衡弯矩同时进行分配，假定远端为固定同时进行传递，传递系数为 1/2，再将各节点的不平衡弯矩进行二次分配而不传递，最后叠加即可求出弯矩，具体计算过程见图 9 - 10。

（4）绘制弯矩图。弯矩图见图 9 - 11。

二、分层法

（一）计算假定

力学精确计算结果表明，在竖向荷载作用下的多层框架，当框架梁线刚度大于柱线刚度，且结构基本对称、荷载较为均匀的情况下，框架节点的侧移值很小，各层横梁上的荷载

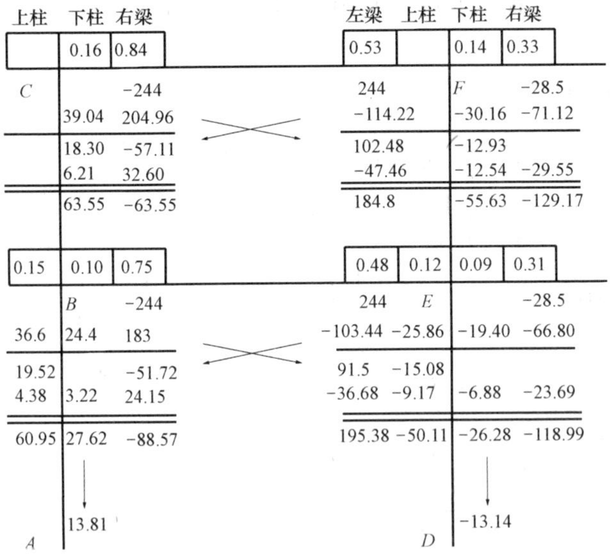

图 9-10 弯矩二次分配法（单位：kN・m）

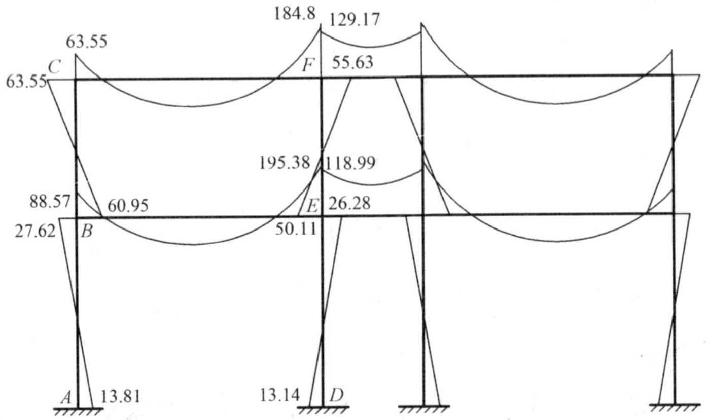

图 9-11 框架弯矩图（单位：kN・m）

仅对本层横梁及与之相连的上、下柱的弯矩影响较大，而对其他层横梁及柱的影响很小。为简化计算，做出如下假定：

（1）框架侧移忽略不计，即不考虑框架侧移对内力的影响。

（2）每层横梁上的荷载对其他各层横梁、柱内力的影响忽略不计，仅考虑对本层梁、柱的影响。

上述假定中所指的内力不包括柱的轴力，因为横梁上的荷载通过柱逐层传至基础，任一层梁的荷载对下部各层柱的轴力均有影响。

（二）计算要点

按照上述假定，多层框架就可分层计算，即将各层梁及其相连的上、下柱所组成的开口框架作为一个独立的计算单元进行分层计算（图 9-12）。就将一个多层多跨框架沿高度分解成多个单层无侧移的开口框架，框架梁上作用的荷载、柱高及梁跨均与原结构相同。计算时，将各层梁及与其相连的上、下柱所组成的开口框架作为一个独立的计算单元，用弯矩二次分配法计算各榀开口框架的杆端弯矩。再将各个单层框架的内力叠加起来，分层计算所得的各层横梁的梁端弯矩即为其最后弯矩，将相邻上、下两层框架中同层同柱号的柱端弯矩叠加即为柱的最后弯矩。当节点弯矩不平衡时，可再进行一次弯矩分配。

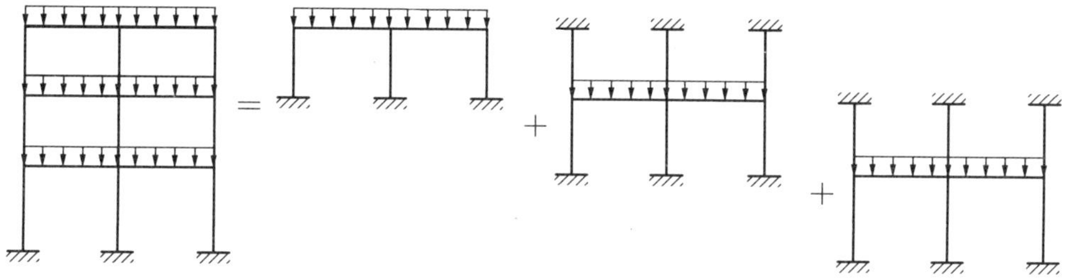

图9-12　分层法的计算思路与计算简图

在分层计算时，均假定上、下柱的远端为固定端，而实际的框架柱除在底层基础处为固定端外，其余各柱的远端均有转角产生，介于铰支承与固定支承之间。为消除由此所引起的误差，分层法计算时应做如下修正：

（1）将底层柱除外的所有各层柱的线刚度 i_c 均乘以 0.9 的折减系数。

（2）弯矩传递系数除底层柱为 1/2 外，其余各层柱均为 1/3。

【例9-2】 试用分层法计算［例9-1］框架的弯矩，并绘弯矩图。

解　利用对称性原理，取一半进行计算，中跨梁线刚度乘以 2。将原框架分解为 2 个闭口框架，底层各柱线刚度不变，弯矩传递系数为 1/2；二层各柱线刚度乘以折减系数 0.9，弯矩传递系数取 1/3。

（1）二层框架计算。

1）计算弯矩分配系数。

节点 C

$$\mu_{CB}=\frac{4\times1.38\times0.9}{4\times1.38\times0.9+4\times7}=0.15$$

$$\mu_{CF}=\frac{4\times7}{4\times1.38\times0.9+4\times7}=0.85$$

节点 F

$$\mu_{FE}=\frac{4\times1.78\times0.9}{4\times1.78\times0.9+4\times7+8.8\times2}=0.12$$

$$\mu_{FC}=\frac{4\times7}{4\times1.78\times0.9+4\times7+8.8\times2}=0.54$$

$$\mu_{FF'}=\frac{8.8\times2}{4\times1.78\times0.9+4\times7+8.8\times2}=0.34$$

2）计算固端弯矩。

$$M_{CF}=-M_{FC}=-\frac{1}{12}\times52\times7.5^2=-244\text{kN}\cdot\text{m}$$

$$M_{FF'}=-\frac{1}{3}\times38\times1.5^2=-28.5\text{kN}\cdot\text{m}$$

3）弯矩分配与传递。

弯矩分配传递过程见图9-13。

（2）一层框架计算。

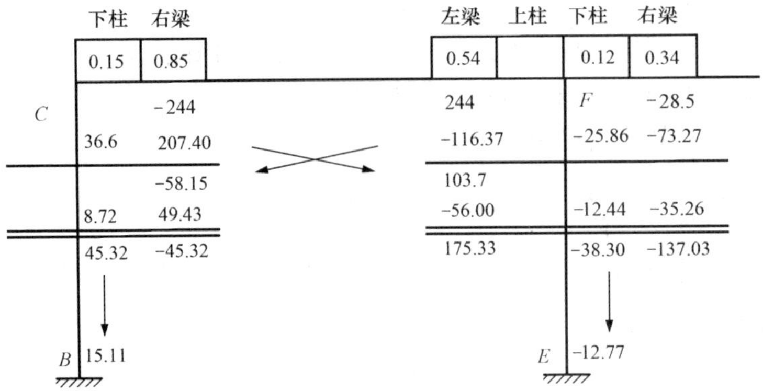

图 9-13　顶层框架弯矩分配图（单位：kN·m）

1）计算弯矩分配系数。

节点 B
$$\mu_{BA}=\frac{4\times1}{4\times1+4\times1.38\times0.9+4\times7}=0.11$$

$$\mu_{BC}=\frac{4\times1.38\times0.9}{4\times1+4\times1.38\times0.9+4\times7}=0.13$$

$$\mu_{BE}=\frac{4\times7}{4\times1+4\times1.38\times0.9+4\times7}=0.76$$

节点 E
$$\mu_{ED}=\frac{4\times1.29}{4\times1.29+4\times1.78\times0.9+4\times7+8.8\times2}=0.09$$

$$\mu_{EF}=\frac{4\times1.78\times0.9}{4\times1.29+4\times1.78\times0.9+4\times7+8.8\times2}=0.11$$

$$\mu_{EB}=\frac{4\times7}{4\times1.29+4\times1.78\times0.9+4\times7+8.8\times2}=0.49$$

$$\mu_{EE'}=\frac{8.8\times2}{4\times1.29+4\times1.78\times0.9+4\times7+8.8\times2}=0.31$$

2）计算固端弯矩。

$$M_{BE}=-M_{EB}=-\frac{1}{12}\times52\times7.5^2=-244\text{kN}\cdot\text{m}$$

$$M_{EE'}=-\frac{1}{3}\times38\times1.5^2=-28.5\text{kN}\cdot\text{m}$$

3）弯矩分配与传递。

弯矩分配和传递按图 9-14 进行。

(3) 叠加并绘弯矩图。将分层法所得的一、二层框架弯矩进行叠加，并将各节点不平衡弯矩作一次分配。框架最终弯矩图见图 9-15。

9.2.4　水平荷载作用下框架内力和侧移的近似计算

框架结构在水平荷载（风荷载、地震作用）作用下的内力近似计算方法，有反弯点法和修正反弯点法（D 值法）。这些方法采用的假设不同，计算结果有所差异，但一般都能满足工程设计要求的精度。

一、反弯点法

框架结构在水平荷载作用下，一般均简化归结为在节点处水平集中力的作用。经力学分

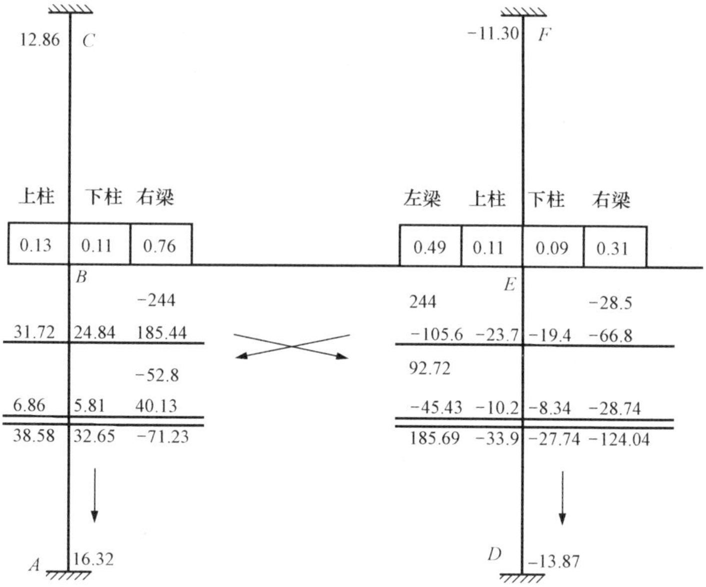

图 9 - 14　一层框架弯矩分配图（单位：kN · m）

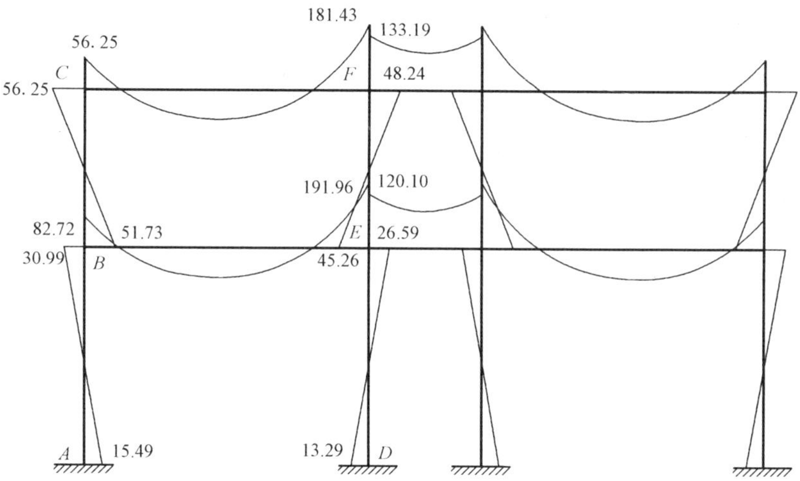

图 9 - 15　框架弯矩图（单位：kN · m）

析可知，框架各杆的弯矩图形均为直线，每根杆件均有一个弯曲方向改变点即反弯点，该点弯矩为零，而剪力不为零。

如能确定各柱反弯点处的位置及其剪力，则可以很方便地算出柱端弯矩，进而可算出梁端弯矩及梁、柱的其他内力。所以对水平荷载作用下的框架内力近似计算，需解决两个主要问题：一是确定各层柱中反弯点处的剪力；二是确定各层柱的反弯点位置。

为便于求得反弯点位置和各柱的剪力，做如下假定：

（1）假定梁与柱的线刚度比无限大，即认为节点各柱端无转角，且在同一层柱中各柱端的水平位移相等。

（2）认为框架底层柱的反弯点位置在距柱底 2/3 高度处，其他各层柱反弯点位置均位于柱高中点处。

（3）梁端弯矩可由节点平衡条件求出，并按节点左右梁的线刚度进行分配。

根据上述假定，借助于反弯点特性，不难确定反弯点高度、柱侧移刚度、反弯点处剪力以及杆端弯矩。

求出各柱的剪力后，根据已知各柱的反弯点位置，即可求出各柱的柱端弯矩。求出所有柱端弯矩后，根据节点弯矩平衡条件可求得各节点的梁端弯矩。

反弯点法的计算步骤如下：

（1）计算各柱侧移刚度：$d=\frac{12i_c}{h^2}$，其中 $i_c=\frac{EI}{h}$称为柱的线刚度，h 为层高。

（2）把楼层剪力分配到该层每个柱，求出该层各柱剪力。

设多层框架共有 m 层，每层有 n 个柱子，则第 i 层的楼层剪力为 V_i，将框架沿第 i 层各柱的反弯点处切开以示层柱剪力，按水平力平衡条件得

$$V_i = \sum_i^m F_i \tag{9-1}$$

式中 F_i——作用于第 i 层节点处的水平集中荷载。

则第 i 层各柱在反弯点处的剪力 V_{ij} 为

$$V_{ij} = \frac{d_{ij}}{\sum_{j=1}^n d_{ij}} V_i \tag{9-2}$$

（3）根据各柱分配到的剪力及反弯点位置，计算柱端弯矩。

一般层柱：上下端弯矩相等

$$M_{上j} = M_{下j} = V_{ij}\frac{h}{2}$$

底层柱： 上端弯矩 $M_{上j} = V_{ij}\frac{h}{3}$

下端弯矩 $M_{下j} = V_{ij}\frac{2h}{3}$

（4）根据节点平衡计算梁端弯矩。

对于边柱 $M_b = M_i + M_{i+1}$

对于中柱 $M_{b左} = (M_i + M_{i+1})\frac{i_{b左}}{i_{b左}+i_{b右}}$

$$M_{b右} = (M_i + M_{i+1})\frac{i_{b右}}{i_{b左}+i_{b右}}$$

式中 $i_{b左}$、$i_{b右}$——节点左、右端横梁线刚度；

M_i、M_{i+1}——节点处柱上、下端弯矩；

M_b——节点处梁端弯矩。

（5）根据力的平衡原理，由梁两端的弯矩求出梁的剪力。

（6）绘内力图（弯矩图、剪力图）。

【例 9-3】 某框架计算简图如图 9-16 所示，图中括号内数值为该杆的相对线刚度。用反弯点法绘出弯矩图。

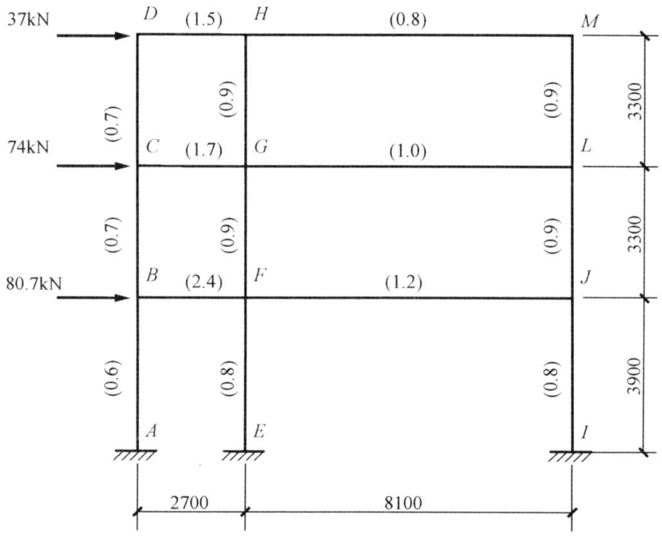

图 9-16 ［例 9-3］图

解 (1) 求出各柱在反弯点处的剪力值。

第三层

$$V_{CD}=\frac{0.7}{0.7+0.9+0.9}\times 37=10.36\text{kN}$$

$$V_{GH}=\frac{0.6}{0.7+0.9+0.9}\times 37=13.32\text{kN}$$

$$V_{LM}=\frac{0.9}{0.7+0.9+0.9}\times 37=13.32\text{kN}$$

第二层

$$V_{BC}=\frac{0.7}{0.7+0.9+0.9}\times (37+74)=31.08\text{kN}$$

$$V_{FG}=\frac{0.9}{0.7+0.9+0.9}\times (37+74)=39.96\text{kN}$$

$$V_{JL}=\frac{0.9}{0.7+0.9+0.9}\times (37+74)=39.96\text{kN}$$

第一层

$$V_{AB}=\frac{0.6}{0.6+0.8+0.8}\times (37+74+80.7)=52.28\text{kN}$$

$$V_{BF}=\frac{0.8}{0.6+0.8+0.8}\times (37+74+80.7)=69.71\text{kN}$$

$$V_{IJ}=\frac{0.8}{0.6+0.8+0.8}\times (37+74+80.7)=69.71\text{kN}$$

(2) 求出各柱柱端的弯矩。

第三层

$$M_{CD}=M_{DC}=10.36\times\frac{3.3}{2}=17.09\text{kN}\cdot\text{m}$$

$$M_{GH}=M_{HG}=13.32\times\frac{3.3}{2}=21.98\text{kN}\cdot\text{m}$$

$$M_{LM}=M_{ML}=13.32\times\frac{3.3}{2}=21.98\text{kN}\cdot\text{m}$$

第二层　$M_{BC}=M_{CB}=31.08\times\frac{3.3}{2}=51.28\text{kN}\cdot\text{m}$

$M_{FG}=M_{GF}=39.96\times\frac{3.3}{2}=65.93\text{kN}\cdot\text{m}$

$M_{JL}=M_{LJ}=39.96\times\frac{3.3}{2}=65.93\text{kN}\cdot\text{m}$

第一层　$M_{AB}=52.28\times\frac{2}{3}\times3.9=135.93\text{kN}\cdot\text{m}$

$M_{BA}=52.28\times\frac{1}{3}\times3.9=67.96\text{kN}\cdot\text{m}$

$M_{EF}=69.71\times\frac{2}{3}\times3.9=181.25\text{kN}\cdot\text{m}$

$M_{FE}=69.71\times\frac{1}{3}\times3.9=90.62\text{kN}\cdot\text{m}$

$M_{JI}=69.71\times\frac{2}{3}\times3.9=181.25\text{kN}\cdot\text{m}$

$M_{IJ}=69.71\times\frac{1}{3}\times3.9=90.62\text{kN}\cdot\text{m}$

（3）求出各横梁梁端的弯矩。

第三层　$M_{DH}=M_{DC}=17.09\text{kN}\cdot\text{m}$

$M_{HD}=\frac{1.5}{1.5+0.8}\times21.98=14.33\text{kN}\cdot\text{m}$

$M_{HM}=\frac{0.8}{1.5+0.8}\times21.98=7.65\text{kN}\cdot\text{m}$

$M_{MH}=M_{ML}=21.98\text{kN}\cdot\text{m}$

第二层　$M_{CG}=M_{CD}+M_{CB}=17.09+51.28=68.37\text{kN}\cdot\text{m}$

$M_{GC}=\frac{1.7}{1.7+1.0}\times(21.98+65.93)=55.38\text{kN}\cdot\text{m}$

$M_{GL}=\frac{1.0}{1.7+1.0}\times(21.98+65.93)=32.53\text{kN}\cdot\text{m}$

$M_{LG}=M_{LM}+M_{LJ}=21.98+65.93=87.91\text{kN}\cdot\text{m}$

第一层　$M_{BF}=M_{BC}+M_{BA}=51.28+67.96=119.24\text{kN}\cdot\text{m}$

$M_{FB}=\frac{2.4}{2.4+1.2}\times(90.62+65.93)=104.42\text{kN}\cdot\text{m}$

$M_{FJ}=\frac{1.2}{2.4+1.2}\times(90.62+65.93)=52.18\text{kN}\cdot\text{m}$

$M_{JF}=M_{JL}+M_{JI}=65.93+90.62=156.55\text{kN}\cdot\text{m}$

（4）绘制弯矩图（图 9-17）。

二、修正反弯点法（*D* 值法）

反弯点法在计算柱的侧移刚度 d 时，假定横梁线刚度无限大，认为节点转角为零，框架各柱中的剪力仅与各柱间的线刚度比有关，且认为各柱的反弯点高度是一个定值，与实际情况并不完全相符，存在有较大的误差。实际结构中，梁柱相对线刚度比较接近，框架结构在荷载作用下各节点均有转角，柱的侧移刚度有所降低。

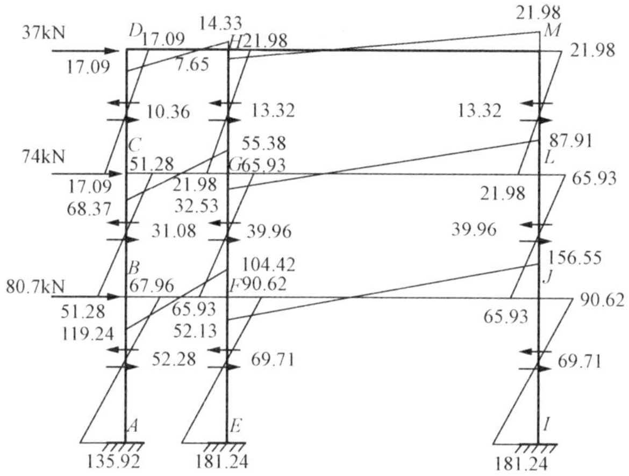

图 9 - 17　框架弯矩图（kN · m）、各柱剪力（kN）

修正反弯点法是在反弯点法的基础上，考虑了框架节点转动对柱的抗侧移刚度和反弯点高度位置的影响，对反弯点法求框架内力时的一种改进计算方法。主要表现在以下两个方面：

（1）修正柱的抗侧移刚度。反弯点法认为框架柱的侧移刚度仅与柱本身的线刚度有关，柱的侧移刚度 $d=\dfrac{12i_c}{h^2}$。但实际上柱的侧移刚度还与梁的线刚度有关，应对反弯点法中框架柱的侧移刚度进行修正，修正后的柱侧移刚度用 D 表示，故此方法又称“D 值法”。

（2）修正柱的反弯点位置。反弯点法假定梁柱的线刚度比无限大，从而得出各层柱的反弯点高度是一定值。但实际上柱的反弯点高度不是定值，其位置与梁柱线刚度比、上下层梁的线刚度比、上下层的层高变化等因素有关，故还应对柱的反弯点高度进行修正。

（一）柱侧移刚度 D 的修正

D 值法认为节点均有转角，柱的侧移刚度有所降低，降低后的侧移刚度为

$$D=\alpha_c\frac{12i_c}{h^2} \tag{9-3}$$

α_c 为柱侧移刚度修正系数。它反映了节点转动对柱侧向刚度的降低影响，在一般情况下 $\alpha_c<1$。节点转动的大小取决于梁对节点的转动约束程度，梁刚度越大，对柱转动的约束能力越大，节点转角越小，α_c 就越接近于 1。

各种情况下的柱侧移刚度修正系数 α_c 的计算公式列于表 9 - 3 中，求出 α_c 后柱侧移刚度按式（9 - 3）计算。

（二）柱反弯点高度的修正

事实上，各层柱的反弯点高度不是定值，其位置与该柱上下端转角的大小有关。如果柱上、下端转角相同，反弯点就在柱高的中点；如果柱上、下端转角不相同，反弯点就越靠近转角较大的一端，即反弯点向横梁刚度较小、层高较大的一端移动。影响柱两端转角的主要因素有梁柱线刚度比、该柱所在楼层的位置、上下层梁相对线刚度比、上下层层高的变化

等。下面分别进行讨论。

表 9-3　　　　柱侧移刚度修正系数 α_c

层别	边　柱	中　柱	α_c
一般层	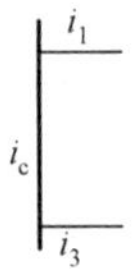 $\overline{K}=\frac{i_1+i_3}{2i_c}$	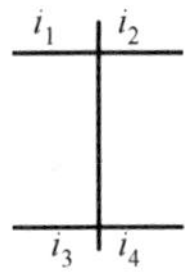 $\overline{K}=\frac{i_1+i_2+i_3+i_4}{2i_c}$	$\alpha_c=\frac{\overline{K}}{2+\overline{K}}$
底层	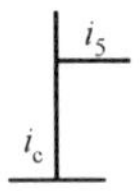 $\overline{K}=\frac{i_5}{i_c}$	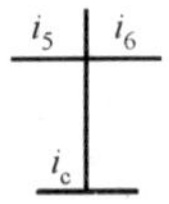 $\overline{K}=\frac{i_5+i_6}{i_c}$	$\alpha_c=\frac{0.5+\overline{K}}{2+\overline{K}}$

（1）标准反弯点高度比 y_0。

标准反弯点高度比 y_0 是等高、等跨、各层梁和柱的线刚度都相同的规则框架在节点水平集中作用下求得的反弯点高度比。其值可根据框架的总层数 m、该柱所在层次 n 和梁柱线刚度比 $\overline{K}$ 以及荷载形式查表 9-4 得到。

表 9-4　　　　规则框架承受均布水平力作用时标准反弯点高度比 y_0 值

m		0.1	0.2	0.3	0.4	0.5	0.6	0.7	0.8	0.9	1.0	2.0	3.0	4.0	5.0
1	1	0.80	0.75	0.70	0.65	0.65	0.60	0.60	0.60	0.60	0.55	0.55	0.55	0.55	0.55
2	2	0.45	0.40	0.35	0.35	0.30	0.35	0.40	0.40	0.40	0.40	0.45	0.45	0.45	0.45
	1	0.95	0.80	0.75	0.70	0.65	0.65	0.65	0.60	0.60	0.60	0.55	0.55	0.55	0.55
3	3	0.15	0.20	0.20	0.25	0.30	0.30	0.30	0.35	0.35	0.35	0.40	0.45	0.45	0.45
	2	0.55	0.50	0.45	0.45	0.45	0.45	0.45	0.45	0.45	0.45	0.45	0.50	0.50	0.50
	1	1.00	0.85	0.80	0.75	0.70	0.70	0.65	0.65	0.65	0.60	0.55	0.55	0.55	0.55
4	4	−0.05	0.05	0.15	0.20	0.25	0.30	0.30	0.30	0.30	0.30	0.40	0.45	0.45	0.45
	3	0.25	0.30	0.30	0.35	0.35	0.40	0.40	0.40	0.40	0.45	0.45	0.50	0.50	0.50
	2	0.65	0.55	0.50	0.50	0.45	0.45	0.45	0.45	0.45	0.45	0.50	0.50	0.50	0.50
	1	1.10	0.90	0.80	0.75	0.70	0.70	0.65	0.65	0.65	0.60	0.55	0.55	0.55	0.55
5	5	−0.20	0.00	0.15	0.20	0.25	0.30	0.30	0.30	0.35	0.35	0.40	0.45	0.45	0.45
	4	0.10	0.20	0.25	0.30	0.35	0.35	0.40	0.40	0.40	0.40	0.45	0.45	0.50	0.50
	3	0.40	0.40	0.40	0.40	0.40	0.45	0.45	0.45	0.45	0.45	0.50	0.50	0.50	0.50
	2	0.65	0.55	0.50	0.50	0.50	0.50	0.50	0.50	0.50	0.50	0.50	0.50	0.50	0.50
	1	1.20	0.95	0.80	0.75	0.75	0.70	0.70	0.65	0.65	0.65	0.55	0.50	0.55	0.55

续表

m		0.1	0.2	0.3	0.4	0.5	0.6	0.7	0.8	0.9	1.0	2.0	3.0	4.0	5.0
6	6	−0.30	0.00	0.10	0.20	0.25	0.25	0.30	0.30	0.35	0.35	0.40	0.45	0.45	0.45
	5	0.00	0.20	0.25	0.30	0.35	0.35	0.40	0.40	0.40	0.40	0.45	0.45	0.50	0.50
	4	0.20	0.30	0.35	0.35	0.40	0.40	0.40	0.45	0.45	0.45	0.45	0.50	0.50	0.50
	3	0.40	0.40	0.40	0.45	0.45	0.45	0.45	0.45	0.45	0.45	0.50	0.50	0.50	0.50
	2	0.70	0.60	0.55	0.50	0.50	0.50	0.50	0.50	0.50	0.50	0.50	0.50	0.50	0.50
	1	1.20	0.95	0.85	0.80	0.75	0.70	0.70	0.65	0.65	0.65	0.55	0.55	0.55	0.55
7	7	−0.35	−0.05	0.10	0.20	0.20	0.25	0.30	0.30	0.35	0.35	0.40	0.45	0.45	0.45
	6	−0.10	0.15	0.25	0.30	0.35	0.35	0.35	0.40	0.40	0.40	0.45	0.45	0.50	0.50
	5	0.10	0.25	0.30	0.35	0.40	0.40	0.40	0.45	0.45	0.45	0.45	0.50	0.50	0.50
	4	0.30	0.35	0.40	0.40	0.40	0.45	0.45	0.45	0.45	0.45	0.50	0.50	0.50	0.50
	3	0.50	0.45	0.45	0.45	0.45	0.45	0.45	0.45	0.45	0.45	0.50	0.50	0.50	0.50
	2	0.75	0.60	0.55	0.50	0.50	0.50	0.50	0.50	0.50	0.50	0.50	0.50	0.50	0.50
	1	1.20	0.95	0.85	0.80	0.75	0.70	0.70	0.65	0.65	0.65	0.55	0.55	0.55	0.55
8	8	−0.35	−0.15	0.10	0.15	0.25	0.25	0.30	0.30	0.35	0.35	0.40	0.45	0.45	0.45
	7	−0.10	0.15	0.25	0.30	0.35	0.35	0.40	0.40	0.40	0.40	0.45	0.50	0.50	0.50
	6	0.05	0.25	0.30	0.35	0.40	0.40	0.40	0.45	0.45	0.45	0.45	0.50	0.50	0.50
	5	0.20	0.30	0.35	0.40	0.40	0.45	0.45	0.45	0.45	0.45	0.50	0.50	0.50	0.50
	4	0.35	0.40	0.40	0.45	0.45	0.45	0.45	0.45	0.45	0.45	0.50	0.50	0.50	0.50
	3	0.50	0.45	0.45	0.45	0.45	0.45	0.45	0.45	0.50	0.50	0.50	0.50	0.50	0.50
	2	0.75	0.60	0.55	0.55	0.50	0.50	0.50	0.50	0.50	0.50	0.50	0.50	0.50	0.50
	1	1.20	1.00	0.85	0.80	0.75	0.70	0.70	0.65	0.65	0.65	0.55	0.55	0.55	0.55

（2）上下层梁线刚度变化时的柱反弯点高度比修正值 y_1。

当某层柱的上下梁的刚度不同，则该层柱的上下节点转角不同，反弯点位置有变化，应将 y_0 加以修正，修正值为 y_1。y_1 可根据上下横梁线刚度之比 α_1 及梁柱线刚度比 $\overline{K}$ 查表 9-5 得到。

表 9-5　上下层横梁线刚度比对 y_0 的修正值 y_1

α_1	0.1	0.2	0.3	0.4	0.5	0.6	0.7	0.8	0.9	1.0	2.0	3.0	4.0	5.0
0.4	0.55	0.40	0.30	0.25	0.20	0.20	0.20	0.15	0.15	0.15	0.05	0.05	0.05	0.05
0.5	0.45	0.30	0.20	0.20	0.15	0.15	0.15	0.10	0.10	0.10	0.05	0.05	0.05	0.05
0.6	0.30	0.20	0.15	0.15	0.10	0.10	0.10	0.10	0.05	0.05	0.05	0.05	0	0
0.7	0.20	0.15	0.10	0.10	0.10	0.10	0.05	0.05	0.05	0.05	0.05	0	0	0
0.8	0.15	0.10	0.05	0.05	0.05	0.05	0.05	0.05	0.05	0	0	0	0	0
0.9	0.05	0.05	0.05	0.05	0	0	0	0	0	0	0	0	0	0

令 i_1、i_2 分别为柱上横梁的线刚度，i_3、i_4 分别为柱下横梁的线刚度，则

当 $i_1+i_2<i_3+i_4$ 时，令 $\alpha_1=\dfrac{i_1+i_2}{i_3+i_4}$，这时，反弯点应向上移，$y_1$ 取正值；

当 $i_1+i_2>i_3+i_4$ 时，令 $\alpha_1=\dfrac{i_3+i_4}{i_1+i_2}$，这时，反弯点应向下移，$y_1$ 取负值。

对于底层，不考虑 y_1 修正值，即取 $y_1=0$。

(3) 上下层层高变化时柱反弯点高度比修正值 y_2 和 y_3。

当某层柱所在层的层高与相邻上、下层层高不同时，反弯点位置也有移动，需要修正。

令上层层高与本层层高之比 $h_{上}/h=\alpha_2$，由表 9-6 可查得修正值 y_2。当 $\alpha_2>1$ 时，y_2 为正值，反弯点向上移；当 $\alpha_2<1$ 时，y_2 为负值，反弯点向下移。对顶层柱，不考虑 y_2 修正值，即取 $y_2=0$。

令下层层高与本层层高之比 $h_{下}/h=\alpha_3$，由表 9-6 可查得修正值 y_3。当 $\alpha_3<1$ 时，y_3 为正值，反弯点向上移；当 $\alpha_3>1$ 时，y_3 为负值，反弯点向下移。对底层柱，不考虑 y_3 修正值，即取 $y_3=0$。

表 9-6　上下层高变化对 y_0 的修正值 y_2 和 y_3

α_2		0.1	0.2	0.3	0.4	0.5	0.6	0.7	0.8	0.9	1.0	2.0	3.0	4.0	5.0
2.0		0.25	0.15	0.15	0.10	0.10	0.10	0.10	0.10	0.05	0.05	0.05	0.05	0.0	0.0
1.8		0.20	0.15	0.10	0.10	0.10	0.05	0.05	0.05	0.05	0.05	0.05	0.0	0.0	0.0
1.6	0.4	0.15	0.10	0.10	0.05	0.05	0.05	0.05	0.05	0.05	0.05	0.0	0.0	0.0	0.0
1.4	0.6	0.10	0.05	0.05	0.05	0.05	0.05	0.05	0.05	0.05	0.0	0.0	0.0	0.0	0.0
1.2	0.8	0.05	0.05	0.05	0.0	0.0	0.0	0.0	0.0	0.0	0.0	0.0	0.0	0.0	0.0
1.0	1.0	0.0	0.0	0.0	0.0	0.0	0.0	0.0	0.0	0.0	0.0	0.0	0.0	0.0	0.0
0.8	1.2	−0.05	−0.05	−0.05	0.0	0.0	0.0	0.0	0.0	0.0	0.0	0.0	0.0	0.0	0.0
0.6	1.4	−0.10	−0.05	−0.05	−0.05	−0.05	−0.05	−0.05	−0.05	−0.05	0.0	0.0	0.0	0.0	0.0
0.4	1.6	−0.15	−0.10	−0.10	−0.05	−0.05	−0.05	−0.05	−0.05	−0.05	−0.05	0.0	0.0	0.0	0.0
	1.8	−0.20	−0.15	−0.10	−0.10	−0.10	−0.05	−0.05	−0.05	−0.05	−0.05	−0.05	0.0	0.0	0.0
	2.0	−0.25	−0.15	−0.15	−0.10	−0.10	−0.10	−0.10	−0.10	−0.05	−0.05	−0.05	−0.05	0.0	0.0

综上所述，反弯点总是向刚度弱的一端移动，框架各层柱的反弯点高度 yh 可由下式求出

$$yh=(y_0+y_1+y_2+y_3)h \tag{9-4}$$

当各层框架柱的侧移刚度 D 和各层柱反弯点位置 yh 确定后，与反弯点法一样，就可确定各柱在反弯点处的剪力值和柱端弯矩值，再由节点平衡条件，进而求出梁柱内力。

【例 9-4】 试用改进反弯点法（D 值法）计算［例 9-3］所示框架内力，并绘制弯矩图。

解 (1) 计算柱侧移刚度。

1) 三层。

柱 CD　　$\overline{K}=\dfrac{1.5+1.5}{2\times0.7}=2.286$

$$\alpha=\frac{\overline{K}}{2+\overline{K}}=\frac{2.286}{2+2.286}=0.533$$

$$D_{\mathrm{CD}}=\alpha\frac{12i_{\mathrm{c}}}{h^2}=0.533\times0.7\times\left(\frac{12}{3.3^2}\right)=0.3734\times\left(\frac{12}{3.3^2}\right)$$

柱 GH

$$\overline{K}=\frac{1.5+0.8+1.7+1.0}{2\times0.9}=2.778$$

$$\alpha=\frac{2.778}{2+2.778}=0.5814$$

$$D_{\mathrm{GH}}=0.5814\times0.9\times\left(\frac{12}{3.3^2}\right)=0.5233\times\left(\frac{12}{3.3^2}\right)$$

柱 ML

$$\overline{K}=\frac{0.8+1.0}{2\times0.9}=1.000$$

$$\alpha=\frac{1.000}{2+1.000}=0.3333$$

$$D_{\mathrm{ML}}=0.3333\times0.9\times\left(\frac{12}{3.3^2}\right)=0.3000\times\left(\frac{12}{3.3^2}\right)$$

$$\sum D_3=(0.3734+0.5233+0.3000)\times\left(\frac{12}{3.3^2}\right)=1.1967\times\left(\frac{12}{3.3^2}\right)$$

2）二层。

柱 BC

$$\overline{K}=\frac{1.7+2.4}{2\times0.7}=2.929$$

$$\alpha=\frac{2.929}{2+2.929}=0.5942$$

$$D_{\mathrm{BC}}=\alpha\frac{12i_{\mathrm{c}}}{h^2}=0.5942\times0.7\times\left(\frac{12}{3.3^2}\right)=0.4160\times\left(\frac{12}{3.3^2}\right)$$

柱 FG

$$\overline{K}=\frac{1.7+1.0+2.4+1.0}{2\times0.9}=3.500$$

$$\alpha=\frac{3.500}{2+3.500}=0.6364$$

$$D_{\mathrm{FG}}=0.6364\times0.9\times\left(\frac{12}{3.3^2}\right)=0.5727\times\left(\frac{12}{3.3^2}\right)$$

柱 JL

$$\overline{K}=\frac{1.0+1.2}{2\times0.9}=1.222$$

$$\alpha=\frac{1.222}{2+1.222}=0.3793$$

$$D_{\mathrm{JL}}=0.3793\times0.9\times\left(\frac{12}{3.3^2}\right)=0.3413\times\left(\frac{12}{3.3^2}\right)$$

$$\sum D_2=(0.4160+0.5727+0.3413)\times\left(\frac{12}{3.3^2}\right)=1.330\times\left(\frac{12}{3.3^2}\right)$$

3）底层。

柱 AB

$$\overline{K}=\frac{2.4}{0.6}=4.000$$

$$\alpha=\frac{0.5+\overline{K}}{2+\overline{K}}=\frac{0.5+4.000}{2+4.000}=0.75$$

$$D_{AB}=\alpha\frac{12i_c}{h^2}=0.75\times0.6\times\left(\frac{12}{3.9^2}\right)=0.4500\times\left(\frac{12}{3.9^2}\right)$$

柱 EF
$$\overline{K}=\frac{2.4+1.2}{0.8}=4.500$$

$$\alpha=\frac{0.5+4.500}{2+4.500}=0.7692$$

$$D_{EF}=0.7692\times0.8\times\left(\frac{12}{3.9^2}\right)=0.6154\times\left(\frac{12}{3.9^2}\right)$$

柱 IJ
$$\overline{K}=\frac{1.2}{0.8}=1.500$$

$$\alpha=\frac{0.5+1.500}{2+1.500}=0.5714$$

$$D_{IJ}=0.5714\times0.8\times\left(\frac{12}{3.9^2}\right)=0.4571\times\left(\frac{12}{3.9^2}\right)$$

$$\sum D_1=(0.4500+0.6154+0.4571)\times\left(\frac{12}{3.9^2}\right)=1.523\times\left(\frac{12}{3.9^2}\right)$$

（2）求各柱的剪力值。

$$V_{ij}=\frac{D_{ij}}{\sum D_{ij}}\sum_{k=i}^{n}P_k$$

1）三层。

$$V_{CD}=\frac{0.3734}{1.1967}\times37=11.54\text{kN}$$

$$V_{GH}=\frac{0.5233}{1.1967}\times37=16.18\text{kN}$$

$$V_{LM}=9.28\text{kN}$$

2）二层。

$$V_{BC}=\frac{0.4160}{1.330}\times(37+74)=34.72\text{kN}$$

$$V_{FG}=\frac{0.5727}{1.330}\times(37+74)=47.80\text{kN}$$

$$V_{JL}=28.48\text{kN}$$

3）底层。

$$V_{AB}=\frac{0.4500}{1.522}\times(37+74+80.7)=56.68\text{kN}$$

$$V_{EF}=\frac{0.6154}{1.522}\times(37+74+80.7)=77.51\text{kN}$$

$$V_{AB}=57.56\text{kN}$$

（3）求各柱反弯点高度比 y。

1）三层（$m=3$，$n=3$）。

柱 CD
$$\overline{K}=2.286,\quad y_0=0.41$$

$$\alpha_1=\frac{1.5}{1.7}=0.8824, y_1=0;\quad \alpha_3=\frac{h_{下}}{h}=1.0,\quad y_3=0$$

$$y=0.41+0+0=0.41$$

柱 GH　　$\overline{K}=2.778$，$y_0=0.44$

$$\alpha_1=\frac{1.5+0.8}{1.7+1.0}=0.8519, y_1=0;\quad \alpha_3=1.0,\quad y_3=0$$

$$y=0.44+0+0=0.44$$

柱 LM　　$\overline{K}=1.000$，$y_0=0.35$

$$\alpha_1=\frac{0.8}{1.0}=0.800,\quad y_1=0;\quad \alpha_3=1.0,\quad y_3=0$$

$$y=0.35+0+0=0.35$$

2）第二层（$m=3$，$n=2$）。

柱 BC　　$\overline{K}=2.929$，$y_0=0.50$

$$\alpha_1=\frac{1.7}{2.4}=0.7083, y_1=0;\alpha_2=1.0, y_2=0;\alpha_3=\frac{3.9}{3.3}=1.182, y_3=0$$

$$y=0.50+0+0+0=0.50$$

柱 FG　　$\overline{K}=3.500$，$y_0=0.50$

$$\alpha_1=\frac{1.7+1.0}{2.4+1.2}=0.75, y_1=0;\alpha_2=1.0, y_2=0;\alpha_3=1.182, y_3=0$$

$$y=0.50+0+0+0=0.50$$

柱 JL　　$\overline{K}=1.222$，$y_0=0.45$

$$\alpha_1=\frac{1.0}{1.2}=0.8333,\quad y_1=0;\alpha_2=1.0,\quad y_2=0;\alpha_3=1.182,\quad y_3=0$$

$$y=0.45+0+0+0=0.45$$

3）底层（$m=3$，$n=1$）。

柱 AB　　$\overline{K}=4.000$，$y_0=0.55$

$$\alpha_2=\frac{3.3}{3.9}=0.8462, y_2=0$$

$$y=0.55+0=0.55$$

柱 EF　　$\overline{K}=4.500$，$y_0=0.55$

$$\alpha_2=0.8462,\quad y_2=0$$

$$y=0.55+0=0.55$$

柱 IJ　　$\overline{K}=1.500$，$y_0=0.575$

$$\alpha_2=0.8462,\quad y_2=0$$

$$y=0.575+0=0.575$$

（4）求各柱的柱端弯矩。

第三层

$$M_{CD}=11.54\times0.41\times3.3=15.61\text{kN}\cdot\text{m}$$

$$M_{DC}=11.54\times(1-0.41)\times3.3=22.47\text{kN}\cdot\text{m}$$

$$M_{GH}=16.18\times0.44\times3.3=23.49\text{kN}\cdot\text{m}$$

$$M_{HG}=16.18\times(1-0.44)\times3.3=29.90\text{kN}\cdot\text{m}$$

$$M_{LM}=9.28\times0.35\times3.3=10.72\text{kN}\cdot\text{m}$$

$$M_{ML}=9.28\times(1-0.35)\times3.3=22.97\text{kN}\cdot\text{m}$$

第二层

$$M_{BC}=M_{CB}=34.72\times0.50\times3.3=57.29\text{kN}\cdot\text{m}$$

$$M_{FG}=M_{GF}=47.80\times0.50\times3.3=78.87\text{kN}\cdot\text{m}$$

$$M_{JL}=28.48\times0.45\times3.3=42.29\text{kN}\cdot\text{m},$$

$$M_{LJ}=28.48\times(1-0.45)\times3.3=51.69\text{kN}\cdot\text{m}$$

底层

$$M_{AB}=56.68\times0.55\times3.9=121.6\text{kN}\cdot\text{m},$$

$$M_{BA}=56.68\times(1-0.55)\times3.9=99.47\text{kN}\cdot\text{m}$$

$$M_{EF}=77.51\times0.55\times3.9=166.3\text{kN}\cdot\text{m},$$

$$M_{FE}=77.51\times(1-0.55)\times3.9=136.0\text{kN}\cdot\text{m}$$

$$M_{IJ}=57.56\times0.575\times3.9=129.1\text{kN}\cdot\text{m},$$

$$M_{JI}=57.56\times(1-0.575)\times3.9=95.41\text{kN}\cdot\text{m}$$

（5）求各横梁梁端的弯矩。

第三层

$$M_{DH}=M_{DC}=22.47\text{kN}\cdot\text{m},\quad M_{MH}=M_{ML}=22.97\text{kN}\cdot\text{m}$$

$$M_{HD}=\frac{1.5}{1.5+0.8}\times29.90=19.50\text{kN}\cdot\text{m}$$

$$M_{HM}=\frac{0.8}{1.5+0.8}\times29.90=10.40\text{kN}\cdot\text{m}$$

第二层

$$M_{CG}=M_{CD}+M_{CB}=15.61+57.29=72.90\text{kN}\cdot\text{m}$$

$$M_{GC}=\frac{1.7}{1.7+1.0}\times(23.49+78.87)=64.45\text{kN}\cdot\text{m}$$

$$M_{GL}=\frac{1.0}{1.7+1.0}\times(23.49+78.87)=37.91\text{kN}\cdot\text{m}$$

$$M_{LG}=M_{LM}+M_{LJ}=10.72+51.69=62.41\text{kN}\cdot\text{m}$$

底层

$$M_{BF}=M_{BC}+M_{BA}=57.29+99.47=156.76\text{kN}\cdot\text{m}$$

$$M_{FB}=\frac{2.4}{2.4+1.2}\times(78.87+136.0)=143.24\text{kN}\cdot\text{m}$$

$$M_{FJ}=\frac{1.2}{2.4+1.2}\times(78.87+136.0)=71.62\text{kN}\cdot\text{m}$$

$$M_{JF}=M_{JL}+M_{JI}=42.29+95.41=137.7\text{kN}\cdot\text{m}$$

（6）绘框架弯矩图（图 9-18）。

三、控制截面及内力组合

框架结构同时承受竖向荷载和水平荷载作用。为保证框架结构的安全可靠，需根据框架的内力进行框架梁、柱的配筋计算以及加强节点的连接构造。

由于构件内力往往沿杆件长度发生变化，构件截面有时也会发生改变，设计时应根据构件内力分布特点和截面尺寸变化情况，选取内力较大截面或尺寸改变处截面作为控制截面，按其内力进行设计计算。

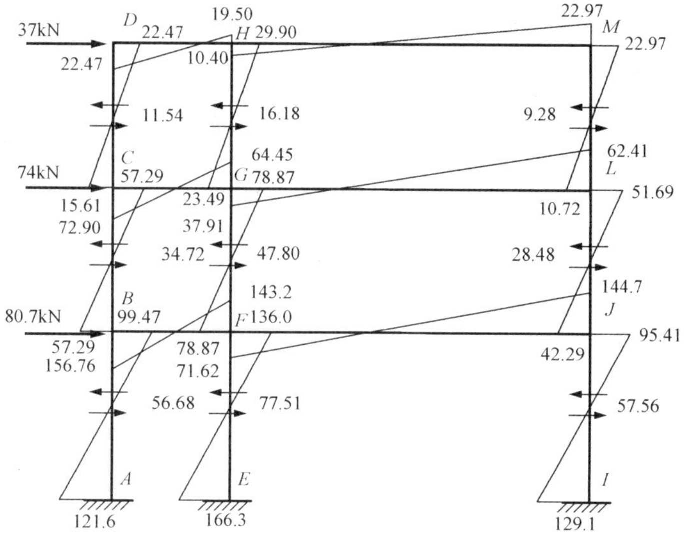

图 9-18　框架弯矩图（kN·m）、各柱剪力（kN）

内力组合的目的就是为了求出各构件在控制截面处对截面配筋起控制作用的最不利内力，以作为梁、柱配筋的依据。对于某一控制截面，最不利内力组合可能有多种。

（一）框架梁

框架梁的内力主要是弯矩 M 和剪力 V，框架梁的控制截面是梁端支座截面和跨中截面。

在竖向荷载作用下，支座截面可能产生最大负弯矩和最大剪力，在水平荷载作用下还会出现正弯矩；跨中截面一般产生最大正弯矩，有时也可能出现负弯矩。故框架梁的控制截面最不利内力组合有以下几种：

1）梁端支座截面：$-M_{max}$、$+M_{max}$ 和 V_{max} 。

2）梁跨中截面：$+M_{max}$、$-M_{max}$（可能出现）。

框架梁端支座截面，需按其 $-M_{max}$ 确定梁端顶部的纵向受力钢筋，按其 $+M_{max}$ 确定梁端底部的纵向受力钢筋，按其 V_{max} 确定梁中箍筋及弯起钢筋；对于跨中截面，则按跨中 $+M_{max}$ 确定梁下部纵向受力钢筋，可能的情况下需按 $-M_{max}$ 确定梁上部纵向受力钢筋。

（二）框架柱

框架柱的内力主要是弯矩 M 和轴力 N，在同一层柱内剪力和轴力变化很小，而柱的上、下两端弯矩值很大。因此，框架柱的控制截面在柱的上、下端截面。

同一柱端截面在不同内力组合时，有可能出现正弯矩或负弯矩，考虑到框架柱一般采用对称配筋，组合时只需选择绝对值最大的弯矩。框架柱的控制截面最不利内力组合有以下几种：

1）$|M_{max}|$ 及相应的 N、V。

2）N_{max} 及相应的 M、V。

3）N_{min} 及相应的 M、V。

框架柱是偏心受压构件，根据柱的最大弯矩和最大轴力（一般有多种最不利内力组合），确定柱中纵向受力钢筋的数量；根据框架柱的剪力 V 以及构造要求配置相应的箍筋。

四、框架侧移近似计算及限值

（一）侧移的特点

框架结构在水平荷载作用下［图 9 - 19（a）］产生侧移，通常由两部分组成：

（1）由梁、柱弯曲变形所引起的侧移：柱和梁都有反弯点，形成侧向变形，称为总体剪切变形，见图 9 - 19（b）。其特点是框架下部层间侧移较大，越到上部层间侧移越小。

（2）由框架柱的轴向变形所引起的侧移：柱的拉伸和压缩导致框架变形而形成侧移，称为总体弯曲变形，见图 9 - 19（c）。其特点是在框架上部层间侧移较大，越到底部层间侧移越小。

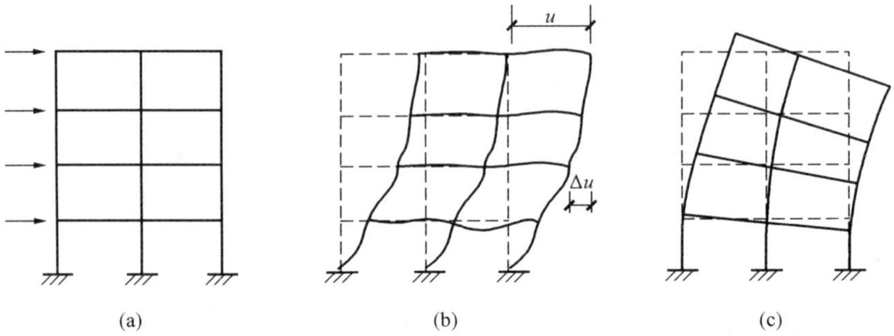

图 9 - 19　框架结构在水平荷载下的侧向位移

（a）框架结构作用水平荷载；（b）总体剪切变形；（c）总体弯曲变形

对于层数不多的框架，侧移主要是以总体剪切变形为主，柱轴向变形引起的侧移很小，可以忽略不计，通常只考虑由梁、柱的弯曲变形所引起的侧移。

（二）框架侧移计算及限值

（1）层间侧移计算。

层间侧移是指第 i 层柱上、下节点间的相对位移，其计算公式为

$$\Delta_{ij} = \frac{V_i}{\sum D_{ij}} \tag{9 - 5}$$

式中　V_i——第 i 层的楼层剪力标准值，$V_i = \sum_{k=1}^{m} P_k$；

P_k——第 i 层顶节点的水平集中荷载标准值；

$\sum D_{ij}$——第 i 层所有柱的侧移刚度 D_{ij} 值的总和。

（2）框架顶点的最大位移计算。

框架顶点的总位移应为各层层间位移之和，即

$$\Delta = \sum_{i=1}^{m} \Delta_{ij} \tag{9 - 6}$$

式中　m——框架结构的总层数。

（3）侧移弹性侧移的限值。

在正常作用条件下，框架结构应处于弹性状态，且具有足够的刚度，结构侧移过大，会使人感觉不舒服，导致填充墙开裂、外墙饰面脱落，致使电梯轨道变形造成电梯运行困难，严重时还会引起主体结构产生裂缝，甚至引起倒塌。一般是通过限制框架层间最大弹性位移

的方法来保证。

$$\Delta_i/h \leqslant [\Delta_i/h] \quad (9-7)$$

式中　Δ_i——按弹性法计算所得最大层间位移；

h——产生最大层间侧移结构层的层高；

$[\Delta_i/h]$——框架结构允许的最大层间位移，规定取值为1/550。

9.2.5　框架结构抗震构造措施

一、提高框架结构延性的措施

结构能够维持承载能力而又具有较大的塑性变形能力，称为延性结构。结构的变形能力可以从结构的延性和构件的延性两个方面来衡量，而结构的延性又依赖于构件的延性。为了提高框架结构的延性，还必须遵守“强柱弱梁、强剪弱弯、更强节点核心区”的设计原则。

（一）强柱弱梁的原则

框架进入塑性阶段后，由于塑性铰出现的位置不同或出现的顺序不同，可能有不同的破坏形式。

柱是压弯构件，由于存在轴压力，其延性能力通常比框架梁偏小，加之框架柱是结构中重要竖向承重构件，对防止结构的整体或局部倒塌有关键作用。

试验研究表明，梁端屈服型框架由较大的内力重分布和能量消耗能力，极限层间位移大，抗震性能较好。较合理的框架机制，应该是梁比柱的塑性屈服尽可能早发生和多发生，底层柱柱底的塑性铰较晚形成，各层柱的屈服顺序尽量错开，避免集中在一层。图9-20（a）为一强梁弱柱型框架，塑性铰首先出现在柱端，且集中在某一层，整个框架容易形成倒塌机制，即成为几何可变体系而倒塌，在抗震结构中应避免出现这种情况。图9-20（b）为一强柱弱梁型框架，塑性铰首先出现在两端。当部分以至全部梁端均出现塑性铰时，结构仍能继续承受外荷载。只有当全部梁端及柱子底部均出现塑性铰时，框架材形成机构而破坏。这种形式的框架，至少有2道抗震防线，其一是梁端的塑性铰破坏，其二是底层柱的破坏。显然，强柱弱梁的破坏形态可以使框架在破坏前有较大的变形，吸收和耗散较多的地震能量，因而具有较好的抗震性能。在抗震设计中通常均需采取“强柱弱梁”措施，即人为增大柱截面的抗弯能力，以减小柱端形成塑性铰的可能性。

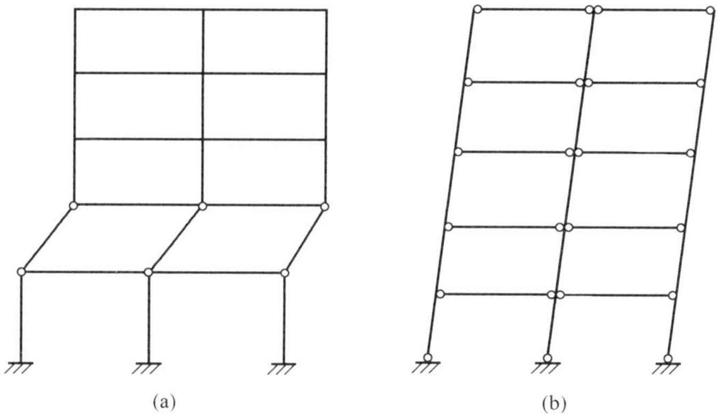

图9-20　框架的破坏形式

（a）强梁弱柱型；（b）强柱弱梁型

（二）强剪弱弯的原则

要保证框架结构有一定的延性，就必须保证梁柱构件具有足够的延性。由于受弯破坏和大偏心受压破坏的延性较好，而受剪破坏是脆性的，故应使构件的受剪承载力相对较强，使构件的受弯承载力相对较弱，以保证构件不致过早因剪切而破坏。构件在抗震设计中通常均需采取“强剪弱弯”措施，即人为提高梁端、柱端截面的抗剪能力，防止梁端、柱端在出现塑性铰之前发生脆性的剪切破坏。

（三）更强节点核心区的原则

框架的节点核心区是保证框架承载力和抗倒塌能力的关键部位。若节点区破坏，与之相连的梁柱构件的性能再好也发挥不出来。梁柱节点合理的抗震设计，是在梁柱构件达到极限承载力前节点不应发生破坏。由震害调查发现，梁柱节点区的破坏大都是因为节点区少箍筋，在剪压作用下混凝土出现斜裂缝甚至挤压破碎，纵向钢筋压屈成灯笼状。因此，在抗震设计时，应使节点区的承载力相对较强，保证节点区混凝土强度和密实性以及在节点核心区内配置足够的箍筋，同时还要保证支座连接和钢筋锚固不发生破坏。

二、结构抗震等级

混凝土结构房屋的抗震要求，不仅与建筑物重要性和地震烈度有关，还与房屋高度和结构类型等直接有关。《抗震规范》根据设防类别、烈度、结构类型和房屋高度等因素，将其抗震要求以抗震等级表示，丙类建筑抗震等级分为四级，见表 9-7。抗震等级的划分，体现了对不同抗震设防类别、不同结构类型、不同烈度、同一烈度但不同高度的钢筋混凝土房屋结构延性要求的不同，以及同一构件在不同结构类型中延性要求的不同，对不同抗震等级的建筑物采取不同的抗震措施，以利于做到经济而有效的设计。

表 9-7　混凝土结构的抗震等级表

结构类型		设防烈度 6		设防烈度 7			设防烈度 8			设防烈度 9	
框架结构	高度（m）	24	>24	24	>24		24	>24		24	
	框架	四	三	三	二		二	一		一	
	大跨度框架	三		二			一			一	
框架—抗震墙结构	高度（m）	60	>60	24	25～60	>60	24	25～60	>60	24	25～50
	框架	四	三	四	三	二	三	二	一	二	一
	抗震墙	三		三	二		二	一		一	
抗震墙结构	高度（m）	80	>80	24	25～80	>80	24	25～80	>80	24	25～60
	剪力墙	四	三	四	三	二	三	二	一	二	一
部分框支抗震墙结构	高度（m）	80	>80	24	25～80	>80	24	25～80			
	抗震墙 一般部位	四	三	四	三	二	三	二			
	抗震墙 加强部位	三	二	三	二	一	二	一			
	框支层框架	二		二		一	一				
框架—核心筒结构	框架	三		二			一			一	
	核心筒	二		二			一			一	
筒中筒结构	外筒	三		二			一			一	
	内筒	三		二			一			一	

续表

结构类型		设防烈度						
		6		7		8		9
板柱—抗震墙结构	高度（m）	35	>35	35	>35	35	>35	
	框架、板柱的柱	三	二	二	二	一		
	抗震墙	三	二	二	一	二	一	

三、一般构造要求

（一）混凝土

抗震等级为一级的框架梁、柱和节点核心区，混凝土强度等级不应低于 C30，其他各类构件以及抗震等级为二、三级的框架不应低于 C20；并且在设防烈度为 9 度时不宜超过 C60，设防烈度为 8 度时不宜超过 C70。

（二）钢筋种类

普通钢筋宜优先采用延性好、韧性和焊接性较好的钢筋。普通钢筋的强度等级，纵向受力钢筋宜选用符合抗震性能指标的 HRB400 级钢筋，也可采用 HRB335 级钢筋；箍筋宜选用符合抗震性能指标的不低于 HRB335 级的热轧钢筋。

除上述一般要求外，抗震等级为一、二、三级的框架结构，其纵向受力钢筋采用普通钢筋时，应满足：

（1）钢筋的抗拉强度实测值与屈服强度实测值的比值（强屈比）不应小于 1.25，当构件某个部位出现塑性铰后，塑性铰处有足够的转动能力与耗能能力。

（2）钢筋的屈服强度实测值与强度标准值的比值不应大于 1.3，目的是为了保证结构设计中强柱弱梁、强剪弱弯的设计要求。

（3）钢筋在最大拉力下的总伸长率实测值不应小于 9%，即钢筋应具有良好的塑性性能，不得采用脆性钢筋，以避免地震中出现由于钢筋脆断而引发的震害。

（三）钢筋锚固

纵筋的最小锚固长度应按 l_{aE} 取用，l_{aE} 的确定原则为：一、二级抗震等级，$l_{aE}=1.15l_a$；三级抗震等级，$l_{aE}=1.05l_a$；四级抗震等级，$l_{aE}=1.0l_a$，l_a 为非抗震设计时的纵向受拉钢筋的最小锚固长度。

（四）箍筋

箍筋需做成封闭式，端部设 135°弯钩。弯钩端头平直段长度不应小于 $10d$（d 为箍筋直径）。箍筋应与纵向钢筋紧贴。当设置附加拉结钢筋时，拉结钢筋必须同时钩住箍筋和纵筋。

四、框架梁抗震构造要求

（一）梁截面尺寸

梁截面宽度不宜小于 200mm，梁截面的高宽比不宜大于 4，净跨与截面高度之比不宜小于 4。

（二）梁内纵向钢筋

梁内纵筋配置应符合下列要求：

（1）为保证梁端有较强的变形能力，框架梁端截面的底面和顶面纵向钢筋配筋量的比值，一级不应小于 0.5，二、三级不应小于 0.3。

（2）考虑到地震作用下梁端弯矩的不确定性，要求沿梁全长顶面、底面至少应配置 2 根通长纵筋，一、二级框架不应少于 2ϕ14，且分别不应少于梁两端顶面和底面纵筋中较大截面面积的 1/4；三、四级框架不应少于 2ϕ12。

（3）为了保证梁纵筋在节点内的锚固性能，要求一、二、三级框架贯通中柱的梁纵筋，直径不应大于柱在该方向截面尺寸的 1/20。

（4）梁内纵筋的接头。一级抗震时应采用机械连接接头，二、三、四级抗震时，宜采用机械连接接头，也可采用焊接接头或搭接接头。接头位置宜避开箍筋加密区，位于同一区段内的纵筋接头面积不应超过 50%，当采用搭接接头时，搭接长度要足够。

（三）梁的箍筋

（1）框架梁两端须设置加密封闭式箍筋。箍筋加密区的长度、加密区内箍筋最大间距和最小直径应按表 9-8 采用。当梁端纵筋配筋率大于 2%时，表中箍筋最小直径应相应增大 2mm。

表 9-8　梁端箍筋加密区的长度、箍筋的最大间距和最小直径

抗震等级	加密区长度（mm）（采用较大者）	箍筋最大间距（mm）（采用最小值）	箍筋最小直径（mm）
一	$2h_b$，500	$h_b/4$，$6d$，100	ϕ10
二	$1.5h_b$，500	$h_b/4$，$8d$，100	ϕ8
三	$1.5h_b$，500	$h_b/4$，$8d$，150	ϕ8
四	$1.5h_b$，500	$h_b/4$，$8d$，150	ϕ6

注　d 为纵筋直径，h_b 为梁截面高度。

（2）梁端加密区的箍筋肢距，一级不宜大于 200mm 和 $20d$（d 为箍筋直径较大值），二、三级不宜大于 250mm 和 $20d$，四级不宜大于 300mm。

（3）非加密区的箍筋最大间距不宜大于加密区箍筋间距的 2 倍。

（4）箍筋必须为封闭箍，应有 135°弯钩，弯钩平直段的长度不小于箍筋直径的 10 倍和 75mm 的较大者。

五、框架柱抗震构造要求

（一）柱截面尺寸

柱截面宽度和高度，四级或不超过 2 层时不宜小于 300mm，一、二、三级且超过 2 层时不宜小于 400mm，柱的剪跨比 λ 宜大于 2，截面长边和短边之比不宜大于 3。

其中，柱的剪跨比 $\lambda = M^c/V^c h_0$，式中 M^c 为柱端截面的组合弯矩计算值（取上下端弯矩的较大值），V^c 为柱端截面的组合剪力计算值，h_0 为柱截面有效高度。

（二）柱的轴压比

柱的轴压比 N/f_cA 是影响柱的破坏形态（大偏心受压、小偏心受压）和变形能力的重要因素，为保证柱有一定的延性，抗震设计一般应在大偏心受压破坏范围。因此，《抗震规范》规定，对于剪跨比大于 2，混凝土强度等级不高于 C60 的一、二、三、四级抗震等级框架柱的轴压比，分别不应超过 0.65、0.75、0.85 和 0.90；剪跨比不大于 2 的柱，轴压比限值应降低 0.05。

（三）柱内纵向钢筋

柱中纵筋配置应符合下列要求：

（1）柱中纵筋宜对称配置。

（2）当截面尺寸大于 400mm 的柱，纵筋间距不宜大于 200mm。

（3）柱中全部纵筋的最小配筋率应满足表 9-9 的规定，同时每一侧配筋率不应小于 0.2%。

表 9-9　框架柱全部纵向钢筋最小配筋百分率　%

类别	抗震等级			
	一	二	三	四
中柱、边柱	1.0	0.8	0.7	0.6
角柱、框支柱	1.1	0.9	0.8	0.7

注　钢筋强度标准值小于 400MPa 时，表中数值增加 0.1，钢筋强度标准值为 400MPa 时，表中数值增加 0.05，混凝土强度等级高于 C60 时上述数值增加 0.1。

（4）柱中纵筋总配筋率不应大于 5%；一级且剪跨比 λ 不大于 2 的柱，每侧纵筋配筋率不宜大于 1.2%。

（5）边柱、角柱在小偏心受拉时，柱内纵筋总面积应比计算值增加 25%。

（6）柱纵筋的连接应避开柱端箍筋加密区。

（四）柱的箍筋

（1）框架柱内箍筋常用形式如图 9-21 所示。

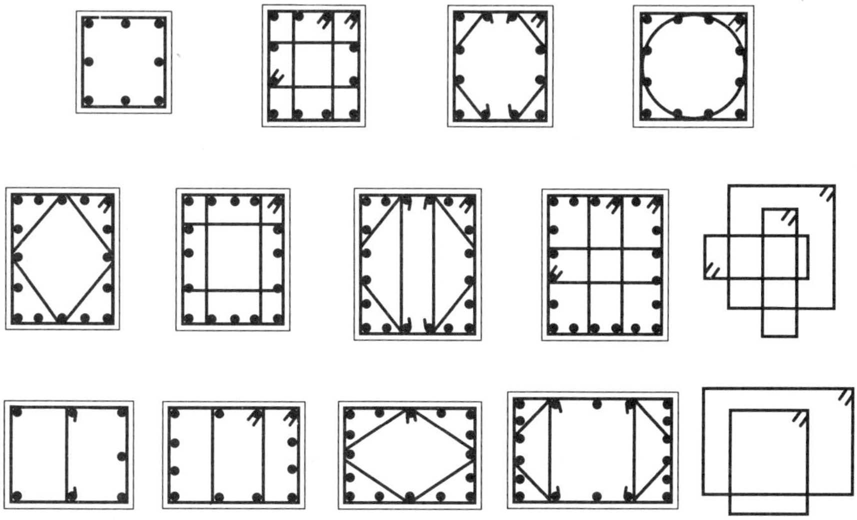

图 9-21　柱的箍筋形式

（2）框架柱的上下两端须设置箍筋加密区。一般情况下，柱箍筋加密区的范围、加密区内箍筋最大间距和最小直径应按表 9-10 采用。

表 9 - 10 柱箍筋加密区长度、箍筋最大间距和最小直径

抗震等级	箍筋最大间距（mm）（采用较小值）	箍筋最小直径（mm）	箍筋加密区范围（mm）（采用较大者）
一	$6d$，100	$\phi10$	h（D） $H_n/6$（柱根 $H_n/3$） 500
二	$8d$，100	$\phi8$	
三	$8d$，150（柱根 100）	$\phi8$	
四	$8d$，150（柱根 100）	$\phi6$（柱根 $\phi8$）	

注 1. d 为柱纵筋最小直径，h 为矩形截面长边尺寸，D 为圆柱直径，H_n 为柱净高。
2. 柱根指框架底层柱下端箍筋加密区。
3. 刚性地面上下各 500mm。

框支柱、剪跨比不大于 2 的柱，以及一、二级抗震设防的框架角柱，应沿柱全高加密。由于短柱主要是剪切破坏，因而需要在柱全高范围内加密。

（3）柱箍筋加密区的箍筋肢距，一级不宜大于 200mm，二、三级不宜大于 250mm，四级不宜大于 300mm。至少每隔一根纵筋宜在两个方向有箍筋或拉筋约束；采用拉筋复合箍时，拉筋宜紧靠纵筋并钩住封闭箍筋。

（4）柱箍筋加密区的体积配箍率 ρ_v，一级不应小于 0.8%，二级不应小于 0.6%，三、四级不应小于 0.4%。体积配箍率 ρ_v 按下式计算

$$\rho_v \geqslant \lambda_v f_c / f_{yv} \qquad (9-8)$$

式中 f_c——混凝土轴心抗压强度设计值，强度等级低于 C35 时，应按 C35 计算；

f_{yv}——箍筋或拉筋抗拉强度设计值；

λ_v——最小配箍特征值，宜按表 9 - 11 采用。

表 9 - 11 柱箍筋加密区的箍筋最小配箍特征值

抗震等级	箍筋形式	柱轴压比								
		≤0.3	0.4	0.5	0.6	0.7	0.8	0.9	1.0	1.05
一	普通箍、复合箍	0.10	0.11	0.13	0.15	0.17	0.20	0.23	—	—
二	普通箍、复合箍	0.08	0.09	0.11	0.13	0.15	0.17	0.19	0.22	0.24
三、四	普通箍、复合箍	0.06	0.07	0.09	0.11	0.13	0.15	0.17	0.20	0.22

（5）柱箍筋非加密区的箍筋间距，一、二级框架柱不应大于 10 倍纵筋直径，三、四级框架柱不应大于 15 倍纵筋直径。

六、框架节点构造

框架节点作为柱的一部分起到向下传递内力的作用，同时又是梁的支座，接受本层梁传递过来的内力，是框架结构设计中极重要的一环节。框架节点必须保证其连接的可靠性、经济合理性，且便于施工，采取适当的节点构造措施可保证框架结构的整体空间受力性能。

（一）中间层中间节点

框架中间层中间节点构造如图 9 - 22 所示。

（1）框架梁上部纵筋应贯穿中间节点（或中间支座），如图 9 - 23 所示。

（2）框架梁下部纵筋伸入中间节点范围内的锚固长度应根据具体情况按下列要求取用：

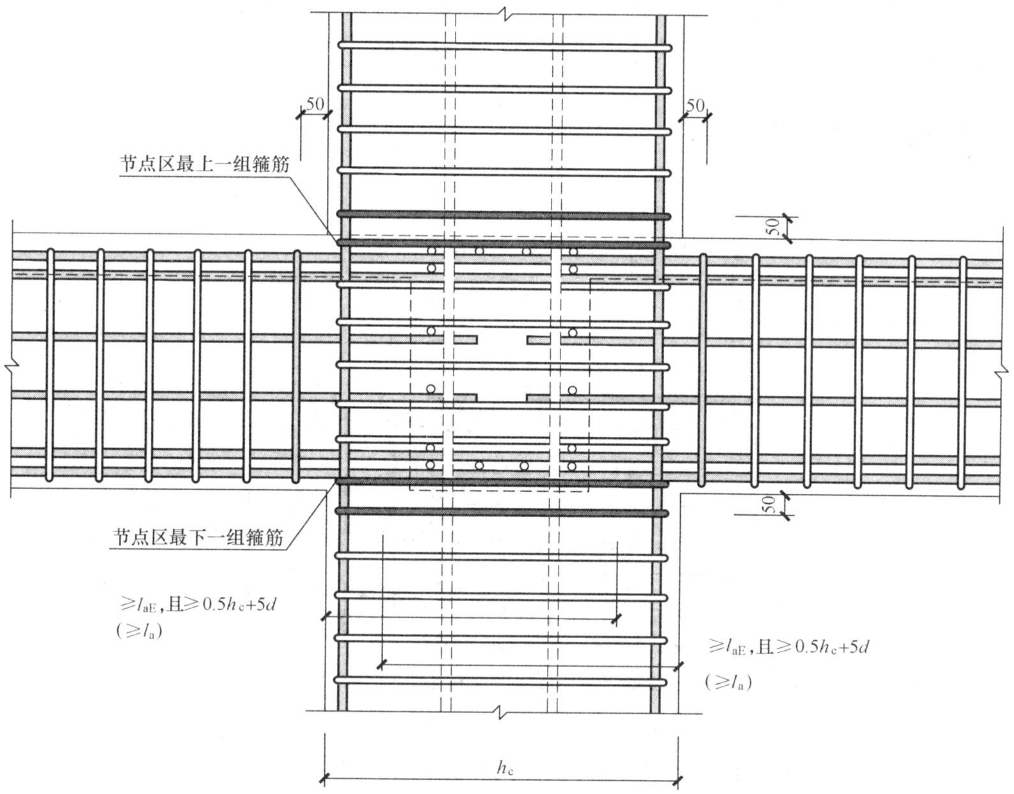

图 9-22　框架中间层中间节点构造

1）当计算中不利用其强度时，伸入节点的锚固长度对带肋钢筋不小于 $12d$，对光面钢筋不小于 $15d$。

2）当计算中充分利用钢筋的抗拉强度时，钢筋可采用直线方式锚固在节点内，锚固长度不应小于 l_a(l_{aE})［图 9-23（a）］；当柱截面较小而直线锚固长度不足时，宜采用钢筋端部加锚头的机械锚固措施，也可采用将钢筋伸至柱对边向上弯折 90°的锚固形式，其中弯前水平段的长度不应小于 $0.4l_a$(l_{aE})，弯后垂直段长度取为 $15d$［图 9-23（b）］。框架梁下部纵筋也可贯穿中间层的中间节点，在节点以外梁中弯矩较小处设置搭接接头，搭接长度 l_l 的起始点至节点或支座边缘的距离不应小于 $1.5h_0$［图 9-23（c）］。

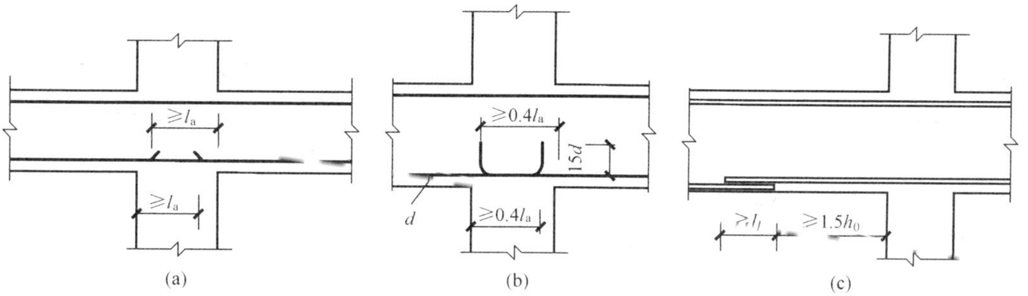

图 9-23　中间层中间节点梁纵向钢筋的锚固与搭接

（a）直线锚固；（b）弯折锚固；（c）在节点或支座外的搭接

3）当计算中充分利用钢筋的抗压强度时，伸入节点的直线锚固长度不应小于 $0.7l_a(l_{aE})$。

（3）框架柱的纵筋应贯穿中间层的中间节点，柱纵筋接头应设在节点区以外。

（二）中间层端节点

框架中间层端节点构造如图 9-24 所示。

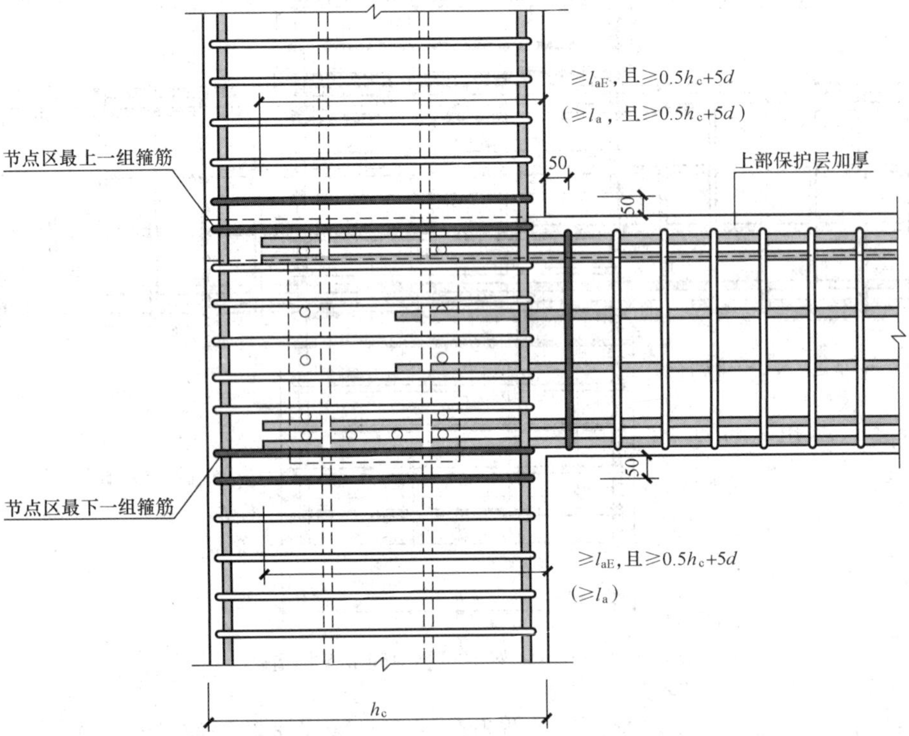

图 9-24 框架中间层端节点构造

（1）梁上部纵筋伸入节点的锚固长度应满足：

1）采用直线锚固形式时，锚固长度不应小于 $l_a(l_{aE})$，且应伸过柱中心线不宜小于 $5d$。

2）当柱截面尺寸较小时，可采用钢筋端部加机械锚头的锚固方式，纵筋宜伸至柱外侧纵筋内边，包括机械锚头在内的水平投影长度不应小于 $0.4l_{ab}$，如图 9-25（a）所示。

3）梁上纵筋也可采用 90°弯折锚固形式，此时梁上部纵筋应伸至柱外侧纵筋内边并向节点内弯折，其弯前的水平段长度不应小于 $0.4l_{ab}$，弯后垂直段长度不应小于 $15d$，如图 9-25（b）所示。

（2）梁下部纵筋伸入端节点的锚固要求与中间层中节点梁下部纵筋的锚固规定相同。

（3）框架柱的纵筋应贯穿中间层的端节点，其构造要求与中间层中节点相同。

（三）顶层中间节点

框架顶层中间节点构造如图 9-26 所示。

框架梁纵筋在节点内的构造要求与中间层中节点梁的纵筋在节点内的构造要求相同。

柱纵向钢筋在顶层中节点的锚固应满足：

（1）柱纵筋应伸至柱顶，且自梁底算起的锚固长度不应小于 $l_a(l_{aE})$。

（2）当节点处梁截面高度较小时，可采用 90°弯折锚固措施，如图 9-27（a）所示，即

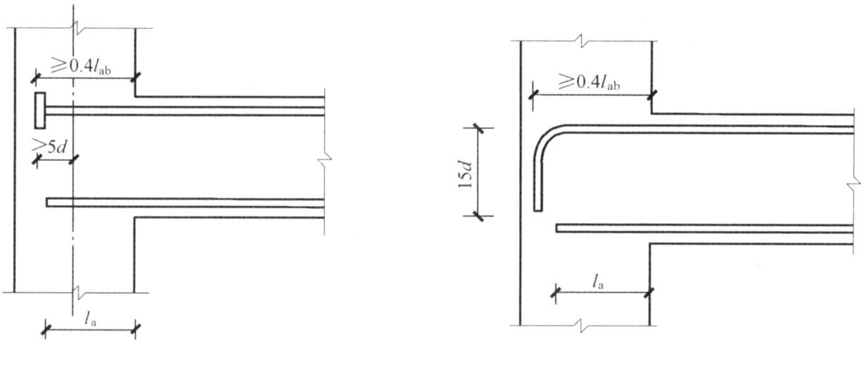

(a)　　(b)

图 9-25　中间层端节点梁纵向钢筋的锚固

（a）钢筋端部加锚头锚固；（b）90°弯折锚固

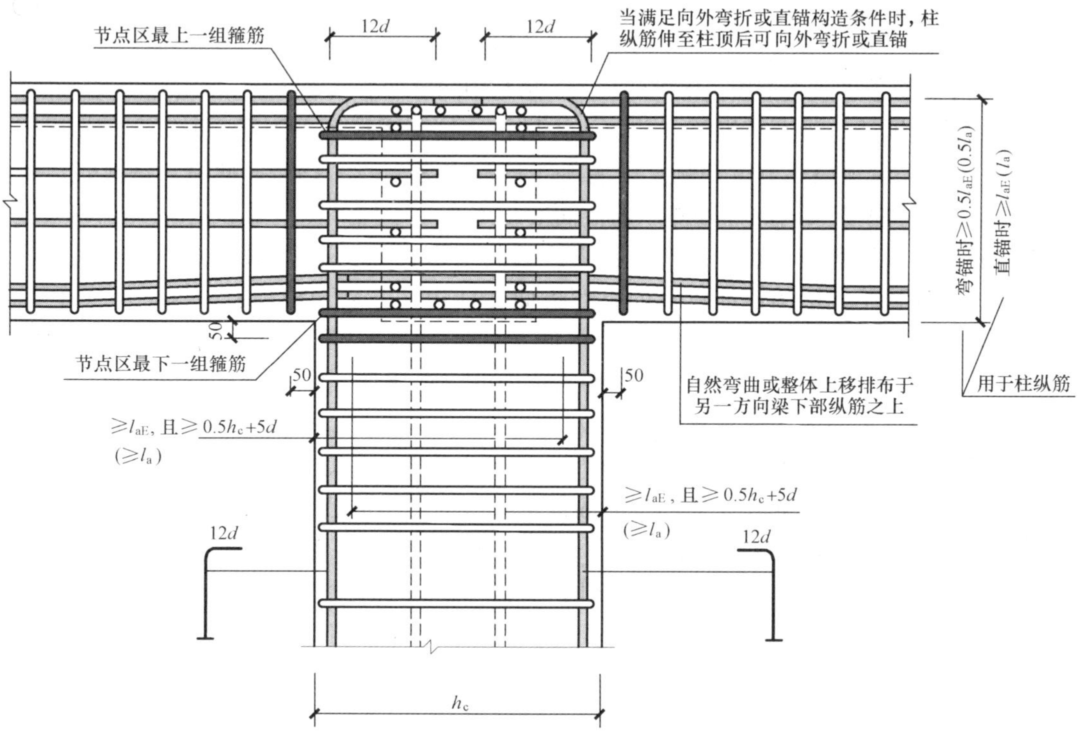

图 9-26　框架顶层中间节点构造

将柱筋伸至柱顶然后水平弯折，弯折前的垂直投影长度不应小于 0.5l_{ab}，弯折方向可分为两种形式：

1）向节点内弯折：弯折后的水平投影长度不宜小于 12d。

2）向节点外（楼板内）弯折：当柱顶层有现浇板且板厚不小于 100mm 时，柱纵筋也可向外弯折，弯折后的水平投影长度不宜小于 12d。

（3）当截面尺寸不足时，也可采用带锚头的机械锚固措施。此时，包括机械锚头在内的竖向锚固长度不应小于 0.5l_{ab}，如图 9-27（b）所示。

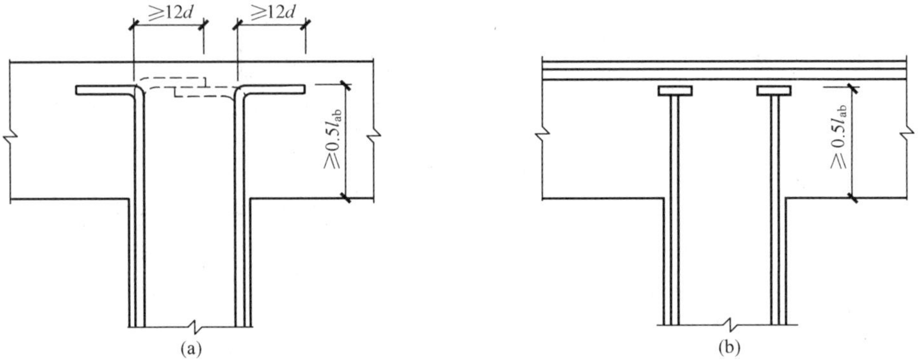

图 9-27 顶层中间节点柱纵向钢筋的锚固

（a）柱纵筋 90°弯折锚固；（b）柱纵筋端头加锚板锚固

（四）顶层端节点（图 9-28）

（1）柱内侧纵筋的锚固要求与顶层中节点的纵筋锚固规定相同。

（2）梁下部纵筋伸入端节点范围内的锚固要求与中间层端节点梁下部纵筋的锚固规定相同。

（3）柱外侧纵筋与梁上部纵筋在节点内为搭接连接。搭接可采用下列方式：

1）搭接接头沿顶层端节点外侧及梁端顶部布置［图 9-29（a）］，此时，搭接长度不应小于 1.5l_{ab}。其中伸入梁内的柱外侧纵筋截面面积不宜小于柱外侧全部纵筋的 65%；梁宽范围以外的柱外侧纵筋宜沿节点顶部伸至柱内边后向下弯折 8d，然后截断锚固；当柱有两层配筋时，位于柱顶第二层的钢筋可不向下弯折而在柱边切断；当柱顶有厚度不小于 100mm 的现浇板时，梁宽范围以外的外侧柱筋也可伸入现浇板内，其长度与伸入梁内的柱纵筋相同。当柱外侧纵筋配筋率大于 1.2%时，伸入梁内的纵筋除应满足规定的锚固长度外，宜分两批截断，截断点之间的距离不宜小于 20d。

梁上部纵筋应沿节点上边及外侧延伸弯折，至梁下边缘高度（梁底）截断。

该方案适于梁上部纵筋和柱外侧钢筋数量不太多的民用或公共建筑框架。

2）搭接接头沿柱顶外侧直线布置［图 9-29（b）］，此时，搭接长度自柱顶算起不应小于 1.7l_{ab}。当梁上部纵筋配筋率大于 1.2%时，弯入柱外侧的梁上部纵筋除应满足第一款规定的搭接长度外，宜分两批截断，其截断点之间的距离不宜小于 20d。柱外侧纵筋伸至柱顶后宜向节点内水平弯折后截断，弯后水平段长度不宜小于 12d。

该方案适于梁上部和柱外侧钢筋较多，且浇筑混凝土的施工缝可以设在柱上部梁底截面以下时使用。

（五）框架节点内的箍筋设置

为使框架的梁柱纵向钢筋有可靠的锚固条件，框架梁柱节点核心区的混凝土要具有良好的约束，在节点区内必须设置足够数量的水平箍筋，以约束柱纵筋和节点核心区混凝土。

节点区箍筋的最大直径和最小间距与柱箍筋加密区的要求相同。一、二、三级框架节点核心区配箍特征值分别不宜小于 0.12、0.10 和 0.08，且体积配箍率分别不宜小于 0.6%、0.5%和 0.4%。

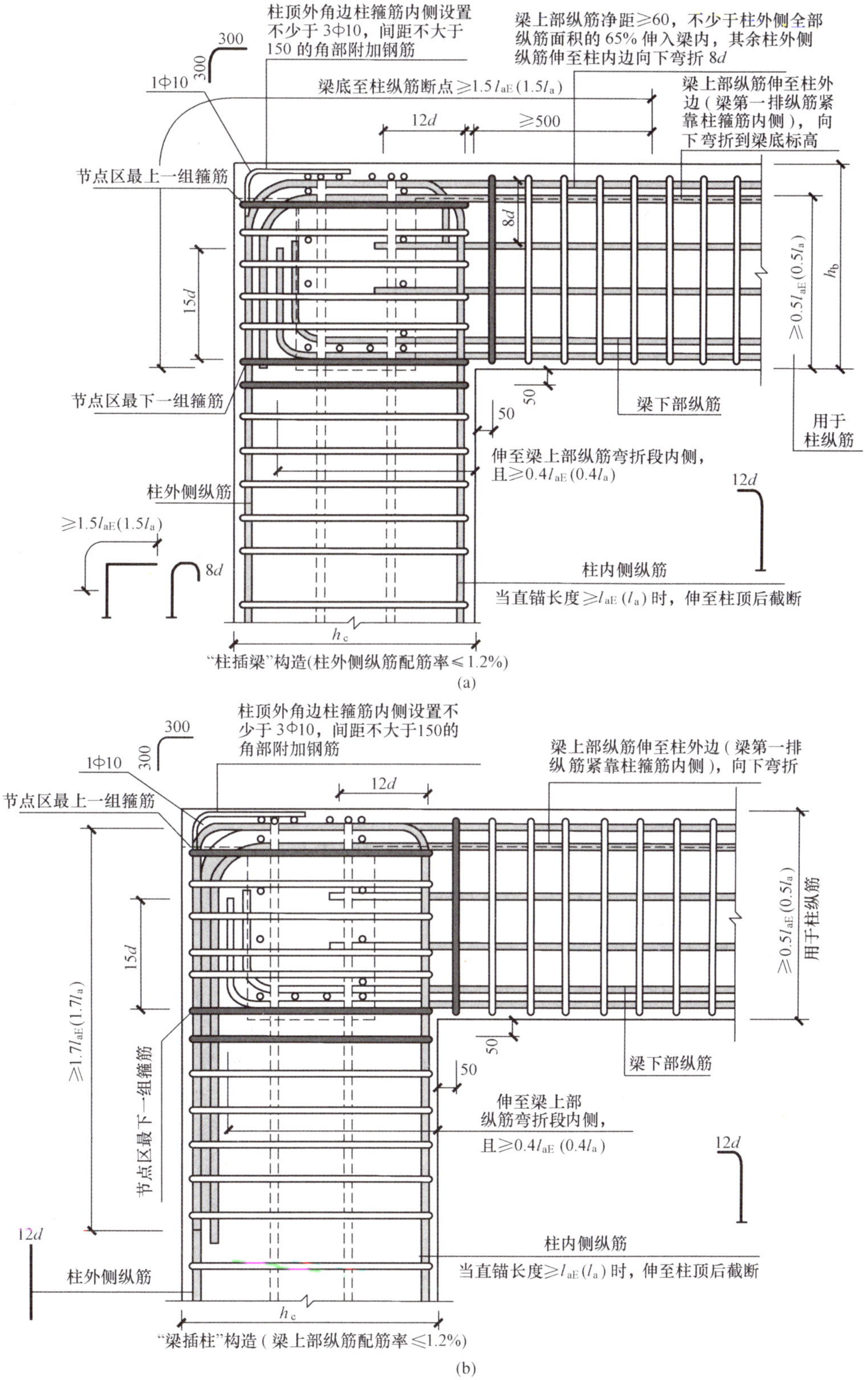

图 9-28　框架顶层端节点构造

（a）搭接接头沿顶层端节点外侧及梁端顶部布置；（b）搭接接头沿柱顶外侧直线布置

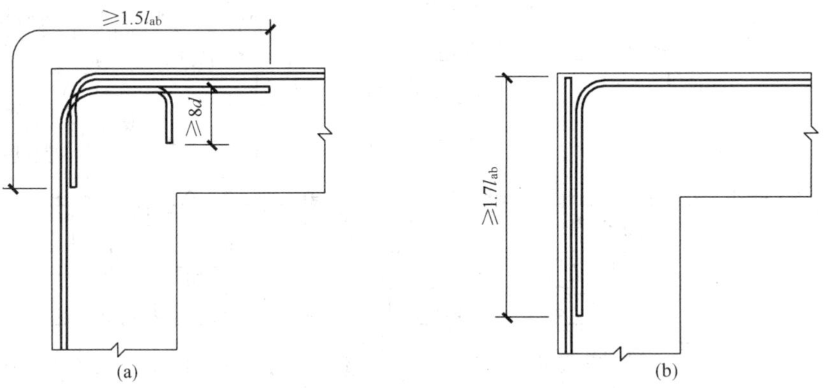

图 9-29 顶层端节点梁、柱纵筋在节点内的搭接

（a）位于节点外侧和梁端顶部的弯折搭接接头；（b）位于柱顶部外侧的直线搭接接头

七、填充墙的构造要求

在隔墙位置较为固定的建筑中，常采用砌体填充墙。

砌体填充墙的砌筑砂浆强度等级不应低于 M5；实心块体的强度等级不宜低于 MU2.5，空心块体的强度等级不宜低于 MU3.5；墙顶应与框架梁密切结合（用块材“塞紧”）。

填充墙应沿框架柱全高每隔 500～600mm 设 2Φ6 拉筋。拉筋伸入墙内的长度，抗震设防烈度为 6、7 度时宜沿墙全长贯通，抗震设防烈度为 8、9 度时应全长贯通。

墙长大于 5m 时，墙顶与梁宜有拉结；墙长超过 8m 或墙长为层高 2 倍时，宜设置钢筋混凝土构造柱；墙高超过 4m 时，墙体半高宜设置与柱连接且沿墙全长贯通的钢筋混凝土水平系梁。楼梯间和人行通道处的填充墙，尚应采用钢丝网砂浆面层加强。

9.3 剪力墙结构

9.3.1 剪力墙的结构组成与结构布置

一、剪力墙的基本形式

剪力墙的高度一般与整个房屋的高度相同，自基础直至屋顶，高达几十米或一百多米；起宽度则视建筑平面布置而定，一般为几米至几十米；相对而言，它的厚度很薄，一般仅 200～300mm。因此，剪力墙在其墙身平面内的侧向刚度很大，而其墙身平面外的刚度却很小，一般可忽略不计。为使剪力墙具有较好的受力性能，结构平面布置时应注意纵、横向剪力墙交叉布置使之连成整体，使墙肢形成 I 形、T 形、[形、Z 形的截面形式。

为了保证剪力墙的侧向稳定，防止剪力墙在竖向荷载作用下发生整体失稳破坏，各层楼（屋）盖对它的支撑约束作用很重要；为了防止剪力墙在楼层之间发生平面外失稳破坏和保证墙体混凝土的浇筑质量，剪力墙应有适当的厚度。

剪力墙的门窗洞口宜上下对齐、成列规则布置，以使洞口至墙边及相邻洞口之间形成明显墙肢、上下洞口之间形成连梁，洞口设置应避免墙肢刚度相差悬殊。规则成列开洞的剪力墙传力简捷、受力明确，受力钢筋容易布置且作用明确，因而经济指标较好。

二、剪力墙结构的布置

剪力墙结构体系按其体型分有“板式”与“塔式”两种。“板式”建筑平面如图 9-30

(a)、(b)、(c) 所示，也称为“条式”；“塔式”建筑平面如图 9-30 (d)、(e)、(f) 所示，也称为“点式”。

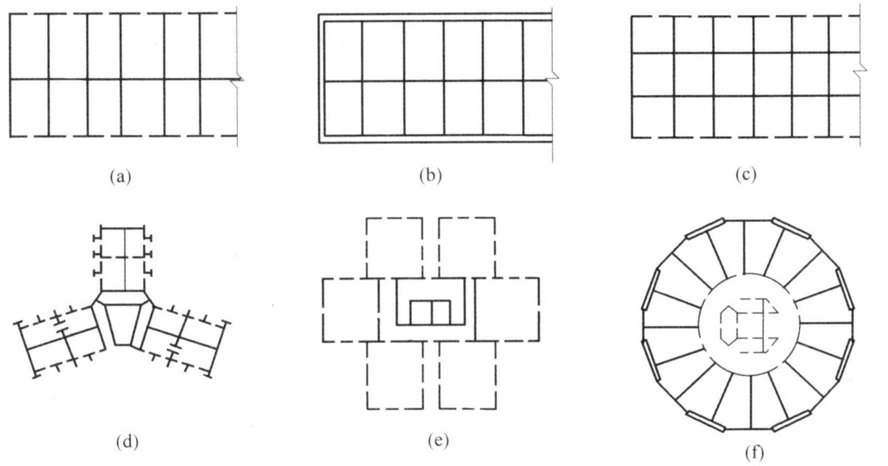

图 9-30　剪力墙结构平面

剪力墙应布置在纵横两个方向上，以承受任意方向上的侧向力，板式体型的建筑平面长宽比较大，在横向可布置多道剪力墙，在纵向一般是两道外墙，一道或两道内墙。剪力墙在两个方向的布置应使纵横两个方向的结构侧向刚度较为接近。

9.3.2　剪力墙结构的受力特点

一、空间问题的简化

剪力墙结构是由一系列纵、横向剪力墙和楼盖组成的空间受力体系，承受竖向荷载和水平荷载。在竖向荷载作用下，剪力墙结构的受力比较简单，下面主要讨论在水平荷载作用下的受力性能。

为了把空间问题简化为平面问题，在计算剪力墙结构在水平荷载作用下的内力和侧移时，作如下基本假定：

(1) 楼盖在自身平面内的刚度无限大，而在平面外的刚度很小，可忽略不计。

(2) 各榀剪力墙主要在自身平面内发挥作用，而在平面外的作用很小，可忽略不计。

根据假定 (1)，楼盖在其自身平面内的刚度无限大，所以楼盖在平面内没有变形，因而，在任一楼盖标高处各榀剪力墙的侧向位移都可由楼盖的刚体运动条件来确定。

根据假定 (2)，对于正交的剪力墙结构，在横向水平分力作用下，可只考虑横向剪力墙的作用而忽略纵向剪力墙的作用；在纵向水平分力作用下，可只考虑纵向剪力墙的作用，而忽略横向剪力墙的作用。从而将一个实际的空间问题简化为纵、横两个方向的平面问题。

实际上，在水平荷载作用下，纵、横剪力墙是共同工作的，即结构在横向水平力作用下，不仅横向剪力墙起抵抗作用，纵向剪力墙也起部分抵抗作用；纵向水平力作用下的情况也类似。因此，在计算时，将横向剪力墙的一部分作为翼缘考虑，如图 9-31 所示。

二、剪力墙的受力特性

剪力墙结构的内力和位移与墙体开洞情况有关，根据墙体的开洞大小和截面应力的分布特点，可将剪力墙分为整截面剪力墙、整体小开口剪力墙、联肢剪力墙和壁式框架四类（图

9 - 32）。各类型剪力墙具有共同的特点，即开洞剪力墙由成列洞口划分为若干墙肢，各列墙肢和连梁的刚度比较均匀；不同类型的剪力墙又具有不同的受力状态和特点，简单介绍如下。

（一）整截面剪力墙

不开洞或仅有小洞口的剪力墙，当洞口面积小于整墙截面面积的 15%，且孔洞间距及洞口至墙边距离均大于洞口长边尺寸时，墙的整体性很好，这种墙体称为整截面剪力墙，如图 9 - 32（a）所示。

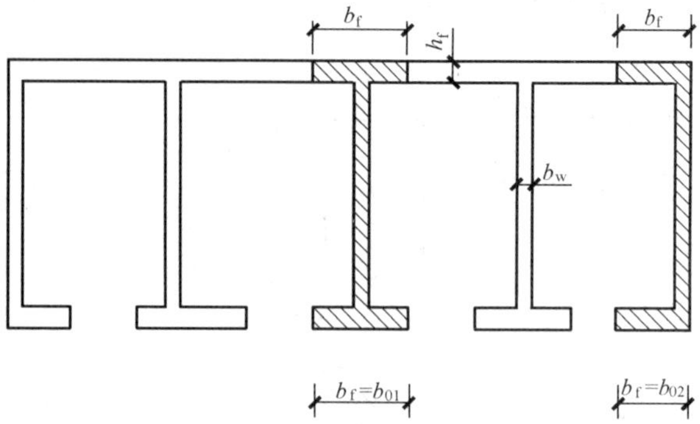

图 9 - 31　剪力墙的有效翼缘宽度

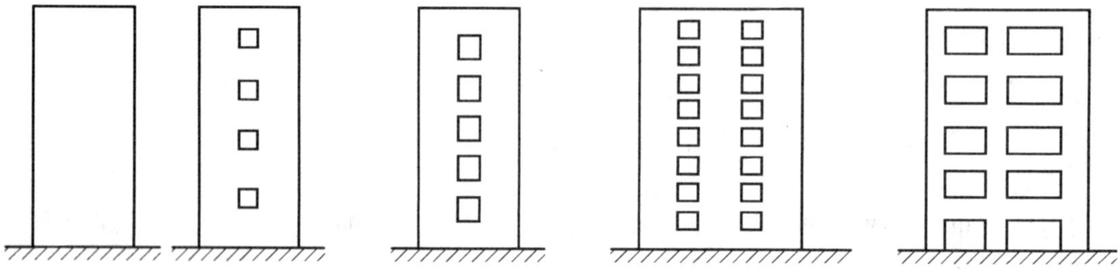

(a)　(b)　(c)　(d)

图 9 - 32　剪力墙的类型

（a）整截面剪力墙；（b）整体小开口剪力墙；（c）联肢剪力墙；（d）壁式框架

在水平荷载作用下，可忽略洞口对墙体应力的影响，整截面剪力墙可视为一个整体的悬臂弯曲构件。沿水平截面内的正应力呈线性分布，在墙体两端部达最大值；墙体弯矩自下而上逐渐减小，弯矩图沿墙体高度无突变、无反弯点，如图 9 - 33 所示。其变形以弯曲变形为主，在结构上部层间侧移较大，越到底部层间侧移越小。

（二）整体小开口剪力墙

若门窗洞口总面积虽超过了墙体总面积的 15%，但墙肢都较宽，洞口仍较小，相对于墙肢刚度而言连梁刚度又很大时，墙的整体性仍然较好，这种开洞剪力墙称为整体小开口剪力墙，如图 9 - 32（b）所示。

整体小开口剪力墙由于开洞很小，连梁的刚度很大且对墙肢的约束作用很强，整个剪力墙的整体性很好。在水平荷载作用下，其受力状态与整截面剪力墙接近，截面正应力分布仍以弯曲变形为主，沿水平截面呈线性分布，沿墙肢高度上的弯矩图在连续梁处有突变，个别楼层中会出现反弯点，如图 9 - 34 所示。但结构的变形仍以弯曲变形为主。

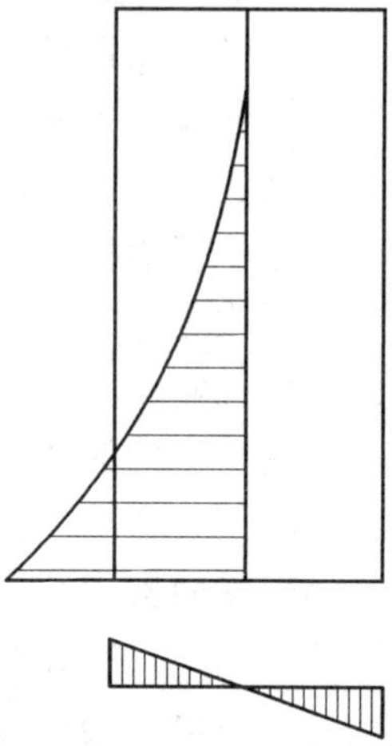

图 9 - 33　整截面剪力墙的受力性能

（三）联肢剪力墙

当剪力墙上开洞规则，且洞口面积较大时，剪力墙已被分割成彼此联系较弱的若干墙肢，这种墙体称为联肢墙，如图 9 - 32（c）

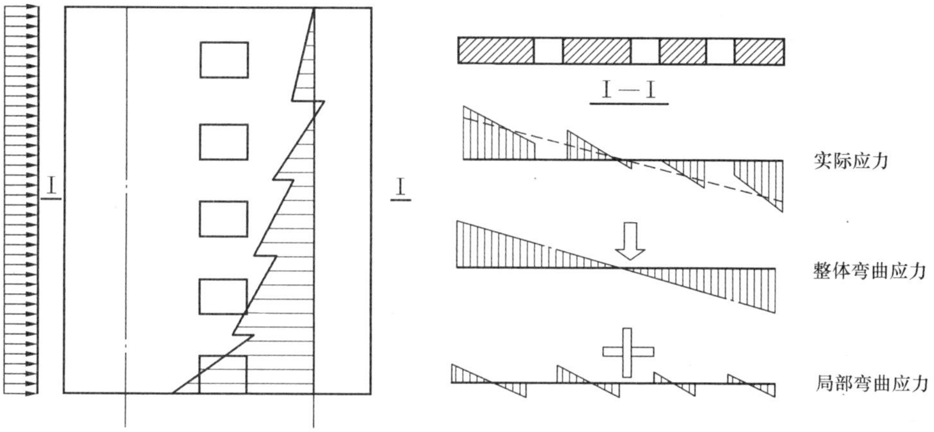

图 9 - 34　整体小开口墙的受力性能

所示。墙面上开有一排洞口的剪力墙称为双肢剪力墙（简称双肢墙），墙面上开有多排洞口的剪力墙称为多肢剪力墙（简称多肢墙）。

在联肢剪力墙中，整个剪力墙截面中正应力已不再呈线性分布，在墙肢截面中正应力仍基本呈线性分布，在墙肢两端部达较大值，但局部弯曲正应力的比例加大了，如图 9 - 35 所示。联肢剪力墙在水平荷载作用下，沿墙肢高度上的弯矩图在连续梁处有突变，个别楼层中会出现反弯点，如图 9 - 35 所示，但其变形仍以弯曲变形为主。

（四）壁式框架

当剪力墙有多列洞口，且洞口尺寸很大时，由于连梁的线刚度接近于墙肢的线刚度，整个剪力墙的受力性能接近于框架，故将这类剪力墙视为壁式框架。

在水平荷载作用下，墙肢弯矩沿高度在连梁处有突变，几乎在所有连梁之间的墙肢都有反弯点出现；沿水平截面的正应力已不再呈线性分布，在墙肢截面中产生较大的局部弯曲正应力，如图 9 - 36 所示。此时，剪力墙的变形呈现以剪切变形为主，其特点是在结构上部层间侧移较小，越到底部层间侧移越大。整个剪力墙的受力特点与框架相似。所不同的是，由于壁式框架是宽梁宽柱，故连梁和墙肢节点的刚度很大，几乎不产生变形，节点区形成一个刚域（即没有变形的一个区域）。

三、剪力墙结构构件的受力特点

（一）墙肢

在整截面剪力墙中，墙肢处于受压、受弯和受剪状态，而开洞剪力墙的墙肢可能处于受压、受弯和受剪状态，也可能处于受拉、受弯和受剪状态，后者出现的机会很少。在墙肢中，其弯矩和剪力均在基底部位达最大值，因此基底截面是

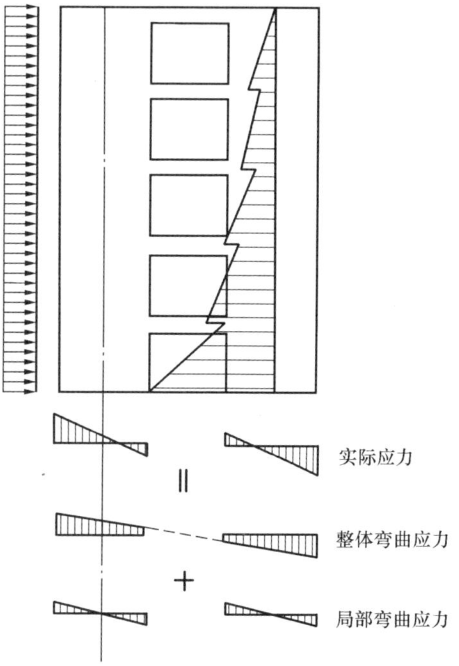

图 9 - 35　联肢墙的受力性能

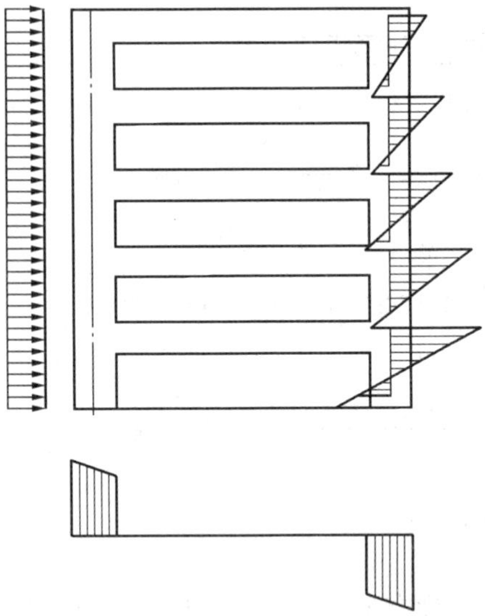

图 9-36　壁式框架的受力性能

剪力墙设计的控制截面。

墙肢的配筋计算与偏心受力柱类似，但也有不同之处。由于剪力墙截面高度大，在墙肢内除在端部正应力较大部位集中配置竖向钢筋外，还应在剪力墙腹板中设置分布钢筋。墙肢端部的竖向钢筋与墙内的竖向分布钢筋共同承受正截面受弯承载力，水平分布钢筋承担剪力作用。竖向分布钢筋与水平分布钢筋形成网状，还可以抵抗墙面混凝土的收缩及温度应力。

（二）连梁

剪力墙结构中的连梁承受弯矩、剪力、轴力的共同作用，属于受弯构件。

沿房屋高度方向内力最大的连梁并不在底层，应选择内力最大的连梁进行配筋计算。连梁由正截面承载力计算纵向受力钢筋（上、下配筋），由斜截面承载力计算箍筋用量。由于在剪力墙结构中连梁的跨高比都较小，因而连梁容易出现斜裂缝，也容易出现剪切破坏。连梁通常采用对称配筋。

9.3.3　剪力墙结构的构造要求

一、混凝土最低强度等级

剪力墙结构的混凝土强度等级不应低于 C20，同时不宜超过 C60；带有筒体和短肢剪力墙的剪力墙结构混凝土强度等级不应低于 C25。

二、剪力墙的最小厚度

抗震墙的厚度，一、二级不应小于 160mm，且不宜小于层高或无支长度的 1/20，三、四级不应小于 140mm，且不宜小于层高或无支长度的 1/25；无端柱或翼墙时，一、二级不宜小于层高或无支长度的 1/16，三、四级不宜小于层高或无支长度的 1/20。其中，无支长度是指墙肢沿水平方向上无支撑约束的最大长度。

底部加强部位的墙厚，一、二级不应小于 200mm 且不宜小于层高或无支长度的 1/16，三、四级不应小于 160mm 且不宜小于层高或无支长度的 1/20；无端柱或翼墙时，一、二级不宜小于层高或无支长度的 1/12，三、四级不宜小于层高或无支长度的 1/16。

三、剪力墙边缘构件

在剪力墙墙肢水平截面两端边缘应力较大的部位，应集中配置直径较大的竖向钢筋，用于抵抗压（拉）弯作用；端部竖筋应位于由箍筋或水平分布钢筋和拉筋约束的边缘构件内，以提高墙肢端部混凝土极限压应变、改善剪力墙的延性。边缘构件由竖向钢筋和箍筋组成，每端竖筋不少于 4 根直径 12mm 或 2 根直径 16mm 的钢筋；沿竖筋方向宜配置直径不小于 6mm、间距为 250mm 的拉筋。竖筋宜采用 HRB400 或 HRB335 级钢筋。

边缘构件又分为约束边缘构件和构造边缘构件两类，当边缘的压应力较高时采用约束边缘构件，其特点是约束范围大、箍筋较多、对混凝土的约束较强；当边缘的压应力较小时采用构造边缘构件，其箍筋数量和约束范围都小于约束边缘构件，对混凝土的约束程度较弱。边缘构件包括暗柱、端柱和翼墙。

暗柱及端柱内纵筋的连接和锚固要求宜与框架柱相同。剪力墙纵筋的最小锚固长度应

取 l_{aE}。

（一）构造边缘构件的设置

（1）构造边缘构件的设置部位。

对于抗震墙结构，底层墙肢底截面的轴压比不大于表 9-12 规定的一、二、三级抗震墙及四级抗震墙，墙肢两端可设置构造边缘构件。

表 9-12　设置构造边缘构件的最大轴压比

抗震等级或烈度	一级（9 度）	一级（7、8 度）	二、三级
轴压比	0.1	0.2	0.3

（2）构造边缘构件的构造。

1）构造边缘构件的设置范围，宜按图 9-37 采用。

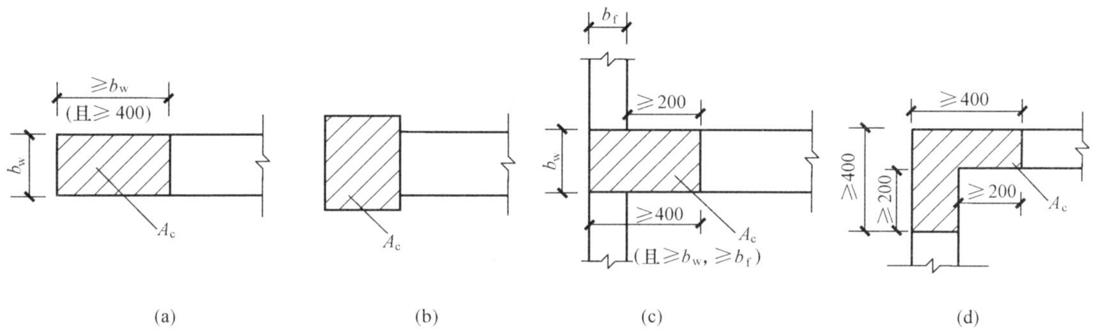

图 9-37　构造边缘构件的设置范围

（a）暗柱；（b）端柱；（c）翼墙；（d）转角墙

2）构造边缘构件范围内纵向钢筋的配筋量除应满足受弯承载力要求外，应符合表 9-13 的要求。

表 9-13　剪力墙构造边缘构件的配筋要求

抗震等级	底部加强部位			其他部位		
	纵向钢筋最小量（取较大值）	箍筋		纵向钢筋最小量（取较大值）	箍筋	
		最小直径（mm）	最大间距（mm）		最小直径（mm）	最大间距（mm）
一级	$0.010A_c$，$6\phi16$	8	100	$0.008A_c$，$6\phi14$	8	150
二级	$0.008A_c$，$6\phi14$	8	150	$0.006A_c$，$6\phi12$	8	200
三级	$0.006A_c$，$6\phi12$	6	150	$0.005A_c$，$4\phi12$	6	200
四级	$0.005A_c$，$4\phi12$	6	200	$0.004A_c$，$4\phi12$	6	250

注　1. A_c 为构造边缘构件的截面面积，即图 9-37 中的阴影面积。

2. 对其他部位，拉筋的水平间距不应大于纵筋间距的 2 倍，转角处宜用箍筋。

3. 当端柱承受集中荷载时，其纵向钢筋、箍筋直径和间距应满足柱的相应要求。

（二）约束边缘构件的设置

（1）约束边缘构件的设置部位。

底层墙肢底截面的轴压比大于表 9-12 规定的一、二、三级抗震墙，以及部分框支抗震墙结构的抗震墙，应在底部加强部位及相邻的上一层设置约束边缘构件，在以上的其他部位可设置构造边缘构件。

（2）约束边缘构件的构造。

1）约束边缘构件的形式可以是暗柱（矩形端）、端柱和翼墙，见图 9 - 38。

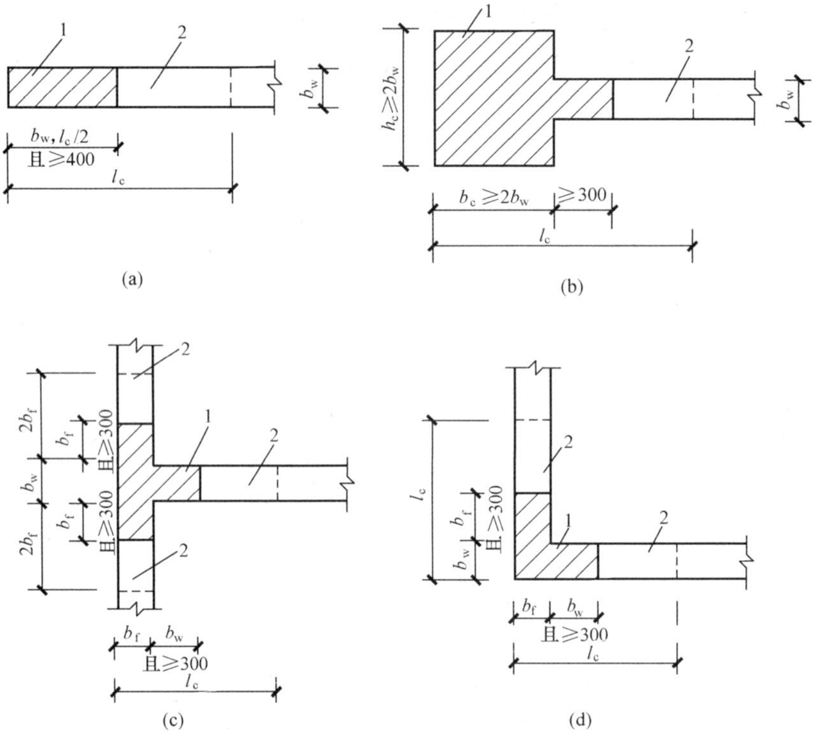

图 9 - 38 剪力墙的约束边缘构件

（a）暗柱；（b）端柱；（c）翼墙；（d）转角墙

1—配箍特征值为 λ_v 的区域；2—配箍特征值为 $\lambda_v/2$ 的区域

2）约束边缘构件沿墙肢方向的长度 l_c 和配箍特征值 λ_v 应符合表 9 - 14 的要求，箍筋的配筋范围如图 9 - 38 中的阴影面积所示。

表 9 - 14 约束边缘构件范围 l_c 及其配箍特征值 λ_v

项目	一级（9 度）		一级（8 度）		二、三级	
	$\lambda\leqslant0.2$	$\lambda>0.2$	$\lambda\leqslant0.3$	$\lambda>0.3$	$\lambda\leqslant0.4$	$\lambda>0.4$
λ_v	0.12	0.20	0.12	0.20	0.12	0.20
l_c（暗柱）	$0.20h_w$	$0.25h_w$	$0.15h_w$	$0.20h_w$	$0.15h_w$	$0.20h_w$
l_c（有翼墙或端柱）	$0.15h_w$	$0.20h_w$	$0.10h_w$	$0.15h_w$	$0.10h_w$	$0.15h_w$
纵向钢筋（取较大值）	$0.012A_c$，$8\phi16$		$0.012A_c$，$8\phi16$		$0.010A_c$，$6\phi16$（三级时 $6\phi14$）	
箍筋或拉筋沿竖向间距	100mm		100mm		150mm	

注 1. λ_v 为约束边缘构件配箍特征值，h_w 为剪力墙墙肢长度。

2. l_c 为约束边缘构件沿墙肢长度，且不小于 $\{b_w$ 和 $400\text{mm}\}_{max}$；有翼墙或端柱时不小于翼墙厚度或端柱沿墙肢方向截面高度加 300mm。

3. 当翼墙长度 $<3b_w$ 或端柱边长 $<2h_w$ 时，视为无翼墙、无端柱。λ 为墙肢轴压比，A_c 为约束边缘构件沿墙肢长度。

3）约束边缘构件纵筋的配筋范围不应小于图 9 - 38 中的阴影面积，一、二级抗震等级剪力墙在其范围内的纵筋截面面积，分别不应小于图中阴影面积的 1.2％和 1.0％，并分别不应小于 6 根直径 16mm 和 6 根直径 14mm 的钢筋；纵筋宜采用 HRB335 或 HRB400 级钢筋。

四、剪力墙中的分布钢筋

（一）分布钢筋的布置

剪力墙墙肢中应配置一定数量的水平向和竖直向的分布钢筋，其作用是：使剪力墙有一定的延性，破坏前有明显的位移和预兆，防止突然脆性破坏；当混凝土受剪破坏后，钢筋仍有足够的抗剪能力，剪力墙不会突然倒塌；减少和防止产生温度裂缝；当因施工拆模或其他原因使剪力墙产生裂缝时，能有效地控制裂缝继续发展。

剪力墙分布钢筋的配筋方式有单排及多排配筋。剪力墙厚度大于 140mm 时，竖向和水平方向分布钢筋应双排布置；当剪力墙厚度大于 400mm，但不大于 700mm 时，宜采用三排配筋；当厚度大于 700mm 时，宜采用四排配筋，如图 9 - 39 所示。为固定各排分布钢筋网的位置，应采用拉筋连系，拉筋应与外皮钢筋钩牢，墙身拉筋布置有矩形和梅花形两种，一般多采用梅花形排布。

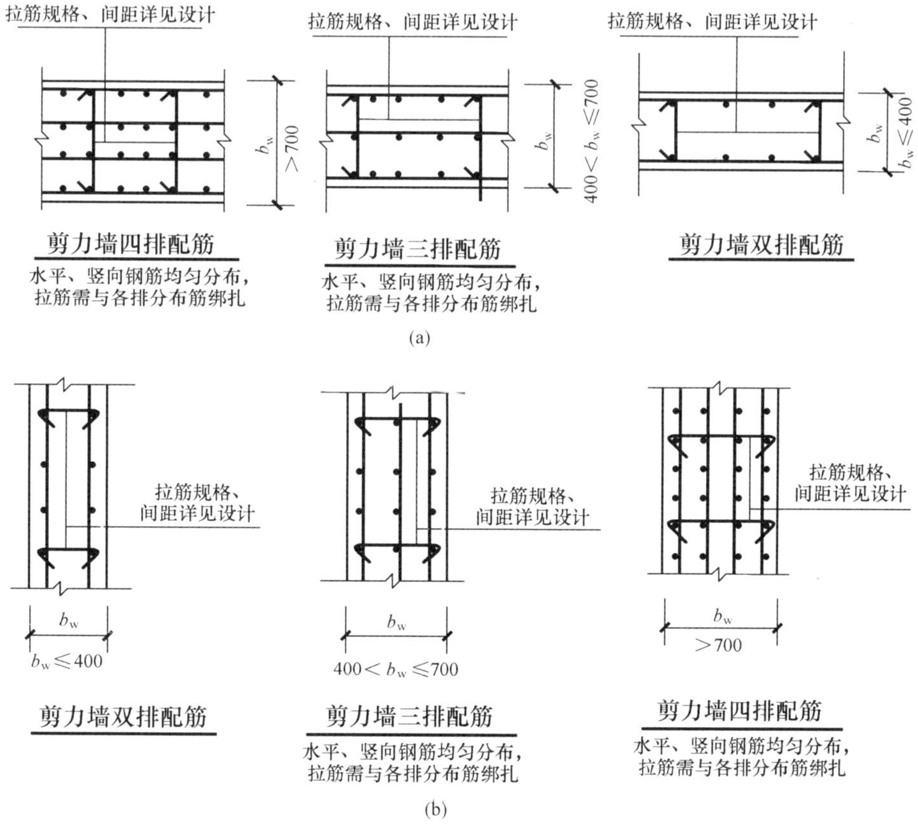

图 9 - 39　剪力墙分布钢筋配置

（a）不同厚度剪力墙钢筋排数配置；（b）竖向钢筋构造

由于施工是先立竖向钢筋，后绑水平钢筋，为方便施工，竖向钢筋宜在内侧，水平钢筋宜在外侧，水平与竖向分布钢筋的直径和间距宜相同。

（二）分布钢筋的配筋构造

剪力墙在边缘构件之外的第一道竖向分布钢筋距边缘构件的距离为竖向分布钢筋间距的1/2。

抗震剪力墙中竖向和水平方向分布钢筋的最小配筋率均不应小于0.25%（一～三级）和0.20%（四级）；最大间距不宜大于300mm，直径不宜大于墙厚的1/10，且不应小于8mm；为保证施工时钢筋网的刚度，竖向分布钢筋直径不宜小于10mm。拉筋直径不应小于6mm，间距不应大于600mm，拉筋应与外皮钢筋钩牢。在底部加强部位，约束边缘构件以外的拉筋间距应适当加密。

（三）分布钢筋的锚固

（1）水平钢筋的锚固。

剪力墙水平分布钢筋应伸至墙端。

当剪力墙端部无翼墙、无端柱时，分布钢筋应伸至墙端并向内弯折15d后截断［图9-40（b）］，其中d为水平分布钢筋直径；当墙厚度较小时，也可采用在墙端附近搭接的做法［图9-40（a）］；当剪力墙端部有暗柱时，分布钢筋应伸至墙端暗柱竖向钢筋的内侧［图9-40（c）］。

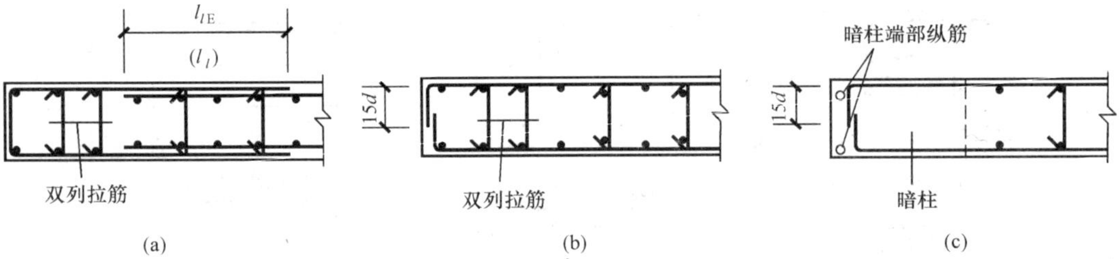

图9-40　剪力墙端部无翼墙、无端柱时分布钢筋构造

当剪力墙端部有翼墙或转角墙时，内墙两侧的水平分布钢筋和外墙内侧的水平分布钢筋应伸至翼墙或转角墙外边，并分别向两侧水平弯折不小于15d后截断，如图9-41所示。在转角墙部位，沿剪力墙外侧的水平分布钢筋应沿外墙边在翼墙内连续通过转弯。当需要在纵横墙转角处设置搭接接头时，沿外墙的水平分布钢筋应在墙端外角处弯入翼墙，并与翼墙外侧水平分布钢筋搭接，搭接长度应不应小于1.2l_{aE}，如图9-41（a）所示。

当剪力墙有端柱时，内墙两侧水平分布钢筋和外墙内侧水平分布钢筋应贯穿端柱并锚固在端柱内，其锚固长度不应小于l_{aE}，且必须伸至端柱对边；当伸至端柱对边的长度不满足l_{aE}时，应伸至端柱对边后分别向两侧水平弯折不小于15d，其中弯前长度不应小于0.4l_{aE}，如图9-42所示。

（2）竖向钢筋的锚固。

剪力墙身竖向分布钢筋应伸至墙顶，贯穿楼（屋）面板或边框梁并进行锚固，如图9-43所示。

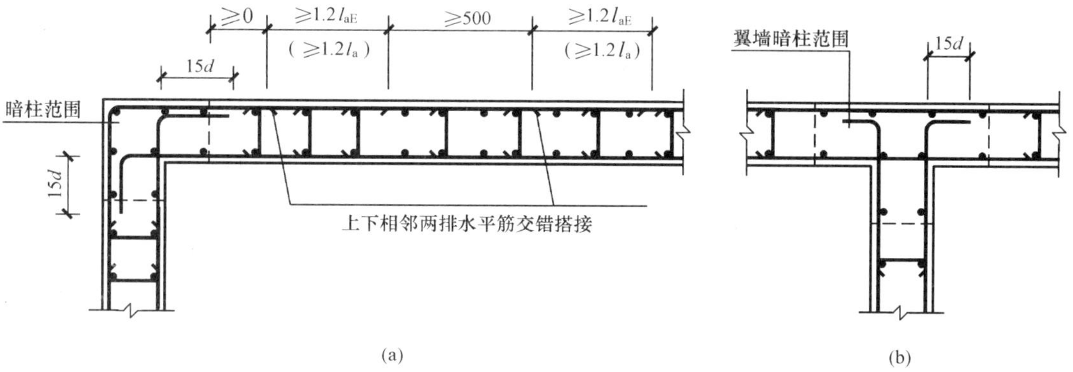

图 9-41　转角墙和翼墙的水平钢筋构造

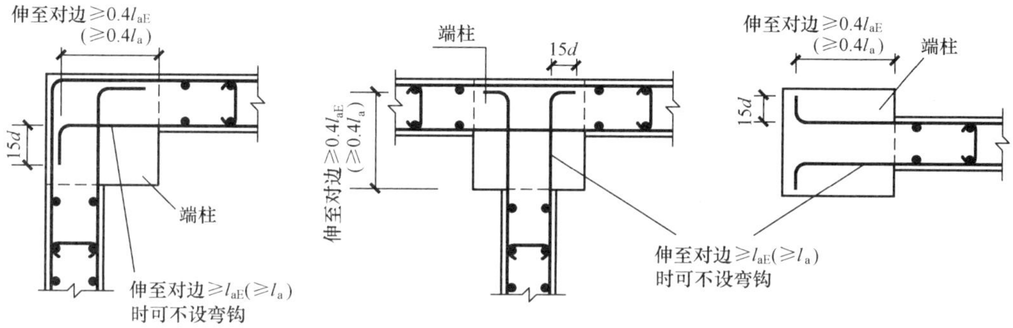

图 9-42　剪力墙有端柱时水平钢筋锚固构造

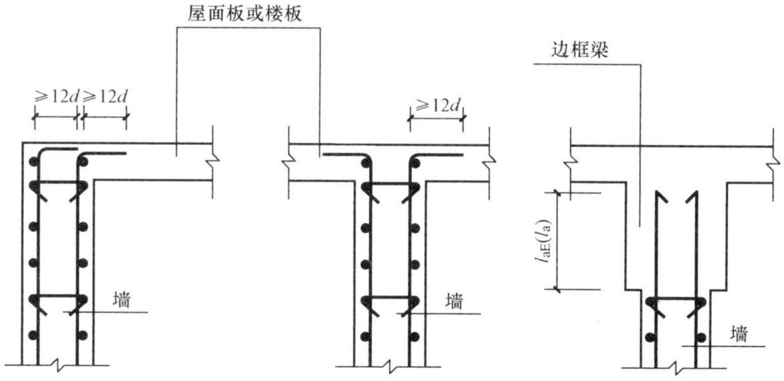

图 9-43　剪力墙竖向钢筋顶部构造

剪力墙身插筋应插入基础内并进行锚固，如图 9-44 所示。

（四）分布钢筋的连接构造

剪力墙水平分布钢筋的搭接长度 l_{lE} 不应小于 1.2l_{aE}。同排水平分布钢筋的搭接接头之间以及上、下相邻水平分布钢筋的搭接接头之间沿水平方向的净间距不宜小于 500mm，以避免接头过于集中，对承载力造成不利影响。

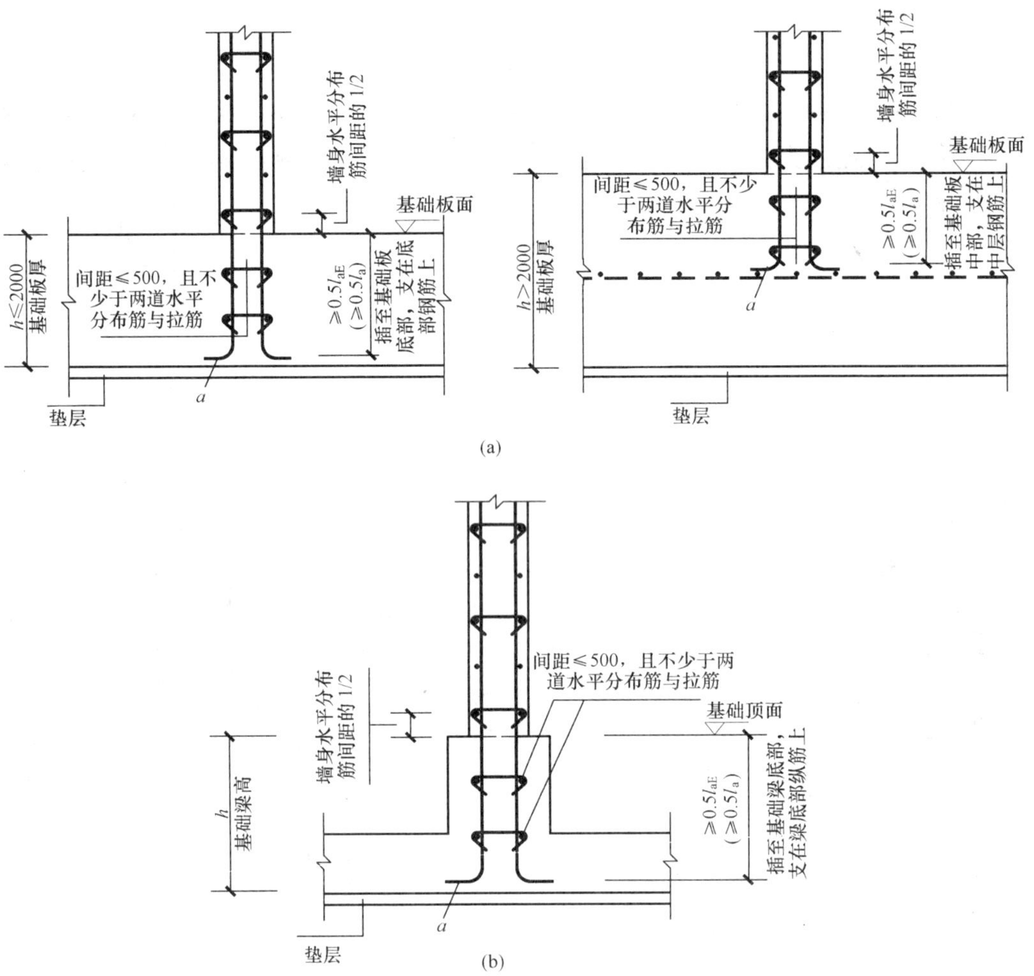

图 9-44 剪力墙插筋在基础内的锚固构造

（a）墙插筋在平板式筏基的基础平板内的锚固；（b）墙插筋在梁板式筏基主梁内的锚固

三、四级抗震等级剪力墙竖向分布钢筋可在同一高度上全部搭接，以方便施工，搭接长度不应小于 1.2l_{aE}(l_a)，且不应小于 300mm，采用 HPB300 级钢筋端头加 5d 直钩；一、二级抗震等级剪力墙底部加强部位竖向分布钢筋应分两批进行搭接，间隔 500mm。

五、连梁的配筋构造

（1）剪力墙洞口连梁应沿全长配置箍筋，抗震设计时沿梁全长箍筋的构造应按框架梁梁端加密区箍筋的构造采用；在顶层连梁纵向钢筋伸入墙内的锚固长度范围内，应配置间距不大于 150mm 的构造箍筋，箍筋直径应与该连梁跨内的箍筋直径相同，如图 9-45 所示。

（2）剪力墙连梁上、下边缘单侧纵向钢筋的最小配筋率不应小于 0.15%，且配筋不宜少于 2ϕ12，两端锚入墙内的锚固长度不应小于 l_{aE}(l_a)，且均不应小于 600mm，如图 9-45（a）所示。当位于墙端部洞口的连梁顶面、底面纵筋伸入墙端部长度不满足 l_{aE}(l_a) 时，应伸至墙端部后分别向上、下弯折 15d，且弯前长度不应小于 0.4l_{aE}(l_a)，如图 9-45（b）所示。

（3）墙体水平分布钢筋应作为连梁的腰筋在连梁范围内拉通连续配置；当连梁腹板高度 h_w 不小于 450mm 时，其两侧面沿梁高范围设置的纵向构造钢筋的直径不应小于 10mm，间

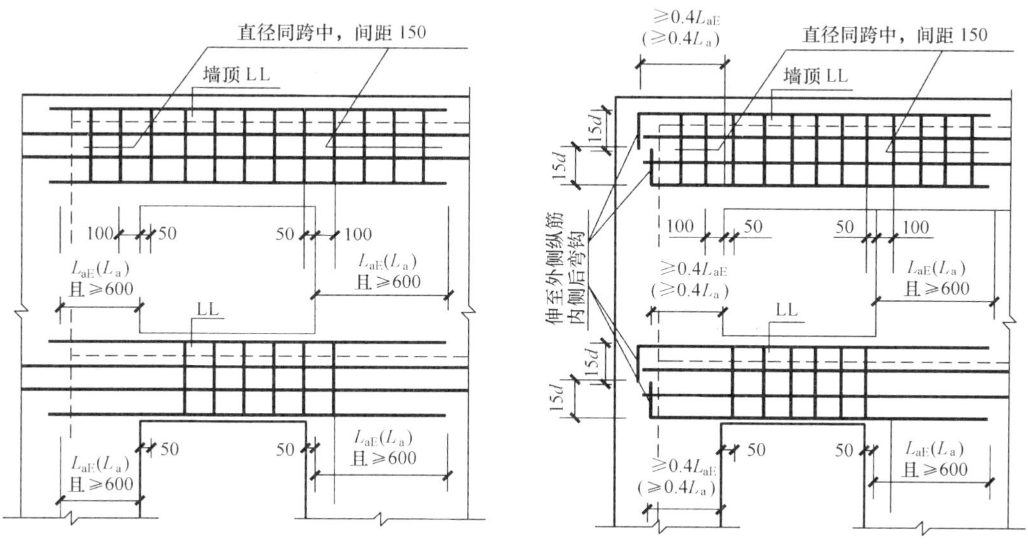

(a)　　(b)

图 9-45　连梁上、下纵筋锚固和箍筋构造

距不应大于 200mm。对跨高比不大于 2.5 的连梁，梁两侧的纵向构造钢筋的面积配筋率尚不应小于 0.3%。

六、剪力墙洞口的补强措施

剪力墙上通常需要为采暖、通风、消防等设备的管道开洞，最常用的洞口有矩形和圆形两种形状。

当剪力墙上的洞口为矩形，且洞口的洞宽和洞高均不大于 800mm 时，洞边需配置加强钢筋，应将被洞口截断的分布钢筋的配置量分别集中配置在洞口的上、下和左、右两边，其每边钢筋面积不宜小于被洞口截断的水平分布钢筋总面积的 1/2，洞口上、下每边纵筋不应少于 2 根，钢筋直径不应小于 12mm，该钢筋自洞口边伸入墙内的锚固长度应不小于l_{aE}(l_a)，如图 9-46（a）所示；当矩形洞口的洞宽大于 800mm 时，应在洞口上、下两边设补强暗梁，如图 9-46（b）所示。

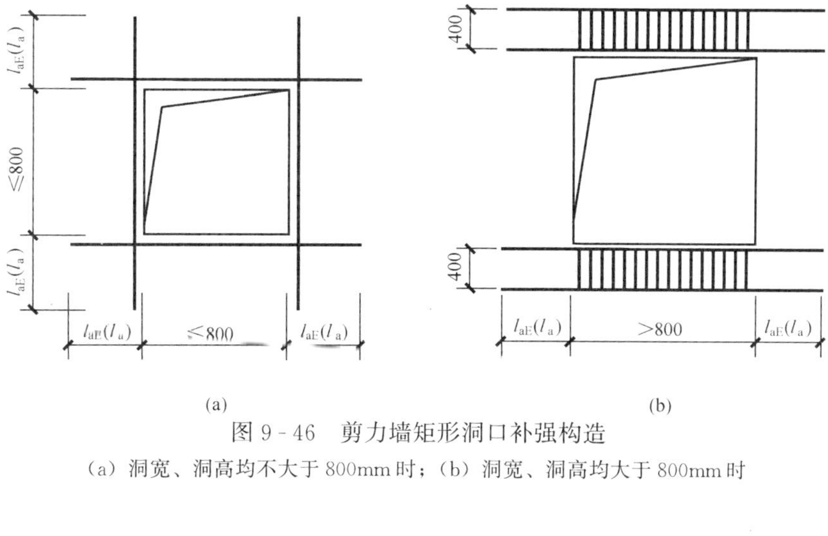

(a)　　(b)

图 9-46　剪力墙矩形洞口补强构造

（a）洞宽、洞高均不大于 800mm 时；（b）洞宽、洞高均大于 800mm 时

当剪力墙上的洞口为圆形时，洞口补强纵筋构造根据洞口直径的大小可分为两种情况：当洞口直径不大于 300mm 时，在洞口的上、下和左、右钢筋补强，如图 9 - 47（a）所示；当洞口直径大于 300mm 时，应在洞口上、下以及周边呈六边形布置补强钢筋，如图 9 - 47（b）所示。

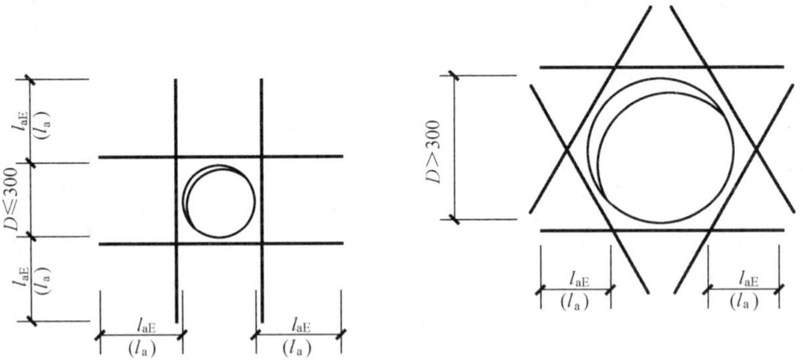

(a) (b)

图 9 - 47 圆形洞口补强构造

（a）洞口直径≤300mm；（b）洞口直径>300mm

当圆形洞口处在连梁中部时，穿过连梁的管道宜预埋套管，洞口上、下的有效高度不宜小于梁高 h_b 的 1/3，且不宜小于 200mm，洞口处宜配置补强钢筋与补强箍筋，如图 9 - 48 所示。

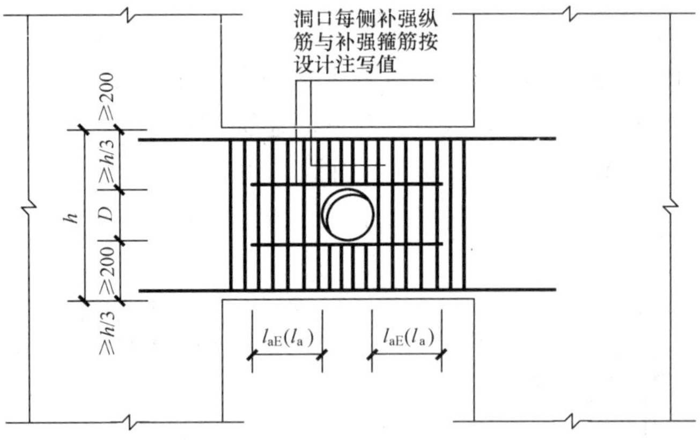

图 9 - 48 连梁中部圆形洞口补强钢筋构造

9.4 框架—剪力墙结构

9.4.1 框架—剪力墙结构的组成及受力特点

一、剪力墙的合理布置

框架结构易于形成较大的使用空间，以满足不同建筑功能的要求；剪力墙则可提供很大的抗侧刚度，以减少结构在风荷载或侧向地震作用下的侧向位移，有利于提高结构的抗震能力；框架—剪力墙结构是由框架和剪力墙两种不同的结构形式组成的受力体系，通过楼盖结构把框架和剪力墙联系在一起，迫使框架和剪力墙在一起协同工作。

在框架—剪力墙结构中，剪力墙的数量直接影响到整个结构的抗震性能和土建造价。当剪力墙布置数量较少时，水平荷载仍然主要由框架承担，结构抗侧刚度较小，未能充分发挥剪力墙抵抗水平荷载的能力，地震时结构容易破坏；当剪力墙布置数量增加，结构总抗侧刚度加大，水平荷载主要由剪力墙承担，而剪力墙结构具有良好的抗震性能，因此整个结构抵抗水平荷载的能力增强，地震时结构的震害大大减轻。但如果剪力墙布置数量过多，虽然突出了剪力墙的优点，但会增加建筑物的重量，同时由于结构的整体抗侧刚度增加较多，使得地震作用加大，增加了结构的内力，框架的作用得不到发挥，并会导致工程造价大幅增加，影响结构的经济性。可见，布置合理数量的剪力墙是框架—剪力墙结构设计中要解决的一个重要问题。

剪力墙在建筑平面上的布置宜均匀、对称。剪力墙宜布置在房屋的竖向荷载较大处、建筑平面形状变化处、楼梯间和电梯间的周围，同时应尽量布置在结构区段的两端或周边，以利于结构区段的整体抗扭。

框架与剪力墙的协同工作需要由楼盖结构来保证，因此，框架一剪力墙结构中宜采用现浇楼盖，以保证楼盖结构在其自身平面内有较大的刚度。

二、框架—剪力墙结构的受力特点

图 9-49（a）为框架结构在水平荷载作用下的变形曲线，其特点是呈现整体剪切变形：底部几层层间侧移增长较快，随着高度的增加，层间侧移增长逐步放缓，其水平位移主要是由框架梁、柱的弯曲变形形成。在水平荷载作用下框架的受力特点是：框架的楼层剪力从上至下不断增加，底层剪力最大，因而框架梁、柱的内力也是底部最大，随高度增加，内力逐步减小。

图 9-49（b）为剪力墙结构在水平荷载作用下的变形曲线，其特点是呈整体弯曲变形，底部几层层间侧移增长缓慢，随着高度的增加，层间侧移的增长逐步加快，与悬臂梁类似，其水平位移主要是剪力墙的弯曲变形形成。在水平荷载作用下剪力墙的受力特点是：剪力墙截面的弯矩从上至下不断增加，底部弯矩最大。

框架—剪力墙结构通过各层的楼盖结构将框架和剪力墙联系在一起，使得两者在各楼层处具有相同的侧移，形成一个整体，共同承担水平荷载。由于框架和剪力墙之间的联系形成超静定结构，强迫其变形协调必将引起它们之间产生相互作用力，从而改变框架和剪力墙的受力特点和变形性质。图 9-49（c）所示为框架—剪力墙结构在水平荷载作用下的变形曲线为，底部附近框架的侧移缩小而剪力墙的侧移增大，剪力墙被框架拉出，框架被剪力墙推进；顶部附近框架的侧移增大而剪力墙的侧移缩小，剪力墙被框架推进，框架被剪力墙拉出，从而达到变形相互协调，两者的协同工作使结构的层间变形趋于均匀，侧移曲线呈现弯剪型。由于框架和剪力墙之间的变形协调作用，框架与剪力墙之间的相互作用力如图 9-49（d）所示，当剪力墙的数量布置合理，剪力墙将承担 60%～80%的水平荷载，其余由框架承担，由于剪力墙具有较大的侧移刚度，这就充分发挥了剪力墙抵抗水平地震作用的能力；而框架所受到的楼层剪力自下而上趋于均匀，给框架结构设计和施工带来便利。框架一剪力墙结构由于剪力墙的存在，结构总体刚度加大，使得层间位移减小而均匀，因此，地震作用下的非结构性破坏大大减轻。

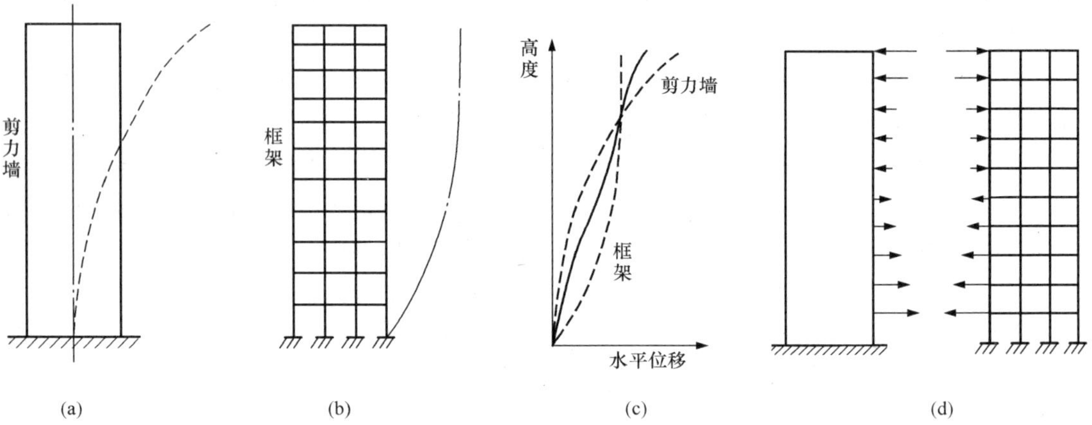

图 9-49　框架—剪力墙结构变形特性

（a）框架变形曲线；（b）剪力墙变形曲线；（c）框架—剪力墙协调变形；（d）框架—剪力墙的协同工作

在框架—剪力墙结构受力计算中，只考虑剪力墙自身平面内的刚度，出平面的刚度忽略不计。把同一方向的剪力墙合并在一起组成总剪力墙，同一方向的框架合并在一起组成总框架，通过平面内刚度无限大的楼板，使得总剪力墙和总框架形成一个整体，在各楼层处具有相同的位移。图 9-50 所示为框架—剪力墙结构体系的计算简图。

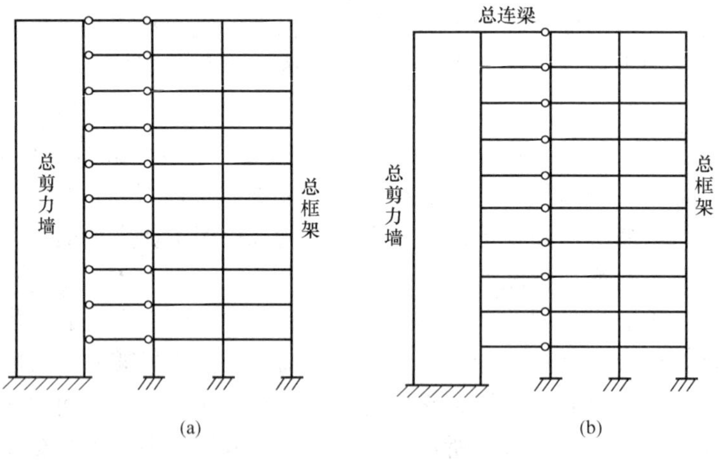

图 9-50　框架—剪力墙结构体系

（a）铰接体系；（b）刚接体系

9.4.2　框架—剪力墙结构的构造

框架—剪力墙结构中，剪力墙是主要的抗侧力构件，承担着绝大部分剪力，因此构造上应加强。框架—剪力墙结构中的框架和剪力墙的构造要求，除满足一般框架和剪力墙的有关构造要求外，还应符合如下构造要求：

（1）框架—剪力墙结构中，剪力墙的厚度不应小于 160mm，且不应小于层高的 1/20；底部加强部位的剪力墙的厚度不应小于 200mm，且不应小于层高的 1/16。

（2）剪力墙中的竖向和水平向分布钢筋的配筋率均不应小于 0.25%，钢筋直径不宜小于 10mm，间距不宜大于 300mm，并应至少双排布置。各排分布钢筋间应设置拉筋。

（3）剪力墙有端柱时，墙体在楼盖处周边宜设置暗梁，暗梁的截面高度不宜小于墙厚和 400mm 的较大值；端柱截面宜与同层框架柱相同，并应满足对框架柱的构造要求；抗震墙底部加强部位的端柱和紧靠抗震墙洞口的端柱，宜按柱箍筋加密区的要求沿全高加密箍筋。

本章小结

（1）多层与高层房屋的结构体系的选用主要取决于房屋高度。当房屋越高时，水平荷载对结构内力的影响越来越大，对结构设计的控制作用越大，所以风荷载将从多层房屋设计的次要荷载上升为主要荷载。

（2）多层框架结构的布置，关键在于柱网尺寸和框架横梁的布置方向。布置的合理与否，关系到整个建筑能否合理使用以及造价高低的问题，必须慎重对待。

（3）框架结构设计时，应首先进行结构选型和结构布置，初步选定梁、柱截面尺寸，确定结构计算简图和作用在结构上的荷载，然后再进行内力计算与分析。

（4）框架在竖向荷载作用下，其内力近似计算可采用分层法进行分析；在水平荷载作用下，其内力近似计算可采用 D 值法进行分析。框架梁的控制截面通常是梁端支座截面和跨中截面，框架柱的控制截面通常是柱上、下两端截面。

（5）框架结构在水平荷载作用下的侧移由总体剪切变形和总体弯曲变形两部分组成，总体剪切变形是由梁、柱弯曲变形引起的框架变形，总体弯曲变形是由两侧框架柱的轴向变形导致的框架变形。一般多、高层房屋结构的侧移以总体剪切变形为主，对于较高柔的框架结构，需考虑柱轴向变形影响。

（6）现浇框架梁柱的纵向钢筋和箍筋，除分别满足受弯构件和受压构件承载力计算要求外，尚应满足钢筋直径、间距、根数、接头长度、锚固长度以及节点配筋等构造要求。

（7）多、高层房屋结构体系的选择，主要取决于建筑物的高度。随着建筑高度的增加，水平荷载在结构中产生的内力和侧移呈快速增加趋势，即水平荷载对结构所起的作用越来越重要。因此，要求房屋结构应具有较大的抗侧力刚度，以有利于承受水平荷载作用，剪力墙结构和框架—剪力墙结构均具有较强的抗侧刚度，是高层建筑结构适宜的结构类型。

思考题

9-1　高层建筑混凝土结构的结构体系有哪几种？其优缺点及适用范围是什么？

9-2　为什么要限制高层建筑的高宽比？

9-3　随着房屋高度的增加，竖向荷载与水平荷载对结构设计所起的作用是如何变化的？

9-4　在竖向荷载作用下，在框架梁、柱截面中分别产生哪些内力？其内力分布规律如何？

9-5　在水平荷载作用下，在框架梁、柱截面中主要产生哪些内力？其内力分布规律如何？

9-6　如何确定框架梁、柱的控制截面？其最不利内力是什么？

9-7 多高层钢筋混凝土结构抗震等级划分的依据是什么？有何意义？

9-8 框架结构在什么部位应加密箍筋？有何作用？

9-9 为什么要限制框架柱的轴压比？

9-10 抗震设计为什么要尽量满足“强柱弱梁”“强剪弱弯”“更强节点核心区”的原则？

9-11 剪力墙可以分为哪几类？其受力特点有何不同？

9-12 剪力墙结构中，分布钢筋的作用是什么？构造要求有哪些？

9-13 比较框架结构、剪力墙结构、框架—剪力墙结构的水平位移曲线，各类结构的变形有什么特点？

9-14 简述框架—剪力墙结构的受力特点。

习题

9-1 某框架结构计算简图如图 9-51 所示，各杆线刚度的比值均为 1，$q=3\text{kN/m}$，$l=6\text{m}$。试用分层法计算并画出顶层 AB 梁的弯矩图。

9-2 用 D 值法求如图 9-52 所示框架的弯矩图，其中括号内数字为各杆的相对线刚度。

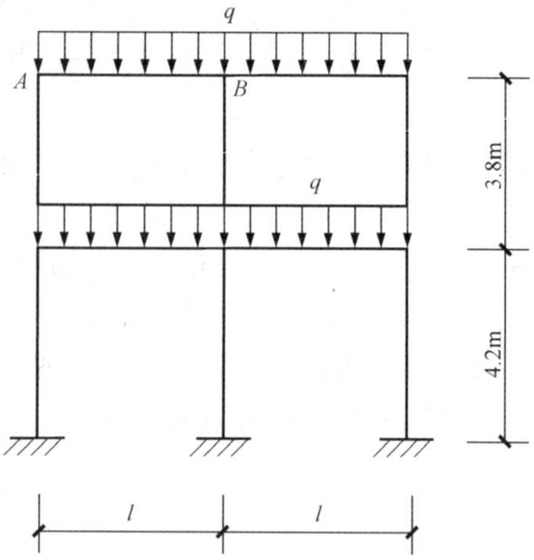

图 9-51 习题 9-1 图

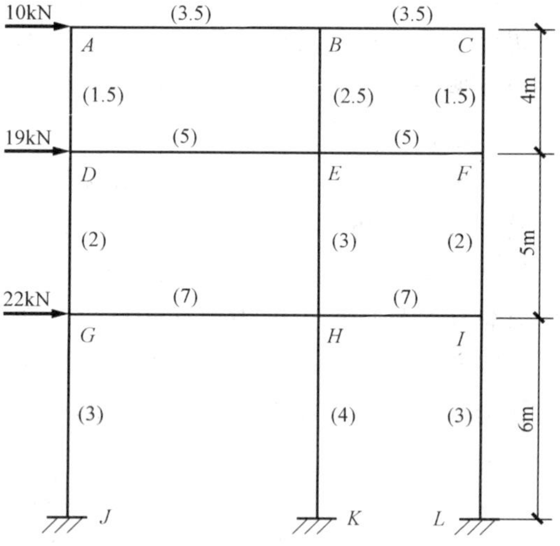

图 9-52 习题 9-2 图

扫一扫

课程前导资源

第 10 章　砌体结构基本知识

学习提要

通过本章的学习，可使学生了解砌体材料的种类、强度等级以及砌体种类；熟悉无筋砖砌体受压构件的受力性能及影响砌体抗压强度的有关因素，无筋砖砌体受压构件、局部承压承载力的计算方法；了解混合结构房屋承重墙体布置方案及传力途径；了解混合结构房屋静力计算方案的划分；熟悉刚性方案多层房屋墙体设计计算方法；掌握墙体设计的构造要求、墙柱高厚比影响因素和验算的方法；了解过梁、悬挑构件的受力特点和构造要求；掌握多层砌体抗震和无抗震要求的构造要求。

10.1　砌体材料及其力学性能

10.1.1　砌体材料

一、块体材料

（一）块体材料的种类

块体材料分为人工砖石和天然石材两大类。

人工砖石又分为烧结类砖和非烧结类砖两类。烧结类砖包括烧结普通砖、烧结多孔砖；非烧结类砖常用的有蒸压灰砂砖、蒸压粉煤灰砖、混凝土小型空心砌块等。

烧结普通砖是指以煤矸石、页岩、粉煤灰或黏土为主要原料，经过焙烧而成的实心砖。其规格尺寸为 240mm×115mm×53mm，每立方米砌体的标准砖块数量为 4×8×16=512 块。

烧结多孔砖是指以煤矸石、页岩、粉煤灰或黏土为主要原料，经焙烧而成、孔洞率不大于 35%且孔的尺寸小而数量多的砖，简称多孔砖。目前多孔砖分为 P 型砖和 M 型砖，P 型砖规格为 240mm×115mm×90mm，M 型砖规格为 190mm×190mm×90mm。

蒸压灰砂砖是指以石灰和砂为主要原料，蒸压粉煤灰砖是指以粉煤灰、石灰为主要原料，加入其他掺和料后，经坯料制备、压制排气成型、高压蒸汽养护而成的实心砖。

混凝土小型空心砌块是指由普通混凝土或轻骨料混凝土制成，主规格尺寸为 390mm×190mm×190mm、空心率在 25%～50%的空心砌块，简称混凝土砌块或砌块。

天然石材一般多采用花岗岩、砂岩和石灰岩等几种石材。天然石材根据其外形和加工程度可分为料石和毛石两种，料石又分为细料石、半细料石、粗料石和毛料石。

（二）块体材料的强度等级

块体材料的强度等级用符号“MU”表示，由标准试验方法所得的块体极限抗压强度平均值来确定，单位为 MPa（N/mm^2）。

《砌体规范》中规定承重结构的块体强度等级分别为：

烧结普通砖、烧结多孔砖：MU30、MU25、MU20、MU15 和 MU10 五级；

蒸压灰砂砖、蒸压粉煤灰砖：MU25、MU20、MU15 三级；

砌块：MU20、MU15、MU10、MU7.5 和 MU5 五个等级；

石材：MU100、MU80、MU60、MU50、MU40、MU30 和 MU20 七个等级。

自承重墙的空心砖、轻集料混凝土砌块的强度等级为：

空心砖：MU10、MU7.5、MU5 和 MU3.5 四个等级；

轻集料混凝土砌块：MU10、MU7.5、MU5 和 MU3.5 四个等级。

二、砂浆

砂浆在砌体中的作用是将块材连成整体并使应力均匀分布，保证砌体结构的整体性。此外，由于砂浆填满块材间的缝隙，减少了砌体的透气性，提高了砌体的隔热性及抗冻性。

砂浆按其组成材料的不同，分为水泥砂浆、混合砂浆和石灰砂浆。水泥砂浆具有强度高、耐久性好的特点，但保水性和流动性较差，适用于潮湿环境和地下砌体。混合砂浆的保水性和流动性较好，强度较高，便于施工而质量容易保证的特点，是砌体结构中常用的砂浆。石灰砂浆具有保水性、流动性好的特点，但强度低、耐久性差，只适用于临时建筑或受力不大的简易建筑。

砂浆的强度等级是用龄期为 28d 的边长为 70.7mm 立方体试块所测得的极限抗压强度平均值来确定的，用符号“M”表示，单位为 MPa（N/mm^2）。

烧结类、蒸压类采用普通砂浆强度等级分为 M15、M10、M7.5、M5 和 M2.5 五个等级；毛石、毛料石采用的砂浆强度等级分为 M7.5、M5 和 M2.5 三个等级。

验算施工阶段砌体结构的承载力时，砂浆强度取为 0。

当采用混凝土小型空心砌块时，应采用与其配套的砌块专用砂浆（用“Mb”表示）和砌块灌孔混凝土（用“Cb”表示），蒸压类采用专用砂浆时用“Ms”表示。

砌块专用砂浆强度等级有 Mb20、Mb15、Mb10、Mb7.5 和 Mb5 五个等级，蒸压类专用砂浆强度等级有 Ms15、Ms10、Ms7.5 和 Ms5 四个等级，砌块灌孔混凝土与混凝土强度等级等同。

10.1.2 砌体的种类

砌体是由块材通过砂浆砌筑而成的整体，分为无筋砌体和配筋砌体两大类。

一、无筋砌体

无筋砌体不配置钢筋，仅由块材和砂浆组成，包括砖砌体、砌块砌体和石砌体。无筋砌体抗震性能和抵抗地基不均匀沉降的能力较差。

砖砌体由砖和砂浆砌筑而成，可用作内外墙、柱、基础等承重结构以及围护墙和隔墙等非承重结构。墙体厚度根据强度和稳定性要求确定，对于房屋的外墙还需考虑保温、隔热性能要求。

砌块砌体由砌块和砂浆砌筑而成，是墙体改革的一项重要措施。采用砌块砌体可以减轻劳动强度，提高生产率，并具有较好的经济技术指标。

石砌体由天然石材和砂浆（或混凝土）砌筑而成，分为料石砌体、毛石砌体和毛石混凝土砌体三类。石砌体可用作一般民用建筑的承重墙、柱和基础，还可用作建造挡土墙、石拱桥、石坝和涵洞等构筑物。在石材产地可就地取材，比较经济，应用较广泛。

二、配筋砌体

为提高砌体强度，减少其截面尺寸，增加砌体结构（或构件）的整体性，可采用配筋砌体。配筋砌体可分为配筋砖砌体和配筋砌块砌体，其中配筋砖砌体又可分为网状配筋砖砌体、组合砖砌体、砖砌体和钢筋混凝土构造柱组合墙、配筋砌块砌体。

（一）网状配筋砖砌体

网状配筋砖砌体又称横向配筋砌体，是在砌体中每隔几皮砖在其水平灰缝设置一层钢筋网。常用的方格网式钢筋网如图10-1所示。方格网式一般采用直径为3～4mm的钢筋；钢筋网中钢筋的间距，不应大于120mm，并不应小于30mm的钢筋；钢筋网的间距，不应大于五皮砖，且不应大于400mm；所用砂浆强度等级不应低于M7.5，灰缝厚度应保证钢筋上下至少各有2mm厚的砂浆层。

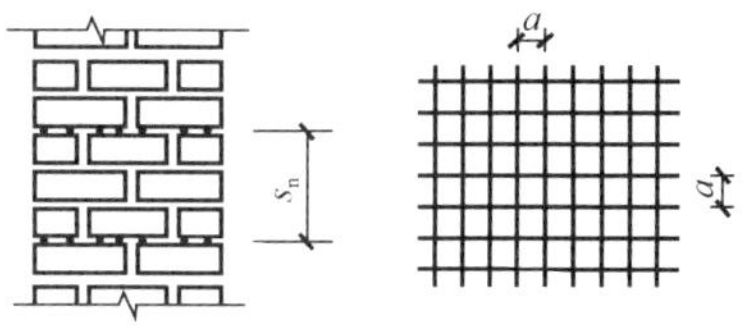

图10-1　方格网式配筋砖砌体

砖砌体在轴向压力作用下，砖砌体发生纵向压缩，同时也发生横向膨胀。由于摩擦力及与砂浆的黏结力，钢筋被完全嵌固在灰缝内并与砖砌体共同工作。这时砌体纵向受压，钢筋横向受拉，由于钢筋弹性模量很大，变形很小，可阻止砌体在纵向受压时横向变形的发展，防止了砌体因过早失稳而破坏，间接地提高了砌体的抗压能力。

网状配筋砖砌体适用于高厚比较小的轴心受压构件和偏心很小的偏心受压构件。

（二）组合砖砌体

组合砖砌体是由砖砌体和钢筋混凝土面层或钢筋砂浆面层组合而成的，如图10-2所示。组合砖砌体适用于承受较大的偏心压力，或进行增层改造的墙或柱。砂浆面层的厚度，一般为30～45mm，当面层厚度大于45mm时，宜采用混凝土面层；面层混凝土强度等级宜采用C20，面层水泥砂浆强度等级不宜低于M10，砌筑砂浆强度等级不宜低于M7.5；竖向受力筋宜采用HPB300级，对于混凝土面层，也可采用HRB335级，钢筋直径不应小于8mm，钢筋的净间距，不应小于30mm；箍筋的直径，不宜小于4mm及0.2倍的受压钢筋直径，并不宜大于6mm，箍筋的间距，不应大于20倍受压钢筋直径及500mm并不应小于120mm；当一侧的竖向受力钢筋多于4根时，应设置附加箍筋或拉结钢筋；水平分布筋的竖向间距及拉结钢筋的水平间距，均不应大于500mm。

（三）砖砌体和钢筋混凝土构造柱组合墙

砖砌体和钢筋混凝土构造柱组合墙是在砖砌体中每隔一定距离设置钢筋混凝土构造柱，并在各层楼盖处设置钢筋混凝土圈梁，使砖砌体墙与钢筋混凝土构造柱和圈梁组成一个整体结构共同受力，如图10-3所示。工程实践表明，这种墙体不仅提高了构件的承载力，同时还增强了房屋的变形与抗倒塌能力。施工时必须先砌墙，后浇筑钢筋混凝土构造柱。

（四）配筋砌块砌体

配筋砌块砌体是指在水平灰缝中配置水平钢筋，在混凝土砌块墙体上下贯通的竖向孔洞中插入竖向钢筋，并用灌孔混凝土灌实，使竖向和水平钢筋与砌体形成一个整体的砌体，如图10-4所示。这种砌体具有抗震性能好，造价较低，节能的特点，可用于中高层房屋建筑中。配筋砌块砌体构造详见《砌体规范》。

10.1.3　砌体的受压性能

一、砌体的受压破坏过程与特点

试验研究表明，砌体自加荷到破坏大致经历三个阶段。

第一阶段：当荷载加至破坏荷载的50%～70%时，首先在砌体内的个别单砖上出现细小竖向裂缝，如图10-5（a）所示。此时如果停止加载，裂缝不会继续扩展或增加。

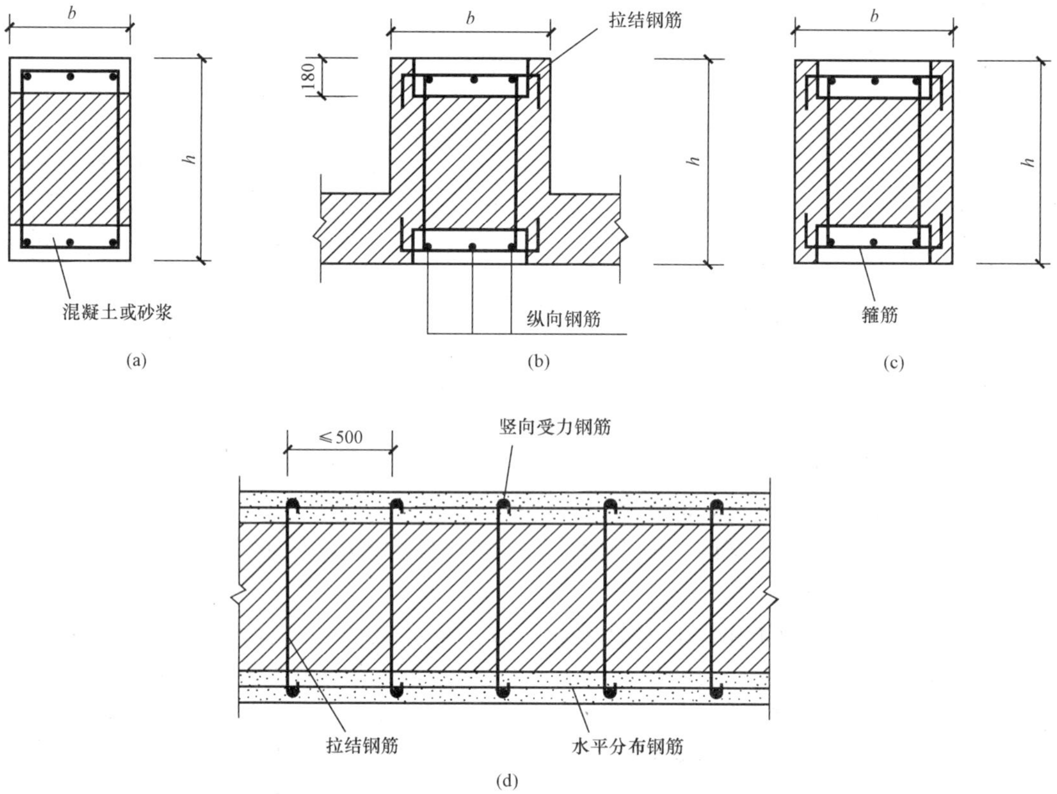

图 10-2　组合砖砌体的几种形式

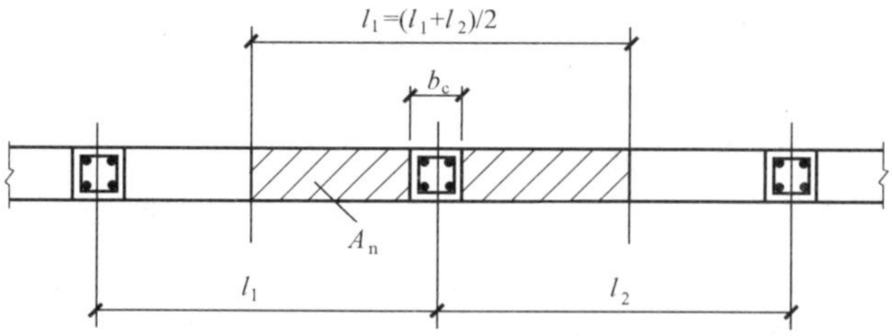

图 10-3　砖砌体和钢筋混凝土构造柱组合墙

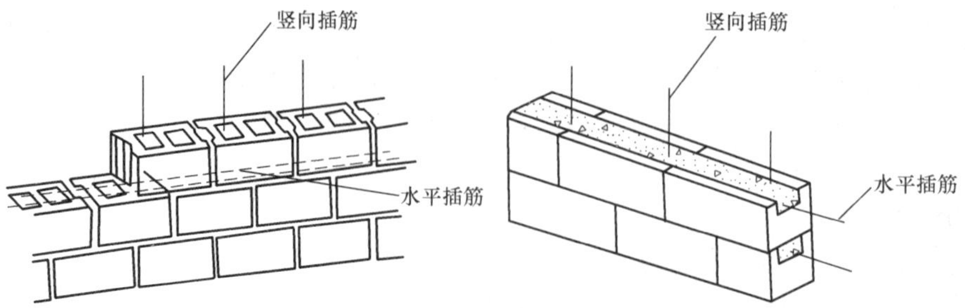

图 10-4　配筋砌块砌体

第二阶段：随着荷载增加，单砖裂缝增多且不断发展延伸，当加载至破坏荷载的80%～90%时，原有裂缝扩展并沿竖向灰缝贯通若干皮砖形成竖向条缝，如图10-5（b）所示。如此时荷载不再增加，裂缝仍会继续发展，砌体已临近破坏。

第三阶段：继续加载，裂缝急剧扩展并形成上下连续的贯通裂缝，将砌体分割成若干个1/2块体的小砖柱，最终被压碎或失稳而破坏，如图10-5（c）所示。

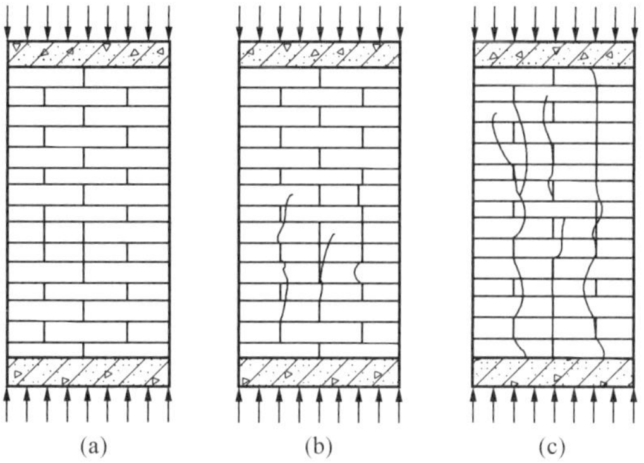

图10-5　砖砌体轴心受压时破坏特征

二、受压砌体的受力特点

试验表明，砌体的抗压强度远小于块体的抗压强度，且砌体中的单砖块体开裂过早，在荷载尚不大时已出现竖向裂缝。导致这一现象的原因有以下三点：

（1）由于砖本身的形状不完全规则、灰缝处砂浆厚度铺砌不均匀，使得单砖在砌体内并不是均匀受压，而是处于受弯和受剪状态。

（2）砌体在受压横向变形时，砂浆的横向变形比块体大，导致块体受拉，使块体处于竖向受压、横向受拉的状态。

（3）由于块体间的竖向灰缝不饱满、不密实，不能保证砌体的整体性，造成块体间的竖向灰缝处存在应力集中现象，加快了块体的开裂。

块体是脆性材料，其本身的抗弯、抗剪、抗拉强度很低，在压、弯、剪、拉的复杂应力状态下，使块体的抗压能力不能充分发挥，所以砌体的抗压强度总低于块材的抗压强度。

三、影响砌体抗压强度的主要因素

（一）块材和砂浆强度

块材和砂浆的强度是决定砌体抗压强度最主要的因素。试验表明，砌体的抗压强度主要取决于块体的强度，强度等级高的块体，其抗弯、抗拉、抗剪强度也较高，相应的砌体抗压强度也高；砂浆强度等级越高，砂浆的横向变形越小，砌体的抗压强度也有所提高。

（二）砂浆的性能

砂浆的流动性和保水性越好，则砂浆容易铺砌均匀，灰缝的饱满程度就高，砌体强度也高；纯水泥砂浆由于保水性差、流动性差，影响铺砌质量，所以其砌体强度要适当降低采用。如果流动性过大，砂浆在硬化后的变形也越大，也会降低砌体的强度。所以性能较好的砂浆应具有良好的流动性和较高的密实性。

（三）块材的形状、尺寸及灰缝厚度

块材的外形越规则、平整，砌体强度相对较高。砌体灰缝厚度越厚，越难保证均匀与密实；灰缝过薄又会使块体不平整造成的弯、剪作用增大，降低砌体的抗压强度。因此，对砖和小型砌块砌体，灰缝厚度应控制在8～12mm。

（四）砌筑质量

砌筑质量是影响砌体强度的主要因素之一。影响砌筑质量的因素很多，如砂浆饱满度，砌筑时块体的含水率、组砌方式，砂浆搅拌方式，砌筑工人技术水平，现场质量管理水平等都会影响砌筑质量。

10.1.4 砌体的受拉、受弯及受剪性能

砌体在建筑结构中主要用作受压构件，但在实践中有时也会遇到受拉、受弯、受剪的情况。

砌体轴心受拉时，可能有两种破坏形式：当块体强度较高，砂浆强度较低时，砌体将沿齿缝破坏，如图 10-6 中的 *a*—*a* 截面；当块体强度较低，而砂浆强度较高时，砌体将沿砌体截面即块材和竖直灰缝发生直缝破坏，如图 10-6 中的 *b*—*b* 截面。

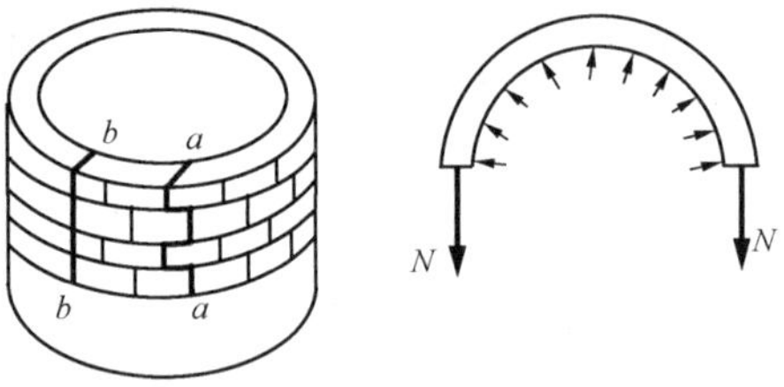

图 10-6 砌体的轴心受拉破坏

砌体弯曲受拉时，可能有三种破坏形式：沿齿缝破坏，如图 10-7（a）的 *a*—*a* 截面；沿砌体截面即块材和竖直灰缝发生直缝破坏，如图 10-7（a）的 *b*—*b* 截面；沿水平通缝截面破坏，如图 10-7（b）的 *c*—*c* 截面。

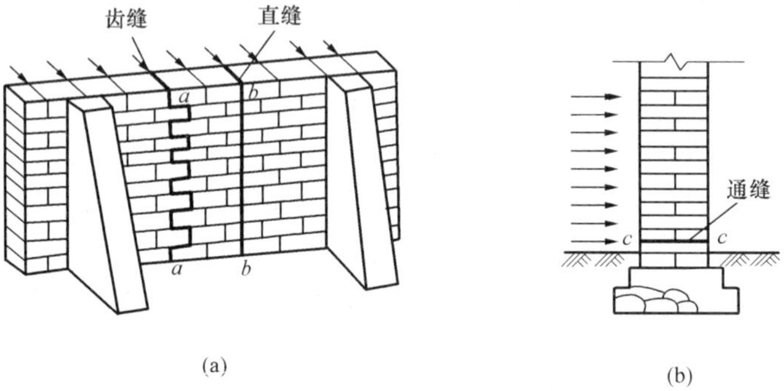

图 10-7 砌体的弯曲受拉破坏

（a）沿齿缝或直缝破坏；（b）沿通缝破坏

砌体受剪时，可能有三种破坏形式：沿水平通缝破坏，如图 10-8（a）所示；沿齿缝破坏，如图 10-8（b）所示；沿阶梯缝破坏，如图 10-8（c）所示。

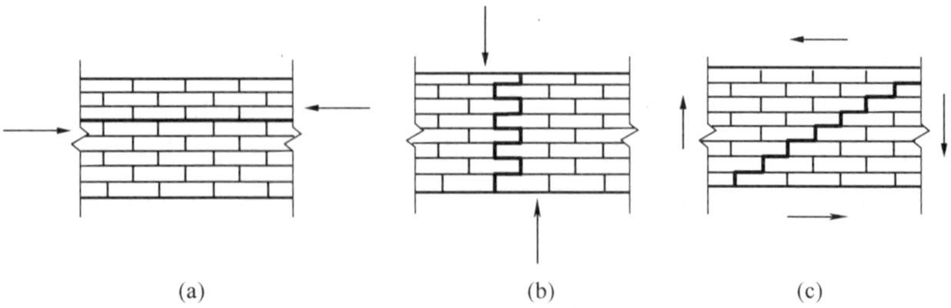

图 10-8 砌体的剪切破坏

（a）沿通缝破坏；（b）沿齿缝破坏；（c）沿阶梯缝破坏

试验表明，砌体的受拉、受弯、受剪破坏一般均发生在砂浆和块体的连接面上。因此砌体的抗拉、抗弯、抗剪强度与块体的强度等级无关，主要取决于灰缝的强度，即砂浆的强度。

10.1.5　砌体的弹性模量、摩擦系数和线膨胀系数

一、砌体的弹性模量

砌体的弹性模量根据砌体受压时的应力—应变曲线确定。试验结果表明，当砌体应力较小时，处于弹性阶段；当砌体应力较大时，其应变增长速度逐渐大于其应力增长速度，砌体已进入弹塑性阶段。因此，砖砌体属弹塑性材料，砌体的弹性模量将随着应力的增大而降低。《规范》从应力—应变曲线上取应力为 $0.43f$ 点的割线模量作为弹性模量，用 E 表示。砌体的弹性模量与其强度设计值的换算关系见表 10-1。

表 10-1　　砌体的弹性模量 E　　MPa

砌体种类	砂浆强度等级			
	≥M10	M7.5	M5	M2.5
烧结普通砖、烧结多孔砖砌体	$1600f$	$1600f$	$1600f$	$1390f$
混凝土普通砖、混凝土多孔砖砌体	$1600f$	$1600f$	$1600f$	—
蒸压灰砂砖、蒸压粉煤灰砌体	$1060f$	$1060f$	$1060f$	—
非灌孔混凝土砌块砌体	$1700f$	$1600f$	$1500f$	—
粗料石、毛料石、毛石砌体	—	5650	4000	2250
细料石砌体	—	17 000	12 000	6750

注　f 为砌体抗压强度设计值。

砌体的剪变模量 G 近似取 $G=0.4E$。

二、砌体的线膨胀系数、收缩率和摩擦系数

砌体在浸水时体积膨胀，在失水时体积收缩。收缩变形较膨胀变形大得多，因此工程中对砌体的收缩变形应予重视。砌体的线膨胀系数和收缩率，可按表 10-2 采用。

表 10-2　　砌体的线膨胀系数和收缩率

砌体种类	线膨胀系数（$\times10^{-6}$/℃）	收缩率（mm/m）
烧结黏土砖砌体	5	−0.1
蒸压灰砂砖、蒸压粉煤灰砌体	8	−0.2
混凝土砌块砌体	10	−0.2
轻骨料混凝土砌块砌体	10	−0.3
料石和毛石砌体	8	—

砌体的摩擦系数使用时可查《砌体规范》。

10.2　砌体结构构件的承载力计算

10.2.1　无筋砌体受压构件

一、砌体结构的设计方法

《砌体规范》仍采用了以概率理论为基础的极限状态设计方法。砌体结构极限状态设计表达式与混凝土结构类似，即将砌体结构功能函数极限状态方程转化为以基本变量标准值和分项系数形式表达的极限状态设计表达式。

砌体结构除按承载力极限状态设计外，还应满足正常使用极限状态的要求。砌体结构正常使用极限状态的要求，可由相应的构造措施予以保证。

二、砌体强度设计值

（一）施工质量控制等级

由于砌筑施工质量是影响砌体强度的主要因素之一，因此《砌体工程施工质量验收规范》（GB 50203—2002）将砌体施工质量控制等级分为 A、B、C 三个等级，并对相关要求作出了相应的规定。考虑到我国目前的施工质量水平，对一般多层房屋宜按 B 级控制。

砌体施工质量控制等级为 B 级时的要求有：

（1）现场质量管理。制度基本健全，并能执行；非施工方质量监督人员间断地到现场进行质量控制；施工方有在岗专业技术管理人员，并持证上岗。

（2）砂浆、混凝土强度。试块按规定制作，强度满足验收规定，离散性较小。

（3）砂浆拌和方式。机械拌和，配合比计量控制一般。

（4）砌筑工人。高、中级工不少于 70%。

（二）砌体强度设计值的确定

砌体强度设计值以施工质量控制等级为 B 级、以毛截面计算、龄期为 28d 的各类砌体，确定出各类砌体的强度设计值。当采用 A 级或 C 级时，砌体强度设计值相应地予以提高或降低。

不同块体种类的砌体抗压强度设计值 f，见附表 4-1～附表 4-6。当砌体块体种类确定后，只需根据块体和砂浆的强度等级便可查得相应的砌体抗压强度设计值。

各类砌体沿灰缝截面破坏时的轴心抗拉强度设计值、弯曲抗拉强度设计值和抗剪强度设计值，见附表 4-7。

（三）特殊情况下各类砌体强度设计值的调整系数 γ_a

（1）有吊车房屋砌体、跨度不小于 9m 的梁下烧结普通砖砌体，跨度不小于 7.5m 的梁下烧结多孔砖，蒸压灰砂砖，蒸压粉煤灰砖砌体，混凝土和轻骨料混凝土砌块砌体，$\gamma_a=0.9$。

（2）对无筋砌体构件，其截面面积 $A<0.3m^2$ 时，$\gamma_a=A+0.7$；对配筋砌体构件，$A<0.2m^2$ 时，$\gamma_a=A+0.8$；构件截面面积 A 以 m^2 计。

（3）当砌体用强度等级小于 M5.0 水泥砂浆砌筑时，对抗压强度设计值，$\gamma_a=0.9$；对抗拉、抗弯及抗剪强度设计值，$\gamma_a=0.8$；对配筋砌体构件，仅对砌体的强度设计值乘以调整系数 γ_a。

（4）当施工质量控制等级为 C 级（配筋砌体不允许采用 C 级）时，$\gamma_a=0.89$。

（5）当验算施工中房屋的构件时，$\gamma_a=1.1$；但由于施工阶段砂浆尚未硬化，砂浆强度可取为零。

三、无筋砌体受压构件的受力状态及计算公式

实际工程中，无筋砌体大多被用作承重墙和柱，承受轴心或偏心压力。受压构件按砌体构件高厚比 $\beta=\dfrac{H_0}{h}$ 的大小不同，分为短柱和长柱两种。将构件高厚比 $\beta\leqslant3$ 的柱子划为短柱，反之为长柱。受压柱的受力状态具有以下特点：

受压短柱在轴心压力作用下，砌体截面上应力分布是均匀的，当截面内应力达轴心抗压强度 f 时，截面达到最大承载能力［图 10-9（a）］。当小偏心受压时，虽整个截面仍全部受压，但应力分布已不均匀，破坏将发生在压应力较大的一侧，破坏时该侧边缘压应力比轴心抗压强度略大［图 10-9（b）］。当偏心距进一步增大时，受压较小边缘的压应力逐步变为受拉［图 10-9（c）］，此时，如果受拉一侧没有达到砌体抗拉强度，则破坏仍是压力大的一侧先压坏。当偏心距再继续增大时，受拉区拉应力已达到其抗拉强度，将形成水平通缝开裂，但受压区压应力的合力仍与偏心压力保持平衡［图 10-9（d）］。由此可见，偏心距越大，受压面越小，构件的承载力也越低。

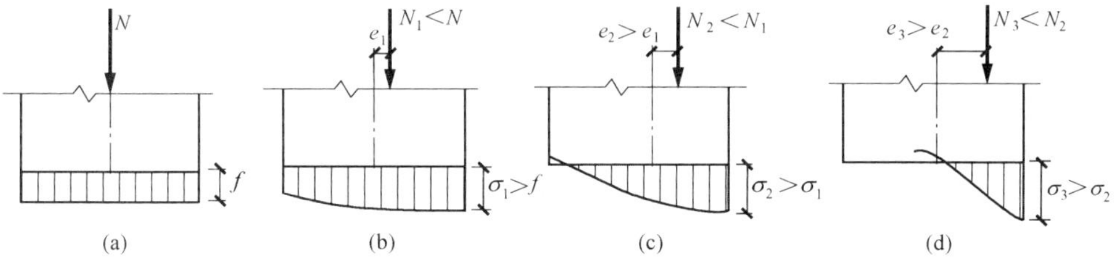

图 10-9　砌体受压时截面应力分布

由于轴向力偏心矩较大时，容易在截面受拉区产生水平裂缝，使截面受压区减小，构件刚度削弱，承载力显著降低，既不安全又不经济。因此《砌体规范》规定，轴向力的偏心距 e 不应超过 $0.6y$，y 为截面重心到轴向力所在偏心方向截面边缘的距离。

房屋中的墙、柱大多为长柱，长柱在承受轴向压力时，由于侧向变形的增大将产生纵向弯曲破坏，因而长柱的受压承载力比短柱要低。在砌体结构中，由于水平砂浆灰缝削弱了砌体的整体性，故纵向弯曲的现象较钢筋混凝土构件明显。

《砌体规范》引入了承载力影响系数 φ，综合考虑了轴向力偏心距 e 和高厚比 β 对受压构件承载力的影响，给出砌体受压构件的承载力计算公式

$$N \leqslant \varphi f A \tag{10-1}$$

式中　N——轴向力设计值；

φ——高厚比 β 和偏心距 e 对受压构件承载力的影响系数，可根据砂浆强度等级、砌体高厚比 β 及相对偏心距 e/h（或 e/h_T）查表 10-3～表 10-5 得到；

f——砌体的抗压强度设计值，按附表 4-1～附表 4-6 选用，并考虑调整系数 γ_a；

A——砌体截面面积，按毛截面计算。

表 10-3　　影响系数 φ（砂浆强度等级 M5）

β	e/h 或 e/h_T												
	0	0.025	0.05	0.075	0.1	0.125	0.15	0.175	0.2	0.225	0.25	0.275	0.3
≤3	1	0.99	0.97	0.94	0.89	0.84	0.79	0.73	0.68	0.62	0.57	0.52	0.48
4	0.98	0.95	0.90	0.85	0.80	0.74	0.69	0.64	0.58	0.53	0.49	0.45	0.41
6	0.95	0.91	0.86	0.81	0.75	0.69	0.64	0.59	0.54	0.49	0.46	0.42	0.38
8	0.91	0.86	0.81	0.76	0.70	0.64	0.59	0.54	0.50	0.46	0.42	0.39	0.36
10	0.87	0.82	0.76	0.71	0.65	0.60	0.55	0.50	0.46	0.42	0.39	0.36	0.33

续表

β	e/h 或 e/h_T												
	0	0.025	0.05	0.075	0.1	0.125	0.15	0.175	0.2	0.225	0.25	0.275	0.3
12	0.82	0.77	0.71	0.66	0.60	0.55	0.51	0.47	0.43	0.39	0.36	0.33	0.31
14	0.77	0.72	0.66	0.61	0.56	0.51	0.47	0.43	0.40	0.36	0.34	0.31	0.29
16	0.72	0.67	0.61	0.56	0.52	0.47	0.44	0.40	0.37	0.34	0.31	0.29	0.27
18	0.67	0.62	0.57	0.52	0.48	0.44	0.40	0.37	0.34	0.31	0.29	0.27	0.25
20	0.62	0.57	0.53	0.48	0.44	0.40	0.37	0.34	0.32	0.29	0.27	0.25	0.23
22	0.58	0.53	0.49	0.45	0.41	0.38	0.35	0.32	0.30	0.27	0.25	0.24	0.22
24	0.54	0.49	0.45	0.41	0.38	0.35	0.32	0.30	0.28	0.26	0.24	0.22	0.21
26	0.50	0.46	0.42	0.38	0.35	0.33	0.30	0.28	0.26	0.24	0.22	0.21	0.19
28	0.46	0.42	0.39	0.36	0.33	0.30	0.28	0.26	0.24	0.22	0.21	0.19	0.18
30	0.42	0.39	0.36	0.33	0.31	0.28	0.26	0.24	0.22	0.21	0.20	0.18	0.17

表 10-4　　影响系数 φ（砂浆强度等级 M2.5）

β	e/h 或 e/h_T												
	0	0.025	0.05	0.075	0.1	0.125	0.15	0.175	0.2	0.225	0.25	0.275	0.3
≤3	1	0.99	0.97	0.94	0.89	0.84	0.79	0.73	0.68	0.62	0.57	0.52	0.48
4	0.97	0.94	0.89	0.84	0.78	0.73	0.67	0.62	0.57	0.52	0.48	0.44	0.40
6	0.93	0.89	0.84	0.78	0.73	0.67	0.62	0.57	0.52	0.48	0.44	0.40	0.37
8	0.89	0.84	0.78	0.72	0.67	0.62	0.57	0.52	0.48	0.44	0.40	0.37	0.34
10	0.83	0.78	0.72	0.67	0.61	0.56	0.52	0.47	0.43	0.40	0.37	0.34	0.31
12	0.78	0.72	0.67	0.61	0.56	0.52	0.47	0.43	0.40	0.37	0.34	0.31	0.29
14	0.72	0.66	0.61	0.56	0.51	0.47	0.43	0.40	0.36	0.34	0.31	0.29	0.27
16	0.66	0.61	0.56	0.51	0.47	0.43	0.40	0.36	0.34	0.31	0.29	0.26	0.25
18	0.61	0.56	0.51	0.47	0.43	0.40	0.36	0.33	0.31	0.29	0.26	0.24	0.23
20	0.56	0.51	0.47	0.43	0.39	0.36	0.33	0.31	0.28	0.26	0.24	0.23	0.21
22	0.51	0.47	0.43	0.39	0.36	0.33	0.31	0.28	0.26	0.24	0.23	0.21	0.20
24	0.46	0.43	0.39	0.36	0.33	0.31	0.28	0.26	0.24	0.23	0.21	0.20	0.18
26	0.42	0.39	0.36	0.33	0.31	0.28	0.26	0.24	0.22	0.21	0.20	0.18	0.17
28	0.39	0.36	0.33	0.30	0.28	0.26	0.24	0.22	0.21	0.20	0.18	0.17	0.16
30	0.36	0.33	0.30	0.28	0.26	0.24	0.22	0.21	0.20	0.18	0.17	0.16	0.15

表 10-5　　影响系数 φ（砂浆强度等级 0）

β	e/h 或 e/h_T												
	0	0.025	0.05	0.075	0.1	0.125	0.15	0.175	0.2	0.225	0.25	0.275	0.3
≤3	1	0.99	0.97	0.94	0.89	0.84	0.79	0.73	0.68	0.62	0.57	0.52	0.48
4	0.87	0.82	0.77	0.71	0.66	0.60	0.55	0.51	0.46	0.43	0.39	0.36	0.33
6	0.76	0.70	0.65	0.59	0.54	0.50	0.46	0.42	0.39	0.36	0.33	0.30	0.28
8	0.63	0.58	0.54	0.49	0.45	0.41	0.38	0.35	0.32	0.30	0.28	0.25	0.24
10	0.53	0.48	0.44	0.41	0.37	0.34	0.32	0.29	0.27	0.25	0.23	0.22	0.20

续表

β	e/h 或 e/h_T												
	0	0.025	0.05	0.075	0.1	0.125	0.15	0.175	0.2	0.225	0.25	0.275	0.3
12	0.44	0.40	0.37	0.34	0.31	0.29	0.27	0.25	0.23	0.21	0.20	0.19	0.17
14	0.36	0.33	0.31	0.28	0.26	0.24	0.23	0.21	0.20	0.18	0.17	0.16	0.15
16	0.30	0.28	0.26	0.24	0.22	0.21	0.19	0.18	0.17	0.16	0.15	0.14	0.13
18	0.26	0.24	0.22	0.21	0.19	0.18	0.17	0.16	0.15	0.14	0.13	0.12	0.12
20	0.22	0.20	0.19	0.18	0.17	0.16	0.15	0.14	0.13	0.12	0.12	0.11	0.10
22	0.19	0.18	0.16	0.15	0.14	0.14	0.13	0.12	0.12	0.11	0.10	0.10	0.09
24	0.16	0.15	0.14	0.13	0.13	0.12	0.11	0.11	0.10	0.10	0.09	0.09	0.08
26	0.14	0.13	0.13	0.12	0.11	0.11	0.10	0.10	0.09	0.09	0.08	0.08	0.07
28	0.12	0.12	0.11	0.11	0.10	0.10	0.09	0.09	0.08	0.08	0.08	0.07	0.07
30	0.11	0.10	0.10	0.09	0.09	0.09	0.08	0.08	0.07	0.07	0.07	0.07	0.06

墙、柱的高厚比β计算式为

$$\beta=\frac{H_0}{h} \tag{10-2}$$

式中 H_0——受压构件的计算高度，按表10-9确定；

h——矩形截面轴心力偏心方向的边长，当轴心受压时为截面的短边。

在应用式（10-1）计算砌体受压构件承载力时，还应注意下列问题：

（1）《砌体规范》规定，在查表求φ时，应先对构件高厚比β乘以调整系数γ_β，以考虑砌体类型对受压构件承载力的影响：

1）烧结普通砖、烧结多孔砖：$\gamma_\beta=1.0$。

2）混凝土普通砖、混凝土多孔砖、混凝土及轻集料混凝土砌块砌体：$\gamma_\beta=1.1$。

3）蒸压灰砂砖、蒸压粉煤灰砖、细料石、半细料石砌体：$\gamma_\beta=1.2$。

4）粗料石、毛石砌体：$\gamma_\beta=1.5$。

（2）对矩形截面构件，当轴向力偏心方向的截面边长大于另一方向的边长时，除按偏心受压计算外，还应对较小边长方向进行轴心受压承载力验算。

（3）构件应满足轴向力偏心矩$e\leqslant0.6y$限值的要求。

【例10-1】 某砖柱截面尺寸370mm×490mm，采用烧结普通砖MU10、水泥砂浆M5砌筑，施工质量控制等级为B级，作用于柱顶的轴向力设计值为160kN，柱计算高度$H_0=3.6$m，试核算该柱的受压承载力。若施工质量控制等级为C级，该砖柱的受压承载力是否还满足要求？

解 （1）施工质量控制等级为B级。

1）砌体抗压强度设计值f。

柱截面面积

$$A=0.37\times0.49=0.18\text{m}^2<0.3\text{m}^2$$

故应考虑调整系数

$$\gamma_a = A + 0.7 = 0.88$$

采用水泥砂浆砌筑，$\gamma_a=0.9$。

由烧结普通砖 MU10 和水泥砂浆 M5.0，查附表 4-1 并考虑调整系数得

$$f = 1.5 \times 0.88 \times 0.9 = 1.188\text{N/mm}^2$$

2）求柱底截面的轴向力设计值。

考虑砖柱自重后，柱底截面轴向压力最大，则柱底截面轴向压力为

$$N = 160 + \gamma_G G_k = 160 + 1.2 \times (0.37 \times 0.49 \times 3.6 \times 19) = 174.9\text{kN}$$

3）求柱的承载力。

$$\beta = \gamma_\beta \frac{H_0}{h} = 1.0 \times \frac{3600}{370} = 9.7, \quad \frac{e}{h} = 0$$

查表 10-3 得，$\varphi=0.876$。

则柱承载力为

$\varphi f A = 0.876 \times 1.188 \times 370 \times 490 = 188\ 677\text{N} = 188.677\text{kN} > 174.9\text{kN}$，满足要求。

（2）施工质量控制等级为 C 级。

当施工质量控制等级为 C 级时，砌体抗压强度设计值应予以降低，调整系数为 $\gamma_a=0.89$，则

$$f = 1.188 \times 0.89 = 1.057\text{N/mm}^2$$

$\varphi f A = 0.876 \times 1.057 \times 370 \times 490 = 167\ 871\text{N} = 167.871\text{kN} < 174.9\text{kN}$，不满足要求。

【例 10-2】 某截面为 490mm×620mm 的砖柱，计算高度 $H_0=4.2$m，采用 MU10 烧结普通砖、M5 混合砂浆砌筑，施工质量控制等级为 B 级。截面承受轴向力设计值 $N=200$kN，弯矩设计值 $M=25$kN·m（弯矩作用方向为截面长边方向），试核算该柱的受压承载力是否安全。

解 （1）偏心方向的受压承载力验算。

1）砌体抗压强度设计值 f。

柱截面面积 $A=0.49\times0.62=0.3038\text{m}^2>0.3\text{m}^2$，不需考虑调整系数 γ_a。

由 MU10 烧结普通砖和 M5 混合砂浆，查附表 4-1 得 $f=1.5\text{N/mm}^2$。

2）承载力的影响系数 φ。

$e = \dfrac{M}{N} = \dfrac{25}{200} = 0.125\text{m} = 125\text{mm} < 0.6y = 0.6 \times 310 = 186\text{mm}$，偏心距未超过限值。

$$\beta = \gamma_\beta \frac{H_0}{h} = 1.0 \times \frac{4200}{620} = 6.77 \text{ 及} \frac{e}{h} = \frac{125}{620} = 0.202$$

查表 10-3 由内插法得，$\varphi=0.525$。

3）承载力计算。

$\varphi f A = 0.525 \times 1.5 \times 0.3038 \times 10^6 = 239\ 242\text{N} = 239.24\text{kN} > N = 200\text{kN}$，满足要求。

（2）垂直于偏心方向的受压承载力验算。

$$\beta = \gamma_\beta \frac{H_0}{h} = 1.0 \times \frac{4200}{490} = 8.57 \text{ 及} \frac{e}{h} = 0$$

查表 10-3 由内插法得，$\varphi=0.9$。

则该方向受压承载力为

$\varphi f A = 0.9 \times 1.5 \times 0.3038 \times 10^6 = 410\ 130\text{N} = 410.13\text{kN} > N = 200\text{kN}$，满足要求。

10.2.2 无筋砌体的局部受压

一、砌体局部受压的特点

局部受压是砌体结构中常见的一种受力状态。当砌体截面上作用局部均匀压力时（如独立柱支承在基础顶面），称为局部均匀受压；当砌体截面上作用局部非均匀压力时（如屋架或大梁支承在砖墙上），则称为局部不均匀受压。

试验表明，砌体局部受压时的强度高于一般受压时的强度。这是由于位于局压面积下砌体的横向变形受到周围砌体的约束，使该处砌体处于三向受压的应力状态，从而提高了砌体局部抗压强度。另外，局部受压面上砌体的压应力迅速向周围砌体扩散传递，也是砌体局部抗压强度提高的另一原因。

二、局部均匀受压承载力计算

砌体局部均匀受压时，砌体局部受压面上压应力呈均匀分布，其受压承载力计算公式为

$$N_l \leqslant \gamma f A_l \tag{10-3}$$

式中 N_l——局部受压面积上的轴向力设计值；

f——砌体的抗压强度设计值，局部受压面积小于 0.3m²，可不考虑调整系数 γ_a 的影响；

A_l——局部受压面积；

γ——砌体局部抗压强度提高系数，可按下式计算

$$\gamma = 1 + 0.35\sqrt{\frac{A_0}{A_l} - 1} \tag{10-4}$$

其中，A_0 为影响砌体局部抗压强度的计算面积，按图 10-10 确定。

按式（10-4）计算得出的砌体局部抗压强度提高系数 γ 还应符合下列规定：

（1）在图 10-10（a）的情况下，$\gamma \leqslant 2.5$。

（2）在图 10-10（b）的情况下，$\gamma \leqslant 2.0$。

（3）在图 10-10（c）的情况下，$\gamma \leqslant 1.5$。

（4）在图 10-10（d）的情况下，$\gamma \leqslant 1.25$。

（5）多孔砖和按《砌体规范》要求灌实的砌块砌体，$\gamma \leqslant 1.5$。

（6）未灌孔混凝土砌块砌体，$\gamma = 1.0$。

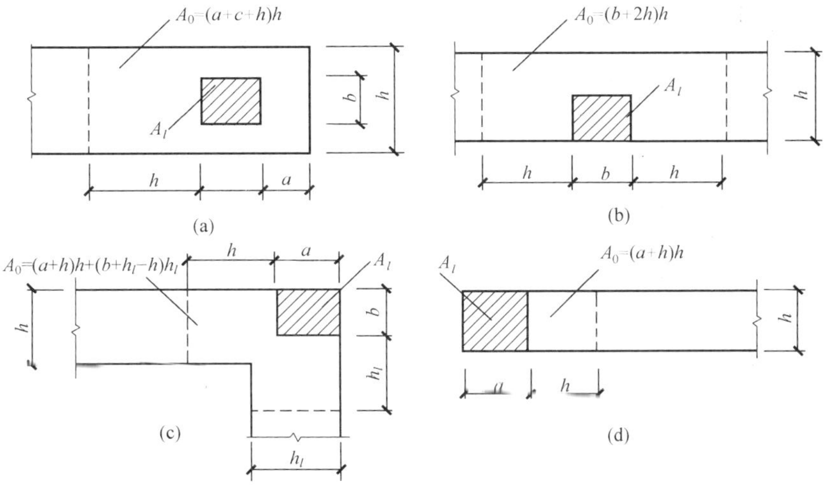

图 10-10 影响局部抗压强度的计算面积

三、梁端支承处砌体局部受压

当梁端直接支承在砌体上时，梁端支承面上砌体处于不均匀受压状态。由于梁的弯曲，梁端将产生转角，使梁的末端有脱开砌体的趋势，梁端下面传递压力的有效支承长度 a_0 可能小于梁的实际支承长度 a。《砌体规范》给出了梁端有效支承长度 a_0 的简化计算公式为

$$a_0 = 10\sqrt{\frac{h_c}{f}} \tag{10-5}$$

式中　a_0——梁端有效支承长度，mm，当 $a_0>a$ 时，取 $a_0=a$；

h_c——梁的截面高度，mm；

f——砌体的抗压强度设计值，N/mm^2。

此外，作用在梁端砌体上的压力，除梁端压力 N_l 外，还有由上部荷载产生的轴向力 N_0 作用。但由于支座下砌体的局部变形，压在梁端顶面上的砌体与梁顶面脱开，原作用于这部分砌体的上部荷载通过砌体内形成的卸荷内拱传至两边砌体，从而使局部受压面积上承受的上部砌体压力减小。

《砌体规范》给出梁端支承处砌体的局部受压承载力计算公式为

$$\psi N_0 + N_l \leqslant \eta\gamma f A_l \tag{10-6}$$

$$\psi = 1.5 - 0.5\frac{A_0}{A_l}$$

$$N_0 = \sigma_0 A_l$$

式中　ψ——上部荷载的折减系数，当$\frac{A_0}{A_l}\geqslant 3$ 时，取 $\psi=0$；

N_0——局部受压面积内上部轴向力设计值；

N_l——梁端支承压力设计值；

σ_0——上部平均压应力设计值；

η——梁端底面压应力图形的完整系数，一般取 $\eta=0.7$，对于过梁和墙梁取 $\eta=1.0$；

A_l——局部受压面积，$A_l=a_0 b$，b 为梁宽。

【例 10 - 3】 某窗间墙截面尺寸为 1200mm×370mm，采用 MU20 烧结普通砖、M5 水泥砂浆砌筑，如图 10 - 11 所示。墙上支承钢筋混凝土大梁截面尺寸为 200mm×550mm，支承长度 $a=240$mm，由荷载设计值产生的梁端反力 $N_l=85$kN，上部墙体传至该截面的总压力设计值为 $N_u=265$kN。试核算梁端支承处砌体的局部受压承载力是否满足要求。

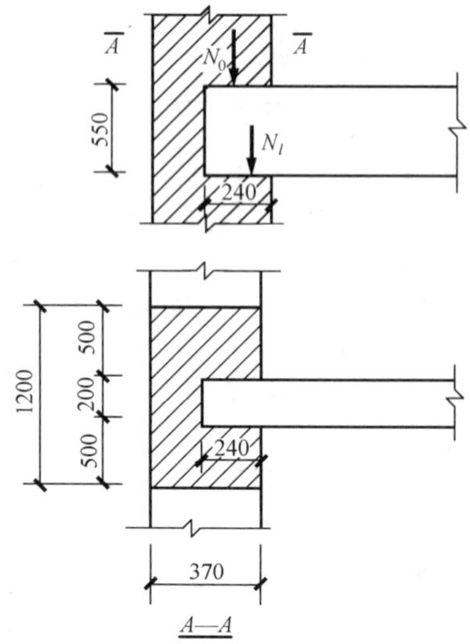

图 10 - 11 ［例 10 - 3］图

解　由 MU20 砖和 M5 砂浆，查附表 4 - 1 得 $f=2.12N/mm^2$，由于是水泥砂浆，$\gamma_a=0.9$，故取

$$f = 2.12\times 0.9 = 1.91N/mm^2$$

（1）有效支承长度。

$$a_0 = 10\sqrt{\frac{h_c}{f}} = 10\sqrt{\frac{550}{1.91}} = 170mm < a$$

$$=240mm，取\ a_0 = 170mm。$$

（2）砌体局部抗压强度提高系数 γ。

局部受压面积为

$$A_l = a_0 b = 170 \times 200 = 34000\text{mm}^2$$

局部抗压强度计算面积为

$$A_0 = (b + 2h)h = (200 + 2 \times 370) \times 370 = 347800\text{mm}^2$$

$\dfrac{A_0}{A_l}=\dfrac{347800}{34000}=10.23>3$，不考虑上部荷载的影响，取 $\psi=0$。

砌体局部抗压强度提高系数为

$$\gamma = 1 + 0.35\sqrt{\frac{A_0}{A_l} - 1} = 1 + 0.35\sqrt{10.23 - 1} = 2.06 > 2.0，取 \gamma = 2。$$

（3）梁端支承处砌体局部受压承载力计算。

梁端底面压应力图形完整系数 $\eta=0.7$，则

$$\eta\gamma f A_l = 0.7 \times 2 \times 1.91 \times 34000 = 90916\text{N} = 90.92\text{kN} > N_l = 85\text{kN}$$

局部受压满足要求。

四、垫块下砌体的局部受压

当梁端下砌体局部受压承载力不满足设计要求时，可在梁端放大或在梁端下设置混凝土预制刚性垫块，以增加砌体局部受压面积，防止砌体局部受压破坏。

《砌体规范》要求，刚性垫块的高度 $t_b \geqslant 180$mm（图 10-12），垫块挑出梁边的长度不应大于垫块高度 t_b。在带壁柱墙的壁柱内设刚性垫块时，壁柱上垫块伸入翼墙内的长度不应小于 120mm。

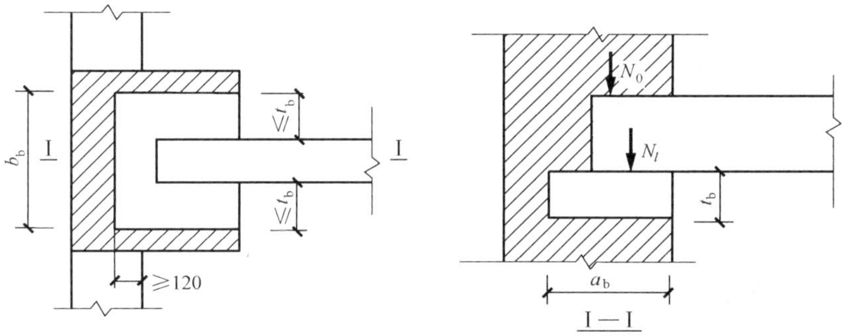

图 10-12　壁柱上设有垫块时梁端局部受压

刚性垫块下砌体的局部受压承载力可按不考虑纵向弯曲影响的偏心受压砌体计算，但可考虑垫块外砌体对垫块下砌体抗压强度的有利影响。

梁端下设有刚性垫块时，垫块下砌体的局部受压承载力计算公式为

$$N_0 + N_l \leqslant \varphi\gamma_1 f A_b \tag{10-7}$$

$$N_0 = \sigma_0 A_b \tag{10-8}$$

$$A_b = a_b b_b \tag{10-9}$$

式中　N_0——垫块面积 A_b 内上部轴向力设计值；

φ——垫块上 N_0 及 N_l 合力的影响系数，由表 10-3～10-5 查取 $\beta\leqslant3$ 时的 φ 值；

γ_1——垫块外砌体面积的有利影响系数，取 $\gamma_1=0.8\gamma$，但不小于 1.0；

γ——局部抗压强度提高系数，按式（10-4）以 A_b 代替 A_l 计算得出；

A_b——垫块面积；

a_b，b_b——垫块伸入墙内的长度和宽度。

*10.2.3　砌体轴心受拉、受弯和受剪构件简介

一、轴心受拉构件

砌体的抗拉能力很低，工程上很少采用。用砌体建造的小型圆形水池或筒仓，在液体或散状物料的侧压力作用下，在筒壁内产生环向水平拉力，可按轴心受拉构件计算。

无筋砌体轴心受拉构件的承载力按下式计算

$$N_t \leqslant f_t A \tag{10-10}$$

式中　N_t——轴心拉力设计值；

f_t——砌体的轴心抗拉强度设计值，按附表4-7采用；

A——砌体垂直于拉力方向的截面面积。

二、受弯构件

砖砌过梁以及挡土墙均属受弯构件。挡土墙在土壤侧压力作用下墙壁像竖向悬臂构件一样受弯工作；在有扶壁柱的挡土墙中，扶壁柱之间的墙壁在水平方向受弯工作。在弯矩作用下砌体应进行受弯承载力计算；此外，在砖过梁支座较大剪力处，还应进行相应的抗剪计算。

（一）受弯承载力计算

无筋砌体受弯构件的受弯承载力按下式计算

$$M \leqslant f_{tm} W \tag{10-11}$$

$$W = bh^2/6$$

式中　M——弯矩设计值；

W——截面抵抗矩，对矩形截面；

b，h——截面宽度和高度；

f_{tm}——砌体弯曲抗拉强度设计值，按附表4-7采用。

（二）受剪承载力

无筋砌体受弯构件的抗剪承载力计算按下式计算：

$$V \leqslant f_v bz \tag{10-12}$$

式中　V——剪力设计值；

f_v——砌体抗剪强度设计值，按附表4-7采用；

z——内力臂，$z=I/S$，I 为截面惯性矩，S 为截面面积矩，对矩形截面 $z=2h/3$。

三、受剪构件

在无拉杆拱的支座处，由于拱的水平推力作用，将使支座截面受剪，砌体可能产生沿水平通缝截面或沿阶梯形截面的受剪破坏。砌体的抗剪承载力按下式计算

$$V \leqslant (f_v + \alpha\mu\sigma_0)A \tag{10-13}$$

式中　V——剪力设计值。

A——水平截面面积，当有孔洞时，取净截面面积。

f_v——砌体抗剪强度设计值。

α——修正系数，当 $\gamma_G=1.2$ 时，砖砌体取0.60，混凝土砌块砌体取0.64；当 $\gamma_G=$

1.35 时，砖砌体取 0.64，混凝土砌块砌体取 0.66。

μ——剪压复合受力影响系数：

当 $\gamma_G=1.2$ 时，$\mu=0.26-0.082\sigma_0/f$；

当 $\gamma_G=1.35$ 时，$\mu=0.23-0.065\sigma_0/f$。

σ_0——永久荷载设计值产生的水平截面平均压应力，其值不应大于 $0.8f$。

10.3 砌体结构房屋墙体设计

10.3.1 混合结构房屋的结构布置

墙体既是混合结构房屋中的主要承重结构，又是围护结构，承重墙体的布置直接影响着房屋总造价、房屋平面的划分和空间的大小，此外还涉及楼（屋）盖结构的选择及房屋的空间刚度。

按结构承重体系和荷载传递路线的不同，房屋承重体系大致可分为以下几种方案。

一、横墙承重方案

图 10-13（a）所示为横墙承重的结构平面布置。横墙承受楼面荷载及自身墙重，因此是承重墙；而纵墙仅承受自重，为非承重墙。其竖向荷载的主要传递路线是：

楼（屋）盖荷载→板→横墙→基础→地基

横墙承重体系的特点：

（1）横墙是主要的承重墙，不能随意拆除；纵墙起围护、隔断和与横墙的拉结作用。

（2）由于横墙数量较多、间距较小，且又与纵墙拉结，因此房屋的空间刚度较大、整体性好，对抗风、抗震及调整地基不均匀沉降有利。

（3）结构简单，施工方便，节省楼面结构材料，但墙体材料用量较多。

横墙承重体系适于小开间、墙体位置较固定的房屋，如住宅、宿舍、办公楼、旅馆等。

二、纵墙承重方案

图 10-13（b）所示为纵墙承重的结构平面布置。楼（屋）面板可直接搁置在内外纵墙上，或楼（屋）盖大梁搁置在纵墙上，再搁置楼（屋）面板。其竖向荷载的主要传递路线是：

楼（屋）盖荷载→板→（横向大梁）→纵墙→基础→地基

纵墙承重体系的特点：

（1）纵墙是主要承重墙，横墙为非承重墙，横墙间距可以相当大。此类房屋空间较大，利于使用上灵活布置。

（2）由于纵墙承重，故纵墙上门窗洞口开设的位置和大小受到一定限制。

（3）由于横墙数量较少、间距大，房屋的空间刚度较差、整体性较差。墙体用料较少，但楼（屋）盖用料较多。

纵墙承重方案适用于使用上要求有较大空间的房屋，如食堂、仓库或中小型工业厂房等。

三、纵横墙承重方案

图 10-13（c）所示为纵横墙承重的结构平面布置。楼（屋）面板既可以支承在横墙上，又可以支承在纵墙上，其楼（屋）面荷载通过纵、横墙传给基础。其竖向荷载的主要传递路

线是：

楼（屋）面荷载 → 纵墙 → 纵墙基础 → 地基
楼（屋）面荷载 → 横墙 → 横墙基础 → 地基

纵墙承重体系的特点：

（1）纵、横墙均为承重墙，使得结构受力较为均匀，房屋在纵横方向上的刚度均较大，有较强的抗风和抗震能力。

（2）楼（屋）面板可以根据使用功能灵活布置，而能较好地满足使用要求。

（3）房屋的空间刚度介于横墙承重和纵墙承重体系之间，结构的整体性能也较好。

纵横墙承重方案适用于教学楼、办公楼、医院、图书馆等建筑。

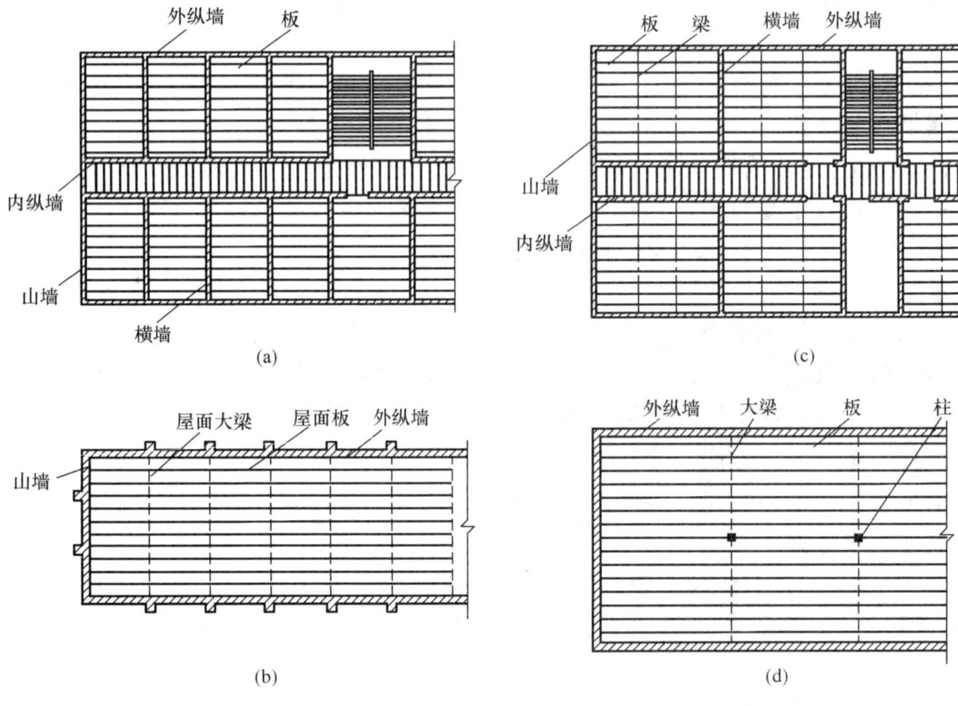

图 10－13 房屋承重体系平面布置方案

（a）横墙承重体系；（b）纵墙承重体系；（c）纵横墙承重体系；（d）内框架承重体系

四、内框架承重方案

图 10－13（d）所示为内框架承重的结构平面布置。房屋内部由钢筋混凝土柱代替内承重墙，楼（屋）面板的荷载一部分经由外纵墙传给墙基础，一部分经由柱子传给柱基础。此类结构既不是全框架承重，也不是全由墙承重。其竖向荷载的主要传递路线是：

楼（屋）面荷载 → 外纵墙 → 纵墙基础 → 地基
楼（屋）面荷载 → 梁 → 柱 → 柱基础 → 地基

内框架承重体系的特点：

（1）墙、柱为主要承重构件，房屋内部空间较大，平面布置灵活。

（2）竖向承重材料不同，两者压缩性能不同，柱下和墙下基础的沉降量差别较大，从而引起较大的附加内力而导致墙体开裂。

（3）由于横墙较少，房屋的空间刚度较小，抗震能力较差。

内框架承重方案一般可用于多层工业车间、商店、旅馆等建筑。

10.3.2 混合结构房屋的静力计算方案

一、混合结构房屋的空间工作

在混合结构房屋中，屋盖、楼盖、纵墙、横墙和基础等构件是相互关联、相互制约的，在荷载作用下是一个空间受力体系。在外荷载作用下，不仅直接承受荷载的构件在工作，与其相连的其他构件也都不同程度地参与工作。房屋的空间刚度就是指这些构件参与共同工作的程度。

试验研究表明，房屋的空间工作性能，主要取决于楼（屋）盖的水平刚度、横墙间距的大小和横墙自身刚度。当楼（屋）盖的水平刚度大，横墙间距小，横墙自身刚度大时，房屋的空间工作性能越好，即空间刚度越大，则在水平荷载作用下，水平侧移小；反之，则房屋的空间刚度小，则在水平荷载作用下，水平侧移大。

二、房屋静力计算方案的分类

《砌体规范》考虑楼（屋）盖刚度和横墙间距两个主要因素的影响，按房屋空间刚度的大小，将混合结构房屋静力计算方案分成三种，即刚性方案、刚弹性方案和弹性方案，详见表10-6。

表10-6　房屋的静力计算方案

序号	屋盖或楼盖类别	刚性方案	刚弹性方案	弹性方案
1	整体式、装配整体和装配式无檩体系钢筋混凝土屋盖或钢筋混凝土楼盖	$s<32$	$32\leqslant s\leqslant 72$	$s>72$
2	装配式有檩体系钢筋混凝土屋盖、轻钢屋盖和有密铺望板的木屋盖或木楼盖	$s<20$	$20\leqslant s\leqslant 48$	$s>48$
3	瓦材屋面的木屋盖和轻钢屋盖	$s<16$	$16\leqslant s\leqslant 36$	$s>36$

注　表中 s 为房屋横墙间距，其长度单位为m。

（一）刚性方案

当横墙间距 s 较小、楼（屋）盖水平刚度较大时，房屋的空间刚度较大，在水平荷载作用下，房屋的水平位移很小，可视墙、柱顶端水平位移为零（即忽略房屋的水平位移）。在确定房屋静力计算简图时，将承重墙视为一根竖向构件，屋盖或楼盖作为墙体的不动铰支座，如图10-14（a）所示。

（二）弹性方案

当横墙间距 s 较大、楼（屋）盖水平刚度较小时，房屋的空间刚度较弱，在水平荷载作用下，房屋纵墙顶端水平位移很大，计算时不考虑房屋空间工作性能，即认为屋盖或楼盖对纵墙起不到任何帮助作用。在确定房屋静力计算简图时，把楼（屋）作为联系两侧纵墙的连杆，按平面排架计算，如图10-14（c）所示。

（三）刚弹性方案

房屋的空间刚度介于“刚性”和“弹性”两种方案之间，其楼（屋）盖具有一定的水平刚度，横墙间距 s 不太大，在水平荷载作用下，房屋的水平位移较弹性方案小，比刚性方案大，横墙和楼（屋）盖对纵墙有一定的支承作用。在确定房屋静力计算简图时，按楼（屋）盖处具有弹性支承的平面排架计算，如图 10-14（b）所示。

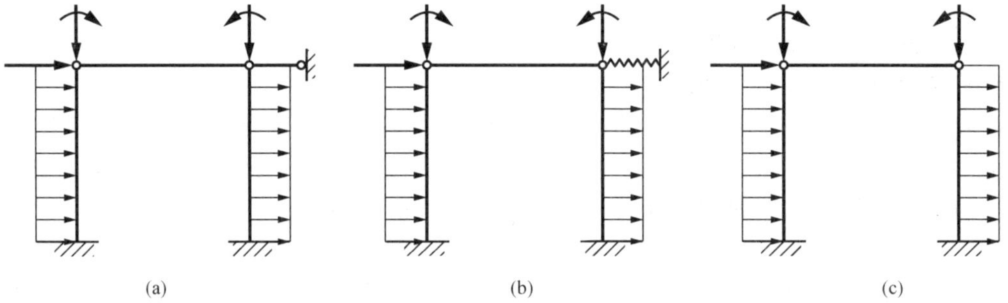

图 10-14 混合结构单层房屋计算简图

（a）刚性方案；（b）刚弹性方案；（c）弹性方案

在刚性和刚弹性方案房屋中，横墙刚度是保证房屋具备足够抗侧能力的重要构件。《砌体规范》规定，刚性和刚弹性方案房屋中的横墙必须同时满足下列几项要求：

（1）横墙中开有洞口时，洞口的水平截面面积不应超过横墙截面面积的 50%。

（2）横墙的厚度不应小于 180mm。

（3）单层房屋的横墙长度不宜小于其高度，多层房屋的横墙长度不宜小于 $H/2$（H 为横墙总高度）。

横墙与纵墙应同时砌筑，否则应采取其他措施以保证房屋的整体刚度。

10.3.3 墙、柱高厚比验算

混合结构房屋中的墙、柱均是受压构件，除应满足截面承载力要求外，还必须保证其稳定性。验算高厚比的目的，就是防止墙、柱在施工和使用阶段因侧向挠曲和倾斜而产生过大变形，以保证其稳定性的一项重要构造措施。

一、允许高厚比及影响高厚比的因素

允许高厚比 $[\beta]$ 是墙、柱高厚比的限值，其取值与墙、柱的承载力计算无关，仅是从构造上规定的。《砌体规范》规定的墙、柱允许高厚比 $[\beta]$ 值见表 10-7。

表 10-7 墙、柱的允许高厚比 $[\beta]$ 值

砌体类型	砂浆强度等级	墙	柱
无筋砌体	M2.5	22	15
	M5.0 或 Mb5.0、Ms5.0	24	16
	≥M7.5 或 Mb7.5、Ms7.5	26	17
配筋砌体	—	30	21

影响墙、柱允许高厚比 $[\beta]$ 的因素很多，如砂浆强度等级、横墙的间距、砌体的类型及截面形式、支承条件和承重情况等，这些因素在计算中通过修正允许高厚比 $[\beta]$ 或对计算高度进行修正来体现。

二、墙、柱的高厚比验算

（一）矩形截面墙、柱高厚比的验算

矩形截面墙、柱高厚比按下式验算

$$\beta=\frac{H_0}{h}\leqslant\mu_1\mu_2[\beta] \quad (10-14)$$

$$\mu_2=1-0.4\frac{b_s}{s}\geqslant 0.7 \quad (10-15)$$

式中 H_0——墙、柱的计算高度，按表10-8采用。

h——墙厚或矩形柱与 H_0 相对应的边长。

μ_1——非承重墙允许高厚比修正系数，按如下规定采用：当 $h=240$mm 时，$\mu_1=1.2$；当 $h=90$mm 时，$\mu_1=1.5$；当 240mm$>h>$90mm 时，μ_1 按插入法取值；若上端为自由端的墙，$[\beta]$ 值除按上述规定提高外，尚可提高30%。

μ_2——有门窗洞口墙允许高厚比修正系数。

b_s——在宽度 s 范围内的门窗洞口总宽度。

s——相邻窗间墙或壁柱之间的距离。

当洞口高度等于或小于墙高的1/5时，可取 $\mu_2=1.0$。

表10-8　受压构件的计算高度 H_0

房屋类别			柱		带壁柱墙或周边拉结的墙		
			排架方向	垂直排架方向	$s>2H$	$2H\geqslant s>H$	$s\leqslant H$
有吊车的单层房屋	变截面柱上段	弹性方案	$2.5H_u$	$1.25H_u$	$2.5H_u$		
		刚性、刚弹性方案	$2.0H_u$	$1.25H_u$	$2.0H_u$		
	变截面柱下段		$1.0H_l$	$0.8H_l$	$1.0H_l$		
无吊车的单层和多层房屋	单跨	弹性方案	$1.5H$	$1.0H$	$1.5H$		
		刚弹性方案	$1.2H$	$1.0H$	$1.2H$		
	多跨	弹性方案	$1.25H$	$1.0H$	$1.25H$		
		刚弹性方案	$1.10H$	$1.0H$	$1.1H$		
	刚性方案		$1.0H$	$1.0H$	$1.0H$	$0.4s+0.2H$	$0.6s$

注　1. 表中 H_u 为变截面柱的上段高度，H_l 为变截面柱下段高度，H 为构件高度，在房屋底层为楼板顶面到基础顶面的距离；当埋置较深且有刚性地坪时，可取至室外地面下500mm处；在房屋其他层次，为楼板或其他水平支点间的距离；对于无壁柱的山墙，可取层高加山墙尖高度的1/2；对于带壁柱的山墙可取壁柱处的山墙高度。

2. 对于上端为自由端的构件，$H_0=2H$。

（二）带壁柱墙和带构造柱墙的高厚比验算

对带壁柱或带构造柱的墙体，既要保证整片墙的稳定性，又要保证壁柱之间墙体的稳定性。因此，需分两步验算高厚比。

（1）整片墙的高厚比验算

$$\beta=\frac{H_0}{h_T}\leqslant\mu_1\mu_2[\beta] \quad (10-16)$$

$$h_T = 3.5i$$

$$i = \sqrt{\frac{I}{A}}$$

式中 h_T——带壁柱墙截面的折算厚度；

i——带壁柱墙截面的回转半径；

I，A——带壁柱墙截面的惯性矩和截面面积。

无论是确定带壁柱墙或是带构造柱墙计算高度 H_0 时，s 均取相邻横墙间的距离。

（2）壁柱间墙或构造柱间墙的高厚比验算。

壁柱间墙或构造柱间墙的高厚比验算均按式（10-14）进行。

在确定计算高度 H_0 时，应按刚性方案查表，s 取相邻壁柱间或相邻构造柱间的距离。对设有钢筋混凝土圈梁的带壁柱墙或带构造柱墙，当 $b/s \geqslant 1/30$ 时（b 为圈梁宽度），圈梁可视作壁柱间墙或构造柱间墙的不动铰支点。

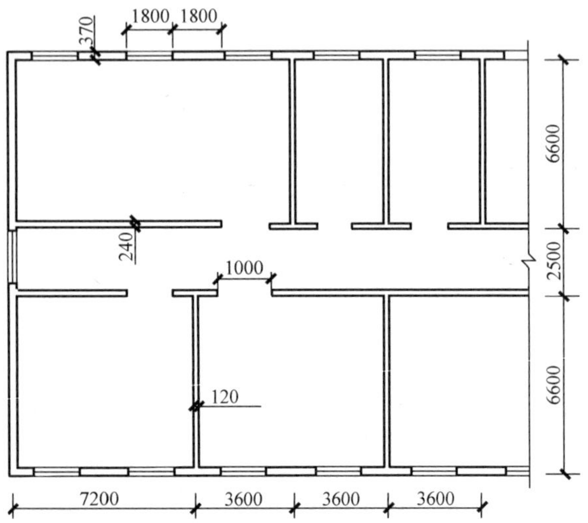

图 10-15 ［例 10-4］图

【例 10-4】 某办公楼平面布置如图 10-15 所示，采用钢筋混凝土空心楼板；外墙厚 370mm，内纵墙及横墙厚 240mm，底层墙高 4.8m（从楼板至基础顶面）；隔墙厚 120mm，高 3.6m；墙体采用 M5 混合砂浆和 MU10 砖砌筑，试验算各墙的高厚比。

解 （1）判别房屋静力计算方案及确定允许高厚比 $[\beta]$。

房屋横墙最大间距 $s=14.4$m，查表 10-6 为刚性方案。

因承重纵横墙、非承重墙砂浆强度等级为 M5，查表 10-7，得 $[\beta]=24$。

（2）纵墙高厚比验算。

西北角房间横墙间距较大，故取此处两道纵墙验算

$s=14.4\text{m}>2H=2\times4.8=9.6\text{m}$，查表 10-8 知 $H_0=1.0H=4.8\text{m}$。

外纵墙，$s=3.6$m，$b_s=1.8$m。$h=370$mm 为承重墙，$\mu_1=1.0$。

$$\mu_2 = 1-0.4\frac{b_s}{s} = 1-0.4\times\frac{1.8}{3.6} = 0.8 > 0.7$$

$$\beta = \frac{H_0}{h} = \frac{4800}{370} = 13 < \mu_1\mu_2[\beta] = 1.0\times0.8\times24 = 19.2\text{，满足要求。}$$

内纵墙，$s=10.8$m，$b_s=1.0$m。

$h=370$mm 为承重墙，$\mu_1=1.0$。

$$\mu_2 = 1-0.4\frac{b_s}{s} = 1-0.4\times\frac{1.0}{10.8} = 0.96 > 0.7$$

$$\beta = \frac{H_0}{h} = \frac{4800}{240} = 20 < \mu_1\mu_2[\beta] = 1.0\times0.96\times24 = 23\text{，满足要求。}$$

(3) 横墙高厚比验算。

$s=6.6\text{m}$，$H<s<2H$，查表 10-8 得

$$H_0=0.4s+0.2H=0.4\times6.6+0.2\times4.8=3.6\text{m}$$

承重墙，无门窗洞口，$\mu_1=1.0$，$\mu_2=1.0$，则

$$\beta=\frac{H_0}{h}=\frac{3600}{240}=15<[\beta]=24\text{，满足要求。}$$

(4) 非承重墙高厚比验算。

因隔墙两侧与纵墙拉结不好保证，按两侧无拉结考虑；在上端砌筑时，一般用斜放立砖顶住大梁（或楼板），故上端可按不动铰支承考虑，则

$$H_0=1.0H=3.6\text{m}$$

非承重墙，$90\text{mm}\leqslant h=120\text{mm}\leqslant240\text{mm}$，按线性内插得 $\mu_1=1.44$。

无门窗洞口，$\mu_2=1.0$，则

$$\beta=\frac{H_0}{h}=\frac{3600}{120}=30<\mu_1\mu_2[\beta]=1.44\times1.0\times24=34.56\text{，满足要求。}$$

10.3.4 刚性方案房屋墙、柱的计算

一、承重纵墙的计算

(一) 计算单元及计算简图

对于多层刚性方案房屋，常取房屋中有代表性的一段作为计算单元，一般取一个开间的窗洞中线间距内的竖向墙带作为一个计算单元，承受荷载范围的宽度取相邻两开间的 1/2，如图 10-16 所示。

在竖向荷载的作用下，屋盖和楼盖可以视为纵墙的不动铰支点，因此，竖向墙带就如同一个竖向连续梁，被支承于楼盖及屋盖相交的支座上，其弯矩图如图 10-17 (a) 所示。但由于楼盖中的梁端或板端嵌砌在纵墙内，致使墙体在楼盖处的连续性受到削弱，被削弱的墙体截面上能传递的弯矩很小，因此假定连续墙体在屋盖、楼盖处为铰接。在基础顶面处，由于多层房屋底部轴向压力 N 很大，而该处弯矩 M 相对较小，其偏心距 $e=M/N$ 很小，故墙体在基础顶面处也可假定为铰接。这样多层刚性方案房屋承重纵墙，在竖向荷载的作用下，就可简化为在每层高度范围内两端铰支的竖向构件，其偏心荷载引起的弯矩图如图 10-17 (b) 所示。

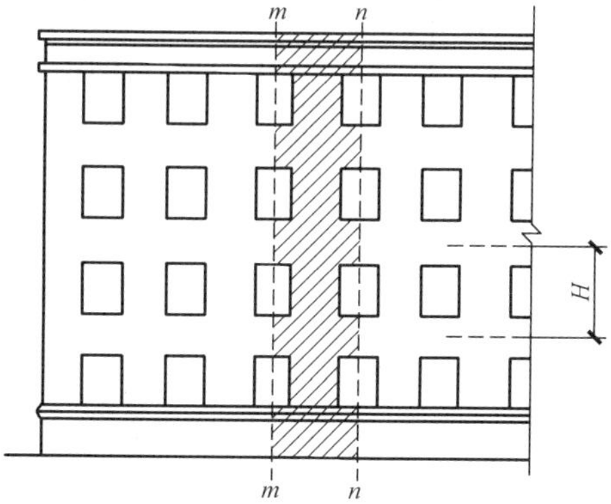

图 10-16 多层刚性房屋承重纵墙计算单元

在水平荷载（风荷载）作用下，墙带产生的弯矩图见图 10-17 (c)，此时由于在楼板支承处，产生外侧受拉的弯矩，故墙带可按竖向连续梁计算墙体的承载力。

(二) 承重纵墙的内力计算

(1) 竖向荷载作用下的内力计算。

由于假定墙体的上、下端均为铰接，则在计算某层墙体内力时，墙体承受的竖向荷载包括上面各楼层荷载的总和 N_u、本层梁（板）传来的竖向荷载 N_l 和本层墙体自重 N_G。N_u

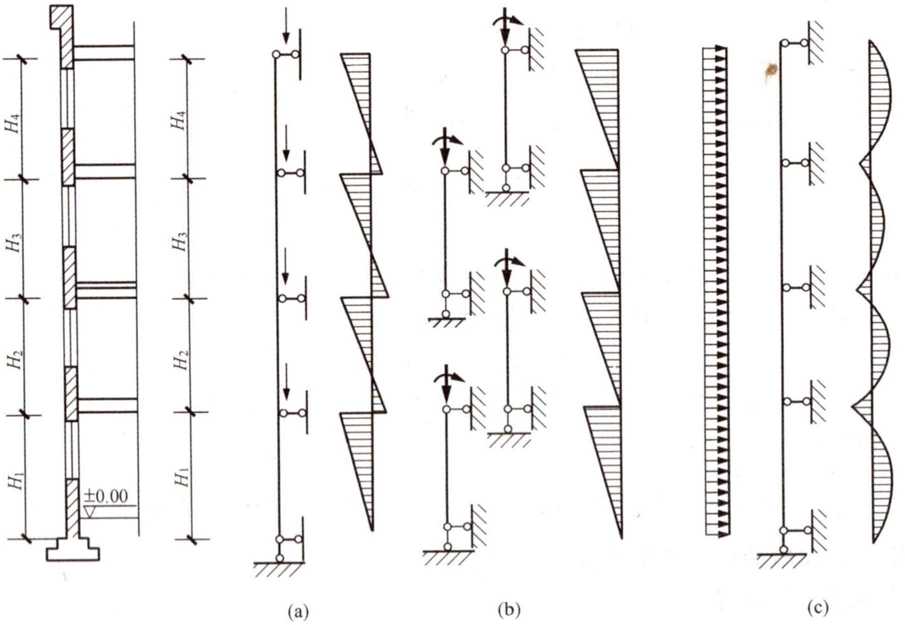

图 10 - 17 多层刚性方案房屋承重纵墙计算简图和内力图

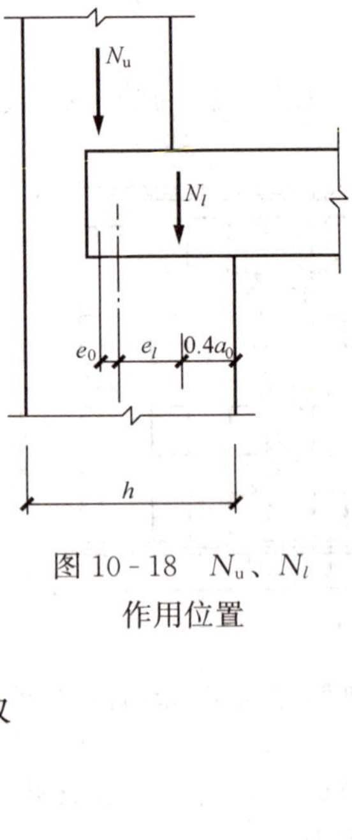

图 10 - 18 N_u、N_l 作用位置

将通过上一楼层墙体截面重心以轴心压力的形式传至该层；N_l 为该层梁（板）传来的偏心压力，作用于距墙内缘 $0.4a_0$ 处（a_0 为有效支承长度），对本层墙体有偏心距 $e_l=h/2-0.4a_0$；N_G 作用于本层墙体截面重心处。N_u、N_l 作用点的位置如图 10 - 18 所示。

作用于每层墙顶部截面的内力为 $N=N_u+N_l$，$M=N_le_l$；作用于每层墙底部截面的内力为 $N=N_u+N_l+N_G$，$M=0$（铰支点弯矩为零）。当上、下层墙体厚度不同时，上层墙体传来的轴向力 N_u 对下层（计算层）有偏心距 e_0，此时作用于墙顶部截面的内力为 $N=N_u+N_l$，$M=N_le_l-N_ue_0$。每层墙体的弯矩图为三角形，如图 10 - 17（b）所示。

（2）水平风荷载作用下的内力计算。

在水平风荷载作用下，墙体可视为竖向连续梁，其内力图如图 10 - 17（c）所示，为简化计算，纵墙的支座及跨中弯矩可近似取

$$M=\pm\frac{1}{12}qH_i^2 \tag{10 - 17}$$

式中 q——计算单元内沿墙体高度的均布风荷载设计值；

H_i——第 i 层墙体的高度。

《砌体规范》规定，当刚性方案房屋的外墙洞口水平截面面积不超过全截面面积的 2/3，其层高和总高不超过表 10 - 9 的规定，且屋面自重不小于 0.8kN/m^2 时，可不考虑风荷载的影响。

表 10-9 外墙不考虑风荷载影响时的最大高度

基本风压值（kN/m^2）	层高（m）	总高（m）	基本风压值（kN/m^2）	层高（m）	总高（m）
0.4	4.0	28	0.6	4.0	18
0.5	4.0	24	0.7	3.5	18

（3）控制截面及承载力验算。

对多层刚性方案房屋，若墙厚、材料强度等级相同时，承重纵墙的控制截面位于底层墙的墙顶截面和墙底（基础顶面）截面；若墙厚或材料强度等级有变化时，除底层墙的墙顶和墙底截面是控制截面外，墙厚或材料强度等级开始变化层的墙顶和墙底也是控制截面。墙顶截面弯矩最大，按偏心受压构件计算承载力，并应验算梁端下砌体的局部受压承载力；墙底截面轴向压力最大，按轴心受压构件验算承载力。

对于有门窗洞口的纵墙，其控制截面的计算截面应取窗间墙截面。

二、多层房屋承重横墙的计算

多层刚性方案房屋承重横墙在竖向荷载作用下的计算原理同多层刚性方案房屋承重纵墙，其计算简图如图 10-19 所示。

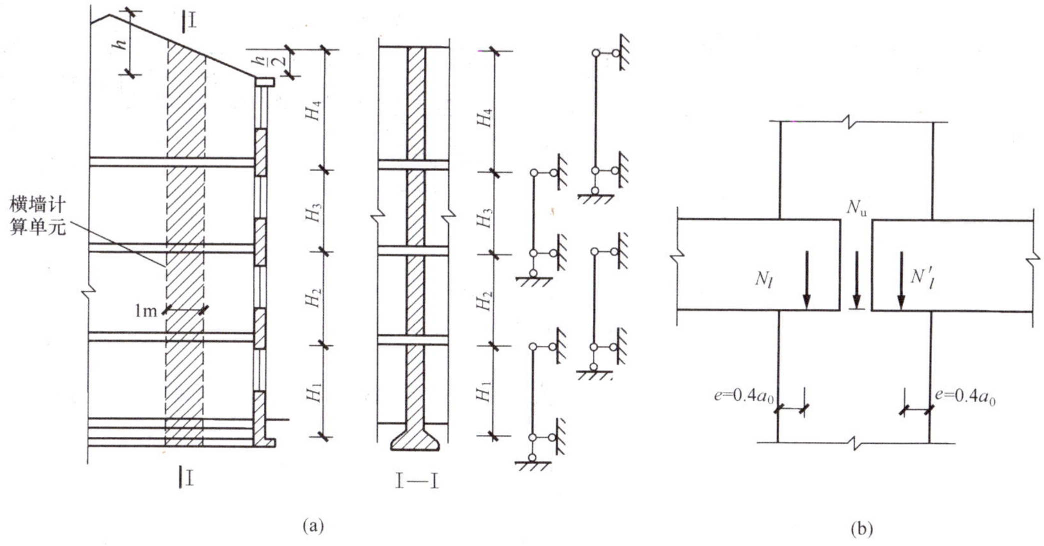

图 10-19 多层刚性方案房屋承重横墙的计算简图

多层刚性方案房屋承重横墙的计算要点如下：

（1）取 1m 宽横墙作为计算单元（开设洞口少）。

（2）不考虑风荷载作用。

（3）承重横墙的控制截面，当横墙两侧楼盖传来的荷载相同时，整个墙体为轴心受压，控制截面为每层墙体的底部截面。如两侧开间不等，或楼板构造不同时，则顶部截面承受偏心压力作用，还应按偏心受压构件验算该截面承载力。当有楼盖大梁支承于横墙上时，还应验算大梁底面砌体的局部受压承载力。

10.4 砌体结构中的过梁及悬挑构件

10.4.1 过梁

一、过梁的分类与应用

过梁是设置在墙体门窗洞口上的构件，其作用是承受洞口上部墙体自重及楼盖梁、板传来的荷载。常用过梁有砖砌过梁和钢筋混凝土过梁，砖砌过梁又可分为砖砌平拱过梁和钢筋砖过梁等。

（一）钢筋砖过梁

钢筋砖过梁是在平砌砖的灰缝中加设适量的钢筋而形成的过梁，如图 10-20（a）所示。其底面砂浆处的钢筋，直径不应小于 5mm，间距不宜大于 120mm，钢筋伸入支座砌体内的长度不宜小于 240mm，砂浆层的厚度不宜小于 30mm，砖砌过梁所用砂浆不宜低于 M5。钢筋砖过梁跨度不应超过 1.5m。

（二）砖砌平拱过梁

砖砌平拱过梁如图 10-20（b）所示。将立砖和侧砖相间砌筑，灰缝上宽下窄相互挤压便形成了拱的作用。其净跨度不应超过 1.2m，竖砖砌筑部分高度不应小于 240mm。

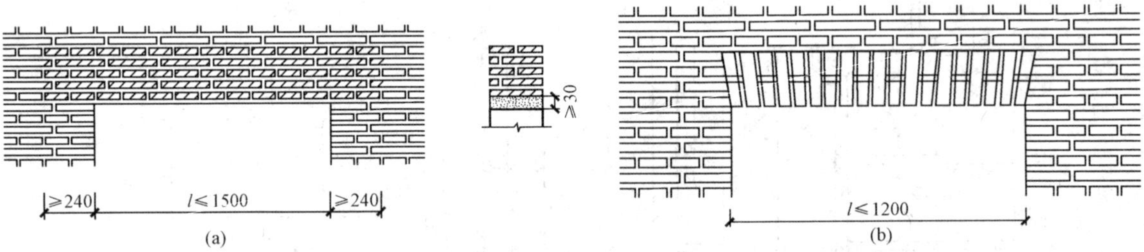

图 10-20 砖砌过梁

（a）钢筋砖过梁；（b）砖砌平拱过梁

砖砌过梁的整体性差，对由较大振动荷载或可能产生不均匀沉降的房屋应采用钢筋混凝土过梁。

（三）钢筋混凝土过梁

钢筋混凝土过梁是房屋建筑中普遍采用的过梁形式，可现浇，也可预制，其截面形式有矩形和 L 形两种。钢筋混凝土过梁宽度通常与墙厚相同，其高度应与砖的规格相适应，常用 60、120、180、240mm，梁两端支承在墙上的长度不得小于 240mm。

二、过梁上的荷载

过梁承受的荷载一般有两种情况，一种是仅有墙体荷载（墙体及过梁本身自重）；另一种是除墙体荷载外，还承受过梁上部的梁、板荷载。《荷载规范》规定过梁上的荷载按下述方法确定。

（一）梁、板荷载

对于砖和小型砌块砌体，当梁、板下的墙体高度 $h_w < l_n$（为过梁的净跨度）时，应计入上部梁、板传来的荷载。当梁、板下的墙体高度 $h_w \geq l_n$ 时，可不考虑梁、板荷载，认为其全部由墙体内拱作用直接传至过梁支座。

（二）墙体荷载

对砖砌体，当过梁上的墙体高度 $h_w<l_n/3$ 时，应按全部墙体的均布自重采用；当 $h_w\geqslant l_n/3$ 时，则按高度为 $l_n/3$ 墙体的均布自重采用。

对混凝土砌块砌体，当 $h_w<l_n/2$ 时，应按全部墙体的均布自重采用；当 $h_w\geqslant l_n/2$ 时，应按高度为 $l_n/2$ 墙体的均布自重采用。

三、过梁的承载力计算

（一）砖砌过梁的破坏特征

砖砌过梁在竖向荷载作用下，上部受压，下部受拉，如同受弯构件一样受力。随着荷载增大，过梁可能发生下列三种破坏（图 10 - 21）：

（1）过梁跨中截面因受弯承载力不足，沿竖向灰缝处产生竖向裂缝（直缝或齿缝）而破坏。

（2）过梁支座附近因受剪承载力不足，沿灰缝产生 45°方向的阶梯形斜裂缝不断扩展而破坏。

（3）过梁支座处水平灰缝因受剪承载力不足而破坏。

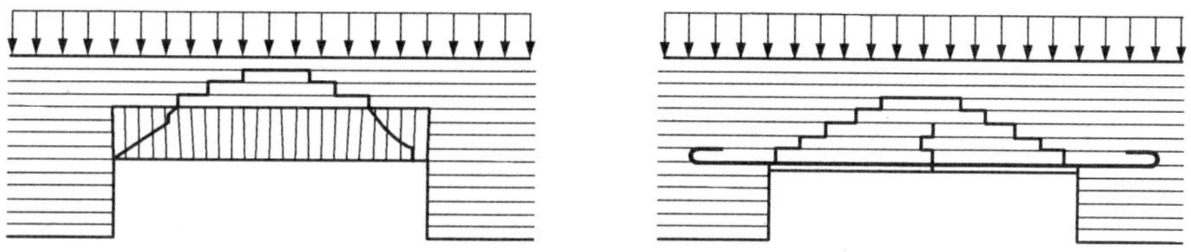

(a) (b)

图 10 - 21 过梁的破坏形式

(a) 砖砌平拱过梁；(b) 钢筋砖过梁

（二）过梁的承载力计算

（1）砖砌平拱过梁的计算。

砖砌平拱过梁的受弯和受剪承载力可按式（10 - 11）和式（10 - 12）计算。计算结果表明，砖砌平拱过梁的承载力总是由受弯承载力控制的，其受剪承载力一般均能满足，可不进行此项验算。

（2）钢筋砖过梁的计算。

钢筋砖过梁的受剪承载力仍按式（10 - 12）计算，而跨中正截面受弯承载力应按下式计算

$$M\leqslant 0.85h_0 f_y A_s \tag{10 - 18}$$

$$h_0=h-a$$

式中 M——按简支梁计算的跨中弯矩设计值。

f_y——受拉钢筋的强度设计值。

A_s——受拉钢筋的截面面积。

h_0——过梁截面的有效高度。

a——受拉钢筋重心至截面下边缘的距离，一般取 $a=15\sim20$mm。

h——过梁的截面计算高度，取过梁底面以上的墙体高度，但不大于 $l_n/3$；当考虑梁板荷载时，则按梁板下的高度采用。

（3）钢筋混凝土过梁。

钢筋混凝土过梁应按钢筋混凝土受弯构件进行正截面受弯和斜截面受剪承载力计算，此

外，还应进行梁端下砌体局部受压承载力验算。在验算过梁下砌体局部受压承载力时，可不考虑上层荷载的影响，取 $\psi=0$。梁端底面压应力图形完整系数可取 1.0，梁端有效支承长度可取实际支承长度，但不应大于墙厚。

10.4.2 挑梁

埋置于砌体中的悬挑构件，如挑梁、雨篷、阳台和悬挑楼梯等是混合结构房屋中经常遇到的构件。

一、挑梁的受力性能

挑梁的受力，实际上是与砌体共同工作的。挑梁依靠压在埋入部分的上部砌体重量及上部楼（屋）盖传来的竖向荷载来平衡悬挑部分所承受的荷载。挑梁受力后，在悬挑部分荷载产生的弯矩和剪力作用下，埋入段将产生挠曲变形，但这种变形受到上下砌体的约束。随着悬挑部分荷载的增加，在挑梁 A 处的顶面将与上部砌体脱开，出现水平裂缝①；随着荷载进一步增大，在挑梁尾部 B 处的底面也将出现水平裂缝②。如果挑梁本身承载力足够，则挑梁在砌体中可能发生以下两种破坏。

（一）挑梁倾覆破坏

当挑梁埋入段长度 l_1 较短而砌体强度足够时，埋入段尾部有向上翘的趋势，在其上角砌体中将产生阶梯形斜裂缝③。如果斜裂缝进一步发展，则表明斜裂缝范围内的砌体及其上部荷载已不再能有效地抵抗挑梁的倾覆，挑梁将产生倾覆破坏（图 10-22）。

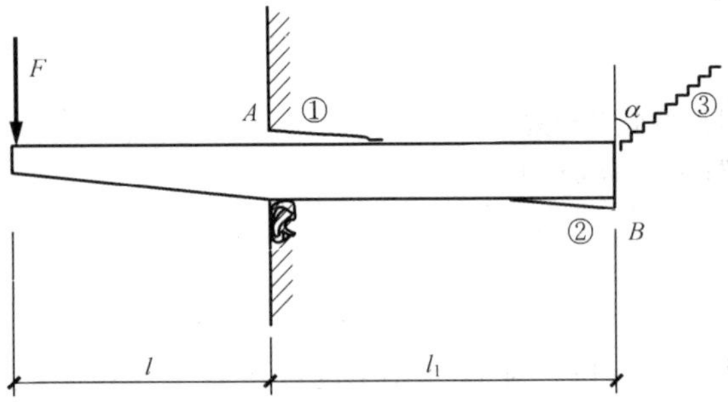

图 10-22 挑梁倾覆破坏示意图

（二）挑梁下砌体局部受压破坏

当挑梁埋入段长度 l_1 较长而砌体强度较低时，则可能在埋入段尾部砌体中斜裂缝出现以前，发生埋入段前端梁下砌体被局部压碎的情况，即局部受压破坏。

二、挑梁的构造要求

挑梁设计除应符合《规范》中梁的有关规定外，尚应满足下列要求：

（1）纵向受力钢筋至少应有 1/2 的钢筋面积伸入梁尾端，且不少于 2 φ 12。其余钢筋伸入支座的长度不应小于 $2l_1/3$。

（2）挑梁埋入砌体长度 l_1 与挑出长度 l 之比宜大于 1.2；当挑梁上无砌体时，l_1 与 l 之比宜大于 2。

10.5 多层砌体结构的一般构造措施

10.5.1 墙、柱的一般构造要求

设计砌体结构房屋时，除进行墙、柱的承载力计算和高厚比验算外，还应满足下列墙、柱的一般构造要求。

一、最低强度等级要求

（1）处于环境类别 3～5 等有侵蚀性介质的砌体材料应符合下列规定：不应采用蒸压灰砂普通砖、蒸压粉煤灰普通砖；应采用实心砖，砖的强度等级不应低于 MU20，水泥砂浆不

应低于 M10；混凝土砌块不应低于 MU15，灌孔混凝土不应低于 Cb30，砂浆不应低于 Mb10。

（2）地面以下或防潮层以下的砌体、潮湿房间的墙或环境类别 2 的砌体，所用材料的最低强度等级应符合表 10-10 的要求。

表 10-10 地面以下或防潮层以下的砌体、潮湿房间墙所用材料的最低强度等级

潮湿程度	烧结普通砖	混凝土普通砖、蒸压普通砖	混凝土砌块	石材	水泥砂浆
稍潮湿的	MU15	MU20	MU7.5	MU30	M5
很潮湿的	MU20	MU20	MU10	MU30	M7.5
含水饱和的	MU20	MU25	MU15	MU40	M10

注 1. 在冻胀地区，地面以下或防潮层以下的砌体，不宜采用多孔砖，如采用时其孔洞应用水泥砂浆灌实。当采用混凝土砌块砌体时，其孔洞应采用强度等级不低于 Cb20 的混凝土灌实。
2. 对安全等级为一级或设计使用年限大于 50 年的房屋，表中材料强度等级应至少提高一级。

二、截面尺寸要求

（1）承重的独立砖柱截面尺寸不应小于 240×370mm。

（2）毛石墙厚度不宜小于 350mm；毛料石柱较小边长不宜小于 400mm。

三、支承与连接锚固要求

（1）钢筋混凝土梁、板与竖向承重砌体的连接。预制钢筋混凝土梁、板在钢筋混凝土圈梁和砌体墙上的支承长度与连接构造措施，要求必须有足够的支承长度并连接可靠。

（2）墙体之间的连接。墙体转角处和纵横墙交接处应沿墙体竖向每隔 400mm～500mm 设拉结钢筋，其数量为每 120mm 墙厚不少于 1 根直径 6mm 的钢筋；或采用焊接钢筋网片，埋入长度从墙的转角或交接处算起，实心砖墙每边不小于 500mm，对多孔砖墙和砌块墙不小于 700mm。

（3）填充墙、隔墙应分别采取措施与周边构件可靠连接。

（4）山墙处的壁柱宜砌至山墙顶部，屋面构件应与山墙可靠拉结。

四、砌体中留槽洞及埋设管道的要求

（1）不应在截面长边小于 500mm 的承重墙体、独立柱内埋设管线。

（2）不宜在墙体中穿行暗线或预留、开凿沟槽，无法避免时应采取必要的措施或按削弱后的截面验算墙体的承载力。

五、设置垫块的条件

跨度大于 6m 的屋架和跨度大于下列数值的梁，应在支承处砌体上设置混凝土或钢筋混凝土垫块；当墙中设有圈梁时，垫块与圈梁宜浇成整体。

砖砌体为 4.8m，砌块和料石砌体为 4.2m，毛石砌体为 3.9m。

六、设置壁柱或构造柱的条件

当梁跨度大于或等于下列数值时，其支承处宜加设壁柱或采取其他加强措施：

240mm 厚砖墙为 6m，180mm 厚砖墙为 4.8m，砌块、料石墙为 4.8m。

七、砌块砌体的构造

（1）砌块砌体应分皮错缝搭砌，上下皮搭砌长度不得小于 90mm。当搭砌长度不满足上述要求时，应在水平灰缝内设置不少于 2Φ4、横筋间距不大于 200mm 的焊接钢筋网片，网片每端均应超过该垂直缝，其长度不得小于 300mm。

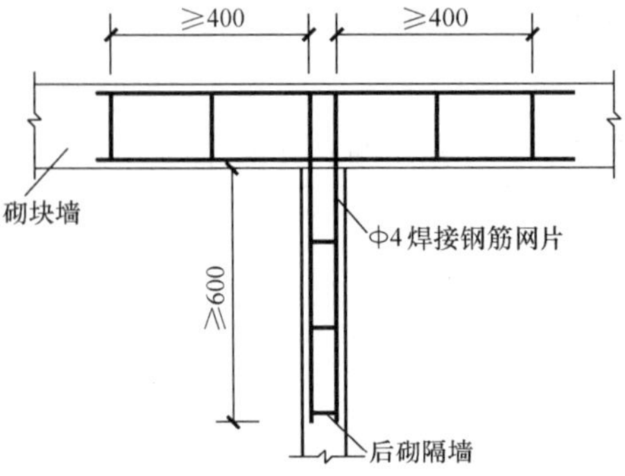

图 10 - 23　砌块墙与后砌隔墙交接处钢筋网片

（2）砌块墙与后砌隔墙交接处，应沿墙高每 400mm 在水平灰缝内设置不少于 2Φ4、横筋间距不大于 200mm 的焊接钢筋网片，如图 10 - 23 所示。

（3）混凝土砌块墙体的下列部位，如未设圈梁或混凝土垫块，应采用不低于 Cb20 灌孔混凝土将孔洞灌实：

1）搁栅、檩条和钢筋混凝土楼板的支承面下，高度不应小于 200mm 的砌体。

2）屋架、梁等构件的支承面下，高度不应小于 600mm，长度不应小于 600mm 的砌体。

3）挑梁支承面下，距墙中心线每边不应小于 300mm，高度不应小于 600mm 的砌体。

10.5.2　圈梁

在房屋的檐口、窗顶、楼层、吊车梁顶等标高处，沿砌体墙水平方向设置按构造配筋的混凝土梁式构件，通常称为钢筋混凝土圈梁，简称圈梁。

一、圈梁的作用

在混合结构房屋中，设置圈梁可增强房屋的整体刚度，防止由于地基不均匀沉降或较大振动荷载作用对墙体产生的不利影响；圈梁的存在，可减小墙体的计算高度，提高墙体的稳定性；跨越门窗洞口的圈梁，若配筋不少于过梁或适当增配一些钢筋时，还可兼作过梁。

二、圈梁的设置

圈梁设置的位置和数量通常按房屋的类型、层数、荷载特点以及地基情况等因素来决定。

住宅、办公楼等多层砌体民用房屋，层数为 3～4 层时，应在底层和檐口标高处各设置一道圈梁。当层数超过 4 层时，除应在底层和檐口标高处各设置一道圈梁外，至少应在所有纵、横墙上隔层设置。

多层砌体工业房屋，应每层设置现浇钢筋混凝土圈梁。

设置墙梁的多层砌体房屋应在托梁、墙梁顶面和檐口标高处设置现浇钢筋混凝土圈梁。

三、圈梁的构造要求

（1）圈梁应连续闭合，当圈梁遇有洞口被截断时，应在洞口上部增设相同截面的附加圈梁，且附加圈梁与圈梁的搭接应长度满足图 10 - 24 所示要求。

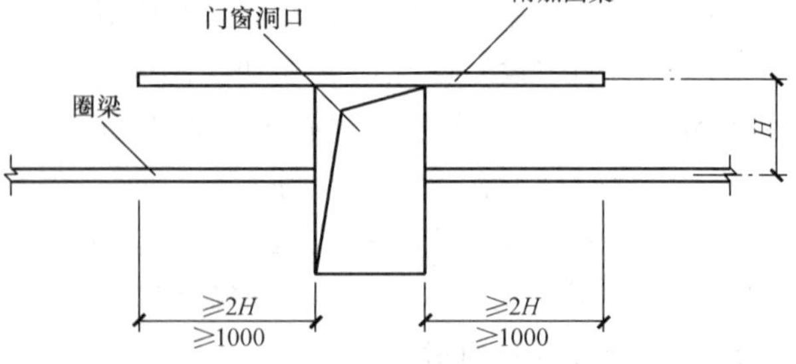

图 10 - 24　圈梁的搭接

（2）纵横墙交接处的圈梁应有可靠的连接。在房屋转角和丁字交叉处的常用连接构造如图 10 - 25 所示。在刚弹性和弹性方案房屋中，圈梁应与屋架、大梁等构件可靠连接。

（3）圈梁的宽度宜与墙厚相同，

当墙厚 $h \geqslant 240$mm 时，其宽度不宜小于 $2h/3$。圈梁截面高度不应小于 120mm，纵向钢筋不应小于 4 φ 10，绑扎接头的搭接长度按受拉钢筋考虑，箍筋间距不应大于 300mm。

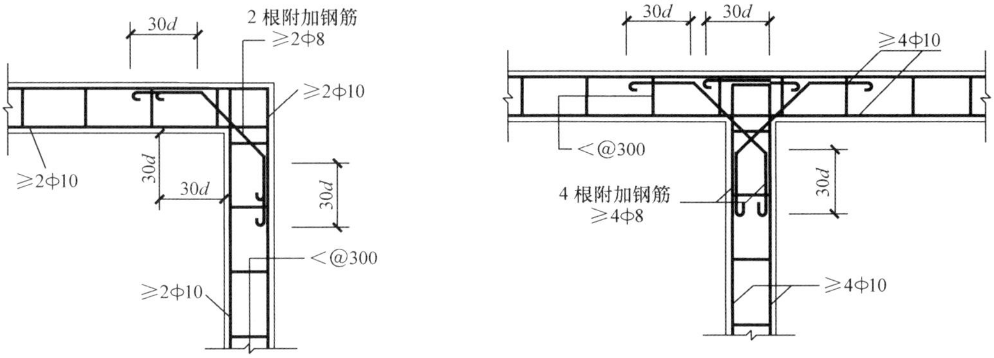

图 10-25　现浇圈梁的连接构造

（4）当圈梁兼作过梁时，过梁部分的钢筋应按计算用量另行增配。

10.5.3　防止或减轻墙体开裂的主要措施

砌体出现裂缝是非常普遍的质量事故之一，砖砌体中发生裂缝的主要原因有地基不均匀沉降、承载力不足以及温度变化等。下面介绍防止和减轻由于地基不均匀沉降和温度变化引起裂缝的主要措施。

一、防止或减轻墙体由于不均匀沉降引起墙体开裂的主要措施

地基不均匀沉降引起的沉降差和局部倾斜，使墙体产生弯、剪变形，其主拉应力将导致斜向阶梯形裂缝的发生。由于砌体的抗拉、抗弯及抗剪强度很低，因而，砌体结构对局部沉降十分敏感。裂缝大多发生在房屋纵墙的两端，位于墙体下部，沿窗口对角线与地面约成 45°夹角，上宽下窄向沉降大的方向倾斜。当建筑物中部地基沉降较大两端沉降较小时，将在墙体下部出现呈正八字形的斜裂缝，如图 10-26（a）所示；当建筑物下有局部软弱土层时，将在局部沉降较大的部位发生斜裂缝，如图 10-26（b）所示；当建筑物结构高度不同时，高度大的部分沉降大，则将在沉降差较大、建筑物较低的部分出现斜裂缝，如图 10-26（c）所示。

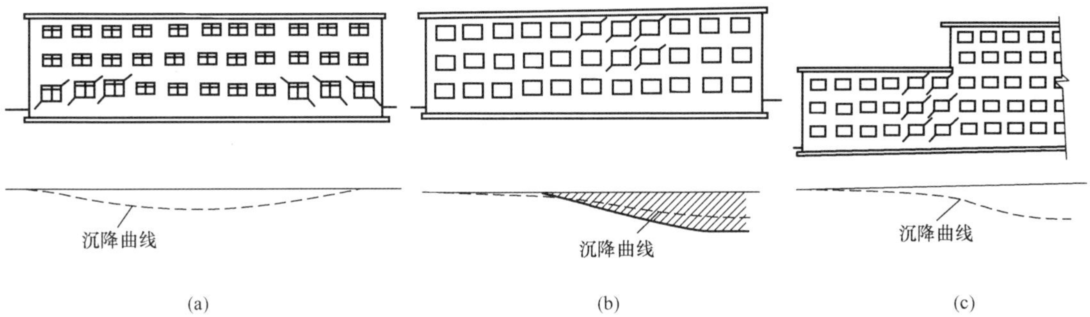

图 10-26　地基不均匀沉降引起的墙体裂缝

预防或减轻地基不均匀沉降引起墙体裂缝的主要措施有：

（1）合理设置沉降缝。对房屋体型复杂，特别是高度相差较大的部位和地基压缩性有显著差异处，应设置沉降缝。

（2）加强基础和上部结构的整体刚度。如采用交叉条基、桩基等；在建筑物上部按《砌体规范》要求设置圈梁（尤为基础顶和檐口部位的圈梁），并与构造柱形成封闭的整体刚度很大的空间结构。

（3）结构处理措施。同一单元的建筑，应采用相同的基础；尽量减少纵墙的间断，缩小承重横墙的间距；保证房屋两端部的墙体宽度；采用架空地板代替室内后填土等。

（4）施工措施。合理安排施工程序，分期施工。如先建较重单元和埋深大的基础；易受相邻建筑物影响的基础后施工等。

二、防止或减轻墙体由温度和收缩变形引起墙体开裂的主要措施

我国大多数砌体结构房屋属混合结构房屋，各种材料的线膨胀系数不相同。混凝土在0～100℃范围内的线膨胀系数为10×10^{-6}/℃，而烧结黏土砖砌体、蒸压灰砂砖和粉煤灰砖砌体、混凝土砌块砌体的线膨胀系数分别为5×10^{-6}/℃、8×10^{-6}/℃、10×10^{-6}/℃。当采用烧结黏土砖砌体时，两者相差一倍，在施工和使用阶段，当外界温度增高时，已形成整体又互相约束的混凝土构件与墙体构件间，必将因温度变形不一致引起附加应力，从而导致许多部位墙体开裂。

钢筋混凝土屋盖遇热膨胀时受墙体的约束而受压，墙体则受到水平推力而受弯或受剪，从而造成顶层内外纵墙和横墙上两端1～2个开间范围内出现角部八字形斜裂缝，如图10-27（a）、（c）所示，并可能在屋盖下或顶圈梁下2～3皮砖的灰缝位置出现水平裂缝和包角缝，如图10-27（b）所示，当顶层窗洞较大时还可能出现洞口下的水平裂缝，如图10-27（d）所示。

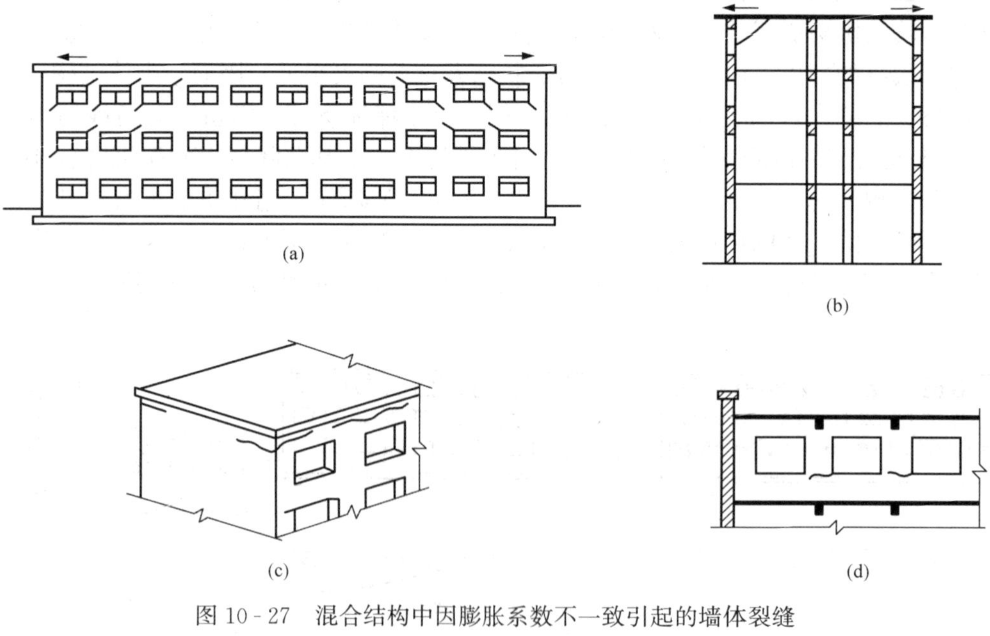

(a)　(b)　(c)　(d)

图10-27　混合结构中因膨胀系数不一致引起的墙体裂缝

当房屋有错层时，由于钢筋混凝土楼盖产生的收缩变形大于砖墙变形，错层处将产生局部垂直裂缝。此外，砖砌体房屋温度区段过长，因温度及墙体干缩的原因也将引起墙体竖向裂缝。

预防温差和干缩引起墙体裂缝的主要措施有：

（1）按《砌体规范》规定，设置伸缩缝。伸缩缝的最大间距可按表10-11采用。

表 10 - 11 砌体房屋伸缩缝的最大间距 m

屋盖或楼盖类别		间距
整体式或装配整体式钢筋混凝土结构	有保温层或隔热层的屋盖、楼盖	50
	无保温层或隔热层的屋盖	40
装配式无檩体系钢筋混凝土结构	有保温层或隔热层的屋盖、楼盖	60
	无保温层或隔热层的屋盖	50
装配式有檩体系钢筋混凝土结构	有保温层或隔热层的屋盖	75
	无保温层或隔热层的屋盖	60
瓦材屋盖、木屋盖或楼盖、轻钢屋盖		100

注 1. 对烧结普通砖、多孔砖、配筋砌块砌体房屋取表中数值；对石砌体、蒸压灰砂砖、蒸压粉煤灰砖和混凝土砌块房屋取表中数值乘以 0.8 的系数。
2. 在钢筋混凝土屋面上挂瓦的屋盖应按钢筋混凝土屋盖采用。
3. 按本表设置的墙体伸缩缝，一般不能同时防止由于钢筋混凝土屋盖的温度变形和砌体干缩变形引起的墙体局部裂缝。
4. 层高大于 5m 的烧结普通砖、多孔砖、配筋砌块砌体结构单层房屋，其伸缩缝间距可按表中数值乘以 1.3。

（2）屋面设置保温、隔热层，采用装配式有檩体系钢筋混凝土屋盖和瓦材屋盖。

（3）除门窗过梁外，设钢筋混凝土窗台板，在顶、底层应通长设置。

（4）按《砌体规范》要求在墙转角、纵横墙交接处等易出现裂缝的部位，加强构造措施。

（5）施工时可设后浇带，加强养护；屋面施工避开高温季节等。

10.6 多层砌体结构抗震构造措施

10.6.1 多层砌体结构房屋抗震设计一般规定

一、房屋总高度和层数的限值

震害表明，随着房屋高度的增大和层数的增多，房屋的破坏程度也随之加重。因此，《抗震规范》规定，多层砌体房屋的总高度与层数不应超过表 10 - 12 的规定。

对医院、教学楼等横墙较少的房屋，总高度应比表 10 - 12 的规定相应降低 3m，层数应相应减少一层；对各层横墙很少的房屋，还应再减少一层。

6、7 度时，横墙较少的丙类多层，当按规定采取加强措施并满足抗震承载力要求时，其高度和层数仍可按表 10 - 12 采用。

表 10 - 12 房屋的层数和高度限值 m

房屋类别		最小抗震墙厚度（mm）	烈度和设计基本加速度											
			6		7				8				9	
			0.05g		0.1g		0.15g		0.2g		0.3g		0.4g	
			高度	层数	高度	层数	高度	层数	高度	层数	高度	层数	高度	层数
多层砌体房屋	普通砖	240	21	7	21	7	21	7	18	6	15	5	12	4
	多孔砖	240	21	7	21	7	18	6	18	6	15	5	9	3
	多孔砖	190	21	7	18	6	15	5	15	5	12	4	—	—
	小砌块	190	21	7	21	7	18	6	18	6	15	5	9	3

续表

房屋类别		最小抗震墙厚度（mm）	烈度和设计基本加速度											
			6		7				8				9	
			0.05g		0.1g		0.15g		0.2g		0.3g		0.4g	
			高度	层数	高度	层数	高度	层数	高度	层数	高度	层数	高度	层数
底部框架—抗震墙砌体房屋	普通砖 多孔砖	240	22	7	22	7	19	6	16	5	—	—	—	—
	多孔砖	190	22	7	19	6	16	5	13	4	—	—	—	—
	小砌块	190	22	7	22	7	19	6	16	5	—	—	—	—

注 1. 房屋总高度指室外地面到主要屋面板顶或檐口的高度，半地下室从地下室室内地面算起，全地下室和嵌固条件好的半地下室应允许从室外地面算起；对带阁楼的坡屋面应算到山尖墙的 1/2 高度处。

2. 室内外高差大于 0.6m 时，房屋总高度应容许比表中数据适当增加，但不应多于 1m。

3. 乙类的多层砌体房屋仍按本地区设防查表，其层数应减少一层且总高度应降低 3m；不应采用底部框架—抗震墙砌体房屋。

4. 本表中小砌块体砌体房屋不包括配筋混凝土小型空心砌块砌体房屋。

采用蒸压类砌体的房屋，当砌体的抗剪强度仅达到黏土砖的 70%时，房屋的层数应比普通砖房减少一层，总高应减少 3m；当抗剪强度达到黏土砖的取值时，房屋的总高度与层数同普通砖房屋。

多层砌体承重房屋的层高不应超过 3.6m，底部框架—抗震墙房屋的底部层高，不应超过 4.5m；当底层采用约束砌体抗震墙时，底部层高不应超过 4.2m。

二、房屋高宽比的限制

随着房屋高宽比的增大，在地震时易于发生整体弯曲破坏。为保证房屋的稳定性，减轻整体弯曲造成的破坏，《抗震规范》规定，房屋总高度和总宽度的最大比值应符合表 10 - 13 的要求。

表 10 - 13　　房屋最大高宽比

烈　度	6 度	7 度	8 度	9 度
最大高宽比	2.5	2.5	2.0	1.5

注 1. 单面走廊房间的总宽度不包括走廊宽度。

2. 建筑平面接近正方形时，其高宽比宜适当减小。

三、合理布置房屋的结构体系

（1）应优先采用横墙承重或纵横墙共同承重的结构体系，不应采用砌体墙和混凝土墙混合承重的结构体系。

（2）纵横墙的布置应对称均匀，沿平面内宜对齐，沿竖向应上下连续；窗间墙宽度宜均匀。

（3）设置防震缝。防震缝是减轻地震对房屋破坏的有效措施之一，防震缝应沿房屋全高设置（基础处可不设），缝两侧均应设置墙体，缝宽一般采用 70～100mm。

（4）楼梯间不宜设置在房屋的尽端和转角处。

（5）烟道、风道、垃圾道等不应削弱承重墙体，否则应对被削弱的墙体采取加强措施。如必须做出屋面或附墙烟囱时，宜采用竖向配筋砌体。

（6）不应采用无锚固的钢筋混凝土预制挑檐。

（7）不应在房屋转角处设置转角窗。

（8）横墙较少，跨度较大的房屋，宜采用钢筋混凝土楼、屋盖。

四、房屋抗震横墙的间距

因多层砌体房屋的横向地震力主要由横墙承担，横墙间距大小对房屋倒塌影响很大，所以要求横墙间距不应超过表 10-14 的规定。

表 10-14　房屋抗震横墙的间距　m

房屋类型		烈度			
		6	7	8	9
多层砌体房屋	现浇或装配式钢筋混凝土楼、屋盖	15	15	11	7
	装配式钢筋混凝土楼、屋盖	11	11	9	4
	木屋盖	9	9	4	—
底部框架—抗震墙砌体房屋	上部各层	同多层砌体房屋			—
	底层或底部两层	18	15	11	—

注　1. 多层砌体房屋的顶层，除木屋盖外的最大横墙间距应允许适当放宽，但应采取相应加强措施。
2. 多孔砖抗震墙横墙厚度为 190mm 时，最大横墙间距应比表中数值减少 3m。

10.6.2　多层砌体结构抗震构造措施

一、加强结构的连接

（一）纵横墙的连接

纵横墙交接处宜同时咬槎砌筑，否则应留斜槎，不应留直槎或马牙槎。对 7 度时长度大于 7.2m 的大房间，以及 8 度和 9 度时外墙转角及内外墙交接处，应沿墙高每隔 500mm 配置 2ф6 拉结钢筋，且每边伸入墙内不宜小于 1m，如图 10-28 所示。

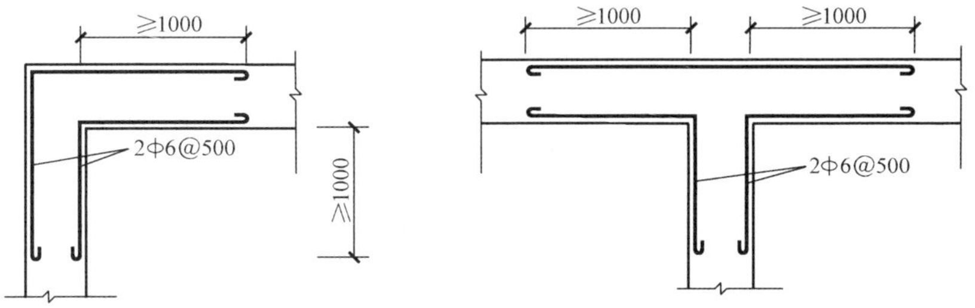

图 10-28　砌体墙连接

后砌的非承重墙应沿墙高每 500mm 配置 2ф6 钢筋与承重墙或柱拉结，每边伸入墙内不应小于 500mm，8 度和 9 度时长度大于 5m 的后砌隔墙，墙顶尚应与楼板或梁拉结。

（二）楼、屋盖与墙体的连接

现浇钢筋混凝土楼板或屋面板伸进纵、横墙内的长度不应小于 120mm；对于装配式钢筋混凝土楼板或屋面板，当圈梁未设在板的同一标高时，板端伸进外墙的长度不应小于 120mm，板端伸进内墙的长度不应小于 100mm 或采用硬架支模连接，在梁上不应小于 80mm 或采用硬架支模连接；当板的跨度大于 4.8m 并与外墙平行时，靠外墙的预制板侧边应与墙或圈梁拉结。

对房屋端部大房间的楼盖，6 度时房屋的屋盖和 7～9 度时房屋的楼、屋盖，当圈梁设在板底时，钢筋混凝土预制板应相互拉结，并应与梁、墙或圈梁拉结。

楼、屋盖的钢筋混凝土梁或屋架应与墙、柱（包括构造柱）或圈梁可靠连接；不得采用独立砖柱。跨度不小于 6m 大梁的支撑构件应采用组合砌体等加强措施，并满足承载力的要求。

二、设置钢筋混凝土构造柱

在多层砌体房屋中设置钢筋混凝土构造柱，可以部分地提高墙体的抗剪承载力，大大增强房屋的变形能力，对提高砌体房屋的抗震能力有着重要的作用。

《抗震规范》对钢筋混凝土构造柱的设置和构造要求作了如下规定。

（一）构造柱设置要求

（1）对于多层砖砌体房屋，其构造柱的设置部位，在一般情况下应符合表 10-15 的要求。

（2）外廊式和单面走廊式的多层房屋，应根据房屋增加一层后的层数，按表 10-15 的要求设置构造柱，且单面走廊两侧的纵墙均应按外墙处理。

（3）教学楼、医院等横墙较少的房屋，应根据房屋增加一层后的层数，按表 10-15 的要求设置构造柱；当教学楼、医院等横墙较少的房屋为外廊式或单面走廊式时，应按第（2）款要求设置构造柱，但 6 度不超过四层、7 度不超过三层和 8 度不超过二层时，应按增加两层后的层数对待。

表 10-15 砖房构造柱设置要求

<table>
<tr><th colspan="4">房屋层数</th><th colspan="2" rowspan="2">设置部位</th></tr>
<tr><th>6 度</th><th>7 度</th><th>8 度</th><th>9 度</th></tr>
<tr><td>≤五</td><td>≤四</td><td>≤三</td><td>—</td><td rowspan="3">楼、电梯间四角，楼梯斜梯段上下端对应的墙体处；
外墙四角和对应转角；
错层部位横墙与外纵墙交接处；
大房间内外墙交接处；
较大洞口两侧</td><td>隔 12m 或单元横墙与外纵墙交接处；
楼梯间对应的另一侧内横墙与外纵墙交接处</td></tr>
<tr><td>六</td><td>五</td><td>四</td><td>二</td><td>隔开间横墙（轴线）与外墙交接处，山墙与内纵墙交接处</td></tr>
<tr><td>七</td><td>六、七</td><td>五、六</td><td>三、四</td><td>内墙（轴线）与外墙交接处；
内墙的局部较小墙垛处；
内纵墙与横墙（轴线）交接处</td></tr>
</table>

注 较大洞口，内墙指不小于 2.1m 的洞口；外墙在内外墙交接处已设置构造柱时应允许适当放宽，但洞侧墙体应加强。

（二）构造柱构造要求

（1）构造柱最小截面可采用 180mm×240mm（墙厚 190mm 时为 180mm×190mm），纵向钢筋宜采用 $4\phi 12$，箍筋间距不宜大于 250mm，且在柱上下端宜适当加密；6、7 度时超过六层、8 度时超过五层和 9 度时，构造柱纵向钢筋宜采用 $4\phi 14$，箍筋间距不应大于 200mm；房屋四角的构造柱可适当加大截面及配筋。

（2）构造柱与墙连接处应砌成马牙槎，并应沿墙高每隔 500mm 设 $2\phi 6$ 水平钢筋和 $\phi 4$ 分布短筋平面内点焊组成的拉结网片或 $\phi 4$ 点焊钢筋网片，每边伸入墙内不宜小于 1m。6、

7度时底部1/3楼层，8度时底部1/2楼层，9度时全部楼层，上述拉结钢筋网片应沿墙体水平通长设置。

(3) 构造柱与圈梁连接处，构造柱的纵筋应在圈梁纵筋内侧穿过，保证构造柱纵筋上下贯通。

(4) 构造柱可不单独设置基础，但应伸入室外地面下500mm，或与埋深小于500mm的基础圈梁相连。

(5) 当房屋高度和层数接近《抗震规范》规定的限值时，横墙内的构造柱间距不宜大于层高的两倍，下部1/3楼层的构造柱间距应适当减小；当外纵墙开间大于3.9m时，应另设加强措施；内纵墙的构造柱间距不宜大于4.2m。

三、合理布置圈梁

在砌体结构中设置圈梁，可加强墙体间以及墙体与楼盖间的连接，增强房屋的整体性和空间刚度；与构造柱组合可有效地约束墙体裂缝的开展，提高墙体的抗震能力。

(一) 圈梁设置要求

对于多层砖砌体房屋的现浇钢筋混凝土圈梁设置应符合下列要求：

(1) 装配式钢筋混凝土楼、屋盖的砖房，横墙承重时应按表10-16的要求设置圈梁；纵墙承重时每层均应设置圈梁，且抗震横墙上的圈梁间距应比表内要求适当加密。

表10-16　砖房现浇钢筋混凝土圈梁设置要求

墙类	烈度		
	6、7	8	9
外墙和内纵墙	屋盖处及每层楼盖处	屋盖处及每层楼盖处	屋盖处及每层楼盖处
内横墙	同上；屋盖处间距不应大于4.5m；楼盖处间距不应大于7.2m；构造柱对应部位	同上；各层所有横墙，且间距不应大于4.5m；构造柱对应部位	同上；各层所有横墙

(2) 现浇或装配整体式钢筋混凝土楼、屋盖与墙体有可靠连接的房屋，可允许不另设圈梁，但楼板沿墙体周边应加强配筋，并应与相应的构造柱钢筋可靠连接。

(二) 圈梁构造要求

圈梁的构造要求同10.5.2要求，其配筋应符合表10-17的要求。

表10-17　砖房圈梁配筋要求

配筋	烈度		
	6、7	8	9
最小纵筋	4Φ10	4Φ12	4Φ14
最大箍筋间距（mm）	250	200	150

四、重视楼梯间的设计

楼梯间是疏散人员和进行救灾的要道，但其震害往往较重。因此，《抗震规范》规定，楼梯间的设计应符合下列要求：

(1) 顶层楼梯间墙体应沿墙高每隔500mm设2Φ6通长钢筋和Φ4分布短筋平面内点焊

组成的拉结网片或Φ 4 点焊钢筋网片；7～9 度时其他各层楼梯间墙体应在休息平台或楼层半高处设置 60mm 厚、纵向钢筋不应少于 2 Φ 10 的钢筋混凝土带或配筋砖带，配筋砖带不小于 3 皮，每皮的配筋不小于 2 Φ 6，其砂浆强度等级不应低于 M7.5 且不低于同层墙体的砂浆强度等级。

（2）楼梯间及门厅内墙阳角处的大梁支承长度不应小于 500mm，并应与圈梁连接。

（3）装配式楼梯段应与平台梁可靠连接；8、9 度时不应采用装配式楼梯段；不应采用墙中悬挑式踏步或踏步竖肋插入墙体的楼梯，不应采用无筋砖砌拦板。

（4）对于突出屋顶的楼、电梯间，构造柱应伸到顶部，并与顶部圈梁连接，所有墙体应沿墙高每隔 500mm 设 2 Φ 6 通长钢筋和Φ 4 分布短筋平面内点焊组成的拉结网片或Φ 4 点焊钢筋网片。

本章小结

（1）砌体结构指由块材和砂浆砌筑而成的结构。组成砌体的块材和砂浆的种类不同，砌体的性能有所差异，应用时应合理地选择砌体材料。

（2）砌体分为无筋砌体和配筋砌体两类。配筋砌体通过在砌体内设置钢筋，可达到提高砌体强度、增强砌体结构的整体性的目的。

（3）砌体的抗压强度远小于组成它的砖和砂浆的抗压强度。这是由于受力后砖在砌体中处于受压、受弯、受剪和横向受拉的复杂应力状态，降低了砌体的抗压强度。影响砌体抗压强度的主要因素是：块材和砂浆的强度、砂浆的性能、块材的形状和尺寸及灰缝厚度以及砌筑质量。

（4）砌体的轴心抗拉、弯曲抗拉和抗剪强度远小于其抗压强度。所以，砌体主要用于受压墙、柱。

（5）影响无筋砌体受压承载力的主要因素是构件的高厚比和轴向力的偏心距。《砌体规范》用影响系数 φ 来考虑高厚比和偏心距对砌体受压承载力的影响。应用砌体受压承载力计算公式时，限制偏心距 e 不超过 $0.6y$。

（6）砌体局部受压包括局部均匀受压和非均匀受压。砌体局部抗压强度高于其全截面抗压强度，《砌体规范》通过局部抗压强度提高系数 γ 来体现。当梁端下砌体局部受压承载力不满足要求时，可在梁端设置垫块提高砌体局部受压承载力。

（7）根据房屋的楼（屋）盖类型及横墙间距，混合结构房屋可划分为刚性、弹性、刚弹性三种静力计算方案。混合结构房屋的结构布置方案按其荷载传递路线的不同，分为纵墙承重、横墙承重、纵横墙承重和内框架承重方案。

（8）高厚比验算是保证砌体结构在施工和使用阶段稳定性的一项重要构造措施。对高厚比验算的要求是指墙（柱）的实际高厚比 β 应不超过《砌体规范》规定的允许高厚比 $[\beta]$。

（9）进行多层刚性方案房屋的墙体计算时，对于承重纵墙，一般取一个开间作为计算单元。在竖向荷载作用下，墙柱在每层层高的范围内按两端铰支的竖向构件进行计算；在水平风荷载作用下，外墙按竖向连续梁计算。当符合一定条件时，可不考虑风荷载的影响。

（10）砌体结构的过梁有砖砌平拱、钢筋砖过梁和钢筋混凝土过梁三种常用形式。过梁上的荷载一般包括梁、板荷载和墙体荷载两种。

（11）圈梁是混合结构房屋中沿砌体墙水平方向设置封闭状的按构造配筋的钢筋混凝土梁。圈梁应合理设置，并满足有关构造要求，才能充分发挥其作用。

（12）挑梁是混合结构房屋中常见的钢筋混凝土悬挑构件。挑梁可能发生抗倾覆和挑梁下砌体的局部受压破坏。

（13）混合结构房屋的墙体除了进行承载力和高厚比验算外，还应满足有关的构造要求，才能保证房屋的空间工作和整体性。在抗震区应满足抗震构造的要求。混合结构房屋的墙体开裂是常见的工程质量通病之一。

思考题

10-1　砌体的种类有哪些？配筋砌体有几种形式？

10-2　简述砌体受压过程及其破坏特征。

10-3　为什么砌体的抗压强度远小于单块块体的抗压强度？

10-4　简述影响砌体抗压强度的主要因素。

10-5　砌体的强度设计值在什么情况下应乘以调整系数？

10-6　无筋砌体局压计算时为什么要考虑局压强度提高系数？如何确定？

10-7　混合结构房屋的结构布置方案有哪几种？各有何特点？

10-8　砌体结构房屋静力计算方案有哪几种？根据什么区分？设计时怎样判别属于哪种方案？

10-9　为什么要验算墙柱的高厚比？高厚比验算考虑了哪些因素？

10-10　简述影响砌体受压构件承载力的主要因素。

10-11　稳定系数 φ 的影响因素是什么？确定 φ 时的依据与钢筋混凝土轴心受压构件是否相同？

10-12　无筋砌体受压构件对偏心距 e_0 有何限制？当超过限值时，如何处理？

10-13　什么是砌体局部抗压强度提高系数 γ？为什么砌体局部受压时抗压强度有明显提高？

10-14　常用过梁的种类有哪些？怎样计算过梁上的荷载？

10-15　何谓圈梁？如何设置？有何构造要求？

10-16　简述非抗震要求时多层砌体结构墙柱的构造要求。

10-17　引起砌体结构墙体开裂的主要因素有哪些？如何采取相应的预防措施？

10-18　简述有抗震要求时多层砌体结构房屋对于总高度、层数、高宽比的要求。

10-19　有抗震要求时多层砌体结构房屋如何合理布置房屋的结构体系？

10-20　简述多层砌体结构的抗震构造要求。

习　题

10-1　某砖柱截面尺寸为490mm×490mm，柱的计算高度为4.5m，采用烧结普通砖MU10、混合砂浆M5砌筑，施工质量控制等级为B级，作用于柱顶的轴向力设计值为180kN，试核算该柱的受压承载力。

10-2　已知梁截面 200mm×550mm，梁端实际支承长度 $a=240$mm，荷载设计值产生的梁端支承反力 $N_l=60$kN，墙体的上部荷载 $N_u=240$kN，窗间墙截面尺寸为 1500mm×240mm，采用烧结砖 MU10、混合砂浆 M2.5 砌筑。试验算该外墙上梁端砌体局部受压承载力。

10-3　某办公楼二层部分平面如图 10-29 所示。楼盖采用钢筋混凝土现浇梁板结构，层高为 3.6m，墙体采用烧结普通砖 MU10、混合砂浆 M5.0 砌筑。试验算外纵墙及内横墙的高厚比。

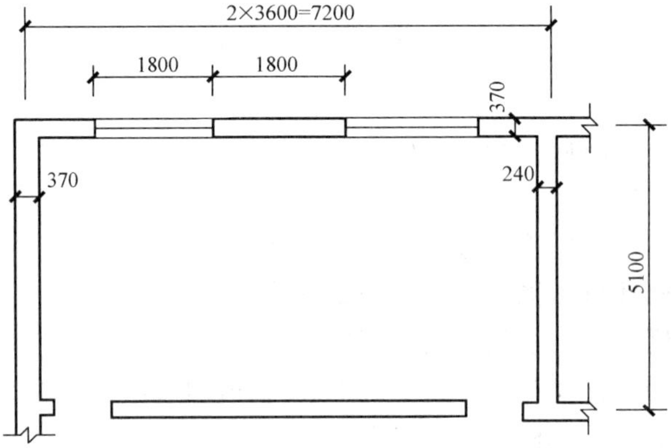

图 10-29　习题 10-3 图

附录1　混凝土材料力学指标

附表 1-1　　**混凝土强度标准值**　　N/mm²

强度种类		混凝土强度等级													
		C15	C20	C25	C30	C35	C40	C45	C50	C55	C60	C65	C70	C75	C80
轴心抗压	$f_{c,k}$	10.0	13.4	16.7	20.1	23.4	26.8	29.6	32.4	35.5	38.5	41.5	44.5	47.4	50.2
轴心抗拉	$f_{t,k}$	1.27	1.54	1.78	2.01	2.20	2.39	2.51	2.64	2.74	2.85	2.93	2.99	3.05	3.11

附表 1-2　　**混凝土强度设计值**　　N/mm²

强度种类		混凝土强度等级													
		C15	C20	C25	C30	C35	C40	C45	C50	C55	C60	C65	C70	C75	C80
轴心抗压	f_c	7.2	9.6	11.9	14.3	16.7	19.1	21.2	23.1	25.3	27.5	29.7	31.8	33.8	35.9
轴心抗拉	f_t	0.91	1.10	1.27	1.43	1.57	1.71	1.80	1.89	1.96	2.04	2.09	2.14	2.18	2.22

附表 1-3　　**混凝土弹性模量 E_c**　　$\times 10^4$ N/mm²

强度等级	C15	C20	C25	C30	C35	C40	C45	C50	C55	C60	C65	C70	C75	C80
E_c	2.20	2.52	2.80	3.00	3.15	3.25	3.35	3.45	3.55	3.60	3.65	3.70	3.75	3.80

附录2　钢筋材料力学指标

附表 2-1　　**普通钢筋强度标准值**

牌号	符号	公称直径 d(mm)	屈服强度标准值 f_{yk}(N/mm²)	极限强度标准值 f_{stk}(N/mm²)
HPB300	Φ	6～22	300	420
HRB335 HRBF335	Φ Φ^{F}	6～50	335	455
HRB400 HRBF400 RRB400	Φ Φ^{F} Φ^{R}	6～50	400	540
HRB500 HRBF500	Φ Φ^{F}	6～50	500	630

附表 2-2　　**预应力钢筋强度标准值**

种类		符号	公称直径 d(mm)	屈服强度标准值 f_{pyk}(N/mm²)	极限强度标准值 f_{ptk}(N/mm²)
中强度预应力钢丝	光面 螺旋肋	Φ^{PM} Φ^{HM}	5、7、9	620	800
				780	970
				980	1270
预应力螺纹钢筋	螺纹	Φ^{T}	18、25、32、40、50	785	980
				930	1080
				1080	1230
消除应力钢丝	光面 螺旋肋	Φ^{P} Φ^{H}	5	1380	1570
				1640	1860
			7	1380	1570
			9	1290	1470
				1380	1570
钢绞线	1×3 （三股）	Φ^{S}	8.6、10.8、12.9	1410	1570
				1670	1860
				1760	1960
	1×7 （七股）		9.5、12.7、15.2、17.8	1540	1720
				1670	1860
				1760	1960
			21.6	1590	1770
				1670	1860

附表 2-3 **普通钢筋强度设计值** N/mm²

牌号	屈服强度设计值 f_y	抗压强度设计值 f'_y
HPB300	270	270
HRB335、HRBF335	300	300
HRB400、HRBF400、RRB400	360	360
HRB500、HRBF500	435	410

附表 2-4 **预应力钢筋强度设计值** N/mm²

种类	抗拉强度标准值 f_{ptk}	抗拉强度设计值 f_{py}	抗压强度设计值 f'_{py}
中强度预应力钢丝	800	510	410
	970	650	
	1270	810	
预应力螺纹钢筋	980	650	410
	1080	770	
	1230	900	
消除应力钢丝	1470	1040	410
	1570	1110	
	1860	1320	
钢绞线	1570	1110	390
	1720	1220	
	1860	1320	
	1960	1390	

附录3　内 力 系 数 表

附表 3-1　　均布荷载和集中荷载作用下等跨连续梁的内力系数表

均布荷载作用时

$$M = K_1 g l_0^2 + K_2 q l_0^2$$
$$V = K_3 g l_0 + K_4 q l_0$$

集中荷载作用时

$$M = K_1 G l_0 + K_2 Q l_0$$
$$V = K_3 G + K_4 Q$$

式中　g，q——单位长度上的均布恒荷载和活荷载；

G，Q——集中恒荷载和活荷载；

$K_1 \sim K_4$——内力系数，由表中相应栏内查得。

(1) 两　跨　梁

序号	荷载简图	跨内最大弯矩		支座弯矩	横　向　剪　力			
		M_1	M_2	M_B	V_A	$V_{B左}$	$V_{B右}$	V_C
1	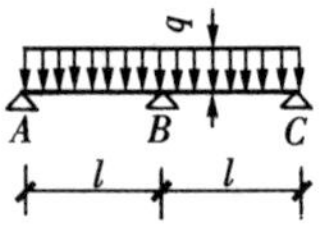	0.070	0.070	−0.125	0.375	−0.625	0.625	−0.375
2	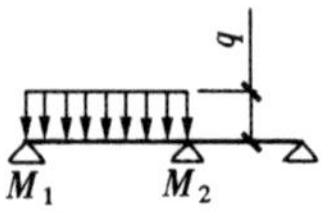	0.096	−0.025	−0.063	0.437	−0.563	0.063	0.063
3	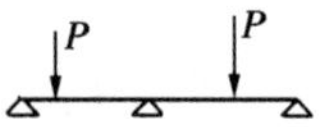	0.156	0.156	−0.188	0.312	−0.688	0.688	−0.312
4		0.203	−0.047	−0.094	0.406	−0.594	0.094	0.094
5	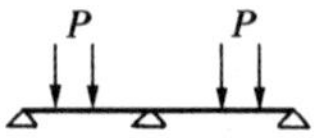	0.222	0.222	−0.333	0.667	−1.334	1.334	−0.667
6	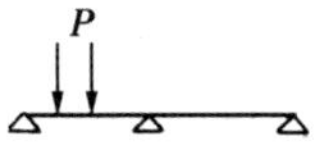	0.278	−0.056	−0.167	0.833	−1.167	0.167	0.167

续表

(2) 三 跨 梁

序号	荷载简图	跨内最大弯矩		支座弯矩		横向剪力					
		M_1	M_2	M_B	M_C	V_A	$V_{B左}$	$V_{B右}$	$V_{C左}$	$V_{C右}$	V_D
1	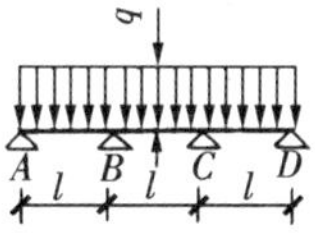	0.080	0.025	−0.100	−0.100	0.400	−0.600	0.500	−0.500	−0.600	−0.400
2	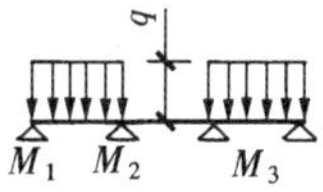	0.101	−0.050	−0.050	−0.050	0.450	−0.550	0.000	0.000	0.550	−0.450
3	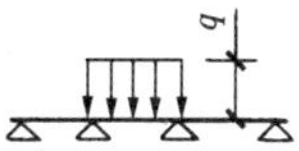	−0.025	0.075	−0.050	−0.050	−0.050	−0.050	0.050	0.050	0.050	0.050
4	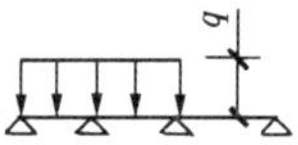	0.073	0.054	−0.117	−0.033	0.383	−0.617	0.583	−0.417	0.033	0.033
5	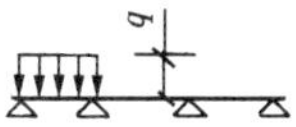	0.094	—	−0.067	−0.017	0.433	−0.567	0.083	0.083	−0.017	−0.017
6	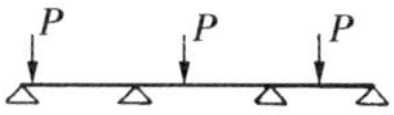	0.175	0.100	−0.150	−0.150	0.350	−0.650	0.500	−0.500	0.650	−0.350
7	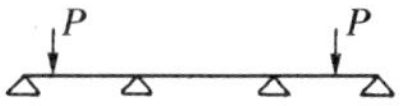	0.213	−0.075	−0.075	−0.075	0.425	−0.575	0.000	0.000	0.575	−0.425
8	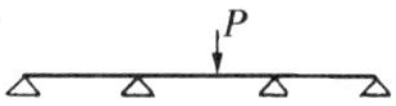	−0.038	0.175	−0.075	−0.075	−0.075	−0.075	0.500	−0.500	0.075	0.075
9	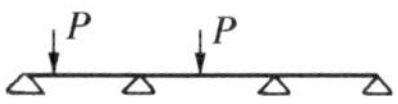	0.162	0.137	−0.175	0.050	0.325	−0.675	0.625	−0.375	0.050	0.050
10	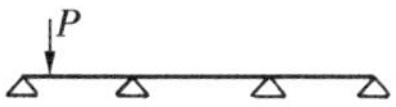	0.200	—	−0.100	0.025	0.400	−0.600	0.125	0.125	−0.025	−0.025
11	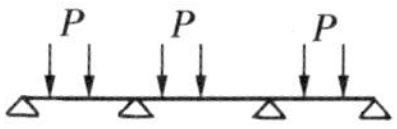	0.244	0.067	−0.267	−0.267	0.733	−1.267	1.000	−1.000	1.267	−0.733
12		0.289	−0.133	−0.133	−0.133	0.866	−1.134	0.000	0.000	1.134	−0.866
13	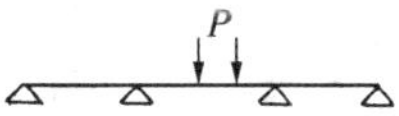	−0.044	0.200	−0.133	−0.133	−0.133	−0.133	1.000	−1.000	0.133	0.133
14	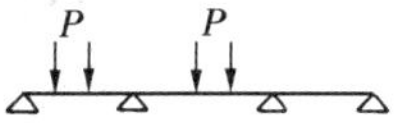	0.229	0.170	−0.311	0.089	0.689	−1.311	1.222	−0.778	0.089	0.089
15	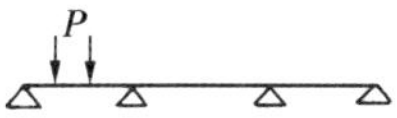	0.274	—	−0.178	0.044	0.822	−1.178	0.222	0.222	−0.044	−0.044

续表

(3) 四 跨 梁

序号	荷载简图	跨内最大弯矩				支座弯矩			横向剪力								
		M_1	M_2	M_3	M_4	M_B	M_C	M_D	V_A	$V_{B左}$	$V_{B右}$	$V_{C左}$	$V_{C右}$	$V_{D左}$	$V_{D右}$	V_E
1	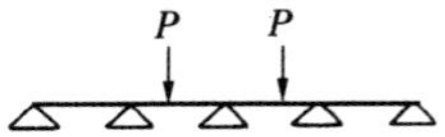	0.077	−0.036	0.036	0.077	−0.107	−0.071	−0.107	0.393	−0.607	0.536	−0.464	0.464	−0.536	0.607	−0.393
2		0.100	0.045	0.081	−0.023	−0.054	−0.036	−0.054	−0.446	−0.554	0.018	0.018	0.482	−0.518	0.054	0.054
3	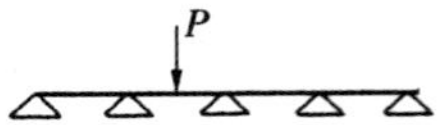	0.072	0.061	—	0.098	−0.121	−0.018	−0.058	0.380	−0.020	0.603	−0.397	−0.040	−0.040	0.558	−0.442
4	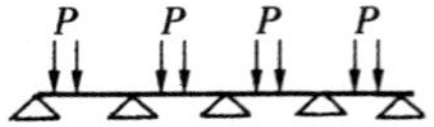	—	0.056	0.056	—	−0.036	−0.107	−0.036	−0.036	−0.036	0.429	−0.571	0.571	−0.429	0.036	0.036
5	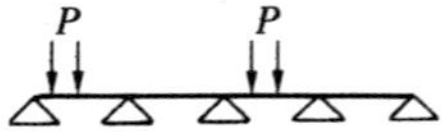	0.094	—	—	—	−0.067	0.018	−0.004	0.433	−0.567	0.085	0.085	−0.022	−0.022	0.004	0.004
6	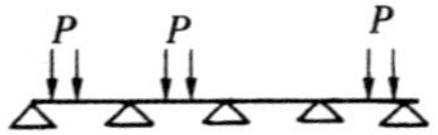	—	0.071	—	—	−0.049	−0.054	0.013	−0.049	−0.049	0.496	−0.504	0.067	0.067	−0.013	−0.013
7	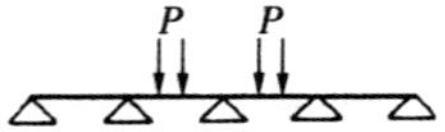	0.169	0.116	0.116	−0.169	−0.161	−0.107	−0.161	0.339	−0.661	0.553	−0.446	0.446	−0.554	0.661	−0.339
8		0.210	0.067	0.183	−0.040	−0.080	−0.054	−0.080	0.420	−0.580	0.027	0.027	0.473	0.527	0.080	0.080
9	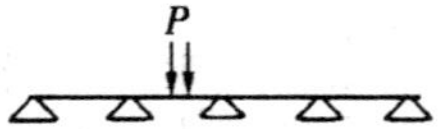	0.159	0.146	—	0.206	−0.181	−0.027	−0.087	0.319	−0.681	0.654	−0.346	−0.060	−0.060	0.587	−0.413
10	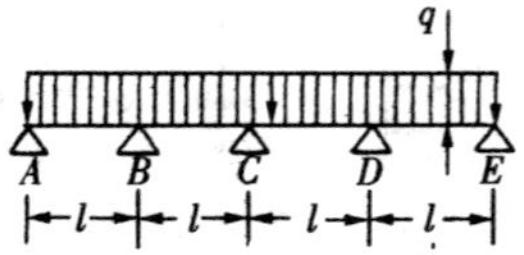	—	0.142	0.142	—	−0.054	−0.161	−0.054	−0.054	−0.054	0.393	−0.607	0.607	−0.393	0.054	0.054

续表

序号	荷载简图	跨内最大弯矩				支座弯矩			横向剪力							
		M_1	M_2	M_3	M_4	M_B	M_C	M_D	V_A	$V_{B左}$	$V_{B右}$	$V_{C左}$	$V_{C右}$	$V_{D左}$	$V_{D右}$	V_E
11	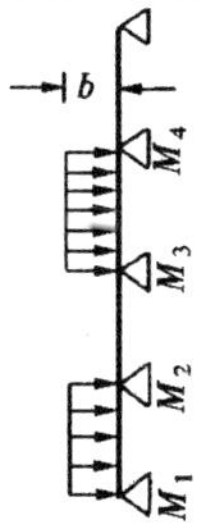	0.202	—	—	—	−0.100	0.027	−0.007	0.400	−0.600	0.127	0.127	−0.033	−0.033	0.007	0.007
12	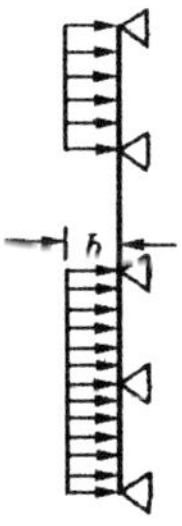	—	0.173	—	—	−0.074	−0.080	0.020	−0.074	−0.074	0.493	−0.507	0.100	0.100	−0.020	−0.020
13	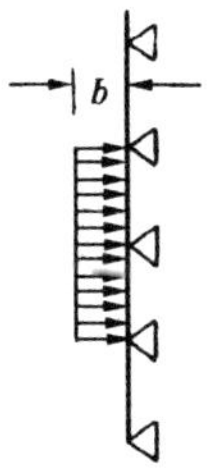	0.238	0.111	0.111	0.238	−0.286	−0.191	−0.286	0.714	−1.286	1.095	−0.905	0.905	−0.095	1.286	−0.714
14	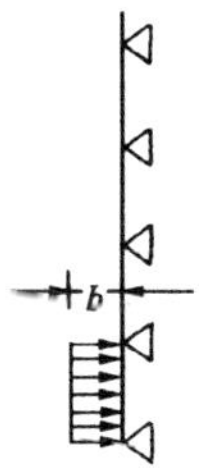	0.286	−0.111	0.222	−0.048	−0.143	−0.095	−0.143	0.875	−1.143	0.048	0.048	0.952	1.048	0.143	0.143
15	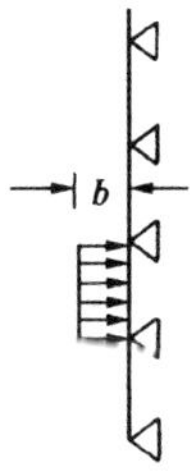	0.226	0.194	—	0.282	−0.321	−0.048	−0.155	0.679	−1.321	1.274	−0.726	−0.107	−0.107	1.155	−0.845
16	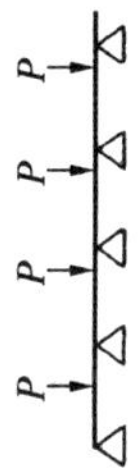	—	0.175	0.175	—	−0.095	−0.286	−0.095	−0.095	−0.095	0.810	−1.190	0.190	−0.810	0.095	0.095
17		0.274	—	—	—	−0.178	0.048	−0.012	0.822	−1.178	0.226	0.226	−0.060	−0.060	0.012	0.012
18	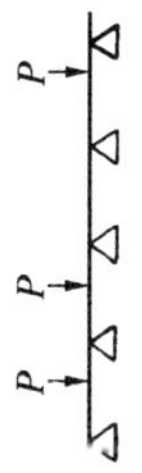	—	0.198	—	—	−0.131	−0.143	−0.036	−0.131	−0.131	0.988	−1.012	0.178	0.178	−0.036	−0.036

续表

(4) 五 跨 梁

序号	荷载简图	跨内最大弯矩			支座弯矩				横向剪力										
		M_1	M_2	M_3	M_B	M_C	M_D	M_E	V_A	$V_{B左}$	$V_{B右}$	$V_{C左}$	$V_{C右}$	$V_{D左}$	$V_{D右}$	$V_{E左}$	$V_{E右}$	V_F
1	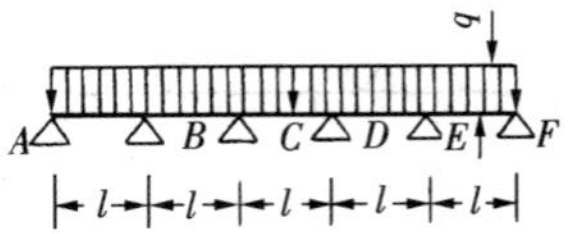	0.0781	0.0331	0.0462	−0.105	−0.079	−0.079	−0.105	0.394	−0.606	0.526	−0.474	0.500	−0.500	0.474	−0.526	0.606	−0.394
2	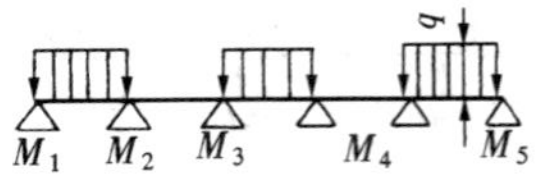	0.1000	−0.0461	0.0855	−0.053	−0.040	−0.040	−0.053	0.447	−0.553	0.013	0.013	0.500	−0.500	−0.013	−0.013	0.553	−0.447
3	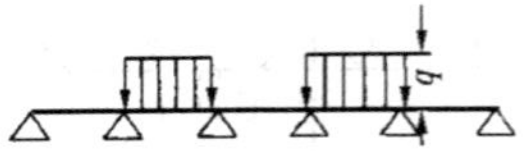	−0.0263	0.0787	−0.0395	−0.053	−0.040	−0.040	−0.053	−0.053	−0.053	0.513	−0.487	0.000	0.000	0.487	−0.513	0.053	0.053
4	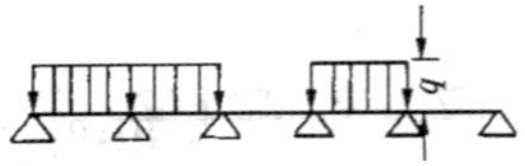	0.073	0.059	—	−0.119	−0.022	−0.044	−0.051	0.380	−0.620	0.598	−0.402	−0.023	−0.023	0.493	−0.507	0.052	0.052
5	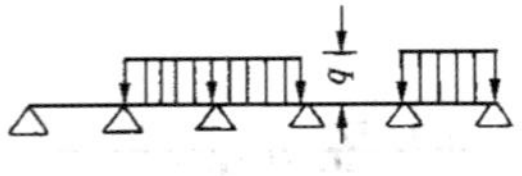	—	0.055	0.064	−0.035	−0.111	−0.020	−0.057	−0.035	−0.035	0.424	−0.576	−0.591	−0.049	−0.037	−0.037	0.557	−0.443
6	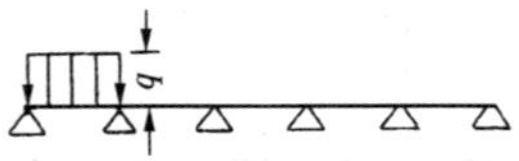	0.094	—	—	−0.067	0.018	−0.005	0.001	0.433	−0.567	0.085	0.085	−0.023	−0.023	0.006	0.006	−0.001	−0.001
7	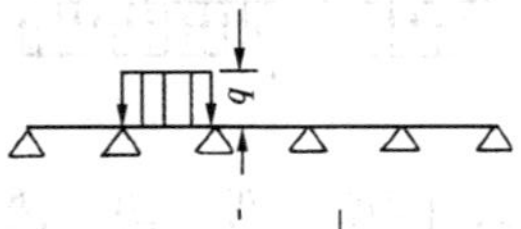	—	0.074	—	−0.049	−0.054	−0.014	−0.004	−0.049	−0.049	0.495	−0.505	0.068	−0.068	−0.018	0.018	0.004	0.004
8	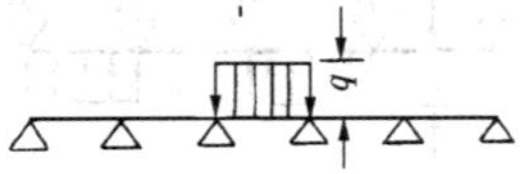	—	—	0.072	0.013	−0.053	−0.053	0.013	0.013	0.013	−0.066	−0.066	0.500	−0.500	0.066	0.066	−0.013	−0.013
9	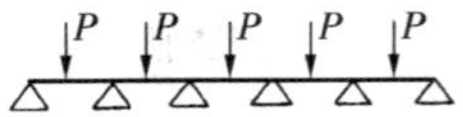	0.171	0.112	0.132	−0.158	−0.118	−0.118	−0.158	0.342	−0.658	0.540	−0.460	0.500	−0.500	0.460	−0.540	0.658	−0.342

续表

序号	荷载简图	跨内最大弯矩			支座弯矩				横向剪力										
		M_1	M_2	M_3	M_B	M_C	M_D	M_E	V_A	$V_{B左}$	$V_{B右}$	$V_{C左}$	$V_{C右}$	$V_{D左}$	$V_{D右}$	$V_{E左}$	$V_{E右}$	V_F
10	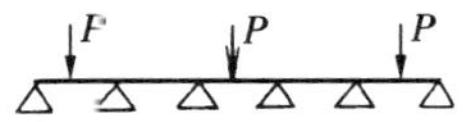	0.211	−0.069	0.191	−0.079	−0.059	−0.059	−0.079	0.421	−0.579	0.020	0.020	0.500	−0.500	−0.020	−0.020	0.579	−0.421
11	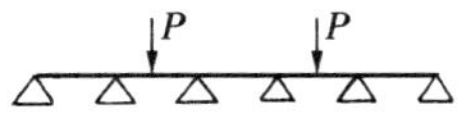	0.039	0.181	−0.059	−0.079	−0.059	−0.059	−0.079	−0.079	−0.079	0.520	−0.480	0.000	0.000	0.480	−0.520	0.079	0.079
12	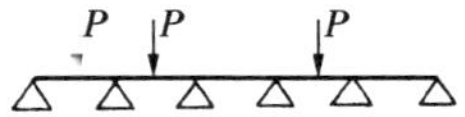	0.160	0.144	—	−0.179	−0.032	−0.066	−0.077	0.321	−0.679	0.647	−0.353	−0.034	−0.034	0.489	−0.511	0.077	0.077
13	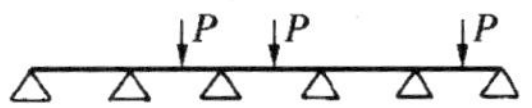	—	0.140	0.151	−0.052	−0.167	−0.031	−0.086	−0.052	−0.052	0.385	−0.615	0.637	−0.363	−0.056	−0.056	0.586	−0.414
14	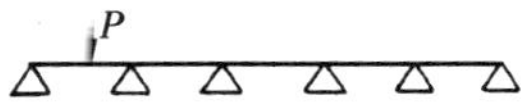	0.200	—	—	−0.100	0.027	−0.007	0.002	0.400	−0.600	0.127	0.127	−0.034	−0.034	0.009	0.009	−0.002	−0.002
15	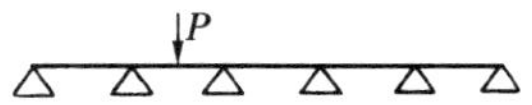	—	0.173	—	−0.073	−0.081	0.022	−0.005	−0.073	−0.073	0.493	−0.507	0.102	0.102	−0.027	−0.027	0.005	0.005
16	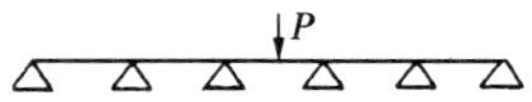	—	—	0.171	0.020	0.079	−0.079	0.020	0.020	0.020	−0.099	−0.099	0.500	−0.500	0.099	0.099	−0.020	−0.020
17	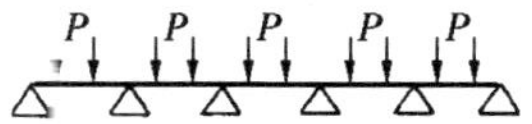	0.240	0.100	0.122	−0.281	−0.211	−0.211	−0.281	0.719	−1.281	1.070	−0.930	1.000	−1.000	0.930	−1.070	1.281	−0.719
18	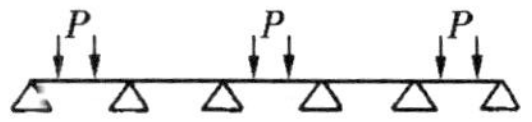	0.287	−0.117	0.228	−0.140	−0.105	−0.105	−0.140	0.860	−1.140	0.035	0.035	1.000	−1.000	−0.035	−0.035	1.140	−0.860

续表

序号	荷载简图	跨内最大弯矩			支座弯矩				横向剪力										
		M_1	M_2	M_3	M_B	M_C	M_D	M_E	V_A	$V_{B左}$	$V_{B右}$	$V_{C左}$	$V_{C右}$	$V_{D左}$	$V_{D右}$	$V_{E左}$	$V_{E右}$	V_F
19	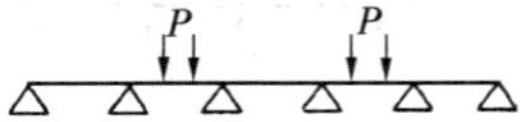	−0.047	−0.216	−0.105	−0.140	−0.105	−0.105	−0.140	−0.140	−0.140	1.035	−0.965	0.000	0.000	0.965	−1.035	0.140	0.140
20	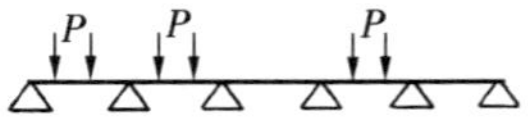	0.227	0.189	—	−0.319	−0.057	−0.118	−0.137	0.681	−1.319	1.262	−0.738	−0.061	−0.061	0.981	−1.019	0.137	0.137
21	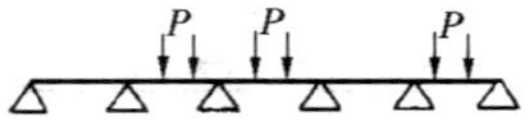	—	0.172	0.198	−0.093	−0.297	−0.054	−0.153	−0.093	−0.093	0.796	−1.204	1.243	−0.757	−0.099	−0.099	1.153	−0.847
22	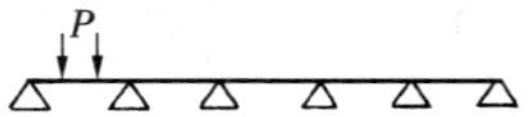	0.274	—	—	−0.179	0.048	−0.013	0.003	0.821	−1.179	0.227	0.227	−0.061	−0.061	0.016	0.016	−0.003	−0.003
23	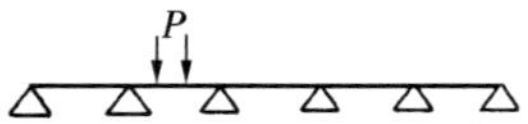	—	0.198	—	0.131	−0.144	−0.038	−0.010	−0.131	−0.131	0.987	−1.013	0.182	0.182	−0.048	−0.048	0.010	0.010
24	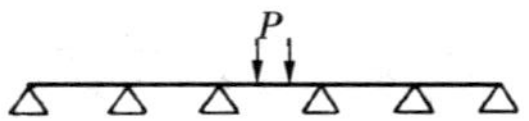	—	—	0.193	0.035	−0.140	−0.140	0.035	0.035	0.035	−0.175	−0.175	1.000	−1.000	0.175	0.175	−0.035	−0.035

附表 3-2　　按弹性理论计算矩形双向板在均布荷载作用下的弯矩系数表

1. 符号说明

M_x，$M_{x,max}$——分别平行于 l_x 方向板中心弯矩和板跨内的最大弯矩；

M_y，$M_{y,max}$——分别平行于 l_y 方向板中心弯矩和板跨内的最大弯矩；

M'_x——固定边中点沿 l_x 方向的弯矩；

M'_y——固定边中点沿 l_y 方向的弯矩；

M_{0x}——平行于 l_x 方向自右边的中点弯矩；

M^0_{0x}——平行于 l_x 方向自右边上固定端的支座弯矩。

代表固定边　　代表简支边　　代表自由边

2. 计算公式

$$弯矩=表中系数\times ql_x^2$$

式中　q——作用在双向板上的均布荷载；

l_x——板跨，见表中插图所示。

表中弯矩系数均为单位板宽的弯矩系数。由于板内两个方向的跨内最大弯矩一般并不在同一点，因此，由上式求得的 $M_{x,max}$ 及 $M_{y,max}$ 仅为比实际弯矩偏大的近似值。

边界条件	(1) 四边简支		(2) 三边简支、一边固定									
	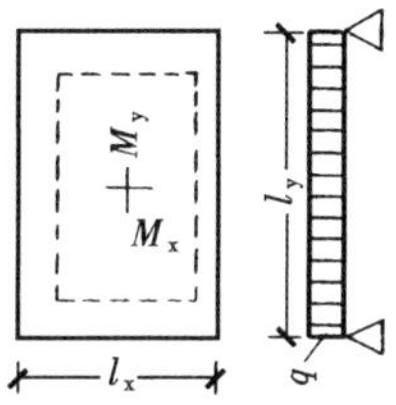		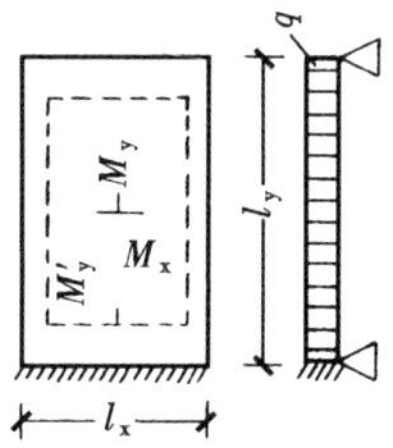					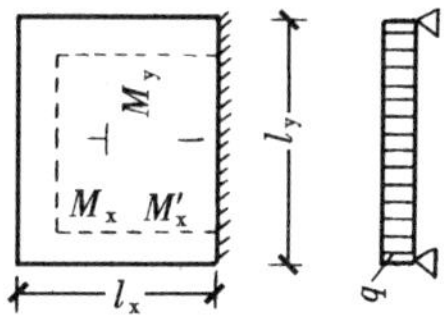				
l_x/l_y	M_x	M_y	M_x	$M_{x,max}$	M_y	$M_{y,max}$	M'_y	M_x	$M_{x,max}$	M_y	$M_{y,max}$	M'_x
0. 50	0. 0994	0. 0335	0. 0914	0. 0930	0. 0352	0. 0397	−0. 1215	0. 0593	0. 0657	0. 0157	0. 0171	−0. 1212
0. 55	0. 0927	0. 0359	0. 0832	0. 0846	0. 0371	0. 0405	−0. 1193	0. 0577	0. 0633	0. 0175	0. 0190	−0. 1187
0. 60	0. 0860	0. 0379	0. 0752	0. 0765	0. 0386	0. 0409	−0. 116	0. 0556	0. 0608	0. 0194	0. 0209	−0. 1158
0. 65	0. 0795	0. 0396	0. 0676	0. 0688	0. 0396	0. 0412	−0. 1133	0. 0534	0. 0581	0. 0212	0. 0226	−0. 1124
0. 70	0. 0732	0. 0410	0. 0604	0. 0616	0. 0400	0. 0417	−0. 1096	0. 0510	0. 0555	0. 0229	0. 0242	−1. 1087
0. 75	0. 0673	0. 0420	0. 0538	0. 0519	0. 0400	0. 0417	0. 1056	0. 0485	0. 0525	0. 0244	0. 0257	−0. 1048
0. 80	0. 0617	0. 0428	0. 0478	0. 0490	0. 0397	0. 0415	0. 1014	0. 0459	0. 0495	0. 0258	0. 0270	−0. 1007
0. 85	0. 0564	0. 0432	0. 0425	0. 0430	0. 0391	0. 0410	−0. 0970	0. 0434	0. 0466	0. 0271	0. 0283	−0. 0965
0. 90	0. 0516	0. 0434	0. 0377	0. 0388	0. 0382	0. 402	−0. 0926	0. 0400	0. 0438	0. 0281	0. 0293	−0. 0922
0. 95	0. 0471	0. 0432	0. 0334	0. 0345	0. 0371	0. 0393	−0. 0882	0. 0384	0. 0409	0. 0290	0. 0301	−0. 0880
1. 00	0. 0429	0. 0429	0. 0296	0. 0306	0. 0360	0. 0388	−0. 0839	0. 0360	0. 0388	0. 0296	0. 0306	−0. 0839

续表

边界条件	(3) 两对边简支、两对边固定						(4) 两邻边简支、两邻边固定					
	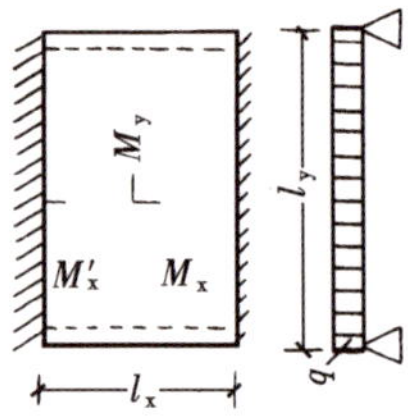			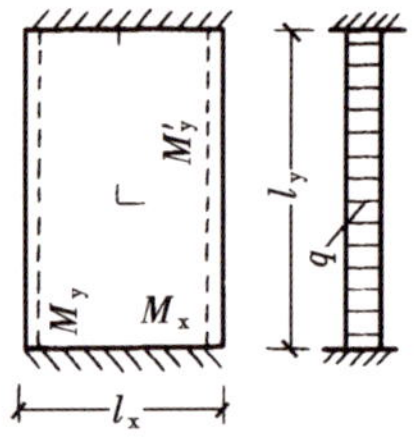			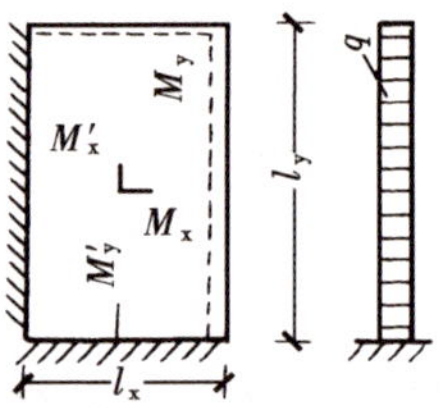					
l_x/l_y	M_x	M_y	M_y'	M_x	M_y	M_x'	M_x	$M_{x,max}$	M_y	$M_{y,max}$	M_x'	M_y'
0.50	0.0837	0.0367	−0.1191	0.0419	0.0086	−0.0843	0.0572	0.0584	0.0172	0.0229	−0.1179	−0.0786
0.55	0.0743	0.0383	0.1156	0.0415	0.0096	−0.0840	0.0546	0.0556	0.0192	0.0241	−0.1140	−0.0785
0.60	0.0653	0.0393	−0.1114	0.0409	0.0109	−0.0834	0.0518	0.0526	0.0212	0.0252	−0.1095	−0.0782
0.65	0.0569	0.0394	−0.1066	0.0402	0.0122	−0.0826	0.0486	0.0496	0.0228	0.0261	−0.1045	−0.0777
0.70	0.0494	0.0392	−0.1031	0.0391	0.0135	−0.0814	0.0455	0.0465	0.0243	0.0267	−0.0992	−0.0770
0.75	0.0428	0.0383	0.0959	0.0381	0.0149	−0.0799	0.0422	0.0430	0.0254	0.0272	−0.0938	−0.0760
0.80	0.0369	0.0372	−0.0904	0.0868	0.0162	−0.0782	0.0390	0.0397	0.0263	0.0278	−0.0883	−0.0748
0.85	0.0318	0.0358	−0.0850	0.0355	0.0174	−0.0763	0.0358	0.0366	0.0269	0.0284	−0.0829	−0.0733
0.90	0.0275	0.0343	−0.0767	0.0341	0.0186	−0.0743	0.0328	0.0337	0.0273	0.0288	−0.0776	−0.0716
0.95	0.0238	0.0328	−0.0746	0.0326	0.0196	−0.0721	0.0299	0.0308	0.0273	0.0289	−0.0726	−0.0698
1.00	0.0206	0.0311	−0.0698	0.0311	0.0206	−0.0698	0.0273	0.0281	0.0273	0.0289	−0.0677	−0.0677

边界条件	(5) 一边简支、三边固定					
	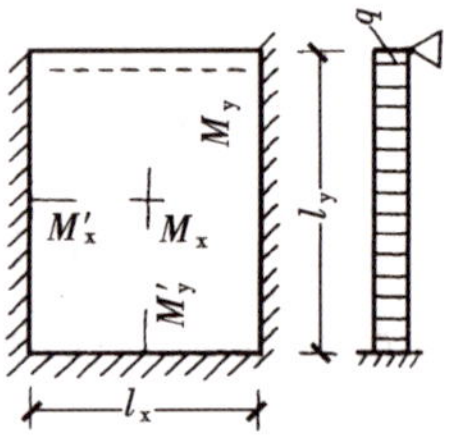					
l_x/l_y	M_x	$M_{x,max}$	M_y	$M_{y,max}$	M_x'	M_y'
0.50	0.0413	0.0424	0.0096	0.0157	−0.0836	−0.0569
0.55	0.0405	0.0415	0.0108	0.0160	−0.0827	−0.0570
0.60	0.0394	0.0404	0.0123	0.0169	−0.0814	−0.0571
0.65	0.0381	0.0390	0.0137	0.0178	−0.0796	−0.0572
0.70	0.0366	0.0375	0.0151	0.0186	−0.0774	−0.0572
0.75	0.0349	0.0358	0.0164	0.0193	−0.0750	−0.0572
0.80	0.0331	0.0339	0.0176	0.0199	−0.0722	−0.0570
0.85	0.0312	0.0319	0.0186	0.0204	−0.0693	−0.0567
0.90	0.0295	0.0300	0.0201	0.0209	−0.0663	−0.0563
0.95	0.0274	0.0281	0.0204	0.0214	−0.0631	−0.0558
1.00	0.0255	0.0261	0.0206	0.0219	−0.0600	−0.0500

续表

边界条件	(5)一边简支、三边固定						(6)四边固定			
	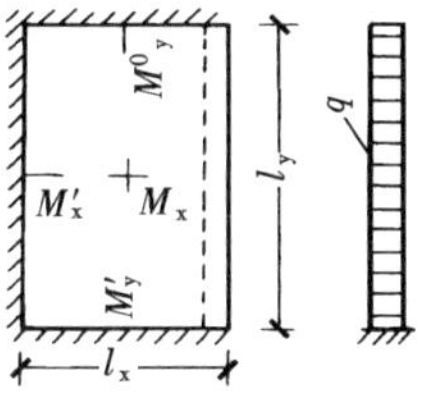						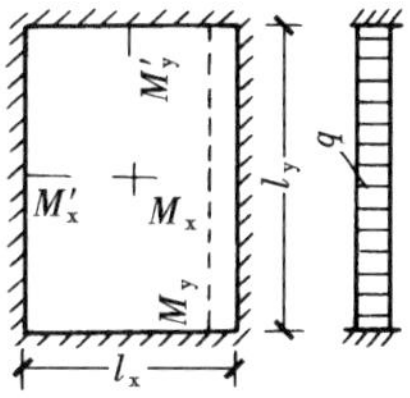			
l_x/l_y	M_x	$M_{x,max}$	M_y	$M_{y,max}$	M'_y	M'_x	M_x	M_y	M'_x	M'_y
0.50	0.0551	0.0605	0.0188	0.0201	−0.0784	−0.1146	0.0406	0.0105	−0.0829	−0.0570
0.55	0.0517	0.0563	0.0210	0.0223	−0.0780	−0.1093	0.0394	0.0120	−0.0814	−0.0571
0.60	0.0480	0.0520	0.0229	0.0242	−0.0773	−0.1033	0.0380	0.0137	−0.0793	−0.0571
0.65	0.0441	0.0476	0.0244	0.0256	−0.0762	−0.0970	0.0361	0.0152	−0.0766	−0.0571
0.70	0.0402	0.0433	0.0256	0.0267	−0.0748	−0.0903	0.0340	0.0167	−0.0735	−0.0569
0.75	0.0364	0.0390	0.0263	0.0273	−0.0729	−0.0837	0.0318	0.0179	−0.0701	−0.0565
0.80	0.0327	0.0348	0.0267	0.0267	−0.0707	−0.0772	0.0295	0.0189	−0.0664	0.0559
0.85	0.0293	0.0312	0.0268	0.0277	−0.0683	−0.0711	0.0272	0.0197	−0.0626	−0.0551
0.90	0.0261	0.0277	0.0265	0.0273	−0.0656	−0.0653	0.0249	0.0202	−0.0588	−0.0541
0.95	0.0232	0.0246	0.0261	0.0269	−0.0629	−0.0599	0.0227	0.0205	−0.0550	−0.0528
1.00	0.0206	0.0219	0.0255	0.0261	−0.0600	−0.0550	0.0205	0.0205	−0.0513	−0.0513

附表 3-3　　井字梁的最大弯矩及剪力系数

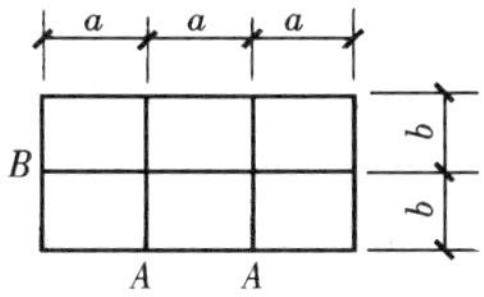

b/a	A 梁		B 梁	
	M	Q	M	Q
0.6	0.480	0.730	0.040	0.290
0.8	0.455	0.705	0.090	0.340
1.0	0.420	0.670	0.160	0.410
1.2	0.370	0.620	0.260	0.510
1.4	0.325	0.575	0.350	0.600
1.6	0.275	0.525	0.450	0.700

附录4 砌体材料力学指标

附表 4-1 烧结普通砖和烧结多孔砖砌体的抗压强度设计值 MPa

砖强度等级	砂浆强度等级					砂浆强度
	M15	M10	M7.5	M5	M2.5	0
MU30	3.94	3.27	2.93	2.59	2.26	1.15
MU25	3.60	2.98	2.68	2.37	2.06	1.05
MU20	3.22	2.67	2.39	2.12	1.84	0.94
MU15	2.79	2.31	2.07	1.83	1.60	0.82
MU10	—	1.89	1.69	1.50	1.30	0.67

注 当烧结多孔砖孔洞率＞30%时取 $0.9f$。

附表 4-2 蒸压灰砂砖和蒸压粉煤灰砖砌体的抗压强度设计值 MPa

砖强度等级	砂浆强度等级				砂浆强度
	M15	M10	M7.5	M5	0
MU25	3.60	2.98	2.68	2.37	1.05
MU20	3.22	2.67	2.39	2.12	0.94
MU15	2.79	2.31	2.07	1.83	0.82
MU10	—	1.89	1.69	1.50	0.67

附表 4-3 单排孔混凝土和轻骨料混凝土砌块砌体的抗压强度设计值 MPa

砌块强度等级	砂浆强度等级				砂浆强度
	Mb15	Mb10	Mb7.5	Mb5	0
MU20	5.68	4.95	4.44	3.94	2.33
MU15	4.61	4.02	3.61	3.20	1.89
MU10	—	2.79	2.50	2.22	1.31
MU7.5	—	—	1.93	1.71	1.01
MU5	—	—	—	1.19	0.70

注 1. 对错孔砌筑的砌体，应按表中数值乘以 0.8。
2. 对独立柱或厚度为双排组砌的砌块砌体，应按表中数值乘以 0.7。
3. 对 T 形截面砌体，应按表中数值乘以 0.85。
4. 表中轻骨料混凝土砌块为煤矸石和水泥煤渣混凝土砌块。

附表 4-4　轻骨料混凝土砌块砌体的抗压强度设计值　MPa

砌块强度等级	砂浆强度等级			砂浆强度
	Mb10	Mb7.5	Mb5	0
MU10	3.08	2.76	2.45	1.44
MU7.5	—	2.13	1.88	1.12
MU5	—	—	1.31	0.78

注　1. 此表适用于孔洞率不大于35%的双排孔或多排孔轻骨料混凝土砌块砌体。
2. 表中的砌体为火山渣、浮石和陶粒轻骨料混凝土砌块。
3. 对厚度方向为双排组砌的轻骨料混凝土砌块砌体的抗压强度设计值，应按表中数值乘以0.8。

附表 4-5　毛料石砌体的抗压强度设计值　MPa

毛料石强度等级	砂浆强度等级			砂浆强度
	M7.5	M5	M2.5	0
MU100	5.42	4.80	4.18	2.13
MU80	4.85	4.29	3.73	1.91
MU60	4.20	3.71	3.23	1.65
MU50	3.83	3.39	2.95	1.51
MU40	3.43	3.04	2.64	1.35
MU30	2.97	2.63	2.29	1.17
MU20	2.42	2.15	1.87	0.95

注　1. 此表适用于块体高度为180～350mm的毛料石砌体。
2. 对各类料石砌体，应按表中数值分别乘以系数：细料石取1.5；半细料石取1.3；粗料石取1.2；干砌勾缝石砌体取0.8。

附表 4-6　毛石砌体的抗压强度设计值　MPa

毛石强度等级	砂浆强度等级			砂浆强度
	M7.5	M5	M2.5	0
MU100	1.27	1.12	0.98	0.34
MU80	1.13	1.00	0.87	0.30
MU60	0.98	0.87	0.76	0.26
MU50	0.90	0.80	0.69	0.23
MU40	0.80	0.71	0.62	0.21
MU30	0.69	0.61	0.53	0.18
MU20	0.56	0.51	0.44	0.15

附表 4-7　砌体轴心抗拉强度、弯曲抗拉强度和抗剪强度设计值 MPa

强度类别	破坏特征	砌体种类	砂浆强度等级 ≥M10	M7.5	M5	M2.5
轴心抗拉	 沿齿缝	烧结普通砖、烧结多孔砖	0.19	0.16	0.13	0.09
		蒸压灰砂砖、蒸压粉煤灰砖	0.12	0.10	0.08	0.06
		混凝土砌块	0.09	0.08	0.07	—
		毛石	0.08	0.07	0.06	0.04
弯曲抗拉	 沿齿缝	烧结普通砖、烧结多孔砖	0.33	0.29	0.23	0.17
		蒸压灰砂砖、蒸压粉煤灰砖	0.24	0.20	0.16	0.12
		混凝土砌块	0.11	0.09	0.08	—
		毛石	0.13	0.11	0.09	0.07
	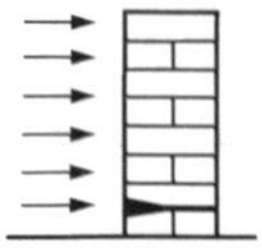 沿通缝	烧结普通砖、烧结多孔砖	0.17	0.14	0.11	0.08
		蒸压灰砂砖、蒸压粉煤灰砖	0.12	0.10	0.08	0.06
		混凝土砌块	0.08	0.06	0.05	—
抗剪		烧结普通砖、烧结多孔砖	0.17	0.14	0.11	0.08
		蒸压灰砂砖、蒸压粉煤灰砖	0.12	0.10	0.08	0.06
		混凝土和轻骨料混凝土砌块	0.09	0.08	0.06	—
		毛石	0.21	0.19	0.16	0.11

注 1. 对于用形状规则的块体砌筑的砌体，当搭接长度与块体高度的比值小于 1 时，其轴心抗拉强度设计值 f_t 和弯曲抗拉强度设计值 f_{tm} 应按表中数值乘以搭接长度与块体高度比值后采用。

2. 对孔洞率不大于 35%的双排孔或多排孔轻骨料混凝土砌体的抗剪强度设计值，应按表中混凝土砌块砌体抗剪强度设计值乘以 1.1。

3. 对蒸压灰砂砖、蒸压粉煤灰砖砌体，当有可靠的试验数据时，表中强度设计值，允许作适当调整。

4. 对烧结页岩砖、烧结煤矸石砖、烧结粉煤灰砖砌体，当有可靠的试验数据时，表中强度设计值，允许作适当调整。

参 考 文 献

[1] 中华人民共和国住房和城乡建设部.GB 50153—2008 工程结构可靠性设计统一标准.北京：中国计划出版社，2009.

[2] 中华人民共和国住房和城乡建设部.GB 50009—2012 建筑结构荷载规范.北京：中国建筑工业出版社，2012.

[3] 中华人民共和国住房和城乡建设部，中华人民共和国国家质量监督检验检疫总局.GB 50010—2010 混凝土结构设计规范.北京：中国建筑工业出版社，2010.

[4] 中华人民共和国住房和城乡建设部，中华人民共和国国家质量监督检验检疫总局.GB 50011—2010 建筑抗震设计规范.北京：中国建筑工业出版社，2010.

[5] 中华人民共和国住房和城乡建设部.GB 50003—2011 砌体结构设计规范.北京：中国计划出版社，2012.

[6] 中华人民共和国住房和城乡建设部.JGJ 3—2010 高层建筑混凝土结构技术规程.北京：中国建筑工业出版社，2011.

[7] 刘立新，叶燕化.混凝土结构原理.武汉：武汉理工大学出版社，2010.

[8] 李晓红，袁帅.混凝土结构平法识图.北京：中国电力出版社，2010.

[9] 尹维新.混凝土结构与砌体结构.北京：中国电力出版社，2004.

[10] 杨太生.建筑结构基础与识图.北京：中国建筑工业出版社，2004.

[11] 王新平.高层建筑结构.北京：中国建筑工业出版社，2003.

[12] 周克荣，等.混凝土结构设计.上海：同济大学出版社，2001.

[13] 彭少民.混凝土结构.2 版.武汉：武汉理工大学出版社，2004.

[14] 邱洪兴，舒赣平，等.建筑结构设计.南京：东南大学出版社，2002.

[15] 施楚贤，等.砌体结构设计与计算.北京：中国建筑工业出版社，2003.

[16] 施楚贤.砌体结构理论与设计.北京：中国建筑工业出版社，2003.

[17] 东南大学，同济大学，郑州大学.砌体结构.北京：中国建筑工业出版社，2004.

[18] 李砚波，等.砌体结构设计.天津：天津大学出版社，2004.

[19] 王毅红.混凝土与砌体结构.北京：中国建筑工业出版社，2003.

[20] 罗福午，等.混凝土结构及砌体结构.北京：中国建筑工业出版社，2003.